Theorie der Oszillatoren

Frequenzkonstanz

Oszillatoren mit Röhren

Oszillatoren mit Transistoren

Kristalloszillatoren
veränderbarer Frequenz

Oszillatoren mit Schwingkristallen

Oszillatoren mit Schwingkristallen

Von

Prof. Dr. Werner Herzog
Direktor des Instituts für Elektrotechnik
der Universität Mainz

Mit 284 Abbildungen

Springer-Verlag
Berlin / Göttingen / Heidelberg
1958

ISBN 978-3-642-48061-4 ISBN 978-3-642-48060-7 (eBook)
DOI 10.1007/978-3-642-48060-7

Softcover reprint of the hardcover 1st edition 1985

Vorwort

Die Anwendung von Schwingkristallen in Oszillatorschaltungen war infolge der hervorragenden Eigenschaften derselben ein derartiger Erfolg, daß man lange Zeit mit wenigen Schaltungen auskam. Die mit einfachen Mitteln erzielbare Frequenzkonstanz war zur Steuerung der Rundfunksender in jeder Weise ausreichend. Selbst die hohen Anforderungen, die der Gleichwellenfunk an die Konstanz der Steueroszillatoren stellte, konnten ohne besondere Schwierigkeiten erfüllt werden. Mit sorgfältig aufgebauten Oszillatoren — den sogenannten Kristalluhren — war es möglich, die Konstanz noch weiter zu erhöhen. Aus vergleichenden Messungen entstand die Frage, ob die Abweichungen der astronomisch gemessenen Zeit von der Zeit der Kristalluhren nicht auf Mängel der Uhren, sondern auf Abweichungen in der Regelmäßigkeit der Erdumdrehung zurückzuführen seien. Damit war ein zunächst rein wissenschaftliches Interesse an der Erhöhung der Konstanz gegeben. Doch auch die Funktechnik konnte für genaue Messungen höhere Konstanz gebrauchen. In den Brückenoszillatoren wurden Schaltungen gefunden, die eine wesentliche Konstanzverbesserung zulassen. Nun schien eine Entdeckung, welche die Schwingungen im Atom ausnutzt — die sogenannte Atomuhr — eine weitaus höhere Konstanz zu ermöglichen. Die Realisierung der theoretischen Betrachtungen ergab jedoch große Schwierigkeiten und zunächst keine höhere Konstanz als Kristalluhren. Nach einer neuesten Mitteilung ist mit einer Cäsiumuhr eine Konstanz von $5 \cdot 10^{-10}$ erreicht worden. Mit weiteren Verbesserungen der Kristalloszillatoren, insbesondere des Röhrenteiles und der Eliminierung der Verluste, dürften die Kristalluhren in der Konstanz mit den Atomuhren konkurrieren können. Bei dem geringen vorliegenden Material über Atomuhren läßt sich über deren Verbesserungsmöglichkeit nichts voraussagen, doch ist der dafür benötigte Aufwand sicherlich sehr hoch. In der Technik werden die Kristalloszillatoren wohl immer vorherrschend bleiben und die an sie gestellten Anforderungen befriedigen können. Eine zusammenfassende Darstellung der Kristalloszillatoren und der schalttechnischen Möglichkeiten zur Erzielung höchster Konstanz dürfte daher am Platze sein, zumal in den Arten der Schaltungen eine gewisse Abrundung erzielt ist.

Auf die Eigenschaften der Kristalle kann nur ganz kurz hingewiesen werden. Das Nichteingehen wurde bereits bei dem Buch „Siebschaltungen mit Schwingkristallen" als Mangel empfunden, doch ist es heute bei dem stärkeren Hervortreten neuer Kristallarten und den Magnetostriktionsschwingern noch weniger möglich, eine ausreichende Behandlung zu geben. Es können nur die für die Verwendung als Oszillator wichtigen Eigenschaften erörtert werden, so daß auf die anwachsende Zahl der Abhandlungen über piezoelektrische Kristalle verwiesen werden muß. Eine Trennung ist hier in gleicher Weise notwendig wie bei den Abhandlungen über Oszillatorschaltungen mit Induktivitäten aus Spulen, deren Schaltelemente durchweg gesondert behandelt werden.

Gedacht ist, daß das Buch dem Theoretiker und dem Praktiker etwas bietet. Der Praktiker findet in den Kap. 6 und 7 die Behandlung von Oszillatoren mit Elektronenröhren und mit Transistoren. Zahlreiche Beispiele sind dort gegeben und ermöglichen den Aufbau weiterer Schaltungen. Es wurde allerdings davon abgesehen, Bauanleitungen zu geben, obwohl damit eine Abrundung nach unten erreicht worden wäre, die sicherlich eine Arbeitserleichterung bedeuten würde. Von den Kap. 6 und 7 ausgehend, kann man in den übrigen Kapiteln die notwendigen Formeln und Definitionen aufsuchen. Stellt der Leser höhere Anforderungen, so findet er in Kap. 2 Elektronenröhre, Transistor und Vierpol einzeln behandelt und zu Oszillatoren zusammengefaßt. Kap. 3 bringt weitere theoretische Betrachtungen. Kap. 4 ist der Definition der Güte und der Frequenzkonstanz gewidmet. Hier werden die Möglichkeiten zur Konstanzerhöhung erörtert. Die Behandlung des NYQUIST-Theorems in möglichst verständlicher Form bietet sicherlich eine wertvolle Ergänzung. In Kap. 8 werden die Möglichkeiten der Frequenzveränderung von Kristalloszillatoren besprochen und schließlich in Kap. 9 ein kurzer Blick auf Kristall- und Atomuhr geworfen. Die Kapitel sind in sich möglichst abgerundet, wobei auch gelegentlich Formeln wiederholt wurden, um das lästige Nachschlagen zu verringern.

Herr Dozent Dr. LUEG (Telefunken G.m.b.H., Ulm) hat in freundlicher Weise die Bearbeitung des NYQUIST-Theorems übernommen und das Kap. 5 verfaßt. Ich möchte ihm hierfür meinen herzlichen Dank aussprechen. Weiterhin habe ich Herrn Dr. FRISCH für einige Berechnungen und sonstige Hilfen zu danken. Herrn cand. rer. nat. E. SCHELL danke ich für das Lesen einer Korrektur. Besonderer Dank gebührt dem Verlag für die ausgezeichnete Ausstattung.

Mainz, Juli 1958 **W. Herzog**

Inhaltsverzeichnis

1 Eigenschaften und Herstellung schwingfähiger Kristalle

1.1 Der Piezoeffekt

Bei Versuchen zur Deutung des schon länger bekannten Effektes der elektrischen Polarisation durch Erwärmung von Turmalin und Quarz entdeckten im Jahre 1880 die Brüder CURIE die Piezoelektrizität [*1*]. Durch Druck konnten sie an bestimmten Stellen eines Kristalls elektrische Ladungen erzeugen. Auch der umgekehrte — von LIPPMANN [*2*] vorausgesagte — Effekt, nämlich durch an einen Kristall angelegte elektrische Spannungen eine mechanische Verformung zu erzielen, wurde bald gefunden. Mit der Theorie des direkten und des reziproken Piezoeffektes beschäftigte sich eingehend W. VOIGT [*3*] und gab eine ausführliche Darstellung, die auch heute noch als das grundlegende Werk für die Theorie der Schwingkristalle betrachtet werden kann. Nachdem längere Zeit der Piezoeffekt nur rein wissenschaftliches Interesse beanspruchte, wurde der Übergang vom statischen zum dynamischen Effekt von LANGEVIN [*4*] im Ultraschallbereich und von W. G. CADY [*5*] im Hochfrequenzbereich vollzogen. Durch ein mittels einer Elektronenröhre erzeugtes Wechselfeld regte CADY piezoelektrische Kristalle zu erzwungenen Schwingungen an. Wenig später erfolgte die Selbsterregung in rückgekoppelten Oszillatoren. Damit hatte die Schaltungstechnik die Anwendung der Piezoelektrizität übernommen und stellte Forderungen an die Eigenschaften der Kristalle. Insbesondere wurden Kristalle mit kleiner Temperaturabhängigkeit benötigt. Der Piezoeffekt ist klein. Durch starken Druck werden sehr kleine Deformationen erzeugt, die relativ hohe Spannungen ergeben, welche ihrerseits infolge des rückwirkenden Effektes eine bei Quarz um etwa zwei Größenordnungen geringere mechanische Deformation mit sich bringen. Bei dem reziproken Effekt bringen hohe Spannungen eine geringe Deformation hervor, die rückwirkend eine geringe Spannung erzeugt. Je nach Kristallart und Schnitt zu den natürlichen Achsen des Kristalls erhält man die verschiedensten Werte, so daß wir hier auf die reichhaltige Literatur verweisen müssen [*6*]. Im Wechselfeld läßt sich bei bestimmten Frequenzen ein Maximum erzielen. Bei diesem sogenannten Resonanzfall genügen relativ kleine Spannungen, um gleich große Deformationen wie mit hohen Gleichspannungen hervorzurufen. In einem Mikroskop kann man Amplituden von der Größenordnung 10^{-3} mm feststellen [*7*]. Bei stärkerer Anregung zerspringt der Kristall in Stücke. Auch hier sind entsprechend dem statischen Effekt die Beziehungen zwischen der angelegten Wechselspannung und der Deformation von der Kristallart und dem gewählten Schnitt abhängig.

1.2 Das elektrische Ersatzschaltbild des schwingenden Kristalls

Bringen wir einen geeignet geschnittenen und mit Elektroden versehenen Kristall durch Fremderregung oder durch eine rückgekoppelte Verstärkeranordnung zur Ausführung mechanischer Schwingungen, so entstehen sinusförmige elektrische Wellen gleicher Frequenz wie

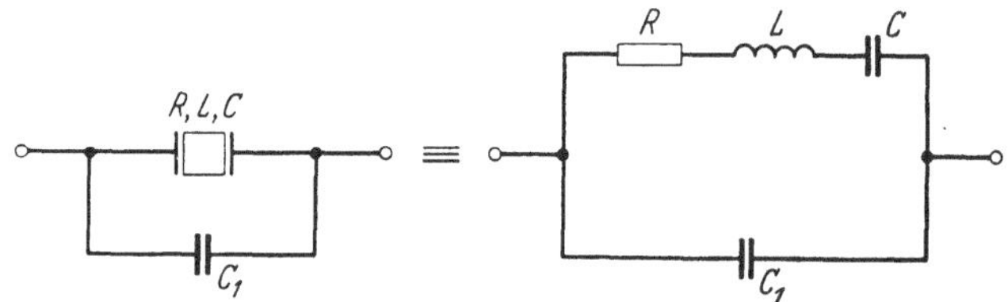

Abb. 1.1. Elektrisches Ersatzbild eines Schwingkristalls

die mechanischen Schwingungen. Da sich aus Induktivitäten und Kapazitäten ein Sender gleicher Frequenz aufbauen läßt, so kann man ohne Kenntnis der Aufbauteile nicht feststellen, ob ein Sender einen Kristall enthält oder nicht, es sei denn, daß die höhere Konstanz einen Kristall vermuten läßt. Es muß also für den mechanisch schwingenden Kristall

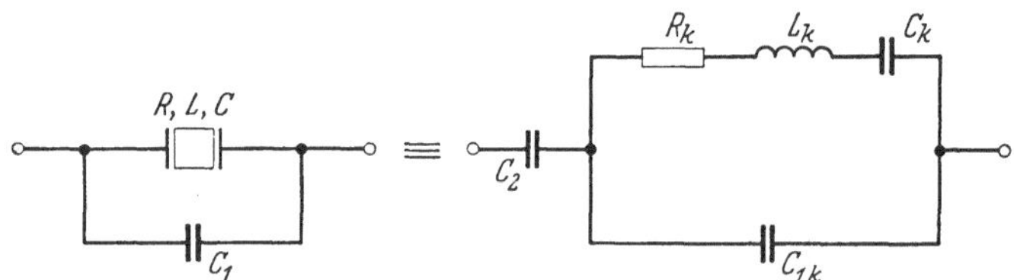

Abb. 1.2. Kristallersatzbild bei nicht aufliegenden Elektroden [8]

ein Ersatzbild aus Induktivitäten und Kapazitäten geben. Aus der Theorie des schwingenden Kristalls läßt sich für die Umgebung der Resonanzfrequenz ein solches mit sehr großer Genauigkeit durch einen Reihenkreis mit der Induktivität L, der Reihenkapazität C und dem Reihenwiderstand R darstellen, dem die zwischen den Elektroden vorhandene Kapazität C_1 parallel liegt. Die Anordnung zeigt Abb. 1.1 für auf dem Kristall aufliegende Elektroden. Befinden sich die Elektroden in einem Abstand vom Kristall, so muß das Ersatzbild erweitert werden. Mit der Kapazität C_2 zwischen Elektroden und Kristalloberflächen entsteht das in Abb. 1.2 dargestellte Ersatzbild. Dieses weist jedoch elektrisch gegenüber dem Ersatzbild der Abb. 1.1 keinen Unterschied auf, so daß es sich in dasselbe überführen läßt, wie zuerst WATANABE [8] zeigte. Die Umrechnungsformeln für die Überführung des Ersatzbildes der Abb. 1.2 in das der Abb. 1.1 lauten mit Benutzung der Bezeichnungen beider Abbildungen:

$$L = L_k \left(1 + \frac{C_{1k}}{C_2}\right)^2 \qquad C = C_k \frac{1}{\left(1 + \frac{C_{1k}}{C_2}\right)^2 \left(1 + \frac{C_k}{C_{1k} + C_2}\right)}$$

$$R = R_k \left(1 + \frac{C_{1k}}{C_2}\right)^2 \qquad C_1 = \frac{C_{1k} C_2}{C_{1k} + C_2}. \tag{1.1}$$

Für die Reihenresonanzfrequenz f_s gelten die Gleichungen:

$$f_s^2 = \frac{1}{4\pi^2} \frac{1}{LC} = \frac{1}{4\pi^2} \frac{1}{L_k C_k} \left(1 + \frac{C_k}{C_{1k} + C_2}\right). \tag{1.2}$$

Die Elektrodenabstandskapazität C_2 verändert also die Reihenresonanzfrequenz. Diese Eigenschaft kann zur genauen Einstellung der Reihenresonanzfrequenz der Kristalle auf einen verlangten Wert benutzt werden.

Für die Parallelresonanz f_p gilt:

$$f_p^2 = \frac{1}{4\pi^2} \frac{1}{LC} \left(1 + \frac{C}{C_1}\right) = \frac{1}{4\pi^2} \frac{1}{L_k C_k} \left(1 + \frac{C_k}{C_{1k}}\right). \tag{1.3}$$

Die Parallelresonanzstelle ist unabhängig von der Kapazität C_2.

Dieses Verhalten läßt sich an der Darstellung des Blindwiderstandverlaufes X der Ersatzschaltung in Abhängigkeit von der Frequenz f leicht übersehen. Gehen wir von dem in Abb. 1.2 gezeigten Ersatzbild ohne die Kapazität C_2 aus. Dieses sei in Abb. 1.3 gestrichelt eingezeichnet, wobei die Reihenresonanzfrequenz durch f_s bezeichnet ist. Ebenfalls gestrichelt finden wir in der gleichen Abbildung die Kapazität C_2.

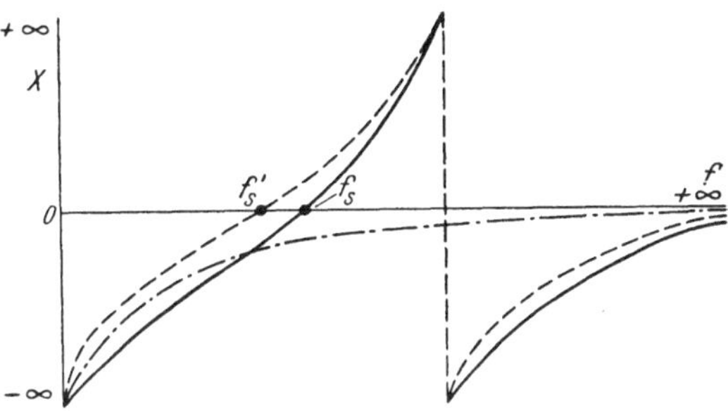

Abb. 1.3. Blindwiderstandsverlauf eines Schwingkristalls in Abhängigkeit von der Frequenz

Da die Reihenschaltung in Abb. 1.2 einer Addition beider Kurven entspricht, so erhalten wir die Darstellung des vollständigen Ersatzbildes der Abb. 1.2 durch die ausgezogen gezeichnete Kurve. Da sich die Stelle unendlich hohen Blindwiderstandes (Polstelle) nicht verändert, so bleibt die Parallelresonanzfrequenz erhalten, während die Reihenresonanzfrequenz den der Gl. (1.2) entsprechenden Wert f_s erhält. Natürlich macht die Gl. (1.3) die gleiche Aussage.

Das in Abb. 1.1 gezeigte Ersatzbild läßt sich auch in einer anderen, äquivalenten Form darstellen. Abb. 1.4 zeigt die gleichwertigen Anordnungen. Für sie gelten die Umrechnungsgleichungen:

$$L = L'\left(1 + \frac{C'}{C_1'}\right)^2 \quad C = C_1' \frac{1}{1 + \frac{C'}{C_1'}} \quad C_1 = C' \frac{1}{1 + \frac{C'}{C_1'}} \tag{1.4}$$

$$L' = L \frac{1}{\left(1 + \frac{C_1}{C}\right)^2} \quad C' = C_1\left(1 + \frac{C_1}{C}\right) \quad C_1' = C\left(1 + \frac{C_1}{C}\right) = C + C_1.$$

Diese Darstellung hat den Vorteil, daß sie durch Spulen und Kondensatoren praktisch nachbildbar ist, wobei allerdings der Verlustwiderstand der Spule wesentlich höher und frequenzabhängig ist.

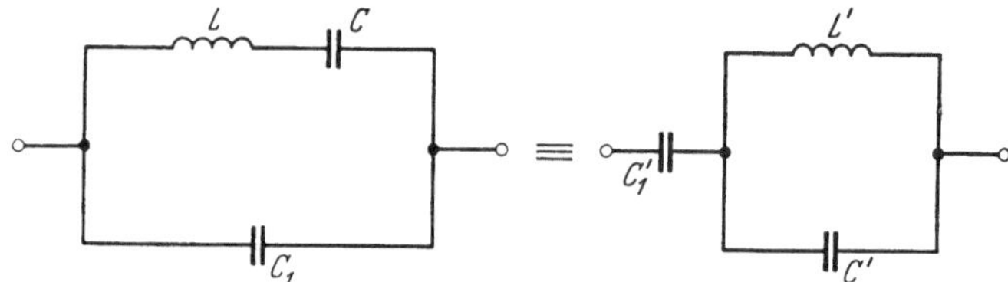

Abb. 1.4. Äquivalente Formen des Ersatzbildes eines Schwingkristalls

1.3 Kristalle mit piezoelektrischem Effekt

Es gibt eine sehr große Anzahl von Kristallen, welche den Piezoeffekt besitzen [9], und es ist naheliegend, sich vorzustellen, daß alle in einem Oszillator brauchbar sein könnten. Man kann sie auch in einem Oszillator benutzen, doch müssen sie als untere Grenze günstigere Eigenschaften als Spulen aufweisen, während man dem Quarzkristall die obere Grenze zuweisen könnte. Naheliegend ist die Verwendung von Seignettesalzkristallen. Bei denselben ist die Umwandlung von mechanischer in elektrische Energie sehr günstig. Der Kopplungsfaktor, der gleich der Wurzel aus dem Verhältnis von mechanischer und elektrischer Energie ist, liegt sehr hoch. Er ist die Folge des ferroelektrischen Zustandes des Kristalls, der zwar den hohen piezoelektrischen Modul mitbringt, doch auch eine starke Frequenzabhängigkeit zur Folge hat. Da die physikalische und chemische Beständigkeit sehr gering ist — der Kristall löst sich durch die Luftfeuchtigkeit und oberhalb von 55° C in seinem eigenen Kristallwasser auf —, so scheidet Seignettesalz praktisch aus. Im Wasser unlöslich und mit guten mechanischen Eigenschaften ausgestattet ist die Bariumtitanatkeramik. Als Ferroelektrikum zeigt sie starke Frequenzabhängigkeit. Da zudem bei der Herstellung die Erzielung von Kristallen mit gleichen Daten sehr schwierig ist, so ist der Anwendungsbereich gering. Günstigere Eigenschaften hat Ammoniumphosphat (ADP), da es kein Kristallwasser besitzt und Temperaturen zwischen $-125°$ C und $100°$ C aushält. Lithiumsulfat hat ähnliche Eigenschaften, doch bringt bei beiden die hohe Kopplung eine ungünstige Temperaturabhängigkeit. Brauchbar sind dagegen Kristalle aus Äthylendiamintartrat (EDT) und Kaliumtartrat (DKT). Dieselben sind mechanisch ausreichend, haben gute Temperatureigenschaften und eine hohe Güte, die allerdings nicht an die des Quarzes heranreicht, sondern etwa den dritten Teil beträgt. Der Kopplungsfaktor ist entsprechend diesen Eigenschaften nicht hoch, doch etwa das Doppelte desjenigen von Quarz. Die Güte ist für die meisten Oszillatorzwecke ausreichend, so daß eine Menge Oszillatorprobleme mit den zuletzt genannten Kristallen zu lösen sind. Unübertroffen bleibt der Quarz. Man rechnet ihm als Nachteil seinen geringen Kopplungsfaktor an, der sich durch die Wurzel aus dem Verhältnis der Serien- und der Parallelkapazität seines Ersatzbildes darstellt. Bei vielen Oszillatorschaltungen — insbesondere den Brückenschaltungen — läßt sich die Parallelkapazität ganz oder teilweise kompensieren, wodurch eine scheinbare Erhöhung des Kopplungsfaktors erzielt wird. Auch bei den Filterschaltungen beseitigt der Mehraufwand von einer Spule je Quarz diesen Nachteil [*10*].

1.4 Kristall und Schaltung

Nachdem wir in den vorhergehenden Kapiteln die Eigenschaften verschiedener Kristalle streiften, müssen wir uns mit der Art des Wirkens der Kristalle in einer Oszillatorschaltung befassen. Schaltungen, die nur aus Röhren und Kristallen unter Hinzunahme unvermeidlicher Widerstände und Kapazitäten bestehen — sogenannte Multivibratoren — spielen hierbei eine gesonderte Rolle. Da auch der beste nebenwellenfreie Kristall eine Reihe von Nebenresonanzen besitzt, so wird man immer eine größere Anzahl von Frequenzen erhalten, die in größeren Abständen voneinander liegen, deren Oberwellen aber unter Umständen ungünstig mit anderen Grund- oder Oberwellen benachbart sind. Diesen Nachteil behebt man durch zusätzliche Einschaltung von auf die gewünschte Frequenz abgestimmten Reihen- oder Parallelkreisen. Damit ist eine neue Fehlerquelle geschaffen, die sich aber teilweise selbst aufhebt, da durch die zusätzlichen Schaltelemente eine Verbesserung der Schaltungsgüte (s. Kap. 4) entsteht. Man kann sich in etwa einen Begriff von der Verbesserung machen, wenn man die Güte von RC-Oszillatoren mit der von aus Kreisen aufgebauten Oszillatoren vergleicht [*11*]. Den ungünstigen Einfluß der Kreise — im wesentlichen der Induktivitäten — auf die Frequenzkonstanz muß der Kristall ausgleichen. Aus diesem Grund benötigt er eine möglichst hohe Induktivität. Das Verhältnis Kristallinduktivität zu Kreisinduktivität wird beispielsweise bei der HEEGNER-Schaltung gern als Maß für die Güte des Oszillators genommen. Im wesentlichen ist es natürlich die kleine Dämpfung des Kristalls, die ihn als Oszillatorelement besonders geeignet macht. Der Einfluß der Dämpfung hat sich bereits bei den Oszillatoren mit Spulenkreisen als sehr wichtig herausgestellt, so daß wir hierauf nicht näher einzugehen brauchen. Unvermeidlich, aber unerwünscht ist die Parallelkapazität der Kristalle. Bei den einfachen Schaltungen stört sie die Frequenzeinstellung, und bei Schaltungen mit kompensierter Parallelkapazität erhalten wir einen Leistungsverlust durch den entstehenden Nebenschluß. Nachdem so der Kristall im Mittelpunkt der Schaltung steht und für die Konstanz verantwortlich ist, darf er seine Größen und insbesondere seine Resonanzfrequenz nur gering verändern. Da die wesentlichste Veränderung von der Temperaturabhängigkeit herrührt, müssen Kristalle ausgesucht werden, die Schwingkristalle mit möglichst kleinen Temperaturkoeffizienten auszuschneiden erlauben.

Fassen wir die an einen Kristall zu stellenden Forderungen zusammen, so wird verlangt: Kleine Dämpfung, hohe Induktivität, kleine Parallelkapazität, kleiner Temperaturkoeffizient, hohe zeitliche Konstanz und Freiheit von Nebenresonanzen in der Umgebung der gewünschten Resonanzstelle. Zur Erfüllung dieser Wünsche steht eine Anzahl von Kristallarten mit mannigfachen Orientierungen im Kristall zur Verfügung, die nahezu allen Anforderungen gerecht werden dürften.

2 Zur allgemeinen Theorie der Oszillatoren

2.1 Vorbemerkungen

Zur Erzeugung eines Schwingungsvorganges benötigt man zwei Energiespeicher, zwischen denen die Energie periodisch hin und her wechselt. Da es keine Speicher gibt, die einen solchen Vorgang ohne Verluste an Energie in Gang halten können, so ist, um die Schwingungen aufrechtzuerhalten, außerdem eine Energiequelle erforderlich. Bei vielen elektrischen Schaltungen stellen eine Induktivität und eine Kapazität die beiden Speicher dar, wobei die Induktivität die Energie in magnetischer Form speichert und die Kapazität dieselbe in elektrischer Form. Die Verlustwiderstände der Induktivität und der Kapazität würden die Schwingungen abklingen lassen, wenn nicht durch eine oder mehrere Elektronenröhren oder andere Energiespender neue Energie zugeführt würde, wobei dieselbe die Verluste gerade aufheben muß, um eine weiteres Aufschaukeln der Schwingungen zu vermeiden.

Die Zusammenwirkung der Speicher mit der Energiequelle muß in einem Kreislauf stattfinden, bei dem die Wechselenergie den Gesamtwiderstand Null vorfindet. Hierbei ist wichtig, daß die zur Erzeugung des Kreislaufes zugeführte — rückgekoppelte — Energie in der richtigen Phasenlage ankommt. Man kann zwei Arten der Rückkopplung unterscheiden. Eine der Spannung proportionale Rückkopplung heißt Spannungsrückkopplung, eine dem Strom proportionale Rückkopplung Stromrückkopplung [*12*]. Da die Zahl der Speicher nicht begrenzt ist, so lassen sich sehr viele Oszillatoren aufbauen.

Im folgenden Abschnitt wollen wir eine einfache Schaltung erläutern und ihre Schwingungsgleichung aufstellen.

2.2 Die Differentialgleichung des Oszillators

Die Möglichkeit, elektrische Schwingungen zu erzeugen, beruht auf den entgegengesetzten Eigenschaften von Spule und Kondensator. In der Spule mit der Induktivität L und dem Widerstand r wird magne-

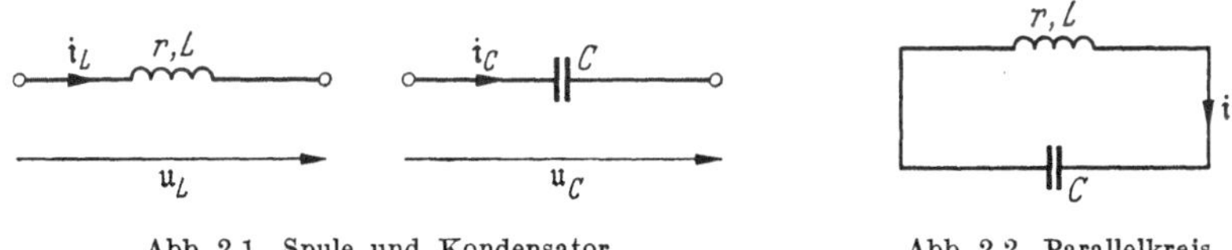

Abb. 2.1. Spule und Kondensator

Abb. 2.2. Parallelkreis

tische Energie aufgespeichert. Zwischen Spannung $\mathfrak{u}_L$ und Strom $\mathfrak{i}_L$, wobei t die Zeit und die Größen $\mathfrak{i}_L$ und $\mathfrak{u}_L$ die Momentanwerte darstellen, besteht für die in Abb. 2.1 gezeigte Anordnung die Beziehung:

$$\mathfrak{u}_L = r\,\mathfrak{i}_L + L\frac{\mathrm{d}\mathfrak{i}_L}{\mathrm{d}t}. \tag{2.1}$$

Der Kondensator C speichert elektrische Energie. Für denselben gilt die Gleichung

$$\mathfrak{u}_C = \frac{1}{C}\int \mathfrak{i}_C\,\mathrm{d}t \tag{2.2}$$

mit der Momentanspannung $\mathfrak{u}_C$ und dem Momentanwert $\mathfrak{i}_C$ des Stromes. Ist ein solcher Speicher aufgeladen, so kann er mit einem entgegengesetzt wirkenden Speicher in Wechselwirkung treten, wobei Schwingungen entstehen.

Betrachten wir die Reihenschaltung von Spule und Kondensator und legen wir eine Gleichspannung an die freien Enden der Schaltung, so wird der Kondensator aufgeladen. Schließen wir nach der Aufladung die freien Enden zusammen, so daß wir einen geschlossenen Kreis erhalten (s. Abb. 2.2), so gilt für den darin fließenden Strom $\mathfrak{i}$ die Differentialgleichung:

$$r\,\mathrm{i} + L\frac{\mathrm{d}\mathrm{i}}{\mathrm{d}t} + \frac{1}{C}\int \mathrm{i}\,\mathrm{d}t = 0, \tag{2.3}$$

die durch Differentiation in die Form

$$\frac{\mathrm{d}^2\mathrm{i}}{\mathrm{d}t^2} + \frac{r}{L}\frac{\mathrm{d}\mathrm{i}}{\mathrm{d}t} + \frac{1}{LC}\,\mathrm{i} = 0 \tag{2.4}$$

zu bringen ist.

Die Auflösung dieser Gleichung ergibt bekanntlich eine sinusförmige Schwingung mit abnehmender Amplitude. Zur Veranschaulichung der Lösung betrachten wir einen gedämpft harmonischen Drehvektor $\mathfrak{N}$ (s. Abb. 2.3). Seine Winkelgeschwindigkeit sei ω, während für den zeitlich abnehmenden Betrag seiner Länge N die Differentialgleichung

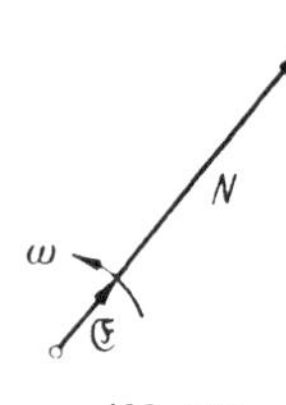

Abb. 2.3 Drehvektor

$$\frac{\mathrm{d}N}{\mathrm{d}t} = -h\,N \tag{2.5}$$

gelten soll, deren Lösung lautet:

$$N = N_0\,\mathrm{e}^{-ht}, \tag{2.6}$$

wobei h die Dämpfungskonstante und N_0 den zur Zeit $t = 0$ bestehenden Anfangswert bezeichnen. Nennen wir den auf $\mathfrak{N}$ liegenden Einheitsvektor $\mathfrak{E}$, so erhalten wir aus der Gl. (2.5) und der Gleichung

$$\mathfrak{N} = \mathfrak{E}\,N, \tag{2.7}$$

sowie deren Ableitungen die Differentialgleichung

$$\ddot{\mathfrak{N}} + 2h\,\dot{\mathfrak{N}} + (\omega^2 + h^2)\,\mathfrak{N} = 0. \tag{2.8}$$

Der Vergleich mit der Differentialgleichung (2.4) ergibt:

$$h = \frac{r}{2L} \qquad \omega^2 = \frac{1}{LC} - \frac{r^2}{4L^2}. \tag{2.9}$$

Da wir keine abnehmenden Schwingungen erzeugen wollen, so muß die Dämpfung h mit zusätzlichen Mitteln in Gestalt einer Energiequelle — einer negativen Dämpfung — aufgehoben werden, so daß der Faktor von $\dot{\mathfrak{N}}$ Null werden muß, womit eine Bedingung für den Aufbau eines Oszillators gegeben ist. Die Frequenz ergibt sich dann aus dem Faktor des jetzt ungedämpften Vektors $\mathfrak{N}$, der folgender Differentialgleichung genügt:

$$\ddot{\mathfrak{N}} + \omega^2\,\mathfrak{N} = 0 \qquad \omega^2 = \frac{1}{LC}. \tag{2.10}$$

Fügen wir eine Energiequelle zu einer solchen Anordnung aus Spulen und Kondensatoren, so erhalten wir einen Oszillator mit konstanter Schwingungsamplitude. Bei einfachem Aufbau ist die Aufstellung der Differentialgleichung ebenso einfach wie die komplexe Berechnung, die wir später ausschließlich benutzen wollen. Anschaulicher ist die Differentialgleichung, die wir für die MEISSNER-Schaltung als Beispiel aufstellen wollen.

Für den in Abb. 2.4 gezeigten MEISSNER-Oszillator gelten mit den eingezeichneten Benennungen, wobei S die Röhrensteilheit im Arbeitspunkt, D den Durchgriff der Röhre und M die induktive Kopplung zwischen Gitterspule und Anodenkreisspule darstellen, für den äußeren Zusammenhang die Formeln:

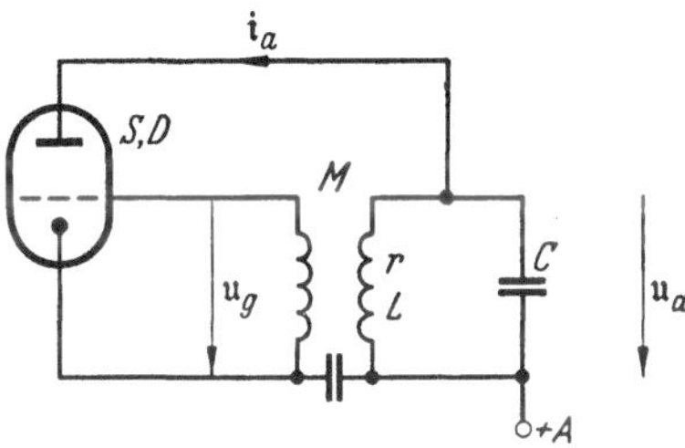

Abb. 2.4. MEISSNER-Oszillator

$$i_a = i_L + i_C, \tag{2.11}$$

$$i_C = -C\frac{du_a}{dt}, \tag{2.12}$$

$$u_a = -\left(R\,i_L + L\frac{di_L}{dt}\right), \tag{2.13}$$

$$u_g = M\frac{di_L}{dt}. \tag{2.14}$$

Für den inneren Zusammenhang über die Röhre gilt:

$$i_a = S(u_g + D\,u_a). \tag{2.15}$$

Aus den Gln. (2.11) bis (2.15) ergibt sich die Differentialgleichung:

$$\frac{d^2 i_L}{dt^2} + \frac{RC - SM + SDL}{LC}\frac{di_L}{dt} + \frac{1}{LC}(1 + SDR)\,i_L = 0. \tag{2.16}$$

Entsprechend der Gl. (2.8) ist die Dämpfung Null für:

$$RC - SM + SDL = 0. \tag{2.17}$$

Nach der Steilheit aufgelöst, ist:

$$S = \frac{RC}{M - DL}. \tag{2.18}$$

Mit der Gl. (2.18) ist die Baubedingung für den Oszillator gegeben. Ist S kleiner als die rechte Seite, so wird keine Schwingung angeregt, während eine von außen angestoßene Schwingung wieder abklingt. Bei größerem S kann die Schwingung derart anwachsen, daß die Röhre zerstört wird.

Für die Kreisfrequenz ω ergibt sich [vgl. Gl. (2.9)]:

$$\omega^2 = \frac{1}{LC}(1 + SDR) = \frac{1}{LC}\left(1 + \frac{R}{R_i}\right), \tag{2.19}$$

wobei R_i den Innenwiderstand der Röhre angibt.

Da bei komplizierten Schaltungen die Aufstellung der Differentialgleichung umständlich wird, wenden wir uns zu dem für die Berechnung von Oszillatoren überlegenen komplexen Verfahren.

2.3 Die komplexe Darstellung

Betrachten wir den in Abb. 2.5 gezeigten Drehvektor $\mathfrak{N}$ vom Betrag N und der konstanten Winkelgeschwindigkeit ω, dessen Momentanwert durch $\mathfrak{n}$ wiedergegeben ist. Der Geschwindigkeitsvektor $\mathfrak{V} = \dot{\mathfrak{N}}$ steht senkrecht auf dem Wegvektor $\mathfrak{N}$, wobei sein Betrag eine Multiplikation mit ω erfahren hat. Wir folgern daraus — der Beweis läßt sich leicht durchführen — daß die Ableitung $\dot{\mathfrak{N}}$ des Wegvektors $\mathfrak{N}$ erhalten wird, indem man den Wegvektor um $90°$ vordreht und den Betrag mit der Winkelgeschwindigkeit ω multipliziert. Entsprechend erhält man das Integral des Wegvektors, indem man um $90°$ zurückdreht und den Betrag durch ω teilt.

Die Drehungen um $90°$ lassen sich in der GAUSS-Ebene durch Multiplikation mit $\mathrm{j} = \sqrt{-1}$ oder Division durch j erzielen. Fügen wir ω

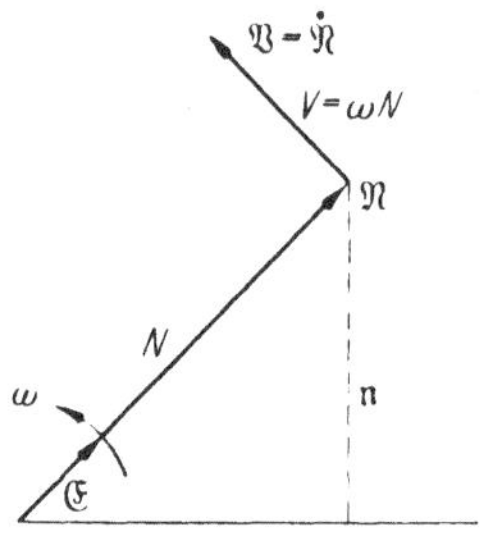

Abb. 2.5
Drehvektor mit Geschwindigkeitsvektor

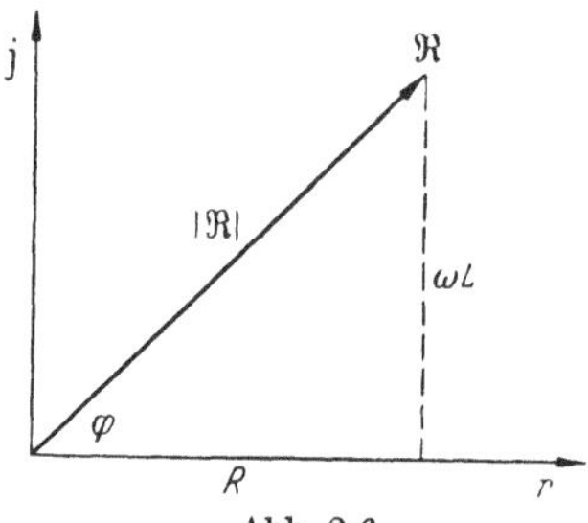

Abb. 2.6
Vektor in der GAUSS-Ebene

oder $1/\omega$ hinzu, so können wir die vorkommenden Differentiale und Integrale durch einfache Rechenoperationen in der GAUSS-Ebene ersetzen. Durch dieses Verfahren können wir Schaltungsberechnungen ohne Ströme und Spannungen durchführen.

Nachdem wir die Eigenschaften von Induktivität und Kapazität durch die entsprechenden $90°$-Stellungen gegenüber einem OHMschen Widerstand wiedergeben können, empfiehlt sich, statt der Momentanwerte (z. B. $\mathfrak{n}$ in Abb. 2.5) zu der Darstellung in der GAUSS-Ebene überzugehen. Hierbei interessiert, abgesehen vom Betrag, im allgemeinen die durch die Schaltteile erzeugte Phase zwischen Strom und Spannung. Selten benötigt man die Anfangsphase eines gegebenen Stromes oder einer gegebenen Spannung. Einen Punkt in der GAUSS-Ebene r, j bezeichnen wir mit einem großen deutschen Buchstaben. In Abb. 2.6 sei

$$\mathfrak{R} = R + \mathrm{j}\,\omega L. \tag{2.20}$$

$\mathfrak{R}$ ist hierbei ein Vektor in der GAUSS-Ebene mit dem Betrag $|\mathfrak{R}|$ und der Phase φ. Für dieselben gilt:

$$|\mathfrak{R}| = \sqrt{R^2 + \omega^2 L^2} \qquad \operatorname{tg}\varphi = \frac{\omega L}{R}. \tag{2.21}$$

An Stelle der Gl. (2.1) ergibt sich

$$\mathfrak{U}_L = (R + \mathrm{j}\,\omega L)\,\mathfrak{I}_L. \tag{2.22}$$

Geben wir $\mathfrak{I}_L$ die Phase φ_i, so erhalten wir zeichnerisch die Spannung $\mathfrak{U}_L$ aus dem Produkt $R\,\mathfrak{I}_L$, wie die Abb. 2.7 leicht übersehen läßt.

An Stelle der Gl. (2.2) gilt:

$$\mathfrak{U}_C = \frac{1}{\mathrm{j}\,\omega C}\,\mathfrak{I}_C = \mathfrak{R}_C\,\mathfrak{I}_C. \tag{2.23}$$

Auch die Größen für die Ströme $\mathfrak{I}_L$ und $\mathfrak{I}_C$ und die Spannungen $\mathfrak{U}_L$ und $\mathfrak{U}_C$ müssen komplex eingesetzt werden. Es sollte aber nicht vergessen werden, daß alle Operationen mit komplexen Widerständen eine sehr vereinfachte und bequeme Handhabung von Differentialgleichungen sind.

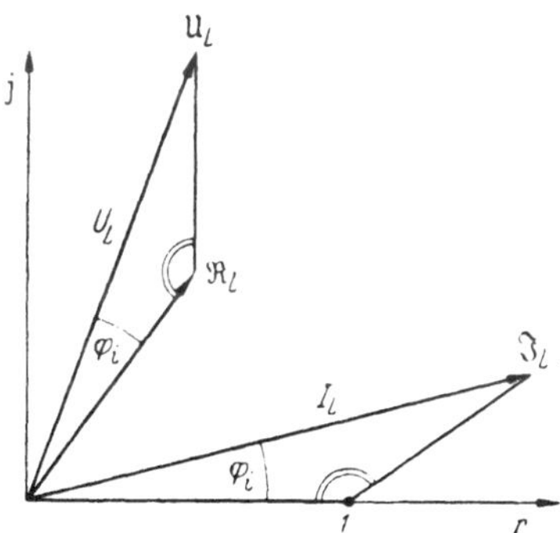

Abb. 2.7. Strom und Spannung in der GAUSS-Ebene

Der Vollständigkeit halber bringen wir die Gleichungen für die in Abb. 2.4 gezeigte MEISSNER-Schaltung noch in komplexer Form. Entsprechend den Gln. (2.12), (2.13) u. (2.14) erhalten wir:

$$\mathfrak{I}_C = -\mathrm{j}\,\omega C\,\mathfrak{U}_a\,, \tag{2.24}$$

$$\mathfrak{U}_a = -(R + \mathrm{j}\,\omega L)\,\mathfrak{I}_L, \tag{2.25}$$

$$\mathfrak{U}_g = \mathrm{j}\,\omega M\,\mathfrak{I}_L. \tag{2.26}$$

Mit den den Gln. (2.11) u. (2.15) entsprechenden Gleichungen:

$$\mathfrak{I}_a = \mathfrak{I}_L + \mathfrak{I}_C \qquad \mathfrak{I}_a = S(\mathfrak{U}_g + D\,\mathfrak{U}_a), \tag{2.27}$$

ergibt sich gleichwertig mit der Differentialgleichung (2.16):

$$\omega(RC - SM + SDL) + \mathrm{j}(\omega^2 LC - 1 - SDR) = 0. \tag{2.28}$$

Da reeller und imaginärer Teil für sich Null sein müssen, liefert Gl. (2.28) ebenfalls die Gln. (2.18) u. (2.19).

2.4 Der Zusammenhang über die Schaltung

Nachdem wir feststellten, daß der die Schwingfrequenz bestimmende Schaltteil in einfacher Weise durch geeignet angeordnete komplexe Widerstände dargestellt werden kann, so läßt sich ein Oszillator in einen oder auch mehrere Röhrenteile und einen oder auch mehrere Schaltteile zerlegen. Wir betrachten zunächst kurz den Zusammenhang über die Schaltung.

Die Steuerspannung $\mathfrak{U}_{st}$ setzt sich bekanntlich aus der Gitterspannung $\mathfrak{U}_g$ und einem vom Durchgriff D durchgelassenen Teil der

Anodenspannung $\mathfrak{U}_a$ zusammen nach der Gleichung:

$$\mathfrak{U}_{st} = \mathfrak{U}_g + D\,\mathfrak{U}_a. \tag{2.29}$$

Unter Vernachlässigung eines Gitterstromes können wir zwischen dem Gesamtwiderstand $\mathfrak{R}_a$ des Schaltteils, der Anodenspannung und dem Anodenstrom $\mathfrak{J}_a$ die Gleichung aufstellen:

$$\mathfrak{U}_a = -\mathfrak{R}_a\,\mathfrak{J}_a. \tag{2.30}$$

Die zum Gitter rückgeführte Spannung $\mathfrak{U}_g$, die von der Anodenspannung abgezweigt wird, können wir durch die Kopplung $\mathfrak{K}$ nach der Gleichung

$$\mathfrak{K} = -\frac{\mathfrak{U}_g}{\mathfrak{U}_a} \tag{2.31}$$

darstellen. Eine einfache Umformung ergibt:

$$\mathfrak{J}_a = \frac{1}{(\mathfrak{K} - D)\,\mathfrak{R}_a}\,\mathfrak{U}_{st}. \tag{2.32}$$

Diese Gleichung nennt man die Gleichung der Rückkopplungsgeraden. Sie verlangt vom Schaltteil die Kenntnis des Gesamtwiderstandes und der Kopplung. Sind diese Größen strom- oder spannungsabhängig, so wird aus der Geraden eine Rückkopplungsfunktion, wie wir im Abschn. 2.9d sehen werden.

Wenn auch die Gl. (2.32) sehr klar veranschaulicht, daß der Durchgriff der Kopplung entgegenwirkt, so ist manchmal eine andere Darstellung vorzuziehen, auf die wir jetzt eingehen wollen. Auf die Rückkopplungsgerade und den Schaltteil werden wir in Abschn. 2.7 näher eingehen.

2.5 Der Zusammenhang über die Röhre. Schwinglinie und mittlerer Anodenstrom

a) Die Schwinglinie von Möller

Nachdem die Rückkopplungsgerade einen Zusammenhang über die Schaltung zwischen Steuerspannung und der Grundwelle des Anodenstromes darstellt, benötigen wir zur Berechnung von Oszillatoren einen entsprechenden Zusammenhang über die Röhre. Ein solcher wurde von MÖLLER [*13*] mit der von ihm so benannten Schwinglinie gegeben. Das von ihm angegebene Verfahren zur empirischen Ermittlung der Schwinglinie ist umständlich. Insbesondere die Trennung der Harmonischen von der Grundwelle bringt Ungenauigkeiten. Wir halten es für einfacher, den im folgenden aufgezeigten Weg zu gehen, bei welchem die gemessene Anodenstrom-Gitterspannungskennlinie durch eine Funktion dritten Grades nachgebildet wird. Hiermit kann die weitere Behandlung mathematisch erfolgen.

b) Die Gleichung der Anodenstrom-Gitterspannungs-Kennlinie

Wie wir später (Kap. 4) sehen werden, wird man zur Erzielung hoher Frequenzkonstanz nur kleine Amplituden verwenden. Für diesen uns interessierenden Fall können wir eine vorgegebene, gemessene Kennlinie innerhalb des erforderlichen Bereiches zur Aussteuerung der Amplituden sehr genau durch eine theoretische Kurve nachbilden. Im allgemeinen dürfte eine kubische Kennlinie ausreichen, so daß wir uns auf eine solche beschränken wollen. Die Erweiterung auf Kurven höheren Grades ist möglich, ergibt aber bei der Schwinglinie komplizierte Gleichungen. Meistens kann man mit den statischen Kennlinien rechnen, da bei den Oszillatoren die Anodenstrombelastung sehr gering ist. Auch der Einfluß des Durchgriffes kann bei der zweckmäßigen Verwendung von Pentoden vielfach unberücksichtigt bleiben.

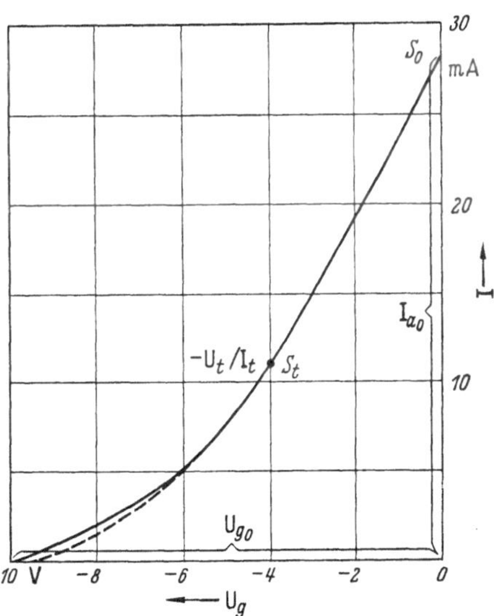

Abb. 2.8. Gemessene und theoretische Kennlinie für Klasse A [23]

Als Beispiel einer vorgegebenen durch Messung gefundenen Kennlinie wählen wir die in Abb. 2.8 wiedergegebene Kennlinie der Triode CC 2. Dieselbe wollen wir durch die Gleichung

$$I = I_{a0} + \alpha U_g + \beta U_g^2 + \gamma U_g^3 \quad (2.33)$$

wiedergeben, wobei I den Anodenstrom, I_{a0} den Anodenstrom bei der Gitterspannung Null und U_g die Gitterspannung bedeuten. Die Größen I_{a0}, α, β und γ sind die aus der vorgegebenen Kennlinie zu bestimmenden Konstanten. Hierzu können beliebige Punkte der Kennlinie ausgewählt werden. Zweckmäßig wird man den späteren Arbeitspunkt und Punkte in seiner Umgebung heranziehen. Da der Punkt $0/I_{a0}$ meistens auf dem annähernd linearen Teil der Kennlinie liegt, so wird man — wie wir es in der Gl. (2.33) bereits taten — die dadurch gewonnene kleine Vereinfachung benutzen. Als weitere Punkte wählen wir zwei Punkte $-U_1/I_1$ und $-U_2/I_2$ auf der Kennlinie, die in der Nähe des Arbeitspunktes liegen oder von denen einer mit dem Arbeitspunkt zusammenfällt. Ziehen wir noch die Steilheit

$$S = \frac{dI}{dU_g} = \alpha + 2\beta U_g + 3\gamma U_g^2 \quad (2.34)$$

heran, so erhalten wir an der Stelle $U_g = 0$ die Steilheit

$$S_0 = \alpha. \quad (2.35)$$

Unter Benutzung der vorgegebenen Punkte ermitteln sich die gesuchten Konstanten β und γ zu:

$$\begin{aligned}\beta &= -\frac{(I_{a0} - I_1)\,U_2^3 - (I_{a0} - I_2)\,U_1^3 - S_0\,U_1\,U_2(U_2^2 - U_1^2)}{U_1^2\,U_2^2(U_2 - U_1)}\,,\\ \gamma &= -\frac{(I_{a0} - I_1)\,U_2^2 - (I_{a0} - I_2)\,U_1^2 - S_0\,U_1\,U_2(U_2 - U_1)}{U_1^2\,U_2^2(U_2 - U_1)}\,.\end{aligned} \quad (2.36)$$

Entnehmen wir der Abb. 2.8 als spezielle Punkte die Werte

$$U_1 = 4\,\text{Volt} \qquad I_1 = 11\,\text{mA},$$

$$U_2 = 6\,\text{Volt} \qquad I_2 = 5\,\text{mA},$$

$$S_0 = 4{,}5\,\frac{\text{mA}}{\text{V}} \qquad I_{a0} = 28\,\text{mA},$$

so ergibt sich als Gleichung der Kennlinie:

$$I\,[\text{mA}] = 28\,[\text{mA}] + 4{,}5\,U_g - 34{,}7\cdot 10^{-3}\,U_g^2 - 24{,}3\cdot 10^{-3}\,U_g^3. \quad (2.37)$$

Diese Kennlinie weicht in dem gestrichelt gezeichneten Teil von der gemessenen Kennlinie ab. Der Arbeitsbereich darf nur bis $U_g = -6$ V ausgenutzt werden. Hier beginnt eine starke Abweichung von der gemessenen Kurve. Will man einen größeren Bereich haben oder arbeitet der Oszillator in Audionschaltung, so wird man den Punkt U_2/I_2 tiefer legen, beispielsweise auf $U_2 = 10$ V.

c) Der Arbeitspunkt Klasse A

Bei der Übertragung einer an das Gitter einer Röhre gelegten Welle auf den Anodenstrom wird ein Gleichstromträger benötigt, um welchen der Anodenstrom im Rhythmus der Welle schwingt. Wird die Amplitude der Welle größer als der Anodengleichstrom, so wird ein Teil weggeschnitten. Dadurch entsteht eine verzerrte Wellenform, die sich aus der am Steuergitter liegenden Grundwelle und einer Anzahl Oberwellen verschiedener Amplituden zusammensetzt. Dem Nachteil der verzerrten Wellenkurve steht als wesentlicher Vorteil gegenüber, daß der als Verlust zu wertende Anodenstrom relativ klein gehalten werden kann.

Für die uns hier interessierenden Oszillatoren mit Schwingkristallen kommen im allgemeinen — es sei denn für Ultraschallsender — nur kleine Amplituden in Frage, da nur kleine Amplituden die Kristallwirkung unterstützen. Somit ist also die vollständige Übertragung der Steuerwelle die wichtigste, und wir wollen jetzt eine solche, mit Klasse A bezeichnete, Anordnung behandeln.

Unter Zugrundelegung einer gekrümmten Kennlinie zeigen wir in Abb. 2.9 die Gitterspannungsspiegelung der Klasse A. Die im Arbeitspunkt A vorliegenden Größen seien $-U_t$, I_t, S_t. Mit diesen erhalten wir aus den Gln. (2.34) u. (2.35):

$$S_t = S_0 - 2\beta\,\mathrm{U}_t + 3\gamma\,\mathrm{U}_t^2. \tag{2.38}$$

Zur Vereinfachung benötigen wir noch die zweite Ableitung der Kennliniengleichung. In Abweichung von der mathematischen Definition wird dieselbe als Krümmung K_r bezeichnet. Es ist:

$$K_r = \frac{\mathrm{d}^2\mathrm{I}}{\mathrm{d}\,\mathrm{U}_g^2} = 2\beta + 6\gamma\,\mathrm{U}_g. \tag{2.39}$$

Im Arbeitspunkt lautet die Gleichung:

$$K_t = 2\beta - 6\gamma\,\mathrm{U}_t. \tag{2.40}$$

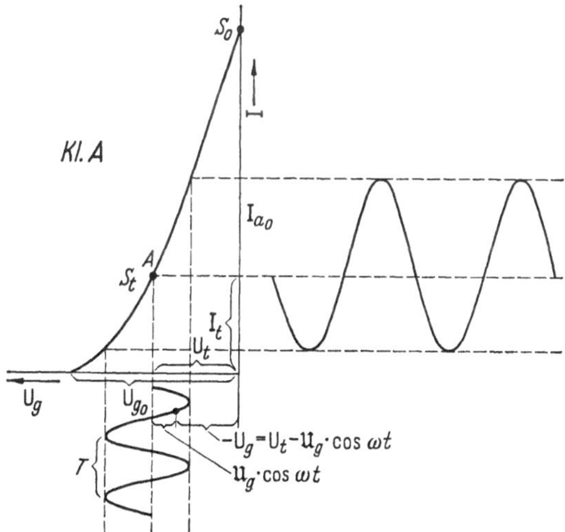

Abb. 2.9. Spannungsspiegelung bei Klasse A [23]

Für eine an das Gitter angelegte Wechselspannung der Amplitude $\mathfrak{U}_g$ und der Kreisfrequenz ω mit der Zeit t als Variable läßt sich der Abb. 2.9 entnehmen:

$$-\mathrm{U}_g = \mathrm{U}_t - \mathfrak{U}_g \cos\omega t. \tag{2.41}$$

Nach Fourier gilt bekanntlich für die Stromamplitude der Grundwelle die Gleichung:

$$\mathfrak{J}_{a1} = \frac{2}{T}\int_0^T \mathrm{I}\cos\omega t\,\mathrm{d}t, \tag{2.42}$$

wobei I die Gleichung der gegebenen Kennlinie darstellt und T die Dauer einer Periode ist.

Die Amplitude der Wellen n-facher Frequenz folgt aus der Gleichung:

$$\mathfrak{J}_{an} = \frac{2}{T}\int_0^T \mathrm{I}\cos n\,\omega\,t\,\mathrm{d}t. \tag{2.43}$$

Werten wir die Gl. (2.42) unter Benutzung der Gln. (2.33), (2.35), (2.36), (2.38), (2.40) u. (2.41) aus, so folgt:

$$\mathfrak{J}_{a1} = \frac{2}{T}\left[\left(\frac{S_t \mathfrak{U}_g}{2} + \frac{3\gamma \mathfrak{U}_g^3}{8}\right)t + \left(I_t + \frac{3K_t \mathfrak{U}_g^2}{8}\right)\frac{\sin\omega t}{\omega} + \right. \tag{2.44}$$

$$\left. + \frac{1}{2}(S_t \mathfrak{U}_g + \gamma \mathfrak{U}_g^3)\frac{\sin 2\omega t}{2\omega} + \frac{K_t \mathfrak{U}_g^2}{8}\frac{\sin 3\omega t}{3\omega} + \frac{\gamma \mathfrak{U}_g^3}{8}\frac{\sin 4\omega t}{4\omega}\right]_0^T.$$

Mit der Gleichung

$$\omega T = 2\pi \tag{2.45}$$

erhalten wir aus der Gl. (2.44) die gesuchte Gleichung der Schwinglinie zu:

$$\mathfrak{J}_{a1} = S_t \mathfrak{U}_g + \tfrac{3}{4}\gamma \mathfrak{U}_g^3. \tag{2.46}$$

Für die Konstante γ finden wir aus den Gln. (2.38) u. (2.40) die Gleichung:

$$\gamma = \frac{S_0 - S_t - K_t U_t}{U_t^2}, \tag{2.47}$$

die einen Einblick in die Zusammensetzung derselben gibt.

Da die Schwinglinie bei vorgegebener Steilheit S_t im Arbeitspunkt sehr von der Größe γ abhängt und diese sich wiederum stark mit der Wahl der Punkte auf der Kennlinie ändert, so geben wir eine Darstellung der Gl. (2.46) mit γ als Parameter in Abb. 2.10. Wir legen die Kennlinie nach Gl. (2.37) zugrunde und wählen den Punkt ($-U_1 = -4$ V, $I_1 = 11$ mA) als Arbeitspunkt, wobei sich nach Gl. (2.38) die Steilheit S_t ergibt zu: $S_t = 3{,}6$ mA/V. Für γ nehmen wir die Werte

$$\gamma = -10 \cdot 10^{-3}$$
$$-20 \cdot 10^{-3}$$
$$-24{,}3 \cdot 10^{-3}$$
$$-30 \cdot 10^{-3},$$

von denen der Wert

$$\gamma = -24{,}3 \cdot 10^{-3}$$

die zur Kennlinie Gl. (2.37) gehörende Schwinglinie ergibt.

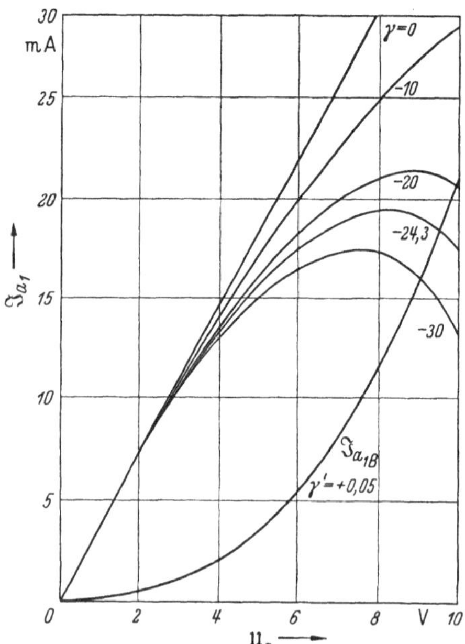

Abb. 2.10. Berechnete Schwinglinien

Bei kleinen Amplituden ist der Einfluß von γ gering. Mit zunehmendem Wert γ werden die Abweichungen von der in Abb. 2.10 eingezeichneten Geraden für $\gamma = 0$ größer. Der Bereich, in welchem die

Schwinglinie ausgenutzt werden kann, richtet sich nach der Übereinstimmung der theoretischen mit der gemessenen Kennlinie (siehe Abb. 2.8).

Im Moment des Erregens einer schwingfähigen Schaltung ändert sich der Anodengleichstrom und hat meist im Bruchteil einer Sekunde einen Wert erreicht, der sich von dem nach unendlich langer Zeit erreichten Wert nur wenig unterscheidet. Je nach Lage des Arbeitspunktes und der Schaltart erhalten wir verschiedene Ergebnisse.

Die allgemeine Gleichung für den gesuchten mittleren Anodenstrom lautet:

$$\mathfrak{J}a_{\text{mittel}} = \int_0^T \mathrm{I}\, dt. \tag{2.48}$$

Zur Berechnung dieses Ausdruckes benötigen wir die gleichen Gleichungen wie zur Erlangung der Schwinglinie und erhalten:

$$\begin{aligned}\mathfrak{J}a_{\text{mittel}} = \frac{1}{T}\Bigg[\left(\mathrm{I}_t + \frac{K_t}{4}\mathfrak{U}_g^2\right)t + \left(S_t\mathfrak{U}_g + \frac{3\gamma}{4}\mathfrak{U}_g^3\right)\frac{\sin\omega t}{\omega} + \\ + \frac{K_t}{4}\mathfrak{U}_g^2\frac{\sin 2\omega t}{2\omega} + \frac{\gamma}{4}\mathfrak{U}_g^3\frac{\sin 3\omega t}{3\omega}\Bigg]_0^T.\end{aligned} \tag{2.49}$$

Für Klasse A ergibt die Auswertung:

$$\mathfrak{J}a_{\text{mittel A}} = \mathrm{I}_t + \frac{K_t}{4}\mathfrak{U}_g^2. \tag{2.50}$$

Bei der normalen Kennlinie wird K_t positiv. Somit ist eine im allgemeinen geringe Anodenstromzunahme festzustellen.

d) Der Arbeitspunkt Klasse B

Wenn wir uns nur auf höchste Frequenzkonstanz und somit kleine Amplituden beschränken wollen, genügen die Ausführungen über die Klasse A. Hierbei wird ein kleiner Steuersender, auf dessen Energie es nicht ankommt, auf höchste Konstanz gebracht und die notwendige Energie in weiteren Stufen erzeugt. Solche Energiestufen sind weitgehend bekannt. Bei denselben wird der Arbeitspunkt tief gelegt, um den nun als Verlust zu buchenden Anodengleichstrom herabzusetzen. Der Nachteil dieses Verfahrens besteht darin, daß der tiefliegende Arbeitspunkt im stärker gekrümmten Teil der Kennlinie liegt und somit Verzerrungen, welche zahlreiche Oberwellen zur Folge haben, hervorruft. Bei genügend tiefer Lage des Arbeitspunktes wird ein Teil der am Steuergitter ankommenden Welle abgeschnitten, wodurch weitere Verzerrungen erfolgen. Durch Aussieben lassen sich die Oberwellen beseitigen. Außerdem wird aber die Amplitude der Grundwelle wesentlich kleiner. Wird ein Teil der am Steuergitter liegenden Welle abgeschnitten, so liegt Klasse A/B vor, wird gerade die Hälfte der

Welle genommen, so erhalten wir Klasse B. Wird weniger als eine halbe Welle übertragen, so kommen wir zu Klasse C.

Wenn wir die Klasse B, deren Gitterspannungsspiegelung Abb. 2.11 (Arbeitspunkt B) zeigt, betrachten wollen, so müssen wir eine neue Gleichung der Kennlinie aufstellen, denn die Gl. (2.37) ist gerade für die Berechnung der Klasse B völlig unbrauchbar. Natürlich bleibt die Form der Gl. (2.33) erhalten. Lediglich die Größen I_{a0} und α haben insofern eine andere Bedeutung, als beide mit den praktischen Werten am wenigsten übereinstimmen. Wir führen statt I_{a0} die Größe I_r ein und erhalten:

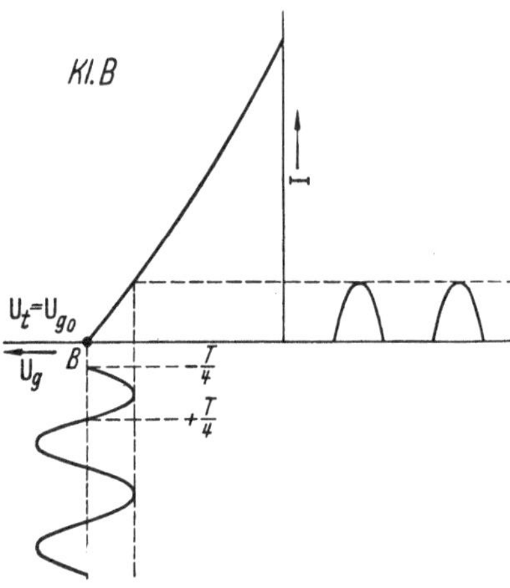

Abb. 2.11
Spannungsspiegelung bei Klasse B [23]

$$I = I_r + \alpha' U_g + \beta' U_g^2 + \gamma' U_g^3. \quad (2.51)$$

Wenn nicht besondere Gründe vorliegen, die Steilheit in dem Punkte $I = 0$ einzuführen, so wählt man zweckmäßig vier Spannungen $U_g = -U_1, -U_2, -U_3$ und $-U_4$ im gleichen Abstand a mit den Stromwerten I_1, I_2, I_3, und I_4. Es sei:

$$U_1 - U_2 = U_3 - U_4 = U_2 - U_3 = a. \quad (2.52)$$

Setzen wir die Gl. (2.51) für die vier Punkte an und eliminieren wir I_r, so erhalten wir mit den Gln. (2.52)

$$\begin{aligned} \alpha' - \beta'(U_1 + U_2) + \gamma'(U_1^2 + U_1 U_2 + U_2^2) &= \frac{I_2 - I_1}{a}, \\ \alpha' - \beta'(U_2 + U_3) + \gamma'(U_2^2 + U_2 U_3 + U_3^2) &= \frac{I_3 - I_2}{a}, \quad (2.53) \\ \alpha' - \beta'(U_3 + U_4) + \gamma'(U_3^2 + U_3 U_4 + U_4^2) &= \frac{I_4 - I_3}{a}. \end{aligned}$$

Die Elimination von α' ergibt:

$$\begin{aligned} -2\beta' + \gamma'(U_1 + 4U_2 + U_3) &= \frac{2I_2 - I_1 - I_3}{a^2}, \\ -2\beta' + \gamma'(U_2 + 4U_3 + U_4) &= \frac{2I_3 - I_2 - I_4}{a^2}. \end{aligned} \quad (2.54)$$

Eine weitere Subtraktion liefert γ' zu:

$$\gamma' = \frac{-3(I_3 - I_2) + I_4 - I_1}{6a^3}. \quad (2.55)$$

Wir legen wiederum die Kennlinie einer Triode CC 2 (Abb. 2.12) zugrunde und entnehmen derselben die Punkte:

$$\begin{aligned} U_1 &= 10\,\text{Volt} & I_1 &= 0\ \text{mA},\\ U_2 &= 9\,\text{Volt} & I_2 &= 0{,}5\,\text{mA},\\ U_3 &= 8\,\text{Volt} & I_3 &= 1{,}3\,\text{mA},\\ U_4 &= 7\,\text{Volt} & I_4 &= 2{,}7\,\text{mA}. \end{aligned}$$

Der Abstand a ist in unserem Beispiel gleich Eins. Gl. (2.55) liefert die Größe γ', und durch Einsetzen derselben in die vorhergehenden Gleichungen ergeben sich die gesuchten Konstanten zu

$$\gamma' = 0{,}05 \qquad \beta' = 1{,}5$$

$$\alpha' = 15{,}45 \qquad I_r = 54{,}5\,\text{mA}.$$

In Abb. 2.12 zeigen wir die Abweichungen der gestrichelt gezeichneten theoretischen von der ausgezogen gezeichneten gemessenen Kurve. Bis etwa

$$U_g = -6\,\text{Volt}$$

ist die theoretische Kurve sehr gut brauchbar. Für Amplituden bis zu dieser Größe läßt sich also die aufgestellte Gleichung mit sehr guter Genauigkeit anwenden. An Stelle der Gln. (2.38) u. (2.40) erhalten wir für den Punkt $-U_1/I_1$, der mit dem Arbeitspunkt zusammenfällt, die Gleichungen:

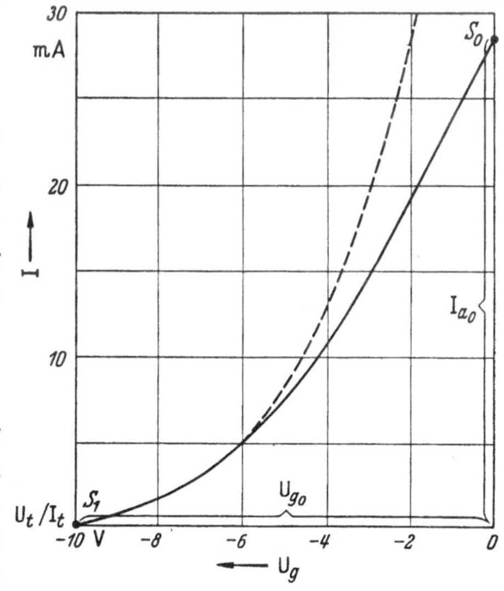

Abb. 2.12. Gemessene und für Klasse B angenäherte theoretische Kennlinie

$$\begin{aligned} S_1 &= \alpha' - 2\beta' U_1 + 3\gamma' U_1^2,\\ K_1 &= 2\beta' - 6\gamma' U_1. \end{aligned} \tag{2.56}$$

Die bei Klasse B übertragene Halbwelle können wir in den Periodenbereich $-T/4$ bis $+T/4$ legen. Unter Berücksichtigung dieses Bereiches und Einführung der gestrichelten Größen der Gln. (2.51) u. (2.56) erhalten wir für die Gleichung der Schwinglinie:

$$\mathfrak{J}_{a_1\,\mathrm{B}} = \tfrac{1}{2} S_1 \mathfrak{U}_g + \tfrac{2}{3} K_1 \mathfrak{U}_g^2 + \tfrac{3}{8} \gamma' \mathfrak{U}_g^3. \tag{2.57}$$

Diese Kurve zeichnen wir in Abb. 2.10 mit den Werten $S_1 = 0{,}45$, $\gamma' = 0{,}05$ ein. Da bei unserem Zahlenbeispiel $K_1 = 0$ ist, so ist die Form dieselbe wie bei der Schwinglinie der Klasse A, wobei infolge des umgekehrten Vorzeichens des Wertes γ' die Kurve nach der anderen

Seite gekrümmt ist. Über die Möglichkeit einer stabilen Schwingung bei einer derart gekrümmten Kennlinie sprechen wir in Abschn. 2.9d.

Für den mittleren Anodenstrom erhalten wir aus der Gl. (2.49) unter Berücksichtigung des Integrationsbereiches

$$\mathfrak{J}_{a_{\text{mittel } B}} = \frac{S_1}{\pi}\,\mathfrak{U}_g + \frac{K_1}{8}\,\mathfrak{U}_g^2 + \frac{2\gamma'}{3\pi}\,\mathfrak{U}_g^3. \tag{2.58}$$

e) Der Arbeitspunkt Klasse C

Liegt der Arbeitspunkt C noch weiter im Negativen als bei der Klasse B, so wird weniger als eine Halbwelle übertragen, und es liegt Klasse C vor. Abb. 2.13 zeigt die Gitterspannungsspiegelung. Da auch hierbei nur der untere Teil der Kennlinie interessiert, können wir dieselbe Gleichung wie bei der Klasse B benutzen. Es sei erwähnt, daß das Kennlinienstück zwischen den Punkten C und F, das bei unserer theoretischen Kurve von der Abszisse abweicht, keinen Fehler bringt, da es durch die Integrationsgrenzen $-t_0$ und $+t_0$ ausgeschlossen wird.

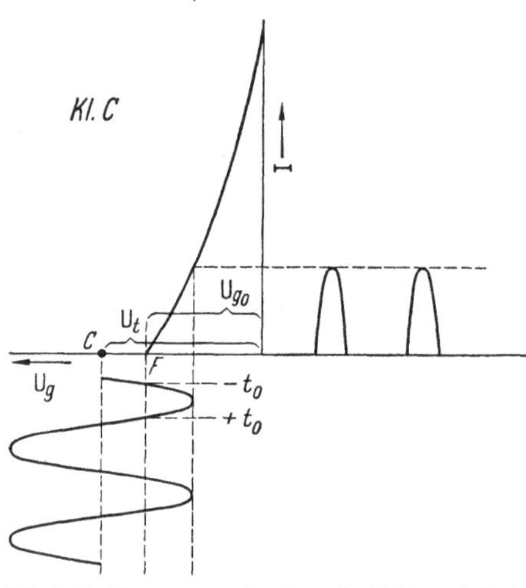

Abb. 2.13. Spannungsspiegelung bei Klasse C [23]

Auch die Schwinglinie der Klasse C können wir der Gl. (2.44) entnehmen (wenn wir von $-t_0$ bis $+t_0$ integrieren). Wir erhalten:

$$\mathfrak{J}_{a_1\,\mathrm{C}} = \frac{1}{\pi}\Big\{\Big(S_t\,\mathfrak{U}_g + \frac{3\gamma}{4}\,\mathfrak{U}_g^3\Big)\,\omega\,t_0 + \sin\omega\,t_0\Big[\frac{2}{3}K_t\,\mathfrak{U}_g^2 + \tag{2.59}$$

$$+\Big(S_t + \frac{3\gamma}{4}\,\mathfrak{U}_g^2\Big)(\mathrm{U}_t - \mathrm{U}_{g0}) + \Big(\frac{K_t}{3} + \frac{\gamma}{2}(\mathrm{U}_t - \mathrm{U}_{g0})\Big)(\mathrm{U}_t - \mathrm{U}_{g0})^2\Big]\Big\}.$$

In dieser Gleichung müssen noch die Grenzen $\pm t_0$ bestimmt werden. Aus der Spannung U_t des Punktes C und der Spannung U_{g0} des Punktes F können wir die Gleichung

$$\mathrm{U}_t - \mathrm{U}_{g0} = \mathfrak{U}_g \cos\omega\,t_0 \tag{2.60}$$

ableiten.

Hieraus erhält man die Grenzen $\pm t_0$ nach der Gleichung:

$$t_0 = \frac{1}{\omega}\arccos\frac{\mathrm{U}_t - \mathrm{U}_{g0}}{\mathfrak{U}_g}. \tag{2.61}$$

Für den mittleren Anodenstrom ergibt sich aus der Gl. (2.49) innerhalb des Integrationsbereiches $\pm t_0$ der Ausdruck:

$$\mathfrak{J}_{a_{\text{mittel}\,\iota}} = \frac{1}{\pi}\left[\frac{K_t}{4}\,\mathfrak{U}_g^2\,\omega\,t_0 + \left(S_t\,\mathfrak{U}_g + \frac{3\gamma}{4}\,\mathfrak{U}_g^3\right)\sin\omega\,t_0 + \right.$$
$$\left. + \frac{K_t}{8}\,\mathfrak{U}_g^2 \sin 2\omega\,t_0 + \frac{\gamma}{12}\,\mathfrak{U}_g^3 \sin 3\omega\,t_0\right]. \tag{2.62}$$

f) Sonstige Röhreneigenschaften

Die Vernachlässigung des Gitterstromes hat die abgeleiteten Gleichungen wesentlich vereinfacht. Im allgemeinen wird der Gitterstrom so klein gehalten, daß sein Einfluß vernachlässigbar ist. Bei der Benutzung von Transistoren (Kap. 7) werden wir allgemeine Beziehungen ableiten, die auch für Röhren mit Gitterstrom gelten und somit eine Erweiterung der bisherigen Darstellungen erlauben. Der Einfluß des Gitterstromes auf die Anwendung der Röhre ist wiederholt behandelt und kann der Literatur [*14*] entnommen werden. Auch der Einfluß der Röhrenkapazitäten ist mehrfach dargestellt [*15*]. Der Einfluß des Durchgriffes ist bei der Anwendung von Pentoden sehr gering. Man kann den Durchgriff in bekannter Weise in die Rechnung einsetzen oder aber auch den Innenwiderstand der Röhre berechnen und dem Schaltteil parallel legen, welches bei Oszillatoren mit Abschlußwiderständen besonders einfach ist.

2.6 Vierpolgleichungen und Oszillatorbeziehungen in allgemeiner Form

a) Vierpolformeln

Wir können einen Oszillator als Kettenschaltung von zwei Vierpolen auffassen, von denen ein Vierpol die Energie liefert (aktiver Vierpol) und der andere Vierpol die Frequenz bestimmt (passiver Vierpol). Hierbei sehen wir von mehrfacher Rückkopplung ab. Für die Darstellung der Anordnung können wir die Vierpolgleichungen in Leitwerts- und in Widerstandsform wählen. Wir benutzen eine gemischte Form, und zwar stellen wir den energieliefernden Vierpol in Anlehnung an die bekannte Röhrengleichung in Leitwertform dar und den frequenzbestimmenden Vierpol in Widerstandsform. Weitere Umrechnungsgleichungen finden wir in Kap. 3. Sie ermöglichen dem Leser, in einfacher Weise die seinem Geschmack entsprechenden Gleichungen zu gewinnen.

In Abb. 2.14 sehen wir die rückgekoppelte Kettenschaltung, in welcher der Vierpol I die energieliefernde Anordnung darstellt und der

Vierpol II den frequenzbestimmenden Teil. Für den Vierpol I gilt:

$$\begin{aligned} \mathfrak{I}_1 &= \frac{1}{R_{gi}} \mathfrak{U}_1 + S_g \mathfrak{U}_2, \\ \mathfrak{I}_2 &= S \mathfrak{U}_1 + \frac{1}{R_i} \mathfrak{U}_2, \end{aligned} \tag{2.63}$$

wobei die Richtungen der Ströme und Spannungen der Abb. 2.14 zu entnehmen sind. Die Größen S, R_i und S_g, R_{gi} sind zunächst nicht festgelegt. Bei einer üblichen Röhrenanordnung ist S die Steilheit der Röhre und R_i deren Innenwiderstand, während man S_g als Gitterstromsteilheit und R_{gi} als Innenwiderstand der Gitter-Kathodenstrecke [78] bezeichnen kann. In der Praxis wird man es so einrichten, daß die eine der beiden Gln. (2.63) verschwindet. Bei Röhren ist es, möglich, S_g gegen Null und R_{gi} gegen Unendlich gehen zu lassen, bei Transistoren ist bisher noch keine Vernachlässigung möglich (siehe Kap. 7).

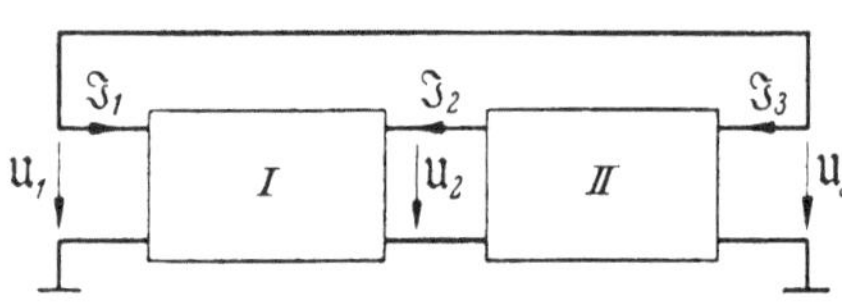

Abb. 2.14
Aktiver und passiver Vierpol in Kettenschaltung

Für den Vierpol II gelten die Gleichungen:

$$\begin{aligned} \mathfrak{U}_2 &= -\mathfrak{W}'_{1l} \mathfrak{I}_2 + \mathfrak{M}'_2 \mathfrak{I}_3, \\ \mathfrak{U}_3 &= -\mathfrak{M}'_2 \mathfrak{I}_2 + \mathfrak{W}'_{2l} \mathfrak{I}_3. \end{aligned} \tag{2.64}$$

Hierbei sind $\mathfrak{W}'_{1l}$ und $\mathfrak{W}'_{2l}$ die Leerlaufwiderstände, während $\mathfrak{M}'_2$ den Kernwiderstand darstellt. Da die Betrachtung eines passiven Vierpols ausreicht, so benötigen wir nur den Kernwiderstand $\mathfrak{M}'_2$. Unter Einbeziehung der Rückkopplung gelten die Gleichungen:

$$\mathfrak{I}_3 = -\mathfrak{I}_1 \qquad \mathfrak{U}_3 \geqq \mathfrak{U}_1. \tag{2.65}$$

Im Schwingungsfall ist $\mathfrak{U}_3 = \mathfrak{U}_1$. Es ist jedoch zweckmäßig, das Zeichen „größer" mitzunehmen, da damit die für die Anfachung der Schwingung anschauliche Ungleichung festgelegt ist.

Aus den Gln. (2.63), (2.64) u. (2.65) erhalten wir als Schwingbedingung:

$$-\mathfrak{M}'_2 (S + S_g) \geqq 1 + \frac{\mathfrak{W}'_{1l}}{R_i} + \frac{\mathfrak{W}'_{2l}}{R_{gi}} + \frac{|\mathfrak{W}'|}{|W|} \tag{2.66}$$

mit den Determinanten $|W|$ und $|\mathfrak{W}'|$ der Gln. (2.63) u. (2.64). Es ist:

$$\frac{1}{|W|} = \frac{1}{R_{gi} R_i} - S_g S \qquad |\mathfrak{W}'| = \mathfrak{W}'_{1l} \mathfrak{W}'_{2l} - \mathfrak{M}'^2_2. \tag{2.67}$$

Betrachten wir eine Röhrenanordnung, für welche gilt:

$$S_g = 0 \qquad \frac{1}{R_{gi}} = 0 \qquad \frac{1}{|W|} = 0, \tag{2.68}$$

so vereinfacht sich die Gl. (2.66) zu $(-\mathfrak{M}_2' > 0!)$:

$$S \geqq -\frac{1}{\mathfrak{M}_2'}\left(1 + \frac{\mathfrak{W}_{1l}'}{R_i}\right). \tag{2.69}$$

In vielen Fällen ist der Röhreninnenwiderstand R_i so groß, daß wir weiter vereinfachen können zu:

$$S \geqq -\frac{1}{\mathfrak{M}_2'}. \tag{2.70}$$

Hierbei muß der Kernwiderstand komplex sein.

Auch für $\mathfrak{M}_2' = 0$ erhalten wir aus der Gl. (2.66) eine Schwingbedingung:

$$S\,S_g \geqq \left(1 + \frac{\mathfrak{W}_{1l}'}{R_i}\right)\left(1 + \frac{\mathfrak{W}_{2l}'}{R_{gi}}\right). \tag{2.71}$$

Dieselbe läßt viele Transistorschaltungen behandeln und wäre auch für Röhrenschaltungen mit Gitterstrom geeignet. Eine ausführliche Be-

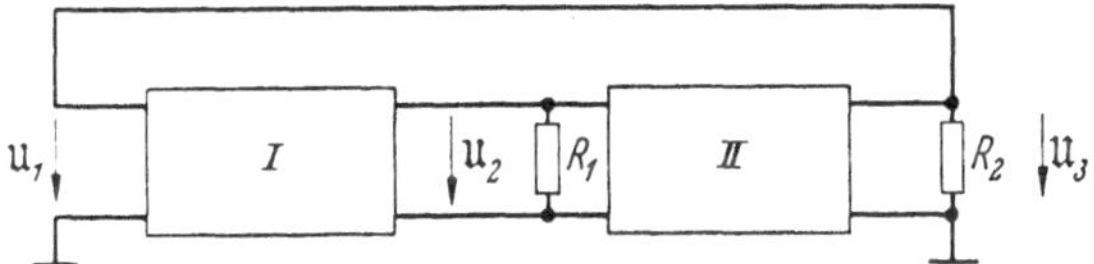

Abb. 2.15. Aktiver und passiver Vierpol in Kettenschaltung mit Abschlußwiderständen

handlung ist in den Kap. 3 u. 7 wiedergegeben. Bei Brückenanordnungen kann man die Verluste der Schaltelemente, erforderlichenfalls erst nach Kompensation, aus den Brückenzweigen herausnehmen und parallel zum Eingang und zum Ausgang legen. In der Filtertheorie nennt man solche den Vierpol abschließende Widerstände Abschlußwiderstände. Wir wollen diese Bezeichnung beibehalten, da Filter und Oszillatoren verwandte Eigenschaften besitzen. In Abb. 2.15 zeigen wir einen Oszillator, dessen frequenzbestimmender Vierpol Abschlußwiderstände besitzt. Wir können dieselben natürlich auch dem aktiven Vierpol I zuordnen.

An Stelle der Gl. (2.66) erhalten wir mit den Abschlußwiderständen R_1 und R_2, die wir ohmisch annehmen wollen, welche Annahme aber nicht notwendig ist (die Abschlußwiderstände können natürlich auch komplex sein, wofür die gleichen Gleichungen gelten):

$$\begin{aligned} -\mathfrak{M}_2'(S + S_g) \geqq 1 &+ \mathfrak{W}_{1l}'\left(\frac{1}{R_i} + \frac{1}{R_1}\right) + \mathfrak{W}_{2l}'\left(\frac{1}{R_{gi}} + \frac{1}{R_2}\right) + \\ &+ |\mathfrak{W}'|\left[\left(\frac{1}{R_i} + \frac{1}{R_1}\right)\left(\frac{1}{R_{gi}} + \frac{1}{R_2}\right) - S_g S\right]. \end{aligned} \tag{2.72}$$

Wir können uns die Abschlußwiderstände den Widerständen R_i und R_{gi} des aktiven Vierpols parallel geschaltet denken. Hierbei gelten die

Abkürzungen:

$$\frac{1}{\overline{R}_i} = \frac{1}{R_i} + \frac{1}{R_1} \qquad \frac{1}{\overline{R}_{gi}} = \frac{1}{R_{gi}} + \frac{1}{R_2} \qquad \frac{1}{|\overline{W}|} = \frac{1}{\overline{R}_{gi}}\,\frac{1}{\overline{R}_i} - S_g S\,. \tag{2.73}$$

Mit den Abkürzungen Gl. (2.73) wird aus der Gl. (2.72):

$$-\mathfrak{M}_2'(S + S_g) \geqq 1 + \frac{\mathfrak{W}_{1l}'}{\overline{R}_i} + \frac{\mathfrak{W}_{2l}'}{\overline{R}_{gi}} + \frac{|\mathfrak{W}'|}{|\overline{W}|}\,, \tag{2.74}$$

womit die Form der Gl. (2.66) wieder hergestellt ist.

Lassen wir die Größe S_g gegen Null gehen und fassen wir R_{gi} mit R_2 und R_i mit R_1 zusammen — nicht notwendig ist $R_{gi} = R_i = \infty$ —, so erhalten wir aus der Gl. (2.72):

$$S \geqq -\frac{(R_1 + \mathfrak{W}_{1l}')(R_2 + \mathfrak{W}_{2l}') - \mathfrak{M}_2'^2}{R_1 R_2 \mathfrak{M}_2'}\,. \tag{2.75}$$

In der Filtertechnik gibt es zwei Definitionen für das die Übertragungseigenschaften eines Vierpols kennzeichnende Betriebsübertragungsmaß. Bei der ersten Definition wird der Generator mit dem Generatorwiderstand R_1 ohne Vierpol mit dem gleichen Widerstand R_1 abgeschlossen und mit Vierpol mit dem verlangten Widerstand R_2. Der halbe Logarithmus des Leistungsverhältnisses ohne und mit Vierpol ist das Betriebsübertragungsmaß $\mathfrak{g}$. Für einen Vierpol, wie ihn der Vierpol II der Abb. 2.16 darstellt, gilt [*17*]:

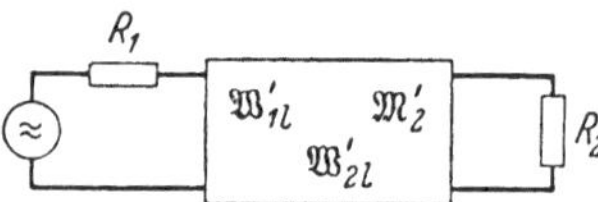

Abb. 2.16. Passiver Vierpol mit Generator und Abschlußwiderständen

$$e^{\mathfrak{g}} = \frac{(R_1 + \mathfrak{W}_{1l}')(R_2 + \mathfrak{W}_{2l}') - \mathfrak{M}_2'^2}{2\sqrt{R_1 R_2}\,\mathfrak{M}_2'}\,. \tag{2.76}$$

Betreiben wir den Vierpol im Leerlauf ($R_2 = \infty$) [*17*], wie es gerade bei Oszillatoren oft der Fall ist, so können wir diese Definition nicht anwenden. Wir müssen bei der zweiten Definition den Generator ohne Vierpol mit dem Widerstand R_2 abschließen [*18*]. Hierbei ergibt sich für das Betriebsübertragungsmaß $\mathfrak{g}'$ die Gleichung:

$$e^{\mathfrak{g}'} = \frac{(R_1 + \mathfrak{W}_{1l}')(R_2 + \mathfrak{W}_{2l}') - \mathfrak{M}_2'^2}{(R_1 + R_2)\,\mathfrak{M}_2'}\,. \tag{2.77}$$

Mit diesen Gleichungen können wir die Schwingbedingung (Gl. 2.75) wie folgt ausdrücken:

$$\begin{aligned} S\,\frac{\sqrt{R_1 R_2}}{2} &\geqq -e^{\mathfrak{g}}, \\ S\,\frac{R_1 R_2}{R_1 + R_2} &\geqq -e^{\mathfrak{g}'}. \end{aligned} \tag{2.78}$$

Für $R_1 = R_2 = R$ gehen mit $\mathfrak{g} = \mathfrak{g}'$ beide Gleichungen ineinander über:

$$S \frac{R}{2} \geqq -\mathrm{e}^{\mathfrak{g}}. \tag{2.79}$$

b) Der Zusammenhang zwischen Filtern und Oszillatoren [*19*]

Wenn auch elektrische Oszillatoren und Filter in ihrer Wirkungsweise grundlegend verschieden sind, so lassen sich, aufbauend auf der Tatsache, daß beide einen frequenzabhängigen Vierpol benötigen, einfache Zusammenhänge finden. Vorteilhaft ist hierbei, daß Kenntnisse eines Filters ohne Rechnung Rückschlüsse auf das Verhalten des gleichen Vierpols als Oszillator ziehen lassen.

Da im allgemeinen ein Filter auf beiden Seiten mit Widerständen abgeschlossen ist, so gelten unsere Betrachtungen hauptsächlich für diesen Fall. Eine Erweiterung auf einseitigen Leerlauf ist ohne Schwierigkeiten möglich. Dabei sind keine Einschränkungen festgelegt, denn der Röhrenteil des Oszillators kann als Abschluß des frequenzbestimmenden Vierpols betrachtet werden, wobei allerdings häufig sehr hohe Widerstände vorhanden sind. Wir betrachten Gl. (2.75) und die entsprechende Gl. (2.78). Wir wählen diese Form, weil wir hierbei die Möglichkeit haben, direkt zum Leerlauf überzugehen, und es gleichgültig ist, ob beim Betriebsübertragungsmaß mit ungleichen Abschlußwiderständen ein verschiedener Grunddämpfungsbetrag vorhanden ist, entsprechend den Definitionen Gl. (2.76) u. (2.77). Ist weiterhin die Steilheit reell, welche Bedingung in einem weiten Frequenzbereich erfüllt ist, so können wir mit der Zerlegung des Betriebsübertragungsmaßes $\mathfrak{g}'$ in die Betriebsdämpfung b und die Betriebsphase α nach der Gleichung

$$\mathfrak{g}' = b + \mathrm{j}\,\alpha \tag{2.80}$$

die Beziehung aufstellen:

$$\begin{aligned} S \frac{R_1 R_2}{R_1 + R_2} \geqq -\mathrm{e}^{\mathfrak{g}'} = -\mathrm{e}^{b + \mathrm{j}\alpha} = -\mathrm{e}^{b}\,\mathrm{e}^{\mathrm{j}\alpha} &= -\mathrm{e}^{b}(\cos\alpha + \mathrm{j}\sin\alpha) \\ &= -\mathrm{e}^{b}\cos\alpha(1 + \mathrm{j}\,\mathrm{tg}\,\alpha). \end{aligned} \tag{2.81}$$

Hieraus entnehmen wir, daß die Filterphase α und die Oszillatorphase übereinstimmen. Im Schwingungsfall gelten die beiden Beziehungen:

$$S \frac{R_1 R_2}{R_1 + R_2} \geqq -\mathrm{e}^{b}\cos\alpha \qquad -\mathrm{e}^{b}\sin\alpha = 0. \tag{2.82}$$

Die Gleichung

$$\sin\alpha = 0 \tag{2.83}$$

liefert uns als Lösungen die ungradzahligen Vielfachen von π

$$\alpha = \pi, \quad 3\pi, \quad \ldots, \tag{2.84}$$

da nur für diese $\cos\alpha = -1$ ist, wodurch im Schwingungsfall das Vorzeichen der ersten Gl. (2.82) positiv wird. Natürlich ist auch eine negative Steilheit S möglich. Zwei Röhren oder eine Röhre und ein gegenseitig gepolter Übertrager ergeben eine negative Steilheit. Transistoren können so geschaltet werden, daß sie eine negative Steilheit besitzen. An Stelle von Gl. (2.82) gilt dann

$$-S\,\frac{R_1\,R_2}{R_1+R_2} \geqq \mathrm{e}^b\cos\alpha \qquad \mathrm{e}^b\sin\alpha = 0\,. \tag{2.85}$$

Jetzt sind bei positivem $\cos\alpha$ die Lösungen:

$$\alpha = 0,\quad 2\pi,\quad \ldots \tag{2.86}$$

Mit Hilfe der Ausführungen dieses Abschnittes können wir aus der Dämpfung und der Phase eines Filters auf seine Verwendungsmöglichkeit in Oszillatoren schließen. Je nach dem Vorzeichen der Steilheit liegen die Schwingstellen bei den ungeraden oder den geraden Vielfachen von π. Ist die Betriebsdämpfung bei einer solchen Stelle gleich dem aus der Steilheit und dem Parallelwiderstand der Abschlußwiderstände gebildeten Produkt, so ist diese Stelle schwingfähig und schwingt bei der dazugehörigen, der Phasenkurve zu entnehmenden Frequenz. Ist Gl. (2.82) oder (2.85) nicht erfüllt, so kann in manchen Fällen durch geeignete Wahl von R_1 und R_2 Schwingfähigkeit erzielt werden, wobei aber zu beachten ist, daß e^b eine Funktion von R_1 und R_2 ist. Beziehen wir die Phasenkurve auf den relativen Frequenzabstand (Verstimmung), so liefert die Steigung der erhaltenen Kurve ein Maß für die Güte des Oszillators, wie wir in Kap. 4 näher ausführen werden.

c) Die Schwingungsformeln eines allgemeinen, passiven Vierpols

Bei einer Vierpolschaltung wird man immer bemüht sein, die den Vierpol kennzeichnenden Größen verlustfrei zu erhalten, also rein imaginär. Läßt es sich nicht vermeiden, Schaltelemente mit größeren Verlusten zu benutzen, so legt man die Verluste durch Kompensation [*20*] zu den Abschlußwiderständen. Diese Maßnahme rechtfertigt die Einführung der Abschlußwiderstände, denn durch die Verluste sind immer Abschlußwiderstände vorhanden. Es genügt im allgemeinen, dieselben reell anzunehmen, so daß wir folgende Vereinfachungen vornehmen können:

$$\mathfrak{W}'_{1l} = \mathrm{j}\,W'_{1l} \qquad \mathfrak{W}'_{2l} = \mathrm{j}\,W'_{2l} \qquad \mathfrak{M}'_2 = \mathrm{j}\,M'_2\,. \tag{2.87}$$

Mit diesen Größen gehen wir (unter Weglassung der Striche) in die Gl. (2.75) und erhalten:

$$\begin{aligned} S &\geqq -\frac{(R_1+\mathrm{j}\,W_{1l})\,(R_2+\mathrm{j}\,W_{2l})+M_2^2}{R_1\,R_2\,\mathrm{j}\,M_2} \\ &= -\left[\frac{R_1\,W_{2l}+R_2\,W_{1l}}{R_1\,R_2\,M_2}+\mathrm{j}\,\frac{W_{1l}\,W_{2l}-M_2^2-R_1\,R_2}{R_1\,R_2\,M_2}\right]. \end{aligned} \tag{2.88}$$

Im Schwingungsfall gelten die Gleichungen:

$$S = -\frac{R_1 W_{2l} + R_2 W_{1l}}{R_1 R_2 M_2} \qquad \frac{W_{1l} W_{2l} - M_2^2 - R_1 R_2}{R_1 R_2 M_2} = 0. \qquad (2.89)$$

Mit den bekannten Beziehungen

$$M_2^2 = W_{1l}(W_{2l} - W_{2k}) = W_{2l}(W_{1l} - W_{1k}) \qquad (2.90)$$

können wir für die Frequenzbedingung auch schreiben:

$$\frac{W_{1l} W_{2k} - R_1 R_2}{R_1 R_2 M_2} = 0 \qquad \frac{W_{2l} W_{1k} - R_1 R_2}{R_1 R_2 M_2} = 0 \qquad (2.91)$$

und unter Einbeziehung der beiderseitigen in den Schwingungspunkten imaginären Wellenwiderstände $\mathfrak{Z}_1 = \mathrm{j}\, Z_1$ und $\mathfrak{Z}_2 = \mathrm{j}\, Z_2$:

$$\frac{\mathfrak{Z}_1 \mathfrak{Z}_2 + R_1 R_2}{R_1 R_2 M_2} = \frac{-Z_1 Z_2 + R_1 R_2}{R_1 R_2 M_2} = 0. \qquad (2.92)$$

Mit den Gln. (2.91) u. (2.92) läßt sich die Gleichung für die Schwingfrequenz jedes Vierpols in einfacher Weise aufstellen.

Bei gleichen Abschlußwiderständen $R = R_1 = R_2$ gelten an Stelle der Gln. (2.89), (2.91) u. (2.92):

$$\begin{aligned} S &= -\frac{W_{1l} + W_{2l}}{R\, M_2} \qquad \frac{W_{1l} W_{2k} - R^2}{R^2 M_2} = 0, \\ \frac{W_{2l} W_{1k} - R^2}{R^2 M_2} &= 0 \qquad \frac{-Z_1 Z_2 + R^2}{R^2 M_2} = 0. \end{aligned} \qquad (2.93)$$

Bei einem symmetrischen Vierpol ($W_{1l} = W_{2l}$) lauten die den Ausdrücken Gln. (2.89), (2.91), (2.92) entsprechenden Gleichungen:

$$S = -\frac{R_1 + R_2}{R_1 R_2}\,\frac{W_{1l}}{M_2} \qquad \frac{W_{1l} W_{1k} - R_1 R_2}{R_1 R_2 M_2} = 0 \qquad \frac{-Z^2 + R_1 R_2}{R_1 R_2 M_2} = 0. \qquad (2.94)$$

Betrachten wir einen unsymmetrischen Vierpol im Leerlauf, bei dem also einer der Abschlußwiderstände unendlich groß geworden ist:

$$R_2 = \infty \qquad R_1 \neq \infty, \qquad (2.95)$$

so wird aus Gl. (2.75):

$$S \geqq -\frac{R_1 + \mathfrak{W}_{1l}}{R_1 \mathfrak{M}_2}. \qquad (2.96)$$

Bei $R_1 = \infty$ $R_2 \neq \infty$ tritt $\mathfrak{W}_{2l}$ an die Stelle von $\mathfrak{W}_{1l}$. Es muß $\mathfrak{M}_2$ oder $\mathfrak{W}_{1l}$ bzw. $\mathfrak{W}_{2l}$ komplex sein. Sind beide Abschlußwiderstände unendlich groß, so liefert uns die Gl. (2.75):

$$S \geqq -\frac{1}{\mathfrak{M}_2}. \qquad (2.97)$$

Hierbei muß $\mathfrak{M}_2$ komplex sein, wobei zweckmäßig $\mathfrak{M}_2$ aus einem Π-Glied gebildet wird, damit der Realteil negativ sein kann:

$$\mathfrak{M}_2 = -m + \mathrm{j}\, M_2, \qquad (2.98)$$

und wir erhalten die Schwingbedingungen:

$$S \geqq \frac{m}{m^2 + M_2^2} \qquad \frac{M_2}{m_2 + M_2^2} = 0\,. \tag{2.99}$$

d) Die Schwingstellen eines allgemeinen Vierpols

Zur Bestimmung der möglichen Schwingstellen eines allgemeinen Vierpols betrachten wir den Imaginärteil J des Betriebsübertragsmaßes (s. Gl. (2.88)) [*24*]:

$$J = \frac{W_{1l}\,W_{2l} - M_2^2 - R_1\,R_2}{(R_1 + R_2)\,M_2} = \frac{W_{1l}\,W_{2k} - R_1\,R_2}{(R_1 + R_2)\,M_2} = \frac{W_{2l}\,W_{1k} - R_1\,R_2}{(R_1 + R_2)\,M_2} \tag{2.100}$$

und suchen die Nullstellen dieses Ausdruckes.

Zunächst sei:

$$W_{1l}\,W_{2l} - M_2^2 - R_1\,R_2 = 0\,. \tag{2.101}$$

Die Lösungen dieser Gleichung seien als Schwingstellen I bezeichnet. Betrachten wir den Vierpol als Filter irgendwelcher Art, so liegen diese Stellen in den Sperrbereichen (Dämpfungsbereichen) des Filters. Im allgemeinen sind sie wenig interessant, da die Phasenkurve an diesen Schwingstellen wenig steil ist. Auf jeden Fall flacher als bei den noch zu erörternden Schwingstellen, die im Durchlaßbereich zu liegen scheinen (s. Abschn. 2.6g). Weitere Schwingstellen, die wir II und III nennen wollen, erhalten wir für

$$M_2 = \infty\,. \tag{2.102}$$

Hierbei gibt es die beiden Möglichkeiten:

$$W_{1l}\,W_{2l} - M_2^2 - R_1\,R_2 = W_{1l}\,W_{2k} - R_1\,R_2 \neq 0 \neq \infty\,, \tag{2.103}$$

$$W_{1l}\,W_{2l} - M_2^2 - R_1\,R_2 = W_{2l}\,W_{1k} - R_1\,R_2 \neq 0 \neq \infty\,. \tag{2.104}$$

Mit den bekannten Gleichungen

$$M_2^2 = W_{1l}(W_{2l} - W_{2k})\,, \tag{2.105}$$

$$M_2^2 = W_{2l}(W_{1l} - W_{1k}) \tag{2.106}$$

können wir weitere Bedingungen aufstellen.

Für die Schwingstellen II entnehmen wir der Gl. (2.105), daß für $M_2 = \infty$ auch $W_{1l} = \infty$ sein muß. Damit die Bedingung Gl. (2.103) erfüllt wird, muß $W_{2k} = 0$ sein. Aus Gl. (2.105) folgt, daß auch $W_{2l} = \infty$ sein muß und damit nach Gl. (2.104) auch $W_{1k} = 0$.

Damit lauten die Bedingungen für die Schwingstellen II:

$$W_{1l} = \infty \qquad W_{2l} = \infty \qquad W_{1k} = 0 \qquad W_{2k} = 0\,. \tag{2.107}$$

Der Vierpol ist hierbei in den Schwingstellen symmetrisch.

Die Gln. (2.105) u. (2.106) können auch auf eine andere Weise erfüllt werden. Man setzt z. B. in Gl. (2.105) $W_{1l} = 0$. Um Gl. (2.102) zu erfüllen, muß dann $W_{2l} = \infty^3$ und wegen der Gln. (2.103) u. (2.104) $W_{2k} = \infty$ und $W_{1k} = 0^3$ sein. Eine Realisierung dieser Bedingungen ist mit reellen Frequenzen nicht möglich. Die Amplitudenbedingung Gl. (2.89) ist ebenfalls nicht erfüllbar.

Es muß daher ein anderer Weg gesucht werden, um zu brauchbaren Bedingungen für einen unsymmetrischen Vierpol und somit zu den Schwingstellen III zu kommen [*110*].

Geeignete einfache Schaltungen sind Oszillatoren, bei denen die Röhre in Anoden- oder Gitterbasisschaltung (s. Abb. 3.13) benutzt wird. Zur Berechnung einer Anodenbasisschaltung mit parallelliegendem passivem Vierpol mit reellen Abschlußwiderständen (s. Abb. 3.14) verwenden wir die Gl. (3.52) mit den Umrechnungsformeln Gl. (3.2).

Als Schwingungsbeziehung erhalten wir:

$$-S\left(\mathfrak{W}_{2l} - \mathfrak{M}_2 + \frac{|\mathfrak{W}|}{R_1}\right) = 1 + \frac{\mathfrak{W}_{1l}}{R_1} + \frac{\mathfrak{W}_{2l}}{R_2} + \frac{|\mathfrak{W}|}{R_1 R_2} \qquad (2.108)$$

und zerlegt in Amplituden- und Frequenzbedingung:

$$-S = \frac{W_{1l} R_2 + W_{2l} R_1}{R_1 R_2 (W_{2l} - M_2)} \quad \frac{(W_{1l} W_{2l} - M_2^2)(1 + S R_2) - R_1 R_2}{R_1 R_2 (W_{2l} - M_2)} = 0. \qquad (2.109)$$

Aus der Frequenzbedingung Gl. (2.109) können wir in Verbindung mit den Gln. (2.105) u. (2.106) als Bedingungen für die Schwingstellen III die Gleichungen aufstellen:

$$W_{2l} = \infty \qquad M_2 = 0 \qquad W_{1k} = 0 \qquad W_{1l} = 0 \qquad W_{2k} = \infty. \qquad (2.110)$$

Bei der Gitterbasisschaltung vertauschen sich die Werte von W_{1l} und W_{2l}, so daß der Unterschied beider Anordnungen einem Umdrehen des passiven Vierpols (bei einem aktiven Vierpol reicht das Umdrehen nicht aus) entspricht. Parallel oder in Kette legen des passiven zu dem aktiven Vierpol ergibt ebenfalls eine Umdrehung und somit Vertauschung.

Nach den Gln. (2.107) u. (2.110) sind bei den Schwingstellen II und III die Wellenwiderstände immer unbestimmt, Null oder Unendlich (s. Kap. 3).

e) Die Amplitudenbedingung bei den verschiedenen Schwingstellen

Als Amplitudenbedingung entnehmen wir der Gl. (2.89):

$$S R_1 R_2 \geqq -\frac{R_1 W_{2l} + R_2 W_{1l}}{M_2}. \qquad (2.111)$$

Für die Schwingstellen I der Gl. (2.101) kann man aus den Gln. (2.101) u. (2.111) erhalten:

$$S R_1 R_2 \geqq -\frac{R_1 M_2^2 + R_2 W_{1l}^2 + R_1^2 R_2}{W_{1l} M_2} \qquad (2.112)$$

Im symmetrischen Fall $R_1 = R_2 = R$, $W_{2l} = W_{1l}$ ergibt sich hieraus

$$S\,R \geqq -\frac{M_2^2 + W_{1l}^2 + R^2}{W_{1l}\,M_2} \tag{2.113}$$

und speziell für die Brückenschaltung

$$S\,R \geqq -\frac{X_2 + X_1}{X_2 - X_1}. \tag{2.114}$$

Viel interessanter sind die Schwingstellen mit $M_2 = \infty$ [s. Gl. (2.102)]. Für die Schwingstellen II nach Gl. (2.107) wird aus Gl. (2.111):

$$S \geqq \frac{1}{R_1} + \frac{1}{R_2}. \tag{2.115}$$

Die Vorzeichen von M_2, W_{1l} und W_{2l} müssen immer so gewählt werden, daß Gl. (2.115) beidseitig positiv ist. Erforderlichenfalls muß durch Umpolen (beim Differentialübertrager), durch einen Übertrager oder durch eine Elektronenröhre eine Vorzeichenänderung vorgenommen werden. Wenn auch Gl. (2.105) das Verfahren zur Ermittlung von Gl. (2.115) bestätigt, so sollte man doch vorsichtig sein, da zweimal der Ausdruck ∞/∞ gleich Eins gesetzt wurde.

Bei diesen Schwingstellen ist die Amplitudenbedingung nur von den Abschlußwiderständen abhängig. Die Frequenzbedingung und somit die Frequenzkonstanz ist hingegen frei von den Abschlußwiderständen. Die Steilheit der Röhre kann durch Wahl der richtigen Abschlußwiderstände nach Gl. (2.115) immer voll ausgenutzt werden.

Für die Schwingstellen III ergibt sich aus den Bedingungen Gl. (2.109) u. (2.110)

$$S \geqq \frac{1}{R_2}. \tag{2.116}$$

Auch hier gilt das zur Gl. (2.115) Gesagte. Man sollte jedoch auf jeden Fall an Hand der Gl. (2.109) nachprüfen, ob Gl. (2.116) richtig ist.

f) Die Schwingstellen einer Brückenschaltung

Zur Veranschaulichung der zunächst etwas unverständlich anmutenden Bedingungen Gln. (2.107) betrachten wir eine Brückenschaltung mit den Blindwiderständen X_1 und X_2. Für eine solche gilt:

$$W_{1l} = W_{2l} = \frac{X_2 + X_1}{2} \qquad M_2 = \frac{X_2 - X_1}{2} \qquad W_{1k} = W_{2k} = \frac{2\,X_1\,X_2}{X_1 + X_2}. \tag{2.117}$$

Damit erhalten wir an Stelle von Gl. (2.100)

$$J = \frac{X_1\,X_2 - R_1\,R_2}{\frac{R_1 + R_2}{2}\,(X_2 - X_1)}. \tag{2.118}$$

Für die Schwingstellen I ergibt sich:

$$X_1\,X_2 - R_1\,R_2 = 0 \tag{2.119}$$

mit der Amplitudenbedingung Gl. (2.114), während sich die Schwingstellen II aus den Gleichungen

$$X_2 = \infty \qquad X_1 = 0 \tag{2.120}$$

oder

$$X_1 = \infty \qquad X_2 = 0 \tag{2.121}$$

ermitteln lassen. Die Amplitudenbedingung (Gl. 2.115) ist anwendbar. Über die Art dieser Schwingstellen werden wir im folgenden Abschnitt sprechen.

Schwingstellen III sind wegen der Symmetrie der Brückenschaltung und der damit verbundenen Beziehung $W_{1l} = W_{2l}$ nicht möglich.

g) Die Arten der Schwingstellen bei einer Brückenschaltung

Die Gln. (2.119) u. (2.120) bzw. (2.121) liefern uns Schwingstellen I. und II. Art. Um diese näher kennenzulernen, betrachten wir eine Anordnung mit je einem Kristall in jedem Brückenzweig. In Form der Differentialbrücke zeigt Abb. 2.17 diese Anordnung. Mögliche Blindwiderstandsdarstellungen sehen wir in Abb. 2.18a, b, c. In den schraffierten Bereichen haben die Blindwiderstände X_1 und X_2 gleiches Vorzeichen. Um die Gl. (2.119) zu erfüllen, ist gleiches Vorzeichen der Blindwiderstände erforderlich. Schwingstellen I können daher in den schraffierten Bereichen der Abb. 2.18a, b, c vorkommen. Diese Bereiche sind jedoch Dämpfungsbereiche des als Filter betrachteten Vierpols des Oszillators. In den Abb. 2.18b, c ist keine Schwingstelle II festzustellen. Rücken wir jedoch die Parallelresonanzstelle von X_1 mit der Serienresonanzstelle von X_2 zusammen (s. Abb. 2.18a), so liegt der Punkt P jetzt an einer Grenzstelle eines Sperrbereiches, die sich innerhalb des Durchlaßbereiches befindet. Für diesen Punkt gilt die Gl. (2.121) $X_1 = \infty$, $X_2 = 0$. Mit der Gl. (2.114) stellen wir fest, daß auch das Vorzeichen richtig liegt und die Amplitudenbedingung Gl. (2.115) erfüllt ist. Im Falle eines negativen Vorzeichens wäre der Übertrager umzupolen, um Schwingfähigkeit zu erzielen.

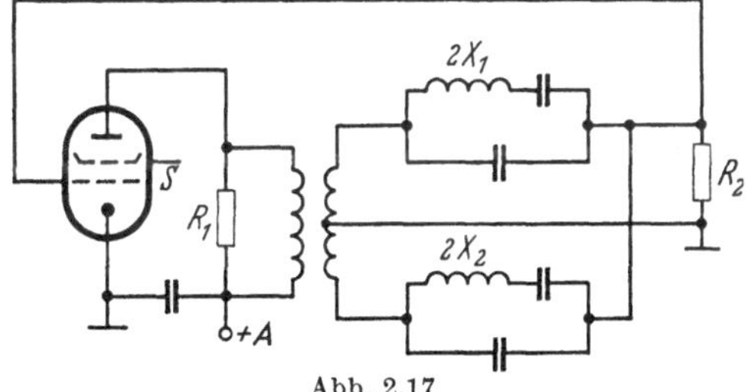

Abb. 2.17
Oszillator in Differential-Brückenschaltung [24]

Schwingfähigkeit bei der Gl. (2.114) bedeutet:

$$|X_1| > |X_2|. \tag{2.122}$$

Mit dieser Bedingung sind alle Schwingstellen erfaßt, also I und II. Trifft dieselbe nicht zu, so ist durch Vertauschen der Brückenzweige — im Falle des Differentialbrückenoszillators durch Umpolen des

Übertragers — Schwingfähigkeit zu erzielen. Einen Bereich, der die Bedingung Gl. (2.122) erfüllt, nennen wir S^+, einen solchen, der erst durch Vertauschen der Brückenzweige Schwingstellen enthalten kann, S^-. In der Abb. 2.18 sind diese Bereiche eingezeichnet. Wir sehen, daß

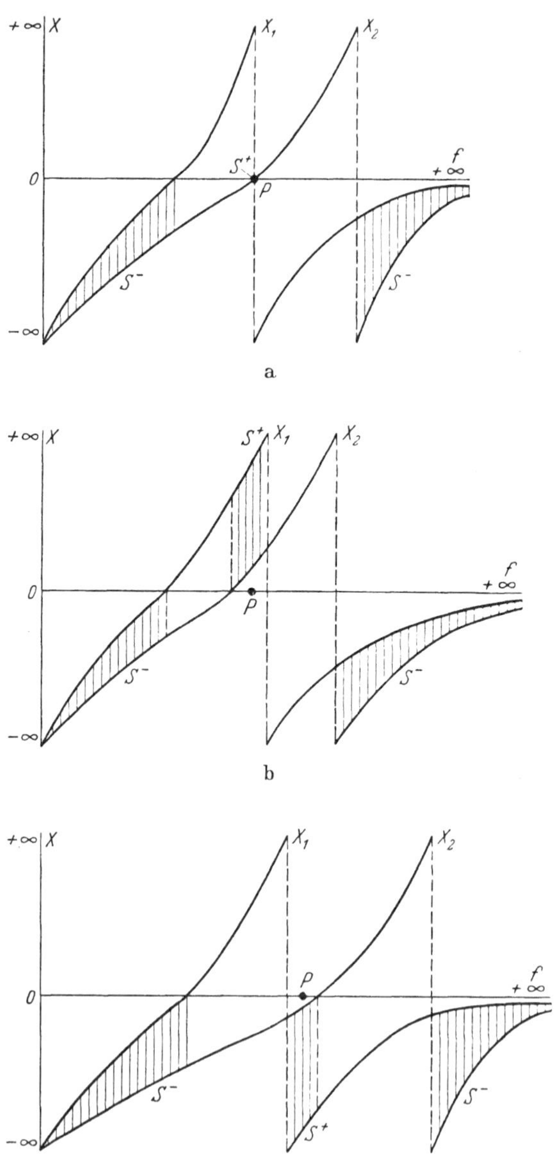

Abb. 2.18. Blindwiderstandsverlauf der Brückenzweige des Oszillators Abb. 2.17 mit zusammenfallender und nicht zusammenfallender Serien- und Parallelresonanz im Durchlaßbereich [24]

S^+ und S^- abwechseln. Abb. 2.19 zeigt eine Blindwiderstandsanordnung des gleichen Oszillators, dem man, als Filter betrachtet, einen

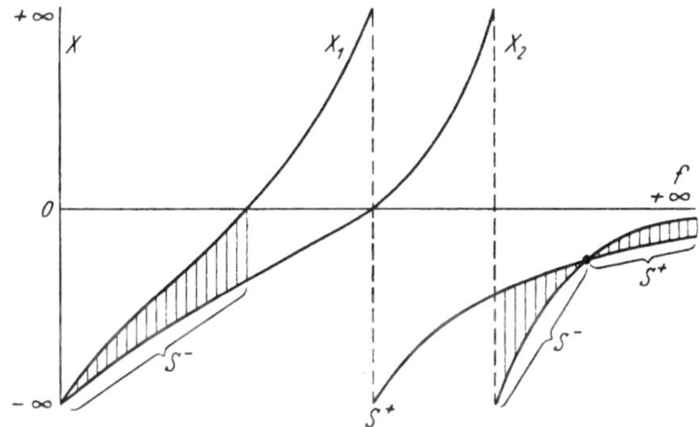

Abb. 2.19. Die Schwingbereiche des Oszillators Abb. 2.17

Dämpfungspol gegeben hat. Dadurch kehrt sich das Vorzeichen um, und wir erhalten einen durch den Dämpfungspol unterbrochenen Sperrbereich mit S^+- und S^--Stellen.

h) Die Schwingstellen eines *T*-Gliedes

Als weiteres Beispiel bringen wir das in Abb. 2.20 gezeigte T-Glied. Für dasselbe gilt:

$$W_{1l} = X_a + X_c \qquad W_{2l} = X_b + X_c, \qquad M_2 = X_c \qquad W_{2k} = X_b + \frac{X_a X_c}{X_a + X_c}. \tag{2.123}$$

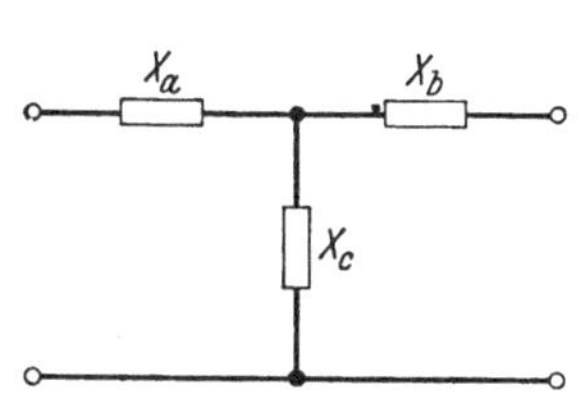

Abb. 2.20. Allgemeines T-Glied

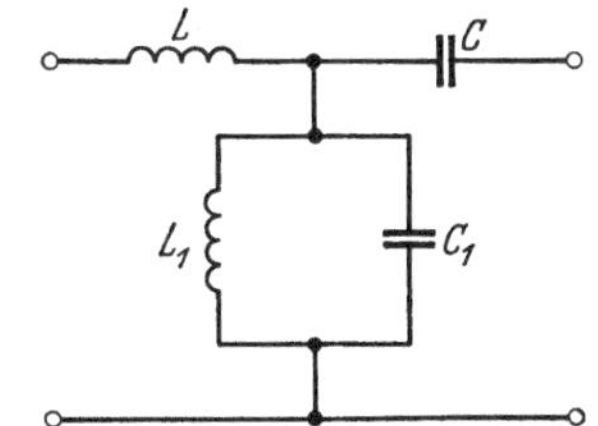

Abb. 2.21. Spezielles unsymmetrisches T-Glied

Zunächst ist nach Gl. (2.101) für die Schwingstellen I:

$$X_a X_b + X_a X_c + X_b X_c - R_1 R_2 = 0 \tag{2.124}$$

mit der Amplitudenbedingung:

$$S \gtreqless -\left[\frac{1}{R_1}\left(1 + \frac{X_a}{X_c}\right) + \frac{1}{R_2}\left(1 + \frac{X_b}{X_c}\right)\right]. \tag{2.125}$$

Entsprechend Gl. (2.102) erhalten wir:

$$X_c = \infty \tag{2.126}$$

und damit für die Schwingstellen II aus den Gln. (2.107) u. (2.123)

$$W_{1l} = \infty \qquad W_{2l} = \infty \qquad W_{2k} = X_a + X_b = 0. \tag{2.127}$$

Ein als Oszillator brauchbarer Vierpol mit diesen Bedingungen ist in Abb. 2.21 gezeigt. Für denselben lauten die Gleichungen:

$$X_a + X_b = \omega L - \frac{1}{\omega C} = 0 \qquad X_c = \frac{\frac{L_1}{C_1}}{\frac{1}{\omega C_1} - \omega L_1} = \infty \qquad \omega^2 L_1 C_1 = 1. \tag{2.128}$$

An Stelle des Parallelkreises könnte man auch einen Kristall schalten. Der Kreis aus L und C müßte dann auf die Parallelresonanzfrequenz des Kristalls abgestimmt werden.

Zur Gewinnung von Schwingstellen III müßte sein:

$$X_a = 0 \qquad X_b = \infty \qquad X_c = 0. \tag{2.129}$$

i) Die Schwingstellen eines *Π*-Gliedes

Für das in Abb. 2.22 wiedergegebene *Π*-Glied ist:

$$\begin{gathered} W_{1l} = \frac{X_1(X_2 + X_3)}{X_1 + X_2 + X_3} \qquad W_{2l} = \frac{X_2(X_1 + X_3)}{X_1 + X_2 + X_3}, \\ M_2 = \frac{X_1 X_2}{X_1 + X_2 + X_3} \qquad W_{1k} = \frac{X_1 X_3}{X_1 + X_3} \qquad W_{2k} = \frac{X_2 X_3}{X_2 + X_3}. \end{gathered} \tag{2.130}$$

Die Amplitudenbedingung lautet:

$$S \geqq -\left[\frac{1}{R_1}\left(1 + \frac{X_3}{X_2}\right) + \frac{1}{R_2}\left(1 + \frac{X_3}{X_1}\right)\right]. \tag{2.131}$$

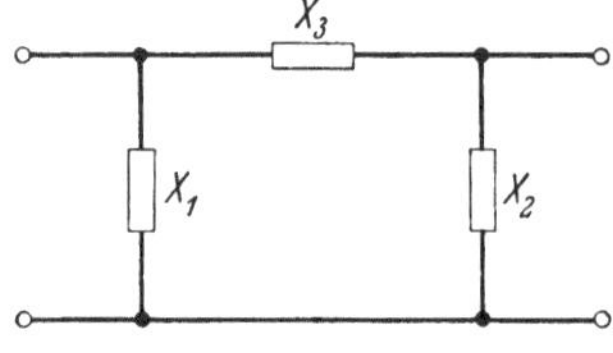

Abb. 2.22. Allgemeines *Π*-Glied

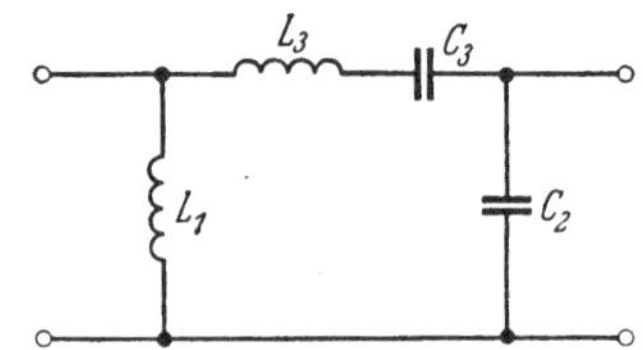

Abb. 2.23. Spezielles unsymmetrisches *Π*-Glied

Die Schwingstellen I ermitteln sich nach Gl. (2.101) aus der Gleichung:

$$\frac{\frac{X_1 X_2 X_3}{X_1 + X_2 + X_3} - R_1 R_2}{R_1 R_2 \frac{X_1 X_2}{X_1 + X_2 + X_3}} = 0. \tag{2.132}$$

Aus Gl. (2.130) folgt für $M_2 = \infty$

$$X_1 + X_2 + X_3 = 0. \tag{2.133}$$

Betrachten wir nun die Schwingstellen II.

Mit

$$X_3 = 0 \qquad X_1 + X_2 = 0 \tag{2.134}$$

lassen sich die Bedingungen Gl. (2.107) erfüllen. Einen möglichen Oszillator zeigt Abb. 2.23. Für denselben gilt im Schwingungspunkt

$$X_3 = \omega L_3 - \frac{1}{\omega C_3} = 0 \qquad X_1 + X_2 = \omega L_1 - \frac{1}{\omega C_2} = 0. \quad (2.135)$$

Hierbei ist die Amplitudenbedingung Gl. (2.131), abgesehen vom Vorzeichen, erfüllt.

Wenden wir uns nun zu den Schwingungsstellen III. Zur Erfüllung der Bedingungen Gl. (2.110) genügen für die Anodenbasisschaltung die Gleichungen:

$$X_1 = 0 \qquad X_2 = \infty \qquad X_3 = \infty \quad (2.136)$$

und für die Gitterbasisschaltung

$$X_1 = \infty \qquad X_2 = 0 \qquad X_3 = \infty. \quad (2.137)$$

Ein Π-Glied nach den Bedingungen Gl. (2.136) und damit eine Schaltung mit Schwingstellen III zeigt Abb. 2.24 mit $X_2 = X_3$. Die Schwingfrequenz berechnet sich nach $X_1 = 0$ aus der Gleichung

$$\omega L_1 - \frac{1}{\omega C_1} = 0 \quad (2.138)$$

Es ist Abstimmung aller Kreise auf die Schwingfrequenz erforderlich.

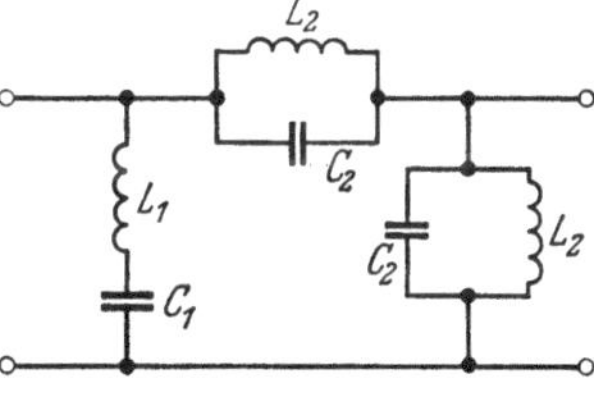

Abb. 2.24
Π-Glied für Anodenbasisschaltung

Da das Π-Glied ohne Abschlußwiderstände sehr brauchbare Oszillatoren liefert, wollen wir diese Möglichkeit näher untersuchen. Betrachten wir die Gln. (2.131) u. (2.132) im Leerlauf, und zwar mit $R_2 = \infty$, so ergibt sich

$$S = -\frac{1}{R_1}\left(1 + \frac{X_3}{X_2}\right) \qquad \frac{X_1 + X_2 + X_3}{X_1 X_2} = 0. \quad (2.139)$$

Geht R_1 gegen Unendlich, so besteht die Amplitudenbedingung aus dem zweiten Teil der Gl. (2.131), während die Frequenzbedingung der Gl. (2.139) übernommen wird.

Für den Fall, daß beide Abschlußwiderstände unendlich groß sind, muß der Vierpol ein verlustbehaftetes Glied enthalten. Ist eines der Querglieder verlustbehaftet, so können wir den Verlust als Parallelwiderstand herausnehmen, womit die Voraussetzung nicht mehr erfüllt ist. Es kann also nur das Längsglied einen Verlust haben. Es sei:

$$\mathfrak{X}_3 = r + \mathrm{j}\, X_3. \quad (2.140)$$

Hiermit erweitern sich die Gln. (2.130) zu

$$\begin{aligned} \mathfrak{W}_{1l} &= \frac{\mathrm{j}\, X_1(r + \mathrm{j}(X_2 + X_3))}{r + \mathrm{j}(X_1 + X_2 + X_3)} & \mathfrak{W}_{2l} &= \frac{\mathrm{j}\, X_2(r + \mathrm{j}(X_1 + X_3))}{r + \mathrm{j}(X_1 + X_2 + X_3)}, \\ \mathfrak{M}_2 &= \frac{\mathrm{j}\, X_1 X_2}{X_1 + X_2 + X_3 - \mathrm{j}\, r} & \mathfrak{W}_{2k} &= \frac{\mathrm{j}\, X_2(r + \mathrm{j}\, X_3)}{r + \mathrm{j}(X_2 + X_3)} \end{aligned} \quad (2.141)$$

Wegen der Umständlichkeit der entstehenden Gleichungen beschränken wir uns auf den Fall $R_1 = R_2 = \infty$ und erhalten aus der Gl. (2.74):

$$S \geqq -\frac{1}{\mathfrak{M}_2} = \frac{r}{X_1 X_2} + \mathrm{j}\,\frac{X_1 + X_2 + X_3}{X_1 X_2}. \tag{2.142}$$

Die Gleichungen für Π- und T-Schaltungen lassen sich durch die bekannte Stern-Dreieck-Transformation ineinander überführen. Es genügt also, nur eine Form zu betrachten. Die Π-Form stimmt mit den Dreipunktschaltungen überein. Die T-Form liefert bei einseitigem Leerlauf eine einfache Frequenzformel.

k) Die Schwingungsformel mit zwei Röhren ohne und mit Phase im aktiven Vierpol

Schalten wir eine zweite Röhre in Kette zu der bereits vorhandenen Röhre, wie Abb. 2.25 darstellt, so erfährt die Anordnung eine Phasen-

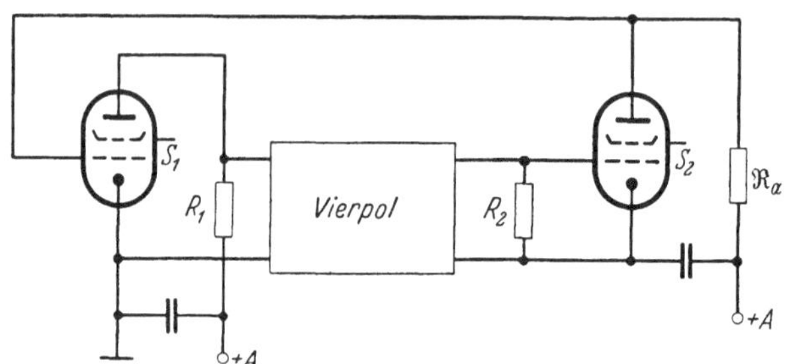

Abb. 2.25. Oszillator mit zwei Röhren und allgemeinem Vierpol [24]

drehung um 180°, wenn der die Röhren verbindende Anodenwiderstand R_a phasenlos ist und der Ankopplungskondensator so groß gewählt ist, daß er keinen Einfluß hat (erforderlichenfalls muß er berücksichtigt werden). Wir erhalten an Stelle von Gl. (2.75):

$$S_1 S_2 R_a \geqq \frac{(R_1 + \mathfrak{W}_{1l})(R_2 + \mathfrak{W}_{2l}) - \mathfrak{M}_2^2}{R_1 R_2 \mathfrak{M}_2}. \tag{2.143}$$

Benutzen wir Gl. (2.81), so gilt:

$$S_1 S_2 R_a \frac{R_1 R_2}{R_1 + R_2} \geqq \mathrm{e}^b \cos\alpha\,(1 + \mathrm{j}\,\mathrm{tg}\alpha). \tag{2.144}$$

Hat nun der Anodenwiderstand eine Phase und ist diese durch die Beziehung

$$\mathfrak{R}_a = \frac{R_a}{1 + \mathrm{j}\,\mathrm{tg}\,\varphi} \tag{2.145}$$

gegeben, so lautet die Schwingungsbedingung:

$$S_1 S_2 R_a \frac{R_1 R_2}{R_1 + R_2} \geqq \mathrm{e}^b \cos\alpha\,(1 + \mathrm{j}\,\mathrm{tg}\alpha)\,(1 + \mathrm{j}\,\mathrm{tg}\,\varphi). \tag{2.146}$$

Zerlegt ergibt sich:

$$S_1 S_2 R_a \frac{R_1 R_2}{R_1 + R_2} \geqq e^b \cos\alpha (1 - \operatorname{tg}\alpha \operatorname{tg}\varphi) \qquad \operatorname{tg}\alpha + \operatorname{tg}\varphi = 0. \tag{2.147}$$

Die Frequenzbedingung besitzt die Lösungen:

$$\alpha + \varphi = 0,\ \pi,\ 2\pi,\ \ldots, \tag{2.148}$$

während sich die Amplitudenbedingung damit vereinfacht zu:

$$S_1 S_1 R_a \frac{R_1 R_2}{R_1 + R_2} \geqq \frac{e^b}{\cos\alpha}. \tag{2.149}$$

An Stelle der zweiten Röhre können wir auch einen Übertrager zur Phasenumkehr einschalten. Hat derselbe das komplexe Übersetzungsverhältnis $\mathfrak{ü}$

$$\mathfrak{ü} = ü(1 + \mathrm{j}\operatorname{tg}\varepsilon), \tag{2.150}$$

wobei $\operatorname{tg}\varepsilon$ die Abweichung von einem idealen Übertrager angibt, so gilt:

$$S_1 ü \frac{R_1 R_2}{R_1 + R_2} \geqq e^b \cos\alpha \frac{1 + \mathrm{j}\operatorname{tg}\alpha}{1 + \mathrm{j}\operatorname{tg}\varepsilon} \tag{2.151}$$

und zerlegt:

$$S_1 ü \frac{R_1 R_2}{R_1 + R_2} \geqq e^b \cos\alpha \frac{1 + \operatorname{tg}\alpha \operatorname{tg}\varepsilon}{1 + \operatorname{tg}^2\varepsilon} \qquad \operatorname{tg}\alpha - \operatorname{tg}\varepsilon = 0. \tag{2.152}$$

Damit gilt weiterhin:

$$S_1 ü \frac{R_1 R_2}{R_1 + R_2} \geqq e^b \cos\alpha \qquad \alpha - \varepsilon = 0,\ \pi,\ 2\pi,\ \ldots. \tag{2.153}$$

2.7 Die Rückkopplungsgerade

In Kap. 2.4 haben wir den durch die Gl. (2.32)

$$\mathfrak{J}_a = \frac{1}{(\mathfrak{K} - D)\mathfrak{R}_a} \mathfrak{U}_{st} \tag{2.32}$$

wiedergegebenen Zusammenhang über die Schaltung kennengelernt. Hierbei kann man den Durchgriff D als Gegenkopplung über die Röhre betrachten. Wenn ein solcher Zusammenhang innerhalb des aktiven Vierpols nicht besteht, so gilt die Gl. (2.32) mit $D = 0$ allgemein.

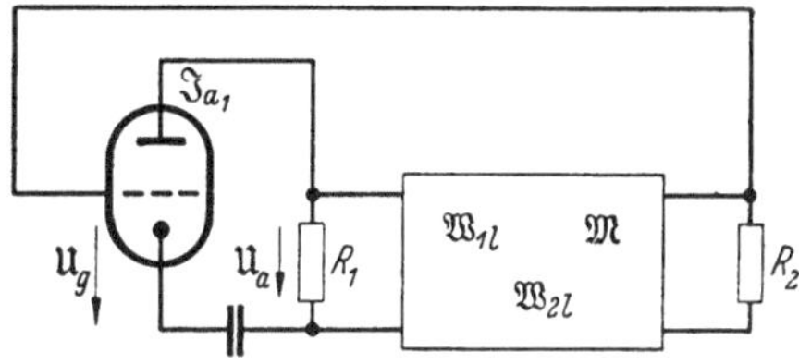

Abb. 2.26. Oszillator mit einer Röhre und allgemeinem Vierpol [23]

Der Abb. 2.26 entnehmen wir die Beziehungen

$$\begin{aligned} \mathfrak{U}_a &= \mathfrak{W}_{1l}\mathfrak{J}_1 + \mathfrak{M}_2\mathfrak{J}_2 \qquad & \mathfrak{U}_g &= -R_2\mathfrak{J}_2, \\ \mathfrak{U}_g &= \mathfrak{M}_2\mathfrak{J}_1 + \mathfrak{W}_{2l}\mathfrak{J}_2 \qquad & \mathfrak{U}_a &= \mathfrak{W}_1\mathfrak{J}_1 \end{aligned} \tag{2.154}$$

mit

$$\mathfrak{W}_1 = \mathfrak{W}_{1l} - \frac{\mathfrak{M}_2^2}{\mathfrak{W}_{2l} + R_2}. \qquad (2.155)$$

Für die durch

$$\mathfrak{K} = -\frac{\mathfrak{U}_g}{\mathfrak{U}_a} \qquad (2.156)$$

definierte Rückkopplung liefern die Gln. (2.154):

$$\mathfrak{K} = -\frac{R_2\,\mathfrak{M}_2}{\mathfrak{W}_1(\mathfrak{W}_{2l} + R_2)} = -\frac{R_2\,\mathfrak{M}_2}{\mathfrak{W}_{1l}(\mathfrak{W}_{2l} + R_2) - \mathfrak{M}_2^2}, \qquad (2.157)$$

während der Anodenwiderstand $\mathfrak{R}_a$ gegeben ist durch:

$$\mathfrak{R}_a = \frac{R_1\,\mathfrak{W}_1}{R_1 + \mathfrak{W}_1} = \frac{R_1\,[\mathfrak{W}_{1l}(\mathfrak{W}_{2l} + R_2) - \mathfrak{M}_2^2]}{(R_1 + \mathfrak{W}_{1l})(R_2 + \mathfrak{W}_{2l}) - \mathfrak{M}_2^2}. \qquad (2.158)$$

Aus den Gln. (2.157) u. (2.158) können wir mit Gl. (2.155) die Gleichung

$$\frac{1}{(\mathfrak{K} - D)\,\mathfrak{R}_a} = \frac{(R_1 + \mathfrak{W}_{1l})(R_2 + \mathfrak{W}_{2l}) - \mathfrak{M}_2^2}{\left[-\frac{R_2\,\mathfrak{M}_2}{\mathfrak{W}_{1l}(\mathfrak{W}_{2l} + R_2) - \mathfrak{M}_2^2} - D\right] R_1\,[\mathfrak{W}_{1l}(\mathfrak{W}_{2l} + R_2) - \mathfrak{M}_2^2]} \qquad (2.159)$$

erhalten.

Für $D = 0$ ergibt sich aus Gl. (2.159):

$$\frac{1}{\mathfrak{K}\,\mathfrak{R}_a} = -\frac{(R_1 + \mathfrak{W}_{1l})(R_2 + \mathfrak{W}_{2l}) - \mathfrak{M}_2^2}{R_1\,R_1\,\mathfrak{M}_2} = -\frac{R_1 + R_2}{R_1\,R_2}\,e^{\mathfrak{g}'} = S. \qquad (2.160)$$

Wählen wir $R_2 = \infty$, so liefert Gl. (2.159):

$$\frac{1}{(\mathfrak{K} - D)\,\mathfrak{R}_a} = -\frac{R_1 + \mathfrak{W}_{1l}}{R_1\,\mathfrak{M}_2} \qquad (2.161)$$

unabhängig von D.

Im Schwingungsfall wird der Ausdruck $1/(\mathfrak{K} - D)\,\mathfrak{R}_a$ reell.

Wir kürzen ihn mit S_{rs} ab. Anodenstrom und Steuerspannung sind im Schwingungspunkt ebenfalls reell, so daß gilt

$$\mathfrak{J}_a = S_{rs}\,\mathfrak{U}_{st}. \qquad (2.162)$$

Damit ist S_{rs} die Steigung der Rückkopplungsgeraden im Schwingungspunkt. Bei $D = 0$ können wir aus den Gln. (2.32), (2.81) u. (2.160) im Schwingungspunkt schreiben:

$$S = S_{rs}. \qquad (2.163)$$

Hierbei gilt an Stelle von Gl. (2.162):

$$\mathfrak{J}_a = S_{rs}\,\mathfrak{U}_g. \qquad (2.164)$$

Die Gl. (2.163) gilt allerdings allgemein. Zu Gl. (2.159) fehlt lediglich die Vergleichsformel, doch wollen wir hier gerade Röhre und Schaltung auftrennen, wobei $D = 0$ sein muß. In der wichtigen Gl. (2.163) stellt S_{rs} die vom Schaltungsteil herrührende Steigung der Rückkopplungsgeraden dar. Auf diesen Wert muß sich die Steilheit S der Röhre einspielen (Abb. 2.27). Beim Anschwingvorgang (s. Kap. 2.10) kommen wir auf diese Verhältnisse zurück.

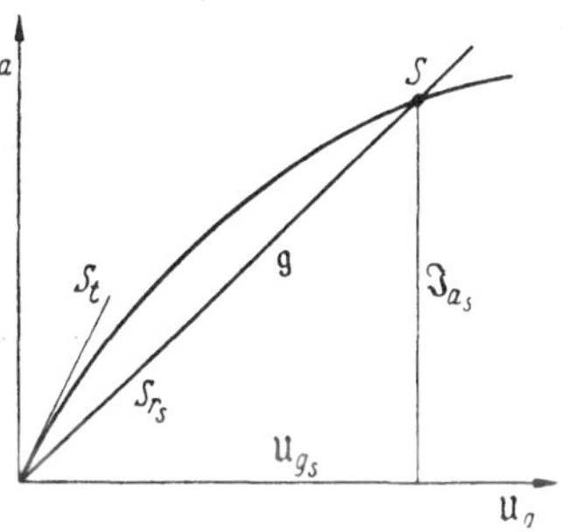

Abb. 2.27. Schwinglinie und Rückkopplungsgerade [31]

Die Bestimmung der Größen $\mathfrak{K}$ und $\mathfrak{R}_a$ ist im allgemeinen sehr einfach und ermöglicht eine leichte Berechnung von Oszillatoren. Die Rückkopplungsgerade Gl. (2.162) gibt ein brauchbares Aktivitätsmaß, wie im folgenden Abschnitt gezeigt werden soll.

2.8. Das Aktivitätsmaß von Oszillatoren und der Performance Index

a) Zur Problemstellung

Schon bei den ersten Röhrenoszillatoren stellte man fest, daß der Gitterstrom ein Maß für die Wirksamkeit eines Oszillators ist. Mit zunehmender Gitterspannungsamplitude gelangt man in den Gitterstrombereich und erhält einen Gitterstrom, der mit der Amplitude wächst. Die Funktion, welche Gitterspannung und Gitterstrom verbindet, ist kompliziert und von den Röhreneigenschaften abhängig. Verschiedene Röhren ergeben mit der gleichen Schaltung verschiedene Gitterströme und somit ein verschiedenes und damit unbrauchbares Maß. Es soll aber gerade ein Maß für die Brauchbarkeit der Oszillatorschaltung dargestellt werden, das unabhängig von der Röhrenanordnung ist. Die Güte der Oszillatoren ist wichtig für die Frequenzkonstanz, liegt aber entgegengesetzt zu einem Aktivitätsmaß, denn zur Erzielung hoher Frequenzkonstanz wird man mit kleinen Amplituden arbeiten. Die Wichtigkeit eines Aktivitätsmaßes tritt besonders bei den Kristallschaltungen hervor. Da man Kristalle mit beliebigen erwünschten elektrischen Daten nicht herstellen kann, so mußte aus den Kristalldaten ein Ausdruck gebildet werden, der ein Maß für die Wirksamkeit der Kristalle in einer geeigneten Oszillatorschaltung darstellen soll. Aus den einfachen Parallelresonanzschaltungen wurde als Aktivitätsmaß der Parallelresonanzwiderstand des kapazitiv belasteten Kristalls abgeleitet [21] und mit „Performance Index" gezeichnet. Zur Auswahl eines Kristalls ist der „PI." durchaus geeignet. Er gibt aber nur einen Faktor des Aktivitätsmaßes einer Schaltung. Wenn auch der Kristall den maßgebendsten Einfluß in einer Schaltung hat, so können doch die übrigen Schaltteile die Wirksamkeit der Schaltung beeinflussen.

Zu einer anderen Definition des Aktivitätsmaßes kommt SCHEMBEL [22]. Er geht von der Betriebssteilheit der Röhre aus. Damit nähert er sich einer brauchbaren Definition, ohne allerdings zu einer geeigneten Fassung zu kommen.

Im folgenden wollen wir unter Anlehnung an den Gitterstrom und unter Einbeziehung des PI. eine einfache Definition des Aktivitätsmaßes vorschlagen.

b) Zur Definition des Aktivitätsmaßes

Voraussetzung eines brauchbaren Aktivitätsmaßes erscheint uns, daß es unabhängig von den Daten der Röhre ist. Es darf nur Schaltelemente enthalten, in die natürlich auch Streu- und Röhrenkapazitäten einzubeziehen sind. Dieser indirekte Einfluß der Röhre läßt sich im allgemeinen vernachlässigen oder ohne Schwierigkeiten berücksichtigen.

Aus der Gitterstrombetrachtung folgt, daß die Gitterspannungsamplitude ein geeignetes Maß für die Aktivität darstellt. Die Schwinglinie eines Oszillators gibt Auskunft über die Gitterspannungsamplitude. Wir interessieren uns nur für einen gegenüber der Gitterspannungsachse konkaven Teil der Schwinglinie, ohne damit die Betrachtung einzuschränken. Es bedeuten $\mathfrak{J}_a$ die Anodenstromamplitude und $\mathfrak{U}_g$ die Gitterspannungsamplitude, wobei der Durchgriff vernachlässigt wurde. Die Gerade $\mathfrak{g}$ ist die Rückkopplungsgerade. Sie trifft die Schwinglinie im Schwingungspunkt S, dessen Koordinaten im Index den Zusatz s erhalten. Für die Rückkopplungsgerade gilt die Beziehung:

$$\mathfrak{J}_a = S_{rs}\,\mathfrak{U}_g\,, \tag{2.164}$$

wobei S_{rs} ihre Steigung darstellt.

Wie wir Gl. (2.164) und Abb. 2.27 entnehmen können, bedeutet ein kleiner Wert von S_r, also kleine Steigung der Rückkopplungsgeraden, eine große Amplitude von $\mathfrak{U}_g$.

Wenn diese Betrachtung auch allgemein gilt, so können wir sie an einer einfachen Schwinglinie veranschaulichen, für die mit dem Arbeitspunkt in A-Schaltung gilt [23]:

$$\mathfrak{J}_a = S_t\,\mathfrak{U}_g - k\,\mathfrak{U}_g^3\,. \tag{2.165}$$

S_t ist hierbei die Steigung im Nullpunkt (Arbeitssteilheit) und k eine positive Röhrenkonstante.

Mit der Gl. (2.164) erhalten wir im Schwingungspunkt den Ausdruck:

$$k\,\mathfrak{U}_g^2 = S_t - S_{rs}\,. \tag{2.166}$$

Wird S_{rs} ein Minimum, so wird $\mathfrak{U}_g$ ein Maximum. Wir wollen daher als Aktivitätsmaß A den reziproken Wert der Steigung der Rückkopplungsgeraden im Schwingungsfall definieren:

$$A = \frac{1}{|S_{rs}|}. \tag{2.167}$$

Dieses Aktivitätsmaß enthält, wie erwünscht, nur die Größen der Schaltung. Wir wollen im nächsten Abschnitt Formeln zur Berechnung des Aktivitätsmaßes aufstellen und an einigen Schaltungen seine Brauchbarkeit untersuchen.

c) Formeln für das Aktivitätsmaß

Für den Vierpol der Abb. 2.16 gilt [*24*]:

$$S R_1 R_2 \geqq -\frac{(\mathfrak{W}_{1i} + R_1)(\mathfrak{W}_{2i} + R_2) - \mathfrak{M}_2^2}{\mathfrak{M}_2}. \tag{2.74}$$

Im Schwingungspunkt wird die Steilheit S gleich der Steigung S_{rs} der Rückkopplungsgeraden ($S = S_{rs}$), und wir erhalten für die Aktivität:

$$A = \left| -\frac{R_1 R_2 \mathfrak{M}_2}{(\mathfrak{W}_{1i} + R_1)(\mathfrak{W}_{2i} + R_2) - \mathfrak{M}_2^2} \right|, \tag{2.168}$$

wobei man statt des Betrages auch den Realteil nehmen kann.

Ist nur ein Abschlußwiderstand vorhanden ($R_2 = \infty$), so vereinfacht sich Gl. (2.168) zu:

$$A = \left| -\frac{R_2 \mathfrak{M}_2}{\mathfrak{W}_{1i} + R_1} \right|. \tag{2.169}$$

Geht auch R_1 gegen Unendlich, so ergibt sich:

$$A = |-\mathfrak{M}_2|. \tag{2.170}$$

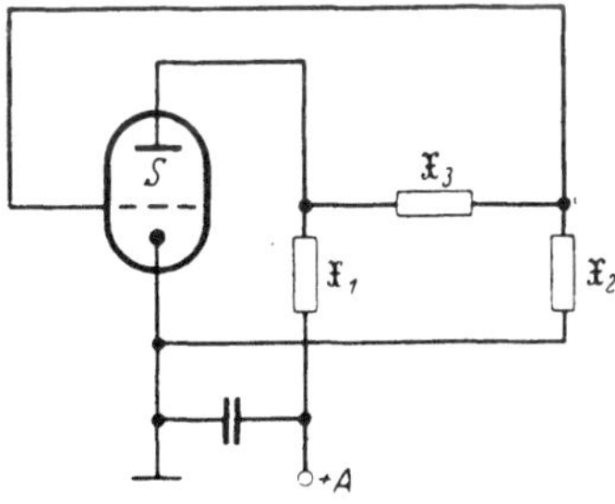

Abb. 2.28. Oszillator mit Π-Glied

Für die aus Π-Gliedern bestehenden Oszillatoren, wie sie Abb. 2.28 zeigt, gilt nach Gl. (2.170) die Gleichung:

$$A = \left| -\frac{\mathfrak{X}_1 \mathfrak{X}_2}{\mathfrak{X}_1 + \mathfrak{X}_2 + \mathfrak{X}_3} \right|. \tag{2.171}$$

In allgemeiner Form kann man das Aktivitätsmaß auch aus der Gleichung (s. Abschn. 2.7):

$$A = |\mathfrak{K} \mathfrak{R}_a| \tag{2.172}$$

erhalten, in welcher $\mathfrak{K}$ das Rückkopplungsverhältnis und $\mathfrak{R}_a$ den Anodenwiderstand bedeuten.

Für die Anordnung nach Abb. 2.28 gilt:

$$\mathfrak{K} = -\frac{\mathfrak{X}_2}{\mathfrak{X}_2 + \mathfrak{X}_3} \qquad \mathfrak{R}_a = \frac{\mathfrak{X}_1(\mathfrak{X}_2 + \mathfrak{X}_3)}{\mathfrak{X}_1 + \mathfrak{X}_2 + \mathfrak{X}_3}. \tag{2.173}$$

Mit diesen Werten folgt aus der Gl. (2.172) die Gl. (2.171).

d) Berechnung des Aktivitätsmaßes einiger Schaltungen

α) **Die Meißner-Schaltung.** Für die in Abb. 2.29 gezeigte MEISSNER-Schaltung gelten mit den eingezeichneten Benennungen und der Kreisfrequenz $\omega = 2\pi f$ die Gleichungen:

$$\mathfrak{K} = \frac{M}{L} \qquad |\mathfrak{R}_a| = \frac{L}{R\,C} \qquad \omega L - \frac{1}{\omega C} = 0 \tag{2.174}$$

und somit nach Gl. (2.172) für das Aktivitätsmaß:

$$A = \frac{M}{R\,C}\,. \tag{2.175}$$

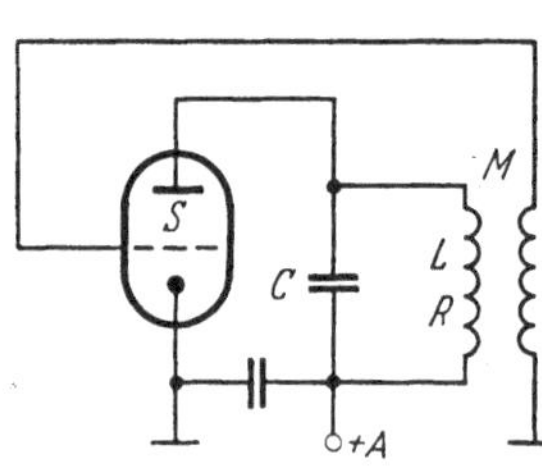

Abb. 2.29. MEISSNER-Oszillator

Man kann der Gl. (2.175) leicht ansehen, daß sie ein geeignetes Maß für die Wirksamkeit der Schaltung darstellt.

Durch Umformung der Gl. (2.175) unter Benutzung der Gln. (2.174) ergibt sich:

$$A = \frac{M}{L}\,\frac{1}{R\,\omega^2 C^2}\,. \tag{2.176}$$

Der zweite Faktor entspricht dem Performance Index, wenn wir diese Bezeichnung auch auf Schaltungen ohne Kristall ausdehnen wollen.

β) **Die Pierce-Miller-Schaltung.** Für die in Abb. 2.30 gezeigte Anordnung, die wir nach Gl. (2.171) berechnen wollen, lauten die einzelnen Scheinwiderstände mit den eingezeichneten Benennungen:

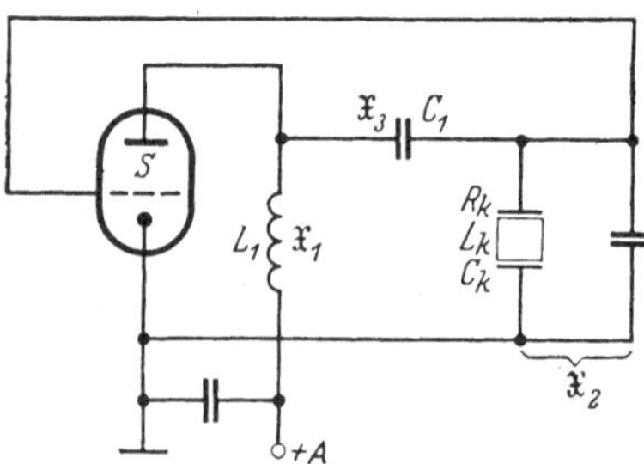

Abb. 2.30. PIERCE-MILLER-Oszillator [*32, 75*]

$$\mathfrak{X}_1 = \mathrm{j}\,\omega\,L_1$$

$$\mathfrak{X}_2 = \frac{\mathrm{j}\,\omega\,L_k v_k \dfrac{1}{\mathrm{j}\,\omega\,C_p}}{R_k + \mathrm{j}\,\omega\,L_k v_k + \dfrac{1}{\mathrm{j}\,\omega\,C_p}} \tag{2.177}$$

$$v_k = 1 - \frac{1}{\omega^2 L_k C_k}$$

$$\mathfrak{X}_3 = \frac{1}{\mathrm{j}\,\omega\,C_1}\,,$$

wobei der Widerstand der Induktivität gegen $\omega\,L_1$ und R_k gegen $\omega\,L_k\,v_k$ vernachlässigt ist.

Im Schwingungsfall ist:

$$\omega\,L_k\,v_k - \frac{1}{\omega\,(C_p + C_1')} = 0 \tag{2.178}$$

mit der Abkürzung:

$$C_1' = \frac{C_1}{1 - \omega^2 L_1 C_1}\,, \tag{2.179}$$

welche die kapazitive Belastung des Kristalls darstellt.

Aus den Gln. (2.171), (2.177), (2.178) u. (2.179) erhalten wir:

$$A = \omega^2 L_1 C_1' \frac{1}{R_k \omega^2 (C_p + C_1')^2} = \omega^2 L_1 C_1' \,\mathrm{PI}. \tag{2.180}$$

Mit der Abkürzung

$$\omega^2 L_1 C_1 = n \tag{2.181}$$

folgt:

$$A = \frac{n}{1-n} \frac{1}{R_k \omega^2 (C_p + C_1')^2} = \frac{n}{1-n} \,\mathrm{PI}. \tag{2.182}$$

γ) Die aperiodische Pierce-Schaltung. Legen wir den Kristall zwischen Gitter und Anode, wie Abb. 2.31 zeigt, so gelten die Gleichungen:

$$\mathfrak{X}_1 = \frac{1}{\mathrm{j}\,\omega C_1} \qquad \mathfrak{X}_2 = \frac{1}{\mathrm{j}\,\omega C_2} \qquad \mathfrak{X}_3 = \frac{(R_k + \mathrm{j}\,\omega L_k v_k)\dfrac{1}{\mathrm{j}\,\omega C_p}}{R_k + \mathrm{j}\,\omega L_k v_k + \dfrac{1}{\mathrm{j}\,\omega C_p}}. \tag{2.183}$$

Für den Schwingungsfall erhalten wir:

$$\omega L_k v_k - \frac{1}{\omega (C_p + C_1')} = 0, \tag{2.184}$$

wobei C_1' eine Abkürzung für die kapazitive Belastung ist und sich nach der Gleichung berechnet:

$$C_1' = \frac{C_1 C_2}{C_1 + C_2}. \tag{2.185}$$

Mit der Vereinfachung

$$C_1 = n\, C_2 \tag{2.186}$$

erhalten wir aus den Gln. (2.171), (2.183), (2.184), (2.185) u. (2.186) das Aktivitätsmaß zu:

$$A = \frac{n}{(n+1)^2} \frac{1}{R_k \omega^2 (C_p + C_1')^2} = \frac{n}{(n+1)^2} \,\mathrm{PI}. \tag{2.187}$$

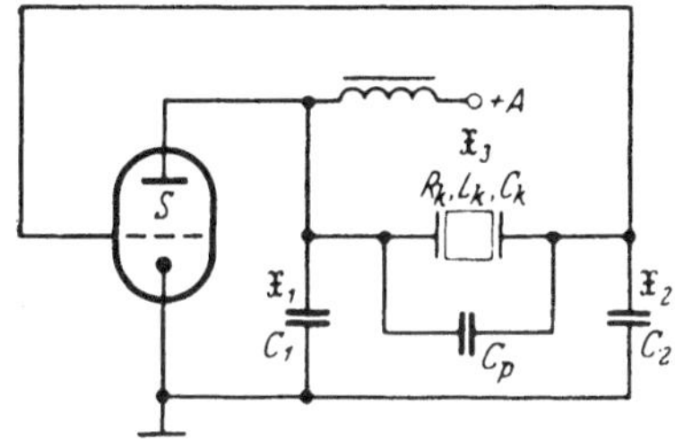

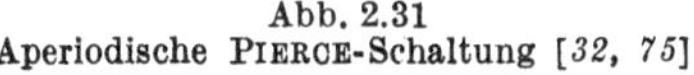
Abb. 2.31
Aperiodische PIERCE-Schaltung [32, 75]

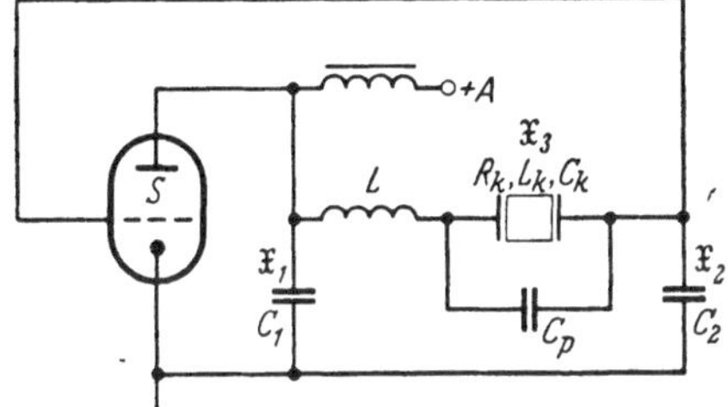

Abb. 2.32
HEEGNER-Oszillator [64]

δ) Die Heegner-Schaltung. Fügen wir der im Abschn. 2.8 d, γ behandelten Schaltung eine Induktivität an, wie Abb. 2.32 zeigt, so erhalten wir die HEEGNER-Schaltung, für welche wir die

Gleichungen:
$$\mathfrak{X}_1 = \frac{1}{\mathrm{j}\,\omega\, C_1} \qquad \mathfrak{X}_2 = \frac{1}{\mathrm{j}\,\omega\, C_2}$$

$$\mathfrak{X}_3 = \mathrm{j}\,\omega\, L + \frac{(R_k + \mathrm{j}\,\omega\, L_k v_k)\dfrac{1}{\mathrm{j}\,\omega\, C_p}}{R_k + \mathrm{j}\,\omega\, L_k v_k + \dfrac{1}{\mathrm{j}\,\omega\, C_p}} \tag{2.188}$$

ablesen können.

Die Heegner-Schaltung schwingt in der Serienresonanz des Kristalls, wenn die in Reihe liegenden Kapazitäten C_1 und C_2 mit der Induktivität L in Resonanz sind, so daß gilt:

$$v_k = 0 \qquad \omega L - \frac{1}{\omega C_1} - \frac{1}{\omega C_2} = 0. \tag{2.189}$$

Aus der Gl. (2.171) erhalten wir mit den Gln. (2.188) u. (2.189):

$$A = \frac{1}{R_k \omega^2 C_1 C_2}. \tag{2.190}$$

Mit den Gln. (2.185) u. (2.186), die wir auch hier anwenden können, ergibt sich:

$$A = \frac{n}{(n+1)^2} \frac{1}{R_k \omega^2 C_1'^2} = \frac{n}{(n+1)^2}\,\mathrm{PI}. \tag{2.191}$$

Auch bei der Serienresonanz können wir die Form des PI. bilden, wobei der Einfluß der Kapazität C_p zu klein ist, um berücksichtigt zu werden.

Abschließend läßt sich sagen, daß der Gitterstrom und der PI. eine brauchbare Grundlage für das Aktivitätsmaß darstellen. Der PI. ist dem Aktivitätsmaß proportional, wobei die Konstante im allgemeinen geringe Veränderungen des Aktivitätsmaßes erlaubt. Als allseitig anwendbare Definition erscheint die reziproke Steigung der Rückkopplungsgeraden die einfachste.

2.9 Die Amplitudenbegrenzung

Durch Rückkopplung können die entstehenden Schwingungen sich zu großen Amplituden aufschaukeln. Bei Röhren mit Sättigungsstrom wird durch denselben die Anodenstromamplitude begrenzt. Bei Röhren ohne Sättigungsstrom erreichen die Amplituden oft größere Werte. Doch auch hier findet eine Selbstbegrenzung dadurch statt, daß die größeren Gitterspannungsamplituden in den positiven Gitterspannungsbereich hineinragen und einen Gitterstrom hervorrufen, der den Anodenstrom schwächt und den am Gitter liegenden Teil der Schwingschaltung bedämpft. Bei den Transistoren, bei denen von vornherein ein „Gitterstrom" fließt, erfolgt eine Begrenzung in ähnlicher Weise. Trotzdem sind Schäden an den Röhren möglich, so daß eine zusätzliche künstliche Begrenzung zweckmäßig ist. Da wir jedoch hohe Frequenzkonstanz erzielen wollen und diese kleine Amplituden bedingt, so wollen wir verschiedene Möglichkeiten zur Amplitudenbegrenzung betrachten.

a) Die Amplitudenbegrenzung durch Audiongleichrichtung

Eine einfache Amplitudenbegrenzung läßt sich durch eine sogenannte Audionschaltung (s. Abb. 2.33) bewirken. Bekanntlich wird eine solche Anordnung in der Empfängertechnik zur Hochfrequenzgleichrichtung benutzt. Auch hier wird die Gleichrichtung ausgenutzt, die der Widerstand R und die Kapazität C gemeinsam mit der zwischen Gitter und Kathode als Diode wirkenden Röhre erzielt. Nimmt nun die Amplitude $\mathfrak{U}_g$ der angelegten Wechselspannung $\overline{\mathfrak{U}}_g$

$$\overline{\mathfrak{U}}_g = \mathfrak{U}_g \cos \omega t \qquad (2.192)$$

zu, so läßt die gewonnene Gleichspannung den Arbeitspunkt A in den unteren Teil der Kennlinie wandern, wo eine geringere Steilheit vorhanden ist. Damit wird die Amplitude ihrerseits wieder begrenzt. Es wird sich also ein geeigneter Arbeitspunkt A' einspielen.

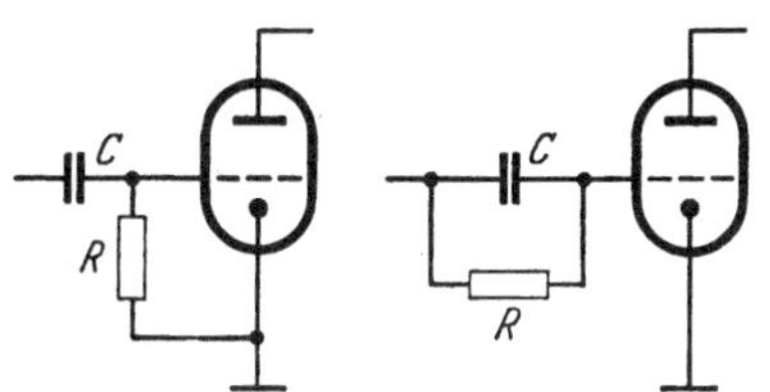

Abb. 2.33. Audionbegrenzung

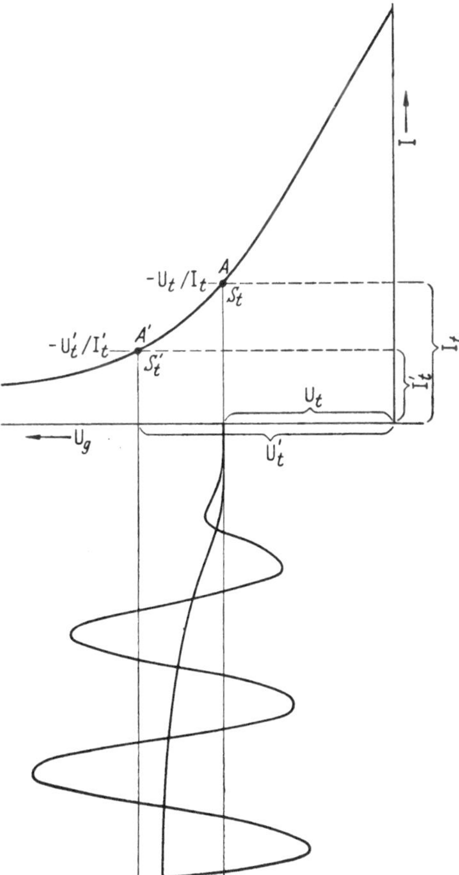

Abb. 2.34. Gitterspannungsverlauf bei Klasse A mit Audionbegrenzung [*23*]

Mit ausreichender Genauigkeit kann man einen quadratischen Verlauf der Kennlinie annehmen [*23*]. Für die Spannung des sich einstellenden Arbeitspunktes bei Klasse A gilt demnach (s. Abb. 2.34):

$$U'_t = U_t + k\,\mathfrak{U}_g^2. \qquad (2.193)$$

Hierbei ist k eine Konstante. Setzen wir die Spannung $-U_g$, die durch die Gleichung

$$-U_g = U_t + k\,\mathfrak{U}_g^2 - \mathfrak{U}_g \cos\omega t \tag{2.194}$$

gegeben ist, an Stelle von Gl. (2.41) mit Benutzung von Gl. (2.33) in die Gl. (2.42) ein, so erhalten wir die Gleichung der Schwinglinie

$$\mathfrak{J}_{a_1} = S_t\,\mathfrak{U}_g + (\tfrac{3}{4}\gamma - k\,K_t)\,\mathfrak{U}_g^3 + 3\gamma\,k^2\,\mathfrak{U}_g^5, \tag{2.195}$$

die erwartungsgemäß für $k = 0$ in die Gl. (2.46) übergeht.

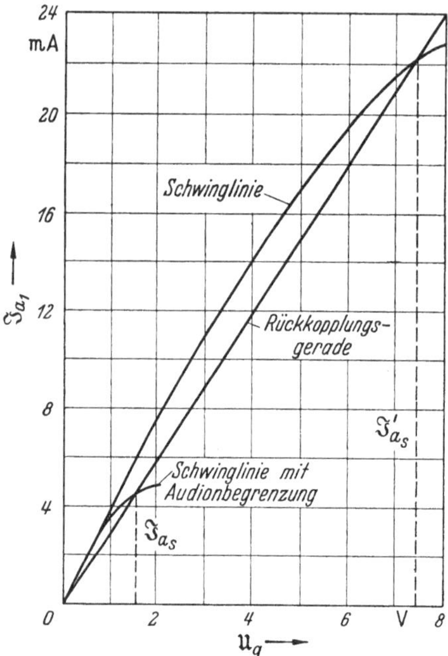

Abb. 2.35. Schwinglinien ohne und mit Audionbegrenzung [23]

Um die Wirkung der Audionbegrenzung zu sehen, wollen wir an einer vorgegebenen Rückkopplungsgeraden mit der Steigung $S_{rs} = 3\,\mathrm{mA/V}$ und einer Konstanten $k = 0{,}5$ die Amplituden bei den Schwinglinien Gln. (2.46) u. (2.195) ermitteln. Gegeben seien die Werte $S_t = 3{,}71\,\mathrm{mA/V}$, $K_t = 412 \cdot 10^{-6}$, $\gamma = -17{,}92 \cdot 10^{-6}$. Die durch Audionbegrenzung erhaltenen Amplituden im Schwingungsfall sind: $\mathfrak{U}_{gs} = 1{,}66\,\mathrm{V}$, $\mathfrak{J}_{as} = 4{,}98\,\mathrm{mA}$, während ohne Audionbegrenzung, also mit $k = 0$, die Amplituden lauten: $\mathfrak{U}'_{gs} = 7{,}27\,\mathrm{V}$, $\mathfrak{J}'_{as} = 21{,}81\,\mathrm{mA}$. Die beiden Schwinglinien zeigt Abb. 2.35. Bei der Audionbegrenzung muß darauf geachtet werden, daß das Produkt RC so gewählt wird, daß keine intermittierenden Schwingungen auftreten. Wählt man R groß, so wird die Stabilität gut, während die Leistung klein bleibt. Die Kapazität C soll möglichst so groß sein, daß sie bei der Schwingfrequenz keinen zu großen Widerstand darstellt. Andererseits darf das Produkt RC nicht zu groß sein, um unbeabsichtigte Schwingungen zu vermeiden.

Für die Klasse B läßt sich insofern keine Formel aufstellen, als die Wanderung des Arbeitspunktes keine Klasse B zuläßt, es sei denn, daß man von einer gemischten Klasse A/B in B oder von B in C übergeht. Die Formeln hierfür sowie für die Klasse C finden wir in der gleichen Weise aus den entsprechenden Gleichungen des Abschn. 5.

b) Die Amplitudenbegrenzung durch Gegenkopplung

Bei dem gestreiften Begrenzungsverfahren wurden die nichtlinearen Eigenschaften der Röhre ausgenutzt, wobei mehr Oberwellen entstehen und damit eine geringere Frequenzkonstanz die Folge ist. Es ist zweckmäßig, die Begrenzung aus dem Röhrenteil herauszunehmen und in den Schaltteil zu verlegen. Geeignet ist eine Gegenkopplung. Diese hat sogar den Vorteil, den Klirrfaktor zu verringern.

Wenn man zur Erzielung kleiner Amplituden die Gegenkopplung fest einstellt, so können irgendwelche Änderungen am Oszillator — die z. B. temperaturbedingt sein können — das Aussetzen der Schwingung verursachen. Man kann dieses verhindern, wenn man zur Gegenkopplung eine Glühlampe — einen sogenannten Kaltleiter — als Widerstand benutzt. Wir finden eine solchen bei der MEACHAM-Brücke

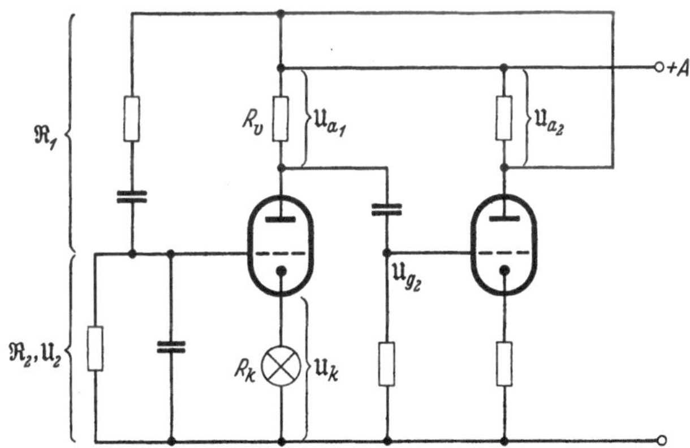

Abb. 2.36. WIEN-Brücken-*RC*-Oszillator mit Heißleiter [*11*]

(Kap. 6.17). In Abb. 2.36 sehen wir die Stabilisierung einer WIEN-Brücke mittels eines Kaltleiters [*11*]. Erhöht sich die Schwingungsenergie eines Oszillators, so ist damit eine Temperaturerhöhung im Kaltleiter verbunden. Dadurch steigt dessen Widerstand und erhöht die Gegenkopplung, womit die Schwingungsenergie wieder auf ihren Sollwert zurückgeführt wird. Erfolgt die Regelung darüber hinaus, so daß zu geringe Energie vorliegt, so wird der Widerstand des Kaltleiters zu klein und regelt zurück. Statt des Kaltleiters an der Stelle R_k kann natürlich auch ein Heißleiter an Stelle von R_v geschaltet werden.

Mit Röhren ergeben sich weitere Regelmöglichkeiten [*26*].

c) Die Anwendung von Heiß- und Kaltleitern bei Schwingkreisen

Legen wir einen Heißleiter parallel zu einem Schwingungskreis, z. B. in der MEISSNER-Schaltung, so wirkt derselbe amplitudenbegrenzend. Nehmen wir an, daß dieser Stromzweig mehr Energie erhält, so erhöht sich die Temperatur des Heißleiters, sein Widerstand nimmt ab und erhöht die Kreisbedämpfung, womit wiederum eine Energieverminderung verbunden ist. Entsprechend wird bei Energievermindeung die Temperatur des Heißleiters geringer und der Schwingkreis entdämpft [27].

Um den gleichen Schwingkreis zu regeln, können wir auch einen Kaltleiter mit dem Widerstand R_k in Reihe zu der Induktivität schalten. Bei hoher Temperatur nimmt der Widerstand des Kaltleiters zu und damit der Resonanzwiderstand $L/(r + R_k)\,C$ ab (s. Abb. 2.37). Damit wird die Energie gedrosselt, die Temperatur nimmt wieder ab und der Widerstand R_k stellt sich auf seinen Arbeitswert ein [s. Gl. (2.32)].

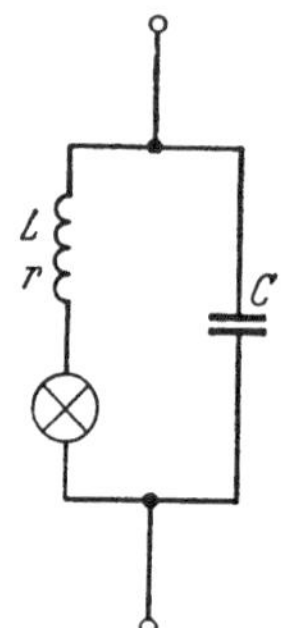

Abb. 2.37 Schwingungskreis mit Kaltleiter

d) Die Rückkopplungskurve

Die Amplitudenregelung läßt sich besonders anschaulich zeigen, wenn wir einen stromabhängigen Widerstand R_k betrachten. In einem kleinen Bereich dürfen wir denselben als proportional dem Strom $\mathfrak{J}_{a_1}$ annehmen. Eine solche Proportionalität ist lediglich für eine einfache Rechnung und keinesfalls für die Wirkung der Anordnung wichtig. Schalten wir denselben in eine MEISSNER-Anordnung mit dem Widerstand r und der Induktivität L, so gilt:

$$r' = r + l\,\mathfrak{J}_{a_1}. \tag{2.196}$$

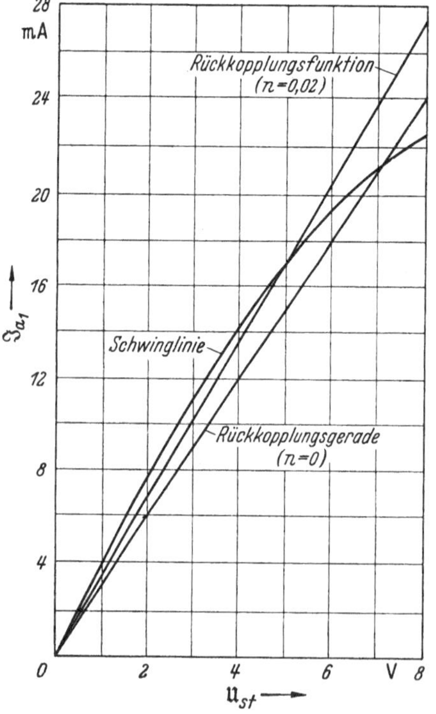

Abb. 2.38. Rückkopplungsfunktion und Schwinglinie [23]

Damit wird der Resonanzwiderstand im Schwingungspunkt zu:

$$\mathfrak{R}_{a_1} = \frac{L}{C(r + l\,\mathfrak{J}_{a_1})} \tag{2.197}$$

und entsprechend Gl. (2.162) erhalten wir die Gleichung:

$$\mathfrak{J}_{a_1} = \frac{1}{K_r - D}\,\frac{r + l\,\mathfrak{J}_{a_1}}{L}\,C\,\mathfrak{U}_{st}. \tag{2.198}$$

Mit den Abkürzungen

$$S_r = \frac{r\,C}{(K_r - D)\,L} \qquad n = \frac{l\,S_r}{r} \tag{2.199}$$

wird aus Gl. (2.198):

$$\mathfrak{J}_{a_1} = S_r\,\mathfrak{U}_{st} + n\,\mathfrak{J}_{a_1}\,\mathfrak{U}_{st}. \tag{2.200}$$

Aus Gl. (2.200) erhalten wir an Stelle der Rückkopplungsgeraden (Kap. 2.7) die Rückkopplungsfunktion:

$$\mathfrak{J}_{a\cdot} = S_r\,\frac{\mathfrak{U}_{st}}{1 - n\,\mathfrak{U}_{st}}. \tag{2.201}$$

In Abb. 2.38 sehen wir die Schwinglinie der Abb. 2.27, die Rückkopplungsgerade sowie die amplitudenbegrenzende Gl. (2.201) mit $n = 0{,}02$ eingezeichnet. Da bei der vorliegenden Betrachtung der Durchgriff D nicht stört, haben wir die Abszisse mit $\mathfrak{U}_{st}$ bezeichnet.

2.10 Der Anschwingvorgang

Beim Erregen und beim Abklingen einer Schwingung steigt die Amplitude derselben von Null oder einer sehr kleinen Störamplitude auf einen konstanten Wert oder geht auf Null oder einen sehr kleinen Wert zurück. Nach der Darstellung von STRECKER [*28*] betrachten wir die Reihenschaltung eines Widerstandes R und einer Selbstinduktion L, welche von dem Strom $\mathfrak{i}$ durchflossen ist und an welcher die Spannung $\mathfrak{u}$ entsteht, zu einem Zeitpunkt t. Die hierfür geltende Gleichung

$$\mathfrak{u} = R\,\mathfrak{i} + L\,\frac{\mathrm{d}\mathfrak{i}}{\mathrm{d}t} \qquad (2.202)$$

ergibt mit dem Ansatz

$$\mathfrak{i} = \mathfrak{J}\,\mathrm{e}^{\mathfrak{p}t} \qquad \mathfrak{u} = \mathfrak{U}\,\mathrm{e}^{\mathfrak{p}t} \qquad (2.203)$$

die Lösung

$$\mathfrak{U} = (R + \mathfrak{p}\,L)\,\mathfrak{J}. \qquad (2.204)$$

Hierbei kann $\mathfrak{p}$ beliebig reell, imaginär oder komplex sein. Setzen wir

$$\mathfrak{p} = a + \mathrm{j}\,\omega_a, \qquad (2.205)$$

wobei a das Anklingmaß bedeutet, so erhalten wir für das als Scheinwiderstand definierte Verhältnis $\mathfrak{R}_a = \mathfrak{U}/\mathfrak{J}$

$$\mathfrak{R}_a = R + a\,L + \mathrm{j}\,\omega_a\,L, \qquad (2.206)$$

das für $a = 0$ in den Scheinwiderstand für einen Sinusstrom konstanter Amplitude übergeht. Aus den Gln. (2.203) u. (2.205) folgt:

$$\begin{aligned} \mathfrak{i} &= \mathfrak{J}\,\mathrm{e}^{\mathfrak{p}t} = \mathfrak{J}\,\mathrm{e}^{(a+\mathrm{j}\,\omega_a)t} = \mathfrak{J}\,\mathrm{e}^{at}\,\mathrm{e}^{\mathrm{j}\,\omega_a t} \\ \mathfrak{u} &= \mathfrak{U}\,\mathrm{e}^{\mathfrak{p}t} = \mathfrak{U}\,\mathrm{e}^{(a+\mathrm{j}\,\omega_a)t} = \mathfrak{U}\,\mathrm{e}^{at}\,\mathrm{e}^{\mathrm{j}\,\omega_a t}, \end{aligned} \qquad (2.207)$$

wobei die Amplituden durch

$$\mathfrak{J}_{a_1} = \mathfrak{J}\,\mathrm{e}^{at} \qquad \mathfrak{U}_g = \mathfrak{U}\,\mathrm{e}^{at} \qquad (2.208)$$

gegeben sind. Zur Erfassung der anschwingenden und abklingenden Vorgänge brauchen wir also nur $\mathrm{j}\,\omega$ durch das Wuchsmaß $a + \mathrm{j}\,\omega_a$ zu ersetzen. Hierbei ist a im allgemeinen keine Konstante, sondern eine Funktion von der Zeit t (Gl. (2.204) ist also nur näherungsweise richtig). Auch die Frequenz ω_a stimmt nicht mit der späteren Schwingfrequenz ω überein. Im allgemeinen wird sie sich aber wenig von derselben unterscheiden.

An Hand der Abb. 2.39 können wir uns den Anschwingvorgang veranschaulichen. Wenn im Moment des Anschwingens die Amplitude Null sein soll, so muß die Steigung S_r der Rückkopplungsgeraden mit der Anfangssteigung S_t der Schwinglinie übereinstimmen. Mit wachsender Amplitude nimmt die Steigung S_r ab, bis sie (theoretisch nach unendlich langer Zeit) mit S_r für $a = 0$ ihren Endwert erreicht. Hierbei können wir als Voraussetzung für das Entstehen einer Schwingung entnehmen, daß S_r keinesfalls größer als die Steigung der Schwinglinie im Nullpunkt sein darf. Die Abweichung zwischen beiden Größen im eingeschwungenen Zustand bestimmt die Amplitude, wobei im allgemeinen eine größere Abweichung eine größere Amplitude bedingt.

Da die Anschwingvorgänge in allgemeiner Form sehr kompliziert sind, wollen wir an Hand von zwei einfachen Schaltungen näher darauf

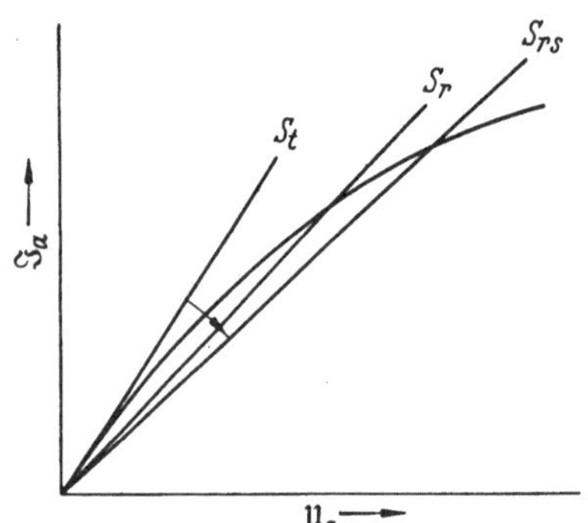

Abb. 2.39. Die Rückkopplungsgeraden beim Anschwingen

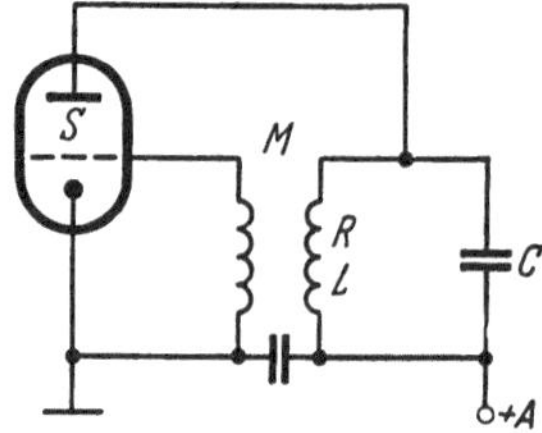

Abb. 2.40. MEISSNER-Schaltung

eingehen. Zunächst sei die Rückkopplungsgerade der MEISSNER-Schaltung ermittelt. Mit den in Abb. 2.40 angegebenen Beziehungen erhalten wir für den einschwingenden Zustand [s. Gl. (2.205)] bei Vernachlässigung des Widerstandes R in der Rückkopplung K_r in bekannter Weise:

$$K_r = \frac{M}{L} \qquad \mathfrak{R}_a = \frac{[R + (a + \mathrm{j}\,\omega_a)\,L]\,\dfrac{1}{(a + \mathrm{j}\,\omega_a)\,C}}{R + (a + \mathrm{j}\,\omega_a)\,L + \dfrac{1}{(a + \mathrm{j}\,\omega_a)\,C}}. \qquad (2.209)$$

Im eingeschwungenen Zustand geht a gegen Null (ω_a gegen ω), so daß aus Gl. (2.209) folgt:

$$K_r = \frac{M}{L} \qquad \mathfrak{R}_{a\,s} = \frac{(R + \mathrm{j}\,\omega\,L)\,\dfrac{1}{\mathrm{j}\,\omega\,C}}{R + \mathrm{j}\,\omega\,L + \dfrac{1}{\mathrm{j}\,\omega\,C}}. \qquad (2.210)$$

Mit der Abkürzung S_r gilt innerhalb des Bereiches $S_t - S_{rs}$ in Abb. 2.39:

$$S_r = \frac{1}{(K_r - D)\,\mathfrak{R}_a} = \frac{1}{K_r - D}\;\frac{R + (a + \mathrm{j}\,\omega_a)\,L + \dfrac{1}{(a + \mathrm{j}\,\omega_a)\,C}}{[R + (a + \mathrm{j}\,\omega_a)\,L]\,\dfrac{1}{(a + \mathrm{j}\,\omega_a)\,C}}. \qquad (2.211)$$

Wird a zu Null, so geht S_r in den Ausdruck

$$S_{rs} = \frac{1}{K_r - D} \frac{R + \mathrm{j}\,\omega L + \frac{1}{\mathrm{j}\,\omega C}}{(R + \mathrm{j}\,\omega L)\frac{1}{\mathrm{j}\,\omega C}} \tag{2.212}$$

über, der die Steigung der Rückkopplungsgeraden im Schwingungspunkt darstellt. Nach den Gln. (2.82) u. (2.160) gilt im Schwingungsfall

$$S = S_{rs} = \frac{1}{K_r - D} \frac{R + \mathrm{j}\,\omega L + \frac{1}{\mathrm{j}\,\omega C}}{(R + \mathrm{j}\,\omega L)\frac{1}{\mathrm{j}\,\omega C}}. \tag{2.213}$$

Die Aufspaltung dieser Formel in einen reellen und einen imaginären Anteil ergibt als Amplituden- und Frequenzbedingung:

$$S = S_{rs} = \frac{1}{K_r - D}\frac{R\,C}{L} \qquad \omega L - \frac{1}{\omega C} = 0. \tag{2.214}$$

In gleicher Weise wollen wir unter Benutzung von Gl. (2.214) die Gl. (2.211) aufspalten in die Ausdrücke:

$$S_r = S_{rs}\left(1 + \frac{2\,a\,L}{R}\right) \qquad \omega_a^2 = \omega^2 - \frac{2\,a\,R}{L} - a^2. \tag{2.215}$$

Zum Vergleich wollen wir in die Gln. (2.215) die Güte ϱ des Kreises

$$\varrho = \frac{\omega L}{R} \tag{2.216}$$

einführen und erhalten:

$$S_r = S_{rs} = \left(1 + 2\frac{a\,\varrho}{\omega}\right)$$

$$\omega_a^2 = \omega_2\left(1 - 2\frac{a}{\omega\,\varrho} - \frac{a^2}{\omega^2}\right). \tag{2.217}$$

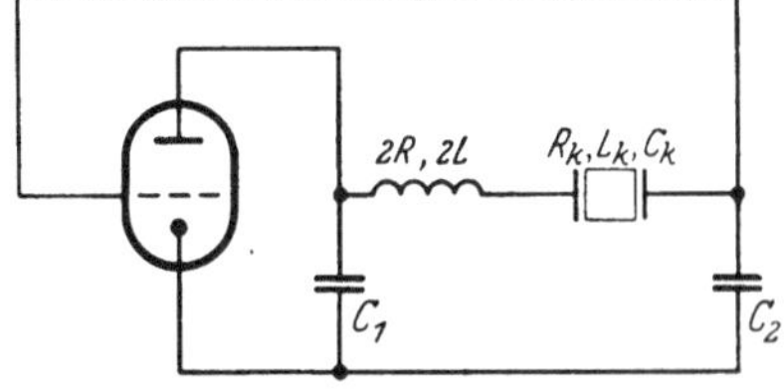

Abb. 2.41. HEEGNER-Schaltung

Da a normalerweise gegenüber ω sehr klein ist, so ist der Einfluß auf die Frequenz gering.

Nun berechnen wir in gleicher Weise die in Abb. 2.41 gezeigte HEEGNER-Schaltung mit einem Schwingquarz. Mit den Benennungen der Abb. 2.41 liefert uns die Gl. (2.142):

$$S_{rs} = R'\,\omega^2\,C_1\,C_2 + \omega^2\,C_1\,C_2\left[\mathrm{j}\,\omega L' + \frac{1}{\mathrm{j}\,\omega C_k} + \frac{1}{\mathrm{j}\,\omega C_1} + \frac{1}{\mathrm{j}\,\omega C_2}\right], \tag{2.218}$$

wobei die Abkürzungen

$$R' = R + R_k \qquad L' = L + L_k \tag{2.219}$$

benutzt wurden. Unter Einführung von $a_k + \mathrm{j}\,\omega_a$ an Stelle von $\mathrm{j}\,\omega$ erhalten wir in gleicher Weise wie bei der MEISSNER-Schaltung die den Gln. (2.215) entsprechenden Gleichungen:

$$S_r = S_{rs}\left(1 + \frac{2\,a_k(L + L_k)}{R + R_k}\right) \qquad \omega_a^2 = \omega^2 + 2\,a_k\frac{R + R_k}{L + L_k} + 3\,a_k^2. \tag{2.220}$$

Hierbei sind in S_r einige sehr kleine Größen vernachlässigt.

Mit dem Ausdruck

$$\varrho_k = \frac{\omega(L + L_k)}{R + R_k} \tag{2.221}$$

führen wir die durch L und R geringfügig veränderte Quarzgüte ein. Damit wird aus den Gln. (2.220):

$$S_r = S_{rs}\left(1 + 2\,\frac{a_k\,\varrho_k}{\omega}\right) \qquad \omega_a^2 = \omega^2\left(1 + 2\,\frac{a_k}{\omega\,\varrho_k} + 3\,\frac{a_k^2}{\omega^2}\right). \tag{2.222}$$

Die Ausdrücke für S_r in den Gln. (2.217) u. (2.222) sind formal übereinstimmend. Mit der wesentlich höheren Güte ϱ_k des Quarzes gegenüber der Kreisgüte ϱ wird der Anschwingvorgang natürlich verschieden verlaufen.

Die Frequenz wird nach den Gln. (2.217) u. (2.222) in beiden Fällen nur geringfügig beeinflußt. Mit Quarz ist der Einfluß wesentlich geringer, wie mit der Gl. (2.247) abgeschätzt werden kann.

Wir wollen jetzt den amplitudenmäßigen Verlauf des Anschwingvorganges betrachten und wenden uns zu den Ausdrücken von S_r der Gln. (2.215) u. (2.220).

Mit den Abkürzungen

$$h = \frac{R}{2L} \qquad h_k = \frac{R + R_k}{2(L + L_k)} \tag{2.223}$$

können wir beide Gleichungen gleich behandeln. Aus den Gln. (2.215) u. (2.223) ergibt sich:

$$S_r = S_{rs}\left(1 + \frac{a}{h}\right). \tag{2.224}$$

Damit erhalten wir als Gleichung der Rückkopplungsgeraden:

$$\mathfrak{J}_{a_1} = S_r\,\mathfrak{U}_g = S_{rs}\left(1 + \frac{a}{h}\right)\mathfrak{U}_g. \tag{2.225}$$

Die Steigung der Geraden ist durch a zeitabhängig. Sie beginnt bei $S_r = S_t$, falls S_t die Steigung der Schwinglinie im Nullpunkt ist [Gl. (2.46), hier ist die Steigung gleich der Röhrensteilheit im Arbeitspunkt] und nimmt ab bis zu dem Wert $S_r = S_{rs}$ im Schwingungspunkt, s. Abb. 2.39. Nennen wir die Koordinaten des Schwingungspunktes $\mathfrak{U}_{gs}$ und $\mathfrak{J}_{as}$, so gilt mit $a = 0$:

$$\mathfrak{J}_{as} = S_{rs}\,\mathfrak{U}_{gs}. \tag{2.226}$$

Bevor wir den Zusammenhang mit der Schwinglinie aufstellen, müssen wir uns zu dem Anfangszustand wenden. Wir nehmen eine Störspannung $\mathfrak{U}_{st}$ als vorhanden am Gitter an (ein Störstrom an der Anode wäre genauso möglich, ergibt aber etwas andere Gleichungen) und erhalten mit der Gl. (2.208):

$$\mathfrak{U}_g = \mathfrak{U}_{st}\,e^{at}. \tag{2.227}$$

Nennen wir das Verhältnis der eingeschwungenen Amplitude $\mathfrak{U}_{gs}$ zur Störamplitude $\mathfrak{U}_{st}$ H, so ist:

$$\frac{\mathfrak{U}_{gs}}{\mathfrak{U}_{st}} = H \qquad \mathfrak{U}_g = \mathfrak{U}_{gs} \frac{e^{at}}{H}. \tag{2.228}$$

Als Schwingungsgleichung wollen wir diejenige der Klasse A wählen, wie sie durch Gl. (2.46) wiedergegeben ist.

$$\mathfrak{J}_{a_1} = S_t \mathfrak{U}_g + \tfrac{3}{4} \gamma \mathfrak{U}_g^3. \tag{2.46}$$

Mit der Gl. (2.225) ergibt sich:

$$S_{rs}\left(1 + \frac{a}{h}\right) = S_t + \frac{3}{4} \gamma \mathfrak{U}_g^2. \tag{2.229}$$

Im Schwingungspunkt $\mathfrak{U}_g = \mathfrak{U}_{gs}$, $a = 0$ lautet die gleiche Beziehung:

$$S_{rs} = S_t + \tfrac{3}{4} \gamma \mathfrak{U}_{gs}^2. \tag{2.230}$$

Zusammen mit der Gl. (2.228) folgt aus den Gln. (2.229) u. (2.230):

$$e^{2at} = H^2 \left(1 - \frac{a}{h\left(\frac{S_t}{S_{rs}} - 1\right)}\right). \tag{2.231}$$

Kürzen wir ab:

$$h' = h\left(\frac{S_t}{S_{rs}} - 1\right), \tag{2.232}$$

so ergibt sich:

$$e^{2at} = H\left(1 - \frac{a}{h'}\right). \tag{2.233}$$

Die Gl. (2.233) stellt die Zeitabhängigkeit des Anklingmaßes a dar. Die Abhängigkeit der Größe a/h' von $h't$ zeigen wir in Abb. 2.42 für

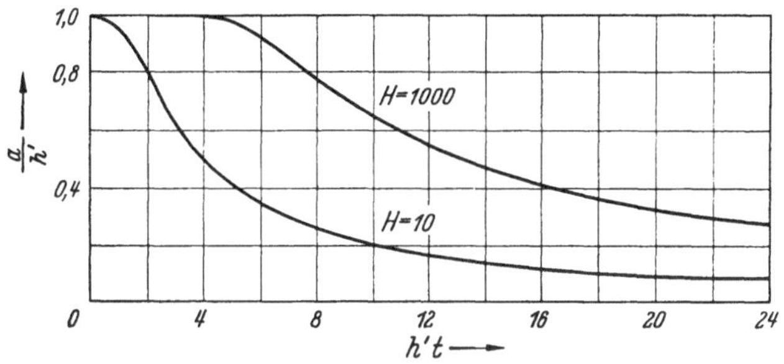

Abb. 2.42. Die Zeitabhängigkeit des Anklingmaßes [23]

$H = 10$ und $H = 1000$. Durch die Mitnahme der Abkürzung h' gilt die Darstellung allgemein.

Die Gl. (2.227) ist in Abb. 2.43 wiedergegeben und zeigt den Anstieg der Amplitude $\mathfrak{U}_g$ in Abhängigkeit von der Zeit.

Lösen wir die Gl. (2.233) nach der Zeit auf, so ist:

$$t = \frac{1}{2a \log e}\left[2 \log H + \log\left(1 - \frac{a}{h'}\right)\right]. \tag{2.234}$$

Da die Einschwingzeit bis zur Erreichung der Endamplitude unendlich groß ist, müssen wir uns mit der Berechnung einer Zeit begnügen, bei welcher ein vorgegebener Bruchteil b von der Endamplitude fehlt. Nennen wir diese Zeit t_E, so gilt nach den Gln. (2.227) u. (2.228), wenn a_E der zu t_E gehörige Wert ist,

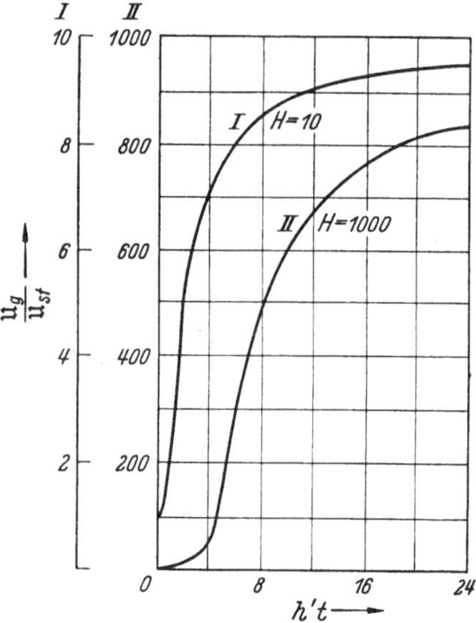

Abb. 2.43. Die Zeitabhängigkeit der auf die Störspannung bezogenen Gitterspannung [23]

$$(1 - b)\,\mathfrak{U}_{gs} = \mathfrak{U}_{st} e^{a_E t_E}$$

$$(1 - b)\,H = e^{a_E t_E}. \tag{2.235}$$

Aus der Gl. (2.233) für t_E und a_E sowie der zum Quadrat erhobenen Gl. (2.235) ergibt sich:

$$\frac{a_E}{h'} = 1 - (1 - b)^2. \tag{2.236}$$

Setzen wir die Gl. (2.236) in die für t_E und a_E genommene Gl. (2.234) ein, so lautet die Gleichung für die Einschwingzeit t_E:

$$t_E = \frac{1}{h'\,[1 - (1 - b)^2] \log e} \times$$
$$\times \left[\log H + \log(1 - b)\right]. \tag{2.237}$$

Unter Zusammenfassung der vorgegebenen, als konstant zu betrachtenden Größen und mit den Gln. (2.223) u. (2.232) folgt hieraus:

$$t_E = \frac{\log H + \log(1 - b)}{[1 - (1 - b)^2]\left(\frac{S_t}{S_{rs}} - 1\right)\log e}\,\frac{2L}{R}. \tag{2.238}$$

Bei $b \ll 1$ und Anwendung des natürlichen Logarithmus vereinfacht sich Gl. (2.238) zu:

$$t_E = \frac{\ln H}{b\left(\frac{S_t}{S_{rs}} - 1\right)}\,\frac{L}{R}. \tag{2.239}$$

Wir haben die Steigung der Rückkopplungsgeraden S_{rs} hierbei als nicht zu verändern eingesetzt, obwohl sie von den Daten des Kreises abhängt. Der Grund liegt darin, daß zur Erzielung gleicher Amplituden, die Voraussetzung für einen Vergleich sind, die Größe S_{rs} nicht verändert werden darf. Eine Änderung der Größen R und L muß durch eine entsprechende Änderung der Rückkopplungsgeraden ausgeglichen werden, so daß S_{rs} erhalten bleibt.

Eine Darstellung des Amplitudenverhältnisses $\mathfrak{U}_g/\mathfrak{U}_{gs}$, das durch die Gln. (2.228) u. (2.233) wie folgt wiederzugeben ist:

$$\frac{\mathfrak{U}_g}{\mathfrak{U}_{gs}} = \frac{e^{at}}{H} = \sqrt{1 - \frac{a}{h'}}, \tag{2.240}$$

in Abhängigkeit von der auf die Einschwingzeit t_E bezogenen Zeit t, zeigt Abb. 2.44.

Bezeichnen wir den bei $t = 0$ auftretenden Wert von a mit $a_{\max}$, so können wir für denselben aus der Gl. (2.233) berechnen:

$$a_{\max} = h'\left(1 - \frac{1}{H^2}\right). \tag{2.241}$$

Da H^2 im allgemeinen sehr groß gegen Eins ist, so gilt mit ausreichender Näherung:

$$a_{\max} = h'. \tag{2.242}$$

Mit der Gl. (2.242) erhalten wir aus der für die Störspannung $\mathfrak{U}_{st}$ genommenen Gl. (2.225) für die Anfangssteilheit:

$$S_t - \frac{S_t - S_{rs}}{H^2}, \tag{2.243}$$

die bei großem Wert von

$$H \quad (\mathfrak{U}_{st} \to 0)$$

in S_t übergeht.

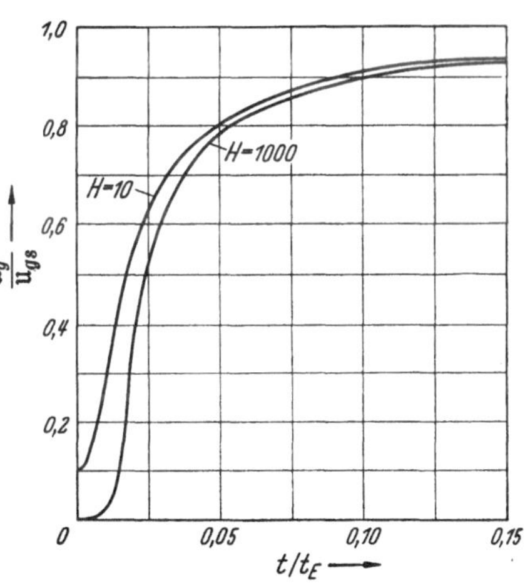

Abb. 2.44
Die Zeitabhängigkeit der auf die Schwingspannung bezogenen Gitterspannung $\mathfrak{U}_g/\mathfrak{U}_{gs}$ [23]

Der Gl. (2.215) entnehmen wir, daß sich bei dem Anschwingvorgang zu dem Widerstand R ein veränderlicher Widerstand $W = 2aL$ addiert. Für W gilt mit Gl. (2.223):

$$W = R\frac{a}{h}. \tag{2.244}$$

Im Höchstfalle hat der Widerstand, den wir als Trägheitswiderstand auffassen können, im Moment des Anschwingens, wie sich aus den den Gln. (2.232) u. (2.242) ergibt, den Wert:

$$W_0 = R\left(\frac{S_t}{S_{rs}} - 1\right). \tag{2.245}$$

Da ein kleiner Wert von S_{rs} große Amplituden und ein großer Wert von S_{rs} ($<S_t$) kleine Amplituden ergibt, so entnehmen wir, daß große Amplituden einen hohen Trägheitswiderstand ergeben. Derselbe kann ein Mehrfaches des Widerstandes R sein. Den zeitlichen Verlauf desselben können wir nach der Gl. (2.244) bis auf eine Konstante der Abb. 2.42 entnehmen. Entsprechendes gilt für den zusätzlichen Widerstand der Gl. (2.220).

Zum Vergleich der Wirkung der Quarz- und der Spulengüte in der Schaltung betrachten wir die Gln. (2.216), (2.221) u. (2.223), welche mit den Gln. (2.232) u. (2.233) ergeben:

$$\begin{aligned} e^{2 a_k t_k} &= H^2 \left(1 - \frac{2 a_k \varrho_k}{\omega \left(\frac{S_t}{S_{rs}} - 1\right)}\right) \\ e^{2 a t} &= H^2 \left(1 - \frac{2 a \varrho}{\omega \left(\frac{S_t}{S_{rs}} - 1\right)}\right), \end{aligned} \tag{2.246}$$

wobei der Index k für die Anordnung mit Kristall (Abb. 2.41) gilt, während die Spulenanordnung (Abb. 2.40) keinen Index erhält.

Wählen wir

$$a_k \varrho_k = a \varrho \tag{2.247}$$

so sagen die Gln. (2.246) aus:

$$a_k t_k = a t, \tag{2.248}$$

wenn wir die übrigen Größen gleich wählen.

Aus den Gln. (2.247) u. (2.248) folgt:

$$\frac{t_k}{\varrho_k} = \frac{t}{\varrho}. \tag{2.249}$$

Das Verhältnis aus Einschwingzeit und Güte ist also konstant. Bei der Ermittlung des logarithmischen Dekrementes aus der Halbwertzeit erhält man ebenfalls die Gl. (2.249). Entsprechend gelten auch die Gln. (2.247) u. (2.248) allgemein.

Ist z. B. die Güte eines Quarzes $\varrho_k = 1 \cdot 10^5$ und die Güte der zu vergleichenden Induktivität $\varrho = 1 \cdot 10^2$, so ist die Einschwingzeit tausendfach größer als die der Spulenanordnung.

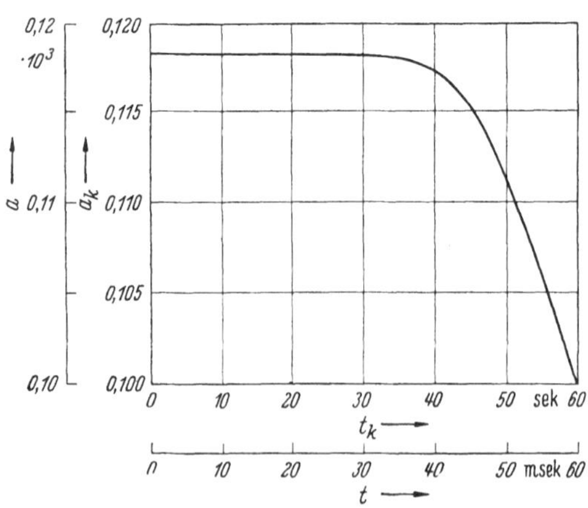

Abb. 2.45. Die Zeitabhängigkeit des Anklingmaßes für Quarz und Spule

Wir zeigen ein Zahlenbeispiel mit den Werten

$$\begin{aligned} H &= 1000 \\ S_t &= 3{,}31 \text{ mA/V} \\ S_{rs} &= 3 \text{ mA/V}, \\ \varrho_k &= 1 \cdot 10^5 \\ \omega_k &= 1 \cdot 10^5 \\ \varrho &= 1 \cdot 10^2. \end{aligned}$$

Die Kurven für Quarz- und Spulenoszillatoren lassen sich zur Deckung bringen, wenn Maßstabsänderungen im Verhältnis $\varrho_k/\varrho = 1 \cdot 10^3$ vorgenommen werden. Bei Abb. 2.45, die a als Funktion der Zeit zeigt, ist bei der Ordinate $a/a_k = 1 \cdot 10^3$ und bei der Abszisse $t_k/t = 1 \cdot 10^3$, während bei dem Verhältnis $\mathfrak{U}_g/\mathfrak{U}_{st}$ (s. Abb. 2.46) in Abhängigkeit von der Zeit nur die Abszisse das Verhältnis $t_k/t = 1 \cdot 10^3$ zeigt.

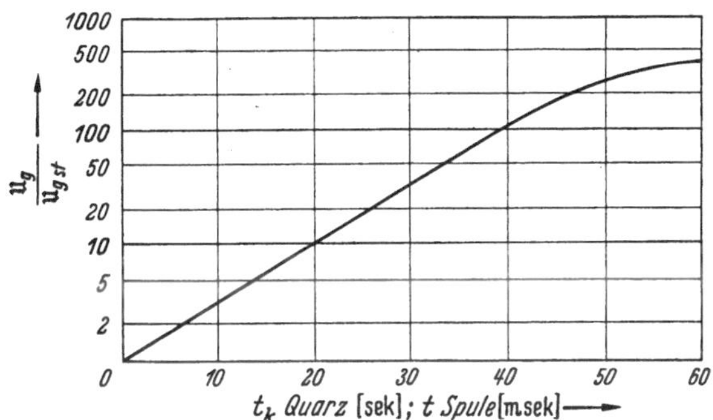

Abb. 2.46. Die Zeitabhängigkeit der auf die Störspannung bezogenen Gitterspannung für Quarz und Spule

2.11 Die Ersatzschaltungen für Kristalle mit unterteilten Elektroden

Cady benutzte bei seinem ersten Kristalloszillator einen Quarz mit unterteilten Elektroden, einen sogenannten Übertragerquarz [*63*]. Ein solcher läßt sich bei longitudinalen Kristallschwingungen erhalten, wobei einfach übersehbare Beziehungen zu erzielen sind. Aus dem gleichen Grunde empfiehlt es sich, die Trennungslinie zwischen der als Elektrode dienenden Belegung parallel der Längskante des Kristalls zu legen. Einen solchen Kristall zeigt Abb. 2.47. Hierbei sind F_1 und F_2 die Flächen der unterteilten Elektrode, die zusammen die Fläche F_0 ergeben:

$$F_1 + F_2 = F_0. \quad (2.250)$$

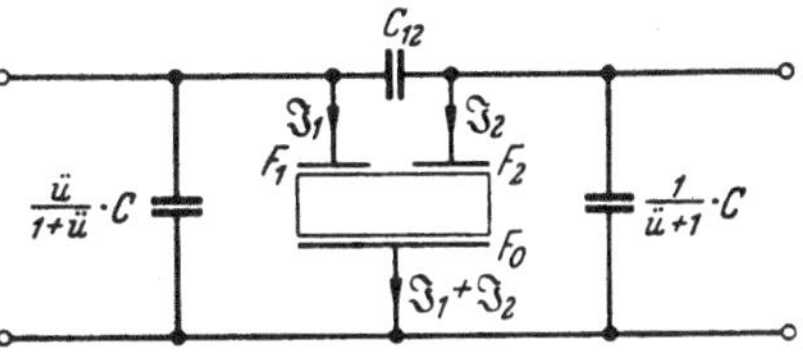

Abb. 2.47. Kristall mit drei Elektroden verschiedener Größe [*113*]

Der Gesamtstrom durch den Kristall zerfällt entsprechend in die Ströme $\mathfrak{J}_1$ und $\mathfrak{J}_2$ (erweitert in [*112*]).

Auch die Parallelkapazität C verteilt sich proportional den Flächen. Zwischen den Flächen F_1 und F_2 entsteht eine Kopplungskapazität C_{12}. Das Ersatzbild hierzu zeigt Abb. 2.48, wobei der Übertrager ideal sein soll, also unendlich große Induktivitäten und den Kopplungsfaktor Eins besitzen muß.

Wir bezeichnen den Scheinwiderstand des Kristalls mit kurzgeschlossenen Flächen F_1, F_2 — also ohne unterteilte Elektroden — mit

$$\mathfrak{R}_q = R_q + j\,\omega L_q + \frac{1}{j\,\omega C_q}. \quad (2.251)$$

Schließen wir nun die Fläche F_2 mit der Fläche F_0 zusammen, so gilt bei unveränderter Schwingungsamplitude für die Leistungen die Gleichung [30]:

$$\mathfrak{J}_1^2\,\mathfrak{R}_{1k} = \mathfrak{J}_0^2\,\mathfrak{R}_q \tag{2.252}$$

und beim Kurzschluß der Flächen F_1 und F_0:

$$\mathfrak{J}_2^2\,\mathfrak{R}_{2k} = \mathfrak{J}_0^2\,\mathfrak{R}_q. \tag{2.253}$$

Hierbei sind $\mathfrak{R}_{1k}$ und $\mathfrak{R}_{2k}$ die Eingangsscheinwiderstände.

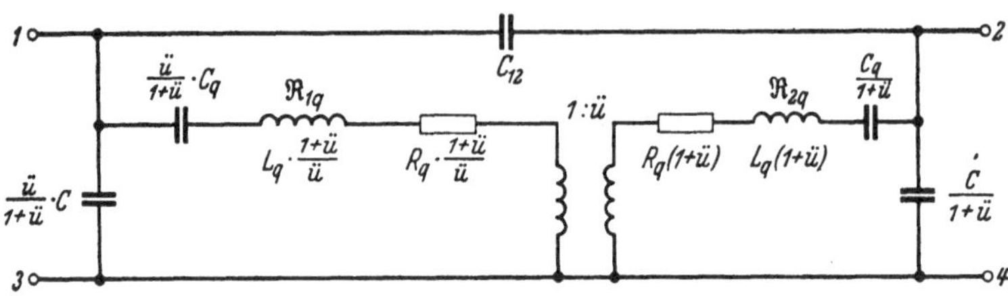

Abb. 2.48. Ersatzbild des Kristalls Abb. 2.47 [113]

Führen wir wie beim Übertrager ein Übersetzungsverhältnis

$$\ddot{u} = \frac{F_1}{F_2} \tag{2.254}$$

ein, so gilt:

$$\ddot{u} = \frac{\mathfrak{J}_1}{\mathfrak{J}_2}. \tag{2.255}$$

Mit Gl. (2.250) folgt aus Gl. (2.255):

$$\mathfrak{J}_1 = \frac{\ddot{u}}{1+\ddot{u}}\,\mathfrak{J}_0 \qquad \mathfrak{J}_2 = \frac{1}{1+\ddot{u}}\,\mathfrak{J}_0. \tag{2.256}$$

Mit den Gln. (2.256) lauten die Gln. (2.252) u. (2.253):

$$\mathfrak{R}_{1k} = \left(\frac{1+\ddot{u}}{\ddot{u}}\right)^2 \mathfrak{R}_q, \tag{2.257}$$

$$\mathfrak{R}_{2k} = (1+\ddot{u})^2\,\mathfrak{R}_q \tag{2.258}$$

und damit ergibt sich:

$$\mathfrak{R}_{2k} = \ddot{u}^2\,\mathfrak{R}_{1k}, \tag{2.259}$$

entsprechend der Beziehung zwischen den beiderseitigen Kurzschlußwiderständen eines Übertragers.

Für den Kurzschlußwiderstand erhalten wir mit den in Abb. 2.48 eingezeichneten Ersatzscheinwiderständen $\mathfrak{R}_{1q}$ und $\mathfrak{R}_{2q}$:

$$\mathfrak{R}_{1k} = \mathfrak{R}_{1q} + \frac{\mathfrak{R}_{2q}}{\ddot{u}^2}. \tag{2.260}$$

Außerdem benötigen wir noch die bei Kurzschluß zwischen F_1 und F_2 geltende Beziehung:

$$\mathfrak{R}_q = \frac{\mathfrak{R}_{1q}\,\mathfrak{R}_{2q}}{\mathfrak{R}_{1q} + \mathfrak{R}_{2q}}. \tag{2.261}$$

Aus den Gln. (2.257) bis (2.261) berechnen wir:

$$\mathfrak{R}_{1q} = \mathfrak{R}_q \frac{1+\ddot{u}}{\ddot{u}} \qquad \mathfrak{R}_{2q} = \mathfrak{R}_q(1+\ddot{u}). \qquad (2.262)$$

Bei der Unterteilung der Elektroden gibt es die in Abb. 2.49a, b gezeigten Möglichkeiten. Die Ersatzbilder hierzu, die wir für gleiche

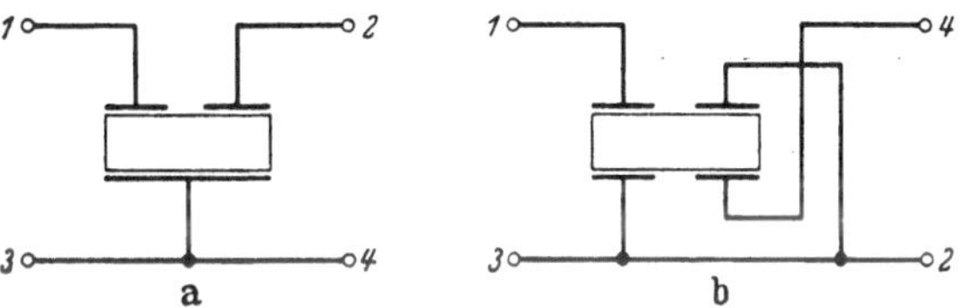

Abb. 2.49. Die beiden Schaltmöglichkeiten eines Vierelektrodenquarzes [113]

Elektrodenflächen ($F_1 = F_2$) angeben wollen, erhalten wegen der unterschiedlichen Kopplungen C_{12} und C_{14} ein verschiedenes Aussehen. Wir zeigen dasselbe in Abb. 2.50a, b, die Abb. 250a ist aus Abb. 2.48 für $\ddot{u} = 1$ zu entnehmen.

Durch Anbringen eines Abschirmstreifens und Verbinden desselben mit der gegenüberliegenden, meist geerdeten Elektrode nach

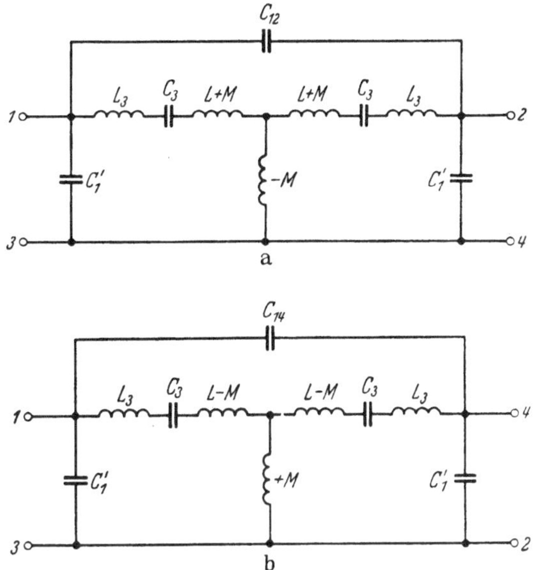

Abb. 2.50. Ersatzbilder der Vierelektrodenquarze Abb. 2.49 [10]

Abb. 2.51a läßt sich die Kapazität C_{12} vermeiden. Die Kapazität C_{14} bei der Anordnung Abb. 2.49b läßt sich durch überstehende Elektroden (s. Abb. 2.51b) beseitigen. Die entsprechend verkleinerten Elektrodenflächen bedingen eine Erhöhung der Kristallinduktivität, die zu berücksichtigen ist. Für den Fall, daß die Kapazität C_{12} entfällt,

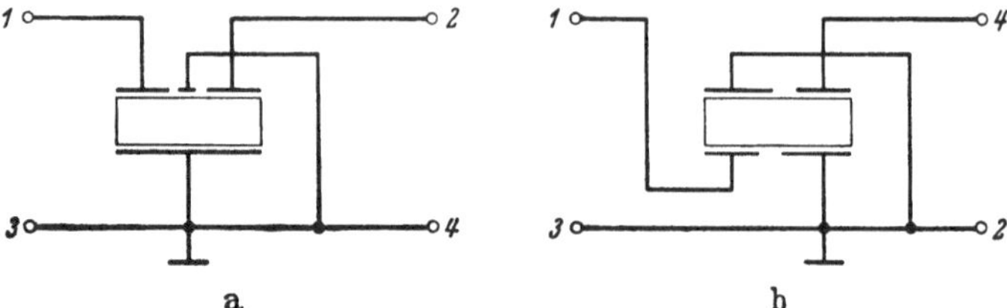

Abb. 2.51. Vierelektrodenquarze ohne Kopplungskapazität [113]

können wir ein einfaches Ersatzbild aus der Abb. 2.50a ableiten. Wir verwandeln den Stern in ein Dreieck und lassen die Übertragerinduktivität gegen Unendlich gehen (s. Abb. 2.52). Auch bei ungleichen Flächen $F_1 \neq F_2$ erhalten wir aus Abb. 2.48 ein entsprechendes Ersatzbild (Abb. 2.53). Aus dem Ersatzbild Abb. 2.50b ergibt sich bei dem gleichen Verfahren zwischen 1 bis 4 das normale Ersatzbild Abb. 1.1.

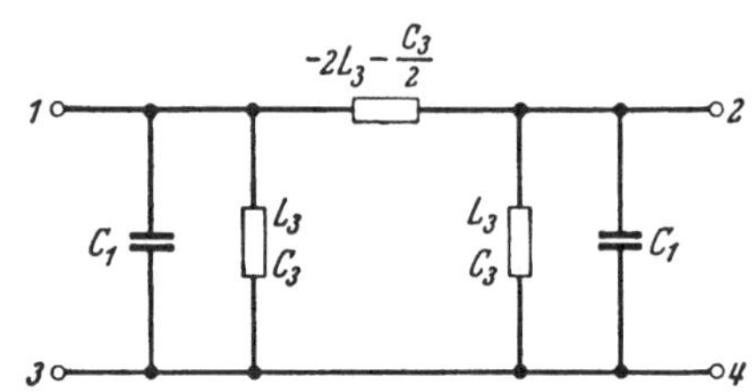

Abb. 2.52. *Π*-Ersatzbild für den Quarz Abb. 2.51a bei gleichen oberen Elektroden [10]

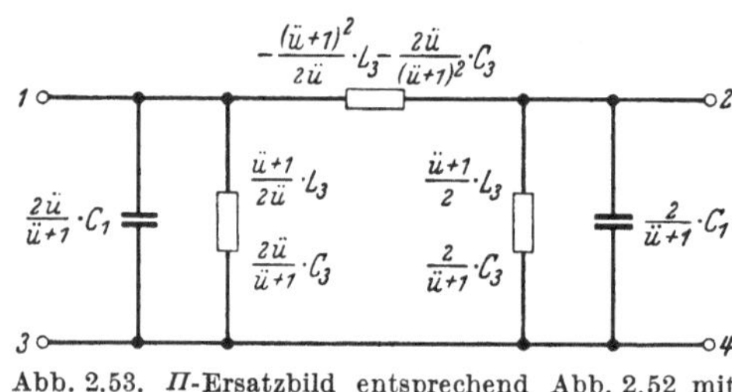

Abb. 2.53. *Π*-Ersatzbild entsprechend Abb. 2.52 mit ungleichen Elektroden [10]

Mit der Unterteilung der Elektroden läßt sich die Kristallinduktivität gewünschten Werten anpassen. Schließen wir in der Abb. 2.48 die Elektroden 2 bis 4 kurz, so addiert sich die Kopplungskapazität zu der zwischen

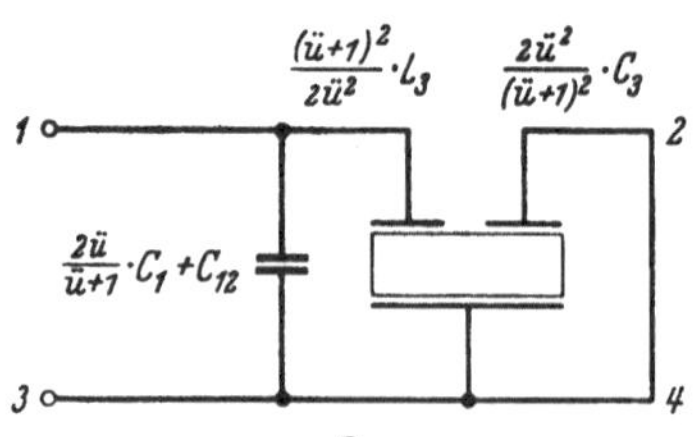

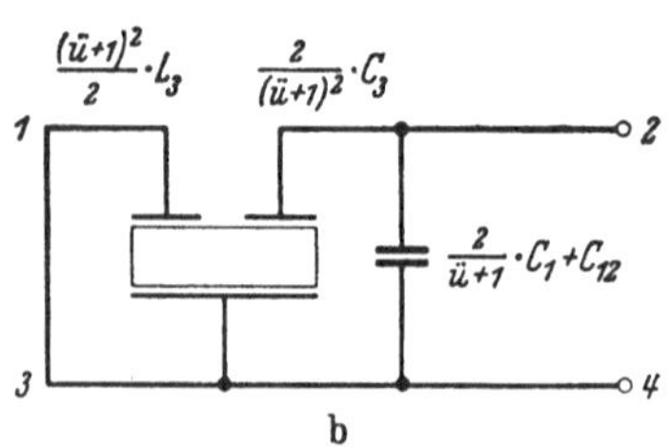

Abb. 2.54. Zur Induktivitätsübersetzung einseitig kurzgeschlossene Dreielektrodenquarze [113]

1 bis 3 liegenden Kapazität, während die Induktivität den erhöhten Wert $L_3(ü + 1)^2/ü^2$ erhält. Abb. 2.54a zeigt die Anordnung für den

Kurzschluß 2 bis 4, während Abb. 2.54b den Kurzschluß 1 bis 3 wiedergibt. Das Verfahren auf eine der Elektrodenanordnung Abb. 2.49b entsprechende Schaltung angewandt, liefert das gleiche Ergebnis.

2.12 Ersatzschaltbilder von Transistoren

Da wir auch Oszillatoren mit Transistoren aufbauen wollen, müssen wir uns kurz mit deren wichtigsten Eigenschaften für ihre Eignung als aktiver Teil eines Oszillators befassen. Bekanntlich gelten die Wechselstromgleichungen für Elektronenröhren nur für kleine Amplituden, d. h. die Gleichstromkennlinien sind nur in kleinen Bereichen linear. Bei den Transistoren sind zwei Gleichungen zu erfüllen, so daß

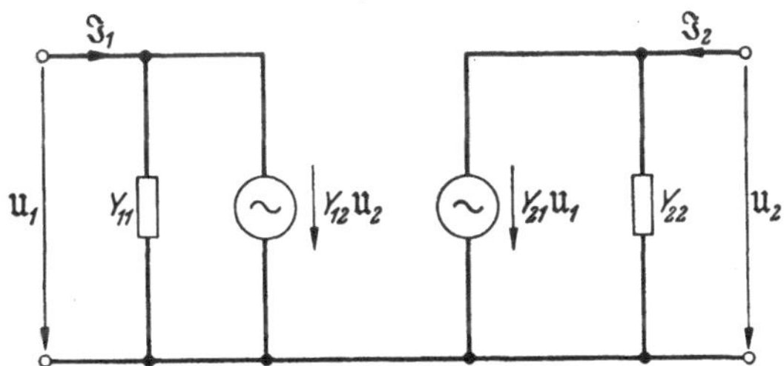

Abb. 2.55. Leitwertdarstellung eines Transistors

man erhöhte Aufmerksamkeit den Geltungsbereichen der Wechselstromgleichungen schenken muß, wenn die Ergebnisse mit den Rechnungen übereinstimmen sollen oder damit die Schaltung überhaupt das Gewünschte leisten kann. Für Oszillatoren mit hoher Frequenzkonstanz, die nur kleine Amplituden zulassen, erweist sich der Transistor als durchaus geeignet.

Eine Darstellung mit Leitwerten zeigt Abb. 2.55. Aus derselben lassen sich die Beziehungen ablesen:

$$\begin{aligned} \mathfrak{J}_1 &= Y_{1k}\mathfrak{U}_1 + Y_2\mathfrak{U}_2 = Y_{11}\mathfrak{U}_1 + Y_{12}\mathfrak{U}_2, \\ \mathfrak{J}_2 &= Y_1\mathfrak{U}_1 + Y_{2k}\mathfrak{U}_2 = Y_{21}\mathfrak{U}_1 + Y_{22}\mathfrak{U}_2. \end{aligned} \tag{2.263}$$

Hierbei sind bei den in der Abb. 2.55 angegebenen Strom- und Spannungsrichtungen Y_{1k} und Y_{2k} die Kurzschlußleitwerte und Y_1 und Y_2 die Kernleitwerte, während Y_{11}, Y_{12}, Y_{21} und Y_{22} die Größen der Leitwertmatrix sind. Wir schreiben dieselben Gleichungen mit anderen Benennungen:

$$\begin{aligned} \mathfrak{J}_1 &= \frac{1}{R_{gi}}\mathfrak{U}_1 + S_g\mathfrak{U}_2, \\ \mathfrak{J}_2 &= S\,\mathfrak{U}_1 + \frac{1}{R_i}\mathfrak{U}_2. \end{aligned} \tag{2.264}$$

Hierbei entspricht die zweite Gleichung — übereinstimmend mit dem rechten Teil der Abb. 2.55 — derjenigen einer Röhre mit der

Steilheit S und dem Innenwiderstand R_i. Auch die Daten von hergestellten Transistoren lassen für Basis- und Emitterschaltung diesen Vergleich zu. Ein Spitzentransistor wäre mit einer Triode und ein Flächentransistor mit einer Pentode vergleichbar. Auch die erste Gleichung ließe sich durch eine Röhre realisieren, wenn wir einen Gitterstrom fließen ließen. Der Widerstand R_{gi} würde dem Eingangsinnenwiderstand oder Gitterinnenwiderstand entsprechen, und S_g wäre die Gitterstromsteilheit. Diese beiden Werte kennzeichnen den wesentlichen Unterschied zwischen Transistor und Röhre, so daß wir auf dieselben besonders achten müssen. Für einen Flächentransistor [*50*] gelten die Werte [*51*]

bei geerdeter Basis

$$R_{gi} = 31{,}4\,\Omega \qquad S_g = -0{,}57\,\mu\text{A/V},$$
$$S = -31\,\text{mA/V} \qquad R_i = 1{,}58\,\text{M}\Omega,$$

bei geerdetem Emitter

$$R_{gi} = 1400\,\Omega \qquad S_g = -0{,}062\,\mu\text{A/V},$$
$$S = +31\,\text{mA/V} \qquad R_i = 1{,}58\ \text{M}\Omega,$$

bei geerdetem Kollektor

$$R_{gi} = 1400\,\Omega \qquad S_g = -0{,}7\,\text{mA/V},$$
$$S = -32\,\text{m A/V} \qquad R_i = 31{,}4\,\Omega.$$

Weitere einfache Ersatzbilder, die lediglich durch die Wahl einer bestimmten Vierpolmatrix gegeben sind, bringen wir im folgenden.

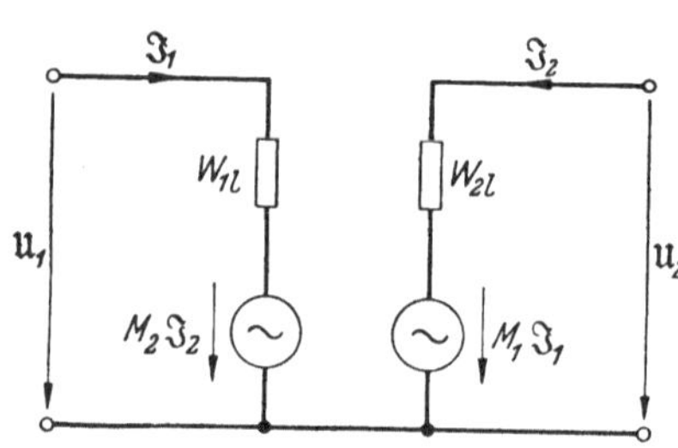

Abb. 2.56
Widerstandsdarstellung eines Transistors

Das Widerstandsersatzbild zeigt Abb. 2.56. Für dasselbe gelten die Gleichungen

$$\begin{aligned} \mathfrak{U}_1 &= W_{1l}\,\mathfrak{J}_1 + M_2\,\mathfrak{J}_2 \\ &= W_{11}\,\mathfrak{J}_1 + W_{12}\,\mathfrak{J}_2 \\ \mathfrak{U}_2 &= M_1\,\mathfrak{J}_1 + W_{2l}\,\mathfrak{J}_2 \\ &= W_{21}\,\mathfrak{J}_1 + W_{22}\,\mathfrak{J}_2. \end{aligned} \qquad (2.265)$$

Hierbei sind W_{1l} und W_{2l} die Leerlaufwiderstände und M_2 und M_1 die Kernwiderstände, während die Größen W_{11}, W_{12}, W_{21} und W_{22} die allgemeine Widerstandsmatrix wiedergeben.

Die Reihen-Parallel-Darstellung der Abb. 2.57 gehorcht den Gleichungen

$$\begin{aligned} \mathfrak{U}_1 &= H_{11}\,\mathfrak{J}_1 + H_{12}\,\mathfrak{U}_2, \\ \mathfrak{J}_2 &= H_{21}\,\mathfrak{U}_1 + H_{22}\,\mathfrak{U}_2. \end{aligned} \qquad (2.266)$$

Diese Darstellung, bei der die Größen keine einheitliche Dimension aufweisen, hat sich neuerdings hervorgeschoben, da die Ersatzgrößen leicht meßbar sind.

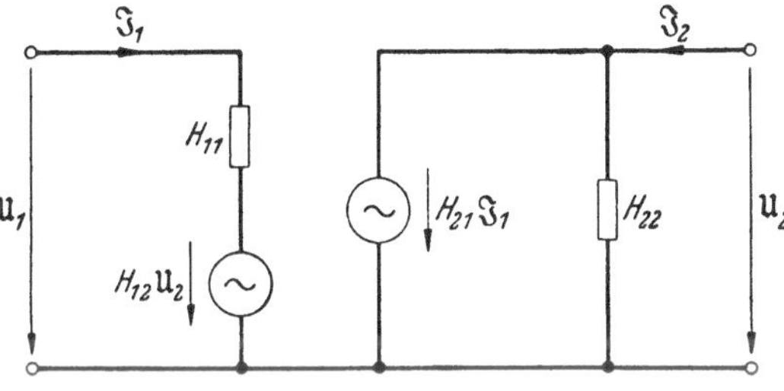

Abb. 2.57. H-Darstellung eines Transistors

Die Parallel-Reihen-Darstellung der Abb. 2.58 berechnet sich aus den Formeln

$$\begin{aligned} \mathfrak{J}_1 &= L_{11}\mathfrak{U}_1 + L_{12}\mathfrak{J}_2 \\ \mathfrak{U}_2 &= L_{21}\mathfrak{U}_1 + L_{22}\mathfrak{J}_2 . \end{aligned} \tag{2.267}$$

Die Gln. (2.263) bis (2.267) lassen sich mit der Matrizenrechnung leicht ineinander überführen.

Speziellere Schaltungen sind das in Abb. 2.59 dargestellte T-Ersatzbild und das Π-Ersatzbild der Abb. 2.60.

Mit den eingezeichneten Benennungen gelten für das T-Ersatzbild die Gln. (2.265) und für das Π-Ersatzbild die Gln. (2.263). Die bisherigen Ersatzbilder sind ohne besondere Berücksichtigung irgendwelcher physikalischer Eigenschaften des Transistors aufgebaut. Aus allen lassen sich die drei Grundschaltungen des Transistors, die Anordnungen mit geerdeter Basis (Basisschaltung), geerdetem Emitter (Emitterschaltung) und geerdetem Kollektor (Kollektorschaltung) aufbauen. Bei Berücksichtigung physikalischer Eigenschaften müssen für die drei Grundschaltungen verschiedene Ersatzbilder aufgestellt werden, die in ihrer Form natürlich einheitlich sein können. Als einfachstes Gesetz fand man, daß die Einspeisung dem Emitterstrom proportional ist. Berücksichtigt man diese Eigenschaft, so erhält man die in Abb. 2.61a, b, c gezeigten Abbildungen, wobei die Anordnung a für geerdete Basis, b für geerdeten Emitter und c für geerdeten Kollektor gilt. Die entsprechenden Transistoranordnungen sind beigefügt. Die eingezeichneten Leerlauf- und Kernwiderstände zeigen die Verschiedenheit der Anordnungen. Lediglich Abb. 2.61a ist mit der Abb. 2.59 in

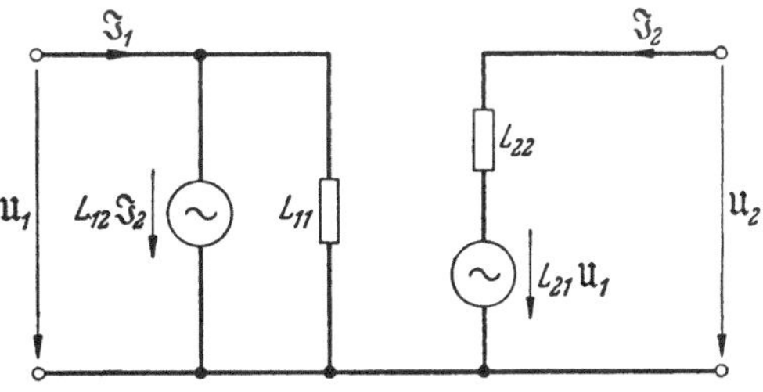

Abb. 2.58. L-Darstellung eines Transistors

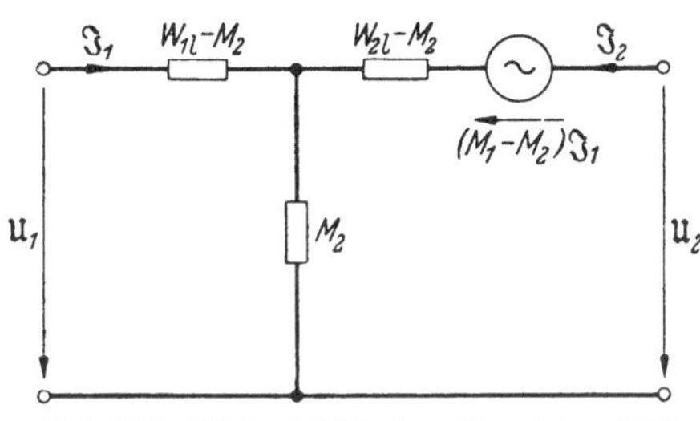

Abb. 2.59. T-Ersatzbild eines Transistors [50]

Übereinstimmung. Weiterhin sind eingezeichnet der Emitterwiderstand r_e, der Basiswiderstand r_b, der Kollektorwiderstand r_c sowie der Einspeisungswiderstand r_m. Mit diesen Größen lauten die Gleichungen für die drei Anordnungen Abb. 2.61 a, b, c:

$$\begin{aligned} \mathfrak{U}_1 &= (r_e + r_b)\,\mathfrak{J}_1 + r_b\,\mathfrak{J}_2, \\ \mathfrak{U}_2 &= (r_b + r_m)\,\mathfrak{J}_1 + (r_b + r_c)\,\mathfrak{J}_2. \end{aligned} \tag{2.268}$$

$$\begin{aligned} \mathfrak{U}_1 &= (r_b + r_e)\,\mathfrak{J}_1 + r_e\,\mathfrak{J}_2, \\ \mathfrak{U}_2 &= (r_e - r_m)\,\mathfrak{J}_1 + (r_e + r_c - r_m)\,\mathfrak{J}_2. \end{aligned} \tag{2.269}$$

$$\begin{aligned} \mathfrak{U}_1 &= (r_b + r_c)\,\mathfrak{J}_1 + (r_c - r_m)\,\mathfrak{J}_2, \\ \mathfrak{U}_2 &= \qquad r_c\,\mathfrak{J}_1 + (r_e + r_c - r_m)\,\mathfrak{J}_2. \end{aligned} \tag{2.270}$$

Benötigt man genaue Ersatzbilder, so sind Kapazitäten und Widerstände hinzuzufügen. Abb. 2.62a, b, c zeigt die erweiterten Π-Ersatzbilder in den drei Grundschaltungen.

In allgemeiner Form sind die Formeln sehr kompliziert, die Berechnung erfolgt zweckmäßig zusammen mit dem frequenzbestimmenden passiven Vierpol. Mit den eingezeichneten Größen ist dieses leicht möglich. Auch diese Ersatzbilder sind noch zu erweitern, wenn die physikalischen Größen möglichst genau nachgebildet werden sollen. Abb. 2.63 zeigt die Erweiterung des Π-Ersatzbildes für die Emitterschaltung. Die gebrachten Formen (mit Ausnahme der Abb. 2.61 a, b, c) decken sich

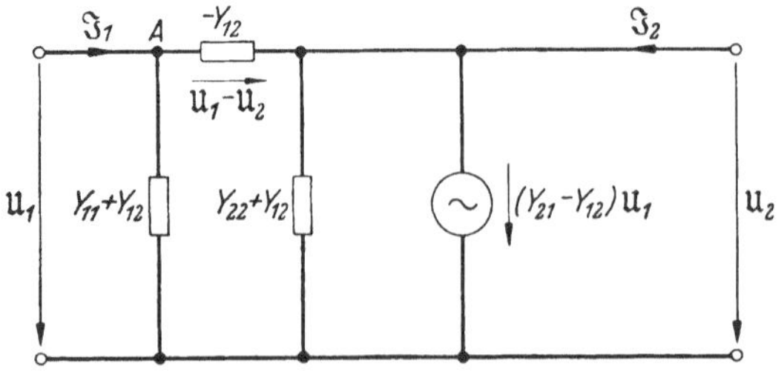

Abb. 2.60
Π-Ersatzbild eines Transistor

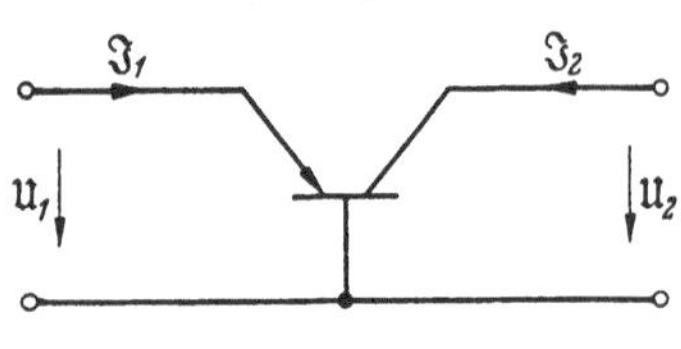

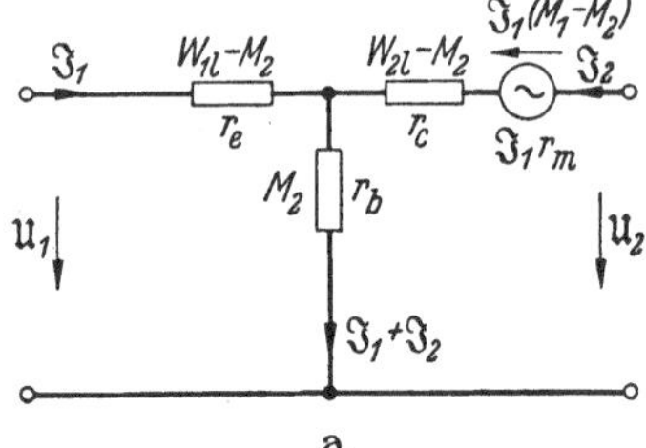

a

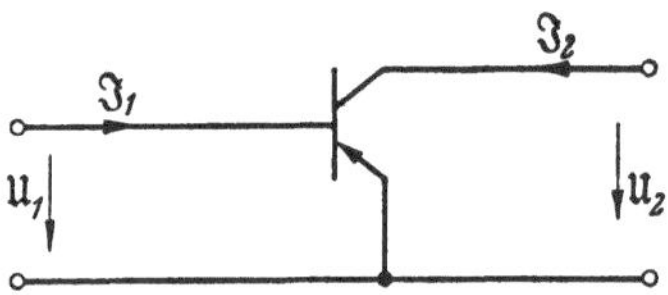

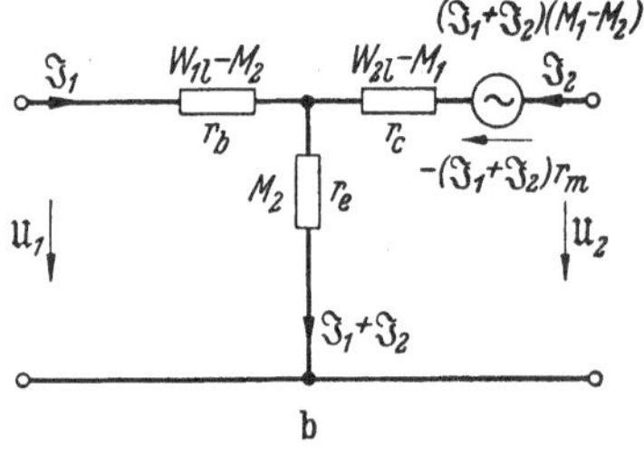

b

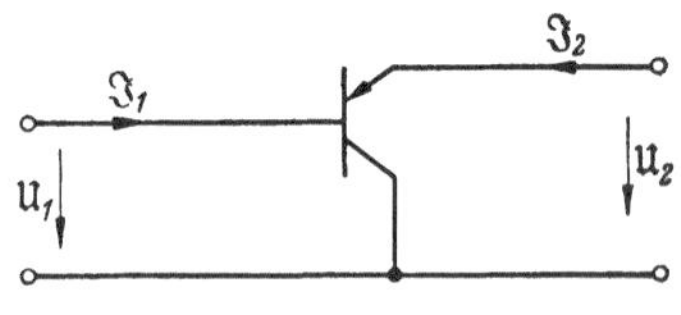

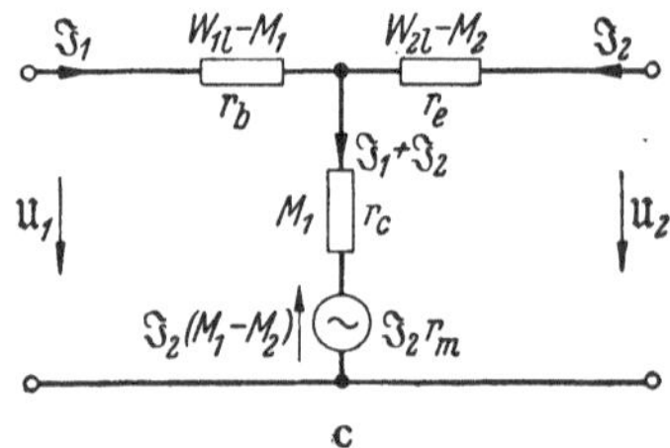

c

Abb. 2.61. T-Ersatzbilder für Basis-, Emitter- u. Kollektorschaltung [50]

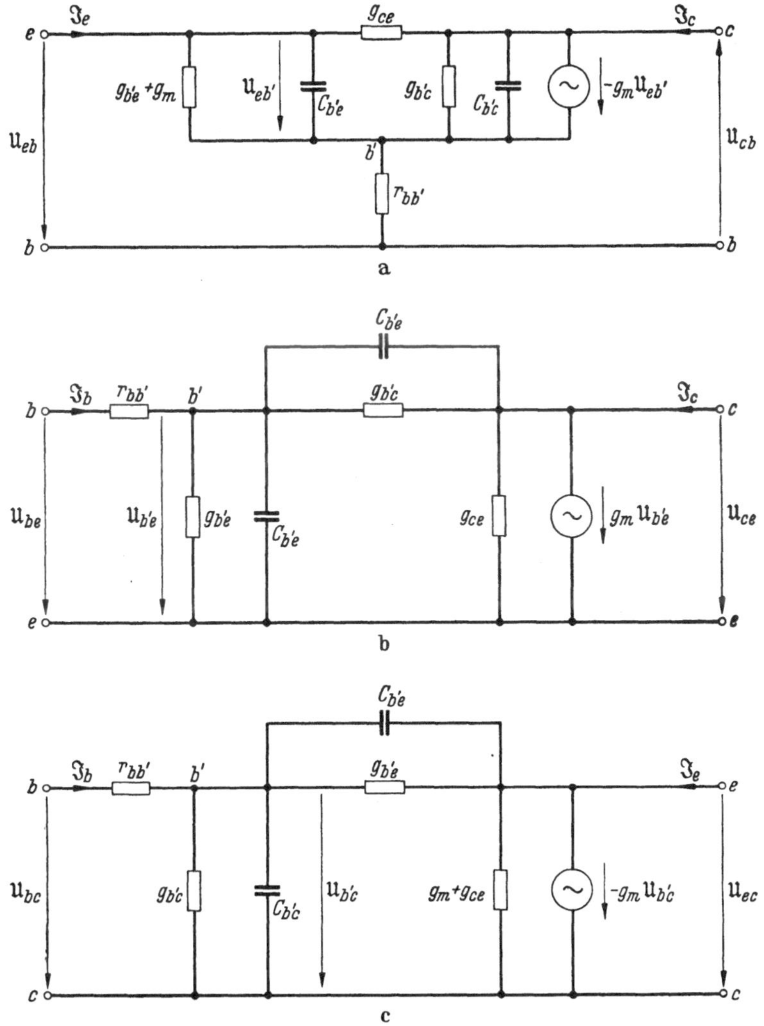

a

b

c

Abb. 2.62. Erweiterte Ersatzbilder für Basis-, Emitter- und Kollektorschaltung [116]

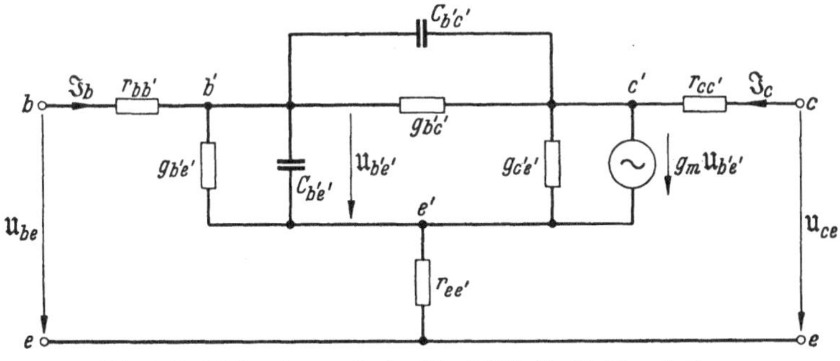

Abb. 2.63. Nochmals erweitertes Ersatzbild für Emitterschaltung

mit den Vorschlägen, die demnächst als Norm allein benutzt werden sollen. Es sind natürlich noch viele — durchaus brauchbare — Ersatzbilder möglich, doch sollte man sich mit den aufgeführten Anordnungen begnügen.

3 Vierpoltheoretische Betrachtungen

3.1 Die Vierpolgrößen beim aktiven Vierpol

Bekanntlich unterscheidet man Vierpole unter anderem dadurch, daß der Umkehrsatz für sie gilt oder nicht [37]. Bei geltendem Umkehrsatz müssen die ein- und ausgangseitig genommenen Kernwiderstände $\mathfrak{M}_1$ und $\mathfrak{M}_2$ gleich sein. Verschiedenheit von $\mathfrak{M}_1$ und $\mathfrak{M}_2$ bedingt, daß der Vierpol nicht mehr allein durch Scheinwiderstände dargestellt werden kann, sondern daß eine zusätzliche Strom- oder Spannungseinspeisung vorhanden sein muß. Diese Einspeisung verhindert die Gültigkeit des Umkehrsatzes.

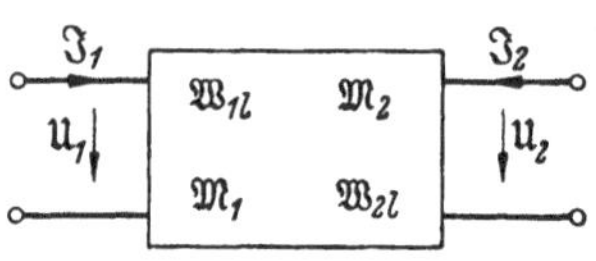

Abb. 3.1
Nicht umkehrbarer Vierpol

Mit der Verschiedenheit von $\mathfrak{M}_1$ und $\mathfrak{M}_2$ wollen wir uns im folgenden befassen.

Für den in Abb. 3.1 gezeigten Vierpol mit den Leerlaufwiderständen $\mathfrak{W}_{1l}$, $\mathfrak{W}_{2l}$ und den Kernwiderständen $\mathfrak{M}_1$, $\mathfrak{M}_2$ gelten zwischen den Strömen und Spannungen in der Abbildung die Gleichungen:

$$\begin{aligned} \mathfrak{U}_1 &= \mathfrak{W}_{1l}\,\mathfrak{J}_1 + \mathfrak{M}_2\,\mathfrak{J}_2\,, \\ \mathfrak{U}_2 &= \mathfrak{M}_1\,\mathfrak{J}_1 + \mathfrak{W}_{2l}\,\mathfrak{J}_2\,. \end{aligned} \tag{3.1}$$

Wir wandeln diese Gleichungen in die Leitwertform um und erhalten:

$$\begin{aligned} \mathfrak{J}_1 &= \frac{\mathfrak{W}_{2l}}{|\mathfrak{W}|}\mathfrak{U}_1 - \frac{\mathfrak{M}_2}{|\mathfrak{W}|}\mathfrak{U}_2 = \mathfrak{Y}_{11}\mathfrak{U}_1 + \mathfrak{Y}_{12}\mathfrak{U}_2\,, \\ \mathfrak{J}_2 &= -\frac{\mathfrak{M}_1}{|\mathfrak{W}|}\mathfrak{U}_1 + \frac{\mathfrak{W}_{1l}}{|\mathfrak{W}|}\mathfrak{U}_2 = \mathfrak{Y}_{21}\mathfrak{U}_1 + \mathfrak{Y}_{22}\mathfrak{U}_2\,, \end{aligned} \qquad |\mathfrak{W}| = \mathfrak{W}_{1l}\mathfrak{W}_{2l} - \mathfrak{M}_1\mathfrak{M}_2\,. \tag{3.2}$$

Zur Symmetrierung der Kernwiderstände benötigen wir einen Vierpol, der eine geeignete Größe liefert, die $\mathfrak{M}_1$ und $\mathfrak{M}_2$ gleich machen kann. Hierzu wählen wir eine Elektronenröhre. In allgemeiner Form lauten deren Gleichungen:

$$\begin{aligned} \mathfrak{J}_1 &= \frac{1}{R_{gi}}\mathfrak{U}_1 + S_g\,\mathfrak{U}_2\,, \\ \mathfrak{J}_2 &= S\,\mathfrak{U}_1 + \frac{1}{R_i}\mathfrak{U}_2\,. \end{aligned} \tag{3.3}$$

Meistens legt man den Arbeitspunkt einer Röhre so, daß $1/R_{gi}$ und S_g gleich Null sind. Wei erhin können wir R_i so groß annehmen, daß

$1/R_i$ ebenfalls verschwindet und nur S übrigbleibt. Da wir die Matrizen der Gln. (3.2) u. (3.3) einfach addieren können, wollen wir die Matrix eines Vierpols, für den der Umkehrsatz gilt, mit Hilfe von S in die Matrix eines Vierpols verwandeln, für den der Umkehrsatz nicht gilt.

Addieren wir zur Matrix Gl. (3.2) mit $\mathfrak{M}_1 = \mathfrak{M}_2$ die vereinfachte Matrix Gl. (3.3), so ist:

$$\begin{pmatrix} \frac{\mathfrak{W}_{2l}}{|\mathfrak{W}|} & -\frac{\mathfrak{M}_2}{|\mathfrak{W}|} \\ -\frac{\mathfrak{M}_2}{|\mathfrak{W}|} & \frac{\mathfrak{W}_{1l}}{|\mathfrak{W}|} \end{pmatrix} + \begin{pmatrix} 0 & 0 \\ S & 0 \end{pmatrix} = \begin{pmatrix} \frac{\mathfrak{W}_{2l}}{|\mathfrak{W}|} & -\frac{\mathfrak{M}_2}{|\mathfrak{W}|} \\ S-\frac{\mathfrak{M}_2}{|\mathfrak{W}|} & \frac{\mathfrak{W}_{1l}}{|\mathfrak{W}|} \end{pmatrix} = \mathfrak{M}. \tag{3.4}$$

Wir bilden die Determinante der resultierenden Matrix:

$$\frac{1}{|\mathfrak{W}'|} = \frac{\mathfrak{W}_{1l}\,\mathfrak{W}_{2l}}{|\mathfrak{W}|^2} + \frac{(S\,|\mathfrak{W}| - \mathfrak{M}_2)\,\mathfrak{M}_2}{|\mathfrak{W}|^2} = \frac{1 + S\,\mathfrak{M}_2}{|\mathfrak{W}|} \tag{3.5}$$

und erhalten aus den Gln. (3.4) u. (3.5):

$$\mathfrak{M} = \frac{|\mathfrak{W}'|}{|\mathfrak{W}|}\begin{pmatrix} \frac{\mathfrak{W}_{2l}}{|\mathfrak{W}'|} & -\frac{\mathfrak{M}_2}{|\mathfrak{W}'|} \\ \frac{S\,|\mathfrak{W}| - \mathfrak{M}_2}{|\mathfrak{W}'|} & \frac{\mathfrak{W}_{1l}}{|\mathfrak{W}'|} \end{pmatrix} = \frac{1}{1 + S\,\mathfrak{M}_2}\begin{pmatrix} \frac{\mathfrak{W}_{2l}}{|\mathfrak{W}'|} & -\frac{\mathfrak{M}_2}{|\mathfrak{W}'|} \\ -\frac{\mathfrak{M}_1}{|\mathfrak{W}'|} & \frac{\mathfrak{W}_{1l}}{|\mathfrak{W}'|} \end{pmatrix}. \tag{3.6}$$

Damit haben wir durch Zusatz einer vereinfachten Röhre zu einem umkehrbaren Vierpol die Matrix eines nichtumkehrbaren Vierpols gewonnen. Durch Vergleich der beiden Matrizen Gl. (3.6) ergibt sich für die erforderliche Röhrensteilheit S:

$$S = -\frac{\mathfrak{M}_1 - \mathfrak{M}_2}{|\mathfrak{W}|} = \mathfrak{Y}_{21} - \mathfrak{Y}_{12}. \tag{3.7}$$

Wollen wir den Kernwiderstand $\mathfrak{M}_1$ festhalten und $\mathfrak{M}_2$ verändern, so addieren wir zu der Matrix eines umkehrbaren Vierpols mit dem Kernwiderstand $\mathfrak{M}_1$ die Matrix eines Vierpols, der ebenfalls aus Gl. (3.3) gewonnen wird, jedoch soll jetzt $S = 0$ und $S_g \neq 0$ sein, wobei uns die Realisierbarkeit einer solchen Matrix hier nicht interessiert. Es ist:

$$\begin{pmatrix} \frac{\mathfrak{W}_{2l}}{|\mathfrak{W}|} & -\frac{\mathfrak{M}_1}{|\mathfrak{W}|} \\ -\frac{\mathfrak{M}_1}{|\mathfrak{W}|} & \frac{\mathfrak{W}_{1l}}{|\mathfrak{W}|} \end{pmatrix} + \begin{pmatrix} 0 & S_g \\ 0 & 0 \end{pmatrix} = \begin{pmatrix} \frac{\mathfrak{W}_{2l}}{|\mathfrak{W}|} & S_g - \frac{\mathfrak{M}_1}{|\mathfrak{W}|} \\ -\frac{\mathfrak{M}_1}{|\mathfrak{W}|} & \frac{\mathfrak{W}_{1l}}{|\mathfrak{W}|} \end{pmatrix} = \mathfrak{N} \tag{3.8}$$

mit der Determinante der resultierenden Matrix:

$$\frac{1}{|\overline{\mathfrak{W}}|} = \frac{\mathfrak{W}_{1l}\,\mathfrak{W}_{2l}}{|\mathfrak{W}|^2} + \frac{(S_g\,|\mathfrak{W}| - \mathfrak{M}_1)\,\mathfrak{M}_1}{|\mathfrak{W}|^2} = \frac{1 + S_g\,\mathfrak{M}_1}{|\mathfrak{W}|}. \tag{3.9}$$

Wir bilden aus den Gln. (3.8) u. (3.9):

$$\mathfrak{N} = \frac{|\overline{\mathfrak{W}}|}{|\mathfrak{W}|}\begin{pmatrix} \dfrac{\mathfrak{W}_{2l}}{|\overline{\mathfrak{W}}|} & \dfrac{S_g|\mathfrak{W}| - \mathfrak{M}_1}{|\overline{\mathfrak{W}}|} \\ -\dfrac{\mathfrak{M}_1}{|\overline{\mathfrak{W}}|} & \dfrac{\mathfrak{W}_{1l}}{|\overline{\mathfrak{W}}|} \end{pmatrix} = \frac{1}{1 + S_g\,\mathfrak{M}_1}\begin{pmatrix} \dfrac{\mathfrak{W}_{2l}}{|\overline{\mathfrak{W}}|} & -\dfrac{\mathfrak{M}_2}{|\overline{\mathfrak{W}}|} \\ -\dfrac{\mathfrak{M}_1}{|\overline{\mathfrak{W}}|} & \dfrac{\mathfrak{W}_{1l}}{|\overline{\mathfrak{W}}|} \end{pmatrix} \tag{3.10}$$

und erhalten durch Vergleich der Matrizen:

$$S_g = -\frac{\mathfrak{M}_2 - \mathfrak{M}_1}{|\mathfrak{W}|} = \mathfrak{Y}_{12} - \mathfrak{Y}_{21}. \tag{3.11}$$

Die Gln. (3.7) u. (3.11) unterscheiden sich nur durch das Vorzeichen. Zum Vergleich müssen wir (wegen des Nenners) $\mathfrak{W}_{1l}$ und $\mathfrak{W}_{2l}$ in beiden Fällen als gleich annehmen. Nehmen wir $|\mathfrak{W}| > 0$ an, so entspricht ein $\mathfrak{M}_1 > \mathfrak{M}_2$ der Größe S, während $\mathfrak{M}_1 < \mathfrak{M}_2$ durch S_g auszugleichen

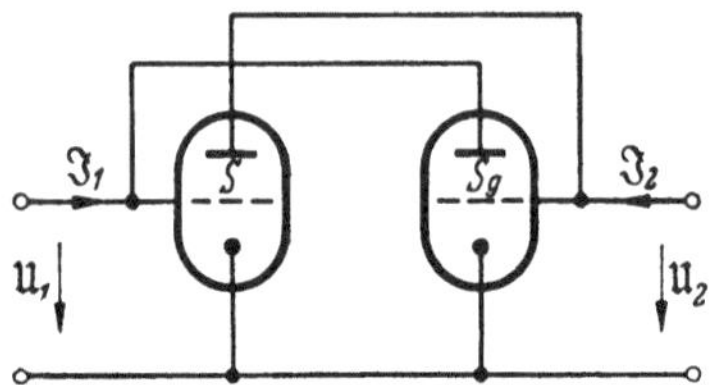

Abb. 3.2. Ersatzbild eines nicht umkehrbaren Vierpols ohne Ein- und Ausgangswiderstand [83]

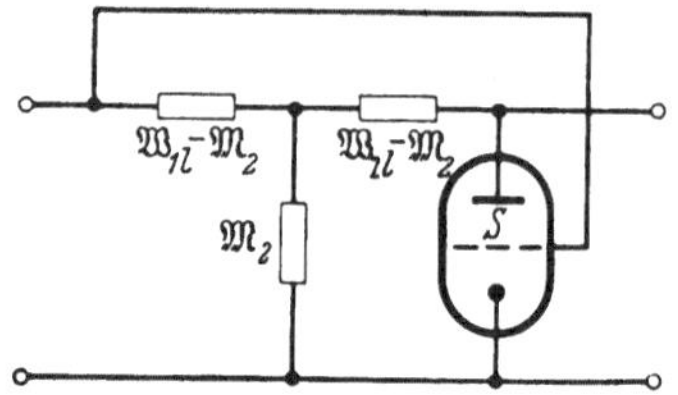

Abb. 3.3. T-Ersatzbild eines nicht umkehrbaren Vierpols

ist. Die verschiedene Wirkung von S und S_g können wir an der Abb. 3.2 erkennen (s. auch Abb. 7.32). Natürlich kann man beide Maßnahmen gleichzeitig treffen, indem man einen umkehrbaren Vierpol mit dem in Abb. 3.2 gezeigten Vierpol zu einem nichtumkehrbaren ergänzt.

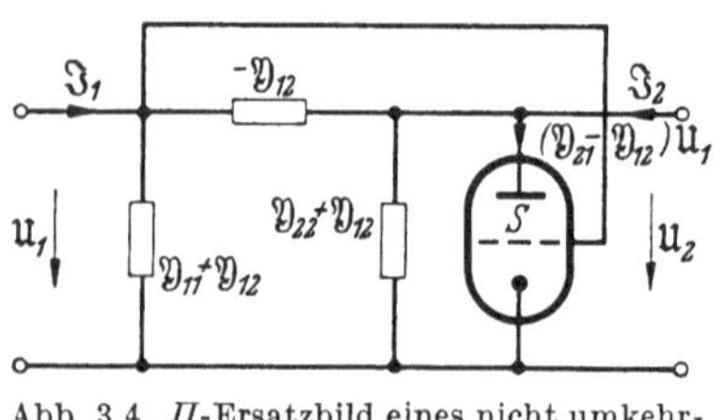

Abb 3.4. Π-Ersatzbild eines nicht umkehrbaren Vierpols [43]

Die in den Gln. (3.4) bis (3.7) getroffenen Maßnahmen erläutern das bekannte T-Ersatzbild für einen Transistor Abb. 2.59, das wir auch mit einer Röhre darstellen können (s. Abb. 3.3), deren Parallelschaltung zu einem umkehrbaren Vierpol der Matrizenaddition Gl. (3.4) entspricht. Mit der Leitwertmatrix Gl. (3.2) können wir auch das in Abb. 3.4 gezeigte Π-Ersatzbild bilden (vgl. Abb. 2.60).

Im voranstehenden haben wir erläutert, daß ein nichtumkehrbarer Vierpol einem aktiven Vierpol entsprechen kann. Wir können daher einen solchen Vierpol allein in sich rückkoppeln. Für den in Abb. 3.1 gezeigten Vierpol gelten die Gln. (3.1) u. (3.2). Wird derselbe rückgekoppelt, indem wir seine Ausgangsklemmen mit seinen Eingangsklemmen verbinden, so gilt:

$$\mathfrak{U}_2 \geqq \mathfrak{U}_1 \qquad \mathfrak{I}_2 = -\mathfrak{I}_1. \tag{3.12}$$

Aus den Gln. (3.2) u. (3.12) ergibt sich:

$$\frac{\mathfrak{W}_{1l} + \mathfrak{W}_{2l} - (\mathfrak{M}_1 + \mathfrak{M}_2)}{|\mathfrak{W}|} \geqq 0. \tag{3.13}$$

Das Größerzeichen gibt erforderlichenfalls die Bedingung für das Anschwingen, falls der rückgekoppelte Vierpol als Oszillator gedacht ist. Eine weitere Darstellung der Gl. (3.13) können wir mit den Gln. (3.3) gewinnen. Es ist:

$$\frac{1}{R_{gi}} + \frac{1}{R_i} + S + S_g \geqq 0. \tag{3.14}$$

Bei dieser Betrachtung wirken S und S_g in gleichem Sinne.

Wenden wir uns zurück zu der Darstellung eines aktiven Vierpols durch die Gln. (3.3).

Aus dem bisher Gesagten stellen wir fest: Die wichtigste Größe ist S, denn sie besorgt die Verstärkung. Als weitere wichtige Größe haben wir S_g. Die Größe S_g bewirkt eine Rückkopplung (vgl. Abb. 3.2). Wir bezeichnen dieselbe als innere Rückkopplung (s. Kap. 7.3). Die Größe S_g wurde bisher wenig beachtet, da man bei den Röhrenschaltungen S_g vermeidet und die äußere Rückkopplung viel wirksamer ist. Bei Transistoren ist S_g zwar auch sehr klein im Verhältnis zu S, doch es läßt sich nicht immer vernachlässigen und ist auch allein imstande, eine zur Schwingungserzeugung ausreichende Rückkopplung zu bilden. Einen solchen Oszillator zeigt Abb. 7.2. Die Größen R_{gi} und R_i stellen nur eine Belastung dar, die beispielsweise der Belastung durch Abschlußwiderstände entspricht. Eine Belastung ist für einen Oszillator genauso wichtig wie eine Verstärkung, doch wird sie zweckmäßig von den frequenzbestimmenden Schaltteilen und eventuell zusätzlichen Abschlußwiderständen herrühren und nicht von dem verstärkenden Teil selbst. Allzu kleine Werte von R_{gi} und R_i sind also unerwünscht. Falls vom frequenzbestimmenden Teil keine Verluste dazukommen, so muß die Bedingung Gl. (3.14), die sich durch sonstige Verluste verschlechtert, erfüllt werden. Zur inneren Rückkopplung wollen wir noch bemerken, daß sie durch die Beziehung

$$\mathfrak{I}_1 = S_g \mathfrak{U}_2 \tag{3.15}$$

zwischen Ausgangsspannung $\mathfrak{U}_2$ und Eingangsstrom $\mathfrak{I}_1$ bewirkt wird, während bei der äußeren Rückkopplung in Kettenschaltung die Ausgangsspannung $\mathfrak{U}_2$ gleich der Eingangsspannung $\mathfrak{U}_1$ gemacht wird. Zum Vergleich ist gerade die Kettenschaltung geeignet. Man kann die Oszillatoranordnung mit innerer Rückkopplung auch als Leerlaufschaltung betrachten, während die äußere Rückkopplung einen Kurzschluß bewirkt.

Weitere Betrachtungen über S_g finden sich in Kap. 7 bei der Behandlung der Transistor-Oszillatoren.

3.2 Das Ersatzbild eines aktiven Vierpols

Die in Abb. 3.3 und 3.4 gezeigten Darstellungen sind durchaus anwendbare Wiedergaben eines aktiven Vierpols. In den Gln. (3.7) u. (3.11) wurde jeweils die Differenz gegen eine der Größen $\mathfrak{Y}_{12}$ und $\mathfrak{Y}_{21}$ gebildet. Von dieser eindeutigen Bevorzugung kann man sich frei machen, wenn man die Anordnung Abb. 3.2 einem umkehrbaren (passiven) Vierpol parallel schaltet, wie Abb. 3.5 zeigt. Hierfür gilt die Beziehung:

$$\begin{pmatrix} \mathfrak{Y}_{11} & \mathfrak{Y}_{12} \\ \mathfrak{Y}_{12} & \mathfrak{Y}_{22} \end{pmatrix} + \begin{pmatrix} 0 & S_g \\ S & 0 \end{pmatrix} = \begin{pmatrix} \mathfrak{Y}_{11} & \mathfrak{Y}_{12} + S_g \\ \mathfrak{Y}_{12} + S & \mathfrak{Y}_{22} \end{pmatrix}. \tag{3.16}$$

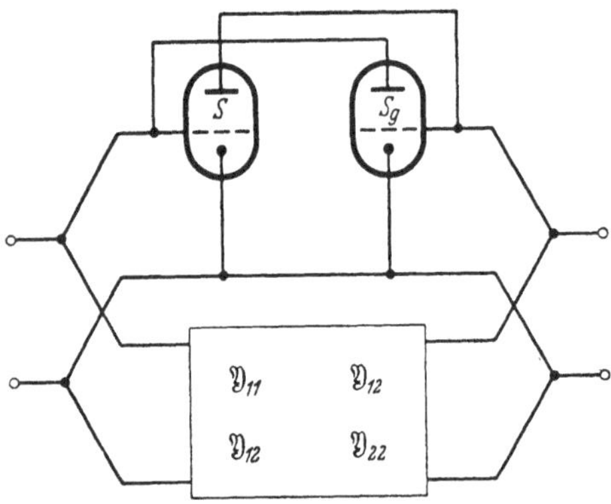

Abb. 3.5. Parallelschaltung eines aktiven und eines passiven Vierpols

Für das in Abb. 3.6 gezeigte Π-Glied lautet die Leitwertmatrix

$$\begin{aligned} \mathfrak{Y}_{11} &= \mathfrak{Y}_1 + \mathfrak{Y}_3 \\ \mathfrak{Y}_{12} &= -\mathfrak{Y}_3 \\ \mathfrak{Y}_{22} &= \mathfrak{Y}_2 + \mathfrak{Y}_3 . \end{aligned} \tag{3.17}$$

Bei einer Röhrenschaltung kann man das Π-Glied durch die Röhrenkapazitäten C_{gk}, C_{ga} und C_{ak} zwischen Gitter g, Kathode k und Anode a sowie durch die Innenwiderstände R_{gk} zwischen g und k und R_{ak} zwischen a und k wie in Abb. 3.7 wiedergegeben, darstellen. Es gilt mit den Größen der Abbildung:

$$\mathfrak{Y}_1 = \frac{1}{R_{gk}} + \mathrm{j}\,\omega\, C_{gk} \qquad \mathfrak{Y}_2 = \frac{1}{R_{ak}} + \mathrm{j}\,\omega\, C_{ak} \qquad \mathfrak{Y}_3 = \mathrm{j}\,\omega\, C_{ga}. \tag{3.18}$$

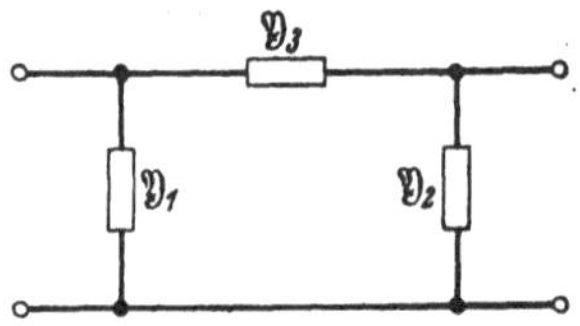

Abb. 3.6 Komplexes Π-Glied

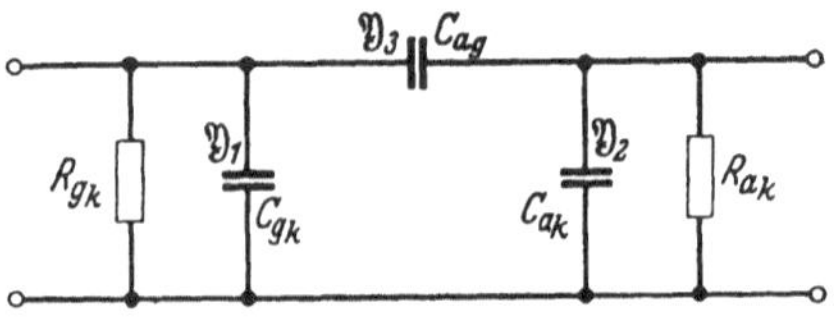

Abb. 3.7. Röhrenersatzbild [25]

Als Leitwertmatrix einer Röhre in Kathodenbasisschaltung ergibt sich aus den Gln. (3.16), (3.17) u. (3.18):

$$\begin{pmatrix} \frac{1}{R_{gk}} + \mathrm{j}\,\omega\, C_{gk} + \mathrm{j}\,\omega\, C_{ga} & -\mathrm{j}\,\omega\, C_{ga} + S_g \\ -\mathrm{j}\,\omega\, C_{ga} + S & \frac{1}{R_{ak}} + \mathrm{j}\,\omega\, C_{ak} + \mathrm{j}\,\omega\, C_{ga} \end{pmatrix}. \tag{3.19}$$

Man kann im allgemeinen bei einer Röhre $S_g = 0$ setzen. Legt man zu der Kapazität C_{ga} einen OHMschen Widerstand R_{ga} parallel, so kann man die vorliegende Darstellung (mit $S_g \neq 0$) auch zur Annäherung eines Transistors benutzen. Es gilt mit R_{ga}:

$$\begin{pmatrix} \frac{1}{R_{gk}} + \frac{1}{R_{ga}} + \mathrm{j}\,\omega\, C_{gk} + \mathrm{j}\,\omega\, C_{ga} & -\mathrm{j}\,\omega\, C_{ga} - \frac{1}{R_{ga}} + S_g \\ -\mathrm{j}\,\omega\, C_{ga} - \frac{1}{R_{ga}} + S & \frac{1}{R_{ak}} + \frac{1}{R_{ga}} + \mathrm{j}\,\omega\, C_{ak} + \mathrm{j}\,\omega\, C_{ga} \end{pmatrix}. \quad (3.20)$$

3.3 Zur Phasendrehung beim Oszillator

Unter Phasendrehung beim Oszillator versteht man das Einrichten des Vorzeichens in der Amplitudenbedingung.

Je nachdem, wie der aktive Teil mit dem passiven Teil zusammenpaßt, kann es zur Schwingungserzeugung erforderlich sein, eine Phasendrehung um 180° vorzunehmen. Besonders einfach ist dieses bei Brückenschaltungen, da man bei einer solchen nur die Brückenzweige vertauschen muß, um das Vorzeichen in der Amplitudenbedingung zu ändern.

Weitere Schaltelemente, die eine Phasendrehung um 180° hervorrufen, sind die Röhre und der Übertrager. Auch der Transistor kann zur Phasendrehung verwendet werden.

a) Die Phasendrehung der Röhre

Benutzt man eine Röhre zur Phasendrehung, so wird meistens schon eine Röhre vorhanden sein, so daß es um die Betrachtung eines zweistufigen Verstärkers geht. Zwischen beide Röhren legt man zweckmäßig ein komplexes Schaltelement $\mathfrak{R}_a$, das zur Unterstützung des zwischen die freien Enden der Schaltung zu legenden passiven, frequenzbestimmenden Vierpols dienen kann. Eine solche Anordnung zeigt Abb. 6.27. Uns interessieren hier die vor und hinter der Schaltung liegenden Teile nicht, so daß wir mit den Innenwiderständen R_i und R'_{gi} der Röhren, denen Verluste und Widerstände zugeschlagen werden können, sowie den Schaltkapazitäten, die in Abb. 3.8 gezeigte Anordnung erhalten.

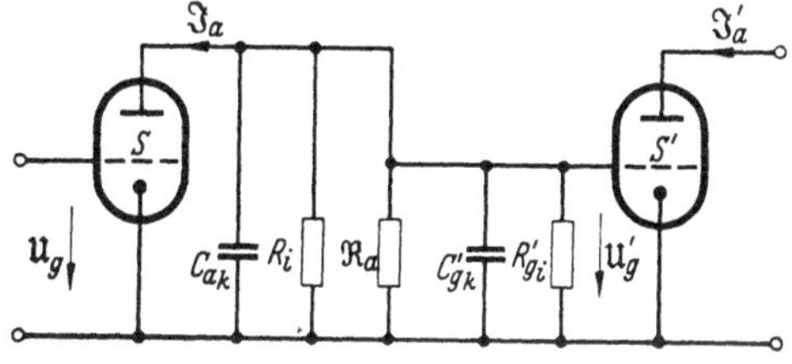

Abb. 3.8. Kettenschaltung zweier Röhren

An der ersten Röhre gilt:

$$\mathfrak{J}_a = S\,\mathfrak{U}_g. \quad (3.21)$$

Fassen wir die zwischen beiden Röhren liegenden Größen unter dem Leitwert $\mathfrak{G}$ zusammen, so hat derselbe den Wert:

$$\mathfrak{G} = \frac{1}{\mathfrak{R}_a} + \frac{1}{R_i} + \frac{1}{R'_{gi}} + \mathrm{j}\,\omega(C_{ak} + C'_{gk}). \tag{3.22}$$

Mit diesem Leitwert erzeugt der Strom $\mathfrak{J}_a$ eine Spannung $\mathfrak{U}'_g$:

$$\mathfrak{U}'_g = -\frac{\mathfrak{J}_a}{\mathfrak{G}}, \tag{3.23}$$

die ihrerseits in der zweiten Röhre einen Strom $\mathfrak{J}'_a$ hervorruft:

$$\mathfrak{J}'_a = S'\,\mathfrak{U}'_g. \tag{3.24}$$

Aus den Gln. (3.21), (3.23) u. (3.24) erhalten wir für die gesuchte Beziehung zwischen $\mathfrak{U}_g$ und $\mathfrak{J}'_a$:

$$\mathfrak{J}'_a = -\frac{S\,S'}{\mathfrak{G}}\,\mathfrak{U}_g. \tag{3.25}$$

Wir können also die beiden Röhren als eine Röhre mit der Steilheit $\overline{S}$

$$\overline{S} = -\frac{S\,S'}{\mathfrak{G}} \tag{3.26}$$

auffassen. Das Vorzeichen weist gegenüber der Steilheit S die gewünschte Umdrehung auf. Die Phase von $\mathfrak{G}$ interessiert nicht, sie muß erforderlichenfalls durch andere Schaltmittel kompensiert werden oder im Schwingungspunkt verschwinden.

b) Die Phasendrehung durch einen Übertrager

Durch Kettenschaltung eines gegensinnig gewickelten Übertragers und einer Röhre erhalten wir eine Anordnung, die eine negative Steilheit besitzt. Es ist hierbei gleichgültig, ob der Übertrager vor oder hinter die Röhre geschaltet wird. Wir legen den Übertrager vor die Röhre. In Abb. 3.9 zeigen wir das Ersatzbild eines gegensinnig gewickelten Übertragers. Für denselben gelten mit den Benennungen der Abb. 3.9 die Gleichungen:

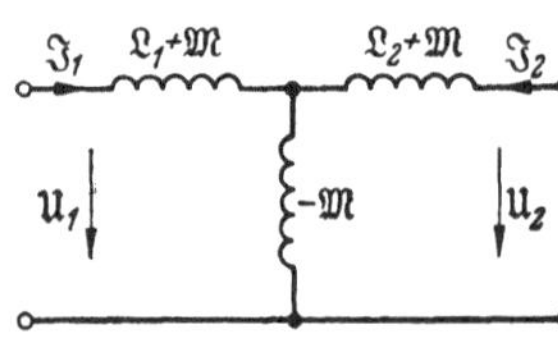

Abb. 3.9. Gegensinnig gewickelter Übertrager

$$\begin{aligned} \mathfrak{U}_1 &= \mathfrak{L}_1\,\mathfrak{J}_1 - \mathfrak{M}\,\mathfrak{J}_2, \\ \mathfrak{U}_2 &= -\mathfrak{M}\,\mathfrak{J}_1 + \mathfrak{L}_2\,\mathfrak{J}_2. \end{aligned} \tag{3.27}$$

Die Röhre mit der Steilheit S und dem komplexen Gitterwiderstand $\mathfrak{R}_{gi}$ zeigt Abb. 3.10. Für sie ist:

$$\mathfrak{U}'_1 = \mathfrak{R}_{gi}\,\mathfrak{J}'_1 \qquad \mathfrak{J}'_2 = S\,\mathfrak{U}'_1. \tag{3.28}$$

Bei der Kettenschaltung der Schaltungen Abb. 3.9 und 3.10 ergibt sich

$$\mathfrak{U}_2 = \mathfrak{U}'_1 \qquad \mathfrak{J}_2 = -\mathfrak{J}'_1. \tag{3.29}$$

Für die gesuchte Ersatzsteilheit $\bar{S}$ der Kettenschaltung gilt:

$$\mathfrak{J}_2' = \bar{S}\,\mathfrak{U}_1. \tag{3.30}$$

Aus den Gln. (3.27) bis (3.30) entwickeln wir $\bar{S}$ zu:

$$\bar{S} = -\frac{S}{\dfrac{\mathfrak{L}_1}{\mathfrak{M}} + \dfrac{\mathfrak{L}_1\,\mathfrak{L}_2 - \mathfrak{M}^2}{\mathfrak{M}}\,\dfrac{1}{\mathfrak{R}_{gi}}}. \tag{3.31}$$

Vernachlässigen wir die Verluste und führen wir die Kopplung k ein, so ist:

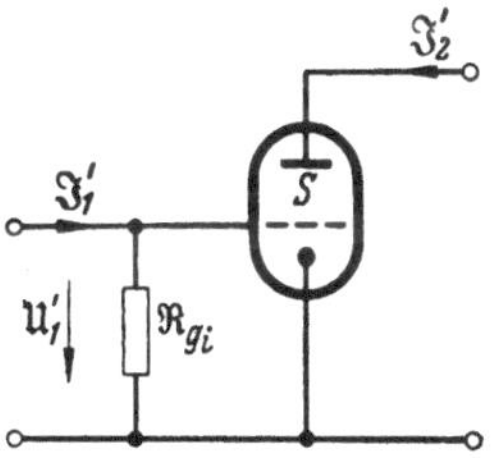

$$\mathfrak{L}_1 = \mathrm{j}\,\omega L_1 \quad \mathfrak{L}_2 = \mathrm{j}\,\omega L_2 \quad \mathfrak{M} = \mathrm{j}\,\omega k\sqrt{L_1 L_2} \tag{3.32}$$

und damit wird aus Gl. (3.31):

$$\bar{S} = -\frac{S}{\dfrac{1}{k}\sqrt{\dfrac{L_1}{L_2}} + \mathrm{j}\,\omega\,\dfrac{1-k^2}{k}\sqrt{L_1 L_2}\,\dfrac{1}{\mathfrak{R}_{gi}}}. \tag{3.33}$$

Abb. 3.10. Röhre mit komplexem Eingangswiderstand

Ist $\mathfrak{R}_{gi}$ ein reiner Blindwiderstand, so entsteht, abgesehen vom Vorzeichen, keine Phase zwischen $\bar{S}$ und S. Ist die Kopplung sehr fest — also $k = 1$ —, so ergibt sich aus Gl. (3.33):

$$\bar{S} = -S\sqrt{\frac{L_2}{L_1}} = -S\,\frac{n_2}{n_1}, \tag{3.34}$$

wenn n_1 und n_2 die zu L_1 und L_2 gehörenden Windungszahlen sind. Ist $n_2 > n_1$, so wird die Steilheit erhöht.

In manchen Fällen wird man zur Auftrennung der Schaltung einen Übertrager einschalten, auch die Steilheitserhöhung kann von Nutzen sein. Wir wollen daher auch die Gleichung für den gleichsinnig gewickelten Übertrager, dessen Ersatzbild Abb. 3.11 zeigt, wiedergeben. Da bei demselben nur das Vorzeichen von $\mathfrak{M}$ vertauscht ist, so gelten die Gln. (3.31), (3.33) u. (3.34) mit umgekehrtem Vorzeichen, z. B. tritt an Stelle von Gl. (3.31):

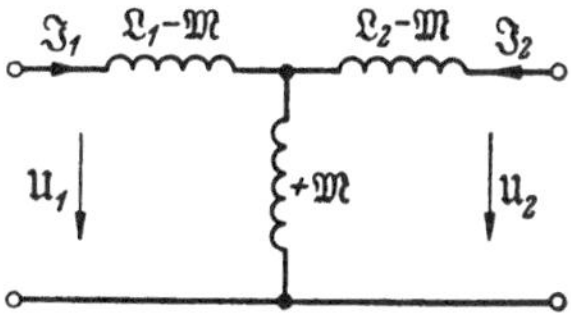

Abb. 3.11. Gleichsinnig gewickelter Übertrager

$$\bar{\bar{S}} = \frac{S}{\dfrac{\mathfrak{L}_1}{\mathfrak{M}} + \dfrac{\mathfrak{L}_1\,\mathfrak{L}_2 - \mathfrak{M}^2}{\mathfrak{M}}\,\dfrac{1}{\mathfrak{R}_{gi}}}. \tag{3.35}$$

Man kann die Gln. (3.31) u. (3.35) auch leicht aus den Kettenmatrizen gewinnen.

Für die Anordnungen Abb. 3.11 und 3.10 und deren Produkt gilt:

$$\frac{1}{\mathfrak{M}}\begin{pmatrix} \mathfrak{L}_1 & -(\mathfrak{L}_1\,\mathfrak{L}_2-\mathfrak{M}^2) \\ 1 & -\mathfrak{L}_2 \end{pmatrix}\begin{pmatrix} 0 & -\dfrac{1}{S} \\ 0 & -\dfrac{1}{S\,\mathfrak{R}_{gi}} \end{pmatrix}$$

$$=\begin{pmatrix} 0 & \dfrac{\mathfrak{L}_1}{\mathfrak{M}\,S}-\dfrac{\mathfrak{L}_1\,\mathfrak{L}_2-\mathfrak{M}_2}{\mathfrak{M}\,S\,\mathfrak{R}_{gi}} \\ 0 & \dfrac{1}{\mathfrak{M}\,S}-\dfrac{\mathfrak{L}_2}{\mathfrak{M}\,S\,\mathfrak{R}_{gi}} \end{pmatrix}. \tag{3.36}$$

Die Gl. (3.35) entnehmen wir der Stelle $\mathfrak{A}_{12}=\mathfrak{U}_1/\mathfrak{J}_2'$ der resultierenden Kettenmatrix Gl. (3.36).

3.4 Die Schwingungsbedingung für einen Dreipol

Im Abschn. 3.2 zeigten wir in Abb. 3.5 mit den Abb. 3.6 und 3.7 das Ersatzbild eines aktiven Vierpols. Zu einem solchen müssen wir einen passiven Vierpol parallel oder den umgekehrten Vierpol in Kette schalten, um einen Oszillator zu erhalten. Da das Ersatzbild des aktiven Teiles ein Dreipol mit der idealisierten Röhrenschaltung ist, so beschränken wir uns bei dem passiven Teil ebenfalls auf einen Dreipol. Diese Einschränkung ist nicht wesentlich, da es zu den Brückenschaltungen äquivalente Schaltungen gibt, die als Dreipol berechnet werden können.

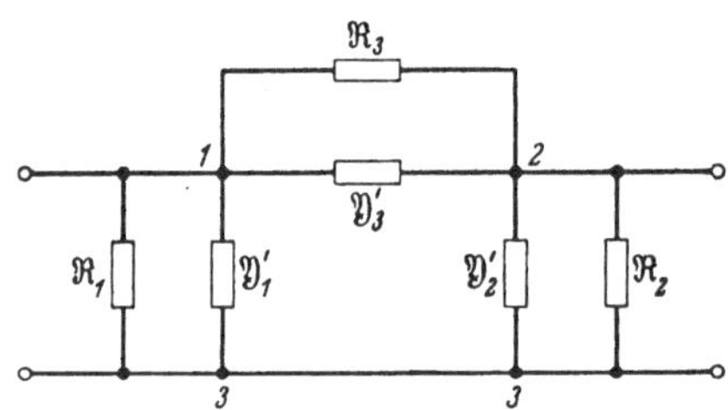

Abb. 3.12
Komplexes Π-Glied mit Parellelwiderständen

Der Dreipol soll durch ein Π-Glied wiedergegeben werden, das aus drei Scheinleitwerten $\mathfrak{Y}_1'$, $\mathfrak{Y}_2'$ und $\mathfrak{Y}_3'$ aufgebaut ist, dem die drei Ohmschen Widerstände R_1, R_2 und R_3 als Abschlußwiderstände parallel liegen, wie Abb. 3.12 zeigt. Schalten wir die Anordnung Abb. 3.12 der Anordnung Abb. 3.5 mit dem Dreipol Abb. 3.7 parallel, so erhalten wir entsprechend den Gln. (3.20) u. (3.17) die Leitwertmatrix $\mathfrak{Y}'$:

$$\begin{pmatrix} \dfrac{1}{R_{gk}}+\dfrac{1}{R_{ga}}+\mathrm{j}\,\omega\,C_{gk}+\mathrm{j}\,\omega\,C_{ga}+\mathfrak{Y}_1'+\mathfrak{Y}_3'+\dfrac{1}{R_1}+\dfrac{1}{R_3} & -\dfrac{1}{R_{ga}}-\mathrm{j}\,\omega\,C_{ga}-\mathfrak{Y}_3'-\dfrac{1}{R_3}+S_g \\ -\dfrac{1}{R_{ga}}-\mathrm{j}\,\omega\,C_{ga}-\mathfrak{Y}_3'-\dfrac{1}{R_3}+S & \dfrac{1}{R_{ak}}+\dfrac{1}{R_{ga}}+\mathrm{j}\,\omega\,C_{ak}+\mathrm{j}\,\omega\,C_{ga}+\mathfrak{Y}_2'+\mathfrak{Y}_3'+\dfrac{1}{R_2}+\dfrac{1}{R_3} \end{pmatrix}. \tag{3.37}$$

Die Schwingbedingung ergibt sich aus der Leitwertmatrix $\mathfrak{Y}'$:

$$\mathfrak{Y}' = \begin{pmatrix} \mathfrak{Y}'_{11} & \mathfrak{Y}'_{12} + S_g \\ \mathfrak{Y}'_{12} + S & \mathfrak{Y}'_{22} \end{pmatrix} \tag{3.38}$$

zu:

$$|\mathfrak{Y}'| = \mathfrak{Y}'_{11}\,\mathfrak{Y}'_{22} - (\mathfrak{Y}'_{12} + S_g)\,(\mathfrak{Y}'_{12} + S) = 0. \tag{3.39}$$

Mit den Abkürzungen:

$$\begin{aligned} \overline{\mathfrak{Y}}_1 &= \mathfrak{Y}'_1 + \frac{1}{R_1} + \frac{1}{R_{gk}} + \mathrm{j}\,\omega\, C_{gk}, \\ \overline{\mathfrak{Y}}_2 &= \mathfrak{Y}'_2 + \frac{1}{R_2} + \frac{1}{R_{ak}} + \mathrm{j}\,\omega\, C_{ak}, \\ \overline{\mathfrak{Y}}_3 &= \mathfrak{Y}'_3 + \frac{1}{R_3} + \frac{1}{R_{ga}} + \mathrm{j}\,\omega\, C_{ga} \end{aligned} \tag{3.40}$$

liefert die nach Gl. (3.17) gewonnene Leitwertmatrix als Schwingungsgleichung:

$$(-\overline{\mathfrak{Y}}_3 + S_g)\,(-\overline{\mathfrak{Y}}_3 + S) = (\overline{\mathfrak{Y}}_1 + \overline{\mathfrak{Y}}_3)\,(\overline{\mathfrak{Y}}_2 + \overline{\mathfrak{Y}}_3) \tag{3.41}$$

oder

$$-(S + S_g) = \overline{\mathfrak{Y}}_1 + \overline{\mathfrak{Y}}_2 - \frac{\overline{\mathfrak{Y}}_1\,\overline{\mathfrak{Y}}_2}{\overline{\mathfrak{Y}}_3} - \frac{S\,S_g}{\overline{\mathfrak{Y}}_3}. \tag{3.42}$$

Wir behalten hier die Steilheiten S und S_g bei, obwohl sich die Anordnung im Schwingungszustand auf andere Steilheiten einspielt. Nach den Beziehungen, mit denen S und S_g eingeführt wurden, sind dieselben die sogenannten Anfangssteilheiten. Um zur Anregung zu kommen, müssen die Anfangssteilheiten gewisse Werte aufweisen, so daß die Gln. (3.41) u. (3.42) durchaus richtig sind. Insbesondere, wenn wir das Gleichheitszeichen durch ein Größerzeichen ersetzen. Im eingeschwungenen Zustand wird die Anfangssteilheit durch einen kleineren Wert ersetzt. Nähere Angaben finden sich in Kap. 8.

Um die Gl. (3.42) an einem Beispiel anzuwenden, setzen wir:

$$\begin{aligned} \overline{\mathfrak{Y}}_1 &= \frac{1}{\mathfrak{R}_1} + \frac{1}{R_i} + \mathfrak{Y}'_1 = \frac{1}{\mathfrak{R}_1} + \frac{1}{R_i} + \mathfrak{Y}'_{11} + \mathfrak{Y}'_{12}, \\ \overline{\mathfrak{Y}}_2 &= \frac{1}{\mathfrak{R}_2} + \frac{1}{R_{gi}} + \mathfrak{Y}'_2 = \frac{1}{\mathfrak{R}_2} + \frac{1}{R_{gi}} + \mathfrak{Y}'_{22} + \mathfrak{Y}'_{12}, \\ \overline{\mathfrak{Y}}_3 &= \mathfrak{Y}'_3 \qquad\qquad\quad = -\mathfrak{Y}'_{12}. \end{aligned} \tag{3.43}$$

Führen wir diese Größen in die Gl. (3.42) ein, so ergibt sich:

$$\begin{aligned} \mathfrak{Y}'_{12}(S + S_g) &= \mathfrak{Y}'_{11}\left(\frac{1}{\mathfrak{R}_2} + \frac{1}{R_{gi}}\right) + \mathfrak{Y}'_{22}\left(\frac{1}{\mathfrak{R}_1} + \frac{1}{R_i}\right) + \\ &\quad + \mathfrak{Y}'_{11}\,\mathfrak{Y}'_{22} - \mathfrak{Y}'^{2}_{12} + \left(\frac{1}{\mathfrak{R}_1} + \frac{1}{R_i}\right)\left(\frac{1}{\mathfrak{R}_2} + \frac{1}{R_{gi}}\right) - S\,S_g. \end{aligned} \tag{3.44}$$

Diese Gleichung ist mit der Gl. (7.3) identisch. Mit den Umrechnungsgleichungen Gl. (7.2) ergibt sich die Gl. (7.1), die mit der Gl. (2.72) identisch ist. Die Ableitung, die hier gegeben wird, sieht allerdings einen Dreipol vor, welche Voraussetzung bei der Gl. (2.72) nicht gemacht wird.

3.5 Die drei Schaltmöglichkeiten bei einer Elektronenröhre

Je nachdem, wie wir den passiven Dreipol und die Röhre miteinander verbinden, erhalten wir Kathodenbasis-, Gitterbasis- oder Anodenbasisschaltung. Es muß bei diesen Schaltarten ein wirklicher Unterschied vorhanden sein, denn das Erden von Kathode, Gitter oder Anode ändert an dem Oszillator und seiner Schwingbedingung nichts. Um die möglichen Oszillatoren zu erhalten, kann man den passiven Dreipol so drehen, daß er — dabei selbst unverändert — mit der Röhre in Kathodenbasis-, Gitterbasis- oder Anodenbasisschaltung in Kette liegt. Da die Schaltung Abb. 3.12 allgemein genug dargestellt ist, so braucht man in derselben nur für die Größen $\overline{\mathfrak{Y}}_1$, $\overline{\mathfrak{Y}}_2$ und $\overline{\mathfrak{Y}}_3$ ge-

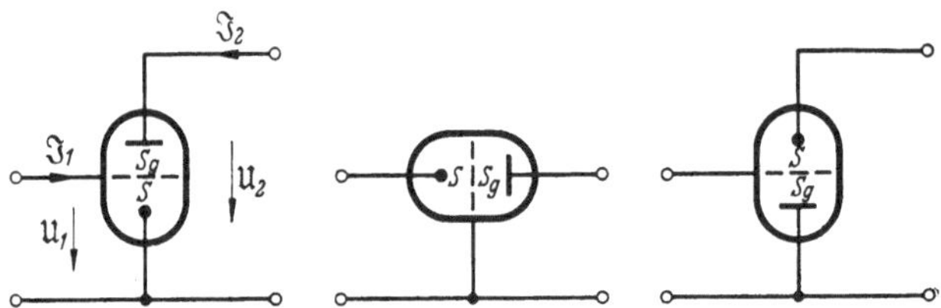

Abb. 3.13. Die drei Schaltarten einer Elektronenröhre

eignete Werte einzusetzen, um jede gewünschte Schaltung zu erhalten. Einen der Abschlußwiderstände wird man jeweils unendlich werden lassen. Nach diesem Verfahren benötigt man keinerlei Kenntnisse von den drei Schaltmöglichkeiten. Wir wollen im folgenden die Röhre drehen und den passiven Dreipol festhalten. Abb. 3.13 zeigt die drei Schaltmöglichkeiten der Elektronenröhre. Für die Leitwertmatrizen gelten die Gleichungen:

$$Y_k = \begin{pmatrix} 0 & S_g \\ S & 0 \end{pmatrix} \qquad Y_g = \begin{pmatrix} S_g + S & -S_g \\ -S & 0 \end{pmatrix} \qquad Y_a = \begin{pmatrix} 0 & -S_g \\ -S & S_g + S \end{pmatrix} \tag{3.45}$$

mit den Steilheiten S und S_g der Kathodenbasisschaltung [vgl. Gl. (6.10)]. Abgesehen davon, daß sich die Matrizen Gl. (3.45) direkt aus der Abb. 3.13 berechnen lassen, finden sich dieselben auch bei den Umrechnungsformeln für Transistoren Gln. (7.14), (7.16) u. (7.18). Die Röhrenverluste werden dem passiven Teil zugeschlagen.

Mit den Matrizen Gl. (3.45) und der Leitwertmatrix Gl. (3.38) erhalten wir als Schwingbedingungen aus der Parallelschaltung von Röhre und passivem Dreipol (beim passiven Dreipol ist bei der Parallelschaltung gegenüber der vorher erwähnten Kettenschaltung Eingang und Ausgang vertauscht)

für die Kathodenbasisschaltung Gl. (3.39):

$$\mathfrak{Y}'_{11}\,\mathfrak{Y}'_{22} - (\mathfrak{Y}'_{12} + S_g)(\mathfrak{Y}'_{12} + S) = 0\,, \tag{3.46}$$

für die Gitterbasisschaltung:

$$(\mathfrak{Y}'_{11} + S_g + S)\,\mathfrak{Y}'_{22} - (\mathfrak{Y}'_{12} - S_g)\,(\mathfrak{Y}'_{12} - S) = 0, \tag{3.47}$$

für die Anodenbasisschaltung:

$$\mathfrak{Y}'_{11}(\mathfrak{Y}'_{22} + S_g + S) - (\mathfrak{Y}'_{12} - S_g)\,(\mathfrak{Y}'_{12} - S) = 0. \tag{3.48}$$

Vertauschen wir bei dem passiven Dreipol Ein- und Ausgang bei der Anodenbasisschaltung, so ergibt sich die Gitterbasisschaltung und umgekehrt. Bei symmetrischen Dreipolen, wofür gilt $\mathfrak{Y}'_{11} = \mathfrak{Y}'_{22}$, sind die Gln. (3.47) u. (3.48) für Gitterbasis- und Anodenbasisschaltung gleich.

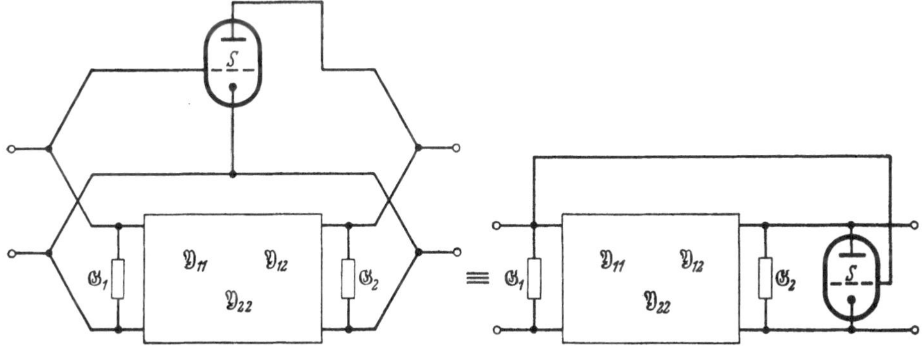

Abb. 3.14. Parallelschaltung von Röhre und passivem Vierpol mit Abschlußleitwerten

Vereinfachte Schaltungen, wie sie Abb. 3.14 zeigt, bei denen zwei Abschlußleitwerte $\mathfrak{G}_1$ und $\mathfrak{G}_2$ und nur die Röhrensteilheit S vorhanden sind, erhalten wir aus den Gln. (3.46) bis (3.48), wenn wir setzen:

$$\mathfrak{Y}'_{11} = \mathfrak{Y}_{11} + \mathfrak{G}_1 \qquad \mathfrak{Y}'_{12} = \mathfrak{Y}_{12} \qquad \mathfrak{Y}'_{22} = \mathfrak{Y}_{22} + \mathfrak{G}_2. \tag{3.49}$$

Es gilt damit

für die Kathodenbasisschaltung

$$(\mathfrak{Y}_{11} + \mathfrak{G}_1)\,(\mathfrak{Y}_{22} + \mathfrak{G}_2) - \mathfrak{Y}_{12}(\mathfrak{Y}_{12} + S) = 0, \tag{3.50}$$

für die Gitterbasisschaltung

$$(\mathfrak{Y}_{11} + \mathfrak{G}_1 + S)\,(\mathfrak{Y}_{22} + \mathfrak{G}_2) - \mathfrak{Y}_{12}(\mathfrak{Y}_{12} - S) = 0 \tag{3.51}$$

und für die Anodenbasisschaltung:

$$(\mathfrak{Y}_{11} + \mathfrak{G}_1)\,(\mathfrak{Y}_{22} + \mathfrak{G}_2 + S) - \mathfrak{Y}_{12}(\mathfrak{Y}_{12} - S) = 0. \tag{3.52}$$

Nehmen wir ein Π-Glied (s. Abb. 3.6) als Dreipol mit den Gleichungen:

$$\mathfrak{Y}_{11} = \mathfrak{Y}_1 + \mathfrak{Y}_3 \qquad \mathfrak{Y}_{22} = \mathfrak{Y}_2 + \mathfrak{Y}_3 \qquad \mathfrak{Y}_{12} = -\mathfrak{Y}_3, \tag{3.53}$$

so ergibt sich

für die Kathodenbasisschaltung

$$-S = \mathfrak{Y}_1 + \mathfrak{G}_1 + \mathfrak{Y}_2 + \mathfrak{G}_2 + \frac{(\mathfrak{Y}_1 + \mathfrak{G}_1)\,(\mathfrak{Y}_2 + \mathfrak{G}_2)}{\mathfrak{Y}_3}, \tag{3.54}$$

für die Gitterbasisschaltung

$$-S = \mathfrak{G}_1 + \mathfrak{Y}_1 + \mathfrak{Y}_3 + \mathfrak{Y}_3 \frac{\mathfrak{Y}_1 + \mathfrak{G}_1}{\mathfrak{Y}_2 + \mathfrak{G}_2} \tag{3.55}$$

und für die Anodenbasisschaltung

$$-S = \mathfrak{G}_2 + \mathfrak{Y}_2 + \mathfrak{Y}_3 + \mathfrak{Y}_3 \frac{\mathfrak{Y}_2 + \mathfrak{G}_2}{\mathfrak{Y}_1 + \mathfrak{G}_1}. \tag{3.56}$$

3.6 Die Darstellung mittels der Kettenmatrix

Die Gleichung für die Kettenmatrix des in Abb. 3.14 gezeigten Vierpols lautet, zugleich mit der Umrechnung aus der Leitwertmatrix:

$$\begin{aligned} \mathfrak{U}_1 &= -\frac{\mathfrak{Y}'_{22}}{\mathfrak{Y}'_{21}} \mathfrak{U}_2 - \frac{1}{\mathfrak{Y}'_{21}} (-\mathfrak{J}_2) = \mathfrak{A}'_{11} \mathfrak{U}_2 + \mathfrak{A}'_{12} (-\mathfrak{J}_2), \\ \mathfrak{J}_1 &= -\frac{|\mathfrak{Y}'|}{\mathfrak{Y}'_{21}} \mathfrak{U}_2 - \frac{\mathfrak{Y}'_{11}}{\mathfrak{Y}'_{21}} (-\mathfrak{J}_2) = \mathfrak{A}'_{21} \mathfrak{U}_2 + \mathfrak{A}'_{22} (-\mathfrak{J}_2). \end{aligned} \tag{3.57}$$

Zu beachten ist, daß üblicherweise die Werte $\mathfrak{A}'_{12}$ und $\mathfrak{A}'_{22}$ die Faktoren des negativ genommenen Stromes $\mathfrak{J}_2$ darstellen. Die Umrechnungsgleichungen zwischen der Leitwert- und der Kettenmatrix, die nach $\mathfrak{A}$ aufgelöst in Gl. (3.57) wiedergegeben sind, lauten nach den Leitwertgrößen aufgelöst:

$$\begin{aligned} \mathfrak{Y}'_{11} &= \frac{\mathfrak{A}'_{22}}{\mathfrak{A}'_{12}} & \mathfrak{Y}'_{12} &= -\frac{|\mathfrak{A}'|}{\mathfrak{A}'_{12}} \\ \mathfrak{Y}'_{21} &= -\frac{1}{\mathfrak{A}'_{12}} & \mathfrak{Y}'_{22} &= \frac{\mathfrak{A}'_{11}}{\mathfrak{A}'_{12}}. \end{aligned} \tag{3.58}$$

Wie wir den Gln. (3.58) entnehmen können, ist bei einem passiven (umkehrbaren) Vierpol wegen $\mathfrak{Y}'_{12} = \mathfrak{Y}'_{21}$:

$$|\mathfrak{A}'| = 1. \tag{3.59}$$

Setzen wir die Leitwerte der Gl. (3.58) mit (3.59) unter Heranziehung der Gl. (3.49), wobei wir die mit $\mathfrak{G}_1$ und $\mathfrak{G}_2$ dargestellte $\mathfrak{A}$-Matrix ohne Strich schreiben, in die Schwingbedingungen Gl. (3.50) bis (3.52) ein, so erhalten wir die Schwingbedingungen, dargestellt durch die $\mathfrak{A}$-Matrix.

Es ist

für die Kathodenbasisschaltung

$$-S = \mathfrak{A}_{21} + \mathfrak{G}_1 \mathfrak{G}_2 \mathfrak{A}_{12} + \mathfrak{G}_1 \mathfrak{A}_{11} + \mathfrak{G}_2 \mathfrak{A}_{22}, \tag{3.60}$$

für die Gitterbasisschaltung

$$-S = \mathfrak{G}_1 + \frac{\mathfrak{G}_1 + \mathfrak{A}_{21} + \mathfrak{G}_2 \mathfrak{A}_{22}}{\mathfrak{A}_{11} - 1 + \mathfrak{A}_{12} \mathfrak{G}_2} \tag{3.61}$$

und für die Anodenbasisschaltung

$$-S = \mathfrak{G}_2 + \frac{\mathfrak{G}_2 + \mathfrak{A}_{21} + \mathfrak{G}_1 \mathfrak{A}_{11}}{\mathfrak{A}_{22} - 1 + \mathfrak{A}_{12} \mathfrak{G}_1}. \tag{3.62}$$

3.7 Die Darstellung der Schwingungsbedingung durch das Betriebsübertragungsmaß

In Kap. 2.6a zeigten wir, daß sich die Schwingbedingung in einfacher Weise durch das Betriebsübertragungsmaß des passiven Vierpols ausdrücken läßt.

Für den in Abb. 3.15 gezeigten Oszillator, bei dem wir in der Kettenanordnung Ein- und Ausgang des passiven Vierpols vertauscht haben, damit die Anordnung mit der Parallelschaltung übereinstimmt (vgl. Abb. 3.14), gilt die Gl. (2.78):

$$\frac{\sqrt{\mathfrak{R}_1 \mathfrak{R}_2}}{2} S \geqq -e^{g}. \tag{3.63}$$

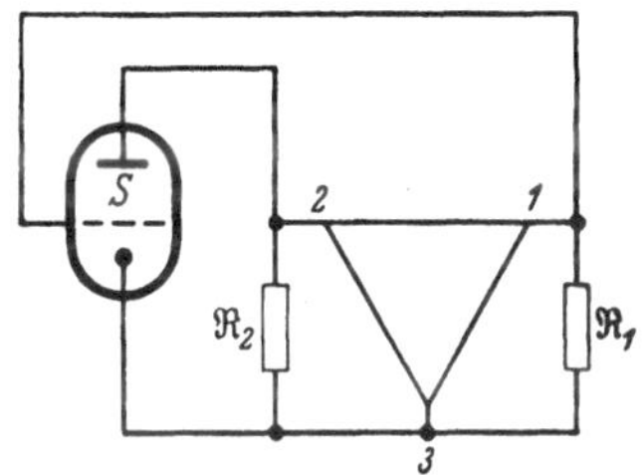

Abb. 3.15. Kettenschaltung von Röhre und passivem Dreipol mit Abschlußwiderständen [33]

In Abb. 3.16 zeigen wir eine andere Möglichkeit der Zusammenschaltung von Röhre und passivem Dreipol. Wir haben dieselbe bereits als Parallelschaltung einer Röhre in Anodenbasisschaltung (s. Abb. 3.16b) und dem gleichen passiven Dreipol wie in Abb. 3.15 kennengelernt. Der Vergleich der Spannungen der Schaltungen Abb. 3.15 und 3.16a zeigt, daß sie alle entgegengesetzt sind, weil der Strom in entgegengesetzter Richtung durch den Dreipol fließt. Hierbei gelangt nur die Spannung $\mathfrak{U}_2 - \mathfrak{U}_1$ an das Gitter. Wir ergänzen die Spannung $\mathfrak{U}_2 - \mathfrak{U}_1$ zu $\mathfrak{U}_2$,

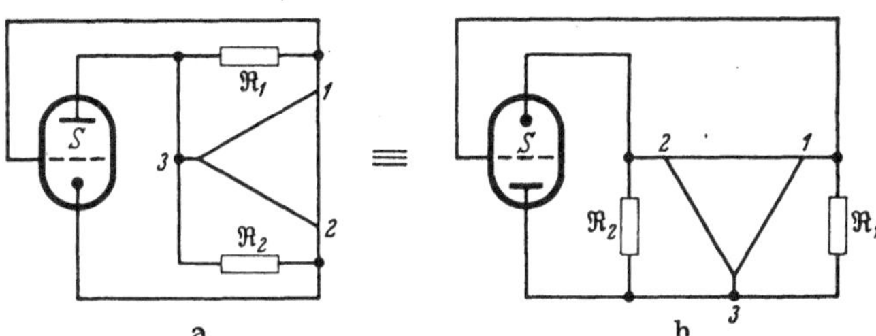

Abb. 3.16. In Anodenbasisschaltung umgewandelte Schaltung Abb. 3.15

indem wir die Spannung $\mathfrak{U}_1$ hinzufügen. Zu diesem Zweck schalten wir den Dreipol in die Kathodenzuleitung, wie Abb. 3.17 zeigt. Er stellt hier eine Gegenkopplung dar. Der Punkt 1 muß hierbei leerlaufen, da er vorher mit dem Gitter verbunden war und kein Gitterstrom fließen soll. Nachdem wir nun am Gitter die Spannung $\mathfrak{U}_2$ erzeugt haben, können wir den Dreipol der Abb. 3.15 in der gleichen Weise wie in der genannten Abbildung einschalten. Wegen der entgegengesetzten Durchflußrichtung des Anodenstromes $\mathfrak{J}_a$ dreht sich das Vorzeichen der Spannung $\mathfrak{U}_1$ um. Die Ausgangsspannung $\mathfrak{U}_2$ muß also mit einem Übertrager 1 : — 1 (an sich ist ein beliebiges Verhältnis 1 : — n möglich) umgedreht werden, damit sie mit der Spannung $\mathfrak{U}_2$ am Gitter übereinstimmt.

Der Abb. 3.17 entnehmen wir:

$$\mathfrak{J}_a = S(\mathfrak{U}_2 - \mathfrak{U}_1). \tag{3.64}$$

Abb. 3.17 liefert für den Dreipol die Beziehung [vgl. Gl. (3.63)]:

$$\mathfrak{U}_2 = \mathfrak{J}_a \frac{\sqrt{\mathfrak{R}_1 \mathfrak{R}_2}}{2} e^{-\mathfrak{g}}. \tag{3.65}$$

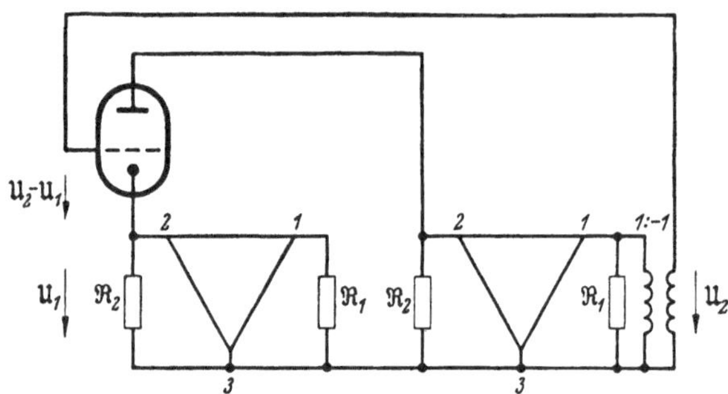

Abb. 3.17. Ersatzbild der Anodenbasisschaltung [*114*]

Bezeichnen wir den Eingangswiderstand der Gegenkopplungsanordnung mit $\mathfrak{W}_2$, so gilt für die Spannung $\mathfrak{U}_1$:

$$\mathfrak{U}_1 = \mathfrak{J}_a \frac{\mathfrak{R}_2 \mathfrak{W}_2}{\mathfrak{R}_2 + \mathfrak{W}_2}. \tag{3.66}$$

Aus den Gln. (3.64) bis (3.66) erhält man als Schwingbedingung:

$$S \geqq \frac{1}{\frac{\sqrt{\mathfrak{R}_1 \mathfrak{R}_2}}{2} e^{-\mathfrak{g}} - \frac{\mathfrak{R}_2 \mathfrak{W}_2}{\mathfrak{R}_2 + \mathfrak{W}_2}}. \tag{3.67}$$

Mit der Gl. (2.76) folgt aus Gl. (3.67) und der Gleichung für den Eingangswiderstand

$$\mathfrak{W}_2 = \mathfrak{W}_{2l} - \frac{\mathfrak{M}^2}{\mathfrak{W}_{1l} + \mathfrak{R}_1} \tag{3.68}$$

nach einiger Umformung:

$$S \geqq \frac{(\mathfrak{R}_1 + \mathfrak{W}_{1l})(\mathfrak{R}_2 + \mathfrak{W}_{2l}) - \mathfrak{M}_2^2}{\mathfrak{R}_2 [\mathfrak{R}_1 \mathfrak{M}_2 - [\mathfrak{W}_{2l}(\mathfrak{W}_{1l} + \mathfrak{R}_1) - \mathfrak{M}_2^2]]}. \tag{3.69}$$

Mit den Beziehungen:

$$\mathfrak{R}_1 = \frac{1}{\mathfrak{G}_1} \quad \mathfrak{R}_2 = \frac{1}{\mathfrak{G}_2} \quad \mathfrak{W}_{1l} = \frac{\mathfrak{Y}_{22}}{|\mathfrak{Y}|} \quad \mathfrak{W}_{2l} = \frac{\mathfrak{Y}_{11}}{|\mathfrak{Y}|} \quad \mathfrak{M}_2 = -\frac{\mathfrak{Y}_{12}}{|\mathfrak{Y}|} \tag{3.70}$$

erhalten wir aus Gl. (3.69):

$$(\mathfrak{Y}_{11} + \mathfrak{G}_1)(\mathfrak{Y}_{22} + \mathfrak{G}_2 + S) - \mathfrak{Y}_{12}(\mathfrak{Y}_{12} - S) = 0. \tag{3.71}$$

Diese Gleichung stimmt entsprechend den Abbildungen mit der Gl. (3.52), die für die Anodenbasisschaltung gilt, überein.

3.8 Zur Deutung der Schwingungsgleichungen

In Kap. 2.6d haben wir die Oszillatorbedingungen in der Widerstandsdarstellung untersucht, insbesondere kann man bei einem Brükkenoszillator bekanntlich (Kap. 2.6f) aus den Blindwiderständen der Brückenzweige weitgehende Aussagen über das Verhalten der Schaltung als Oszillator machen. Auch bei speziellen Oszillatoren (Kap. 6.8) gibt es Möglichkeiten, anschauliche Feststellungen über die Oszillatoreigenschaften zu machen. Im folgenden sollen die in Abschn. 3.6 aufgestellten Oszillatorbedingungen Gl. (3.60) bis (3.62) [*33*] näher betrachtet werden. Zur Darstellung dient die Kettenmatrix. An sich ist dieselbe wenig anschaulich, da sie zu den Schaltelementen selbst keine leicht übersehbaren Beziehungen hat, doch wir werden sehen, daß sie rechnerisch einfach zu behandeln ist. Die Widerstands- und die Leitwertmatrix haben dagegen — insbesondere wenn ein T- oder Π-Glied vorliegt —, noch direkte Beziehungen zu den Schaltelementen.

Für die Umrechnung der drei genannten Matrizen gilt:

$$\begin{pmatrix} \mathfrak{A}_{11} & \mathfrak{A}_{12} \\ \mathfrak{A}_{21} & \mathfrak{A}_{22} \end{pmatrix} = \frac{1}{\mathfrak{Y}_{21}} \begin{pmatrix} -\mathfrak{Y}_{22} & -1 \\ -|\mathfrak{Y}| & -\mathfrak{Y}_{11} \end{pmatrix} = \frac{1}{\mathfrak{M}_1} \begin{pmatrix} \mathfrak{W}_{1l} & |\mathfrak{W}| \\ 1 & \mathfrak{W}_{2l} \end{pmatrix}. \tag{3.72}$$

Nehmen wir innerhalb des zu untersuchenden Dreipols nur reine Blindgrößen an, so müssen die Größen $\mathfrak{A}_{11}$ und $\mathfrak{A}_{22}$ als Spannungsverhältnisse reell sein, während die Größe $\mathfrak{A}_{12}$ als Widerstand und die Größe $\mathfrak{A}_{21}$ als Leitwert rein imaginär sind. Mit

$$\mathfrak{A}_{11} = A_{11} \qquad \mathfrak{A}_{12} = \mathrm{j}\,A_{12} \qquad \mathfrak{A}_{21} = \mathrm{j}\,A_{21} \qquad \mathfrak{A}_{22} = A_{22} \tag{3.73}$$

ergibt sich für die Schwingbedingung Gl. (3.60):

$$-S = A_{11} G_1 + A_{22} G_2 + \mathrm{j}[A_{12} G_1 G_2 + A_{21}], \tag{3.74}$$

wenn wir die Abschlußwiderstände als reine Ohm-Werte annehmen. In Amplituden- und Frequenzgleichung zerlegt, ist:

$$-S = A_{11} G_1 + A_{22} G_2 \tag{3.75}$$

$$A_{12} G_1 G_2 + A_{21} = 0. \tag{3.76}$$

Zur Lösung der Frequenzgleichung müssen A_{12} und A_{21} entgegengesetzte Vorzeichen haben oder beide müssen Null sein [$A_{21} = 0$ entspricht $M_2 = \infty$, s. Gl. (2.102)]:

$$A_{12} A_{21} < 1, \tag{3.77}$$

$$A_{12} = A_{21} = 0. \tag{3.78}$$

Bei den Brückenoszillatoren, als Filter betrachtet (Kap. 2.6), haben wir zwischen Sperr- und Durchlaßbereich unterschieden. Die Schwingstellen liegen in den Sperrbereichen oder an Grenzstellen im Durchlaßbereich, die aus einem Sperrbereich entstanden sind. Diese Betrachtung wurde aus der Betriebsparametertheorie entnommen. Bei der Wellenparametertheorie gilt jedoch die gleiche Unterscheidung zwischen Sperr- und Durchlaßbereichen, so daß wir die Wellenparametertheorie zu der gleichen Betrachtung heranziehen können.

Die Bedingungen für den Sperrbereich lauten:

$$A_{12} A_{21} < 0 \qquad A_{12} A_{21} > 1 \tag{3.79}$$

und für den Durchlaßbereich

$$0 < A_{12} A_{21} < 1. \tag{3.80}$$

Die Schwingstellen der Bedingung Gl. (3.77) liegen nach Gl. (3.79) im Sperrbereich, sind also Schwingstellen I. Art. Die Schwingstellen Gl. (3.78) liegen nach den Bedingungen Gln. (3.79) u. (3.80) an einer Grenzstelle zwischen Sperr- und Durchlaßbereich. Sie zählen zu den Schwingstellen zweiter Art.

Für einen umkehrbaren Vierpol gilt:

$$|\mathfrak{A}| = \mathfrak{A}_{11} \mathfrak{A}_{22} - \mathfrak{A}_{12} \mathfrak{A}_{21} = A_{11} A_{22} + A_{12} A_{21} = 1, \tag{3.81}$$

wie man z. B. leicht durch Vergleich der $\mathfrak{A}$-Matrix mit der Leitwert- oder Widerstandsmatrix feststellen kann [Gl. (3.81) entspricht Gl. (2.105)]. Damit gilt für die Schwingstellen II. Art:

$$A_{11} A_{22} = 1 \tag{3.82}$$

und die Schwingbedingung Gl. (3.75) vereinfacht sich zu:

$$-S = A_{11} G_1 + \frac{1}{A_{11}} G_2. \tag{3.83}$$

Damit muß zur Schwingungserzeugung A_{11} negativ sein. Natürlich kann man auch bei positivem A_{11} durch eines der im Abschn. 3.3 beschriebenen Mittel die Schwingfähigkeit herstellen.

Aus Gl. (3.81) berechnen wir A_{11}:

$$A_{11} = \frac{1 - A_{12} A_{21}}{A_{22}}. \tag{3.84}$$

Da wegen Gl. (3.77) der Zähler positiv ist, so haben bei den Schwingstellen I. Art A_{11} und A_{22} das gleiche Vorzeichen und wegen Gl. (3.75) ein negatives.

Von den Gln. (3.61) u. (3.62) genügt es, eine zu untersuchen, da sich durch Umdrehen des Dreipols — Vertauschen von Ein- und Ausgang — die andere ergibt. Wir wählen Gl. (3.61) mit reellen Abschlußleitwerten. Mit den Gln. (3.73) wird daraus:

$$-S = G_1 + \frac{G_1 + G_2 A_{22} + \mathrm{j} A_{21}}{A_{11} - 1 + \mathrm{j} A_{12} G_2}. \tag{3.85}$$

Die Amplitudenbedingung erhalten wir, wenn wir in Gl. (3.85) die imaginären Teile weglassen zu:

$$-S = G_1 + \frac{G_1 + G_2 A_{22}}{A_{11} - 1} = \frac{A_{11} G_1 + A_{22} G_2}{A_{11} - 1}, \tag{3.86}$$

während durch Beseitigung des komplexen Nenners in Gl. (3.85) als Frequenzgleichung entsteht:

$$\frac{A_{21}(A_{11} - 1) - A_{12} G_2 (G_1 + G_2 A_{22})}{(A_{11} - 1)^2 + A_{12}^2 G_2^2} = 0. \tag{3.87}$$

Unter der Voraussetzung $A_{12} \neq 0$ können wir aus den Gln. (3.86) u. (3.87) als Amplitudenbedingung berechnen:

$$-S = G_1 + \frac{A_{21}}{A_{12} G_2}. \tag{3.88}$$

Damit muß eine der Größen A_{12} oder A_{21} negativ sein, also:

$$A_{12} A_{21} < 0, \tag{3.89}$$

so daß nach Gl. (3.79) die Schwingstellen wieder in einem Sperrbereich liegen. Nach den Gln. (3.81) u. (3.89) müssen A_{11} und A_{22} gleiches Vorzeichen haben. Nach Gl. (3.86) dürfen die Vorzeichen nicht negativ sein. Sie sind daher positiv, und wegen des Nenners muß sein

$$0 < A_{11} < 1. \tag{3.90}$$

Spezielle Fälle von Gl. (3.87) ergeben sich für

$$A_{12} = 0 \tag{3.91}$$

mit

$$A_{21} = 0 \qquad A_{11} - 1 = 0. \tag{3.92}$$

Hierbei ist nach Gl. (3.86) $A_{11} = 1$ nicht möglich. Geben wir umgekehrt $A_{21} = 0$ vor, so ist nur $A_{12} = 0$ möglich, da $G_1 + G_2 A_{22} = 0$ ein negatives A_{22} erfordern würde. Mit den Beziehungen $A_{12} = 0$ Gl. (3.91) und $A_{21} = 0$ Gl. (3.92) gilt:

$$A_{11} = \frac{1}{A_{22}} < 1. \tag{3.93}$$

Mit Gl. (3.86) ergibt sich:

$$-S = \frac{A_{11}^2 G_1 + G_2}{A_{11}(A_{11} - 1)}. \tag{3.94}$$

Für $A_{11} > 1$ wird die Bedingung Gln. (3.94) nicht erfüllt. Dreht man jedoch den Dreipol herum, so ist wegen Gl. (3.93) die Anordnung schwingfähig. Wichtig sind auch hier die Schwingstellen II. Art, deren Frequenzgleichungen (3.91) u. (3.92) unabhängig von den Abschlußwiderständen ist.

Bei der Darstellung mit der Widerstandsmatrix wird auch die Amplitudenbedingung frei von den Vierpolgrößen [s. Gl. (2.115)], wobei wir auf die nach Gl. (2.116) gemachte Einschränkung hinweisen. Wir halten daher die Darstellung mit der Kettenmatrix für richtiger, so daß $A_{11} \neq A_{22}$, $A_{11} A_{22} = 1$ für die Schwingstellen II. Art gilt.

Bei den Brückenschaltungen ist infolge der Symmetrie $\mathfrak{W}_{1l} = \mathfrak{W}_{2l}$ und somit auch $A_{11} = A_{22} = -1$. Eine weitere Betrachtung mit anderen Vierpoldarstellungen kann diesen Punkt weiter klären. Gehen wir mit den Bedingungen für eine Schwingstelle II. Art ($A_{21} = A_{12} = 0$, $A_{11} A_{22} = 1$) in die Gl. (3.57), so ergibt sich:

$$\mathfrak{U}_1 = A_{11} \mathfrak{U}_2 \qquad \mathfrak{J}_1 = -\frac{1}{A_{11}} \mathfrak{J}_2, \tag{3.95}$$

welche Formeln mit den Gleichungen für einen idealen Übertrager mit dem Übersetzungsverhältnis $1:n$ übereinstimmen:

$$\mathfrak{U}_1 = n \mathfrak{U}_2 \qquad \mathfrak{J}_1 = -\frac{1}{n} \mathfrak{J}_2. \tag{3.96}$$

Damit veranschaulicht sich auch, daß ein Oszillator, der auf den Gln. (3.95) aufgebaut ist, entsprechend dem Übertrager einen unbestimmten Wellenwiderstand besitzen muß. Da bekanntlich [77] ein unsymmetrischer Vierpol die Eigenschaften eines Übertragers übernehmen kann, so besteht keine Veranlassung, $A_{11} = -1$ anzunehmen.

3.9 Zur Wahl der Abschlußwiderstände

In Kap. 6.22 zeigen wir, daß die Schaltelemente und die Abschlußwiderstände so ausgewählt werden sollen, daß bestimmte, erwünschte Eigenschaften erreicht werden. Wenn auch die Abschlußwiderstände als Verbraucher oder zur Ankopplung des Verbrauchers geeignet sind, so wollen wir hier günstige Abschlußwiderstände für die Güte der Schaltung, also für die Frequenzkonstanz, auswählen. Für die Güte G erhalten wir aus der Phase [Gl. (3.74)]

$$\operatorname{tg} \alpha = \frac{G_1 G_2 A_{12} + A_{21}}{G_1 A_{11} + G_2 A_{22}}, \tag{3.97}$$

im Schwingungspunkt nach Gl. (4.16):

$$G = \left[\frac{G_1 G_2 \dfrac{\mathrm{d} A_{12}}{\mathrm{d}\omega} + \dfrac{\mathrm{d} A_{21}}{\mathrm{d}\omega}}{G_1 A_{11} + G_2 A_{22}} \, \frac{\omega}{2} \right]_0. \tag{3.98}$$

Als zweite Gleichung zwischen G_1 und G_2 haben wir im Schwingungspunkt, in welchem die Betrachtung gelten soll, die Frequenzgleichung Gl. (3.76):

$$G_1 G_2 A_{12} + A_{21} = 0. \tag{3.99}$$

Setzen wir Gl. (3.99) in Gl. (3.98) ein, so stellen wir fest, daß der Zähler unabhängig von G_1 und G_2 ist. Der Nenner stellt gleichzeitig die negative Steilheit dar. Die Güte wird also ein Maximum, wenn der Nenner ein Minimum wird, was gleichbedeutend damit ist, daß die erforderliche Schwingsteilheit ein Minimum wird. Aus dem Nenner erhalten wir nach Einsetzen von G_1 oder G_2 aus Gl. (3.99) durch Differentiation:

$$G_1^2 = -\frac{A_{21}A_{22}}{A_{11}A_{12}} \qquad G_2^2 = -\frac{A_{11}A_{21}}{A_{12}A_{22}}. \tag{3.100}$$

Da A_{11} und A_{22} gleiches Vorzeichen haben und A_{12} und A_{21} entgegengesetztes Vorzeichen, so ist das Minuszeichen erforderlich. Führen wir nach den bekannten Gleichungen [37] die im Schwingungspunkt imaginären Wellenwiderstände ein:

$$\mathfrak{Z}_1^2 = \frac{A_{11}A_{12}}{A_{21}A_{22}} \qquad \mathfrak{Z}_2^2 = \frac{A_{12}A_{22}}{A_{11}A_{21}}, \tag{3.101}$$

so ergibt der Vergleich der Gln. (3.100) u. (3.101), wenn wir statt der Abschlußleitwerte noch die Abschlußwiderstände R_1 und R_2 einführen, a's Bedingung für maximale Güte [78]:

$$R_1 = |\mathfrak{Z}_1| \qquad R_2 = |\mathfrak{Z}_2|. \tag{3.102}$$

Bei den Schwingstellen II. Art können wir in einfacher Weise die Abschlußleitwerte zur Temperaturkompensation benutzen. Bei diesen Schwingstellen ist es wichtig, daß die Bedingungen Gl. (3.78) möglichst genau eingehalten werden, andernfalls entsteht aus der Grenzstelle ein Sperrbereich, und in demselben ist die Schwingfrequenz von den Abschlußleitwerten abhängig. Für die Frequenzänderung mit der Temperatur T gilt für die beiden Größen A_{12} und A_{21}:

$$\begin{aligned} \mathrm{d}A_{12} &= \frac{\partial A_{12}}{\partial T}\,\mathrm{d}T + \frac{\partial A_{12}}{\partial f}\,\mathrm{d}f, \\ \mathrm{d}A_{21} &= \frac{\partial A_{21}}{\partial T}\,\mathrm{d}T + \frac{\partial A_{21}}{\partial f}\,\mathrm{d}f. \end{aligned} \tag{3.103}$$

Aus der Frequenzbedingung Gl. (3.76) erhalten wir für kleine Veränderungen von A_{12} und A_{21} aus den Nullwerten ($A_{12} = A_{21} = 0$):

$$G_1 G_2\,\mathrm{d}A_{12} + \mathrm{d}A_{21} = 0, \tag{3.104}$$

und wenn wir die Gl. (3.103) einsetzen und ordnen:

$$\left(G_1 G_2 \frac{\partial A_{12}}{\partial T} + \frac{\partial A_{21}}{\partial T}\right)\mathrm{d}T + \left(G_1 G_2 \frac{\partial A_{12}}{\partial f} + \frac{\partial A_{21}}{\partial f}\right)\mathrm{d}f = 0. \tag{3.105}$$

Der Einfluß einer Temperaturänderung $\mathrm{d}T$ verschwindet, wenn die Klammer von $\mathrm{d}T$ Null wird:

$$G_1 G_2 \frac{\partial A_{12}}{\partial T} + \frac{\partial A_{21}}{\partial T} = 0. \tag{3.106}$$

Mit Gl. (3.106) ist $\mathrm{d}f = 0$, da wir annehmen können, daß beide Klammern nicht übereinstimmen.

Da es schwierig ist, die beiden Temperaturkoeffizienten zu bestimmen, so wird die Gl. (3.106) praktisch nicht leicht anzuwenden sein. Man wird sich bemühen, die Temperaturkoeffizienten klein zu halten.

Für die Schaltungen Abb. 3.16 betrachten wir die Gl. (3.87). Ebenfalls ist $A_{12} = A_{21} = 0$, $A_{11}A_{22} = 1$, und es gilt in der Umgebung dieser Stelle:

$$\mathrm{d}A_{21}(A_{11} - 1) - \mathrm{d}A_{12}G_2(G_1 + G_2 A_{22}) = 0. \qquad (3.107)$$

Mit den Gln. (3.103), die auch hier gelten, ergibt sich aus Gl. (3.107) als Bedingung für $\mathrm{d}f = 0$:

$$\frac{\partial A_{21}}{\partial T}(A_{11} - 1) - \frac{\partial A_{12}}{\partial T}G_2(G_1 + G_2 A_{22}) = 0. \qquad (3.108)$$

3.10 Die Ankopplung des Verbrauchers

a) Direkte Ankopplung des Verstärkers

Den Verbraucher eines Oszillators könnte man als Abschlußwiderstand schalten. Hierbei wären sogar starke Belastungen, also niedrige Abschlußwiderstände möglich, die eine durchaus gute Frequenzkonstanz zulassen (Kap. 4.4e). Der Nachteil liegt jedoch in den Schwankungen der Belastung, die unter Umständen starke Frequenzverwerfungen hervorrufen können. Man wird daher besser die Belastung lose über eine Kapazität oder induktiv ankoppeln (s. Abb. 3.18). An sich ist es gleichgültig, zwischen welchen Punkten des Dreipols man ankoppelt. Zwischen Anode und Kathode hat man im allgemeinen die meiste Energie. Ist der Dreipol jedoch so ausgebildet, daß er Oberwellen unterdrückt, indem er z. B. als Differentialbrücke oder überbrücktes T-Glied ausgebildet ist, die für die Oberwellen abgeglichen werden können, so ist die Entnahme einer Spannung zwischen Gitter und Kathode günstiger.

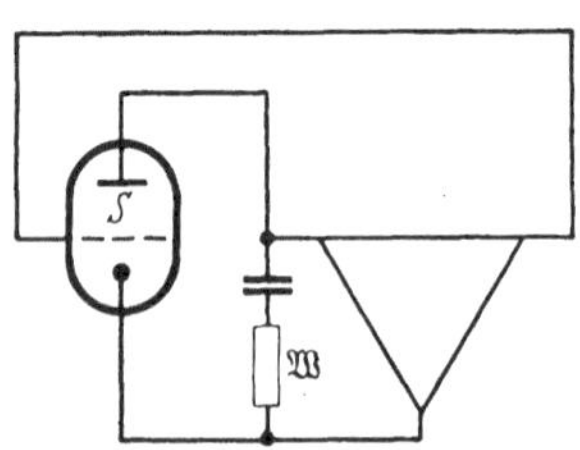

Abb. 3.18. Oszillator mit angeschalteter Belastung

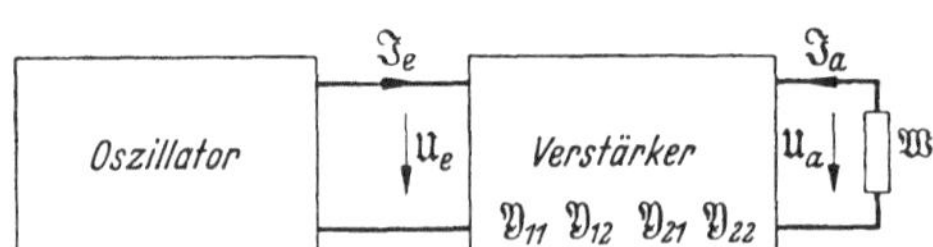

Abb. 3.19. Oszillator mit Verstärker

Oft schaltet man einen Verstärker zwischen Oszillator und Verbraucher $\mathfrak{W}$, wie Abb. 3.19 zeigt. Für den Verstärker gelten mit den Größen der Abb. 3.19 die Beziehungen:

$$\mathfrak{J}_e = \mathfrak{Y}_{11}\mathfrak{U}_e + \mathfrak{Y}_{12}\mathfrak{U}_a, \qquad \mathfrak{J}_a = \mathfrak{Y}_{21}\mathfrak{U}_e + \mathfrak{Y}_{22}\mathfrak{U}_a. \qquad (3.109)$$

Mit der Abb. 3.19 ebenfalls zu entnehmenden Gleichung:

$$\mathfrak{J}_a = -\frac{1}{\mathfrak{W}}\mathfrak{U}_a \tag{3.110}$$

können wir aus den Gln. (3.109) den Eingangsleitwert $\mathfrak{Y}_e$ berechnen und erhalten die bekannte Gleichung:

$$\mathfrak{Y}_e = \frac{\mathfrak{J}_e}{\mathfrak{U}_e} = \mathfrak{Y}_{11} - \frac{\mathfrak{Y}_{12}\,\mathfrak{Y}_{21}}{\mathfrak{Y}_{22} + \frac{1}{\mathfrak{W}}}. \tag{3.111}$$

Nehmen wir einen einstufigen Röhrenverstärker an, so gilt mit dessen Innenleitwerten G_g und G_a und den Kapazitäten (s. Abschn. 3.2) C_{ga}, C_{gk} und C_{ak}:

$$\mathfrak{Y}_e = G_g + \mathrm{j}\,\omega(C_{gk} + C_{ga}) + \frac{\mathrm{j}\,\omega\, C_{ga}(S - \mathrm{j}\,\omega\, C_{ga})}{G_a + \mathrm{j}\,\omega\,(C_{ak} + C_{ga}) + \frac{1}{\mathfrak{W}}}. \tag{3.112}$$

Als Röhre wählen wir die Pentode EF 41 mit den Werten:

$$C_{ga} = 2\cdot 10^{-3}\,\mathrm{pF} \qquad C_{gk} = 5\,\mathrm{pF} \qquad C_{ak} = 7\,\mathrm{pF}$$
$$S = 2{,}2\cdot 10^{-3}\,\mathrm{A/V} \qquad R_{g_1} = 3\,\mathrm{M\Omega}.$$

Es ist also

$$C_{ga} \ll C_{gk}, \quad C_{ak}. \tag{3.113}$$

Bei nicht zu hohen Frequenzen und zu großem Anodenwiderstand gilt:

$$\omega\, C_{ga} \ll S \qquad \omega\, C_{ak} \ll G_a, \tag{3.114}$$

so daß wir Gl. (3.112) vereinfachen können zu:

$$\mathfrak{Y}_e = G_g + \mathrm{j}\,\omega\left(C_{gk} + \frac{C_{ga}\, S}{G_a + \frac{1}{\mathfrak{W}}}\right). \tag{3.115}$$

Um die Gesamtschwankung von $\mathfrak{Y}_e$ zwischen Kurzschluß und Leerlauf festzustellen, setzen wir in Gl. (3.115) $\mathfrak{W} = 0$ und $\mathfrak{W} = \infty$. Es ist:

$$\mathfrak{Y}_{ek} = G_g + \mathrm{j}\,\omega\, C_{gk}, \tag{3.116}$$

$$\mathfrak{Y}_{el} = G_g + \mathrm{j}\,\omega\left(C_{gk} + \frac{C_{ga}\, S}{G_a}\right). \tag{3.117}$$

Für den kapazitiven Unterschied erhalten wir, wenn wir noch $G_a = 0{,}5\cdot 10^{-4}\, S$ annehmen:

$$C_{ga}\frac{S}{G_a} = 8{,}8\cdot 10^{-2}\,\mathrm{pF}.$$

Wählen wir die Frequenz so hoch, daß wir G_g in den Gln. (3.116) u. (3.117) vernachlässigen können, so ist:

$$\frac{\mathfrak{Y}_{el} - \mathfrak{Y}_{ek}}{\mathfrak{Y}_{ek}} = \frac{C_{ga}}{C_{gk}}\,\frac{S}{G_a} = 1{,}8\cdot 10^{-2}. \tag{3.118}$$

Hierbei sind keine Schaltkapazitäten berücksichtigt.

Wesentlich ungünstiger — auch schon bei tiefen Frequenzen — sind Transistoren.

Für den Leerlauf- und den Kurzschlußwert liefert Gl. (3.111):

$$\mathfrak{Y}_{el} = Y_{11} - \frac{Y_{12}\,Y_{21}}{Y_{22}} \qquad (3.119)$$

$$\mathfrak{Y}_{ek} = Y_{11}. \qquad (3.120)$$

An dem Beispiel eines Transistors VS 200 (SAF) mit den Werten:

$Y_{11} = 5 \cdot 10^{-3}$ $\quad Y_{12} = -0{,}05 \cdot 10^{-3}$ $\quad Y_{21} = -12{,}5 \cdot 10^{-3}$

$Y_{22} = 0{,}2 \cdot 10^{-3}$

sehen wir, daß die Schwankung in der Größenordnung von Y_{11} liegt. Hierbei wurden keinerlei Kapazitäten berücksichtigt.

b) Verstärker mit Neutralisation

Die Anordnung Abb. 3.19 mit einer Pentode kann eine Verbesserung durchaus gebrauchen. Bei einer Transistorenschaltung ist eine solche unbedingt erforderlich, denn nach den gefundenen Werten ist ein derartiger Verstärker schon bei geringen Belastungsschwankungen nicht brauchbar.

Betrachten wir die Gln. (3.111) u. (3.112), so stellen wir fest, daß Belastungsunabhängigkeit zu erzielen ist, wenn $\mathfrak{Y}_{12} = 0$ oder $\mathfrak{Y}_{21} = 0$ oder $\mathfrak{Y}_{22} = \infty$ gemacht werden kann. Da $\mathfrak{Y}_{21}$ die Steilheit der Röhre oder des Transistors vertritt und $\mathfrak{Y}_{22}$ den Ausgangsleitwert darstellt, der nicht unendlich groß gemacht werden kann, so bleibt nur noch die Möglichkeit, $\mathfrak{Y}_{12} = 0$ zu machen. Zu diesem Zweck schalten wir unserem Verstärkervierpol, wie er z. B. allgemein durch die Gln. (3.109) gegeben ist, einen weiteren Vierpol als Neutralisationsvierpol parallel. Die Matrix desselben sei:

$$\mathfrak{Y}' = \begin{pmatrix} \mathfrak{Y}'_{11} & \mathfrak{Y}'_{12} \\ \mathfrak{Y}'_{21} & \mathfrak{Y}'_{22} \end{pmatrix}. \qquad (3.121)$$

Schalten wir denselben mit dem Verstärkervierpol ($\mathfrak{Y}$) zusammen, so gilt:

$$\mathfrak{Y} + \mathfrak{Y}' = \begin{pmatrix} \mathfrak{Y}_{11} + \mathfrak{Y}'_{11} & \mathfrak{Y}_{12} + \mathfrak{Y}'_{12} \\ \mathfrak{Y}_{21} + \mathfrak{Y}'_{21} & \mathfrak{Y}_{22} + \mathfrak{Y}'_{22} \end{pmatrix}. \qquad (3.122)$$

An Stelle von Gl. (3.111) haben wir jetzt für den Eingangsleitwert $\mathfrak{Y}'_e$:

$$\mathfrak{Y}'_e = \mathfrak{Y}_{11} + \mathfrak{Y}'_{11} - \frac{(\mathfrak{Y}_{12} + \mathfrak{Y}'_{12})(\mathfrak{Y}_{21} + \mathfrak{Y}'_{21})}{\mathfrak{Y}_{22} + \mathfrak{Y}'_{22} + \frac{1}{\mathfrak{W}}}. \qquad (3.123)$$

Als Bedingung für Belastungsunabhängigkeit entnehmen wir Gl. (3.123)

$$\mathfrak{Y}_{12} + \mathfrak{Y}'_{12} = 0. \qquad (3.124)$$

Die Aufgabe besteht nun darin, zu der gegebenen Größe $\mathfrak{Y}_{12}$, die im Π-Ersatzbild mit negativem Vorzeichen das Längsglied darstellt, einen Ergänzungswert $\mathfrak{Y}_{12}$ zu finden. Da der Längsleitwert $-\mathfrak{Y}_{12}$ im Π-Ersatzbild gewöhnlich einen positiven Realteil hat, so benötigen wir ein Neutralisationsteil, das ein $-\mathfrak{Y}'_{12}$ mit negativem Realteil aufweist. Eine solche Schaltung zeigt Abb. 3.20 [*44*, *45*]. Zur Berechnung von $\mathfrak{Y}'_{12}$ verwandeln wir den Stern der Abb. 3.20 in ein Dreieck. Aus den Sternleitwerten $\mathfrak{Y}_1$, $\mathfrak{Y}_2$ und $\mathfrak{Y}_3$ ergibt sich das negative Längsglied zu:

$$\mathfrak{Y}'_{12} = -\frac{\mathfrak{Y}_2\,\mathfrak{Y}_3}{\mathfrak{Y}_1 + \mathfrak{Y}_2 + \mathfrak{Y}_3}$$

$$= \frac{\omega^2 C_1 C_2}{g + \mathrm{j}\left[\omega(C_1 + C_2) - \frac{1}{\omega L}\right]}. \qquad (3.125)$$

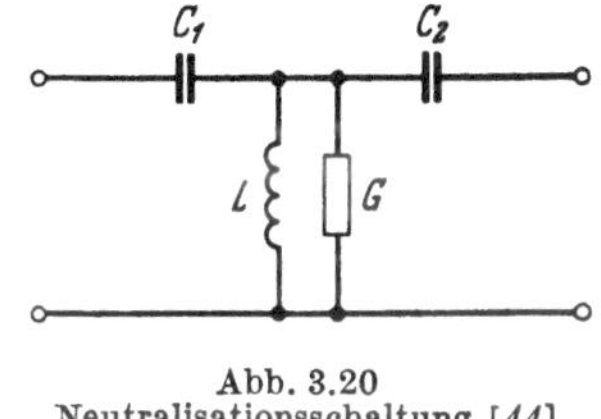

Abb. 3.20
Neutralisationsschaltung [*44*]

Das Längsglied des Verstärkers sei durch den Realteil R und den Imaginärteil J gegeben, also

$$-\mathfrak{Y}_{12} = R + \mathrm{j}\,J. \qquad (3.126)$$

Aus den Gln. (3.124) bis (3.126) erhalten wir:

$$\frac{\omega^2 C_1 C_2}{g + \mathrm{j}\left[\omega(C_1 + C_2) - \frac{1}{\omega L}\right]} - R - \mathrm{j}\,J = 0 \qquad (3.127)$$

und durch Betragbildung:

$$|\mathfrak{Y}'_{12}|^2 = \frac{\omega^4 C_1^2 C_2^2}{g^2 + \left[\omega(C_1 + C_2) - \frac{1}{\omega L}\right]^2} = |\mathfrak{Y}_{12}|^2 = R^2 + J^2. \qquad (3.128)$$

Aus den Gln. (3.127) u. (3.128) berechnen wir:

$$g = \frac{\omega^2 C_1 C_2 R}{|\mathfrak{Y}_{12}|^2} = \frac{\omega^2 C_1 C_2 R}{R^2 + J^2} \qquad \frac{1}{L} = \omega^2(C_1 + C_2) + \omega g \frac{J}{R}. \qquad (3.129)$$

Die Kapazitäten C_1 und C_2 lassen viele Möglichkeiten zur Berechnung der Kompensationsgrößen g und L aus R und J zu. Allerdings ist die Kompensation frequenzabhängig, so daß das Verfahren für Oszillatoren veränderlicher Frequenz nicht geeignet ist. Man wird bei der Wahl der Größen g, L, C_1 und C_2, von denen nur zwei durch R und J festgelegt sind, auch den Ein- und Ausgangsleitwert berücksichtigen. Für den Eingangsleitwert $\mathfrak{Y}'_e$ gilt nach Gl. (3.122) mit Gl. (3.124):

$$\mathfrak{Y}'_e = \mathfrak{Y}_{11} + \mathfrak{Y}'_{11}. \qquad (3.130)$$

Man wird $\mathfrak{Y}_{11}$ möglichst klein halten. Auch der Ausgang wird durch durch den Neutralisationsvierpol verändert. Da der Widerstand $\mathfrak{W}$ nicht zu groß sein darf, denn sonst könnte man ihn direkt anschließen, so ist der Einfluß von $\mathfrak{Y}'_{22}$ nicht sehr groß. Wir finden ihn noch bei der Spannungsverstärkung $\mathfrak{V}$ für die sich aus der Matrix Gl. (3.122) und der Gl. (3.110) ergibt:

$$\mathfrak{V} = \frac{\mathfrak{U}'_a}{\mathfrak{U}'_e} = -\frac{\mathfrak{Y}_{21} + \mathfrak{Y}'_{21}}{\mathfrak{Y}_{22} + \mathfrak{Y}'_{22} + \frac{1}{\mathfrak{W}}}. \tag{3.131}$$

Da der Vierpol des Beispiels Abb. 3.20 ein umkehrbarer Vierpol ist, so gilt $\mathfrak{Y}'_{21} = \mathfrak{Y}'_{12}$ und mit (3.124) $\mathfrak{Y}'_{21} = -\mathfrak{Y}_{12}$.

Eine Neutralisationsschaltung, die sich weitgehend anwenden läßt, zeigt Abb. 3.21 [*46*].

Unter der Voraussetzung, daß der Verstärkervierpol an den unteren Klemmen durchverbunden — also ein Dreipol — ist, können wir die

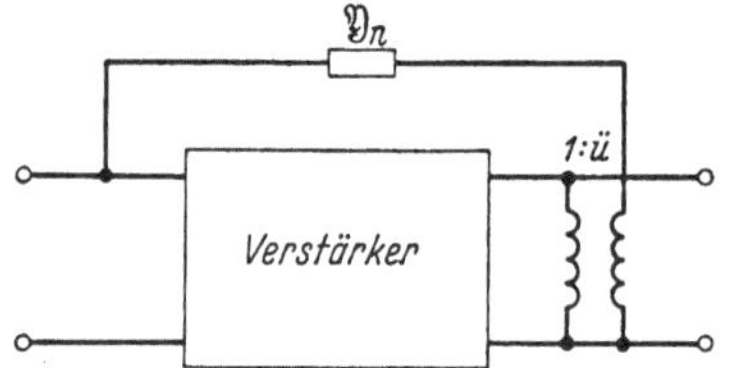

Abb. 3.21
Verstärker mit Neutralisationsschaltung [*46*]

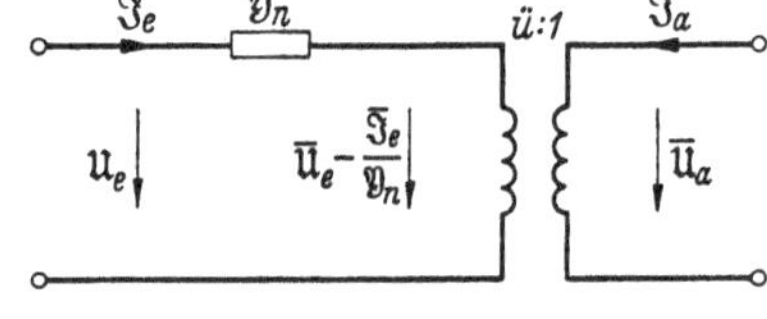

Abb. 3.22
Neutralisationsteil der Abb. 3.21 [*46*]

Anordnung Abb. 3.21 als Parallelschaltung des Verstärkers mit der in Abb. 3.22 gezeigten Übertrageranordnung betrachten.

Der Abb. 3.22 entnehmen wir die Gleichungen:

$$\begin{aligned} \overline{\mathfrak{I}}_a &= -\ddot{u}\,\overline{\mathfrak{I}}_e \\ \overline{\mathfrak{U}}_a &= \frac{1}{\ddot{u}}\left(\overline{\mathfrak{U}}_e - \frac{1}{\mathfrak{Y}_n}\overline{\mathfrak{I}}_e\right). \end{aligned} \tag{3.132}$$

Bringen wir diese Gleichungen in die Leitwertform, so ist:

$$\begin{aligned} \overline{\mathfrak{I}}_e &= \mathfrak{Y}_n\overline{\mathfrak{U}}_e - \ddot{u}\,\mathfrak{Y}_n\overline{\mathfrak{U}}_a \\ \overline{\mathfrak{I}}_a &= -\ddot{u}\,\mathfrak{Y}_n\overline{\mathfrak{U}}_e + \ddot{u}^2\,\mathfrak{Y}_n\overline{\mathfrak{U}}_a. \end{aligned} \tag{3.133}$$

Zu der Matrix der Gl. (3.133) addieren wir die Matrix (3.109) des Verstärkers und erhalten als resultierende Matrix $\overline{\mathfrak{Y}}$:

$$\overline{\mathfrak{Y}} = \begin{pmatrix} \mathfrak{Y}_{11} + \mathfrak{Y}_n & \mathfrak{Y}_{12} - \ddot{u}\,\mathfrak{Y}_n \\ \mathfrak{Y}_{21} - \ddot{u}\,\mathfrak{Y}_n & \mathfrak{Y}_{22} + \ddot{u}^2\,\mathfrak{Y}_n \end{pmatrix}. \tag{3.134}$$

Als Neutralisationsbedingung folgt hieraus:

$$\mathfrak{Y}_{12} - \ddot{u}\,\mathfrak{Y}_n = 0. \tag{3.135}$$

Diese Bedingung ist besonders geeignet, da das Vorzeichen von $\ddot{u}$ positiv und negativ, je nach Wicklungsart, gewählt werden kann. Bei höheren Frequenzen ist nachteilig, daß der Übertrager nicht ausreichend ideal angenähert werden kann, doch lassen sich die Abweichungen in der Gl. (3.135) berücksichtigen. Durch geeignete Wahl von *ü* läßt es sich einrichten, daß der Verstärkungsverlust durch die Neutralisation vernachlässigbar bleibt [*46*]. Außer der behandelten Parallelschaltung kann man auch andere Vierpolkombinationen heranziehen [*47*]. Im wesentlichen handelt es sich bei der Neutralisation um eine Brückenkompensation, die durch die äquivalenten Schaltungen einer Brücke die verschiedensten Formen annehmen kann [*48*].

3.11 Der elektronengekoppelte Oszillator

Zu den im vorhergehenden Abschnitt behandelten Entkopplungsschaltungen gehört auch der elektronengekoppelte Oszillator (s. Kap. 6, Abb. 6.29 u. 6.30). Bei demselben ist der Verstärker in der Schwingröhre enthalten. Erforderlich ist eine Mehrgitterröhre, mindestens eine Pentode. Von derselben wird aus der Kathode, dem Gitter und dem Schirmgitter als Anode eine Triode gebildet, welche als Schwingröhre dient und an welche der passive, frequenzbestimmende Teil angeschlossen wird. Der im Schwingungsfall fließende mit der Schwingfrequenz modulierte Elektronenstrom zwischen Kathode und Schirmgitteranode wird auf den Anodenkreis übertragen, so daß die Elektronen die Kopplung übernehmen. Hierbei ist die Rückwirkung von Belastungsschwankungen, die in der Anodenkreisbahn stattfinden, auf den Schwingstrom gering, so daß eine besonders gute Frequenzkonstanz vorhanden ist. Es verbleibt eine geringe Rückwirkung über die Anoden-

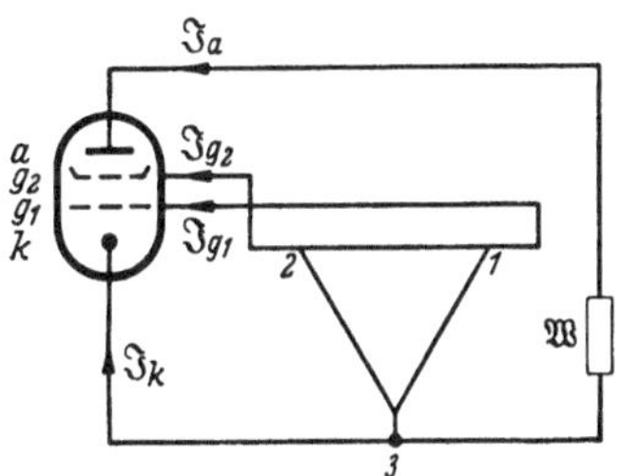

Abb. 3.23
Elektronengekoppelter Oszillator

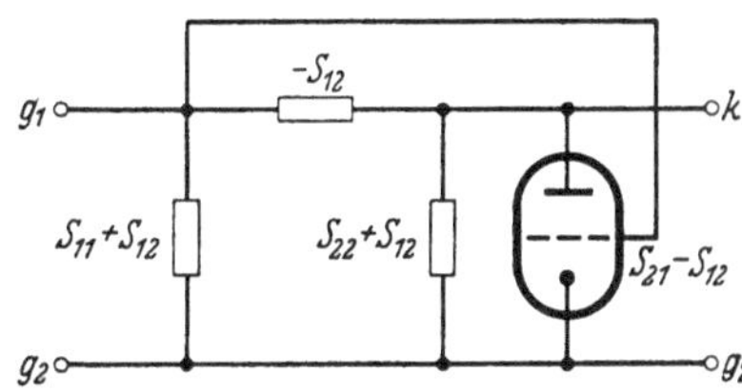

Abb. 3.24. Ersatzbild des Schwingteils des Oszillators Abb. 3.23

Schirmgitter-Kapazität, die auch bei geerdetem Bremsgitter übrigbleibt. Man kann diese Kopplung verringern, wenn man das Schirmgitter wechselstrommäßig erdet. Damit befindet sich der Schwingteil der Röhre in Anodenbasisschaltung.

Das allgemeine Schaltbild eines elektronengekoppelten Oszillators mit einem beliebigen Dreipol zeigt Abb. 3.23. Für den Röhrenteil zwischen Kathode und Schirmgitter erhalten wir das Ersatzbild

Abb. 3.24, während der Röhrenteil für die Verstärkung durch Abb. 3.25 wiedergegeben ist. Das Gesamtersatzschaltbild mit Verbraucher $\mathfrak{W}$ zeigt Abb. 3.26. Beziehen wir alle Spannungen auf das geerdete Schirmgitter g_2, so gelten zwischen den Strömen der Abb. 3.23 und den Spannungen $\mathfrak{U}_a$, $\mathfrak{U}_k$ und $\mathfrak{U}_{g_1}$ zwischen Anode, Kathode und Gitter gegen Schirmgitter die Beziehungen:

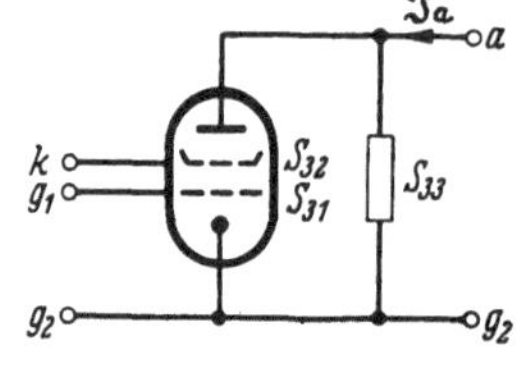

Abb. 3.25. Ersatzbild des Verstärkungsteils des Oszillators Abb. 3.23

$$\mathfrak{J}_{g_1} = S_{11}\,\mathfrak{U}_{g_1} + S_{12}\,\mathfrak{U}_k + S_{13}\,\mathfrak{U}_a, \qquad (3.136)$$

$$\mathfrak{J}_k = S_{21}\,\mathfrak{U}_{g_1} + S_{22}\,\mathfrak{U}_k + S_{23}\,\mathfrak{U}_a, \qquad (3.137)$$

$$\mathfrak{J}_a = S_{31}\,\mathfrak{U}_{g_1} + S_{32}\,\mathfrak{U}_k + S_{33}\,\mathfrak{U}_a. \qquad (3.138)$$

Die Koeffizienten S_{ki}, $k, i = 1, 2, 3$, sind in den Abb. 3.25 und 3.26 eingezeichnet. Das Bremsgitter ist ebenfalls geerdet. Somit ist die Anode durch zwei geerdete Gitter gegen die Wechselspannungen an dem Steuergitter und der Kathode getrennt, so daß die Anodenspannung die Ströme $\mathfrak{J}_k$ und $\mathfrak{J}_{g_1}$ praktisch nicht beeinflußt. Es ist daher:

$$S_{13} = S_{23} = 0. \qquad (3.139)$$

Mit dieser Vernachlässigung geben die Gln. (3.136) u. (3.137) die Ersatzschaltung Abb. 3.25 wieder. Die Gl. (3.138) ist aus der Abb. 3.26 leicht abzulesen.

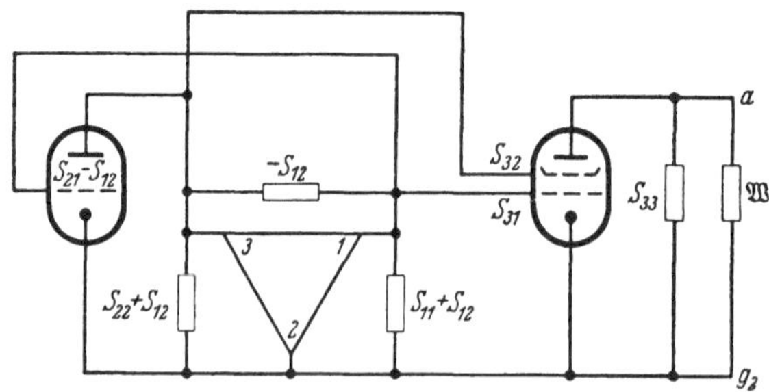

Abb. 3.26. Gesamtersatzbild des elektronengekoppelten Oszillators Abb. 3.23

3.12 Belastungsunabhängige Oszillatoren

Eine weitere Möglichkeit, Oszillatoren belastungsunabhängig aufzubauen, ist die, die Schaltanordnung so auszuwählen, daß die an bestimmter Stelle eingesetzte Belastung keinen Einfluß auf die Frequenz und auf die Amplitude ausübt (ohne Einfluß auf die Frequenz sind die Abschlußwiderstände bei allen Schwingstellen II. Art). Solche Schaltungen benötigen einen etwas größeren Aufwand. Wir betrachten daher einen Sechspol in den beiden Anordnungen Abb. 3.27a, b. Die Belastungen seien an die Pole *5* und *6* angeschlossen. Man kann die Pole *5* und *6* natürlich auch zwischen den Polen *1* und *2* sowie *3* und *4* anbringen, doch wollen wir uns auf die Möglichkeiten der Abb. 3.27 beschränken.

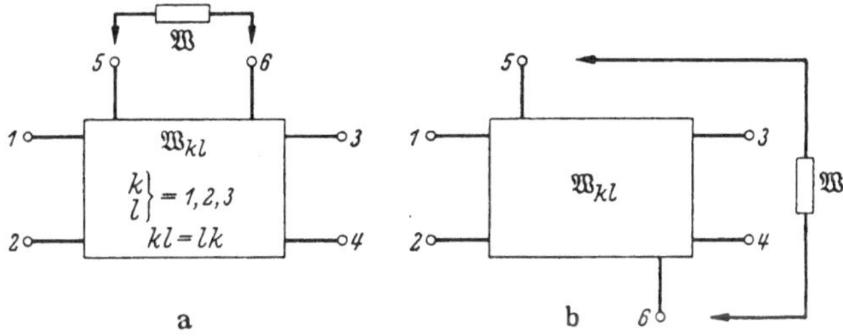

Abb. 3.27. Sechspolanordnungen mit Belastung [*115*]

Zwischen den Spannungen $\mathfrak{U}_i$, $i = 1, 2, 3$, den Strömen $\mathfrak{J}_i$, $i = 1, 2, 3$, und den Scheinwiderständen $\mathfrak{W}_{kl}$, $k, l = 1, 2, 3$, $kl = lk$, gelten die Gleichungen:

$$\begin{aligned}
\mathfrak{U}_1 &= \mathfrak{W}_{11}\mathfrak{J}_1 + \mathfrak{W}_{12}\mathfrak{J}_2 + \mathfrak{W}_{13}\mathfrak{J}_3, \\
\mathfrak{U}_2 &= \mathfrak{W}_{12}\mathfrak{J}_1 + \mathfrak{W}_{22}\mathfrak{J}_2 + \mathfrak{W}_{23}\mathfrak{J}_3, \\
\mathfrak{U}_3 &= \mathfrak{W}_{13}\mathfrak{J}_1 + \mathfrak{W}_{23}\mathfrak{J}_2 + \mathfrak{W}_{33}\mathfrak{J}_3,
\end{aligned} \tag{3.140}$$

wobei die Bedingung $kl = lk$ für passive Sechspole, wie sie hier vorliegen, gilt.

Einem solchen Sechspol soll ein aktiver Vierpol zugeordnet werden. Wir schalten einen solchen in Kette zu dem Sechspol und führen eine Rückkopplung durch (Abb. 3.28). Hierbei werden die Innenwiderstände des aktiven Vierpols dem Eingang *1*—*2* und dem Ausgang *3*—*4* parallel gelegt und können zu den Größen des Sechspols hinzugerechnet werden. Im erforderlichen Falle sei diese Behandlung vorgenommen, so daß wir die Scheinwiderstände Gl. (3.140) nicht zu ändern brauchen. Für den aktiven Vierpol haben wir damit die beiden Gleichungen:

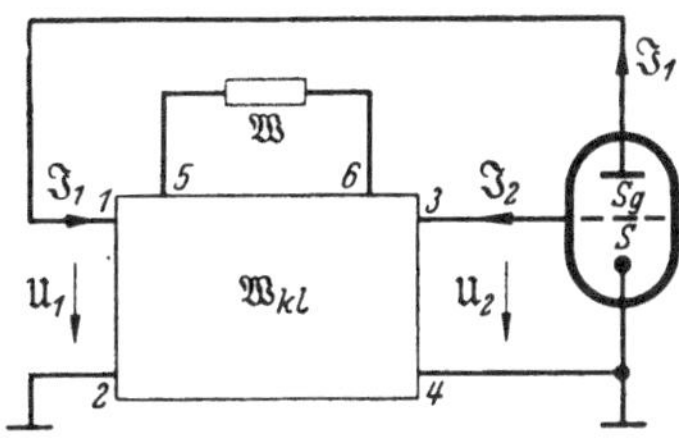

Abb. 3.28. Oszillator mit Sechspol

$$\mathfrak{J}_1 = -S\,\mathfrak{U}_2 \qquad \mathfrak{J}_2 = -S_g\,\mathfrak{U}_1. \tag{3.141}$$

Die getroffene Maßnahme bedeutet keine Einschränkung, sondern nur eine rechnerische Vereinfachung.

An der Belastung $\mathfrak{W}$ gilt die weitere Beziehung:

$$\mathfrak{U}_3 = -\mathfrak{W}\,\mathfrak{J}_3. \tag{3.142}$$

Setzen wir aus den Gln. (3.141) u. (3.142) die Spannungen in die

Gln. (3.140) ein, so ergibt sich:

$$\begin{aligned} 0 &= \mathfrak{W}_{11}\mathfrak{J}_1 + \left(\mathfrak{W}_{12} + \frac{1}{S_g}\right)\mathfrak{J}_2 + \mathfrak{W}_{13}\mathfrak{J}_3, \\ 0 &= \left(\mathfrak{W}_{12} + \frac{1}{S}\right)\mathfrak{J}_1 + \mathfrak{W}_{22}\mathfrak{J}_2 + \mathfrak{W}_{23}\mathfrak{J}_3, \\ 0 &= \mathfrak{W}_{13}\mathfrak{J}_1 + \mathfrak{W}_{23}\mathfrak{J}_2 + (\mathfrak{W}_{33} + \mathfrak{W})\mathfrak{J}_3. \end{aligned} \tag{3.143}$$

Hieraus folgt durch Eliminierung der Ströme als Schwingbedingung:

$$\begin{aligned} &\mathfrak{W}_{11}\mathfrak{W}_{22} - \left(\mathfrak{W}_{12} + \frac{1}{S_g}\right)\left(\mathfrak{W}_{12} + \frac{1}{S}\right) + \frac{1}{\mathfrak{W}_{33} + \mathfrak{W}} \times \\ &\times \left\{\mathfrak{W}_{23}\left[\left(\mathfrak{W}_{12} + \frac{1}{S_g}\right)\mathfrak{W}_{13} - \mathfrak{W}_{11}\mathfrak{W}_{23}\right] - \mathfrak{W}_{13}\left[\mathfrak{W}_{22}\mathfrak{W}_{13} - \left(\mathfrak{W}_{12} + \frac{1}{S}\right)\mathfrak{W}_{23}\right]\right\} = 0. \end{aligned} \tag{3.144}$$

Um die Schwingbedingungen von der Belastung $\mathfrak{W}$ unabhängig zu machen, gibt es die folgenden Möglichkeiten:

$$\mathfrak{W}_{33} = \infty. \tag{3.145}$$

$$\begin{aligned} &\mathfrak{W}_{23}\left[\left(\mathfrak{W}_{12} + \frac{1}{S_g}\right)\mathfrak{W}_{13} - \mathfrak{W}_{11}\mathfrak{W}_{23}\right] \\ &\qquad - \mathfrak{W}_{13}\left[\mathfrak{W}_{22}\mathfrak{W}_{13} - \left(\mathfrak{W}_{12} + \frac{1}{S}\right)\mathfrak{W}_{23}\right] = 0. \end{aligned} \tag{3.146}$$

Mit der Bedingung $\mathfrak{W}_{33} = \infty$ erhalten wir aus der dritten Gleichung von Gl. (3.143), daß hierbei $\mathfrak{J}_3 = 0$ ist. Falls gleichzeitig $\mathfrak{W}_{23}$ oder $\mathfrak{W}_{13}$ unendlich ist, so ändert dieses nichts an der gemachten Aussage. Es bleibt also als Bedingung für Belastungsunabhängigkeit die Gl. (3.146), welche weitgehende Möglichkeiten bietet. Als Schwingbedingung verbleibt [s. Gl. (3.144)]:

$$\mathfrak{W}_{11}\mathfrak{W}_{22} - \left(\mathfrak{W}_{12} + \frac{1}{S_g}\right)\left(\mathfrak{W}_{12} + \frac{1}{S}\right) = 0. \tag{3.147}$$

Für den Strom $\mathfrak{J}_3$ bezogen auf $\mathfrak{J}_1$ ergibt sich aus Gl. (3.143) durch Elimination von $\mathfrak{J}_2$:

$$\frac{\mathfrak{J}_3}{\mathfrak{J}_1} = \frac{\mathfrak{W}_{23}\left(\mathfrak{W}_{12} + \frac{1}{S}\right) - \mathfrak{W}_{22}\mathfrak{W}_{13}}{\mathfrak{W}_{22}(\mathfrak{W}_{33} + \mathfrak{W}) - \mathfrak{W}_{23}^2}. \tag{3.148}$$

Aus dieser Beziehung sind leicht Bedingungen für das Fließen des Stromes $\mathfrak{J}_3$ aufzustellen.

Im Falle $S_g = 0$, welche Vereinfachung bei Röhrenschaltungen zulässig ist, entfällt die erste der Gl. (3.143) und nach Gl. (3.141) ist $\mathfrak{J}_2 = 0$.

Aus der Gl. (3.146) für Belastungsunabhängigkeit wird:

$$\mathfrak{W}_{23} = 0, \tag{3.149}$$

$$\mathfrak{W}_{13} = 0. \tag{3.150}$$

Die Schwingbedingung Gl. (3.147) verwandelt sich in:

$$\mathfrak{W}_{12} + \frac{1}{S} = 0 \tag{3.151}$$

und die Strombeziehung Gl. (3.148) mit der Schwingbedingung Gl. (3.151) in:

$$\frac{\mathfrak{J}_3}{\mathfrak{J}_1} = - \frac{\mathfrak{W}_{13}\,\mathfrak{W}_{22}}{\mathfrak{W}_{22}\,(\mathfrak{W} + \mathfrak{W}_{33}) - \mathfrak{W}_{23}^2}. \tag{3.152}$$

An der Strombeziehung Gl. (3.152) stellen wir fest, welche der Bedingungen Gln. (3.149) u. (3.150) sinnvoll ist. Da für $\mathfrak{W}_{13} = 0$ der Strom $\mathfrak{J}_3$ zu Null wird, so bleibt nur $\mathfrak{W}_{23} = 0$ als Bedingung für Belastungsunabhängigkeit. Damit wird aus Gl. (3.152):

$$\frac{\mathfrak{J}_3}{\mathfrak{J}_1} = - \frac{\mathfrak{W}_{13}}{\mathfrak{W} + \mathfrak{W}_{33}}. \tag{3.153}$$

Da die Schwingbedingung Gl. (3.151) und somit die Amplitudenbedingung von $\mathfrak{W}$ unabhängig ist, so ist auch der Strom $\mathfrak{J}_1$ von $\mathfrak{W}$ unabhängig. Wir können daher nach der dritten Gl. (3.143) mit $\mathfrak{W}_{23} = 0$ die Spannung $\mathfrak{W}_{13}\,\mathfrak{J}_1$ als Urspannung betrachten und damit $\mathfrak{W}_{33}$ als Innenwiderstand $\mathfrak{W}_i$ derselben und somit des Oszillators:

$$\mathfrak{W}_i = \mathfrak{W}_{33}. \tag{3.154}$$

Diesen Schluß können wir auch so ziehen, daß bei Kurzschluß von $\mathfrak{W}$ als Innenwiderstand $\mathfrak{W}_{33}$ übrigbleibt.

Als Beispiel zeigen wir für den Fall $\mathfrak{W}_{23} = 0$ einen Oszillator mit einem überbrückten T-Glied [*49*], der aus einer Meßschaltung ent-

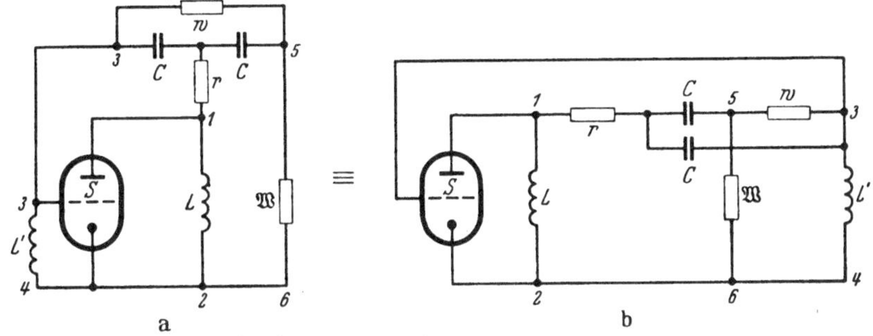

Abb. 3.29. Belastungsunabhängiger Oszillator [*49*]

wickelt wurde [*44*, *45*]. Abb. 3.29a zeigt den Oszillator, der in Abb. 3.29b in die Form der Abb. 3.27b umgezeichnet ist.

Als Bedingung der Belastungsunabhängigkeit ergibt sich aus dem Kernwiderstand der Anordnung [*49*]:

$$r = w\,\frac{1}{4 + \omega^2 C^2 w^2}; \qquad L = \frac{2}{\omega^2 C}\,\frac{1}{4 + \omega^2 C^2 w^2}, \tag{3.155}$$

während die mit den Gln. (3.155) vereinfachte Amplitudenbedingung lautet:

$$S = \frac{1}{w}\left[4 + \omega^2 C^2 w^2\right]. \qquad (3.156)$$

Zur Frequenzbestimmung dient die Gleichung:

$$\omega L' = \frac{1}{\omega C} \, \frac{\omega^2 C^2 w^2}{4 + \omega^2 C^2 w^2}. \qquad (3.157)$$

Mit dieser Schaltung lag bei einer Belastungsvariation von 10 bis 10000 Ohm die relative Frequenzabweichung zwischen $-0{,}07\%$ und $+0{,}02\%$ bei Ohmscher Belastung, zwischen $-0{,}08$ und $+0{,}33\%$ bei induktiver und zwischen $-0{,}16\%$ und 0% bei kapazitiver Belastung.

3.13 Spezieller belastungsunabhängiger Oszillator

Wir betrachten die Gl. (3.69):

$$\mathfrak{R}_2 S \geqq \frac{(\mathfrak{R}_1 + \mathfrak{W}_{1l})(\mathfrak{R}_2 + \mathfrak{W}_{2l}) - \mathfrak{M}_2^2}{\mathfrak{R}_1 \mathfrak{M}_2 - [\mathfrak{W}_{2l}(\mathfrak{W}_{1l} + \mathfrak{R}_1) - \mathfrak{M}_2^2]} \qquad (3.158)$$

und erhalten daraus durch Umformung:

$$-\mathfrak{R}_2 S = 1 + \frac{\mathfrak{R}_1 \mathfrak{R}_2 + \mathfrak{W}_{1l} \mathfrak{R}_2 + \mathfrak{R}_1 \mathfrak{M}_2}{\mathfrak{W}_{1l} \mathfrak{W}_{2l} - \mathfrak{M}_2^2 + \mathfrak{R}_1 (\mathfrak{W}_{2l} - \mathfrak{M}_2)}. \qquad (3.159)$$

Eine weitere Umformung ergibt:

$$-\mathfrak{R}_2 S = 1 + \frac{\mathfrak{R}_1}{\mathfrak{W}_{1l} - \mathfrak{M}_2} \, \frac{\mathfrak{M}_2 + (\mathfrak{R}_1 + \mathfrak{W}_{1l}) \dfrac{\mathfrak{R}_2}{\mathfrak{R}_1}}{\mathfrak{M}_2 + (\mathfrak{R}_1 + \mathfrak{W}_{1l}) \dfrac{\mathfrak{W}_{2l} - \mathfrak{M}_2}{\mathfrak{W}_{1l} - \mathfrak{M}_2}}. \qquad (3.160)$$

In dieser Gleichung können wir den großen Quotienten beseitigen, wenn wir die folgenden Gleichungen aufstellen:

$$\frac{\mathfrak{R}_2}{\mathfrak{R}_1} = \frac{\mathfrak{W}_{2l} - \mathfrak{M}_2}{\mathfrak{W}_{1l} - \mathfrak{M}_2}, \qquad (3.161)$$

$$\mathfrak{R}_1 + \mathfrak{W}_{1l} = 0. \qquad (3.162)$$

Als Schwingbedingung verbleibt:

$$-\mathfrak{R}_2 S = 1 + \frac{\mathfrak{R}_1}{\mathfrak{W}_{1l} - \mathfrak{M}_2}. \qquad (3.163)$$

Durch Einsetzen von $\mathfrak{M}_2$ aus Gl. (3.161) in Gl. (3.163) ergibt sich:

$$-\mathfrak{R}_2 S = 1 + \frac{\mathfrak{R}_1 - \mathfrak{R}_2}{\mathfrak{W}_{1l} - \mathfrak{W}_{2l}} \qquad (3.164)$$

und von Gl. (3.162) in Gl. (3.163):

$$-\mathfrak{R}_2 S = \frac{\mathfrak{M}_2}{\mathfrak{R}_1 + \mathfrak{M}_2} = \frac{\mathfrak{M}_2}{\mathfrak{M}_2 - \mathfrak{W}_{1l}}. \qquad (3.165)$$

Die Gl. (3.162) wollen wir hier nicht weiter verfolgen, da sie nur mit verlustbehafteten Elementen aufgebaut werden kann und die Verluste sich addieren. Natürlich ist die Einschaltung eines negativen Widerstandes durch eine weitere Elektronenröhre möglich.

Zur Gl. (3.161) wollen wir als Beispiel ein T-Glied bringen, wie es Abb. 3.30a zeigt, die aus Abb. 3.16a entnommen wurde. Abb. 3.30b bringt eine umgezeichnete Form. Der in der Abbildung angebrachte Übertrager mit negativem Übersetzungsverhältnis ist erforderlich, um das negative Vorzeichen der Amplitudenbedingung Gl. (3.163) auszugleichen. Für das T-Glied gelten die Gleichungen:

$$\mathfrak{W}_{1l} = \mathfrak{X}_1 + \mathfrak{X}_2 \qquad \mathfrak{M}_2 = \mathfrak{X}_2 \qquad \mathfrak{W}_{2l} = \mathfrak{X}_2 + \mathfrak{X}_3. \tag{3.166}$$

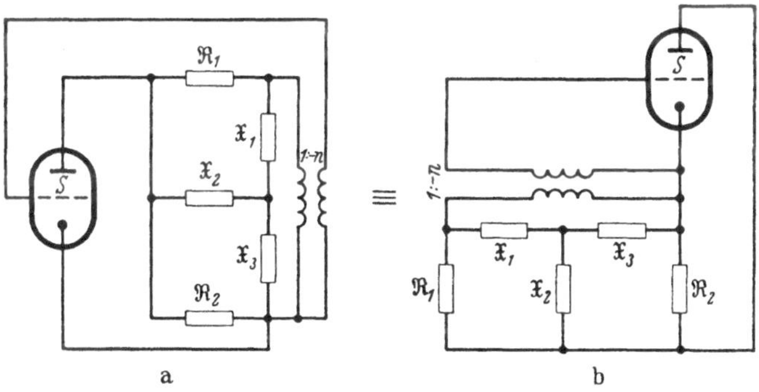

Abb. 3.30. Belastungsunabhängiger Oszillator mit T-Glied [114]

Damit wird aus der Bedingung für Unabhängigkeit von der Belastung Gl. (3.161):

$$\frac{\mathfrak{R}_2}{\mathfrak{R}_1} = \frac{\mathfrak{X}_3}{\mathfrak{X}_1} \tag{3.167}$$

und aus der Amplitudenbedingung Gl. (3.163):

$$n\,\mathfrak{R}_2\,S = 1 + \frac{\mathfrak{R}_1}{\mathfrak{X}_1}. \tag{3.168}$$

Die Amplitudenbedingung ist unabhängig vom Kernwiderstand $\mathfrak{M}_2 = \mathfrak{X}_2$, so daß in Reihe zu demselben eine Belastung geschaltet werden oder derselbe selbst als Belastung dienen kann.

4 Die Frequenzkonstanz

4.1 Zur Güte von Oszillatoren. Definition der Güte aus der Phasensteilheit

Wenn wir Oszillatoren vergleichen wollen, so müssen wir zunächst die Frage beantworten, welche Eigenschaft wir am Oszillator als besonders wertvoll feststellen. Naheliegend wäre z. B., einen Oszillator als besonders gut zu bezeichnen, wenn er möglichst viel Energie liefert. Da wir jedoch mit geeigneten Verstärkerröhren recht hohe Verstärkungen erzielen können, so ist es unnötig, das Energieproblem in den

Oszillator selbst hineinzutragen. Von allen Wünschen, die die Technik an einen Oszillator stellt, steht der Wunsch nach hoher Frequenzkonstanz an erster Stelle. Die Rundfunksender, insbesondere der Gleichwellenfunk, benötigen hohe Frequenzkonstanz, die Meßtechnik und viele andere Gebiete stellen hohe Anforderungen an die Konstanz der Oszillatorfrequenz.

Da man einen Oszillator aus einem aktiven und einem passiven Teil aufbaut, müssen wir uns bemühen, beide Teile mit möglichst hoher Konstanz herzustellen. Der aktive Teil besteht aus einer oder mehreren Elektronenröhren oder einem oder mehreren Transistoren. Bei den Röhren kostet es einige Mühe, einen Aufbau mit möglichst geringen Veränderungen zu gewinnen, während bei den Transistoren große Schwierigkeiten bestehen, doch wesentliche Verbesserungen zu erwarten sind. Man könnte im aktiven Teil die Güte von Elektronenröhren mit derselben von Transistoren vergleichen und auch durch geeignete Schaltmaßnahmen Verbesserungen erzielen, wobei man den gleichen passiven Teil beibehält. Damit wäre die Frage nach der Güte im aktiven Teil erschöpft. Anders dagegen liegen die Verhältnisse im passiven Teil. Hier kann man beliebig viele Schaltungen aufbauen und durch Anwendung von Schwingkristallen und anderen Schaltelementen hoher Güte wesentliche Vorteile erzielen [*119*]. Wir fragen also zweckmäßig nach der Güte des passiven Teiles der Oszillatorschaltung. Der passive Teil soll in sich möglichst konstant sein, er soll aber auch die Auswirkungen der Änderungen des aktiven Teils auf die Frequenz vermindern. Im passiven Teil bringen Temperaturschwankungen Frequenzverschiebungen hervor, im aktiven Teil kommen noch die Schwankungen der Speisespannungen und Speiseströme sowie elektrische Effekte hinzu. Bei einem nach dem heutigen Stand der Technik aufgebauten Oszillator können wir annehmen, daß die Amplitude bei den genannten Veränderungen nur gering schwankt, insbesondere keinen wesentlichen Einfluß auf die Frequenz ausübt. Es seien $\mathfrak{K}$ der Rückkopplungsvektor und $\mathfrak{V}$ der Verstärkungsvektor außerhalb des Schwingungspunktes, wobei wir $\mathfrak{K}$ dem passiven und $\mathfrak{V}$ dem aktiven Teil zuordnen. Bezeichnen wir die gleichen Größen im Schwingungspunkt mit dem Index Null und benennen wir die Phasen φ_k und φ_v, so gilt:

$$\mathfrak{K} = \mathfrak{K}_0(1 + \mathrm{j}\,\varphi_k) \qquad \mathfrak{V} = \mathfrak{V}_0(1 + \mathrm{j}\,\varphi_v). \tag{4.1}$$

Hieraus bilden wir:

$$\mathfrak{K}\,\mathfrak{V} = \mathfrak{K}_0\,\mathfrak{V}_0\big(1 + \mathrm{j}(\varphi_k + \varphi_v)\big), \tag{4.2}$$

wobei wir das Produkt $\varphi_k\,\varphi_v$ gegenüber Eins vernachlässigen, da der Verstärker nur eine sehr kleine Phase hat. Im Schwingungspunkt ist

$$\varphi = \varphi_k + \varphi_v = 0 \tag{4.3}$$

mit φ als Gesamtphase.

Bezeichnen wir mit X allgemein die Größen des Schaltungsteiles und mit $R_ö$ solche des aktiven Teiles, so gelten mit der Frequenz f für die Phasen die funktionalen Abhängigkeiten:

$$\varphi_k = \varphi_k(f, X) \qquad \varphi_v = \varphi_v(f, R_ö) \tag{4.4}$$

und für deren Ableitungen

$$\mathrm{d}\varphi_k = \frac{\partial \varphi_k}{\partial f}\mathrm{d}f + \frac{\partial \varphi_k}{\partial X}\mathrm{d}X \qquad \mathrm{d}\varphi_v = \frac{\partial \varphi_v}{\partial f}\mathrm{d}f + \frac{\partial \varphi_v}{\partial R_ö}\mathrm{d}R_ö. \tag{4.5}$$

Aufgelöst nach $\mathrm{d}f$ erhalten wir mit der Ableitung von Gl. (4.3) gleich Null gesetzt:

$$\mathrm{d}f = -\frac{1}{\frac{\partial \varphi_k}{\partial f} + \frac{\partial \varphi_v}{\partial f}}\left[\frac{\partial \varphi_k}{\partial X}\mathrm{d}X + \frac{\partial \varphi_v}{\partial R_ö}\mathrm{d}R_ö\right]. \tag{4.6}$$

Der Gl. (4.6) entnehmen wir, daß die Klammer klein zu halten ist. Dieses geschieht — wie schon erwähnt — durch geeignete Röhren und durch temperaturkompensierte Schaltelemente.

Rechnen wir die Röhrenkapazitäten und die Röhreninnenwiderstände zu dem passiven Teil, so können wir — auch nach Gl. (4.3) — $\partial\varphi_k/\partial f + \partial\varphi_v/\partial f$ zusammenfassen zu:

$$\frac{\partial \varphi_k}{\partial f} + \frac{\partial \varphi_v}{\partial f} = \frac{\partial \varphi}{\partial f} \tag{4.7}$$

und $\partial\varphi/\partial f$ als die Veränderung der Schaltungsphase mit der Frequenz bezeichnen. Wird der durch Gl. (4.7) wiedergegebene Ausdruck groß, so wird $\mathrm{d}f$ klein und der Einfluß des Klammerausdruckes der Gl. (4.6) klein gehalten. Es ist daher zweckmäßig, die Gl. (4.7), im Schwingungsfall betrachtet und deshalb mit dem Index 0 gekennzeichnet, als Güte des Oszillators zu bezeichnen.

Um einen dimensionslosen Ausdruck zu erhalten, bezieht man sich auf die Verstimmung v.

Mit

$$v = \frac{f}{f_0} - \frac{f_0}{f} \qquad \mathrm{d}v = \mathrm{d}f\left(\frac{1}{f_0} + \frac{f_0}{f^2}\right) = \mathrm{d}f\,\frac{2}{f_0}, \tag{4.8}$$

wobei f_0 die Frequenz im Schwingungspunkt und f die variable Frequenz in der Umgebung von f_0 bedeutet, erhalten wir für die Güte G:

$$G = \left(\frac{\partial \varphi}{\partial v}\right)_0 = \left(\frac{\partial \varphi_k}{\partial v} + \frac{\partial \varphi_v}{\partial v}\right)_0 = \left(\frac{\partial \varphi}{\partial f}\right)_0 \frac{f_0}{2}. \tag{4.9}$$

Eine etwas andere Überlegung zeigt ebenfalls die Zweckmäßigkeit der gewonnenen Güteformel. Wir gehen vom Schwingungspunkt Gl. (4.3) aus und nehmen an, daß eine Störung im aktiven Teil eine geringe Phase $\Delta\varphi_v$ hervorruft. Dadurch muß sich die Frequenz im passiven — frequenzbestimmenden — Teil so ändern, daß eine Phase

$\Delta \varphi_k$ entsteht, die die Störungsphase $\Delta \varphi_v$ kompensiert:

$$\Delta \varphi_v + \Delta \varphi_k = 0. \tag{4.10}$$

Die erforderliche Frequenzänderung ist:

$$\Delta f = \frac{\mathrm{d} f}{\mathrm{d} \varphi_k} \Delta \varphi_k. \tag{4.11}$$

Setzen wir die Gl. (4.10) in Gl. (4.11) ein, so ergibt sich:

$$\Delta f = -\frac{\mathrm{d} f}{\mathrm{d} \varphi_k} \Delta \varphi_v. \tag{4.12}$$

Der Einfluß der Störung $\Delta \varphi_v$ wird also durch einen möglichst großen Wert des der Güte entsprechenden Quotienten $\mathrm{d}\,\varphi_k/\mathrm{d} f$ klein gehalten.

Die Definition einer Güte aus der Resonanzkurve des passiven Oszillatorteiles werden wir im übernächsten Abschnitt behandeln. Zunächst sollen die zum Vergleich notwendigen Gleichungen gebracht werden.

4.2 Formeln zur Güteberechnung

Bei einem allgemeinen passiven Vierpol besitzt die Phase den Wert

$$\varphi = \operatorname{tg} \alpha = \frac{W_{1l} W_{2l} - M_2^2 - R_1 R_2}{R_1 W_{2l} + R_2 W_{1l}}. \tag{4.13}$$

Hierbei können die Röhrenwiderstände den Abschlußwiderständen R_1 und R_2 parallel gelegt werden, während die Röhrenkapazitäten den Leerlaufwiderständen und dem Kernwiderstand zuzuordnen sind. Entsprechendes gilt für Transistoren. Es ist mit $\omega = 2\pi f$

$$\frac{\mathrm{d} \varphi}{\mathrm{d} \omega} = \frac{\mathrm{d} \operatorname{tg} \alpha}{\mathrm{d} \omega} = \frac{1}{\cos^2 \alpha} \frac{\mathrm{d} \alpha}{\mathrm{d} \omega} \tag{4.14}$$

und im Schwingungspunkt wegen $\operatorname{tg} \alpha = 0$, $\cos \alpha = 1$:

$$\left(\frac{\mathrm{d} \varphi}{\mathrm{d} \omega}\right)_0 = \left(\frac{\mathrm{d} \operatorname{tg} \alpha}{\mathrm{d} \omega}\right)_0 = \left(\frac{\mathrm{d} \alpha}{\mathrm{d} \omega}\right)_0. \tag{4.15}$$

Für die praktische Handhabung erscheint nach Gl. (4.9) die folgende Gütegleichung am günstigsten mit $\omega_0 = 2\pi f_0$ als Kreisfrequenz im Schwingungspunkt (Schwingfrequenz):

$$G = \left(\frac{\mathrm{d} \operatorname{tg} \alpha}{\mathrm{d} \omega}\right)_0 \frac{\omega_0}{2}. \tag{4.16}$$

Aus den Gln. (4.13) u. (4.16) erhalten wir für die Schwingstellen I, bei denen der Zähler von Gl. (4.13) Null gesetzt ist [s. Gl. (2.101)]:

$$G = \left[\frac{W_{1l} \frac{\mathrm{d} W_{2l}}{\mathrm{d} \omega} + W_{2l} \frac{\mathrm{d} W_{1l}}{\mathrm{d} \omega} - 2 M_2 \frac{\mathrm{d} M_2}{\mathrm{d} \omega}}{R_1 W_{2l} + R_2 W_{1l}}\right]_0 \frac{\omega_0}{2}. \tag{4.17}$$

Bei den Schwingstellen II nach Gl. (2.107) ist der Zähler von Gl. (4.13) nicht Null, und demzufolge gilt Gl. (4.17) nicht. Wir müssen daher die vollständige Ableitung bilden, welche lautet:

$$\mathrm{d}\,\mathrm{tg}\,\alpha = \frac{\begin{array}{l}(R_2 W_{1l}^2 + R_1 M_2^2 + R_1^2 R_2)\,\mathrm{d}W_{2l} + \\ + (R_1 W_{2l}^2 + R_2 M_2^2 + R_1 R_2^2)\,\mathrm{d}W_{1l} - 2M_2(R_1 W_{2l} + R_2 W_{1l})\,\mathrm{d}M_2\end{array}}{(R_1 W_{2l} + R_2 W_{1l})^2}. \qquad (4.18)$$

Bei den Schwingstellen II können wir vereinfachen:

$$W_{1l} = W_{2l} \qquad (4.19)$$

und erhalten aus Gl. (4.18)

$$\mathrm{d}\,\mathrm{tg}\,\alpha = \frac{(W_{1l}^2 + M_2^2 + R_1 R_2)\,\mathrm{d}W_{1l} - 2M_2 W_{1l}\,\mathrm{d}M_2}{W_{1l}^2 (R_1 + R_2)} \qquad (4.20)$$

und damit für die Güte

$$G = \left[\frac{(W_{1l}^2 + M_2^2 + R_1 R_2)\frac{\mathrm{d}W_{1l}}{\mathrm{d}\omega} - 2M_2 W_{1l}\frac{\mathrm{d}M_2}{\mathrm{d}\omega}}{W_{1l}^2 (R_1 + R_2)}\right]_0 \frac{\omega_0}{2}. \qquad (4.21)$$

Hier sind die Werte für W_{1l} und M_2 einzusetzen. Es wäre falsch, dieselben wegzukürzen, weil im Schwingungspunkt $W_{1l} = \infty$ und $M_2 = \infty$ sind.

Bei Brückenanordnungen mit den Blindwiderständen X_1 und X_2 der Brückenzweige lauten die einzusetzenden Beziehungen:

$$W_{1l} = W_{2l} = \frac{X_2 + X_1}{2} \qquad M_2 = \frac{X_2 - X_1}{2}, \qquad (4.22)$$

und damit die Güte der Schwingstellen I nach Gl. (4.17):

$$G = \left[\frac{2}{R_1 + R_2}\,\frac{X_1\frac{\mathrm{d}X_2}{\mathrm{d}\omega} + X_2\frac{\mathrm{d}X_1}{\mathrm{d}\omega}}{X_2 + X_1}\right]_0 \frac{\omega_0}{2}. \qquad (4.23)$$

Für die Schwingstellen II folgt aus Gl. (4.20)

$$\mathrm{d}\,\mathrm{tg}\,\alpha = \frac{(X_1^2 + R_1 R_2)\,\mathrm{d}X_2 + (X_2^2 + R_1 R_2)\,\mathrm{d}X_1}{\frac{R_1 + R_2}{2}(X_1 + X_2)^2}. \qquad (4.24)$$

Hier können wir nun setzen

$$X_1 = 0 \qquad X_2 = \infty \qquad (4.25)$$

und erhalten:

$$\mathrm{d}\,\mathrm{tg}\,\alpha = \frac{2\,\mathrm{d}X_1}{R_1 + R_2} + \frac{2R_1 R_2}{R_1 + R_2}\,\frac{\mathrm{d}X_2}{X_2^2}. \qquad (4.26)$$

Den Ausdruck $\mathrm{d}X_2/X_2^2$ darf man nicht wegkürzen, obwohl $X_2 = \infty$ ist.

Für die Güte lautet die Gleichung:

$$G = \left(\frac{2\frac{\mathrm{d}X_1}{\mathrm{d}\omega}}{R_1 + R_2} + \frac{2R_1 R_2}{R_1 + R_2}\,\frac{\frac{\mathrm{d}X_2}{\mathrm{d}\omega}}{X_2^2}\right)_0 \frac{\omega_0}{2}. \qquad (4.27)$$

Im Fall

$$X_1 = \infty \qquad X_2 = 0 \qquad (4.28)$$

ergibt sich für die Güte:

$$G = \left(\frac{2 \frac{\mathrm{d} X_2}{\mathrm{d} \omega}}{R_1 + R_2} + \frac{2 R_1 R_2}{R_1 + R_2} \frac{\frac{\mathrm{d} X_1}{\mathrm{d} \omega}}{X_1^2} \right)_0 \frac{\omega_0}{2} . \tag{4.29}$$

Verteilen sich Kapazitäten des aktiven Teiles und Schaltkapazitäten unsymmetrisch auf die Brücke, so können Ausgleichskapazitäten hinzugefügt werden.

Bei dem T-Glied der Abb. 2.20 erhält man aus den Gln. (2.123) u. (4.13)

$$\operatorname{tg} \alpha = \frac{X_a X_b + X_a X_c + X_b X_c - R_1 R_2}{R_1 (X_b + X_c) + R_2 (X_a + X_c)} . \tag{4.30}$$

Zur Ermittlung der Güte der Schwingstellen I benutzt man die vereinfachte Ableitung der Gl. (4.30) unter Berücksichtigung, daß der Zähler im Schwingungspunkt Null ist.

Es ergibt sich:

$$\mathrm{d} \operatorname{tg} \alpha = \frac{(X_b + X_c) \,\mathrm{d} X_a + (X_a + X_c) \,\mathrm{d} X_b + (X_a + X_b) \,\mathrm{d} X_c}{R_1 (X_b + X_c) + R_2 (X_a + X_c)} . \tag{4.31}$$

Für die Güte der Schwingstellen II berechnen wir die Ableitung von Gl. (4.30) in allgemeiner Form zu:

$$\mathrm{d} \operatorname{tg} \alpha = \frac{\begin{array}{l} [R_1 (X_b + X_c)^2 + R_2 X_c^2 + R_1 R_2^2] \,\mathrm{d} X_a + \\ + [R_2 (X_a + X_c)^2 + R_1 X_c^2 + R_1^2 R_2] \,\mathrm{d} X_b + [R_1 X_b^2 + R_2 X_a^2 + R_1 R_2 (R_1 + R_2)] \,\mathrm{d} X_c \end{array}}{[R_1 (X_b + X_c) + R_2 (X_a + X_c)]^2} . \tag{4.32}$$

Mit den Gln. (2.126) u. (2.127) liefert Gl. (4.32) für die Schwingstellen II

$$\mathrm{d} \operatorname{tg} \alpha = \frac{1}{R_1 + R_2} (\mathrm{d} X_a + \mathrm{d} X_b) , \tag{4.33}$$

woraus sich in bekannter Weise die Güte berechnen läßt. Die Güte ist unabhängig von Veränderungen des Quergliedes. Man kann Gl. (4.33) auch aus Gl. (4.31) ableiten.

Der entsprechende Ausdruck für die Schwingstellen III ist aus den Gln. (2.109), (2.123) u. (2.129) zu berechnen. Es ergibt sich

$$\mathrm{d} \operatorname{tg} \alpha = \frac{1 + S R_2}{R_1} (\mathrm{d} X_a + \mathrm{d} X_c) + R_2 \frac{\mathrm{d} X_b}{X_b^2} . \tag{4.34}$$

Für das Π-Glied der Abb. 2.22 liefern die Gln. (2.130) u. (4.13):

$$\operatorname{tg} \alpha = \frac{X_1 X_2 X_3 - R_1 R_2 (X_1 + X_2 + X_3)}{R_1 X_2 (X_1 + X_3) + R_2 X_1 (X_2 + X_3)} . \tag{4.35}$$

Die Güte der Schwingstellen I berechnet sich aus

$$\mathrm{d} \operatorname{tg} \alpha = \frac{(X_2 X_3 - R_1 R_2) \,\mathrm{d} X_1 + (X_1 X_3 - R_1 R_2) \,\mathrm{d} X_2 + (X_1 X_2 - R_1 R_2) \,\mathrm{d} X_3}{R_1 X_2 (X_1 + X_3) + R_2 X_1 (X_2 + X_3)} . \tag{4.36}$$

Als allgemeine Ableitung erhalten wir aus Gl. (4.35):

$$\begin{aligned} \mathrm{d}\,\mathrm{tg}\,\alpha = & \frac{1}{[R_1 X_2(X_1+X_3)+R_2 X_1(X_2+X_3)]^2} \times \\ & \times \{[R_1 X_2^2 X_3^2 + R_1 R_2 [R_1 X_2^2 + R_2(X_2+X_3)^2]]\,\mathrm{d}X_1 + \\ & + [R_2 X_1^2 X_3^2 + R_1 R_2 [R_2 X_1^2 + R_1 (X_1+X_3)^2]]\,\mathrm{d}X_2 + \\ & + [(R_1+R_2) X_1^2 X_2^2 + R_1 R_2 (R_1 X_2^2 + R_2 X_1^2)]\,\mathrm{d}X_3\}. \end{aligned} \tag{4.37}$$

Hieraus und aus den Gln. (2.133) u. (2.134) folgt für die Schwingstellen II:

$$\mathrm{d}\,\mathrm{tg}\,\alpha = \frac{R_1 R_2}{R_1+R_2}\left[\frac{\mathrm{d}X_1}{X_1^2} + \frac{\mathrm{d}X_2}{X_1^2} + \left[\frac{1}{R_1 R_2} + \frac{1}{R_1+R_2}\left(\frac{R_1}{X_1^2}+\frac{R_2}{X_2^2}\right)\right]\mathrm{d}X_3\right]. \tag{4.38}$$

Mit den Bedingungen Gl. (2.136) erhalten wir aus den Gl. (2.109) u. (2.130) für die Schwingstellen III:

$$\mathrm{d}\,\mathrm{tg}\,\alpha = \left(\frac{1+S R_2}{R_1} + \frac{R_2}{X_3^2}\right)\mathrm{d}X_1 + \frac{R_2}{X_2^2}\,\mathrm{d}X_2 + \frac{R_2}{X_3^2}\,\mathrm{d}X_3, \tag{4.39}$$

während die Bedingungen Gl. (2.137) mit entsprechender Änderung von Gl. (2.109) ergeben:

$$\mathrm{d}\,\mathrm{tg}\,\alpha = \frac{R_1}{X_1^2}\,\mathrm{d}X_1 + \left(\frac{1+S R_1}{R_2} + \frac{R_1}{X_3^2}\right)\mathrm{d}X_2 + \frac{R_1}{X_3^2}\,\mathrm{d}X_3. \tag{4.40}$$

Die angegebenen Gleichungen lassen sich nach der Gl. (4.16) zu der Güte ergänzen.

4.3 Die Gütedefinition aus der Resonanzkurve

Es war naheliegend, ausgehend von der Güte von Induktivitäten und von Resonanzkreisen, eine entsprechende Güte von Oszillatoren zu definieren. Bei einfach aufgebauten Oszillatoren läßt sich dieses erfolgreich durchführen, doch bei Oszillatoren, bei denen sich keine Resonanzkurve ergibt, versagt die Definition. Man könnte annehmen, daß eine Gütedefinition aus der Resonanzkurve den Einfluß des Schaltteiles auf die Konstanz besser erfaßt als die Phasensteilheit. Doch ist dieses nicht zutreffend, denn bei einfachen Oszillatoren stimmen beide Güten überein. Wir halten es trotzdem für richtig, auch die Güte aus der Resonanzkurve heraus zu entwickeln, um auch diese Möglichkeit zu klären und ihre Grenzen aufzuzeigen. An Stelle der Resonanzkurve ziehen wir — völlig gleichwertig — es vor, die Definition der Güte aus der Dämpfungskurve vorzunehmen. Als Güte bezeichnen wir den reziproken Wert der Verstimmung v_b, bei welcher die Dämpfung b vom Schwingungspunkt ausgehend um 0,35 Neper angestiegen ist, also e^b den Anstieg auf das $\sqrt{2}$-fache erfährt.

Mit den Gln. (2.88) u. (2.77) gilt, wenn der Index Null die Daten im Schwingungspunkt anzeigt:

$$\frac{e^b}{e^{b_0}} = \sqrt{2} = \frac{\sqrt{\left[\frac{R_1 W_{2l} + R_2 W_{1l}}{(R_1 + R_2) M}\right]^2 + \left[\frac{W_{1l} W_{2l} - M^2 - R_1 R_2}{(R_1 + R_2) M}\right]^2}}{\frac{R_1 W_{2l_0} + R_2 W_{1l_0}}{(R_1 + R_2) M_0}}. \quad (4.41$$

Aus dieser Gleichung können wir die Grenzen der Brauchbarkeit dieser Definition zeigen. Um eine zur Definition erforderliche Resonanzkurve oder ein entsprechendes Bandfilter zu erhalten, muß gelten:

$$\frac{R_1 W_{2l} + R_2 W_{1l}}{(R_1 + R_2) M} = \frac{R_1 W_{2l_0} + R_2 W_{1l_0}}{(R_1 + R_2) M_0}. \quad (4.42)$$

Der reelle Anteil des Betriebsübertragungsmaßes $\mathfrak{g}'$ darf nicht frequenzabhängig sein. Dieses ist aber nur bei ganz einfachen Oszillatoren der Fall. Das Einbeziehen der Frequenzabhängigkeit ist möglich, bringt jedoch große Schwierigkeiten.

An Stelle von Gl. (4.41) erhalten wir:

$$\frac{e^b}{e^{b_0}} = \sqrt{2} = \sqrt{1 + \left[\frac{W_{1l} W_{2l} - M^2 - R_1 R_2}{R_1 W_{2l} + R_2 W_{1l}}\right]^2}. \quad (4.43)$$

Damit kommen wir wieder zu dem Phasenausdruck der Gl. (4.13), derselbe ist aber jetzt nach Gl. (4.43) gleich Eins zu setzen:

$$\operatorname{tg}\alpha = \frac{W_{1l} W_{2l} - M^2 - R_1 R_2}{R_1 W_{2l} + R_2 W_{1l}} = 1 \quad (4.44)$$

oder

$$\alpha = 45°. \quad (4.45)$$

Wir können also auch aus der Phasenkurve bei $\alpha = 45°$ die Verstimmung, welche die Güte liefert, ermitteln.

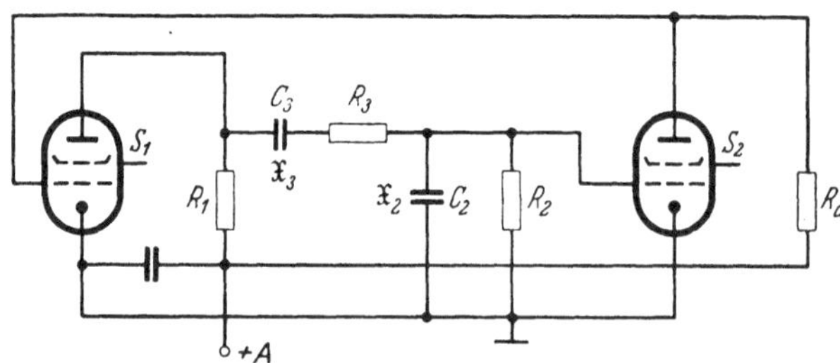

Abb. 4.1. WIEN-Brückenoszillator

Um den Schwierigkeiten der Gl. (4.41) zu entgehen, könnte man auch die Gl. (4.45) $\alpha = 45°$ zur Gütedefinition heranziehen. Die Phasenstörungen sind jedoch im allgemeinen so gering, daß der Punkt $\alpha = 45°$ einer starken Extrapolation entspricht.

An einem Beispiel wollen wir nun die Gleichheit der Definitionen Gln. (4.16) u. (4.43) zeigen. Wir betrachten die in Abb. 4.1 gezeigte WIEN-Brücke. Mit den eingezeichneten Werten ergibt sich aus der Gl. (4.35)

$$\operatorname{tg}\alpha = \frac{X_2 X_3 - (R_1 + R_3) R_2}{X_2 \left[R_3 + R_1 + R_2 \left(1 + \frac{X_3}{X_2} \right) \right]}. \tag{4.46}$$

Wir nehmen die bei der WIEN-Brücke üblichen Vereinfachungen vor:

$$R_2 = R_3 = R \qquad X_2 = X_3 = -\frac{1}{\omega C} \tag{4.47}$$

und erhalten:

$$\operatorname{tg}\alpha = -\omega C \frac{\frac{1}{\omega^2 C^2} - (R_1 + R) R}{R_1 + 3R}. \tag{4.48}$$

Im Resonanzfall wird der Zähler gleich Null, so daß die Gleichung für die Resonanzkreisfrequenz ω_0 lautet:

$$\omega_0^2 = \frac{1}{(R_1 + R) R C^2}. \tag{4.49}$$

Aus den Gln. (4.8), (4.48) u. (4.49) folgt:

$$\operatorname{tg}\alpha = v \frac{\sqrt{(R_1 + R) R}}{R_1 + 3R}. \tag{4.50}$$

Nach der Gl. (4.44) bestimmt sich aus der Gleichung

$$\operatorname{tg}\alpha_{45^\circ} = v \frac{\sqrt{(R_1 + R) R}}{R_1 + 3R} = 1 \tag{4.51}$$

die Güte zu:

$$G = \frac{1}{v} = \frac{\sqrt{(R_1 + R) R}}{R_1 + 3R}. \tag{4.52}$$

Aus der Gl. (4.50) können wir auch die aus der Phasensteilheit definierte Güte nach der Gl. (4.9) ableiten. Es ist ebenfalls:

$$G = \left(\frac{\partial \alpha}{\partial v} \right) = \frac{\sqrt{(R_1 + R) R}}{R_1 + 3R}. \tag{4.53}$$

Die Ableitung der Güte nach den beiden Definitionen aus der Gl. (4.50) zeigt uns die Bedingung, unter welcher Gleichheit derselben vorhanden ist. Für die Phase $\operatorname{tg}\alpha$ muß einfache Proportionalität mit der Verstimmung v bestehen. Ist dieses bei komplizierteren Schaltungen nicht mehr der Fall, so erhalten wir verschiedene Güte, wobei auch eine brauchbare Definition aus der Resonanzkurve entfällt, wie bei Gl. (4.42) bereits festgestellt wurde. Durch eine Mitkopplung läßt sich die Resonanzkurve wesentlich versteilern [*10*]. Somit müßte nach der Gütedefinition aus der Resonanzkurve eine Güteerhöhung eintreten. Dieses ist aber nicht der Fall, denn wir kennen nur eine Güteerhöhung durch Gegenkopplung, wie in Abschn. 4.5 näher behandelt wird.

4.4 Bestimmung der Schwingstellen und der Güte aus der Phase des passiven Vierpols (Filterphase)

Wenn wir auch bei der allgemeinen Gütedefinition (s. Abschnitt 4.2) Teile des aktiven Vierpols (z. B. Kapazitäten und Widerstände der Röhre) zu dem passiven Vierpol hinzuzählten, so können wir in vielen Fällen darauf verzichten. Beispielsweise bei Pentoden ist bei nicht zu hohen

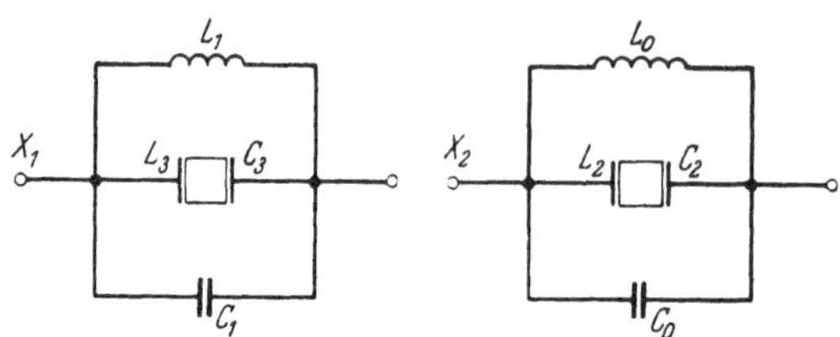

Abb. 4.2. Brückenzweige mit Kristall und Parallelinduktivität [10]

Frequenzen kein Einfluß von Schaltteilen des aktiven Teiles festzustellen. Manchmal ist der Einfluß so gering, daß er vernachlässigt werden kann. Wir wollen daher die Phase des passiven Vierpols allein betrachten und daraus die Güte bestimmen. Da die Phase von vielen passiven Vierpolen, die als Filter benutzt werden, bekannt ist, so können wir eine Vielzahl von Oszillatoren gewinnen, wobei wir dem Phasenverlauf Schwingstellen und deren Güte entnehmen können, ohne eine Rechnung durchführen zu müssen.

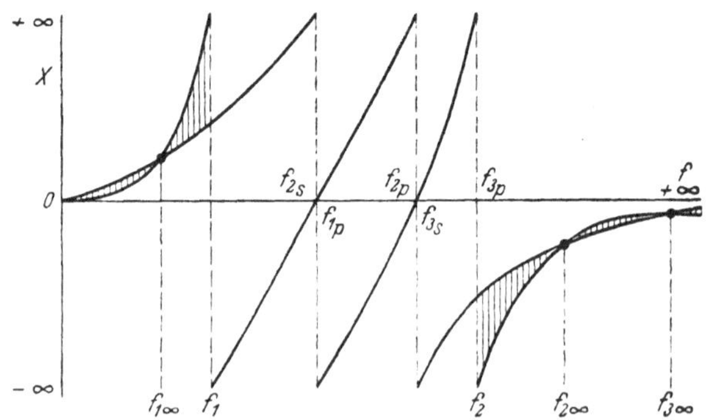

Abb. 4.3. Blindwiderstandsverlauf der Brückenzweige Abb. 4.2 [10]

a) Brückenoszillator mit Kristallen und Parallelinduktivitäten

Wir betrachten einen Brückenoszillator (Kap. 6.18) mit den in Abb. 4.2 gezeigten Brückenzweigen vom Blindwiderstand X_1 und X_2. Mit dem in Abb. 4.3 gezeigten Blindwiderstandsverlauf der beiden Brückenzweige in Abhängigkeit von der Frequenz f und den in beiden

Abbildungen eingezeichneten Benennungen, erhalten wir die Gleichungen:

$$X_1 = \frac{1}{\omega C_1} \frac{f^2(f_{3s}^2 - f^2)}{(f^2 - f_{2s}^2)(f^2 - f_2^2)} \qquad X_2 = \frac{1}{\omega C_0} \frac{f^2(f_{2s}^2 - f^2)}{(f^2 - f_1^2)(f^2 - f_{3s}^2)}. \tag{4.54}$$

Die allgemeine Behandlung dieser Gleichungen findet sich in [*10*, S. 181ff.]. Daselbst sind in Abb. 174 sechs Möglichkeiten als Bandfilter angegeben. Dazu kommen noch Anordnungen der Brückenzweige, die kein sinnvolles Filter ergeben, doch als Oszillator durchaus brauchbar sein können. Auch ist es nicht notwendig, daß die Frequenzen f_{2s} und f_{1p} oder f_{2p} und f_{3s} zusammenfallen (s. Kap. 2.6g). Aus den Gln. (4.13), (4.22) u. (4.54) erhalten wir als Gleichung für die Schwingfrequenz, wobei wir die Abschlußwiderstände als gleich annehmen, da in [*10*] $R_1 = R_2 = R$ gesetzt ist:

$$\begin{aligned} \operatorname{tg}\alpha &= \frac{X_1 X_2 - R^2}{R(X_1 + X_2)} \\ &= \frac{\dfrac{1}{4\pi^2 C_1 C_0} \dfrac{f^2(f_{3s}^2 - f^2)(f_{2s}^2 - f^2)}{(f_{2s}^2 - f^2)(f^2 - f_2^2)(f^2 - f_1^2)(f_{3s}^2 - f^2)} - R^2}{R\left[\dfrac{1}{\omega C_1} \dfrac{f^2(f_{3s}^2 - f^2)}{(f^2 - f_{2s}^2)(f^2 - f_2^2)} + \dfrac{1}{\omega C_0} \dfrac{f^2(f_{2s}^2 - f^2)}{(f^2 - f_1^2)(f^2 - f_{3s}^2)^2}\right]} = 0. \end{aligned} \tag{4.55}$$

Mit der Abkürzung

$$f_c^2 = \frac{1}{4\pi^2 C_1 C_0 R^2} \tag{4.56}$$

folgt aus Gl. (4.55):

$$(f_{2s}^2 - f^2)(f_{3s}^2 - f^2)\,[f^4 - (f_c^2 + f_1^2 + f_2^2) f^2 + f_1^2 f_2^2] = 0. \tag{4.57}$$

Lösungen dieser Gleichung vierten Grades in f^2 und damit Schwingstellen sind:

$$f_{\mathrm{I}}^2 = f_{2s}^2 \qquad f_{\mathrm{II}}^2 = f_{3s}^2 \qquad f_{\mathrm{III,IV}}^2 = \tfrac{1}{2}\left[f_c^2 + f_1^2 + f_2^2 \pm \sqrt{(f_c^2 + f_1^2 + f_2^2)^2 - 4 f_1^2 f_2^2}\right]. \tag{4.58}$$

Die Frequenzen sind nicht alle gleichzeitig anregbar. Die bei einer Anordnung nicht schwingfähigen Frequenzen erhält man durch Vertauschung der Brückenzweige, so daß immer alle Frequenzen erzielbar sind. Wir werden in Kap. 6 näheres darüber aussagen. Bei nicht zu großen Frequenzabständen in Abb. 4.3 und nicht zu niedriger Frequenz, wie es bei Quarzkristallen oft der Fall ist, können wir die folgenden Vereinfachungen einführen:

$$\begin{gathered} f^2 = f_0^2\left(1 + 2\frac{x}{f_0}\right) \qquad f_1^2 = f_0^2\left(1 - 2\frac{\delta}{f_0}\right) \qquad f_2^2 = f_0^2\left(1 + 2\frac{\delta}{f_0}\right), \\ f_{2s}^2 = f_0^2\left(1 + 2\frac{\delta_{2s}}{f_0}\right) \qquad f_{3s}^2 = f_0^2\left(1 + 2\frac{\delta_{3s}}{f_0}\right). \end{gathered} \tag{4.59}$$

Hierbei setzt sich f_0 aus den beiden Grenzfrequenzen f_1 und f_2 des Durchlaßbereiches nach der Gleichung $f_1^2 + f_2^2 = 2 f_0^2$ zusammen. Als

Variable tritt x an die Stelle von f, und $f_2 - f_1 = 2\,\delta$ bezeichnet den Durchlaßbereich. Auf denselben können wir die übrigen Größen beziehen:

$$\frac{x}{\delta} = z \qquad \frac{\delta_{2s}}{f_0} = s_2 \qquad \frac{\delta_{3s}}{\delta} = s_3. \tag{4.60}$$

Mit den Gln. (4.59) u. (4.60) und $f_c = 2\,\delta$, $C_1 = C_0$ vereinfacht sich Gl. (4.55) zu:

$$\mathrm{tg}\,\alpha = \frac{(z^2-2)\,(z-s_2)\,(z-s_3)}{(z-s_3)^2\,(z+1) + (z-s_2)^2\,(z-1)}. \tag{4.61}$$

Damit erhalten wir an Stelle der Gl. (4.57) die einfache Beziehung:

$$(z-s_2)\,(z-s_3)\,(z^2-2) = 0 \tag{4.62}$$

mit den Lösungen:

$$z_{\mathrm{I}} = s_2 \qquad z_{\mathrm{II}} = s_3 \qquad z_{\mathrm{III,\,IV}} = \pm\sqrt{2}. \tag{4.63}$$

Betrachten wir ein symmetrisches Bandfilter ohne Polstellen, so gilt nach [*10*, S. 191]:

$$z_{\mathrm{I}} = -\tfrac{1}{2} \qquad z_{\mathrm{II}} = +\tfrac{1}{2} \qquad z_{\mathrm{III,\,IV}} = \pm\sqrt{2} \tag{4.64}$$

und an Stelle von Gl. (4.61) lautet die Gleichung für die Phase:

$$\mathrm{tg}\,\alpha = \frac{(z^2-2)\,(z^2-\tfrac{1}{4})}{2z(z^2-\tfrac{3}{4})}. \tag{4.65}$$

Die Steigungen des Winkels α als Funktion von z aufgetragen in den Punkten Gl. (4.64) liefern die Güte der Schaltung für dieselben. Zur Berechnung der Güte benötigt man den Zusammenhang zwischen der Größe z und der Verstimmung v. Es ist:

$$z = \frac{f_0}{2\,\delta}\,v. \tag{4.66}$$

Damit wird aus der Güteformel Gl. (4.9):

$$G = \left(\frac{\partial\,\mathrm{tg}\,\alpha}{\partial z}\right)_0 \frac{f_0}{2\,\delta}. \tag{4.67}$$

Kürzen wir ab:

$$\mathrm{tg}\,\alpha = \frac{u}{w}, \tag{4.68}$$

so gilt, wegen $u = 0$ im Schwingungspunkt:

$$\frac{\partial\,\mathrm{tg}\,\alpha}{\partial z} = \frac{1}{w}\,\frac{\partial u}{\partial z} \tag{4.69}$$

und damit

$$G = \left(\frac{\partial u}{\partial z}\,\frac{1}{w}\right)_0 \frac{f_0}{2\,\delta}. \tag{4.70}$$

Diese Gleichung gilt für alle vier Schwingstellen. Mit Gl. (4.65) folgt:

$$G = \left(\frac{2z^2 - 2\tfrac{1}{4}}{z^2 - \tfrac{3}{4}}\right)_0 \frac{f_0}{2\,\delta}. \tag{4.71}$$

Der Index Null bedeutet, daß für z^2 die aus Gl. (4.64) zu entnehmenden Schwingstellen einzusetzen sind. Es ergibt sich:

$$G_{\mathrm{I,II}} = 3{,}5\,\frac{f_0}{2\delta} \qquad G_{\mathrm{III,IV}} = 1{,}4\,\frac{f_0}{2\delta}\,. \tag{4.72}$$

Die Güte der Schwingstellen z_{I} und z_{II} im Durchlaßbereich (Kap. 2.6b) ist wesentlich größer als die der Schwingstellen z_{III} und z_{IV} im Sperrbereich.

In Abb. 4.4 haben wir die Funktion α in Abhängigkeit von z aufgezeichnet. In den Schwingungspunkten sind die Steigungen — also den Güten proportionale Größen — eingetragen. Die Kurve ist [*10*, S. 192, Abb. 178, Kurve *II*] entnommen. Bei den Werten $\alpha = 360°$ und $540°$ finden wir die Schwingstellen z_{I} und z_{II} mit den z-Werten $-\frac{1}{2}$ und $+\frac{1}{2}$, während bei den Werten $\alpha = 180°$ und $720°$ die Schwingstellen z_{III} und z_{IV} mit den z-Werten $-\sqrt{2}$ und $+\sqrt{2}$ zu finden sind. Die Steigungen in diesen Punkten zeigen die verschiedene Güte [s. Gl. (4.72)]. Das Betrachten von [*10*, Abb. 178] gibt also hinreichend Auskunft für die Verwendung der Schaltung Abb. 4.2 als Oszillator. Hierbei ist nur die Grundschaltung erfaßt, die allerdings meistens die günstigste sein dürfte. Weitere Möglichkeiten können wir den übrigen Phasenkurven in [*10*] entnehmen.

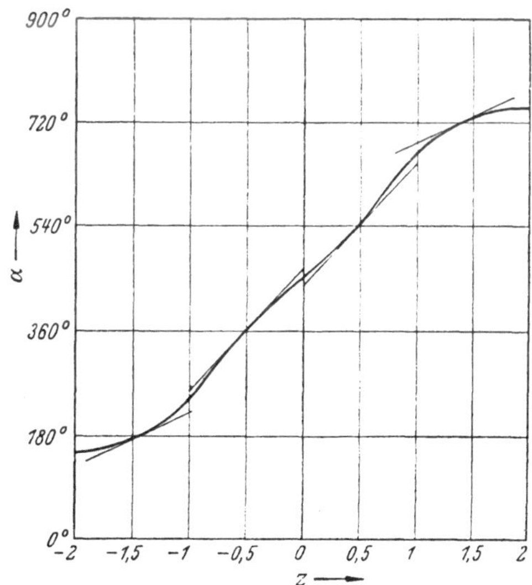

Abb. 4.4. Phasenverlauf der Brückenschaltung aus den Zweigen Abb. 4.2 [*10*]

b) Brückenoszillator mit Kristallen ohne Induktivitäten

Um einen Vergleich der Güten zu haben, streifen wir noch eine Anordnung mit Kristallen ohne Induktivitäten (vgl. Kap. 6.18g), deren Brückenzweige Abb. 4.5 zeigt [*10*, S. 92ff.].

Aus den Gleichungen für die Blindwiderstände X_1 und X_2 der Brückenzweige

$$X_1 = \frac{1}{\omega C_1}\,\frac{f^2 - f_1^2}{f_{2s}^2 - f^2} \qquad X_2 = \frac{1}{\omega C_0}\,\frac{f^2 - f_{2s}^2}{f_2^2 - f^2}\,, \tag{4.73}$$

deren Frequenzabhängigkeit Abb. 4.6 zeigt, ergibt sich mit der Abkürzung Gl. (4.56) als Gleichung für die Schwingfrequenzen:

$$(f^2 - f_{2s}^2)\,[f^4 - (f_c^2 + f_2^2)\,f^2 + f_1^2 f_c^2] = 0 \tag{4.74}$$

mit den Lösungen:

$$f_{\mathrm{I}}^2 = f_2^2 \qquad f_{\mathrm{II,III}}^2 = \tfrac{1}{2}\left[f_c^2 + f_2^2 \pm \sqrt{(f_c^2 + f_2^2)^2 - 4 f_1^2 f_c^2}\right]. \tag{4.75}$$

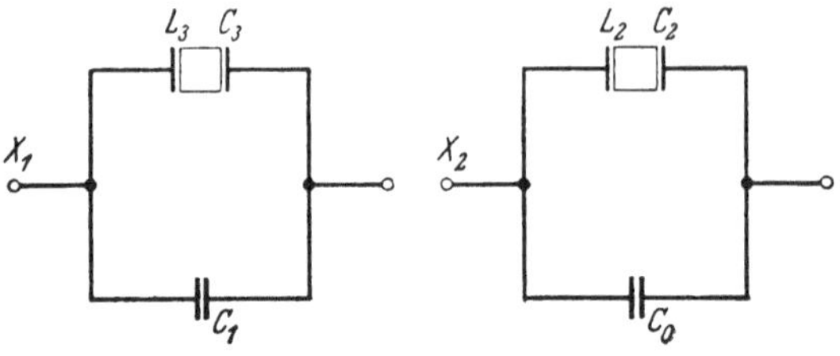

Abb. 4.5. Brückenzweige mit Kristall [*10*]

Für den Phasenverlauf entnehmen wir die erforderlichen Abkürzungen den Gln. (4.59). Hierbei gehen allerdings die Schwingstellen f_{II} und f_{III} verloren, und wir erhalten:

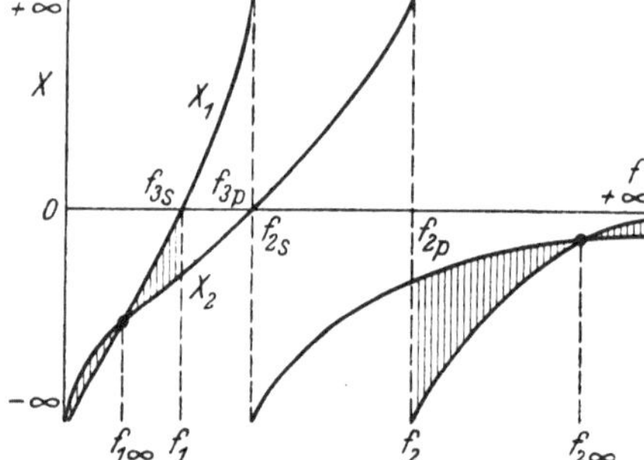

Abb. 4.6. Blindwiderstandsverlauf der Brückenzweige Abb. 4.5 [*10*]

$$\operatorname{tg}\alpha = \frac{2z}{1 - 2z^2}\,. \tag{4.76}$$

Mit der Gl. (4.70) ergibt sich die Güte an der Stelle $f^2 = f_{2s}^2$, die wir auf $z = 0$ legen, zu:

$$G_{\mathrm{I}} = 2\,\frac{f_0}{2\,\delta}\,. \tag{4.77}$$

Da der Ausdruck $f_0/2\,\delta$ etwa der Güte der Kristalle entspricht, so ist der Gütewert hoch. Im Vergleich hierzu ist die Güte Gl. (4.72) trotz des größeren Faktors 3,5 geringer, da wegen der Spulen die Durchlaßbreite $2\,\delta$ größer ist. Geht man von der Anordnung eines Bandfilters ab, so ist allerdings eine höhere Güte erzielbar. Hierbei müßte die Berechnung völlig neu erfolgen, denn im Dämpfungsverlauf würden Durchlaß- und Sperrbereiche abwechseln. Ein Nachteil der Schaltung Abb. 4.2 ist auch, daß nicht die ursprüngliche Parallelresonanzstelle des einen Kristalls mit der Serienresonanz des anderen Kristalls zusammenfällt, sondern eine durch die Parallelinduktivität veränderte Parallelresonanzstelle.

c) Brückenoszillator aus einem Phasendrehglied

Eine günstige Anordnung zeigt Abb. 4.7 (s. Kap. 6.18.1). An dem Blindwiderstandsverlauf der Brückenzweige der Abb. 4.8 sehen wir, daß die ursprüngliche Parallelresonanzfrequenz f_{1p} mit der Serienresonanzfrequenz f_{2s} zusammenfällt [*10*, S. 351].

Mit den Abkürzungen

$$f_v^2 = \frac{1}{4\pi^2 L_1 C_0} \qquad l = \frac{f_2 - f_1}{f_v} = \frac{2\delta}{f_v} \tag{4.78}$$

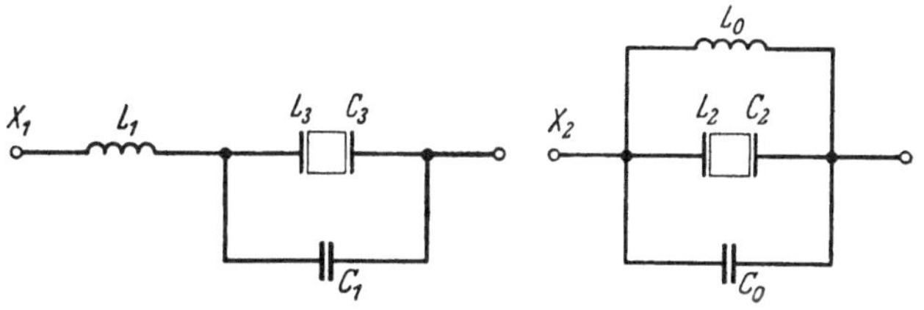

Abb. 4.7. Brückenzweige mit Kristall mit Reihen- und Parallelinduktivität [10]

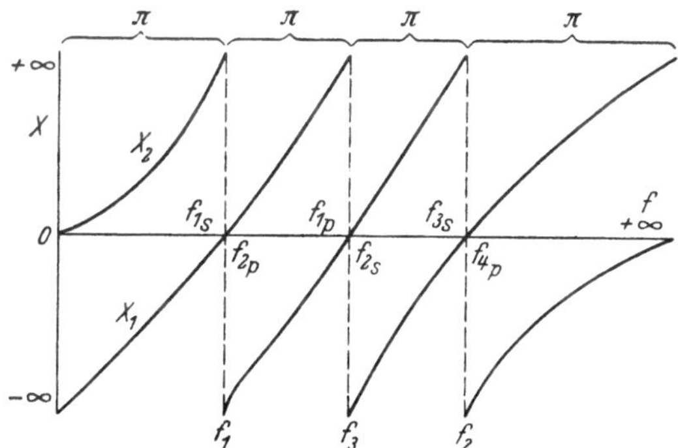

Abb. 4.8. Blindwiderstandsverlauf der Brückenzweige Abb. 4.7 [10]

entnehmen wir [10, Gl. (1264)] für die Phase die Gleichung:

$$\operatorname{tg} \alpha = \frac{2 l z (z^2 - 1)}{z^2 - l^2 (z^2 - 1)}. \tag{4.79}$$

Gl. (4.70) liefert uns damit die Güte zu:

$$G = \left(\frac{2 l (3 z^2 - 1)}{z^2 - l^2 (z^2 - 1)}\right)_0 \frac{f_0}{2\delta}. \tag{4.80}$$

Im Schwingungspunkt $z = 0$ ergibt sich:

$$G = \frac{2}{l} \frac{f_0}{2\delta} = 2 \frac{f_v f_0}{4\delta^2}. \tag{4.81}$$

Da man über f_v in weiten Grenzen verfügen kann, so ergeben sich beachtliche Gütewerte. Abb. 4.9 [10, Abb. 325] zeigt die Phasenkurve Gl. (4.79) für $l = 0{,}02$ und damit für eine Güte von

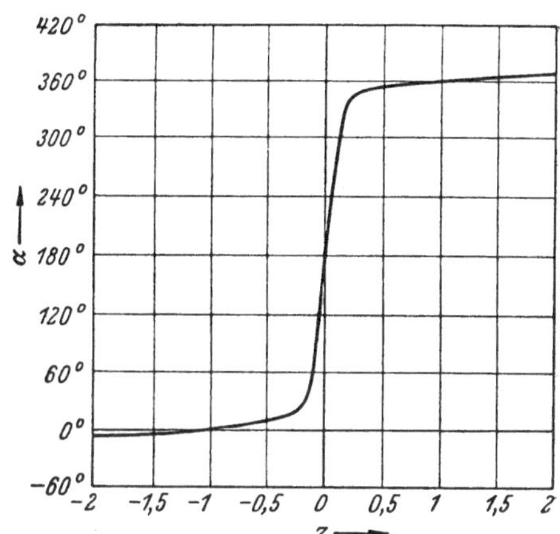

Abb. 4.9. Phasenverlauf der Brückenschaltung aus den Zweigen Abb. 4.7 [10]

$$G = 100 \frac{f_0}{2\delta}. \tag{4.82}$$

Auch hier ist 2δ größer als bei der Anordnung mit zwei Kristallen allein. Die Schwingstellen $z = \pm 1$ haben nur eine Güte von $4l \cdot f_0/2\delta$, die sehr gering ist, wie Abb. 4.9 zeigt.

d) Güteverbesserung durch Wahl der Dämpfungspole

Wie aus der Filtertheorie bekannt ist, kann man bei bestimmten Frequenzen im Phasenverlauf eine Versteilerung erzielen, indem man die Dämpfungspole auf geeignete Frequenzen legt. Wir betrachten den in b beschriebenen Vierpol Abb. 4.5.

Aus den Gln. (4.73) entwickelt sich mit den Gln. (4.59):

$$\frac{X_1}{R} = \frac{1}{k}\,\frac{z - s_2}{1 - z} \qquad \frac{X_2}{R} = -k\,\frac{z+1}{z - s_2}\,. \tag{4.83}$$

An Stelle der Gl. (4.76) gilt [*10*, S. 97] und [79]:

$$\operatorname{tg}\alpha = 2k\,\frac{s_2 - z}{(1+k^2)\,z^2 - 2\,s_2\,z + s_2^2 - k^2} \tag{4.84}$$

mit den Abkürzungen

$$s_2 = \frac{1 - m_1 m_2}{1 + m_1 m_2} \quad k = \frac{m_1 + m_2}{1 + m_1 m_2} \quad m_1 = \sqrt{\frac{q_1+1}{q_1-1}} \quad m_2 = \sqrt{\frac{q_2+1}{q_2-1}}\,. \tag{4.85}$$

Hierbei ist s_2 der auf δ bezogene Abstand der Nullstelle vom Mittelpunkt des Durchlaßbereiches und q_1 und q_2 die ebenfalls auf δ bezogenen Abstände der beiden Polstellen vom gleichen Punkt. Die Größe k ist gleich der Wurzel aus dem Kapazitätsverhältnis C_0/C_1. Da unsere Betrachtungen nur die Güte herstellen und nicht zur Berechnung der Oszillatoren dienen sollen, verzichten wir auf die Ableitung der Gleichungen. Die benötigten Gleichungen finden sich in [*10*].

Für die Güte folgt aus den Gln. (4.23), (4.66) u. (4.83):

$$G = \left(\frac{2k}{k^2 - s_2^2 + 2\,s_2\,z - (1+k^2)\,z^2}\right)_0 \frac{f_0}{2\delta} = \left(\frac{1}{k}\,\frac{1 - s_2}{(1-z)^2}\right)_0 \frac{f_0}{2\delta} \tag{4.86}$$

und für die Schwingstelle $z = s_2$:

$$G = \frac{2}{k\,(1 - s_2^2)}\,\frac{f_0}{2\delta} = 2\,\frac{(1 + m_1 m_2)^3}{4\,m_1 m_2\,(m_1 + m_2)}\,\frac{f_0}{2\delta}\,. \tag{4.87}$$

Zur Vereinfachung lassen wir beide Pole zusammenfallen. Es gilt dann:

$$m_1 = m_2 = \sqrt{\frac{q+1}{q-1}}\,. \tag{4.88}$$

In Abb. 4.10 sehen wir die Lage des doppelten Dämpfungspols und die der Nullstelle.

Mit Gl. (4.88) wird aus Gl. (4.87):

$$G = 2\,\frac{1}{\left(1 - \frac{1}{q^2}\right)^{3/2}}\,\frac{f_0}{2\delta}\,. \tag{4.89}$$

Für $q = \infty$ erhalten wir natürlich den Wert Gl. (4.77), während der Extremwert der Güte für $q = \pm 1$ mit $G = \infty$ erzielt wird. Dieser Wert ist — wie man auch aus den hier angegebenen Beziehungen, z. B. $k = 0$, ersehen kann — nicht realisierbar. Ein möglicher Wert ist $q^2 = 2$. Damit wird die Güte zu:

$$G = 4\sqrt{2}\,\frac{f_0}{2\delta}, \qquad (4.90)$$

welcher Wert $2\sqrt{2}$fach größer ist als der Wert Gl. (4.77). In Abb. 4.11 sehen wir zum Vergleich den Phasenverlauf der Gl. (4.76) mit der Schwingstelle P an der Stelle $z = 0$ und den Phasenverlauf der Gl. (4.84) mit $q^2 = 2$ und $m_1^2 = 3 + 2\sqrt{2}$, $s_2 = -1/q = -\sqrt{2}/2$ mit der Schwing-

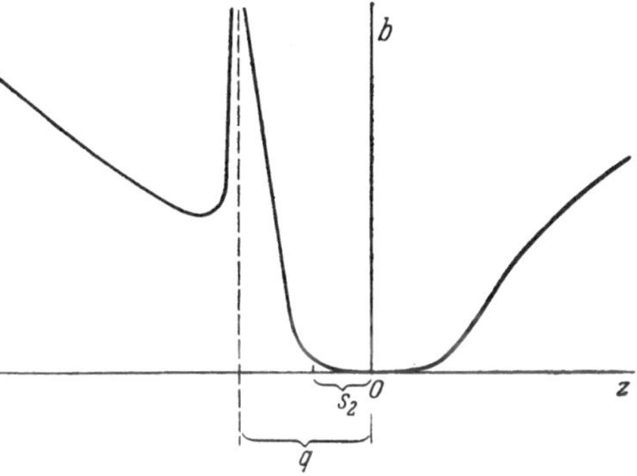

Abb. 4.10. Doppelter Dämpfungspol und Nullstelle [79]

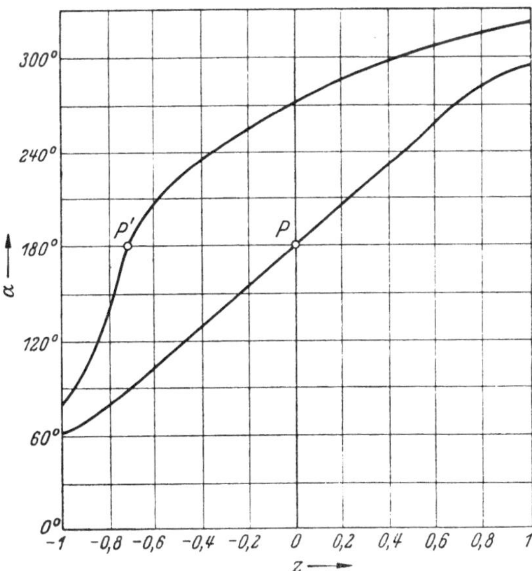

Abb. 4.11. Phasenverlauf der Brückenschaltung aus den Zweigen Abb. 4.5 bei verschiedener Lage der Dämpfungspole [10]

stelle P' an der Stelle $z = s_2 = -\sqrt{2}/2$. Wie man an Hand der Berechnungsformeln für den Oszillator (Filtergleichungen [10]) leicht nachprüfen kann, wird durch die Anwendung der Dämpfungspole der Abschlußwiderstand bei gegebenen Kristallen verkleinert. Hierdurch fließt ein größerer Teil des Schwingstromes durch die Abschlußwiderstände und wird dabei keiner Veränderung unterworfen. Auf diese Weise erhöht sich die Konstanz. Diese Abschlußwiderstandserniedrigung kann man auch vornehmen, ohne die Dämpfungspole zu verschieben und damit die Schaltelemente zu ändern. Wir werden im nächsten Abschnitt zeigen, wie eine Verkleinerung der Abschlußwiderstände bei einer gegebenen Anordnung die Dämpfungsflanken versteilert und damit auch die Phase an der Schwingstelle, wobei Nullpunkte des Dämpfungsverlaufes entstehen bzw. sich verschieben.

e) Güteverbesserung durch Verkleinern der Abschlußwiderstände (Verschieben der Nullstellen)

Wir betrachten nochmals den Oszillator Abb. 4.5. Wir verkleinern nun die Abschlußwiderstände, ohne die Werte der Kristalle und der Parallelkapazitäten zu ändern. Der bisherige Abschlußwiderstand sei R, der verkleinerte sei R_v, und es gelte:

$$R_v = \frac{1}{V} R. \tag{4.91}$$

V sei eine beliebige reelle Zahl größer als 1. Aus der Schwingbedingung für die uns hier allein interessierende Schwingstelle im Durchlaßbereich entnehmen wir (Kap. 2.6), daß hierbei eine V-fache Steilheit der Röhre erforderlich ist.

Aus der Filterbetrachtung [*10*] entnehmen wir einen Zusammenhang zwischen der Größe V und der Nullpunktverschiebung p, wobei p den auf δ bezogenen Abstand der Nullstelle darstellt:

$$V = \sqrt{\frac{1+p}{1-p}}. \tag{4.92}$$

In allgemeiner Form ändert sich Gl. (4.84) in:

$$\operatorname{tg}\alpha = \frac{[V^2(z+1)+1-z](s_2-z)}{V\left[k(z^2-1)+\frac{1}{k}(z-s_2)^2\right]}, \tag{4.93}$$

wobei für $V = 1$ natürlich wieder Gl. (4.84) entsteht.

Für die Güte erhalten wir durch Differentiation der Gl. (4.93) nach z oder aus den vereinfachten Blindwiderständen Gl. (4.73):

$$\frac{X_1}{R_v} = V\frac{1}{k}\,\frac{z-s_2}{1-z} \qquad \frac{X_2}{R_v} = -\,Vk\frac{z+1}{z-s_2}, \tag{4.94}$$

im Punkt $z = s_2$:

$$G = \left[\frac{V}{k(1+s_2)} + \frac{1}{Vk(1-s_2)}\right]\frac{f_0}{2\delta}. \tag{4.95}$$

Für $s_2 = 0$ und $k = 1$ gilt:

$$G = \left(V + \frac{1}{V}\right)\frac{f_0}{2\delta}. \tag{4.96}$$

Man kann also bei ausreichender Steilheitserhöhung die Güte wesentlich erhöhen.

Auch ein kleines V ($V \ll 1$) kann nach Gl. (4.96) hohe Güte ergeben. Über die Güteverbesserung durch Vergrößern der Abschlußwiderstände s. [*117*].

4.5 Die Güteerhöhung durch Gegenkopplung

a) Der Einfluß der Gegenkopplung

Wie wir schon in Kap. 2 feststellten, so ist eine hohe Güte immer mit einer geringen Amplitude des Schwingstromes verbunden. Kleine Amplitude bedeutet jedoch große Steigung der Rückkopplungsgeraden (s. Kap. 2.7). Dieselbe kann man aber leicht erzielen, indem man eine Gegenkopplung anbringt. Mit dieser Gegenkopplung kann man so weit gehen, daß die Steigung der Rückkopplungsgeraden fast die Anfangssteilheit S_t der Schwinglinie erreicht. Bei einer gegebenen Röhre kann man auf diese Weise ein Maximum an Güte erreichen. Hinzu kommt noch der Vorteil, daß bei der kleinen Amplitude kaum Verzerrungen auftreten, die Schaltung also weitgehend oberwellenfrei ist. Auch dieses ist für die Konstanz wichtig, da die größere Phasendrehung bei einer Oberwelle selbst bei sehr kleiner Amplitude die Phasenbilanz des Oszillators stören kann. Der geringere Strom durch den Kristall kann ebenfalls günstig für die Konstanz sein.

Benötigt man höhere Güte, so kann man mit entsprechender Verstärkung eine gewünschte vorgegebene Güte erreichen. Natürlich ist darauf zu achten, daß der Verstärker keine unerwünschten Phasenverschiebungen mit sich bringt.

Die in Abschn. 4.4d u. e beschriebenen Maßnahmen, die zu einer Verringerung der Abschlußwiderstände führen, sind Gegenkopplungen, wie wir in Abschn. 4.5c zeigen werden.

b) Zur Definition von Strom- und Spannungsgegenkopplung

Wir betrachten einen rückgekoppelten Verstärker. An seinem Eingang liege die Spannung $\mathfrak{U}_{er}$. Diese erzeugt am Verbraucherwiderstand W die Spannung $\mathfrak{U}_a$ mit dem Strom $\mathfrak{J}_a = \mathfrak{U}_a/W$. Denken wir uns die Rückkopplung beseitigt, so benötigen wir eine Spannung $\mathfrak{U}_e$, um die gleichen Ausgangswerte $\mathfrak{U}_a$ und $\mathfrak{J}_a$ hervorzurufen. Die Spannungserhöhung von $\mathfrak{U}_{er}$ auf $\mathfrak{U}_e$ sei $\Delta\mathfrak{U}_e$. Sie hängt von $\mathfrak{U}_a$ und $\mathfrak{J}_a$ ab:

$$\Delta\mathfrak{U}_e = \mathfrak{U}_e - \mathfrak{U}_{er} = \Delta\mathfrak{U}_e(\mathfrak{U}_a, \mathfrak{J}_a). \tag{4.97}$$

Da nur lineare Beziehungen zwischen Spannungen und Strömen betrachtet werden, können wir ansetzen:

$$\Delta \mathfrak{U}_e = K_u \mathfrak{U}_a + K_i \mathfrak{J}_a. \tag{4.98}$$

Hierbei ist K_u der Faktor der Spannungsgegenkopplung und K_i der Faktor der Stromgegenkopplung.

Mit

$$\mathfrak{U}_a = W \mathfrak{J}_a \tag{4.99}$$

lassen sich aus Gl. (4.98) die folgenden Formen bilden:

$$\Delta \mathfrak{U}_e = \left(K_u + \frac{K_i}{W}\right) \mathfrak{U}_a, \tag{4.100}$$

$$\Delta \mathfrak{U}_e = (K_u W + K_i) \mathfrak{J}_a. \tag{4.101}$$

Die Gln. (4.98), (4.100) u. (4.101) stellen gemischte Kopplungen dar. Aus Gl. (4.98) erhalten wir Spannungsgegenkopplung für $K_i = 0$ und Stromgegenkopplung für $K_u = 0$. Verlangen wir von den Faktoren

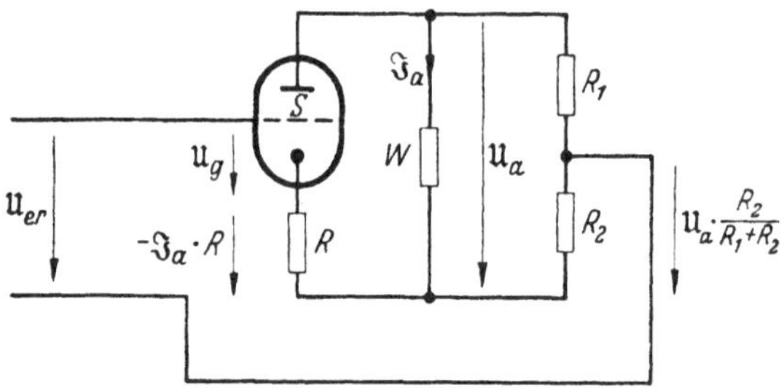

Abb. 4.12. Schaltung mit Strom- und Spannungsgegenkopplung

der Gln. (4.100) u. (4.101) Belastungsunabhängigkeit, also Unabhängigkeit von W, so erhalten wir eine reine Gegenkopplung. Ist der Faktor von $\mathfrak{U}_a$ unabhängig von $W (K_i = 0)$, so erhalten wir Spannungsgegenkopplung, ist der Faktor von $\mathfrak{J}_a$ unabhängig von $W (K_u = 0)$, so liegt Stromgegenkopplung vor. Die Definition der Art der Gegenkopplung aus der Belastungsunabhängigkeit stimmt im wesentlichen mit den bisherigen Definitionen aus dem Aufbau der Gegenkopplung in der Schaltung überein. Abb. 4.12 zeigt eine Röhrenanordnung mit einer Stromgegenkopplung an R und einer Spannungsgegenkopplung an dem Spannungsteiler R_1, R_2. Wir wollen zunächst die Schaltung berechnen. Mit den eingezeichneten Benennungen gilt:

$$\mathfrak{U}_{er} = \mathfrak{U}_g - R \mathfrak{J}_a - \frac{R_2}{R_1 + R_2} \mathfrak{U}_a, \tag{4.102}$$

wenn wir $R_1, R_2 \gg W$ voraussetzen, also keinen Stromverlust durch R_1, R_2. Damit haben wir eine Abhängigkeit von W von vornherein vermieden.

Mit der Röhrengleichung

$$\mathfrak{J}_a = -S\,\mathfrak{U}_g \tag{4.103}$$

wird aus Gl. (4.102):

$$\mathfrak{U}_{er} = -\left(\frac{1}{S} + R\right)\mathfrak{J}_a - \frac{R_2}{R_1 + R_2}\,\mathfrak{U}_a. \tag{4.104}$$

Für den nicht gegengekoppelten Verstärker ($R = 0$, $R_2 = 0$) ist:

$$\mathfrak{U}_e = -\frac{1}{S}\,\mathfrak{J}_a. \tag{4.105}$$

Wir bilden nach Gl. (4.97):

$$\varDelta\mathfrak{U}_e = \mathfrak{U}_e - \mathfrak{U}_{er} = R\,\mathfrak{J}_a + \frac{R_2}{R_1 + R_2}\,\mathfrak{U}_a. \tag{4.106}$$

Für

$$R = 0$$

erhalten wir aus der Gl. (4.106) Spannungsgegenkopplung und für

$$R \neq 0 \qquad R_2 \ll R_1$$

Stromgegenkopplung.

Als Beispiel einer gemischten Gegenkopplung bringen wir die in Abb. 4.13 gezeigte Anordnung. Am Rückkopplungswiderstand R liegt die Spannung $\mathfrak{U}_a - \mathfrak{U}_{er}$. Für den durch R fließenden Strom $\mathfrak{J}_r$ ist also:

$$\mathfrak{J}_r = \frac{\mathfrak{U}_a - \mathfrak{U}_{er}}{R}. \tag{4.107}$$

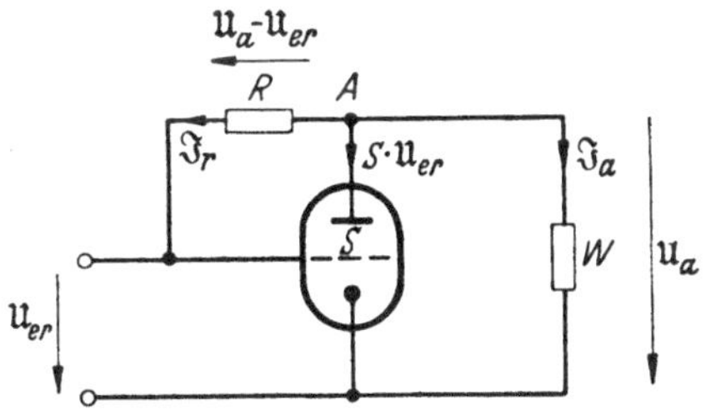

Abb. 4.13. Gemischte Gegenkopplung

In dem Knoten A lesen wir für die Ströme ab:

$$\mathfrak{J}_r + S\,\mathfrak{U}_{er} + \mathfrak{J}_a = 0. \tag{4.108}$$

Eliminieren wir $\mathfrak{J}_r$ aus den Gln. (4.107) u. (4.108), so ergibt sich:

$$\mathfrak{U}_{er} = \frac{\mathfrak{J}_a + \frac{\mathfrak{U}_a}{R}}{\frac{1}{R} - S}. \tag{4.109}$$

Ohne Rückkopplung ist:

$$\mathfrak{U}_e = -\frac{1}{S}\,\mathfrak{J}_a, \tag{4.110}$$

wenn wir gleiche Anfangsbedingungen voraussetzen. Die Gl. (4.110) erhält man auch aus Gl. (4.109) für $R = \infty$.

Entsprechend Gl. (4.97) bilden wir:

$$\varDelta\mathfrak{U}_e = \mathfrak{U}_e - \mathfrak{U}_{er} = -\left[\frac{1}{S}\,\mathfrak{J}_a + \frac{\mathfrak{J}_a + \frac{\mathfrak{U}_a}{R}}{\frac{1}{R} - S}\right]. \tag{4.111}$$

Wenn man auch bereits der Gl. (4.111) ansehen kann, daß $\mathfrak{J}_a$ und $\mathfrak{U}_a$ gleichzeitig auftreten müssen, so wollen wir noch $\mathfrak{U}_a$ und $\mathfrak{J}_a$ mit Hilfe der Gleichung

$$\mathfrak{U}_a = W\,\mathfrak{J}_a \tag{4.112}$$

eliminieren.

Es ist:

$$\Delta\,\mathfrak{U}_e = -\mathfrak{J}_a\left(\frac{1+\frac{W}{R}}{\frac{1}{R}-S}+\frac{1}{S}\right), \tag{4.113}$$

$$\Delta\,\mathfrak{U}_e = -\mathfrak{U}_a\left(\frac{\frac{1}{W}+\frac{1}{R}}{\frac{1}{R}-S}+\frac{1}{S\,W}\right). \tag{4.114}$$

Es gibt keine Möglichkeit — außer $R=\infty$ —, den Belastungswiderstand W aus den Gln. (4.113) oder (4.114) zu entfernen. Es liegt also gemischte Gegenkopplung vor.

c) Die Spannungsgegenkopplung durch Parallelwiderstände

Betrachten wir einen Oszillator, wie ihn Abb. 4.14 zeigt, und schalten wir den Zweigen des Π-Gliedes Widerstände parallel (s. Abb. 4.15).

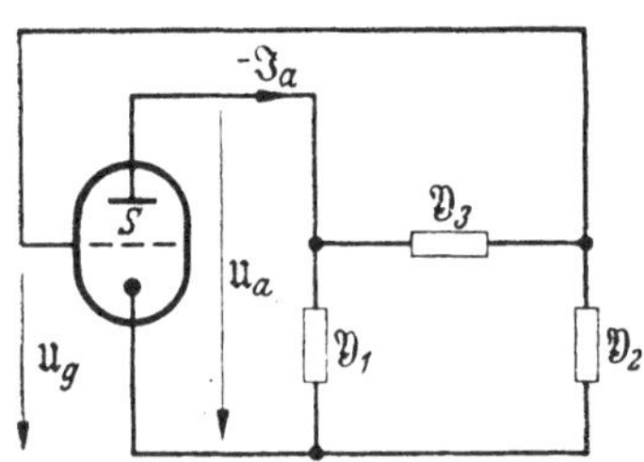

Abb. 4.14. Π-Glied-Oszillator

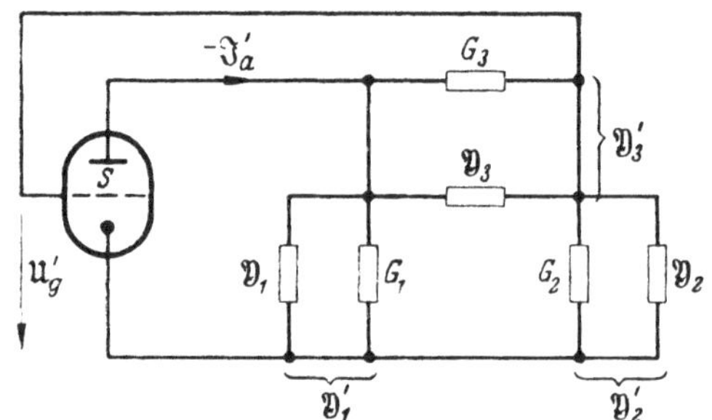

Abb. 4.15. Π-Glied-Oszillator mit Parallelleitwerten

Um die Rechnung zu vereinfachen, benutzen wir Leitwerte. Die Widerstände $1/G_1$ und $1/G_2$ entsprechen den Abschlußwiderständen. Für die Parallelschaltung der beliebigen Leitwerte G_1, G_2 und G_3 gelten mit den Bezeichnungen der Abb. 4.14 und 4.15:

$$\mathfrak{Y}_i' = \mathfrak{Y}_i + G_i \qquad i = 1,2,3. \tag{4.115}$$

Weiterhin entnehmen wir Abb. 4.14 die Beziehungen:

$$\mathfrak{U}_g = \mathfrak{U}_a\,\frac{\mathfrak{Y}_3}{\mathfrak{Y}_2+\mathfrak{Y}_3} \qquad \mathfrak{U}_a = -\frac{\mathfrak{J}_a}{\mathfrak{Y}_1+\frac{\mathfrak{Y}_2\,\mathfrak{Y}_3}{\mathfrak{Y}_2+\mathfrak{Y}_3}}, \tag{4.116}$$

während für Abb. 4.15 gilt:

$$\mathfrak{U}_g' = \mathfrak{U}_a'\,\frac{\mathfrak{Y}_3'}{\mathfrak{Y}_2'+\mathfrak{Y}_3'} \qquad \mathfrak{U}_a' = -\frac{\mathfrak{J}_a'}{\mathfrak{Y}_1'+\frac{\mathfrak{Y}_2'\,\mathfrak{Y}_3'}{\mathfrak{Y}_2'+\mathfrak{Y}_3'}}. \tag{4.117}$$

Da unsere Gegenkopplung eine kleinere Amplitude und somit eine höhere Güte bringen soll, so setzen wir für die Anodenströme:

$$\mathfrak{J}_a = V\,\mathfrak{J}'_a \tag{4.118}$$

mit einem Zahlenfaktor V, der bei Gegenkopplung größer als Eins sein soll.

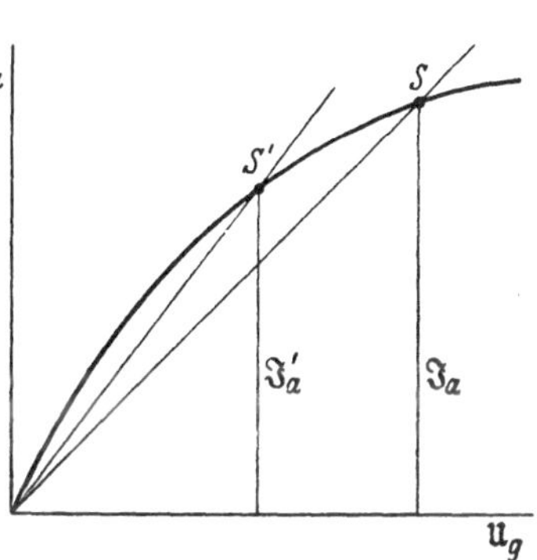

Abb. 4.16. Einfluß der Gegenkopplung auf die Schwinglinie

Wie Abb. 4.16 zeigt, bringt ein von $\mathfrak{J}_a$ abweichender Strom $\mathfrak{J}'_a$ auch eine Veränderung von $\mathfrak{U}_g$ in $\mathfrak{U}'_g$ und von der Steilheit S in S'. Bei den meist üblichen OHMschen Gegenkopplungen verschiebt sich also der Arbeitspunkt.

Aus den Gln. (4.116) bis (4.118) bilden wir:

$$\mathfrak{U}_g - \mathfrak{U}'_g = \mathfrak{U}_a \frac{\mathfrak{Y}_3}{\mathfrak{Y}_2 + \mathfrak{Y}_3}\left[1 - \frac{1}{V}\,\frac{\mathfrak{Y}'_3}{\mathfrak{Y}_3}\,\frac{\mathfrak{Y}_1\mathfrak{Y}_2 + \mathfrak{Y}_1\mathfrak{Y}_3 + \mathfrak{Y}_2\mathfrak{Y}_3}{\mathfrak{Y}'_1\mathfrak{Y}'_2 + \mathfrak{Y}'_1\mathfrak{Y}'_3 + \mathfrak{Y}'_2\mathfrak{Y}'_3}\right]. \tag{4.119}$$

Mit der Einführung der Kernleitwerte

$$\mathfrak{Y}_m = \frac{\mathfrak{Y}_1\mathfrak{Y}_2 + \mathfrak{Y}_1\mathfrak{Y}_3 + \mathfrak{Y}_2\mathfrak{Y}_3}{\mathfrak{Y}_3} \qquad \mathfrak{Y}'_m = \frac{\mathfrak{Y}'_1\mathfrak{Y}'_2 + \mathfrak{Y}'_1\mathfrak{Y}'_3 + \mathfrak{Y}'_2\mathfrak{Y}'_3}{\mathfrak{Y}'_3} \tag{4.120}$$

vereinfachen wir Gl. (4.119) zu:

$$\mathfrak{U}_g - \mathfrak{U}'_g = \mathfrak{U}_a \frac{\mathfrak{Y}_3}{\mathfrak{Y}_2 + \mathfrak{Y}_3}\left[1 - \frac{1}{V}\,\frac{\mathfrak{Y}_m}{\mathfrak{Y}'_m}\right]. \tag{4.121}$$

Wie wir sehen, ist der in $\mathfrak{Y}'_m$ vereinigte Einfluß der parallel geschalteten Größen G_1, G_2 und G_3 bei allen drei Werten derselbe. Es handelt sich um eine Spannungsgegenkopplung. Damit erklärt sich die in Abschn. 4.4e beschriebene Güteerhöhung durch Verkleinern der Abschlußwiderstände (s. [*117*], [*119*]).

d) Güteerhöhung durch Stromgegenkopplung (Verlustkompensation)

Wir hatten gefunden, daß eine Versteilerung der Rückkopplungsgeraden eine Güteerhöhung ergibt. Wir können aber auch auf die ursprüngliche Güte — nämlich die Güte der Einzelteile — zurückkehren. Können wir diese verbessern, so muß sich auch die Güte des Oszillators erhöhen. Durch Verlustkompensation ist eine solche Güteerhöhung möglich. Natürlich kann man die Anordnung auch so betrachten, daß eine Gegenkopplung die Güteerhöhung hervorbringt, und zwar in dem Fall, der in diesem Abschnitt untersucht werden soll, eine Stromgegenkopplung.

Für den in Abb. 4.17 gezeigten Π-Oszillator, bei dem Anodenspannungszuführung und Abblockung der Übersichtlichkeit halber nicht berücksichtigt sind, gilt mit den eingezeichneten Größen die Schwingungsbedingung:

$$S \geqq - \frac{\Re_1 + \Re_2 + \Re_3}{\Re_1 \Re_2}. \tag{4.122}$$

Dieselbe kann man der Gl. (2.75) entnehmen oder auch in einfacher Weise direkt ableiten.

Für diesen Ausdruck können wir eine einfache Interpretierung finden, wenn wir das Π-Glied in ein T-Glied (also das Dreieck in einen Stern) überführen (s. Abb. 4.18).

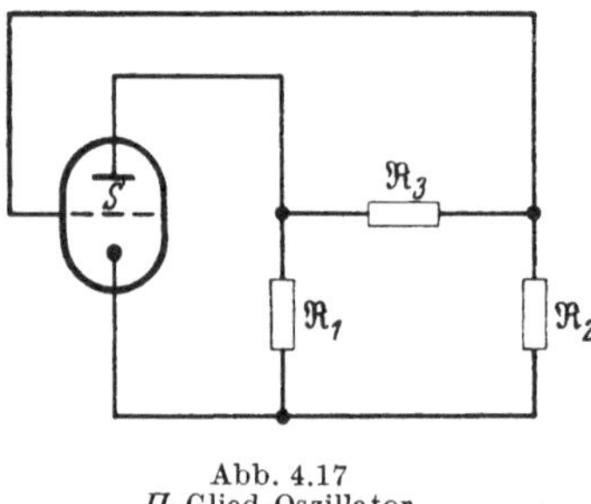

Abb. 4.17
Π-Glied-Oszillator

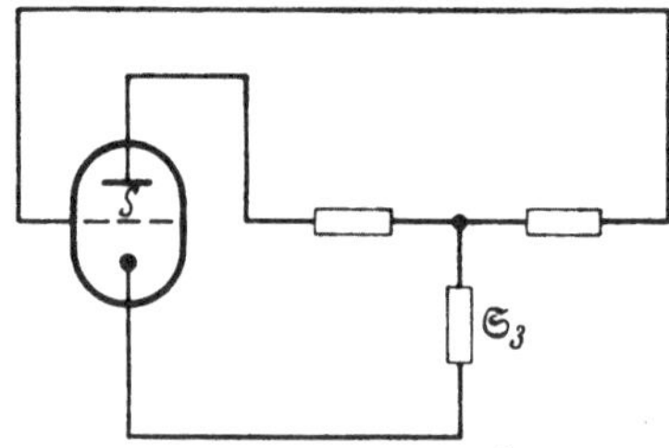

Abb. 4.18. T-Glied-Oszillator aus dem Oszillator Abb. 4.17 [20]

Für die eingezeichnete Größe $\mathfrak{S}_3$, die den Kernwiderstand der T-Anordnung darstellt, erhalten wir:

$$\mathfrak{S}_3 = \frac{\Re_1 \Re_2}{\Re_1 + \Re_2 + \Re_3} \tag{4.123}$$

und damit ändert sich Gl. (4.122) in:

$$S \geqq - \frac{1}{\mathfrak{S}_3}. \tag{4.124}$$

Der reelle Teil der Gl. (4.124), der von Verlusten der Schaltelemente $\Re_1$, $\Re_2$ und $\Re_3$ herrührt, ergibt die Steigung der Rückkopplungsgeraden.

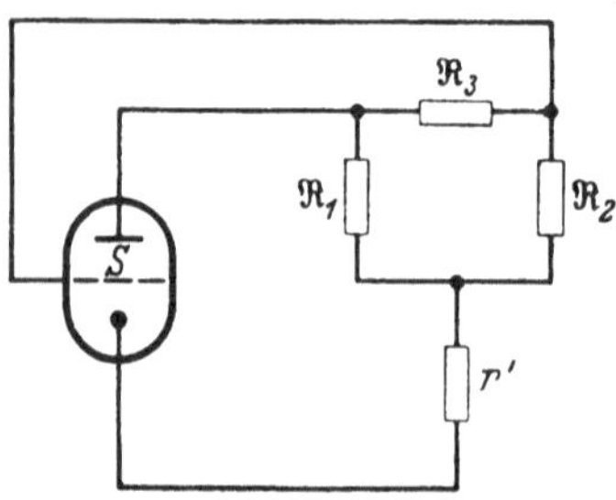

Abb. 4.19. Π-Glied-Oszillator mit Kompensation

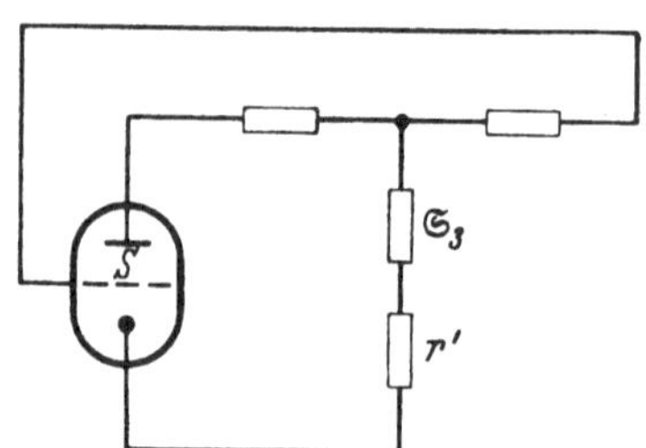

Abb. 4.20. T-Glied-Oszillator aus dem Oszillator Abb. 4.19 [20]

Die Verluste kann man teilweise durch eine Kompensation aufheben. Abb. 4.19 zeigt die Anordnung Abb. 4.17 mit Verlustkompensation, die durch den Widerstand r' vorgenommen wird. Natürlich liefert r' anders betrachtet eine Stromgegenkopplung. Wandeln wir Abb. 4.19 entsprechend Abb. 4.17 um, so erhalten wir Abb. 4.20 und dafür die Schwingbedingung:

$$S \geqq -\frac{1}{\mathfrak{S}_3 + r'}. \tag{4.125}$$

Als praktisches Beispiel betrachten wir den in Abb. 4.21 wiedergegebenen Oszillator. Für denselben gilt:

$$\mathfrak{R}_1 = \frac{1}{\mathrm{j}\,\omega\,C_1} \qquad \mathfrak{R}_2 = \frac{1}{\mathrm{j}\,\omega\,C_2} \qquad \mathfrak{R}_3 = r + \mathrm{j}\,\omega\,L. \tag{4.126}$$

Mit den Gln. (4.123) u. (4.125) ergibt sich:

$$S \geqq -\frac{r + \mathrm{j}\left(\omega L - \frac{1}{\omega C_1} - \frac{1}{\omega C_2}\right)}{r\,r' - \frac{1}{\omega^2 C_1 C_2} + \mathrm{j}\,r'\left(\omega L - \frac{1}{\omega C_1} - \frac{1}{\omega C_2}\right)}. \tag{4.127}$$

Im Schwingungsfall ist:

$$S = \frac{r}{\frac{1}{\omega^2 C_1 C_2} - r\,r'} = \frac{r}{\frac{L}{C_1 + C_2} - r\,r'},$$

$$\omega L - \frac{1}{\omega C_1} - \frac{1}{\omega C_2} = 0 \qquad \omega^2 = \frac{1}{L\,\frac{C_1 C_2}{C_1 + C_2}}. \tag{4.128}$$

Zur Berechnung der Güte führen wir die Verstimmung v ein:

$$v = 1 - \frac{1}{\omega L}\left(\frac{1}{\omega C_1} + \frac{1}{\omega C_2}\right) \tag{4.129}$$

und erhalten aus Gl. (4.127):

$$S \geqq \frac{r\left(\frac{1}{\omega^2 C_1 C_2} - r\,r'\right) - r'\,\omega^2 L^2 v^2 + \mathrm{j}\,\omega\,L\,v\,\frac{1}{\omega^2 C_1 C_2}}{\left(\frac{1}{\omega^2 C_1 C_2} - r\,r'\right)^2 + r^2 \omega^2 L^2 v^2} \tag{4.130}$$

und für die Phase:

$$\operatorname{tg}\alpha = \frac{\omega L}{r\,(1 - r\,r'\,\omega^2 C_1 C_2) - r'\,\omega^4 L^2 C_1 C_2 v^2}\,v. \tag{4.131}$$

Nach der Gl. (4.9) ist die Güte im Schwingungspunkt:

$$G = \frac{\omega L}{r\,(1 - r\,r'\,\omega^2 C_1 C_2)} = \frac{\omega L}{r\left(1 - r\,r'\,\frac{C_1 + C_2}{L}\right)}. \tag{4.132}$$

Für

$$r' = \frac{1}{r\,\omega^2 C_1 C_2} = \frac{L}{r\,(C_1 + C_2)} \tag{4.133}$$

würde die Güte G unendlich groß werden. Dieser Wert ließe sich ohne Schwierigkeit einstellen, doch würde der Oszillator schon bei grober Annäherung an diesen Wert aufhören zu schwingen, da, wie Gl. (4.128) zeigt, die erforderliche Steilheit entsprechend der Güte wächst. Für den Kompensationswert der Gl. (4.133) ist nach Gl.(4.128) eine Röhrensteilheit Unendlich erforderlich. Betrachten wir nun den Fall, daß die Steilheit der Röhre im Arbeitspunkt S_t wesentlich größer ist als die Steigung S_{rs} der Rückkopplungsgeraden der Anordnung Abb. 4.21 ohne r', so wird aus Gl. (4.127) für $r' = 0$:

$$S_{rs} = r\,\omega^2\,C_1\,C_2. \tag{4.134}$$

Wählen wir entsprechend der Abb. 4.16 eine Steilheit S' zwischen S_t und S_{rs} bei gleichgehaltener Schwingfrequenz, so gilt nach Gl. (4.128) für dieselbe:

$$S' = \frac{r\,\omega^2\,C_1\,C_2}{1 - r\,r'\,\omega^2\,C_1\,C_2} \tag{4.135}$$

und mit Gl. (4.134):

$$S' = \frac{S_{rs}}{1 - r'\,S_{rs}}. \tag{4.136}$$

Ist eine bestimmte Amplitude erforderlich, so können wir einen Wert S' vorgeben und erhalten aus Gl. (4.136) zur Bestimmung von r' die Gleichung:

$$r' = \frac{1}{S_{rs}} - \frac{1}{S'}. \tag{4.137}$$

Für die Spulengüte folgt aus den Gln. (4.132), (4.134) u. (4.137):

$$G = \frac{\omega\,L}{r}\,\frac{S'}{S_{rs}}. \tag{4.138}$$

Damit erhält die ursprüngliche Oszillatorgüte, die mit der Spulengüte $\omega L/r$ übereinstimmt, einen vergrößernden Faktor S'/S_{rs}, der

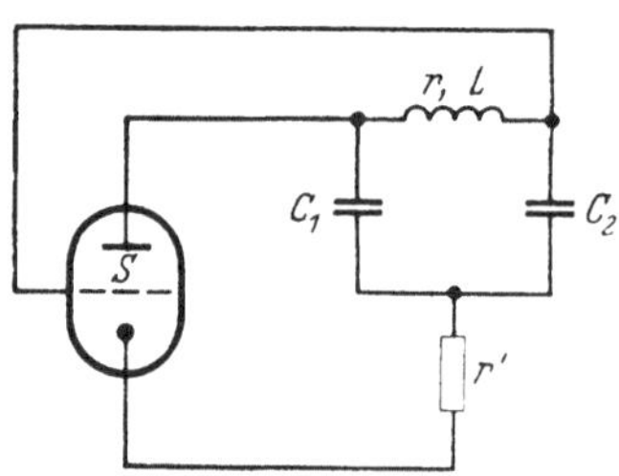

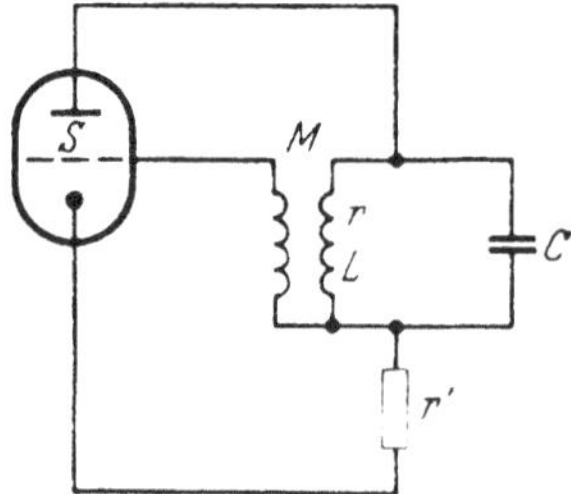

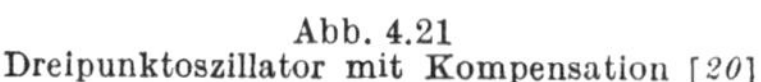
Abb. 4.21
Dreipunktoszillator mit Kompensation [20]

Abb. 4.22
MEISSNER-Oszillator mit Kompensation [20]

im Maximalfall S_t/S_{rs} betragen kann. Es ist natürlich möglich, durch Verwendung einer größeren Steilheit oder einer zusätzlichen Verstärkeranordnung die Güte weiterhin zu erhöhen.

Als weiteres Beispiel betrachten wir die in Abb. 4.22 gezeigte MEISSNER-Schaltung mit Kompensationswiderstand r'. Durch Anwendung eines bekannten Übertragerersatzbildes (s. Kap. 2.11) entsteht die in Abb. 4.23 wiedergegebene Π-Schaltung, die sich in gleicher Weise wie Abb. 4.19 in ein T-Ersatzbild überführen läßt (s. Abb. 4.24). Die Schwingungsbedingung lautet:

$$S = -\frac{1}{\mathfrak{S}_1 + r} \tag{4.139}$$

und mit der aus Abb. 4.23 und der Gl. (4.123) abzulesenden Beziehung:

$$\mathfrak{S}_1 = -\frac{\frac{M}{C}}{r + \mathrm{j}\left(\omega L - \frac{1}{\omega C}\right)} \tag{4.140}$$

wird daraus:

$$S \gtreqless -\frac{r + \mathrm{j}\left(\omega L - \frac{1}{\omega C}\right)}{r r' - \frac{M}{C} + \mathrm{j}\, r'\left(\omega L - \frac{1}{\omega C}\right)}. \tag{4.141}$$

Im Schwingungspunkt gilt:

$$S = \frac{r}{\frac{M}{C} - r r'} \qquad \omega L - \frac{1}{\omega C} = 0. \tag{4.142}$$

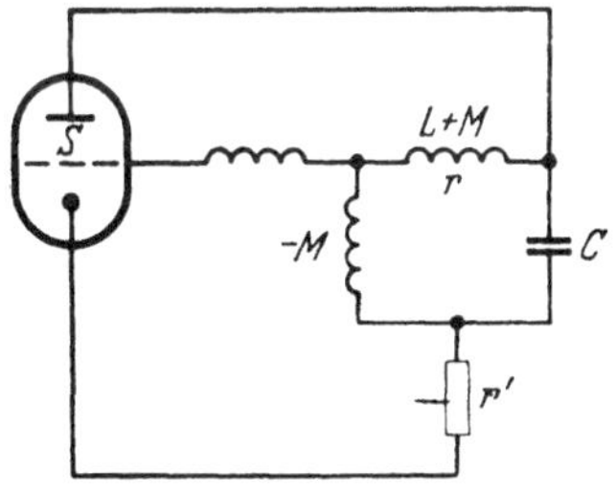

Abb. 4.23
Ersatzbild des MEISSNER-Oszillators

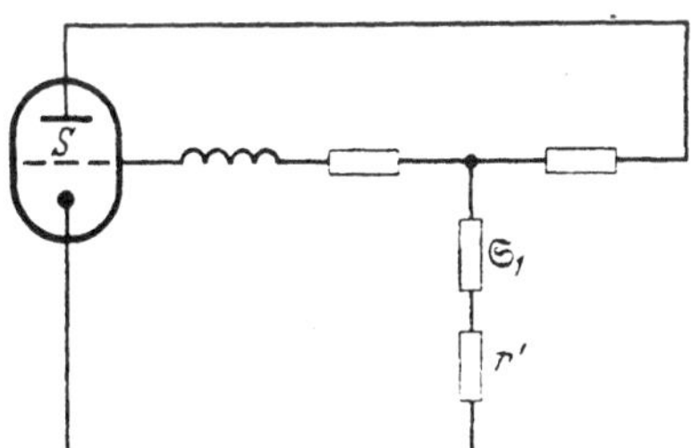

Abb. 4.24. Umgewandeltes Ersatzbild des MEISSNER-Oszillators [20]

Der Vergleich der Gln. (4.128) u. (4.142) ergibt, daß an Stelle von $1/\omega^2 C_1 C_2$ jetzt M/C getreten ist. Entsprechend ist:

$$S_{rs} = r\frac{C}{M}, \tag{4.143}$$

während die Gln. (4.137) u. (4.138) ihre Gültigkeit behalten. An Stelle von Gl. (4.132) ergibt sich:

$$G = \frac{\omega L}{r}\,\frac{\frac{M}{C}}{\frac{M}{C} - r r'}. \tag{4.144}$$

Will man einen MEISSNER-Oszillator mit variabler Frequenz aufbauen und, wie es wohl am zweckmäßigsten ist, die Frequenzveränderungen durch Variation von C erzielen, so kann r' zu einer konstanten Amplitude verhelfen. Gl. (4.132) zeigt, daß hierzu r' so verändert werden muß, daß

$$\frac{M}{C} - r\,r' = \text{konst.} \tag{4.145}$$

ist. Mit einem mit der Kapazität C gekoppelten Potentiometer ist dieses möglich. Die Güte verändert sich aber mit der Kapazität C, wie die Gl. (4.144) zeigt. Da sie aber immer besser als ohne die Kompensation ist, so hat der veränderliche Oszillator mit Kompensation wesentliche Vorteile.

e) Güteerhöhung durch gemischte Gegenkopplung (Verlustkompensation)

Auch diese, in Abschn. 4.5c besprochene, Gegenkopplungsart kann als Verlustkompensation betrachtet werden. Wir beschränken uns auf einen Parallelwiderstand w zwischen Anode und Gitter. Abb. 4.25

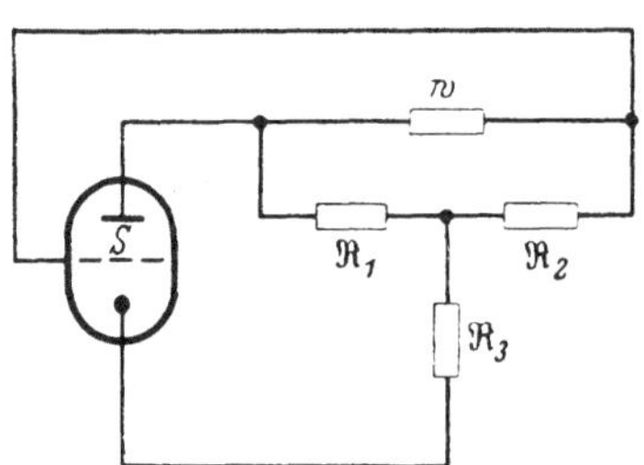

Abb. 4.25 T-Glied-Oszillator mit Kompensation [20]

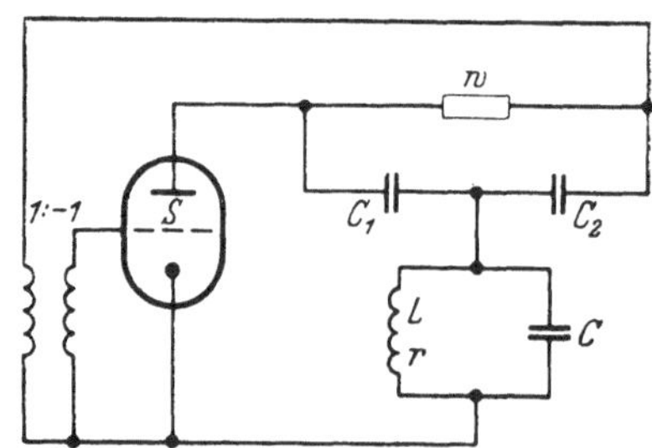

Abb. 4.26. Beispiel eines T-Glied-Oszillators mit Kompensation [20]

zeigt einen T-Oszillator mit Kompensationswiderstand w. Verwandeln wir das aus $\mathfrak{R}_1$, $\mathfrak{R}_2$ und w bestehende Dreieck in einen Stern, so erhalten wir als Schwingungsbedingung:

$$S \geqq -\frac{1}{\mathfrak{R}_3 + \dfrac{\mathfrak{R}_1\,\mathfrak{R}_2}{w + \mathfrak{R}_1 + \mathfrak{R}_2}}\,. \tag{4.146}$$

Es ist allerdings schwierig, ein einfaches Beispiel zu finden. Wir wählen den in Abb. 4.26 gezeigten Oszillator mit einem Übertrager, der der Einfachheit halber das Übersetzungsverhältnis 1 : −1 haben soll. Bei geeignetem kleinen Wert von w führt eine Überkompensation auch ohne den Übertrager zu Schwingungen, doch soll sich unsere Betrachtung auf einen großen Wert von w beschränken.

Mit den Benennungen der Abb. 4.26 erhalten wir:

$$\frac{1}{S} \leqq \frac{\dfrac{L}{C}}{r + \mathrm{j}\left(\omega L - \dfrac{1}{\omega C}\right)} - \frac{1}{w\,\omega^2 C_1 C_2 - \mathrm{j}\,\omega (C_1 + C_2)} \tag{4.147}$$

und aufgeteilt:

$$\frac{1}{S} \leqq \frac{r\frac{L}{C}}{r^2 + \left(\omega L - \frac{1}{\omega C}\right)^2} - \frac{w\,\omega^2 C_1 C_2}{\omega^2 (C_1 + C_2)^2 + (w\,\omega^2 C_1 C_2)^2} +$$

$$+ \mathrm{j}\left[\frac{\left(\omega L - \frac{1}{\omega C}\right)\frac{L}{C}}{r^2 + \left(\omega L - \frac{1}{\omega C}\right)^2} + \frac{\omega (C_1 + C_2)}{\omega^2 (C_1 + C_2)^2 + (w\,\omega^2 C_1 C_2)^2}\right]. \quad (4.148)$$

Für großen Kompensationswiderstand w und nahe bei $\omega^2 = \frac{1}{LC}$ liegender Resonanzfrequenz gilt:

$$w \gg \frac{C_1 + C_2}{\omega\, C_1 C_2} \qquad r^2 \gg \left(\omega L - \frac{1}{\omega C}\right)^2 \quad (4.149)$$

und damit:

$$\frac{1}{S} \leqq \frac{L}{rC} - \frac{1}{w\,\omega^2 C_1 C_2} + \mathrm{j}\,\frac{L}{r^2 C}\left[\omega L - \frac{1}{\omega C} + \frac{C_1 + C_2}{w^2 \omega^3 C_1^2 C_2^2}\right]. \quad (4.150)$$

Näherungsweise ersetzen wir ω^2 durch $1/LC$:

$$\frac{1}{S} \leqq \frac{L}{rC} - \frac{LC}{w\,C_1 C_2} + \mathrm{j}\,\frac{L}{r^2 C}\left[\omega L - \frac{1}{\omega C} + \frac{LC(C_1 + C_2)}{w^2 \omega\, C_1^2 C_2^2}\right]. \quad (4.151)$$

Die Phase von $1/S$ können wir an Stelle der von S benutzen. Wir erhalten aus Gl. (4.151):

$$\mathrm{tg}\,\alpha = \frac{\omega L - \frac{1}{\omega C} + \frac{LC(C_1 + C_2)}{w^2 \omega\, C_1^2 C_2^2}}{r - \frac{r^2 C^2}{w\, C_1 C_2}} = \frac{\omega L - \frac{1}{\omega C}\left(1 - \frac{L C^2 (C_1 + C_2)}{w^2 C_1^2 C_2^2}\right)}{r\left(1 - \frac{r C^2}{w\, C_1 C_2}\right)}. \quad (4.152)$$

Aus der Gl. (4.152) ergibt sich die Güte im Schwingungspunkt zu:

$$G = \frac{\omega L}{r\left(1 - \frac{r C^2}{w\, C_1 C_2}\right)}. \quad (4.153)$$

Durch Vergleich der Gl. (4.153) mit der Gl. (4.132) sehen wir die Übereinstimmung. Es gilt das dort Gesagte also auch hier.

f) Güteerhöhung beim Brückenoszillator

Bei einem Brückenoszillator wird durch die Abschlußwiderstände eine Gegenkopplung erzeugt. Bei den Schwingstellen II. Art im Durchlaßbereich sind dieselben allerdings nicht wirksam. Wir betrachten eine Brücke ohne Abschlußwiderstände. Eine solche kann nur dann als Oszillator dienen, wenn Verluste in den Brückenzweigen vorhanden sind. Der Scheinwiderstand eines Brückenzweiges sei:

$$\mathfrak{X}_1 = r + \mathrm{j}\,X_1. \quad (4.154)$$

Zur Kompensation von r fügen wir dem zweiten Brückenzweig einen Widerstand r' zu:

$$\mathfrak{X}_2 = r' + \mathrm{j}\, X_2 . \tag{4.155}$$

Mit der Schwingbedingung für leer laufende Vierpole Gl. (2.97)

$$S = -\frac{1}{\mathfrak{M}} \tag{4.156}$$

und der Formel für den Kernwiderstand einer Brückenschaltung:

$$\mathfrak{M} = \frac{r' - r + \mathrm{j}\,(X_2 - X_1)}{2} \tag{4.157}$$

ergibt sich:

$$S = 2\,\frac{r - r' + \mathrm{j}\,(X_2 - X_1)}{(r - r')^2 + (X_1 - X_2)^2} . \tag{4.158}$$

Im Schwingungsfall gilt:

$$S = \frac{2}{r - r'} \qquad X_2 - X_1 = 0 . \tag{4.159}$$

Hierbei stört nicht, daß die Schaltung, als Filter betrachtet, für $X_2 - X_1 = 0$ einen Dämpfungspol besitzt, denn dieser ist nur bei verlustfreien Vierpolen vorhanden. Natürlich darf in der Gl. (4.159) nicht voll kompensiert werden, denn für $r = r'$ wird $S = \infty$ verlangt.

Als Beispiel wählen wir:

$$X_1 = -\frac{1}{\omega C'} \qquad X_2 = \omega L - \frac{1}{\omega C} . \tag{4.160}$$

Aus den Gln. (4.159) u. (4.160) erhalten wir die Schwingfrequenz zu:

$$\omega^2 = \frac{C' - C}{L\, C\, C'} , \tag{4.161}$$

so daß tiefe Frequenzen leicht möglich sind.

Für die Phase erhalten wir aus den Gln. (4.158) u. (4.160):

$$\operatorname{tg} \alpha = \frac{X_2 - X_1}{r - r'} = \frac{\omega L - \frac{1}{\omega C} + \frac{1}{\omega C'}}{r - r'} \tag{4.162}$$

und damit für die Güte:

$$G = \frac{\omega L}{r - r'} . \tag{4.163}$$

Auch hier haben Güte und Steilheit den gleichen vergrößernden Faktor. Eine Güteerhöhung ist nur bei entsprechender Steilheitserhöhung möglich.

g) Güteerhöhung durch mehrfache Rückkopplung

Wir betrachten einen normalen Oszillator und führen die Rückkopplung statt zum Gitter zu dem Gitter einer zusätzlichen Röhre, die in sich rückgekoppelt ist. Damit läßt sich die Steilheit wesentlich erhöhen. Abb. 4.27 zeigt eine solche Anordnung [79]. Mit den in Abb. 4.27 eingezeichneten Benennungen gelten im Oszillatorteil die Beziehungen:

$$\mathfrak{I}_a' = S' \mathfrak{U}_g' \qquad \mathfrak{U}_a' = -\mathfrak{I}_a' \frac{\mathfrak{R}_1(\mathfrak{R}_2 + \mathfrak{R}_3)}{\mathfrak{R}_1 + \mathfrak{R}_2 + \mathfrak{R}_3} \qquad \frac{\mathfrak{U}_g''}{\mathfrak{U}_a'} = \frac{\mathfrak{R}_2}{\mathfrak{R}_2 + \mathfrak{R}_3}. \tag{4.164}$$

Nehmen wir der Einfachheit halber einen idealen Übertrager mit dem Übersetungsverhältnis $1 : -1$ an, so lauten die Gleichungen für die aperiodische Rückkopplungsanordnung:

$$\mathfrak{U}_a = -\mathfrak{I}_a R = -\mathfrak{U}_g' \qquad \mathfrak{I}_a = S_1 \mathfrak{U}_g' + S_2 \mathfrak{U}_g''. \tag{4.165}$$

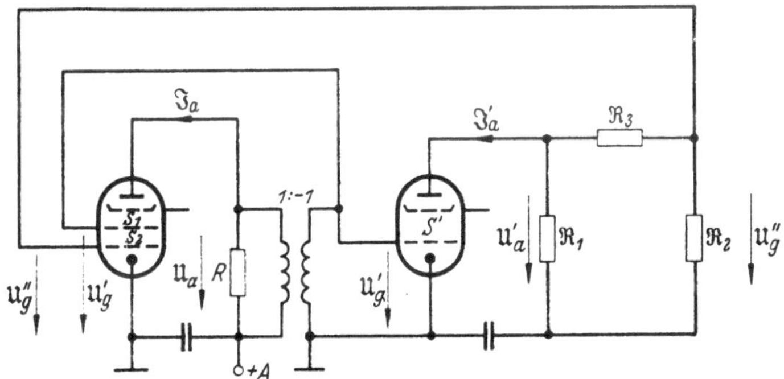

Abb. 4.27. Oszillator mit zweifacher Rückkopplung [79]

Durch Eliminierung der Ströme und Spannungen aus den Gln. (4.164) u. (4.165) erhalten wir:

$$\frac{S_2 R}{S_1 R - 1} S' = \frac{\mathfrak{R}_1 + \mathfrak{R}_2 + \mathfrak{R}_3}{\mathfrak{R}_1 \mathfrak{R}_2}. \tag{4.166}$$

Hierbei wird die Steilheit S' der Oszillatorröhre um den vergrößernden Faktor $S_2 R / S_1 R - 1$ erweitert.

Je nachdem, ob der auf der rechten Seite der Gl. (4.166) stehende Ausdruck im Schwingungsfall einen positiven oder negativen Realteil liefert, wählen wir das Produkt $S_1 R$ größer oder kleiner als Eins.

Setzen wir:

$$S_1 R = 1 + \varepsilon, \tag{4.167}$$

wobei ε eine kleine Zahl sein soll, so ergibt sich:

$$\frac{S_2 R}{\varepsilon} S' = \frac{\mathfrak{R}_1 + \mathfrak{R}_2 + \mathfrak{R}_3}{\mathfrak{R}_1 \mathfrak{R}_2}, \tag{4.168}$$

während

$$S_1 R = 1 - \eta \tag{4.169}$$

mit einer kleinen Zahl η das Vorzeichen umkehrt:

$$\frac{S_2 R}{\eta} S' = -\frac{\mathfrak{R}_1 + \mathfrak{R}_2 + \mathfrak{R}_3}{\mathfrak{R}_1 \mathfrak{R}_2}. \tag{4.170}$$

Durch geringe Veränderung von R um den Wert $1/S_1$ kann man das Vorzeichen des Schwingungsvierpols ändern. Da es bei Brückenanordnungen mehrere Bereiche mit verschiedenen Vorzeichen gibt, so lassen sich auf diese Weise leicht zwei solcher Schwingstellen nacheinander zum Schwingen bringen.

5 Das Stabilitätskriterium nach Nyquist[1]

5.1 Zur Stabilität

Bei der Anfachung eines Oszillators kann es vorkommen, daß nicht nur die gewünschte Frequenz, sondern noch weitere unerwünschte Frequenzen erregt werden. Diese Tendenz zur mehrdeutigen Schwingungsanfachung wächst im allgemeinen mit der Stärke der Rückkopplung und mit dem Umfang des rückgekoppelten Frequenzbereiches. Es gibt leider kein einfaches Kriterium zur Beurteilung der Stabilität in einem vorgegebenen Frequenzbereich, in dem *keine* Schwingung angefacht werden soll. Man ist bei der Planung einer Rückkopplungsschaltung bzw. Oszillatorschaltung gezwungen, alle Komponenten, vor allem auch außerhalb des übertragenen Frequenzbereiches, zu berücksichtigen, was rechnerisch im allgemeinen nur mit sehr großem Aufwand möglich ist.

Nyquist [*96*], [*97*], [*98*] hat eine experimentelle Methode angegeben, die es bei rückgekoppelten Verstärkern erlaubt, festzustellen, ob sie stabil sind oder nicht und in welchem Frequenzbereich im Falle einer Instabilität die sich erregenden Frequenzen liegen.

F. Strecker [*99*], [*100*] hat bereits vor Nyquist im Jahre 1931 einen Aufsatz über die Bedingungen der Selbsterregung in linearen Gebilden verfaßt, der in [*99*] nachträglich veröffentlicht und in dem die Ortskurventheorie der Stabilität behandelt ist. Der im Jahre 1932 von Nyquist erschienene Aufsatz [*96*] enthält eine Formulierung des Ortskurvenkriteriums, die für die Anwendung besonders einfach war und den Bedürfnissen der Entwicklungsingenieure, die sich mit gegengekoppelten Verstärkern befaßten, sehr entgegenkam. Sie wurde daher schneller populär und häufiger angewandt als die unter allgemeineren Voraussetzungen abgeleiteten Kriterien von Strecker und führte schließlich dazu, das Stabilitätskriterium nach Nyquist zu benennen.

Bei (Kristall-) Oszillatoren, die ja nur bei *einer* Frequenz schwingen sollen, muß eine Reduktion des Verstärkungsfaktors schließlich zu einer solchen Schaltung führen, bei der vorhandene instabile Frequenzbereiche verschwinden und nur noch ein einziger, möglichst kleiner

---

[1] Kap. 5 ist von Dozent Dr. H. Lueg, Ulm-Donau, verfaßt.

instabiler Frequenzbereich übrigbleibt, in dem die gewünschte Frequenz zur Anfachung kommt.

Das NYQUISTsche Stabilitätskriterium soll nicht dazu dienen, in einer Schaltung den Zustand der Selbsterregung festzustellen, sondern die Stabilitätsgrenze mit den vorliegenden Schaltelementen in Beziehung zu bringen, um Hinweise für die optimale Bemessung *aller* Teile zu erhalten, die innerhalb der Selbsterregungsgrenze möglich ist.

In besonders einfachen Fällen sagt es etwas aus über den Frequenzbereich, in dem die Erregung stattfindet, jedoch nichts über die sich erregende Frequenz noch über die erzielbaren Oszillatoramplituden.

Unter einem linearen Netzwerk versteht man eine Schaltung, bei der eine vorgegebene Anzahl von Punkten (sogenannte Knoten) beliebig durch konzentrierte Leitwerte, die aus Parallelschaltungen eines OHMschen, eines kapazitiven und eines induktiven Leitwertes bestehen, miteinander verbunden sind. Die Wirkungsweise von Verstärkerröhren und Transistoren mit linearen Kennlinienfeldern kann durch Einführung eines aktiven Zweipols beschrieben werden.

Die Ableitung des NYQUIST-Theorems ist besonders einfach bei Verwendung der komplexen Frequenzebene und der allgemeinen Knotenanalyse eines linearen Netzwerkes. Diese Begriffe sollen daher zunächst eingeführt werden.

Bei konzentrierten Schaltelementen sind die Abmessungen stets klein gegenüber der verwendeten Wellenlänge. Wenn diese Voraussetzung nicht mehr erfüllt ist, läßt sich das betrachtete Schaltungsgebilde — je nach Anzahl der Ein- und Ausgänge — nur noch als Vierpol oder allgemeinen 2 n-Pol betrachten. Die Knoten- oder Maschenanalyse ist dann nicht mehr anwendbar.

5.2 Die komplexe Frequenzebene

Bei der Hintereinanderschaltung von OHMschem Widerstand r, Kapazität C und Induktivität L errechnet sich beim Durchfließen eines sinusförmigen Stromes $\mathfrak{J} = I_0 \mathrm{e}^{\mathrm{j}\,\omega t}$ die nach dem Einschwingen verbleibende Spannung $\mathfrak{U} = U_0 \mathrm{e}^{(\mathrm{j}\,\omega t + \varphi)}$ am zweckmäßigsten mit Hilfe der komplexen Impedanz[1],

$$\mathfrak{R} = r + \mathrm{j}\,\omega L + \frac{1}{\mathrm{j}\,\omega C} = \frac{U_0}{I_0}\,\mathrm{e}^{\mathrm{j}\varphi} \tag{5.1}$$

bzw. des komplexen Leitwertes

$$\mathfrak{G} = \frac{1}{\mathfrak{R}}. \tag{5.2}$$

[1] In den folgenden Betrachtungen soll stets das GIORGIsche Maßsystem gelten, d. h. r in Ohm, C in Farad und L in Henry.

Die Augenblickswerte von $\mathfrak{U}$ und $\mathfrak{J}$ können daher in bekannter Weise durch Projektion der mit der Winkelgeschwindigkeit oder Kreisfrequenz ω in der komplexen Ebene umlaufenden Vektoren $U_0\,\mathrm{e}^{\mathrm{j}\omega t}$ und $I_0\,\mathrm{e}^{\mathrm{j}\omega t}$auf die reelle Achse entnommen werden.

Es gibt jedoch noch eine zweite Möglichkeit zur Bestimmung des Augenblickswertes der Spannungen: Anstatt den Vektor $I_0\mathrm{e}^{\mathrm{j}\omega t}$ in mathematisch positivem Sinn umlaufen zu lassen und die Projektion auf die reelle Achse, also $I_0\cos\omega t$, zu bestimmen, kann man zwei Vektoren der *halben* Länge in entgegengesetztem Sinn mit der gleichen Winkelgeschwindigkeit ω um den Nullpunkt drehen lassen und diese Vektoren dann addieren, also:

$$\tfrac{1}{2}I_0\,\mathrm{e}^{+\mathrm{j}\omega t} + \tfrac{1}{2}I_0\,\mathrm{e}^{-\mathrm{j}\omega t} = I_0\cos\omega t. \tag{5.3}$$

Man addiert dann stets zwei konjugiert komplexe Werte, die den physikalisch meßbaren Augenblickswert ergeben, und kann damit jede sinusförmige Schwingung in zwei entgegengesetzt umlaufende Vektoren zerlegen. Analog zu Gl. (5.3) erhält man in dieser Darstellungsart für die Sinusfunktion

$$\begin{aligned}\sin\omega t &= \frac{1}{2\mathrm{j}}\left(\mathrm{e}^{\mathrm{j}\omega t} - \mathrm{e}^{-\mathrm{j}\omega t}\right),\\ &= \frac{1}{2}\left(-\mathrm{j}\,\mathrm{e}^{\mathrm{j}\omega t} + \mathrm{j}\,\mathrm{e}^{-\mathrm{j}\omega t}\right).\end{aligned} \tag{5.4}$$

Ein allgemeiner reeller Ausdruck für eine sinusförmige Schwingung läßt sich ebenfalls mit Hilfe der Gln. (5.3) u. (5.4) durch entgegengesetzt umlaufende Vektoren darstellen.

$$\begin{aligned}g\cos\omega t + h\sin\omega t &= \tfrac{1}{2}(g - \mathrm{j}h)\,\mathrm{e}^{\mathrm{j}\omega t} + \tfrac{1}{2}(g + \mathrm{j}h)\,\mathrm{e}^{-\mathrm{j}\omega t},\\ a\cos(\omega t + \varphi) &= \tfrac{1}{2}\,a\,\mathrm{e}^{\mathrm{j}\varphi}\mathrm{e}^{\mathrm{j}\omega t} + \tfrac{1}{2}\,a\,\mathrm{e}^{-\mathrm{j}\varphi}\,\mathrm{e}^{-\mathrm{j}\omega t}.\end{aligned} \tag{5.5}$$

Die vor den Einheitsvektoren $\mathrm{e}^{\mathrm{j}\omega t}$ und $\mathrm{e}^{-\mathrm{j}\omega t}$ stehenden komplexen Faktoren werden komplexe Amplituden genannt und müssen stets konjugiert komplex sein, um bei entgegengesetzt umlaufenden Vektoren eine reelle Größe zu geben. Sie liegen also spiegelbildlich zur reellen Achse und ergeben bei Addition reelle Werte.

Die Deutung des reellen Augenblickswertes einer sinusförmigen Schwingung mit Hilfe eines in mathematisch negativem Sinn umlaufenden Vektors $\mathrm{e}^{-\mathrm{j}\omega t}$ führt zur formalen Einführung einer negativen Frequenz. Einer komplexen Amplitude mit positiver Frequenz

$$\mathfrak{A}(+\omega) = g(\omega) + \mathrm{j}\,h(\omega) = a(\omega)\,\mathrm{e}^{\mathrm{j}\varphi(\omega)} \tag{5.6}$$

wird beim Übergang zu negativen Frequenzen stets der konjugiert komplexe Wert

$$\mathfrak{A}^*(\omega) = \mathfrak{A}(-\omega) \tag{5.7}$$

zugeordnet. Die formale Einführung der negativen Frequenz, die nur bei Erfüllung von Gl. (5.7) physikalisch sinnvoll ist, ergibt bei der Zerlegung einer komplexen Amplitude in reelle und imaginäre Komponenten:

$$\begin{aligned} g(-\omega) &= \quad g(+\omega), \\ h(-\omega) &= -h(+\omega). \\ a(-\omega) &= \quad a(+\omega), \\ \varphi(-\omega) &= -\varphi(+\omega). \end{aligned} \tag{5.8}$$

Die reelle Komponente $g(\omega)$ und der Betrag $a(\omega)$ sind gerade Funktionen der Frequenz, $h(\omega)$ und $\varphi(\omega)$ ungerade Funktionen der Frequenz.

Die negative Frequenz reicht noch nicht aus, um das allgemeine Verhalten linearer Netzwerke umfassend zu beschreiben und rationell zu charakterisieren. Hierzu ist eine Erweiterung auf die komplexe Frequenzebene erforderlich. Diese Erweiterung ist nicht formal, sondern hat durchaus physikalischen Sinn.

Fügt man nämlich zur reellen, positiven Kreisfrequenz ω_r eine imaginäre Komponente, bildet also

$$\omega = \omega_r - \mathrm{j}\,\gamma,$$

so erhält man beim Einsetzen in $\mathrm{e}^{\mathrm{j}\,\omega t}$ den Ausdruck:

$$\begin{aligned} \mathrm{e}^{\mathrm{j}\,\omega t} &= \mathrm{e}^{\mathrm{j}\,(\omega_r - \mathrm{j}\gamma)t} \\ &= \mathrm{e}^{+\gamma t}\,\mathrm{e}^{\mathrm{j}\,\omega_r t}. \end{aligned} \tag{5.9}$$

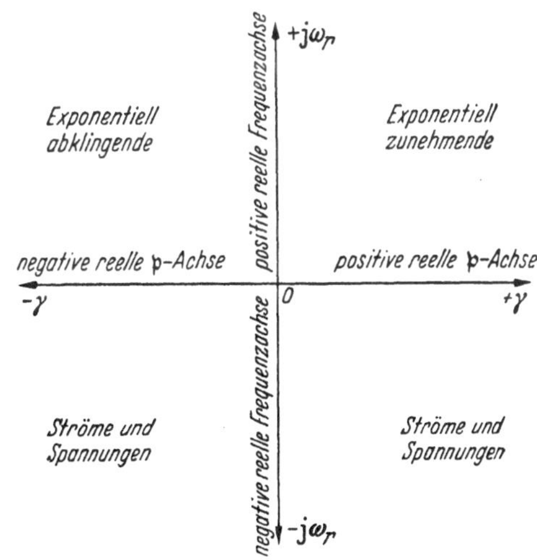

Abb. 5.1. Die komplexe Frequenzebene $\mathfrak{p} = \gamma + \mathrm{j}\,\omega_r$

Eine negative Zahl für γ bedeutet also eine zeitliche Dämpfung.

Es ist üblich, für den mit „j" multiplizierten Wert der komplexen Frequenz die komplexe Zahl $\mathfrak{p} = \gamma + \mathrm{j}\,\omega_r$ einzuführen[1]:

$$\mathrm{j}\,\omega = \mathrm{j}\,(\omega_r - \mathrm{j}\,\gamma) = \gamma + \mathrm{j}\,\omega_r = \mathfrak{p}. \tag{5.10}$$

In der komplexen $\mathfrak{p}$-Ebene (Abb. 5.1) liegen die technischen Frequenzen $0 < \omega_r < \infty$ auf der positiven imaginären Achse. Auf der ganzen imaginären Achse liegen ferner die ungedämpften Schwingungen $\mathrm{e}^{\pm\mathrm{j}\,\omega_r t}$. Die komplexen Frequenzen der linken Halbebene ($\gamma < 0$) stellen die gedämpften Schwingungen $\mathrm{e}^{-\gamma t}\,\mathrm{e}^{\mathrm{j}\,\omega_r t}$ dar und die komplexen Frequenzen der rechten Halbebene die sich exponentiell anfachenden Schwingungen

$$\mathrm{e}^{+|\gamma|t}\,\mathrm{e}^{\mathrm{j}\,\omega_r t}.$$

[1] In der angloamerikanischen Literatur findet sich für $\mathfrak{p} = \gamma + \mathrm{j}\,\omega_r$ oft die Bezeichnung *s*.

Die Unterscheidung zwischen rechter und linker komplexer Frequenzhalbebene ist für die lineare Netzwerkanalyse entscheidend. Die Einteilung in obere und untere Frequenzhalbebene ermöglicht bei der mathematischen Behandlung gewisse Erleichterungen. Sie ist physikalisch dadurch zu rechtfertigen, daß man die Amplitude einer komplexen Frequenz, also $\mathfrak{A}\,e^{\mathfrak{p}t}$ stets zu der konjugiert komplexen Größe, also $\mathfrak{A}^*\,e^{\mathfrak{p}^*t}$ addieren kann, so daß zwei komplexe entgegengesetzt umlaufende exponentiell abklingende oder zunehmende Vektoren vorliegen, deren Summe wieder eine reelle Größe ergibt.

$$\begin{aligned}\mathfrak{A}\,e^{\mathfrak{p}t} + \mathfrak{A}^*\,e^{\mathfrak{p}^*t} &= (g + \mathrm{j}\,h)\,e^{(\gamma+\mathrm{j}\,\omega_r)t} + (g - \mathrm{j}\,h)\,e^{(\gamma-\mathrm{j}\,\omega_r)t}\\ &= 2e^{\gamma t}\,(g\cos\omega_r\,t - h\sin\omega_r\,t)\,.\end{aligned} \tag{5.11}$$

Für die Amplituden komplexer Frequenzen gilt, wie aus obiger Gleichung ersichtlich, analog Gl. (5.7):

$$\mathfrak{A}(\mathfrak{p}^*) = \mathfrak{A}^*(\mathfrak{p}) = g - \mathrm{j}\,h\,. \tag{5.12}$$

Komplexe Frequenzen sind physikalisch realisierbar, wenn man statt eines Generators mit sinusförmigen Schwingungen gleicher Amplitude einen Generator mit experimentell ansteigenden oder abnehmenden Schwingungen verwendet. Die weiter unten abgeleiteten Beziehungen für die Impedanzen und Übertragungsfunktionen komplexer Frequenzen sind also unmittelbar physikalischen Messungen zugänglich. Messungen bei aufgezwungenen ungedämpften Schwingungen sind jedoch wesentlich einfacher, weil man genügend lange warten kann, bis die durch das Einschalten hervorgerufenen Störungen abgeklungen sind. Obwohl die Konzeption der komplexen Frequenz nicht unbedingt notwendig ist, bringt ihre Einführung eine wesentliche Vereinfachung der mathematischen Behandlung linearer Netzwerke.

5.3 Der komplexe Übertragungsfaktor eines allgemeinen linearen Netzwerkes

a) Definition des komplexen Übertragungsfaktors

Der komplexe Übertragungsfaktor charakterisiert die physikalischen Eigenschaften eines linearen Übertragungssystems bei einer vorgegebenen Kreisfrequenz ω_r. Damit zwingt man dem Eingang des Übertragungssystems eine sinusförmige Spannung $\mathfrak{F}_1(t) = e^{\mathrm{j}\,\omega_r t}$ auf, die man als *Ursache* bezeichnet. Die nach dem Einschwingen sich einstellende stationäre Spannung am Ausgang des Übertragungssystems $\mathfrak{F}_2(t)$ bezeichnet man als *Wirkung*. Der Quotient Wirkung durch Ursache ist der komplexe Übertragungsfaktor:

$$\mathfrak{z}(\omega_r) = g + \mathrm{j}\,h = a\,e^{\mathrm{j}\,\varphi}. \tag{5.13}$$

Man kann nun wiederum formal im Übertragungsfaktor $\mathfrak{z}(\omega_r)$ für die reelle positive Frequenz ω_r die komplexe Frequenz $\mathfrak{p}$ einführen und erhält dann den Übertragungsfaktor bei komplexen Frequenzen $\mathfrak{z}(\mathfrak{p})$. Beim Anlegen einer aufgezwungenen exponentiell ansteigenden oder abklingenden sinusförmigen Spannung

$$\mathfrak{F}_1(t) = e^{\gamma t} \cos \omega_r t = \tfrac{1}{2} e^{(\gamma + j\omega_r)t} + \tfrac{1}{2} e^{(\gamma - j\omega_r)t},$$

die bereits am Eingang in zwei entgegengesetzt umlaufende Spannungen zerlegt wird, ergeben sich dann für die beiden konjugiert komplexen Frequenzen $\mathfrak{p} = \gamma + j\,\omega_r$ und $\mathfrak{p}^* = \gamma - j\,\omega_r$ zwei Übertragungsfaktoren $\mathfrak{w}(\mathfrak{p})$ und $\mathfrak{w}(\mathfrak{p}^*)$, die auch konjugiert komplex sein müssen, also

$$\mathfrak{w}^*(\mathfrak{p}) = \mathfrak{w}(\mathfrak{p}^*), \tag{5.14}$$

damit ihre Addition wieder zu einer reellen Größe führt.

Bei einem vorgegebenen Netzwerk gibt es zwei Methoden zur Beschreibung seiner elektrischen Eigenschaften, die Maschenanalyse und die Knotenanalyse. Sie führen natürlich beide zu demselben Resultat; aber bei Röhrenschaltungen ist die Knotenanalyse im allgemeinen überlegen, und es soll daher nur die letztere abgeleitet werden.

b) Die Knotenanalyse eines linearen, passiven Netzwerkes

Das nachstehend behandelte lineare Netzwerk soll aus konzentrierten Induktivitäten, Kapazitäten und OHMschen Widerständen bestehen und keine induktiven Kopplungen besitzen. Abb. 5.2 zeigt

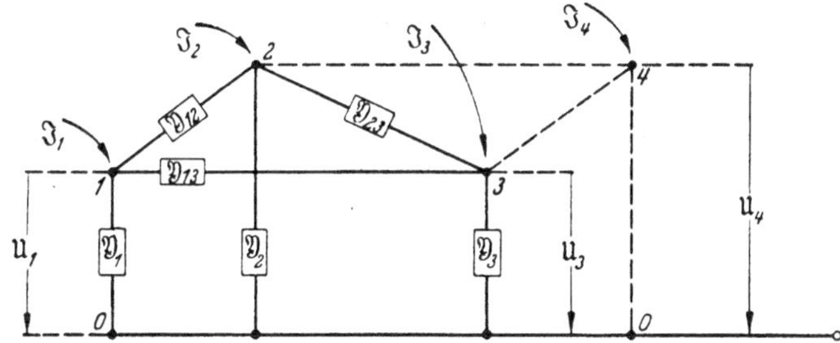

Abb. 5.2. Ströme, Spannungen und Bezeichnungen der Leitwerte eines passiven, linearen Netzwerkes bei Anwendung der Knotenanalyse [*101*] S. 11

hierfür ein Beispiel. Es ist aus [*101*] entnommen und die nachstehende Analyse in Anlehnung an die dortigen Ausführungen behandelt.

Dieses Netzwerk besitzt $n + 1$ Knoten $0, 1, 2, \ldots, n$. Einen der Knoten, am zweckmäßigsten ein Gleichstrompotential, bezeichnet man mit „0“ und legt ihn als Bezugsknoten fest. Nun werden jedem Knoten von außen beliebig verlaufende Ströme $\mathfrak{J}_\nu$ ($\nu = 1, 2, 3, \ldots, n$) aufgezwungen, die nicht sinusförmig oder periodisch sein müssen und auch Gleichströme sein können.

Die Stromquellen $\mathfrak{J}_1 \ldots \mathfrak{J}_n$ kann man sich über einen unendlich hohen Innenwiderstand mit Masse verbunden denken. Wenn zwischen zwei Knoten l und k eine Stromquelle liegt, so wird $\mathfrak{J}_l = -\mathfrak{J}_k$. Bei Knoten, die mit keiner äußeren Stromquelle verbunden sind, wird der aufgezwungene Strom Null gesetzt. Die sich aus den aufgezwungenen Strömen $\mathfrak{J}_1, \mathfrak{J}_2, \ldots, \mathfrak{J}_n$ ergebenden Spannungen zwischen den einzelnen Knoten und den Bezugsknoten seien $\mathfrak{U}_1, \ldots, \mathfrak{U}_n$.

Die Gleichungen der Knotenanalyse sagen aus, daß die Summe der in einen Knoten ein- und ausfließenden Ströme verschwindet. So ist in Abb. 5.2 der von außen zum Knoten 1 fließende Strom $\mathfrak{J}_1$. Zwischen zwei Knoten k und l sei der Leitwert $\mathfrak{Y}_{kl}$ geschaltet, wobei im allgemeinen Fall jeder einzelne Leitwert aus der Parallelschaltung eines Ohmschen, kapazitiven und induktiven Leitwertes besteht[1].

Legt man an einen solchen Leitwert die Spannung $\mathfrak{U}_k - \mathfrak{U}_l = \mathfrak{U}$, so erhält man für den von k nach l fließenden Strom

$$\mathfrak{J}_{kl} = G_{kl}\,\mathfrak{U} + C_{kl}\frac{\mathrm{d}\,\mathfrak{U}}{\mathrm{d}\,t} + \frac{1}{L_{kl}}\int\limits_{-\infty}^{t}\mathfrak{U}\,\mathrm{d}\tau\,. \tag{5.15}$$

Mit dem Symbol p für die Differentiation und dem Symbol 1/p für die Integration erhält man aus Gl. (5.15):

$$\mathfrak{J}_{kl} = \left(G_{kl} + \mathrm{p}\,C_{kl} + \frac{1}{\mathrm{p}\,L_{kl}}\right)\mathfrak{U} = \mathfrak{Y}_{kl}\,\mathfrak{U} = \mathfrak{Y}_{kl}\,(\mathfrak{U}_k - \mathfrak{U}_l)\,, \tag{5.16}$$

wobei man den Differentialausdruck in der Klammer mit $\mathfrak{Y}_{kl}$ bezeichnet und Leitwert nennt, was im allgemeinen nur für sinusförmigen Wechselstrom im eingeschwungenen Zustand üblich ist. Die Verwendung des Symbols p für die Differentiation und Integration führt in der nachstehend behandelten Netzwerkanalyse bei obiger Schreibweise zur früher eingeführten komplexen Frequenz $\mathfrak{p}$. Das gilt natürlich nur bei linearen Differentialgleichungen und ist keinesfalls zu verallgemeinern. Vorerst bedeutet p noch keine komplexe Frequenz, sondern ist nur ein Differentialsymbol.

Die nur mit *einem* Index versehene Gleichung

$$\mathfrak{Y}_m\,\mathfrak{U}_m = G_m\,\mathfrak{U}_m + C_m\frac{\mathrm{d}\,\mathfrak{U}_m}{\mathrm{d}\,t} + \frac{1}{L_m}\int\limits_{-\infty}^{t}\mathfrak{U}_m\,\mathrm{d}\tau \tag{5.17}$$

bezieht sich auf die Elemente zwischen den einzelnen Knoten und dem Bezugsknoten.

---

[1] Dabei darf nur der direkt zwischen den Knoten liegende Leitwert betrachtet werden und nicht der über andere Knoten entstehende.

Der vom Knoten 1 zum Bezugsknoten „0“ fließende Strom beträgt $\mathfrak{Y}_1 \mathfrak{U}_1$. Der von 1 nach 2 fließende Strom

$$\mathfrak{Y}_{12}(\mathfrak{U}_1 - \mathfrak{U}_2). \tag{5.18}$$

Die Summe aller Ströme vom Knoten 1 in das Netzwerk beträgt also

$$\mathfrak{Y}_1 \mathfrak{U}_1 + \mathfrak{Y}_{12}(\mathfrak{U}_1 - \mathfrak{U}_2) + \cdots + \mathfrak{Y}_{1n}(\mathfrak{U}_1 - \mathfrak{U}_n) = \mathfrak{I}_1, \tag{5.19}$$

was man in der Form

$$\mathfrak{Y}_{11} \mathfrak{U}_1 - \mathfrak{Y}_{12} \mathfrak{U}_2 - \mathfrak{Y}_{13} \mathfrak{U}_3 - \cdots - \mathfrak{Y}_{1n} \mathfrak{U}_n = \mathfrak{I}_1 \tag{5.20}$$

mit der Abkürzung

$$\mathfrak{Y}_{11} = \mathfrak{Y}_1 + \mathfrak{Y}_{12} + \mathfrak{Y}_{13} + \cdots + \mathfrak{Y}_{1n} \tag{5.21}$$

schreiben kann.

Hierin bedeutet $\mathfrak{Y}_{11}$ der Gesamtleitwert zwischen dem Knoten 1 und dem Bezugsknoten, wenn alle anderen Knoten damit kurzgeschlossen sind.

Da eine zur Gl. (5.20) analoge Beziehung für sämtliche Knoten mit Ausnahme des Bezugsknotens gilt, ergibt sich zur Beschreibung eines kopplungsfreien, passiven Netzwerkes mit $(n + 1)$ Knoten folgendes Gleichungssystem:

$$\begin{aligned} \mathfrak{Y}_{11} \mathfrak{U}_1 - \mathfrak{Y}_{12} \mathfrak{U}_2 - \cdots - \mathfrak{Y}_{1n} \mathfrak{U}_n &= \mathfrak{I}_1 \\ -\mathfrak{Y}_{21} \mathfrak{U}_1 + \mathfrak{Y}_{22} \mathfrak{U}_2 - \cdots - \mathfrak{Y}_{2n} \mathfrak{U}_n &= \mathfrak{I}_2 \\ \cdots\cdots\cdots\cdots\cdots\cdots\cdots\cdots \\ -\mathfrak{Y}_{n1} \mathfrak{U}_1 - \mathfrak{Y}_{n2} \mathfrak{U}_2 - \cdots + \mathfrak{Y}_{nn} \mathfrak{U}_n &= \mathfrak{I}_n. \end{aligned} \tag{5.22}$$

Die Gleichung für den Bezugsknoten ist durch das Gleichungssystem (5.22) automatisch erfüllt.

Für das Gleichungssystem (5.22) der kopplungsfreien Knotenanalyse gelten die beiden nachstehenden Sätze:

„In einem kopplungsfreien, passiven Netzwerk mit $(n + 1)$ Knoten beträgt die Anzahl der unabhängigen Knotengleichungen n.“

„Die Matrix der Knotengleichungen ist symmetrisch und daher quadratisch. In der Hauptdiagonalen enthält sie nur positive und an allen anderen Stellen nur negative Elemente.“

Die Leitwertmatrix $(\mathfrak{Y}_{kl})$ läßt sich in die Summe von drei Teilmatrizen aufspalten, wobei die erste Matrix nur die Leitwerte G_{kl} enthält, die zweite Matrix die Koeffizienten mit dem Differential $\mathrm{d}/\mathrm{d}t = \mathrm{p}$ und die dritte Matrix die mit $1/\mathrm{p}$ multiplizierten Koeffizienten der induktiven Leitwerte. Wenn zwischen den Elementen des induktiven Anteiles gegenseitige Kopplungen bestehen, so ändern sich nur die induktiven Leitwerte in dem induktiven Teilnetzwerk der 3. Teilmatrix. Die Matrixelemente der OHMschen und kapazitiven Anteile bleiben unverändert.

Für ein induktives Teilnetz nach Abb. 5.3 läßt sich stets ein kopplungsfreies Ersatzschaltbild angeben, das die wirkliche Schaltung in allen meßbaren Eigenschaften gleichwertig ersetzt [*102*]. Im Ersatzschaltbild treten dabei negative Ersatzinduktivitäten auf. Trotz der negativen Induktivität muß beim Messen alles physikalisch sinnvoll bleiben, d. h. an einem Knotenpaar darf unabhängig vom Leerlauf oder Kurzschluß der anderen Knoten nie eine negative Induktivität gemessen werden. Bei den in Abb. 5.3 dargestellten Kopplungen lassen sich folgende induktive Leitwerte messen:

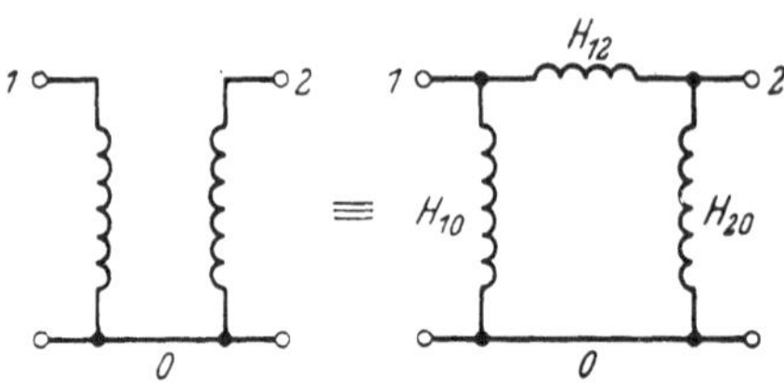

Abb. 5.3. Induktives Dreieck als Ersatzschaltung für eine gegenseitige Induktivität (nach J. PETERS [*102*], S. 59)

an den Knoten 1,0: L_{1L} bei Leerlauf an 2,0,
L_{1K} bei Kurzschluß an 2,0,
an den Knoten 2,0: L_{2L} bei Leerlauf an 1,0,
L_{2K} bei Kurzschluß an 1,0,

welche alle positiv sind und wobei auf Grund einer allgemeinen Vierpolbeziehung gilt:

$$L_{1L}\, L_{2K} = L_{1K}\, L_{2L}. \tag{5.23}$$

Für die in der Ersatzschaltung eingetragenen Bezeichnungen erhält man zwischen obigen Größen der wirklichen Schaltung und den H-Werten der Ersatzschaltung folgende Gleichungen:

$$H_{10} + \frac{H_{12}\,H_{20}}{H_{12}+H_{20}} = \frac{1}{L_{1L}} \geqq 0, \tag{5.24}$$

$$H_{12} + H_{10} = \frac{1}{L_{1K}} \geqq 0, \tag{5.25}$$

$$H_{20} + \frac{H_{12}\,H_{10}}{H_{12}+H_{10}} = \frac{1}{L_{2L}} \geqq 0, \tag{5.26}$$

$$H_{12} + H_{20} = \frac{1}{L_{2K}} \geqq 0. \tag{5.27}$$

Aus diesen Beziehungen lassen sich H_{10}, H_{12} und H_{20} widerspruchsfrei errechnen, wobei H_{12} negativ werden kann, was jedoch nie zu meßbaren negativen Induktivitäten führt.

Die Matrixelemente des induktiv gekoppelten Teilnetzes Abb. 5.3 ergeben sich zu:

$$\begin{aligned} \frac{h_{11}}{\mathrm{p}} &= \frac{H_{10}+H_{12}}{\mathrm{p}}, \\ \frac{h_{22}}{\mathrm{p}} &= \frac{H_{20}+H_{12}}{\mathrm{p}}, \\ \frac{h_{12}}{\mathrm{p}} &= -\frac{H_{12}}{\mathrm{p}}. \end{aligned} \tag{5.28}$$

Für ein allgemeines induktiv gekoppeltes Netzwerk ergeben sich die „h-Elemente“, indem man alle Knoten bis auf zwei mit den Bezugsknoten verbindet, so daß nur ein induktiver Dreipol nach Abb. 5.3 übrigbleibt, dessen Elemente man bestimmen kann. Wenn man nun alle Permutationen, bei denen zwei Knoten *nicht* mit dem Bezugsknoten verbunden sind, herstellt, lassen sich hieraus, mit Hilfe der zu den Gln. (5.24) bis (5.27) analogen Beziehungen, die Elemente für ein kopplungsfreies Ersatznetzwerk berechnen.

c) Die Knotenanalyse eines linearen, aktiven Netzwerkes

Bei aktiven Netzwerken hat man es stets mit Röhren- oder Transistorverstärkern im linearen Kennlinienbereich zu tun. Bei den Röhren werden nur Kathoden, Gitter und Anoden als zum Netzwerk gehörende Knoten betrachtet und beim Transistor die analogen Größen. Von den Hilfselektroden, z. B. Schirm- und Bremsgitter, wird vorausgesetzt, daß sie für Wechselströme mit dem Bezugsknoten kapazitiv kurzgeschlossen sind. Diesen kann man im allgemeinen so wählen, daß er auf festem Potential liegt. Um qualitative Aussagen machen zu können, werden die Verstärkereigenschaften der Röhren durch Ersatzschaltbilder dargestellt, die normale, lineare, passive Schaltelemente und eine aktive Stromquelle enthalten.

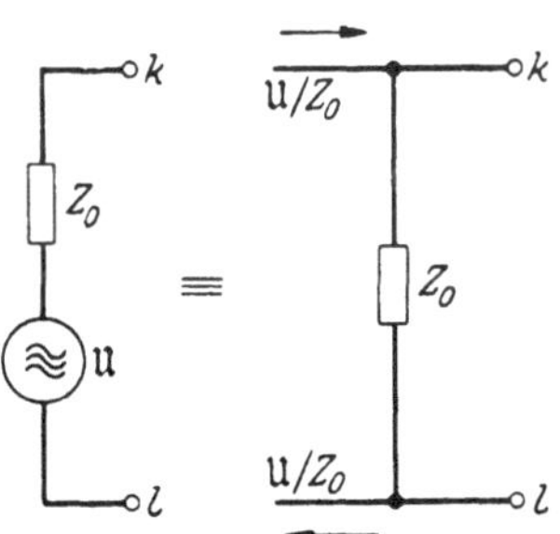

Abb. 5.4. Zur Umwandlung einer Spannungsquelle mit der Urspannung $\mathfrak{U}$ und dem Innenwiderstand Z_0 zwischen den Klemmen k, l eines linearen Netzwerkes in eine Stromquelle mit der Einströmung $\mathfrak{U}/Z_0$ und dem parallel geschalteten Widerstand Z_0.

Bei der von Abb. 5.2 ausgehenden Knotenanalyse wurde angenommen, daß der Innenwiderstand der Stromquellen den Wert Unendlich hat. Das ist jedoch technisch nur näherungsweise möglich, und zu jeder Spannungsquelle zwischen 2 Knoten k und l mit der Urspannung $\mathfrak{U}$ und dem Ohmschen Innenwiderstand Z_0 [1] läßt sich nach bekannten Theoremen eine Stromquelle mit der Einströmung $\mathfrak{U}/Z_0$ zuordnen, der ein Widerstand Z_0 parallel liegt (s. Abb. 5.4). Dieser Leitwert $1/Z_0$ wird dann beim Anlegen einer Stromquelle zwischen den Knoten k, l noch zum Leitwert $\mathfrak{Y}_{kl}$ Gl. (5.16) hinzugezählt, so daß er Bestandteil des Netzwerkes wird.

Bei Verwendung von Röhrenschaltungen muß die Knotenanalyse für passive Elemente, wie nachstehend beschrieben, geändert werden:

[1] Wenn kein Ohmscher Innenwiderstand Z_0 vorliegt, müssen die neu hinzugekommenen konzentrierten Elemente das ursprüngliche Netzwerk zu einem neuen ergänzen, so daß gegebenenfalls das Gleichungssystem (5.22) erweitert werden muß.

Kathode, Gitter und Anode mögen als Knoten k, l, m bezeichnet werden. Die Spannung zwischen Gitter und Kathode beträgt dann $\mathfrak{U}_l - \mathfrak{U}_k$, und die Verstärkungseigenschaften können im Einklang mit obigen Voraussetzungen durch Einführung eines äquivalenten Stromgenerators mit dem Urstrom $-S(\mathfrak{U}_l - \mathfrak{U}_k)$ im Anodenkreis beschrieben werden. Aus dem bekannten Röhrenersatzschaltbild Abb. 5.5 folgt, daß die Wirkung durch zwei Stromgeneratoren der Intensität

$$-S(\mathfrak{U}_l - \mathfrak{U}_k) \quad \text{und} \quad +S(\mathfrak{U}_l - \mathfrak{U}_k)$$

ersetzt werden kann, wobei der erste Generator der Anode und der zweite Generator der Kathode aufgezwungen wird. Ferner müssen der

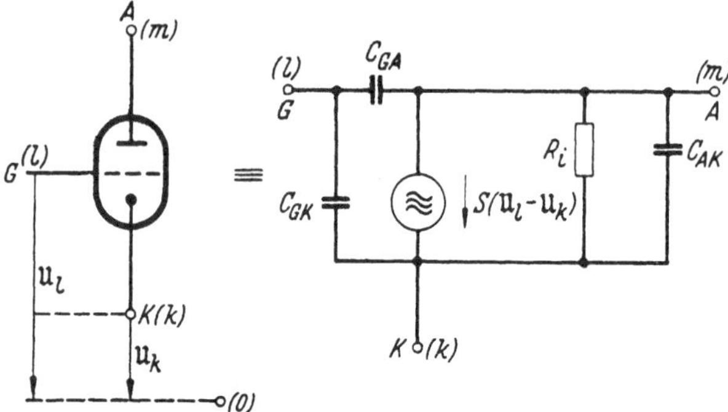

Abb. 5.5. Röhrenersatzschaltbild bei Verstärkung im linearen Kennlinienbereich (A-Verstärkung)

Röhreninnenwiderstand R_i als Leitwert $1/R_i$ und die Röhrenkapazitäten Bestandteile des Netzwerkes werden.

Bei Berücksichtigung der beiden neuen Stromquellen für Kathode und Anode erhält man für die k und m zugeordneten Knotengleichungen

$$-\mathfrak{Y}_{k1}\mathfrak{U}_1 - \mathfrak{Y}_{k2}\mathfrak{U}_2 - \cdots - \mathfrak{Y}_{kn}\mathfrak{U}_n = +S(\mathfrak{U}_l - \mathfrak{U}_k), \tag{5.29}$$

$$-\mathfrak{Y}_{m1}\mathfrak{U}_1 - \mathfrak{Y}_{m2}\mathfrak{U}_2 - \cdots - \mathfrak{Y}_{mn}\mathfrak{U}_n = -S(\mathfrak{U}_l - \mathfrak{U}_k). \tag{5.30}$$

Wenn die Kathode wechselstrommäßig überbrückt wird und praktisch mit dem Bezugsknoten kurzgeschlossen wird, wird $\mathfrak{U}_k = 0$, der k-te Knoten fällt mit dem Bezugsknoten zusammen, Gl. (5.29) fällt weg, und aus Gl. (5.30) ergibt sich, wenn man $\mathfrak{U}_l$ auf die linke Seite bringt:

$$-\mathfrak{Y}_{m1}\mathfrak{U}_1 - \mathfrak{Y}_{m2}\mathfrak{U}_2 - \cdots - (\mathfrak{Y}_{ml} - S)\mathfrak{U}_l - \cdots - \mathfrak{Y}_{mn}\mathfrak{U}_n = 0. \tag{5.31}$$

Die Verwendung einer Röhre im linearen Kennlinienbereich ergibt bei der Leitwertmatrix außerhalb der Hauptdiagonalen ein Zusatzelement S, das wegen der Phasenumkehr mit positivem Vorzeichen erscheint.

Elektronenröhren mit mehreren Gittern kann man durch mehrere Trioden mit geeigneter Steilheit ersetzen (siehe Abb. 5.6).

Als Beispiel ist in Abb. 5.7 eine Röhrenschaltung angegeben, bei der die Kathode mit dem Bezugsknoten verbunden ist und die Röhren-

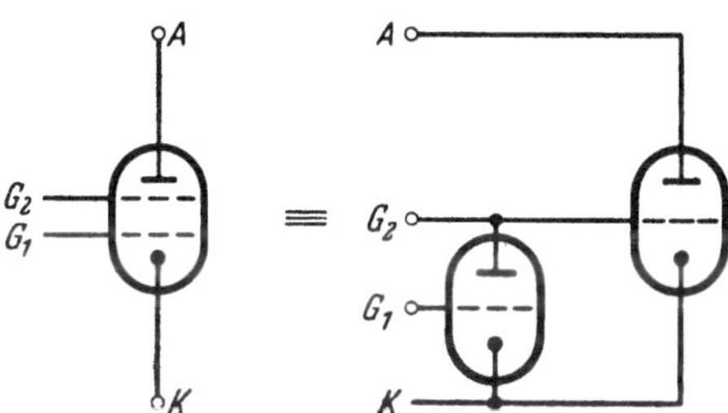

Abb. 5.6. Ersatz einer Tetrode durch zwei ideale Trioden (nach [102] S. 62)

steilheit „S" beträgt. Die hierfür erforderliche Leitwertmatrix entsprechend Gl. (5.16) mit dem Symbol p findet man folgendermaßen: Zunächst nimmt man an, daß noch kein Anodenstrom $-S\mathfrak{U}_1$ fließt. Die Gleichungen lauten dann:

$$\begin{aligned}(\mathfrak{Y}_1+\mathfrak{Y}_2+\mathfrak{Y}_{12})\,\mathfrak{U}_1-\mathfrak{Y}_{12}\,\mathfrak{U}_2&=\mathfrak{J}_1,\\ -\mathfrak{Y}_{12}\,\mathfrak{U}_1+(\mathfrak{Y}_3+\mathfrak{Y}_4+\mathfrak{Y}_{12})\,\mathfrak{U}_2&=0.\end{aligned} \qquad (5.32)$$

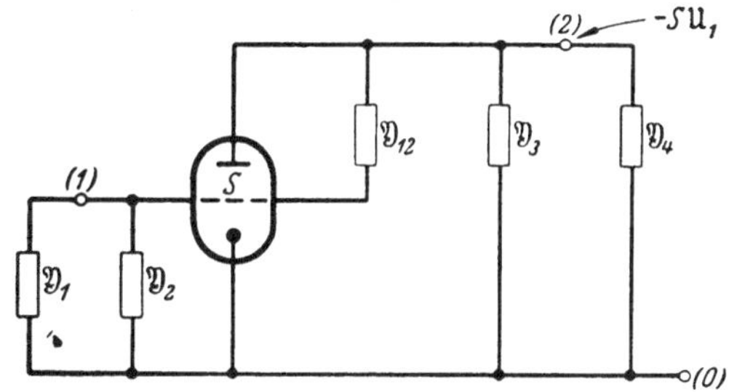

Abb. 5.7. Beispiel für die Knotenanalyse einer Röhrenschaltung

Wenn man nun den vorhandenen Anodenstrom $-S\mathfrak{U}_1$, der ja von der Röhre dem Knoten 2 aufgezwungen wird, berücksichtigt, ergibt sich aus der zweiten Gleichung:

$$-(\mathfrak{Y}_{12}-S)\,\mathfrak{U}_1+(\mathfrak{Y}_3+\mathfrak{Y}_4+\mathfrak{Y}_{12})\,\mathfrak{U}_2=0. \qquad (5.33)$$

Die Leitwerte $\mathfrak{Y}_2$, $\mathfrak{Y}_3$ $(=1/R_i)$, $\mathfrak{Y}_4$ und $\mathfrak{Y}_{12}$ dienen zur Beschreibung der zwischen den Röhrenelektroden und den dazugehörigen Zuleitungen vorhandenen Leitwerte.

d) Die Lösung des Systems von Knotengleichungen für komplexe Frequenzen und die daraus folgende Darstellung des Übertragungsfaktors

Die Knotengleichungen eines aktiven, linearen Netzwerkes stellen ein System linearer Differentialgleichungen mit konstanten Koeffizienten mit beliebigen Erregerfunktionen $\mathfrak{J}_\nu(t)$ dar ($\nu = 1, 2, \ldots, n$). Von dem trivialen Fall $\mathfrak{J}_\nu(t) = 0$ abgesehen, gibt es nur dann eine einfache Lösung, wenn die Erregerfunktionen alle ein und dieselbe komplexe Frequenz haben. Aus der ersten Gleichung des Gleichungssystems (5.22), in dem die $\mathfrak{Y}_{kl}$ die Elemente einer *aktiven* Leitwertmatrix bedeuten sollen, in der also die positiven Zusätze S von Gl. (5.31) berücksichtigt sind, ergibt sich für eine Erregung

$$\mathfrak{J}_1 = \mathfrak{J}_{10}\, e^{\mathfrak{p} t} \tag{5.34}$$

und die Lösungsansätze

$$\mathfrak{U}_\nu = \mathfrak{U}_{\nu 0}\, e^{\mathfrak{p} t} \qquad (\nu = 1, 2, \ldots n), \tag{5.35}$$

in denen jetzt $\mathfrak{p}$ nicht mehr ein Differentialsymbol, sondern die komplexe Frequenz $\mathfrak{p}$ bedeutet:

$$\begin{aligned}\left(G_{11} + \mathfrak{p}\, C_{11} + \frac{1}{\mathfrak{p}\, L_{11}}\right) \mathfrak{U}_{10}\, e^{\mathfrak{p} t} - \left(G_{12} + \mathfrak{p}\, C_{12} + \frac{1}{\mathfrak{p}\, L_{12}}\right) \mathfrak{U}_{20}\, e^{\mathfrak{p} t} - \cdots \\ - \left(G_{1n} + \mathfrak{p}\, C_{1n} + \frac{1}{\mathfrak{p}\, L_{1n}}\right) \mathfrak{U}_{n0}\, e^{\mathfrak{p} t} = \mathfrak{J}_{10}\, e^{\mathfrak{p} t}.\end{aligned} \tag{5.36}$$

Für die weiteren Gleichungen des Gleichungssystems (5.22) ergeben sich analoge Beziehungen, in denen überall der Faktor $e^{\mathfrak{p} t}$ gekürzt werden kann, so daß ein System algebraischer Gleichungen übrigbleibt, in dem die Symbole $\mathfrak{Y}_{kl}$ die Leitwerte bei der vorgegebenen komplexen Frequenz bedeuten.

Die Knotengleichungen haben nach obigem Lösungssatz folgende Gestalt:

$$\begin{aligned} \mathfrak{Y}_{11}\mathfrak{U}_{10} - \mathfrak{Y}_{12}\mathfrak{U}_{20} - \cdots - \mathfrak{Y}_{1n}\mathfrak{U}_{n0} &= \mathfrak{J}_{10} \\ -\mathfrak{Y}_{21}\mathfrak{U}_{10} + \mathfrak{Y}_{22}\mathfrak{U}_{20} - \cdots - \mathfrak{Y}_{2n}\mathfrak{U}_{n0} &= \mathfrak{J}_{20} \\ \cdots\cdots\cdots\cdots\cdots\cdots \\ \cdots\cdots\cdots\cdots\cdots\cdots \\ -\mathfrak{Y}_{n1}\mathfrak{U}_{10} - \mathfrak{Y}_{n2}\mathfrak{U}_{20} - \cdots + \mathfrak{Y}_{nn}\mathfrak{U}_{n0} &= \mathfrak{J}_{n0}. \end{aligned} \tag{5.37}$$

Bei der Bestimmung eines Übertragungsfaktors legt man an ein Eingangsklemmenpaar, das hier mit den Knoten 1,0 bezeichnet sei, die Ursache in Form einer Spannung $\mathfrak{U}_1(\mathfrak{p})$, die durch den aufgezwungenen Strom $\mathfrak{J}_1 = \mathfrak{J}_{10} \cdot e^{\mathfrak{p} t}$ entsteht, und mißt die Ausgangsspannung $\mathfrak{U}_n(\mathfrak{p})$ zwischen den Knoten n,0. Der gesuchte Quotient $\mathfrak{U}_n(\mathfrak{p})/\mathfrak{U}_1(\mathfrak{p})$ läßt sich aus dem Gleichungssystem (5.37), in dem auf der rechten Seite alle Größen bis auf $\mathfrak{J}_{10}$ verschwinden, bestimmen. Nach der KRAMERschen Regel läßt sich zunächst $\mathfrak{U}_1 = \mathfrak{U}_{10}\, e^{\mathfrak{p} t}$ ermitteln. Man errechnet:

$$\mathfrak{U}_{10} = \frac{\begin{vmatrix} \mathfrak{J}_{10} & -\mathfrak{Y}_{12} & \cdots & -\mathfrak{Y}_{1n} \\ 0 & +\mathfrak{Y}_{22} & \cdots & -\mathfrak{Y}_{2n} \\ \cdot & \cdot & \cdot & \cdot \\ \cdot & \cdot & \cdot & \cdot \\ 0 & -\mathfrak{Y}_{2n} & \cdots & +\mathfrak{Y}_{nn} \end{vmatrix}}{\begin{vmatrix} \mathfrak{Y}_{11} & -\mathfrak{Y}_{12} & \cdots & -\mathfrak{Y}_{1n} \\ -\mathfrak{Y}_{21} & +\mathfrak{Y}_{22} & \cdots & -\mathfrak{Y}_{2n} \\ \cdot & \cdot & \cdot & \cdot \\ \cdot & \cdot & \cdot & \cdot \\ -\mathfrak{Y}_{n1} & -\mathfrak{Y}_{n2} & \cdots & +\mathfrak{Y}_{nn} \end{vmatrix}} = \frac{\mathfrak{J}_{10}\,\Delta_{11}}{\Delta}, \qquad (5.38)$$

wobei Δ_{11} der Kofaktor zur Determinante $\Delta = |\mathfrak{Y}_{k,l}|$ ist. Unter dem Kofaktor $\Delta_{k,l}$ versteht man die aus Δ entstehende Unterdeterminante, wenn man die k-te Zeile und l-te Spalte streicht und mit $(-1)^{k+l}$ multipliziert. Analog zur Gl. (5.38) erhält man für $\mathfrak{U}_{n0}$

$$\mathfrak{U}_{n0} = \frac{\mathfrak{J}_{10}\,\Delta_{1n}}{\Delta} \qquad (5.39)$$

und der Übertragungsfaktor wird

$$\mathfrak{w}(\mathfrak{p}) = \frac{\mathfrak{U}_n(\mathfrak{p})}{\mathfrak{U}_1(\mathfrak{p})} = \frac{\mathfrak{U}_{n0}}{\mathfrak{U}_{10}} = \frac{\Delta_{1n}}{\Delta_{11}}. \qquad (5.40)$$

Da die Unterdeterminanten Δ_{kl} aus Elementen der Form $a\,\mathfrak{p} + b + c/\mathfrak{p}$ mit reellen Koeffizienten bestehen, nimmt jede dieser Unterdeterminanten nachstehende Form an:

$$\Delta_{kl} = \frac{A_{2n-2}\,\mathfrak{p}^{2n-2} + A_{2n-3}\,\mathfrak{p}^{2n-3} + \cdots + A_1\,\mathfrak{p} + A_0}{\mathfrak{p}^{n-1}} \qquad (5.41)$$

und für den Übertragungsfaktor $\mathfrak{w}(\mathfrak{p})$ erhält man stets eine gebrochene rationale Funktion von $\mathfrak{p}$

$$\mathfrak{w}(\mathfrak{p}) = \frac{A_{2n-2}\,\mathfrak{p}^{2n-2} + A_{2n-3}\,\mathfrak{p}^{2n-3} + \cdots + A_1\,\mathfrak{p} + A_0}{B_{2n-2}\,\mathfrak{p}^{2n-2} + B_{2n-3}\,\mathfrak{p}^{2n-3} + \cdots + B_1\,\mathfrak{p} + B_0}, \qquad (5.42)$$

in der nur reelle Koeffizienten A_ν und B_ν vorkommen. Zieht man $A_{2n-2}/B_{2n-2} = D$ vor den Bruch, so lassen sich Zähler und Nenner nach dem Fundamentalsatz der Algebra in die Wurzeln zerlegen:

$$\mathfrak{w}(\mathfrak{p}) = D\,\frac{(\mathfrak{p}-\mathfrak{q}_1)(\mathfrak{p}-\mathfrak{q}_2)\cdots(\mathfrak{p}-\mathfrak{q}_r)}{(\mathfrak{p}-\mathfrak{p}_1)(\mathfrak{p}-\mathfrak{p}_2)\cdots(\mathfrak{p}-\mathfrak{p}_s)}. \qquad (5.43)$$

Dabei hat der Zähler die Wurzeln $\mathfrak{q}_1 \ldots \mathfrak{q}_r$ und der Nenner die Wurzeln $\mathfrak{p}_1 \ldots \mathfrak{p}_s$. Da die Koeffizienten in Gl. (5.42) reell sind, gehören nach dem Fundamentalsatz der Algebra im Zähler und Nenner zu einer komplexen Wurzel $\mathfrak{q}_1$ bzw. $\mathfrak{p}_1$ stets auch die konjugiert komplexe

Wurzel $\mathfrak{q}_1^*$ bzw. $\mathfrak{p}_1^*$. Die Wurzel des Zählers bezeichnet man als Nullstellen des Übertragunsfaktors und die Wurzeln des Nenners als Pole. Nullstellen und Pole eines Übertragungsfaktors treten, falls sie nicht alle reell sind, stets paarweise als konjugiert komplexe Größen auf. Damit wird automatisch die Forderung der Gl. (5.14) erfüllt.

Jeder Übertragungsfaktor eines linearen, aktiven Netzwerkes läßt sich also in der Form der Gl. (5.43) darstellen, in der die $\mathfrak{q}_\nu$ die Nullstellen und die $\mathfrak{p}_\nu$ die Pole bedeuten. Aus dieser Darstellungsmöglichkeit ergibt sich folgender Satz: Ein natürliches Übertragungssystem, das nur konzentrierte Elemente enthält, ist bei Angabe der Nullstellen und Pole bis auf einen konstanten, reellen Faktor D vollständig bestimmt.

Der Begriff der komplexen Frequenz im Zusammenhang mit der Darstellung eines Übertragungssystems mit Hilfe von Nullstellen und Polen sei an zwei Beispielen erläutert:

1. Beispiel. Das Übertragungsmaß der in Abb. 5.8 dargestellten Serienschaltung einer Kapazität C und eines Widerstandes R beträgt zwischen den Knoten 1,0 und 2,0 für die Frequenz ω:

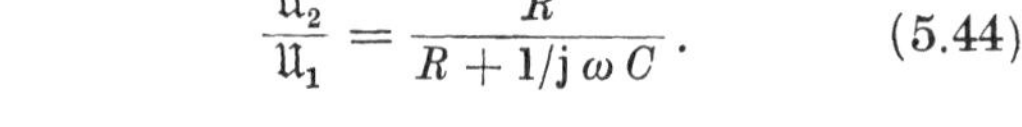

$$\frac{\mathfrak{U}_2}{\mathfrak{U}_1} = \frac{R}{R + 1/\mathrm{j}\,\omega\, C}. \qquad (5.44)$$

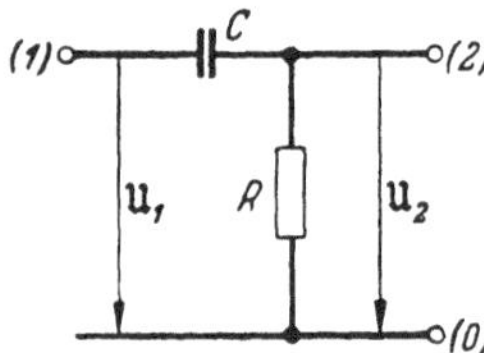

Abb. 5.8 Schaltungsbeispiel zur Erläuterung der Nullstellen und Pole des komplexen Übertragungsfaktors

Bei linearen Netzwerken gilt, wie durch Gl. (5.43) gezeigt, daß nicht nur die imaginäre Frequenz $\mathfrak{p} = \mathrm{j}\,\omega$ eine Lösung im eingeschwungenen Zustand darstellt, sondern daß dies auch für jede beliebige komplexe Frequenz $\mathfrak{p} = \gamma + \mathrm{j}\,\omega$ gilt.

Um die Darstellung eines Übertragungsfaktors als gebrochene rationale Funktion zu erhalten, genügt es daher, das Verhalten im eingeschwungenen Zustand für $\mathrm{j}\,\omega$ auszurechnen und anschließend $\mathrm{j}\,\omega = \mathfrak{p}$ zu setzen.

Für die Schaltung in Abb. 5.8 ergibt sich also

$$\frac{\mathfrak{U}_2}{\mathfrak{U}_1} = \frac{R}{R + 1/\mathfrak{p}\, C} = \frac{\mathfrak{p}}{\mathfrak{p} + 1/R C} = \frac{\mathfrak{p} - 0}{\mathfrak{p} - (-1/R C)}. \qquad (5.45)$$

Sie hat eine Nullstelle der Übertragung bei $\mathfrak{p} = 0$, d. h. bei Gleichstrom. Der Pol bei $\mathfrak{p} = -1/RC$ ergibt für die komplexe Schwingung $\mathrm{e}^{\mathfrak{p} t} = \mathrm{e}^{-t/RC}$ das Übertragungsmaß Unendlich, denn wenn der Punkt 2 z. B. auf Grund einer Kondensatorentladung nach hergestelltem Kurzschluß zwischen 1 und 0, so daß also $\mathfrak{U}_1 = 0$ wird und keine Erregung mehr stattfindet, eine Spannung U_{20} gegenüber dem Bezugsknoten 1 hat, so klingt die Spannung $\mathfrak{U}_2(t)$ exponentiell nach der Gleichung $\mathfrak{U}_2(t) = U_{20}\,\mathrm{e}^{-t/RC}$ ab; d. h. in der Sprache der komplexen Frequenz:

sie schwingt ohne Erregung mit der komplexen Frequenz $\mathfrak{p} = -1/RC$ aus.

2. Beispiel: Für das in Abb. 5.9 dargestellte Übertragungssystem ergibt sich

$$\frac{\mathfrak{U}_2}{\mathfrak{U}_1} = \frac{R + \mathrm{j}\,\omega L}{R + \mathrm{j}\,\omega L + 1/\mathrm{j}\,\omega C} = \frac{R + \mathfrak{p} L}{R + \mathfrak{p} L + 1/\mathfrak{p} C} = K \frac{(\mathfrak{p} - \mathfrak{q}_1)(\mathfrak{p} - \mathfrak{q}_2)}{(\mathfrak{p} - \mathfrak{p}_1)(\mathfrak{p} - \mathfrak{p}_2)}, \tag{5.46}$$

$$= \frac{(\mathfrak{p} - 0)\,[\mathfrak{p} - (-R/L)]}{[\mathfrak{p} - (-R/2L + \mathrm{j}\sqrt{1/LC - (R/2L)^2})]\,[\mathfrak{p} - (-R/2L - \mathrm{j}\sqrt{1/LC - (R/2L)^2})]}. \tag{5.47}$$

Die beiden Nullstellen $\mathfrak{q}_1 = 0$ und $\mathfrak{q}_2 = -R/L$ bedeuten, daß das Übertragungssystem bei Gleichstrom und bei der komplexen Frequenz $\mathfrak{p} = -R/L$, also einer Spannung $U_{10}\,\mathrm{e}^{-(R/L)t}$, von Einschwingprozessen abgesehen, nichts zu dem Knoten 2 überträgt. Das läßt sich anschaulich leicht überblicken.

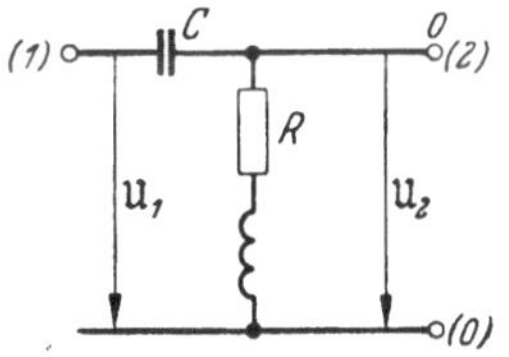

Abb. 5.9. Schaltungsbeispiel zur Erläuterung der Nullstellen und Pole des komplexen Übertragungsfaktors

Die abnehmende Spannung $U_{10}\,\mathrm{e}^{-(R/L)t}$ am Knoten 1 bedingt, wenn die Spannung am Knoten 2 konstant ist, einen Strom

$$C\,\frac{\mathrm{d}\mathfrak{U}_1}{\mathrm{d}t} = \mathfrak{J}_c = -\frac{C\,U_{10}R}{L}\,\mathrm{e}^{-(R/L)t}. \tag{5.48}$$

Durchfließt dieser Strom die Serienschaltung von R und L, so wird der Spannungsabfall

$$\mathfrak{J}_c R + L\,\frac{\mathrm{d}\mathfrak{J}_c}{\mathrm{d}t} = \left(-\frac{R^2 C\,U_{10}}{L} + \frac{R^2 C\,U_{10}}{L}\right)\mathrm{e}^{-(R/L)t} = 0, \tag{5.49}$$

so daß also keine Spannungsübertragung stattfindet.

Die Pole stellen ein konjugiert komplexes Zahlenpaar in der linken Halbebene dar. Ihre Addition ergibt wieder eine reelle Frequenz:

$$U_{20}\,(\mathrm{e}^{\mathfrak{p}_1 t} + \mathrm{e}^{\mathfrak{p}_2 t}) = U_{20}\,\mathrm{e}^{(-R/2L)t}\,2\cos\sqrt{\frac{1}{LC} - \left(\frac{R}{2L}\right)^2}\;t. \tag{5.50}$$

Beim Abschalten der Spannung $\mathfrak{U}_1$, d. h. bei Kurzschluß des Knotens 1 mit dem Bezugsknoten 0, tritt, wenn man von den durch diesen Schaltprozeß ausgelösten Ausgleichsströmen absieht, bei $\mathfrak{U}_2(t)$ die in Gl. (5.50) dargestellte Spannung auf, ohne daß eine Erregung vorliegt.

Die Beispiele zeigen, daß dann, wenn das Übertragungssystem noch einen Energievorrat besitzt, der sich frei entladen kann, im Ausgang ein im allgemeinen durch zwei konjugiert komplexe Frequenzen darstellbarer Schwingungsvorgang auftritt, obwohl der Eingang zwangsweise stillgelegt ist. Für diese komplexen Frequenzen wird $\mathfrak{w}(\mathfrak{p})$ unendlich. Man bezeichnet sie als Eigenfrequenzen des Übertragungssystems.

Dieses Verhalten führt zu folgendem Schluß: Alle Eigenfrequenzen von „brauchbaren“ Übertragungssystemen müssen gedämpft sein, d. h., der Realteil γ der komplexen Frequenz $\mathfrak{p} = \gamma + \mathrm{j}\,\omega$ muß stets negativ sein, da sich sonst Eigenschwingungen exponentiell aufschaukeln können. Solche Eigenschwingungen entstehen durch Rückkopplungen in aktiven Systemen, die man deshalb als instabile Übertragungssysteme bezeichnet. Es gilt daher der Satz:

Die Pole von stabilen Übertragungssystemen können nicht in der rechten $\mathfrak{p}$-Halbebene liegen [*103*].

5.4 Die Rückkopplung

Bei einem normalen Spannungsverstärker definiert man den Verstärkungsfaktor $\mathfrak{V}$ als

$$\mathfrak{V} = \frac{\text{Ausgangsspannung}}{\text{Eingangsspannung}} = \frac{\mathfrak{U}_2}{\mathfrak{U}_1}. \tag{5.51}$$

$\mathfrak{V}$ ist im allgemeinen frequenzabhängig, und wenn man die Abhängigkeit von der technischen Frequenz ω kennt, läßt sich Gl. (5.51) ohne weiteres auf komplexe Frequenzen ausdehnen, solange die Verstärkungselemente im linearen Kennlinienbereich arbeiten und das Übertragungssystem nur eine endliche Anzahl von Knoten besitzt, also

$$\mathfrak{V} = \frac{\mathfrak{U}_2(\mathfrak{p})}{\mathfrak{U}_1(\mathfrak{p})}. \tag{5.52}$$

Nun führt man die Ausgangsspannung über ein lineares Rückkopplungssystem $\mathfrak{K}$ zum Eingang zurück. Die dem Eingang zusätzlich aufgedrückte Spannung beträgt dann $\mathfrak{K}(\mathfrak{p})\,\mathfrak{U}_2(\mathfrak{p})$. Es sei angenommen, daß am Eingang eine spannungsaddierende, rückwirkungsfreie Vorrichtung vorliege, die in Abb. 5.10 durch den Kreis mit den 45° Speichen gekennzeichnet ist. Technisch läßt sich eine solche rückwirkungsfreie Addiervorrichtung z. B. erzielen, wenn man am Eingang zwei gleiche Röhren mit gemeinsamem Anodenwiderstand verwendet, $\mathfrak{U}_1$ an das eine Steuergitter und $\mathfrak{K}\,\mathfrak{U}_2$ an das zweite Steuergitter legt. Die Steuerung des Anodenstromes ist dann proportional $\mathfrak{U}_1 + \mathfrak{K}\,\mathfrak{U}_2$. Nach erfolgter Rückkopplung betrage die Ausgangsspannung $\mathfrak{U}_2$ und die Gesamtverstärkung $\mathfrak{V}'$.

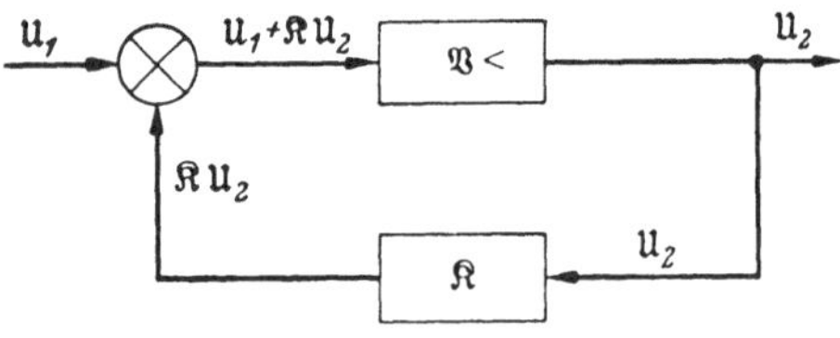

Abb. 5.10. Zur Definition der Rückkopplungsgrößen

Es gilt

$$\mathfrak{V} = \frac{\mathfrak{U}_2}{\mathfrak{U}_1 + \mathfrak{K}\,\mathfrak{U}_2}. \tag{5.53}$$

Die Auflösung nach $\mathfrak{U}_2$ ergibt

$$\mathfrak{U}_2 = \frac{\mathfrak{V}\,\mathfrak{U}_1}{1 - \mathfrak{K}\,\mathfrak{V}}, \tag{5.54}$$

so daß man für den Verstärkungsfaktor mit Rückkopplung nachstehenden Zusammenhang erhält:

$$\mathfrak{V}' = \frac{\mathfrak{U}_2}{\mathfrak{U}_1} = \frac{\mathfrak{V}}{1 - \mathfrak{K}\,\mathfrak{V}}. \tag{5.55}$$

Diese Gleichung gilt zunächst nur für den Fall eines einfachen geschlossenen Rückkopplungszweiges. Die ideale Addiervorrichtung ist bei praktischen Schaltungen in den wenigsten Fällen vorhanden. Im allgemeinen wird der Eingangswiderstand durch das Rückkopplungsnetzwerk zusätzlich belastet, und der Ausgang des Rückkopplungsnetzwerkes ist mit dem Eingangswiderstand der Schaltung abgeschlossen. Diese Größen lassen sich bei einer Netzwerkanalyse ohne Schwierigkeiten berücksichtigen. Die Eingangsspannung $\mathfrak{U}_1$, die auch über das Rückkopplungsübertragungssystem $\mathfrak{K}$ läuft, wirkt nur auf die Anoden des Verstärkerausganges und kommt nur noch über die unvermeidbaren Kopplungskapazitäten zwischen den Röhrensockeln vom Ausgang des Verstärkers zum Eingang zurück, so daß diese Wirkung vor allem bei mehrstufigen Verstärkern völlig zu vernachlässigen ist.

Gl. (5.55) ist auch anwendbar bei *mehrfacher* unvermeidbarer oder beabsichtigter Rückkopplung. Wenn man, wie in Abb. 5.11 gezeigt, den Rückkopplungsweg an der Einführungsstelle am Eingang auftrennt, ihn dort mit der gleichen Impedanz belastet, wie er ihn im unaufgetrennten Zustand vorfindet, und an die Eingangsklemmen einen Signalgenerator legt, so läßt sich zwischen P_2 und dem gemeinsamen Massebezugsknoten stets der Wert $\mathfrak{U}_1\,\mathfrak{V}\,\mathfrak{K}$ nach Betrag und Phase bestimmen. Wenn keine einfache, sondern mehrere Rückführungen zum Eingang vorliegen, läßt sich das Produkt $\mathfrak{V}\,\mathfrak{K}$ stets eindeutig ermitteln. Wie groß im einzelnen dabei $\mathfrak{V}$ und $\mathfrak{K}$ sind, ist dann nicht mehr festzustellen. Die Gl. (5.55) behält aber trotzdem ihre Gültigkeit, wenn man im Nenner unter $\mathfrak{K}\,\mathfrak{V}$ die resultierende auf verschiedenen Rückführungswegen erzielte Spannungsverstärkung versteht. Die Größe $\mathfrak{V}$ entzieht sich allerdings dabei der Bestimmung. Wenn jedoch bei mehrfacher Rückkopplung an einer beliebigen Stelle des Verstärkerausganges $\mathfrak{V}$ bekannt und dort festgelegt wird, so läßt sich, da ja $\mathfrak{K}\,\mathfrak{V}$ meßtechnisch bestimmbar ist, ein Ersatz-$\mathfrak{K}$ festlegen, das aus den Bestimmungen von $\mathfrak{K}$ und $\mathfrak{K}\,\mathfrak{V}$ entnommen werden kann.

Nyquist hat nun eine Meßvorschrift angegeben, die entscheiden kann, ob das rückgekoppelte System anzuschwingen vermag oder nicht.

5.5 Die Entstehung und Anwendung des Nyquist-Diagramms und die Ableitung des Nyquistschen Stabilitätskriteriums

Bei einfacher und mehrfacher Rückkopplung gilt stets Gl. (5.55) für die am Eingang nicht aufgetrennten Rückführungszweige. Bei den Betrachtungen wird vorausgesetzt, daß alle Netzwerke aus einer endlichen Anzahl konzentrierter Elemente bestehen, so daß das Produkt $\mathfrak{V}\,\mathfrak{K}$ in Abhängigkeit von der komplexen Frequenz stets in der Form der Gl. (5.43) mit Nullstellen und Polen dargestellt werden kann. Ferner soll der Verstärker ohne Rückkopplung stabil sein, d. h., die Pole von $\mathfrak{V}$ liegen alle in der linken komplexen Frequenzhalbebene. Außerdem soll auch $\mathfrak{V}\,\mathfrak{K}$ stabil sein, so daß also auch die

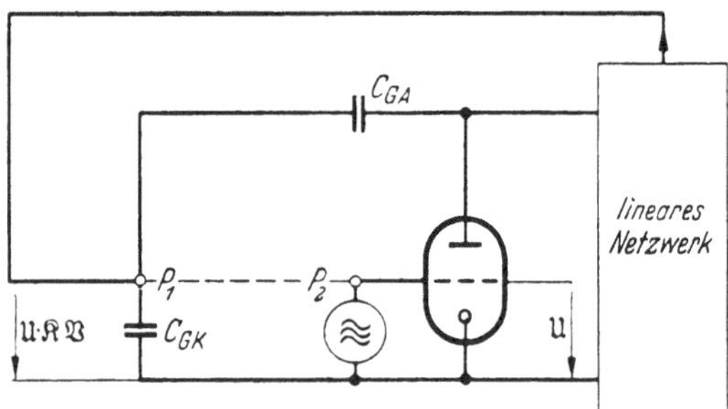

Abb. 5.11. Auftrennung des zum Eingang rückgeführten Spannungsweges, der mit der gleichen Belastung (C_{GK} und C_{GA}) wie im unaufgetrennten Fall abgeschlossen sein muß, zur Aufnahme des Nyquist-Diagramms

Pole von $\mathfrak{K}$ alle in der linken Frequenzhalbebene liegen. Um nun die Stabilität des rückgekoppelten Übertragungssystems zu untersuchen, trennt man die Rückführungswege, wie in Abb. 5.11 gezeigt, auf, mißt mit Hilfe eines Signalgenerators den komplexen Übertragungsfaktor $\mathfrak{K}\,\mathfrak{V}$, und zeichnet die entstehende Ortskurve in Polarkoordinaten in die komplexe Ebene. Diese Ortskurve bezeichnet man als Nyquist-Diagramm. Es ist zweckmäßig, im Nyquist-Diagramm eine Reihe von Werten, die den Punkten der Kurve entsprechen, anzuschreiben. In Richtung wachsender ω-Werte zeichnet man einen Pfeil und kennzeichnet, wenn man die Ortskurven in dieser Richtung durchläuft, die linke Seite z. B. durch dünne Striche (Abb. 5.12).

Die Ortskurve wird für die Frequenzen von Null bis Unendlich gezeichnet und dann durch Spiegelung an der reellen Achse für die negativen Frequenzen ergänzt. Wenn der Punkt $(+1{,}0)$ dann stets links von der so konstruierten Ortskurve für $-\infty < \omega < +\infty$ liegt, ist die Rückkopplungsschaltung stabil, andernfalls instabil.

Beweis:

Die nachstehenden Ausführungen lehnen sich an eine von Doetsch [*104*] angegebene Beweisführung an.

Bei den formulierten Voraussetzungen lassen sich die Größen $\mathfrak{K}$ und $\mathfrak{V}$ in Gl. (5.55)

$$\mathfrak{V}'(\mathfrak{p}) = \frac{\mathfrak{V}(\mathfrak{p})}{[1 - \mathfrak{K}(\mathfrak{p})\,\mathfrak{V}(\mathfrak{p})]} \tag{5.56}$$

stets als gebrochene rationale Funktionen von $\mathfrak{p}$ darstellen. Das gleiche gilt dann auch für $\mathfrak{V}'(\mathfrak{p})$. Zur Bestimmung der Stabilität muß untersucht werden, ob alle Pole von $\mathfrak{V}'$ in der linken komplexen Frequenzhalbebene liegen. Die Pole von $\mathfrak{V}'$ fallen mit den Polen von $\mathfrak{V}$ und mit den Nullstellen von $1 - \mathfrak{K}\,\mathfrak{V}$ zusammen. Da für die Verstärkerschaltung $\mathfrak{V}(\mathfrak{p})$ Stabilität vorausgesetzt wird, müssen ihre Pole alle in der linken Frequenzhalbebene liegen.

Die einzigen Pole, die jetzt noch für eine Instabilität in Frage kommen, sind die Nullstellen von $1 - \mathfrak{K}\,\mathfrak{V}$ in der rechten Halbebene. Sie könnten durch Pole von $\mathfrak{V}$ und $\mathfrak{K}$ kompensiert werden. Da aber nach Voraussetzung die Übertragungssysteme $\mathfrak{V}(\mathfrak{p})$ und $\mathfrak{K}(\mathfrak{p})$ stabil sind, besitzen sie keine Pole in der rechten Halbebene, so daß diese Kompensationsmöglichkeit entfällt.

Es sind also die Lösungen der Gleichung

$$1 - \mathfrak{K}(\mathfrak{p})\,\mathfrak{V}(\mathfrak{p}) = 0 = 1 - \mathfrak{z}(\mathfrak{p}) \tag{5.57}$$

festzustellen. Bei komplizierten Schaltungen ist dies eine algebraische Gleichung höheren Grades. Es interessiert nur die Lage der Nullstellen zur imaginären Achse. Hierzu genügt folgende Betrachtung: Man bildet die komplexe $\mathfrak{p}$-Ebene durch die analytische Funktion $\mathfrak{z} = \mathfrak{K}(\mathfrak{p})\,\mathfrak{V}(\mathfrak{p})$ auf die komplexe $\mathfrak{z}$-Ebene ab, zeichnet dabei aber nur das Bild der imaginären Achse $\mathfrak{p} = \mathrm{j}\,\omega$, also die Kurve $\mathfrak{z} = \mathfrak{V}(\mathrm{j}\,\omega)\,\mathfrak{K}(\mathrm{j}\,\omega)$ für $-\infty < \omega < +\infty$.

Es genügt dabei natürlich, die Werte für die positiven Frequenzen zu zeichnen, da die $\mathfrak{z}$-Werte für negative Frequenzen gemäß Gl. (5.14) spiegelbildlich zur reellen Achse liegen. An die Punkte dieser Ortskurve, die man auch als komplexen Frequenzgang bezeichnet, schreibt man eine Folge von ω-Werten, die ihnen entsprechen. Durchläuft man die Kurve im Sinne wachsender Frequenzen, so liegt das Bild der linken $\mathfrak{p}$-Halbebene links von ihr und das Bild der rechten $\mathfrak{p}$-Halbebene rechts, weil Gl. (5.57) als linear gebrochene Funktion eine konforme Abbildung darstellt, bei der der Umlaufsinn erhalten bleibt. Dabei ist zu beachten, daß im allgemeinen die $\mathfrak{p}$-Ebene den Übertragungsfaktor $\mathfrak{z} = \mathfrak{V}(\mathfrak{p})\,\mathfrak{K}(\mathfrak{p})$ nicht auf die einfache $\mathfrak{z}$-Ebene, sondern auf eine Riemannsche Fläche abbildet, auf der die Kurve $\mathfrak{z} = \mathfrak{V}(\mathrm{j}\,\omega)\,\mathfrak{K}(\mathrm{j}\,\omega)$ verläuft.

Die Lösungen der Gl. (5.57) sind nun diejenigen Punkte $\mathfrak{p}$, die auf den Punkt $\mathfrak{z} = +1$ abgebildet werden. Im allgemeinen sind es mehrere, so daß dem Punkt $\mathfrak{z} = +1$ mehrere, in verschiedenen Blättern der

RIEMANNschen Fläche liegenden Punkte $\mathfrak{p}$ zugeordnet werden. Liegt in einem Blatt der Punkt $\mathfrak{z} = +1$ auf der linken (schraffierten) Seite der Ortskurve, so liegt auch der entsprechende Punkt $\mathfrak{p}$ auf der linken Seite der imaginären Achse, und das rückgekoppelte Übertragungssystem ist stabil. Auf diese Weise kann man von jeder Lösung der Gl. (5.57) ihre Lage zur imaginären Achse feststellen (s. Abb. 5.12).

In vielen Darstellungen wird die Diskussion des NYQUIST-Diagramms aus dem CAUCHYschen Indextheorem $\frac{1}{2\pi i}\oint \frac{f'(\mathrm{p})}{f(\mathrm{p})}\,d\mathrm{p}$ = Anzahl der Nullstellen minus Anzahl der Pole von $f(\mathrm{p})$ in der durch das Integrationszeichen $\oint$ angegebenen rechten Halbebene abgeleitet. Sie führt zu dem verschärften oder verallgemeinerten NYQUIST-Kriterium [*105*]:

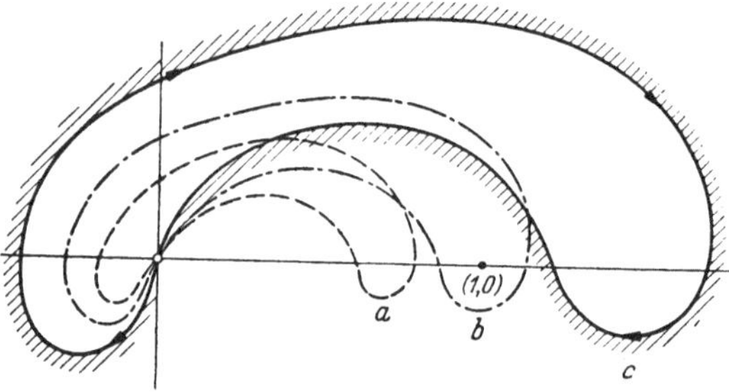

Abb. 5.12. NYQUIST-Diagramme einer speziellen Rückkopplung, bei der die Kurve *a* zur Stabilität führt, Kurve *b* zur Instabilität und Kurve *c* trotz Verstärkungserhöhung wieder Stabilität ergibt, da der Punkt (1,0) auf die linke Hälfte der $\mathfrak{p}$-Halbebene abgebildet wird (s. [*97*], S. 687)

Wenn der vom Punkt 1 aus zu einem Punkte der NYQUIST-Kurve zeigende Vektor beim Durchlaufen der Frequenzen von $\omega = -\infty$ bis $\omega = +\infty$ sich im positiven oder negativen Sinn um ein ganzzahliges Vielfaches von 2π gedreht hat, so ist die Schaltung im unaufgetrennten Zustand instabil, andernfalls ist sie stabil.

Dieser Satz ist dann anwendbar, wenn sich die NYQUIST-Kurven sehr häufig schneiden, und man zusätzlich bei diesen komplizierten topologischen Verhältnissen eine Entscheidung über die Stabilität treffen will.

Er verschleiert jedoch die einfache geometrische Sachlage der konformen Abbildung, die vor allem, wenn fortlaufende ω-Werte eingetragen sind, stets eine Entscheidung über die Stabilität ermöglicht. Dann kann man von der Entfernung des Punktes $\mathfrak{z} = +1$ von der Ortskurve auch näherungsweise auf die Entfernung des entsprechenden Punktes $\mathfrak{p}_\nu$ von der imaginären Achse schließen, d. h. auf den Realteil γ_ν von $\mathfrak{p}_\nu$, der für die Dämpfung (oder Anfachung) der Schwingung $e^{\mathfrak{p}_\nu t}$ maßgebend ist. Als Maßstab kann man sich dabei der auf der Ortskurve eingezeichneten ω-Skala bedienen, weil bei einer konformen Abbildung die Deformation an einer Stelle für alle Richtungen dieselbe ist.

Auf diese Weise kann man vor allem feststellen, welcher der $\mathfrak{p}_\nu$-Werte den größten Realteil γ_ν besitzt.

Dieser ist für die am langsamsten abklingende Eigenresonanz bzw. die am schnellsten anwachsende Frequenz ausschlaggebend.

Es kann auch vorkommen, daß die NYQUIST-Kurve durch den Punkt $+1,0$ geht. Dann schwingt die entstehende Funktion $e^{\mathfrak{p}_0 t}$ in endlichen Grenzen, während sie für $\mathfrak{p}_0 = 0$ konstant ist. Ist $\mathfrak{p}_0$ ein einfacher Pol, so wird die Rückkopplung im Falle $\mathfrak{p}_0 = j\,\omega_0$ als quasistabil und im Falle $\mathfrak{p}_0 = 0$ als uneigentlich stabil bezeichnet. Diese Fälle sind nur von theoretischem Interesse. Sie stellen die Grenze zwischen Stabilität und Selbsterregung dar. Da in physikalischen Systemen stets kleine durch die Wärme verursachte Schwankungen auftreten, muß man, je nachdem ob man Stabilität oder Selbsterregung erzielen will, einen Mindestsicherheitsabstand von diesen Grenzfällen realisieren, so daß auftretende Schwankungen die Grenze nicht mehr erreichen.

Für die Anfachung nur *einer* Frequenz ist eine Schaltung dann optimal dimensioniert, wenn im NYQUIST-Diagramm der Punkt $+1$ nur an *einer* Stelle rechts von der Ortskurve liegt und wenn dort der konforme Abstand γ dann so klein wie möglich wird, aber doch noch so groß bleiben muß, daß er bei kleinen Schwankungen nicht auf die linke Seite der Ortskurve wandert. Dieser Fall wird im nachstehend behandelten Beispiel noch diskutiert.

Das NYQUIST-Theorem gilt nur für Netzwerke mit einer endlichen Anzahl von Knoten. Bei höheren Frequenzen kommt man schließlich zu verteilten Knoten und Maschen, wo z. B. längs einer homogenen Leitung jedes beliebig kleine Stück als Kapazität aufgefaßt werden muß.

In solchen Fällen kommt man zu einer Lösung mit unendlich vielen Polen, und die Abhängigkeit des Übertragungsfaktors von der komplexen Frequenz $\mathfrak{p}$ wird nicht mehr durch eine gebrochene rationale Funktion, sondern durch transzendente Funktionen dargestellt.

Im allgemeinen begnügt man sich mit der Untersuchung, ob von denjenigen Frequenzen ab, bei denen die Wellenlänge so klein wird, daß längs der Verbindungsstrecke zwischen zwei Knoten nicht mehr überall der gleiche Strom fließt, ein kapazitiver Kurzschluß im rückkoppelnden Übertragungssystem auftritt, so daß die Funktion $\mathfrak{K}\,\mathfrak{V}$ angenähert Null wird, daher im NYQUIST-Diagramm nur noch in unmittelbarer Nähe des Nullpunktes die Punkte der Ortskurve liegen und die bei tieferen Frequenzen getroffene Stabilitätsentscheidung nicht mehr beeinflussen kann.

Um bei hohen Frequenzen noch Entscheidungen über die Stabilität von Rückkopplungsschaltungen zu treffen, muß man den Rahmen der

Betrachtungen erweitern und mindestens die LAPLACE-Transformation verwenden, um weitere Aussagen zu gewinnen [*106*], die hier aber nicht mehr behandelt werden sollen.

Abschließend sei noch eine Arbeit von BARKHAUSEN und WOSCHNI erwähnt [*107*], in der gezeigt wird, wie man mit Hilfe normaler Generatoren, die ungedämpfte, sinusförmige Schwingungen erzeugen, auch Ortskurven für *komplexe* Frequenzen $\mathfrak{p} = \gamma + \mathrm{j}\,\omega$ mit $\gamma > 0$ aufnehmen kann und wie sich die bei einer Anfachung auftretenden komplexen Frequenzen bestimmen lassen, die einer anklingenden Schwingung entsprechen.

Hierzu verfährt man folgendermaßen. Bei der komplexen Frequenz $\mathfrak{p} = \gamma + \mathrm{j}\,\omega$ und einer reinen Induktivität L erhält man aus $\mathfrak{u} = L\,\frac{\mathrm{d}\mathfrak{i}}{\mathrm{d}t}$ für den Widerstand bei der komplexen Frequenz $\gamma L + \mathrm{j}\,\omega L$, d. h., es tritt zu dem Blindwiderstand $\mathrm{j}\,\omega L$ noch ein Wirkwiderstand γL hinzu, der bei positivem bzw. negativem γ wie eine Vergrößerung bzw. Verkleinerung des OHMschen Widerstandes der Induktivität wirkt. Dies hat seine physikalische Ursache darin, daß die Induktivität bei anklingendem Strom im Mittel Energie aufnimmt, bei abklingendem Strom Energie abgibt[1]. Ebenso erhält man aus $\frac{\mathrm{d}\mathfrak{q}}{\mathrm{d}t} = \mathfrak{i} = C\,\frac{\mathrm{d}\mathfrak{u}}{\mathrm{d}t}$ für den Leitwert einer Kapazität den Wert $\gamma\,C + \mathrm{j}\,\omega\,C$, d. h., es tritt zu dem Blindleitwert $\mathrm{j}\,\omega\,C$ noch ein Wirkleitwert $\gamma\,C$, der so wirkt wie ein parallel zur Kapazität liegender positiver oder negativer OHMscher Widerstand von der Größe $1/\gamma\,C$.

Man kann daher auch experimentell die Ortskurve für anklingende Schwingungen, also positives γ, aufnehmen, wenn man in Reihe mit allen Induktivitäten L OHMsche Widerstände von der Größe $\gamma\,L$ und parallel zu allen Kapazitäten C OHMsche Widerstände von der Größe $1/\gamma\,C$ legt und dann die Rechnung oder Aufnahme wie üblich mit reinen Sinusschwingungen vornimmt.

Bei einem Dreipunktsender wurden in der Umgebung des Selbsterregungspunktes $\mathfrak{K}\,\mathfrak{V} = 1$ die komplexen Frequenzen bestimmt, bei denen für eine vorgegebene Steilheit Selbsterregung auftrat. Hierbei wurde die Steilheit durch Ändern der Gittervorspannung stetig variiert, bis sich bei einem bestimmten R, das in Serie mit den Induktivitäten geschaltet war, noch eine Schwingung anfachte, deren Frequenz mit Hilfe von LISSAJOU-Figuren leicht gemessen werden konnte[2]. Für die mit den L in Serie geschalteten variablen Widerstände R_k mußte stets gelten: $R_k = \gamma\,L_k$, wobei γ dann stetig variiert wurde.

[1] Hierauf hat 1946 Herr Prof. W. WOLMAN aufmerksam gemacht.

[2] Bei den in [*107*] angegebenen Untersuchungen wurden lediglich in Serie mit den Induktivitäten OHMsche Widerstände geschaltet. Die Vernachlässigung der Parallelschaltung eines Widerstandes zur Kapazität ergab keine wesentliche Abweichung.

Die sich erregenden Frequenzen in Abhängigkeit von der Steilheit und dem vorgeschalteten R_k stimmten mit den Berechnungen gut überein. Die Widerstände R_k lassen sich in komplexe Frequenzen umrechnen, die für eine vorgegebene Steilheit dann den komplexen Pol des Übertragungsfaktors von $\mathfrak{K}\,\mathfrak{V}$ in der rechten Halbebene ergeben.

5.6 Beispiele zur Anwendung des Nyquist-Diagramms

Nachfolgend werden die Nyquist-Diagramme, die zur Heegner-Schaltung [*108*] führen, abgeleitet, wobei der in Abb. 5.13 dargestellte Heegner-Oszillator zunächst ohne und dann mit Kristall behandelt wird.

Bei Verwendung des üblichen Ersatzschaltbildes eines Kristalls [*109*], der *eine* Serienresonanz und einen Parallelblindwiderstand besitzen

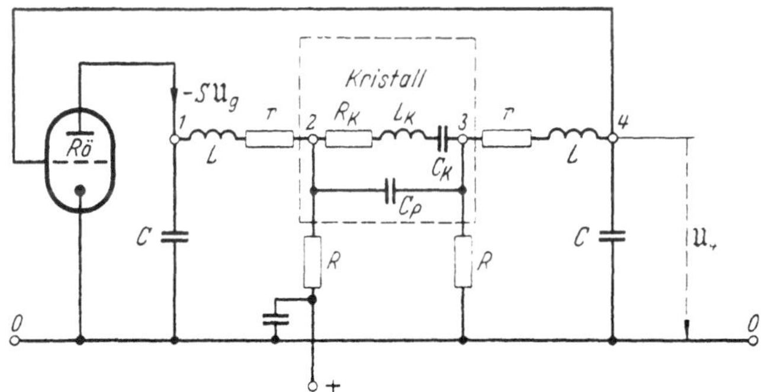

Abb. 5.13. Lineares Netzwerk der Rückkopplungsschaltung des Heegner-Oszillators. Beim Kristall stellen L_K und C_K die elektrischen Ersatzgrößen für die tiefste Serienresonanz dar. Die bei jedem Kristall auftretenden höheren Serienresonanzen werden nicht mitberücksichtigt. Desgleichen wird der Röhreninnenwiderstand vernachlässigt, der sich erst bei sehr tiefen Frequenzen bemerkbar macht

möge, erhält man bei Vernachlässigung des Innenwiderstandes der Röhre das in Abb. 5.13 dargestellte lineare Rückkopplungsnetzwerk. Für kleine Ströme sind die elektrischen Ersatzgrößen des Kristalls konstant.

Für das aus 5 Knoten bestehende Netzwerk, bei dem die Wechselstromerde mit „0" bezeichnet wird, gilt bei komplexen Frequenzen das aus 4 Gleichungen bestehende Gleichungssystem (5.22). Da das Netzwerk, Abb. 5.13, symmetrisch ist, wird

$$\mathfrak{Y}_{11} = \mathfrak{Y}_{44}, \qquad \mathfrak{Y}_{22} = \mathfrak{Y}_{33}, \qquad \mathfrak{Y}_{12} = \mathfrak{Y}_{34} \tag{5.58}$$

und man erhält folgende Knotengleichungen:

$$\begin{aligned} \mathfrak{Y}_{11}\mathfrak{U}_1 - \mathfrak{Y}_{12}\mathfrak{U}_2 \qquad\qquad\qquad\qquad &= -S\,\mathfrak{U}_g, \\ -\mathfrak{Y}_{12}\mathfrak{U}_1 + \mathfrak{Y}_{22}\mathfrak{U}_2 - \mathfrak{Y}_{23}\mathfrak{U}_3 \qquad\qquad &= 0, \\ -\mathfrak{Y}_{23}\mathfrak{U}_2 + \mathfrak{Y}_{22}\mathfrak{U}_3 - \mathfrak{Y}_{12}\mathfrak{U}_4 &= 0, \\ -\mathfrak{Y}_{12}\mathfrak{U}_3 + \mathfrak{Y}_{11}\mathfrak{U}_4 &= 0. \end{aligned} \tag{5.59}$$

Für die Anwendung des Nyquist-Diagramms interessiert der Ausdruck:

$$\frac{\mathfrak{U}_4}{\mathfrak{U}_g} = \frac{-S\begin{vmatrix} -\mathfrak{Y}_{12} & \mathfrak{Y}_{22} & -\mathfrak{Y}_{23} \\ 0 & -\mathfrak{Y}_{23} & \mathfrak{Y}_{22} \\ 0 & 0 & -\mathfrak{Y}_{12} \end{vmatrix}}{\begin{vmatrix} \mathfrak{Y}_{11} & -\mathfrak{Y}_{12} & 0 & 0 \\ -\mathfrak{Y}_{12} & \mathfrak{Y}_{22} & -\mathfrak{Y}_{23} & 0 \\ 0 & -\mathfrak{Y}_{23} & \mathfrak{Y}_{22} & -\mathfrak{Y}_{12} \\ 0 & 0 & -\mathfrak{Y}_{12} & \mathfrak{Y}_{11} \end{vmatrix}} = \frac{+S\,\mathfrak{Y}_{12}^2\,\mathfrak{Y}_{23}}{(\mathfrak{Y}_{11}\,\mathfrak{Y}_{22} - \mathfrak{Y}_{12}^2)^2 - (\mathfrak{Y}_{11}\,\mathfrak{Y}_{23})^2}\,. \tag{5.60}$$

Für die nun folgende äußerst langwierige und zeitraubende Rechnung muß man für die $\mathfrak{Y}_{ik}$ die aus Abb. 5.13 folgenden Ausdrücke einsetzen:

$$\mathfrak{Y}_{11} = \mathrm{j}\,\omega C + \mathfrak{Y}_{12}, \qquad \mathfrak{Y}_{22} = \frac{1}{R} + \mathfrak{Y}_{12} + \mathfrak{Y}_{23}, \tag{5.61}$$

$$\mathfrak{Y}_{12} = \frac{1}{\mathrm{j}\,\omega L + r}, \qquad \mathfrak{Y}_{23} = \mathrm{j}\,\omega C_p + \frac{\mathrm{j}\,\omega C_K}{-\omega^2 L_K C_K + \mathrm{j}\,\omega C_K R_K + 1}$$

und erhält

$$\frac{\mathfrak{U}_4}{\mathfrak{U}_g} = \frac{\text{Zähler}(\omega)}{\text{Nenner}(\omega)} = \frac{\mathfrak{Z}(\omega)}{\mathfrak{N}(\omega)} \tag{5.62}$$

$\mathfrak{Z}(\omega)$ ist ein Polynom 3. Grades in ω und $\mathfrak{N}(\omega)$ eine Polynom 7. Grades.

Die Heegner-Schaltung ist optimal dimensioniert, wenn

$$L\,C = L_K\,C_K = \frac{1}{\omega_0^2} \tag{5.63}$$

wird. Um später die Frequenzstabilität und das Verhalten in der Umgebung der Resonanzstelle leichter beurteilen zu können, ist es zweckmäßig, statt der Kreisfrequenz ω das Verhältnis zur Resonanzfrequenz, also

$$x = \frac{\omega}{\omega_0} \tag{5.64}$$

einzuführen. Mit den Gln. (5.63) u. (5.64) erhält man nach Division durch x für die Darstellung von $\mathfrak{Z}(\omega/\omega_0) = \mathfrak{Z}(x)$ und für $\mathfrak{N}(x)$ folgende Polynome:

$$\mathfrak{Z}(x) = S\left\{\frac{C_p}{C_K}(1 - x^2) + 1 + \mathrm{j}\,x\,\frac{C_p R_K}{\sqrt{L C}}\right\}, \tag{5.65}$$

$$\begin{aligned}\mathfrak{N}(x) = {} & [x^6 - 1]\,\frac{2C_p}{R\,C_K} + [-x^4 + 2x^2 - 1]\left\{\frac{2C}{R\,C_K}\left(1 + \frac{r}{R}\right] + \frac{2R + R_K}{R^2}\right\} + \\ & + [-x^4 + x^2]\left[\frac{6C_p}{R\,C_K} + \frac{2C\,C_p}{L\,C_K}\left\{\frac{C_K}{C}R_K\left(1 + \frac{2r}{R}\right) + r\left(1 + \frac{r}{R}\right)\right\}\right] + \\ & + x^2\left[\frac{C}{L}\left\{2r\left(1 + \frac{r}{R}\right) + R_K\left(1 + \frac{r}{R}\right)^2\right\}\right] + \mathrm{j}\left\{[-x^5 + 2x^2 - x]\times\right. \\ & \times\left[\frac{2C_p}{C_K}\sqrt{\frac{C}{L}}\left(1 + \frac{2r}{R} + \frac{R_K}{R}\,\frac{C_K}{C}\right) + \frac{C}{C_K R^2\sqrt{\frac{C}{L}}}\left(1 - \frac{1}{x^2}\right)\right] + \\ & + [x^3 - x]\left[\frac{C}{C_K}\sqrt{\frac{C}{L}}\left(1 + \frac{r}{R}\right)^2 + 2\sqrt{\frac{C}{L}}\left(1 + \frac{2r}{R}\right) + \frac{2R_K}{R}\sqrt{\frac{C}{L}}\left(1 + \frac{r}{R}\right)\right] + \\ & \left. + x^3\,\frac{2R_K C_p\,r}{L}\sqrt{\frac{C}{L}}\left(1 + \frac{r}{R}\right)\right\}.\end{aligned} \tag{5.66}$$

Die Polynome sind so geschrieben, daß sich für die Resonanzstelle, also $x = 1$, die Ausdrücke mit den großen Koeffizienten wegheben und die numerische Berechnung dadurch übersichtlich wird.

Nachstehend werden folgende 3 Fälle behandelt:

1. An Stelle des Kristalls, der bei 1 MHz seine Serienresonanz haben möge, bleibt der Widerstand $R_K = 200\,\Omega$. Ferner vernachlässigt man R, d. h., man setzt $R = \infty$. Mit $r = 20\,\Omega$, $C = 70$ pF und $L = 3{,}61866137 \cdot 10^{-4}$ H erhält man aus den Gln. (5.65) u. (5.66), in denen wegen des fehlenden Kristalls $C_p = 0$, $C_K = \infty$ und $L_K = 0$ wird,

$$\frac{\mathfrak{U}_4}{\mathfrak{U}_g} = \frac{S}{x^2\left[\frac{C}{L}(2r + R_K)\right] + \mathrm{j}\,[x^3 - x]\,2\sqrt{\frac{C}{L}}}. \tag{5.67}$$

Damit bei der Resonanzfrequenz ($x = 1$) Selbsterregung auftritt, muß

$$\frac{\mathfrak{U}_4}{\mathfrak{U}_g} = \frac{S}{\frac{C}{L}(2r + R_K)} \geqq 1 \tag{5.68}$$

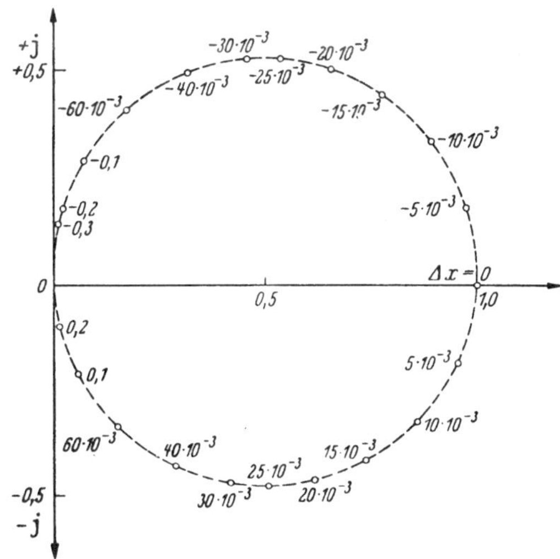

Abb. 5.14a. NYQUIST-Diagramm für das Schaltbild Abb. 5.13, in dem folgende Vereinfachungen vorgenommen wurden:

a) der Kristall wurde durch $R_K = 200$ Ohm ersetzt; dadurch wird

$$C_p = 0; \quad C_K = \infty \quad \text{und} \quad L_K = 0$$

b) Die Zuleitungswiderstände R wurden vernachlässigt; d. h. $R = \infty$

Die übrigbleibenden Schaltelemente r, R_K, L und C ergeben für die Grenze der Selbsterregung, an welcher $S = \frac{C}{L}(2r + R_K)$ gilt, folgende Gleichung für die NYQUIST-Kurve:

$$\frac{\mathfrak{U}_4}{\mathfrak{U}_g}(x) = \frac{1}{x^2 + \mathrm{j}(x^3 - x) \cdot 18{,}947141}.$$

Als Parameter an der NYQUIST-Kurve sind die Werte

$$\Delta x = \frac{\omega - \omega_0}{\omega_0} = \frac{\omega}{\omega_0} - 1$$

aufgetragen

werden, d. h.

$$S \geqq \frac{C}{L}(2r + R_K) = (\omega_0 C)^2 (2r + R_K). \tag{5.69}$$

In der Folge wird also für diesen einfachsten Fall die Steilheit S so gewählt, daß gerade noch Selbsterregung auftreten kann. Die Rückkopplungsschaltung ist dann uneigentlich stabil. Man setzt also $S = C(2r + R_K)/L$ und erhält aus Gl. (5.67)[1]

$$\frac{\mathfrak{U}_4}{\mathfrak{U}_g} = \frac{1}{x^2 + \mathrm{j}[x^3 - x]\dfrac{2}{\sqrt{\dfrac{C}{L}}(2r + R_K)}}. \tag{5.70}$$

Die Darstellung von Gl. (5.70) führt zu dem Nyquist-Diagramm Abb. 5.14a. Aus den angeschriebenen Parameterwerten ergibt sich

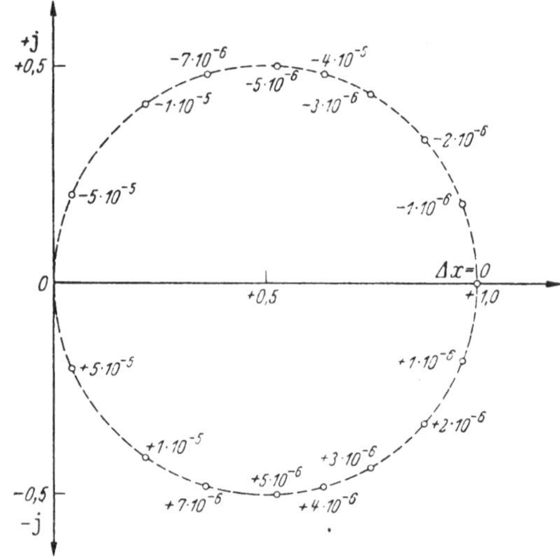

Abb. 5.14b. Nyquist-Diagramm für das Schaltbild Abb. 5.13, in dem $C_p = 0$ und die Spannungs-Zuführungswiderstände $R = \infty$ gesetzt wurden. Bei $S = \frac{C}{L}(2r + R_K)$ erhält man für das Nyquist-Diagramm folgende Gleichung:

$$\frac{\mathfrak{U}_4}{\mathfrak{U}_g}(x) = \frac{1}{x^2 + \mathrm{j}(x^3 - x) \cdot 94744{,}652}.$$

Als Parameter ist wieder $\Delta x = \frac{\omega}{\omega_0} - 1$ aufgetragen

die Schnelligkeit, mit der der kritische Punkt 1,0 durchwandert wird. Sie stellt ein Maß für die Stabilität der sich anfachenden Schwingung dar.

[1] Da bei der Ableitung R_i vernachlässigt wurde ($R_i = \infty$), erhält man für $x \to 0$: $\mathfrak{U}_4/\mathfrak{U}_g \to \infty$. Die unmittelbare Umgebung des Nullpunktes muß also vernachlässigt werden.

2. Um die wesentliche Wirkung des Kristalls zu erkennen, wird er zunächst nur als Serienresonanzkreis betrachtet, d. h., man läßt noch $C_p = 0$ und $R = \infty$.

Aus den Gln. (5.65) u. (5.66) erhält man hierfür nach Division durch $S = C(2r + R_K)/L$:

$$\frac{\mathfrak{U}_4}{\mathfrak{U}_g}(x) = \frac{1}{x^2 + \mathrm{j}[x^3 - x]\left[\left(\frac{C}{C_K} + 2\right) : \left(\sqrt{\frac{C}{L}}\,(2r + R_K)\right)\right]}. \tag{5.71}$$

In vorliegendem Beispiel setzt man

$$L_K/L = C/C_K = 10^4,$$

was sich leicht realisieren läßt. Das dazugehörige Nyquist-Diagramm zeigt Abb. 5.14b. Im Resonanzpunkt $x = 1$ wird die imaginäre Achse etwa 5000 mal so schnell durchwandert wie in Abb. 5.14a, wenn stets die gleiche Frequenzvariation auftritt.

Wenn man annimmt, daß die Schwankungen der sich erregenden Frequenz wegen der im Punkt 1,0 vorliegenden Selbsterregungsbedingung von diesem Punkt aus betrachtet immer im gleichen bestimmbaren kleinen Bereich liegen, erkennt man beim Vergleich der Nyquist-Diagramme Abb. 5.14a u. 5.14b, daß die Heegner-Schaltung mit Kristall etwa 5000 mal stabiler schwingt als ohne Kristall.

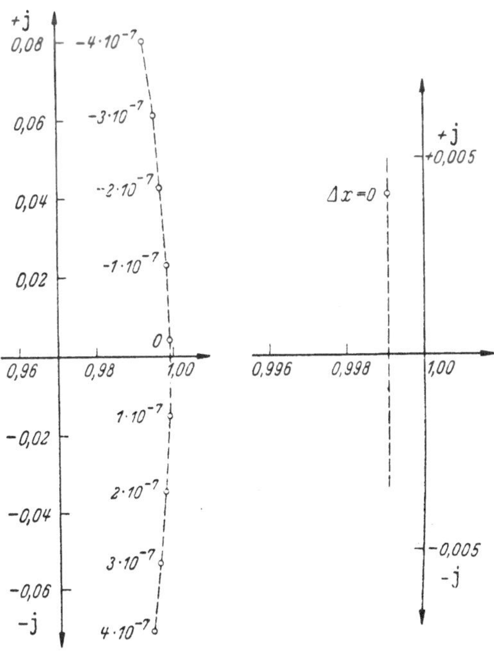

Abb. 5.14c. Nyquist-Diagramm in der Umgebung des Punktes (1,0), bei Berücksichtigung aller in Abb. 5.13 angegebenen Schaltelemente. Es ergibt sich, wie aus der rechten vergrößerten Darstellung ersichtlich, gegenüber dem Schaltbild, bei dem C_p und R vernachlässigt wurden, daß die dämpfenden Einflüsse der Widerstände R durch eine Erhöhung der Steilheit um 0,093 % kompensiert werden können. Die Resonanzstelle verschiebt sich um etwa $2 \cdot 10^{-8}$ nach höheren Frequenzen. Das dargestellte Nyquist-Diagramm wird durch folgende Gleichung beschrieben.

$$\begin{aligned}\mathfrak{U}_4/\mathfrak{U}_g = {} & [571{,}428\,(1 - x^2) + 1 + \mathrm{j}\cdot 0{,}005\,026\,x] : \\ & [615{,}409\,(x^6 - 1) + 10\,776{,}287\,(-x^4 + 2x^2 - 1) + \\ & + 1893{,}874\,(-x^4 + x^2) + 1{,}000\,917\,x^2 + \\ & + \mathrm{j}\,\{[10\,837{,}762 + 306{,}078\,(1 - x^{-2})]\,(-x^5 + 2x^3 - x) + \\ & + 95\,778{,}298\,(x^3 - x) + 0{,}000\,958\,x^3\}].\end{aligned}$$

Als Parameter ist wieder $\Delta x = \frac{\omega}{\omega_0} - 1$ aufgetragen.

3. Bei Berücksichtigung aller in Abb. 5.13 angegebenen Schaltelemente ergibt sich für $C_p = 4$ pF und $R = 40$ kΩ das in Abb. 5.14c dargestellte Nyquist-Diagramm. Es stimmt im wesent-

lichen mit dem Diagramm Abb. 5.14b überein. Die beiden Widerstände R bedingen eine zusätzliche Dämpfung, so daß die Kurve den Punkt 1,0 nicht mehr ganz erreicht. Ferner trägt die Parallelkapazität C_p zu einer bedeutungslosen Verschiebung um $\Delta x = -0{,}4\%$ bei. Man erkennt hieraus, daß die vereinfachte Betrachtungsweise, die zu dem Diagramm Abb. 14b führte, alle wesentlichen Schlüsse über Selbsterregung, Frequenzbestimmung und Frequenzkonstanz richtig wiedergibt.

Die Diagramme wurden mit einer 10stelligen elektrischen Rechenmaschine ausgerechnet.

6 Oszillatorschaltungen mit Elektronenröhren

6.1 Allgemeines

Aus den theoretischen Betrachtungen lassen sich eine Vielzahl von Oszillatoren angeben, womit man mit Schwingkristallen gewünschte Frequenzkonstanzen herstellen kann. Im Gebrauch sind recht wenige Schaltungen. Der Hauptgrund ist wohl darin zu sehen, daß ein Kristall und insbesondere ein Quarz die Güte der Oszillatorschaltung derart anhebt, daß die weiteren Vorteile, die sich durch geeignete zusätzliche Anwendung von Spulenkreisen oder eine zweckmäßige Schaltanordnung ergeben, nicht so sehr ins Gewicht fallen. Außerdem nützt es nichts, wenn der passive Schaltungsteil auf höchste Konstanz gebracht wird und der Röhrenteil nicht entsprechend verbessert wird. Andererseits sind die Anwendungswünsche überaus mannigfach, so daß es sich doch lohnt, eine große Auswahl an Schaltungen zur Verfügung zu haben. Für Kristalluhren benötigt man Schaltungen besonders hoher Konstanz. Im folgenden sollen daher die wichtigsten Schaltungen behandelt werden. Wir wollen die Schaltung von CADY voranstellen, da er der erste war, der einen Kristalloszillator für hohe Frequenzen aufbaute.

6.2 Der Quarz-Oszillator von Cady

In Abb. 6.1 zeigen wir den Oszillator von CADY [*5, 72, 73*] in der um zwei Röhren verminderten Form von VAN DYKE. Die Grundfrequenz des Kristallstabes betrug 70 kHz. Die Schwingfrequenz war jedoch die erste Harmonische von näherungsweise der doppelten Frequenz. Wie hier nicht näher ausgeführt werden kann, so erhält man bei der Anregung einer Kristallplatte bei einer Harmonischen nicht die genaue Vielfache der Grundwelle, sondern eine Frequenz, die Abweichungen bis zu einigen Prozent aufweisen kann. Vertauscht man ein Elektrodenpaar, wie Abb. 6.2 zeigt, so erhält man die Grundwelle.

Da die Kristallteile der Oszillatoren den Anordnungen Abb. 2.49a, b entsprechen, so gelten auch die Ersatzbilder der Abb. 2.50a, b. Zur

Erläuterung des Sachverhaltes verwandeln wir zweckmäßig die Ersatzbilder Abb. 2.50a, b nach dem Satz von BARTLETT in Brückenschal-

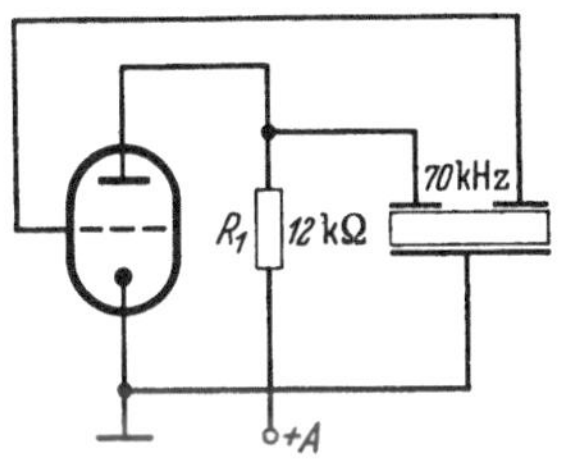

Abb. 6.1. Quarzoszillator von CADY für die 1. Harmonische [63]

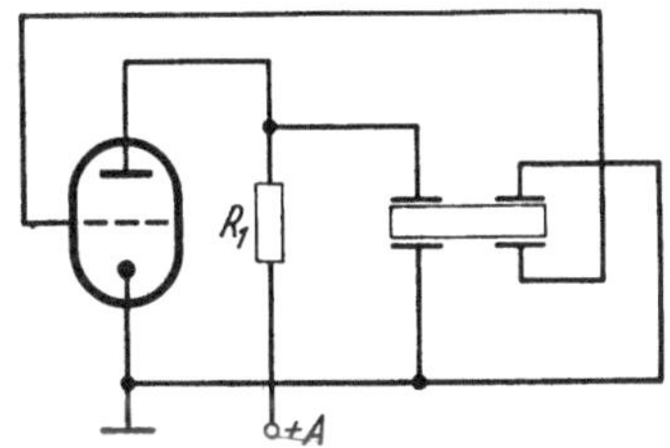

Abb. 6.2 Quarzoszillator für die Grundwelle [63]

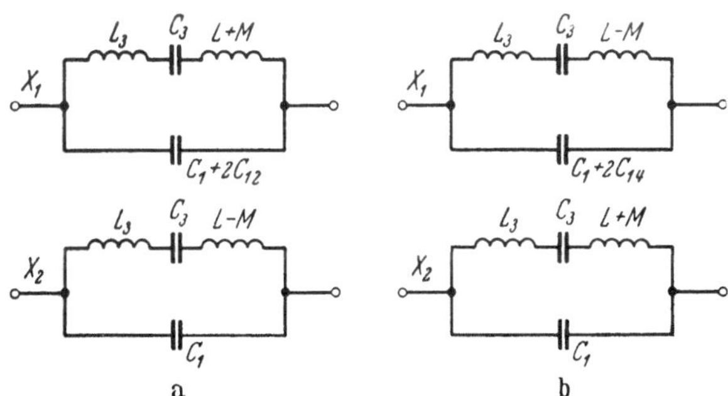

Abb. 6.3. Brückenzweige der Oszillatoren Abb. 6.1 und 6.2

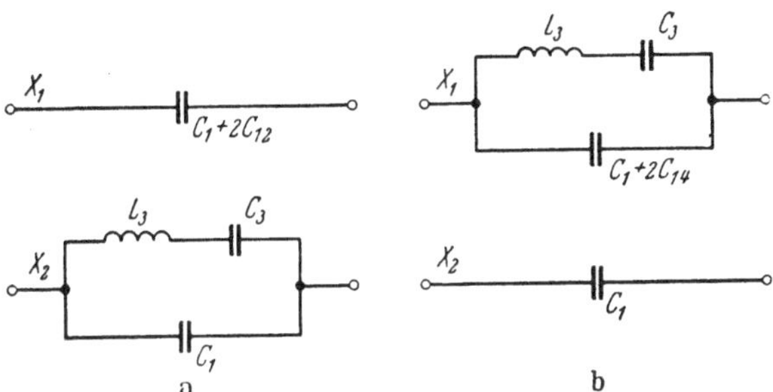

Abb. 6.4. Unter der Annahme eines idealen Übertragers umgewandelte Brückenzweige Abb. 6.3

tungen. Der Kurzschlußzweig entspricht den Brückenlängszweigen X_1 und der Leerlaufzweig den Brückenquerzweigen X_2. Abb. 6.3a, b zeigt die Brückenzweige. Da wir den Übertrager als ideal betrachten können, ergeben sich mit $L = M$ und $L, M \to \infty$ die Brückenzweige der Abb. 6.4, a, b.

Aus den Gln. (2.96), (2.87) u. (2.117) leiten wir für $R_2 = \infty$ als Schwingbedingung ab:

$$S R_1 = - \frac{X_2 + X_1}{X_2 - X_1} = \frac{X_1 + X_2}{X_1 - X_2} \qquad \frac{1}{X_2 - X_1} = 0. \qquad (6.1)$$

Die Amplitudenbedingung gestattet nur Schwingstellen für

$$|X_1| > |X_2|. \qquad (6.2)$$

Wir zeichnen diese als S^+-Bereiche und solche, die erst nach Vertauschen der Brückenzweige die Amplitudenbedingung erfüllen können, als S^--Bereiche in die Darstellung der Blindwiderstände in Abhängigkeit von der Frequenz (s. Abb. 6.5a, b) ein.

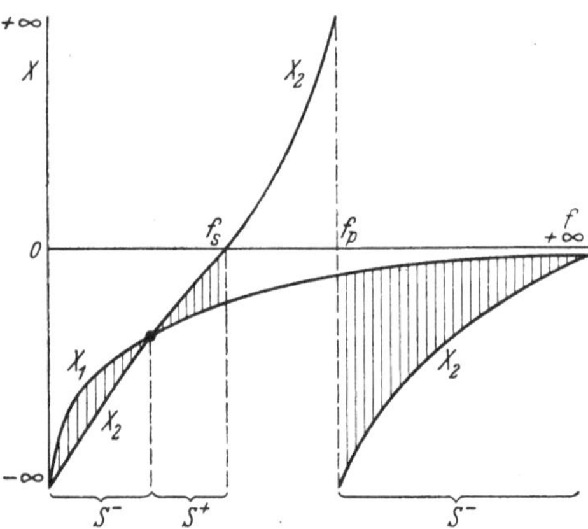

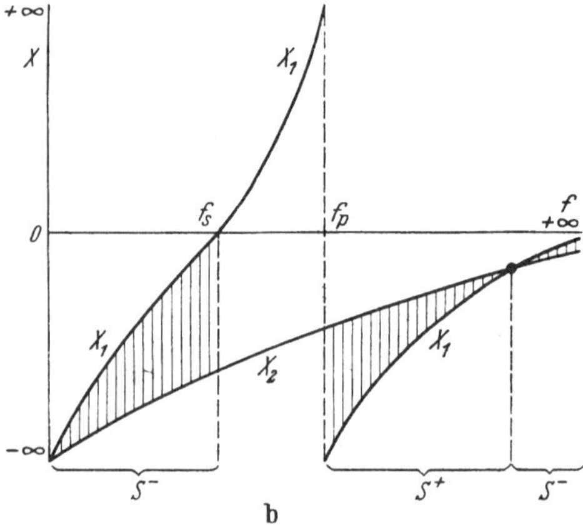

Abb. 6.5. Blindwiderstandsverlauf der Brückenzweige Abb. 6.4

Nach der Frequenzbedingung Gl. (6.1) gibt es die beiden Lösungen:

$$X_1 = \infty \qquad X_2 \neq \infty \qquad (6.3)$$

$$X_1 \neq \infty \qquad X_2 = \infty. \qquad (6.4)$$

Es sind also nur Schwingungen bei den Stellen, bei denen ein Blindwiderstand unendlich groß wird, möglich und wegen der Bedingung Gl. (6.2) nur solche der Gl. (6.3). Wir entnehmen den Gleichungen und der Abb. 6.5a, daß diese Schaltung nicht schwingfähig ist. Dagegen hat die Schaltung Abb. 6.4b eine Schwingstelle bei der Parallelresonanz. Für die Schwingfrequenz gilt die Gleichung:

$$\omega_p^2 = \frac{1}{L_3 C_3}\left(1 + \frac{C_3}{C_1 + 2C_{14}}\right). \qquad (6.5)$$

Die nichtschwingfähige Anordnung Abb. 6.4a bedarf nur einer Phasendrehung um 180°, die man mit einer zweiten Röhre oder einem Übertrager leicht erzielen könnte. Die benötigte Phasendrehung kann aber auch durch den Kristall selbst geliefert werden, indem er, statt auf der Grundfrequenz, auf seiner ersten Harmonischen schwingt.

Cady benutzte einen sogenannten X-Schnitt-Quarzstab mit den Abmessungen 0,15 cm in der X-Richtung, 3,9 cm in der Y-Richtung und 0,7 cm in der Z-Richtung, wobei die X-Richtung die Richtung einer elektrischen Achse des Quarzkristalls ist, die Y-Richtung (auch mechanische Achse genannt) senkrecht dazu steht und die zu beiden senkrechte Z-Richtung die optische Achse ist. Die Grundfrequenz dieses Stabes betrug 70 kHz. Der Widerstand R_1 hatte 12 kΩ. Zur Ermittlung der Güte der Anordnung Abb. 6.2 setzen wir in Gl. (4.29) $R_2 = \infty$ und erhalten:

$$G = R_1 \left(\frac{\mathrm{d}X_1/\mathrm{d}\omega}{X_1^2}\right)_p \omega_p . \tag{6.6}$$

Für den Blindwiderstand X_1 entnehmen wir der Abb. 6.4b die Gleichung:

$$X_1 = \frac{1}{\omega(C_1 + 2C_{14})} \frac{f^2 - f_s^2}{f_p^2 - f^2} . \tag{6.7}$$

Hierin bedeuten f_s die Serienresonanzfrequenz und f_p die Parallelresonanzfrequenz (s. Abb. 6.5b).

Die Ausführung der Differentiation und das Einsetzen mit Gl. (6.7) in die Gütegleichung (6.6) an der Stelle $\omega = \omega_p (f = f_p)$ ergibt:

$$G = 2\omega_p (C_1 + 2C_{14}) R_1 \frac{C_1 + 2C_{14}}{C_3} . \tag{6.8}$$

Da C_3 sehr klein ist, so ist der zweite Faktor der wesentliche für eine hohe Güte. Der Widerstand R_1, der nicht sehr groß gewählt wurde, verdeckt völlig den Verlustwiderstand des Kristalls. Gibt man R_1 einen entsprechend hohen Wert, so ist der Kristallverlust nicht mehr vernachlässigbar, und für sehr großes R_1 ($R_1 \to \infty$) wäre der Kristallverlust allein zu berücksichtigen. Die Gl. (6.8) würde ihre Gültigkeit behalten, wenn man den Kristallverlust als Parallelwiderstand herausnehmen würde, was für eine Frequenz durchaus statthaft ist.

6.3 Die drei Hauptschaltungsmöglichkeiten einer Elektronenröhre

Da in dem vorliegenden Kapitel eine größere Anzahl von Oszillatoren betrachtet werden soll, wollen wir hierfür eine möglichst einfache Darstellung wählen, die in erster Linie zur Veranschaulichung dienen soll. Für die genaue Berechnung lassen sich die Gleichungen des Kap. 7 anwenden. Wir vernachlässigen den Durchgriff der Röhre und die Innenwiderstände der Strecken Anode-Kathode und Gitter-Kathode, die man bekanntlich den Abschlußwiderständen zuordnen kann. Mit Ausnahme der Brückenschaltungen verzichten wir aber auch auf die Abschlußwiderstände selbst. Für den Röhrenteil gilt dann die alleinige Beziehung:

$$\mathfrak{J}_2 = S\,\mathfrak{U}_1 , \tag{6.9}$$

wobei $\mathfrak{J}_2$ den Anodenstrom, $\mathfrak{U}_1$ die Gitterspannung und S die Steilheit darstellen.

Für die Leitwertmatrizen von Kathodenbasisschaltung Y_k, Gitterbasisschaltung Y_g und Anodenbasisschaltung Y_a (s. Abb. 6.6a, b, c) gelten dann die Beziehungen:

$$Y_k = \begin{pmatrix} 0 & 0 \\ S & 0 \end{pmatrix} \qquad Y_g = \begin{pmatrix} S & 0 \\ -S & 0 \end{pmatrix} \qquad Y_a = \begin{pmatrix} 0 & 0 \\ -S & S \end{pmatrix}. \tag{6.10}$$

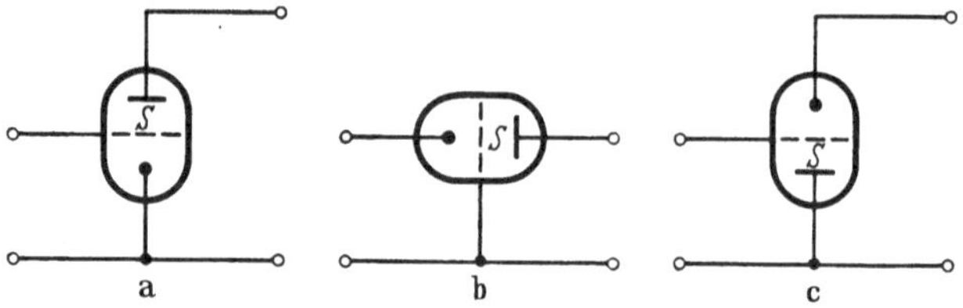

a b c

Abb. 6.6. Die drei Hauptschaltungen einer Elektronenröhre

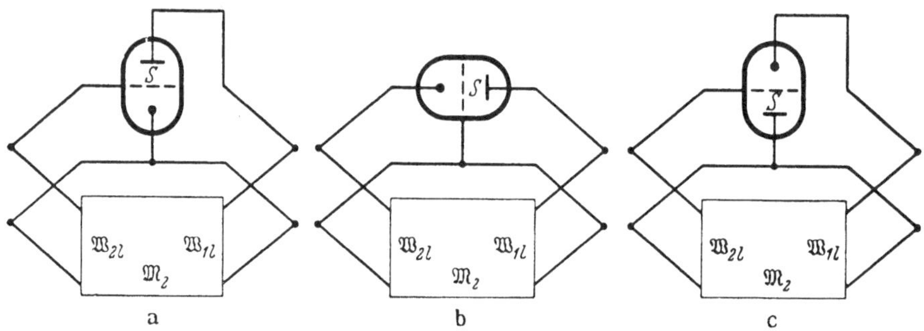

Abb. 6.7. Die Schaltungen Abb. 6.6 mit Parallelvierpol

Schalten wir einen allgemeinen Vierpol mit den Leerlaufwiderständen $\mathfrak{W}_{1l}$, $\mathfrak{W}_{2l}$ und dem Kernwiderstand $\mathfrak{M}_2$ sowie der Leitwertmatrix

$$\mathfrak{Y} = \begin{pmatrix} \dfrac{\mathfrak{W}_{2l}}{|\mathfrak{W}|} & -\dfrac{\mathfrak{M}_2}{|\mathfrak{W}|} \\ -\dfrac{\mathfrak{M}_2}{|\mathfrak{W}|} & \dfrac{\mathfrak{W}_{1l}}{|\mathfrak{W}|} \end{pmatrix} \tag{6.11}$$

umgekehrt parallel zu der Röhre, so erhalten wir für die Leitwertmatrizen der Parallelschaltungen von Abb. 6.7a, b, c:

$$\mathfrak{Y}'_k = \begin{pmatrix} \dfrac{\mathfrak{W}_{1l}}{|\mathfrak{W}|} & -\dfrac{\mathfrak{M}_2}{|\mathfrak{W}|} \\ S - \dfrac{\mathfrak{M}_2}{|\mathfrak{W}|} & \dfrac{\mathfrak{W}_{2l}}{|\mathfrak{W}|} \end{pmatrix} \qquad \mathfrak{Y}'_g = \begin{pmatrix} S + \dfrac{\mathfrak{W}_{1l}}{|\mathfrak{W}|} & -\dfrac{\mathfrak{M}_2}{|\mathfrak{W}|} \\ -S - \dfrac{\mathfrak{M}_2}{|\mathfrak{W}|} & \dfrac{\mathfrak{W}_{2l}}{|\mathfrak{W}|} \end{pmatrix}$$

$$\mathfrak{Y}'_a = \begin{pmatrix} \dfrac{\mathfrak{W}_{1l}}{|\mathfrak{W}|} & -\dfrac{\mathfrak{M}_2}{|\mathfrak{W}|} \\ -S - \dfrac{\mathfrak{M}_2}{|\mathfrak{W}|} & S + \dfrac{\mathfrak{W}_{2l}}{|\mathfrak{W}|} \end{pmatrix}, \tag{6.12}$$

$$|\mathfrak{W}| = \mathfrak{W}_{1l}\,\mathfrak{W}_{2l} - \mathfrak{M}_2^2.$$

Die Schwingbedingungen ergeben sich (s. Kap. 7) aus den Gleichungen:

$$|\mathfrak{Y}'_k| = 0 \qquad |\mathfrak{Y}'_g| = 0 \qquad |\mathfrak{Y}'_a| = 0 \tag{6.13}$$

zu:

$$S = -\frac{1}{\mathfrak{M}_2} \qquad S = -\frac{1}{\mathfrak{W}_{2l} - \mathfrak{M}_2} \qquad S = -\frac{1}{\mathfrak{W}_{1l} - \mathfrak{M}_2}. \tag{6.14}$$

Damit haben wir mit einem Vierpol drei Möglichkeiten zur Schwingungserzeugung. An Stelle der Anschaltung der Röhre in den drei Möglichkeiten der Abb. 6.7 können wir auch eine der Röhrenschaltungen nehmen und den Vierpol entsprechend drehen. Zur Veranschaulichung wollen wir dieses bei festgehaltener Kathodenbasisschaltung zeigen. Als Vierpol wählen wir das in Abb. 6.8a gezeigte T-Glied.

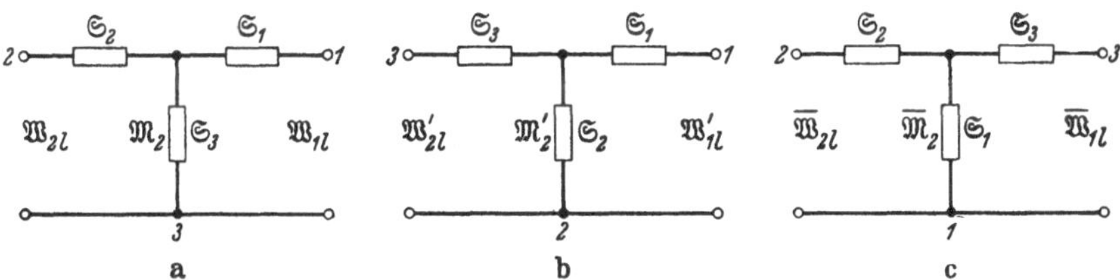

Abb. 6.8. T-Glied entsprechend den Hauptschaltungen der Röhre gedreht

Die den Abb. 6.7b, c entsprechenden Vierpole für Kathodenbasisschaltung zeigt Abb. 6.8b, c. Sie werden durch Vertauschen der Punkte 3 und 2 bzw. 3 und 1 gewonnen. Es gilt mit den eingezeichneten Größen

für die Kathodenbasisschaltung:

$$\mathfrak{W}_{1l} = \mathfrak{S}_1 + \mathfrak{S}_3 \qquad \mathfrak{W}_{2l} = \mathfrak{S}_2 + \mathfrak{S}_3 \qquad \mathfrak{M}_2 = \mathfrak{S}_3, \tag{6.15}$$

für die in Kathodenbasisschaltung umgewandelte Gitterbasisschaltung:

$$\mathfrak{W}'_{1l} = \mathfrak{S}_1 + \mathfrak{S}_2 \qquad \mathfrak{W}'_{2l} = \mathfrak{S}_2 + \mathfrak{S}_3 \qquad \mathfrak{M}'_2 = \mathfrak{S}_2 \tag{6.16}$$

und für die in Kathodenbasisschaltung umgewandelte Anodenbasisschaltung:

$$\overline{\mathfrak{W}}_{1l} = \mathfrak{S}_1 + \mathfrak{S}_3 \qquad \overline{\mathfrak{W}}_{2l} = \mathfrak{S}_1 + \mathfrak{S}_2 \qquad \overline{\mathfrak{M}}_2 = \mathfrak{S}_1. \tag{6.17}$$

Die hierzu gehörenden Schwingbedingungen sind:

$$S = -\frac{1}{\mathfrak{M}_2} \qquad S = -\frac{1}{\mathfrak{M}'_2} \qquad S = -\frac{1}{\overline{\mathfrak{M}}_2}. \tag{6.18}$$

Mit Hilfe der Größen $\mathfrak{S}_1$, $\mathfrak{S}_2$ und $\mathfrak{S}_3$ können wir aus den Gln. (6.13) u. (6.14) die Beziehungen gewinnen:

$$\mathfrak{M}'_2 = \mathfrak{W}_{2l} - \mathfrak{M}_2 \qquad \overline{\mathfrak{M}}_2 = \mathfrak{W}_{1l} - \mathfrak{M}_2. \tag{6.19}$$

Aus den Gln. (6.19) u. (6.18) erhalten wir die erwarteten Schwingbedingungen Gl. (6.14).

6.4 Die induktiv gekoppelte Dreipunktschaltung

Obwohl die Dreipunktschaltung als Grundlage einer Anzahl von Oszillatoren dient, so findet man für den Fall, daß einer der drei Punkte als Anzapfung auf einer Spule liegt, meistens nur Näherungsgleichungen.

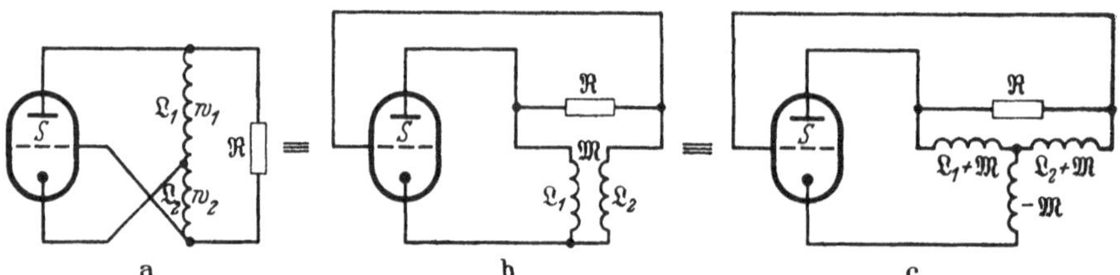

Abb. 6.9. Die induktiv gekoppelte Dreipunktschaltung

Wir wollen im folgenden unter Zugrundelegung der in Abschn. 6.3 vorgesehenen Vereinfachungen die in Abb. 6.9a wiedergegebene Schaltung berechnen, wobei wir zu der Spule einen beliebigen Scheinwiderstand $\mathfrak{R}$ schalten.

Unter der Voraussetzung, daß die Spule in sich eng gekoppelt ist, können wir die zu Abb. 6.9a äquivalente Anordnung Abb. 6.9b und deren Ersatzbild Abb. 6.9c erhalten.

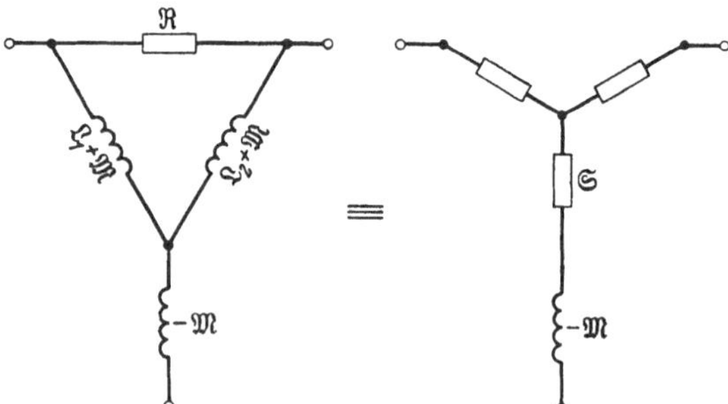

Abb. 6.10. Sternumwandlung des Vierpols Abb. 6.9c

Zur Berechnung wandeln wir entsprechend Abb. 6.10 das Dreieck in einen Stern um und ermitteln die Größe $\mathfrak{S}$ zu:

$$\mathfrak{S} = \frac{(\mathfrak{L}_1 + \mathfrak{M})(\mathfrak{L}_2 + \mathfrak{M})}{\mathfrak{L}_1 + \mathfrak{L}_2 + 2\mathfrak{M} + \mathfrak{R}}. \tag{6.20}$$

Der Kernleitwert $\mathfrak{M}_2$ des passiven Vierpols ergibt sich aus

$$\mathfrak{M}_2 = \mathfrak{S} - \mathfrak{M} = \frac{\mathfrak{L}_1 \mathfrak{L}_2 - \mathfrak{M}^2 - \mathfrak{M}\mathfrak{R}}{\mathfrak{L}_1 + \mathfrak{L}_2 + 2\mathfrak{M} + \mathfrak{R}}. \tag{6.21}$$

Mit der ersten Gl. (6.14) erhalten wir die gewünschte Schwingbedingung:

$$S = -\frac{\mathfrak{L}_1 + \mathfrak{L}_2 + 2\mathfrak{M} + \mathfrak{R}}{\mathfrak{L}_1 \mathfrak{L}_2 - \mathfrak{M}^2 - \mathfrak{M}\mathfrak{R}}. \tag{6.22}$$

Wählen wir als Scheinwiderstand $\mathfrak{R}$ einen Kondensator C (s. Abb. 6.11), dessen Verluste wir vernachlässigen, so gilt:

$$\mathfrak{R} = \frac{1}{\mathrm{j}\,\omega\,C}. \tag{6.23}$$

Für die Spule gelten die Beziehungen:

$$\mathfrak{L}_1 = r_1 + \mathrm{j}\,\omega L_1 \qquad \mathfrak{L}_2 = r_2 + \mathrm{j}\,\omega L_2 \qquad \mathfrak{M} = \mathrm{j}\,\omega M = \mathrm{j}\,\omega\sqrt{L_1 L_2} \tag{6.24}$$

sowie

$$\begin{aligned} \mathfrak{L} &= \mathfrak{L}_1 + \mathfrak{L}_2 + 2\,\mathfrak{M} = r_1 + r_2 + \mathrm{j}\,\omega[L_1 + L_2 + 2\sqrt{L_1 L_2}] = r + \mathrm{j}\,\omega\,L, \\ \mathfrak{L}_1\,\mathfrak{L}_2 - \mathfrak{M}^2 &= r_1 r_2 + \mathrm{j}\,\omega[L_1 r_2 + L_2 r_1] \approx \mathrm{j}\,\omega[L_1 r_2 + L_2 r_1]. \end{aligned} \tag{6.25}$$

Vernachlässigen wir $\mathfrak{L}_1\,\mathfrak{L}_2 - \mathfrak{M}^2$

$$\mathfrak{L}_1\,\mathfrak{L}_2 - \mathfrak{M}^2 \ll \mathfrak{M}\,\mathfrak{R}, \tag{6.26}$$

so ergibt sich aus den Beziehungen Gln. (6.22) bis (6.26):

$$S = \frac{r + \mathrm{j}\,\omega\,L + \dfrac{1}{\mathrm{j}\,\omega\,C}}{\mathrm{j}\,\omega\sqrt{L_1 L_2}\,\dfrac{1}{\mathrm{j}\,\omega\,C}} = \frac{r\,C}{\sqrt{L_1 L_2}} + \mathrm{j}\,\frac{\omega^2 L\,C - 1}{\omega\sqrt{L_1 L_2}}. \tag{6.27}$$

Sind w_1 und w_2 die Windungszahlen der von der Anzapfung aus gerechneten Spulenteile und $\ddot{u}$ das Verhältnis derselben, so ist:

$$\frac{w_2}{w_1} = \ddot{u} \qquad \frac{L_2}{L_1} = \ddot{u}^2 \qquad \frac{r_2}{r_1} = \ddot{u} \tag{6.28}$$

und damit:

$$\begin{aligned} L_1 &= \frac{L}{(1+\ddot{u})^2} \qquad L_2 = \frac{\ddot{u}^2 L}{(1+\ddot{u})^2} \qquad \sqrt{L_1 L_2} = \frac{\ddot{u}\,L}{(1+\ddot{u})^2} \\ r_1 &= \frac{r}{1+\ddot{u}} \qquad r_2 = \frac{\ddot{u}\,r}{1+\ddot{u}}. \end{aligned} \tag{6.29}$$

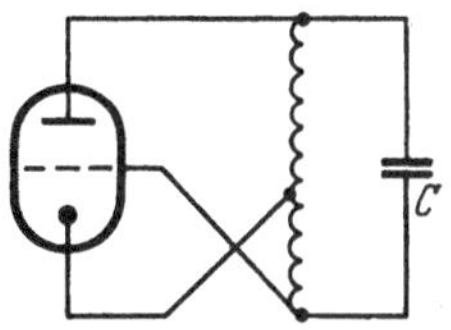

Abb. 6.11 Dreipunktoszillator

Die Gln. (6.27) u. (6.29) liefern als Amplitudenbedingung und als Frequenzgleichung:

$$S = \frac{(1+\ddot{u})^2}{\ddot{u}}\,\frac{r\,C}{L} \qquad \omega^2 = \frac{1}{L\,C}. \tag{6.30}$$

Für die Güte im Schwingungspunkt erhalten wir aus Gl. (6.27) nach der Gl. (4.16):

$$G = \frac{\omega_0 L}{r}. \tag{6.31}$$

Die Oszillatorgüte ist gleich der Spulengüte. Wird r durch die Röhrenwiderstände oder die Kapazitätsverluste erhöht, so sinkt die Oszillatorgüte entsprechend.

Verzichten wir auf die Bedingung Gl. (6.26) und benutzen wir statt derselben die Näherung von Gl. (6.25), so können wir aus derselben und Gl. (6.29) die nachstehende Beziehung ableiten:

$$\frac{L_1 r_2 + L_2 r_1}{\sqrt{L_1 L_2}} = r. \tag{6.32}$$

Damit erhalten wir an Stelle von Gl. (6.27) die genauere Beziehung

$$S = \frac{\dfrac{r C}{\sqrt{L_1 L_2}} + \mathrm{j}\,\dfrac{\omega^2 L C - 1}{\omega \sqrt{L_1 L_2}}}{1 - \mathrm{j}\,\omega C r}. \tag{6.33}$$

Anzunehmenderweise wird bei der genaueren Rechnung nicht viel geändert, so daß wir den Verlustwinkel d der Spule einführen und mit Gl. (6.30) setzen können:

$$d = \frac{r}{\omega L} = r \omega C. \tag{6.34}$$

Die weitere Behandlung der Gl. (6.33) ergibt als Amplitudenbedingung und als Frequenzgleichung:

$$S = \frac{(1 + \ddot{u})^2}{\ddot{u}} \frac{r C}{L} \qquad \omega^2 = \frac{1 - d^2}{L C}. \tag{6.35}$$

Da im allgemeinen d einen sehr kleinen Wert besitzt, so genügen die Gln. (6.30). Die Güte wird nur unwesentlich verringert.

6.5 Die induktiv gekoppelte Dreipunktschaltung mit Kristall

An Stelle des Scheinwiderstandes $\mathfrak{R}$ können wir auch einen Kristall schalten. Zu der Eigenkapazität des Kristalls legen wir noch eine Kapazität parallel, die zum Einstellen des aus der Induktivität L und der Gesamtkapazität C gebildeten Kreises auf einen gewünschten Frequenzwert dienen kann (s. Abb. 6.12).

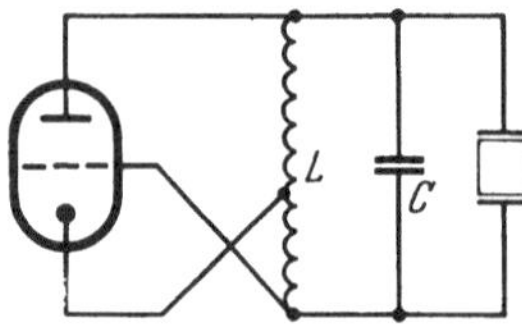

Abb. 6.12. Dreipunktoszillator mit Kristall

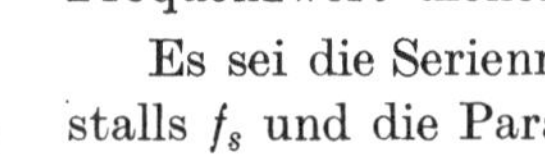

Es sei die Serienresonanzfrequenz des Kristalls f_s und die Parallelresonanzfrequenz mit der Gesamtkapazität C f_p, dann lautet die Beziehung für $\mathfrak{R}$ $(\omega = 2\pi f)$:

$$\mathfrak{R} = \frac{1}{\mathrm{j}\,\omega C} \frac{f^2 - f_s^2}{f^2 - f_p^2}. \tag{6.36}$$

Aus Gl. (6.22) erhalten wir mit $\mathfrak{L}_1 \mathfrak{L}_2 - \mathfrak{M}^2 = 0$:

$$S = \frac{r + \mathrm{j}\left(\omega L - \dfrac{1}{\omega C} \dfrac{f^2 - f_s^2}{f^2 - f_p^2}\right)}{\mathrm{j}\,\omega \sqrt{L_1 L_2}\, \dfrac{1}{\mathrm{j}\,\omega C} \dfrac{f^2 - f_s^2}{f^2 - f_p^2}}, \tag{6.37}$$

und nach entsprechender Behandlung wie die Gl. (6.27):

$$S = \frac{(1 + \ddot{u})^2}{\ddot{u}} \frac{r C}{L} \frac{f^2 - f_p^2}{f^2 - f_s^2} \qquad \omega^2 L C - \frac{f^2 - f_s^2}{f^2 - f_p^2} = 0. \tag{6.38}$$

Mit der Einführung der Resonanzfrequenz f_0 des aus L und C gedachten Kreises

$$f_0^2 = \frac{1}{4\pi^2 L C}, \tag{6.39}$$

formen wir die Gln. (6.38) um in:

$$S = \frac{(1+ü)^2}{ü} \frac{r C}{L} \frac{f_0^2}{f^2} \qquad \frac{f^2}{f_0^2} - \frac{f^2 - f_s^2}{f^2 - f_p^2} = 0. \tag{6.40}$$

Die Frequenzgleichung

$$f^4 - (f_p^2 + f_0^2) f^2 + f_0^2 f_s^2 = 0 \tag{6.41}$$

hat die Lösungen

$$f_{1,2}^2 = \tfrac{1}{2}\left[f_p^2 + f_0^2 \pm \sqrt{(f_p^2 + f_0^2)^2 - 4 f_0^2 f_s^2}\right]. \tag{6.42}$$

Eine Darstellung der Lösungen und der Frequenzen f_p und f_s zeigt Abb. 6.13, welche den Blindwiderstandsverlauf X der passiven Anordnung von Abb. 6.12 wiedergibt. Durch Verändern der Kapazität C und somit der Frequenz f_0 können nach Gl. (6.42) gewünschte Parallelresonanzstellen eingestellt werden.

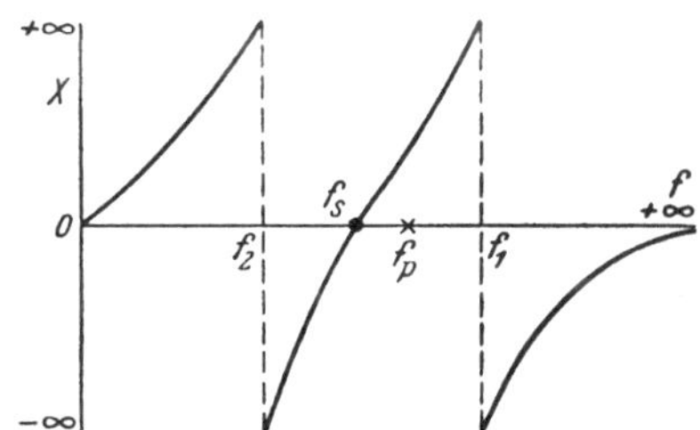

Abb. 6.13. Blindwiderstandsverlauf des passiven Teiles von Abb. 6.12

Wegen des großen C-Wertes wird f_p nur wenig größer als f_s sein. Stimmen wir außerdem die Frequenz f_0 auf die Serienresonanzfrequenz f_s des Kristalls ab, so können wir schreiben [s. Gl. (1.3)]:

$$f_p^2 = f_s^2\left(1 + \frac{C_K}{C}\right) = f_s^2(1+\varepsilon) \qquad f_0^2 = f_s^2. \tag{6.43}$$

Damit ergeben sich die Näherungslösungen (s. Kap. 8.1):

$$f_{1,2}^2 = f_s^2(1 \pm \sqrt{\varepsilon}). \tag{6.44}$$

Zur Berechnung der Güte liefert Gl. (6.37) für die Phase:

$$\operatorname{tg}\alpha = \frac{\omega L}{r} - \frac{1}{\omega C r} \frac{\omega^2 - \omega_s^2}{\omega^2 - \omega_p^2}. \tag{6.45}$$

Die Ableitung ergibt mit Zuhilfenahme der Frequenzgleichung (6.38):

$$\frac{d \operatorname{tg}\alpha}{d\omega} = 2\frac{L}{r} - \frac{2(1 - \omega^2 L C)}{r C (\omega^2 - \omega_p^2)}. \tag{6.46}$$

Die Benutzung der Abkürzungen Gl. (6.43) u. (6.44) läßt aus den Gln. (6.45) u. (4.16) für die Güte G mit zulässiger Vernachlässigung entstehen:

$$G = \frac{\omega L}{r} \frac{1}{\sqrt{\varepsilon}} \tag{6.47}$$

und schließlich mit Gl. (6.43):

$$G = \frac{\omega L}{r} \sqrt{\frac{C}{C_K}}. \tag{6.48}$$

In dieser Gleichung ist der Kristallwiderstand zu dem Spulenwiderstand r hinzugekommen. Er wird denselben erhöhen, doch wird die Erhöhung wegen der hohen Kristallgüte nicht wesentlich sein. Wir wollen dieses an Hand einer kurzen Betrachtung zeigen.

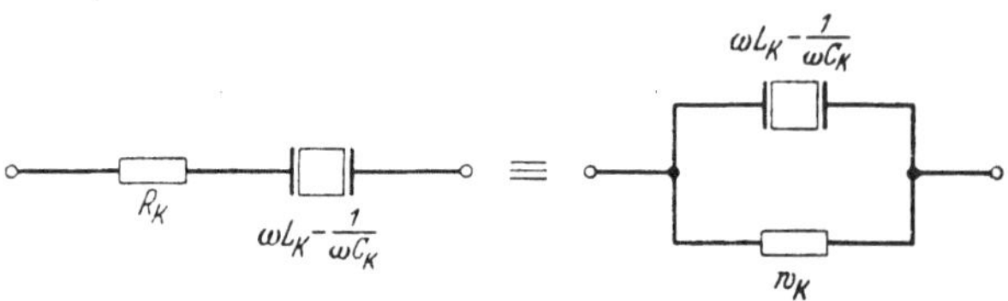

Abb. 6.14. Umwandlung der Kristallverluste [10]

Für die Umwandlung des Reihenwiderstandes R_k des Kristalls gilt unter der Voraussetzung $R_k \ll \omega L_k - \frac{1}{\omega C_k}$ die Gleichung (siehe Abb. 6.14) [10, S. 230]:

$$R_k = \frac{\left(\omega L_k - \frac{1}{\omega C_k}\right)^2}{w_k}. \tag{6.49}$$

Für die Rückwandlung des Widerstandes w_k in einen Reihenwiderstand r_k zu der Induktivität L ist entsprechend:

$$r_k = \frac{\omega^2 L^2}{w_k}. \tag{6.50}$$

Hier ist $w_k \gg \omega L$ Voraussetzung für die Richtigkeit.

Aus den Gln. (6.49) u. (6.50) folgt:

$$r_k = R_k \frac{L^2}{L_k^2} \frac{1}{\left(1 - \frac{1}{\omega^2 L_k C_k}\right)^2}. \tag{6.51}$$

Mit den Frequenzen aus den Lösungen Gl. (6.44) und der Gl. (6.43) erhalten wir aus Gl. (6.51)

$$r_k = R_k \frac{L^2}{L_k^2} \frac{C}{C_k}. \tag{6.52}$$

Wegen der Abstimmung des Kreises aus L und C auf die Kristallserienresonanz vereinfacht sich Gl. (6.52) zu:

$$r_k = R_k \frac{L}{L_k}. \tag{6.53}$$

Mit den Gleichungen für die Güten der Spule ϱ und des Kristalls ϱ_k

$$\varrho = \frac{\omega L}{r} \qquad \varrho_k = \frac{\omega L_k}{R_k} \tag{6.54}$$

können wir Gl. (6.53) etwas anschaulicher umformen in

$$r_k = r \frac{\varrho}{\varrho_k}. \tag{6.55}$$

Selbst bei hohen Spulengüten bei $\varrho = 1000$ ist infolge der wesentlich höheren Kristallgüte von $1 \cdot 10^4$ bis $1 \cdot 10^5$ der Einfluß des Kristallverlustes vernachlässigbar.

6.6 Die kapazitive Dreipunktschaltung

Vertauschen wir in der Schaltung Abb. 6.11 in geeigneter Weise Spule und Kondensator, so erhalten wir die Anordnung Abb. 6.15a mit der identischen Anordnung Abb. 6.15b.

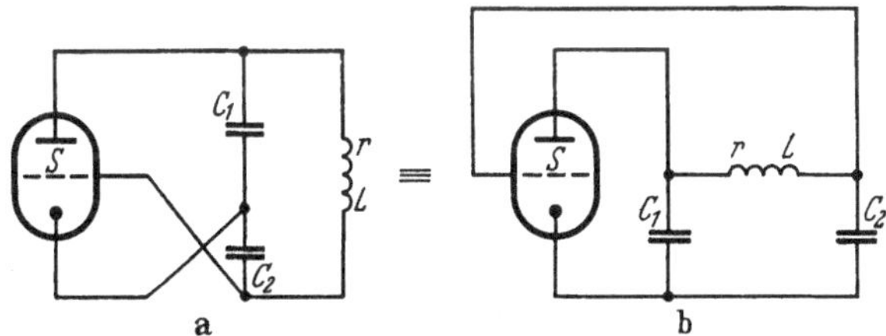

Abb. 6.15. Kapazitive Dreipunktschaltung

Zur Berechnung können die in Kap. 2.6i wiedergegebenen Gleichungen dienen. Durch Vergleich mit der Abb. 2.22 erhalten wir:

$$X_1 = -\frac{1}{\omega C_1} \qquad X_2 = -\frac{1}{\omega C_2} \qquad \mathfrak{X}_3 = r + \mathrm{j}\,\omega L \qquad X_3 = \omega L. \tag{6.56}$$

Mit der Gl. (2.142)

$$S \geqq \frac{r}{X_1 X_2} + \mathrm{j}\,\frac{X_1 + X_2 + X_3}{X_1 X_2} \tag{6.57}$$

ergeben sich die Beziehungen:

$$S \geqq r\,\omega^2 C_1 C_2 \qquad \omega L - \frac{1}{\omega C_1} - \frac{1}{\omega C_2} = 0. \tag{6.58}$$

Für die Güte folgt aus den Gln. (4.16), (6.56) u. (6.57):

$$G = \frac{\omega L}{r}. \tag{6.59}$$

6.7 Die kapazitive Dreipunktschaltung mit Kristall (Heegner-Schaltung)

Schalten wir in Reihe zu der Induktivität der Anordnung Abb. 6.15 einen Kristall, so erhalten wir einen sehr wichtigen Kristalloszillator. Mit einigen Zusätzen entsteht die in Abb. 6.16 gezeigte HEEGNER-Schaltung [64]. Die beiden Widerstände, zwischen welche der Kristall gelegt wird, dienen zur Stabilisierung der Frequenz, d. h. in diesem Falle, sie sollen eine mögliche höhere Frequenz Gl. (6.65) am Anschwingen verhindern. Gleichzeitig dient einer derselben zur Anodenspannungszuführung.

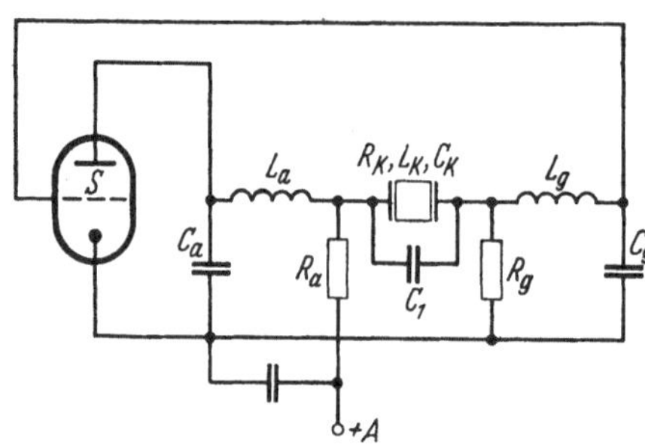

Abb. 6.16
HEEGNER-Oszillator mit einer Röhre [64]

Bei der Berechnung können wir den Einfluß der Widerstände R_a und R_g vernachlässigen. An Stelle des Spulenwiderstandes r tritt der aus den Spulenwiderständen r_a und r_g und dem Kristallwiderstand R_k gebildete Widerstand R'_k:

$$R'_k = r_a + r_g + R_k, \qquad (6.60)$$

wobei die Spulenwiderstände klein gegenüber dem Kristallwiderstand sind. Zu beachten ist der unterschiedliche Einfluß von R_k bei der Reihenschaltung gegenüber demselben bei der Parallelschaltung [s. Gl. (6.55)].

Mit den Blindwiderständen

$$\begin{gathered} X_1 = -\frac{1}{\omega C_a} \qquad X_2 = -\frac{1}{\omega C_g}, \\ X_3 = \omega(L_a + L_g) + \frac{1}{\omega C_1}\,\frac{f^2 - f_s^2}{f_p^2 - f^2}, \end{gathered} \qquad (6.61)$$

erhalten wir nach der Gl. (2.142):

$$S \gtrless R'_k\,\omega^2 C_a C_g \qquad \omega(L_a + L_g) - \frac{1}{\omega C_a} - \frac{1}{\omega C_g} + \frac{1}{\omega C_1}\,\frac{f^2 - f_s^2}{f_p^2 - f^2}. \qquad (6.62)$$

Stimmen wir die beiden Kreise auf die Kristallresonanzfrequenz f_s ab, so gelten die Gleichungen:

$$f_s^2 = \frac{1}{4\pi^2 L_k C_k} = \frac{1}{4\pi^2 L_a C_a} = \frac{1}{4\pi^2 L_g C_g}, \qquad (6.63)$$

und aus der Frequenzgleichung (6.62) ergibt sich nach einfacher Umformung:

$$(f^2 - f_s^2)\left[\left(\frac{1}{C_a} + \frac{1}{C_g}\right)\frac{1}{f_s^2} + \frac{1}{C_1}\,\frac{1}{f_p^2 - f^2}\right] = 0 \qquad (6.64)$$

mit den Lösungen:

$$f^2 = f_s^2 \qquad f^2 = f_p^2 + \frac{C_a C_g}{C_1(C_a + C_g)} f_s^2. \tag{6.65}$$

Außer der Kristallserienresonanz ergibt sich eine wesentlich höhere Frequenz. Dieselbe wird üblicherweise durch die Widerstände R_a und R_g am Schwingen verhindert.

Um über die Brauchbarkeit der Schaltung eine Aussage machen zu können, benutzte man früher das nachstehende Verfahren. Unter Vernachlässigung von C_1 lautet die Frequenzbedingung Gl. (6.62):

$$\omega(L_a + L_g) - \frac{1}{\omega C_a} - \frac{1}{\omega C_g} + \omega L_k - \frac{1}{\omega C_k} = 0. \tag{6.66}$$

Mit den Verstimmungen

$$v_a = 1 - \frac{1}{\omega^2 L_a C_a} \qquad v_g = 1 - \frac{1}{\omega^2 L_g C_g} \qquad v_k = 1 - \frac{1}{\omega^2 L_k C_k} \tag{6.67}$$

erhält man aus Gl. (6.66), wenn man noch wegen der Abstimmung auf die Kristallfrequenz die Verstimmungen der Kreise gleich setzt:

$$v_a = v_g = v \tag{6.68}$$

die Beziehung:

$$v\,\omega(L_a + L_g) + v_k\,\omega L_k = 0. \tag{6.69}$$

Findet eine Verstimmung der Kreise statt, wobei dieselbe beliebig von L_a, L_g, C_a oder C_g oder von mehreren dieser Größen gleichzeitig herrühren kann, so muß notwendigerweise eine Verstimmung v_k des Kristallkreises erfolgen, um wieder Gleichgewicht herzustellen. Diese Verstimmung ist aber sehr gering und, wie Gl. (6.69) aussagt, durch das Verhältnis der Kreisinduktivitäten zu der hohen Kristallinduktivität gegeben:

$$v_k = -v \frac{L_a + L_g}{L_k}. \tag{6.70}$$

Näheres über die Verstimmungen findet man in Abschn. 6.14, Gl.(6.193).

Zum Vergleich berechnen wir die Güte der Anordnung aus der Gl. (6.62) mit der Vereinfachung nach Gl. (6.66). Es ist:

$$\operatorname{tg}\alpha = \frac{1}{R_k'}\left(\omega L_a + \omega L_g - \frac{1}{\omega C_a} - \frac{1}{\omega C_g} + \omega L_k - \frac{1}{\omega C_k}\right) \tag{6.71}$$

und damit die Güte

$$G = \frac{1}{R_k'}\left(L_a + L_g + \frac{1}{\omega^2 C_a} + \frac{1}{\omega^2 C_g} + L_k + \frac{1}{\omega^2 C_k}\right)\frac{\omega}{2}, \tag{6.72}$$

die mit Gl. (6.63) sich umformen läßt in:

$$G = \frac{\omega}{R_k'}(L_a + L_g + L_k). \tag{6.73}$$

Da wir die Verluste der Spulen gegenüber dem Kristallwiderstand und die Induktivitäten der Spulen gegenüber der Kristallinduktivität vernachlässigen können, so erhalten wir aus Gl. (6.73) als Näherung [s. Gl. (6.54)]:

$$G = \varrho_k. \tag{6.74}$$

In der Betrachtung, die zu Gl. (6.70) führt, ist der Gedanke naheliegend, L_a und L_g zu Null werden zu lassen (s. Abb. 6.17). Dann ist nach dieser Gleichung $v_k = 0$ und die Schaltung somit verbessert. Dieses ist natürlich ein Trugschluß. Man kann die Induktivitäten L_a und L_g weglassen. Damit entfällt natürlich die Möglichkeit, auf eine Frequenz abzustimmen. Bei einem Kristall ist es oft wichtig, auf eine Frequenz abzustimmen, wobei dieselbe je nach Schaltungsart begünstigt wird. Meistens ist es jedoch noch wichtiger, daß die übrigen Resonanzfrequenzen des Kristalls nicht abgestimmt sind und dadurch einer gewissen Siebwirkung unterliegen, die sie unterdrückt. Außerdem verringern weitere Frequenzen sowie Oberwellen die Konstanz.

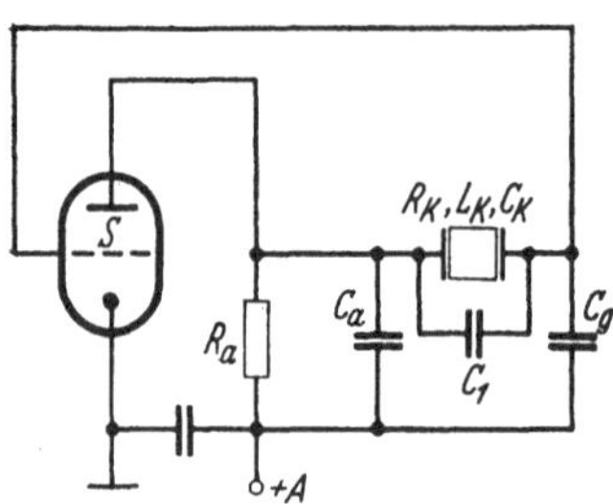

Abb. 6.17. Der Oszillator Abb. 6.16 ohne Induktivitäten

Betrachten wir die Anordnung Abb. 6.16 ohne Induktivitäten, so gilt nach Gl. (6.62), wenn wir auch noch C_1 vernachlässigen, für die Resonanzfrequenz f_r

$$f_r^2 = f_s^2\left(1 + C_k \frac{C_a + C_g}{C_a C_g}\right). \tag{6.75}$$

Zur Ermittlung der Güte dient die Formel:

$$\operatorname{tg}\alpha = \frac{1}{R_k}\left(\omega L_k - \frac{1}{\omega C_k} - \frac{1}{\omega C_a C_g}(C_a + C_g)\right), \tag{6.76}$$

aus der sich, da die Spulenverluste wegfallen, genau ergibt:

$$G = \varrho_k. \tag{6.77}$$

Dieses Ergebnis ist zu gut, denn zur Vermeidung von wilden Schwingungen muß die Anordnung bedämpft werden. Man muß wesentlich kleinere Widerstände R_a und R_g wählen als bei der Anordnung Abb. 6.16, und damit verringert sich die Güte stark. Die Gleichung für die Güte, die den Widerstand R_a berücksichtigt, allerdings R_k vernachlässigt, ist in Gl. (6.144) wiedergegeben.

6.8 Die Pierce-Miller-Schaltung

Eine der häufig angewandten Schaltungen ist die PIERCE-MILLER-Schaltung, die meistens nur PIERCE-Schaltung genannt wird. Ein ausgeführtes Beispiel der Schaltung findet sich in [*71*, Abb. 18]. Abb. 6.18a zeigt dieselbe in ihrer normalen und in der als Π-Glied umgezeichneten Form [*19, 24*]. Die Kapazität C' kann die Röhrenkapazität allein sein, man kann aber die Rückkopplung durch Hinzufügen einer weiteren — möglichst einstellbaren — Kapazität erhöhen.

Stellen wir die Verluste des Kreises als Parallelwiderstand R_1 dar, so gelten die Gln. (2.139):

$$S R_1 \geqq -\left(1 + \frac{X_3}{X_2}\right) \qquad \frac{X_1 + X_2 + X_3}{X_1 X_2} = 0. \tag{6.78}$$

Für die Blindwiderstände erhalten wir mit den in Abb. 6.18 eingezeichneten Größen:

$$X_1 = \frac{1}{\omega C} \frac{f^2}{f_{p0}^2 - f^2} \qquad X_2 = \frac{1}{\omega C_1} \frac{f^2 - f_s^2}{f_p^2 - f^2} \qquad X_3 = -\frac{1}{\omega C'}, \tag{6.79}$$

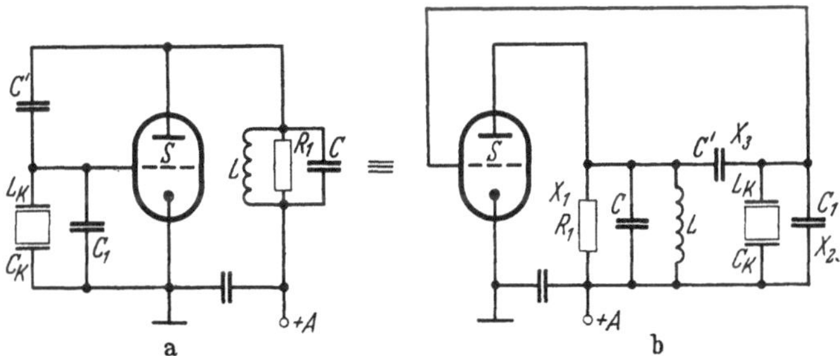

Abb. 6.18. Die PIERCE-MILLER-Schaltung [*75*] [*19*]

wobei f_{p0} die Parallelresonanz des aus L und C gebildeten Kreises, f_s die Serienresonanz- und f_p die Parallelresonanzfrequenz des Kristalls sind. Hierfür lauten die Gleichungen:

$$f_{p0}^2 = \frac{1}{4\pi^2 L C} \qquad f_s^2 = \frac{1}{4\pi^2 L_k C_k} \qquad f_p^2 = f_s^2\left(1 + \frac{C_k}{C_1}\right). \tag{6.80}$$

Die Amplitudenbedingung läßt sich mittels der Frequenzbedingung auch in den folgenden Formen schreiben:

$$S R_1 \geqq \frac{X_1}{X_2} \qquad S R_1 \geqq -\frac{X_1}{X_1 + X_3} = -\frac{X_2 + X_3}{X_2}. \tag{6.81}$$

Mit der geeignet erscheinenden ersten Form der Gl. (6.81) erhalten wir:

$$S R_1 \geqq \frac{C_1}{C} \frac{f^2 (f_p^2 - f^2)}{(f_{p0}^2 - f^2)(f^2 - f_s^2)}. \tag{6.82}$$

Die Frequenzgleichung lautet:

$$\frac{1}{C} \frac{\omega^2}{\omega_{p0}^2 - \omega^2} + \frac{1}{C_1} \frac{\omega^2 - \omega_s^2}{\omega_p^2 - \omega^2} - \frac{1}{C'} = 0. \tag{6.83}$$

Da die Auflösung derselben einige Mühe macht, wollen wir die Frequenzbedingung Gl. (6.78) in Abhängigkeit von der Kapazität C (f_{p0}) aufzeichnen. Abb. 6.19a zeigt die drei Blindwiderstände X_1, X_2 und X_3 in Abhängigkeit von der Frequenz f aufgetragen, wobei die Resonanzfrequenz f_{p0} des Kreises oberhalb der Parallelresonanzstelle f_p des Kristalls liegt. Wegen der Bedingung Gl. (6.81) ist nur bei gleichen Vorzeichen von X_1 und X_2 Schwingmöglichkeit vorhanden, wenn außerdem X_3 das dazu entgegengesetzte Vorzeichen besitzt. Bezeichnen wir die Bereiche, in denen Schwingmöglichkeit vorhanden ist, mit A^+, so sehen wir, daß die Schwingfrequenz zwischen f_p und f_s liegen muß. Die mögliche zweite Frequenz der Gl. (6.83) liegt in einem A^--Bereich. Für sie

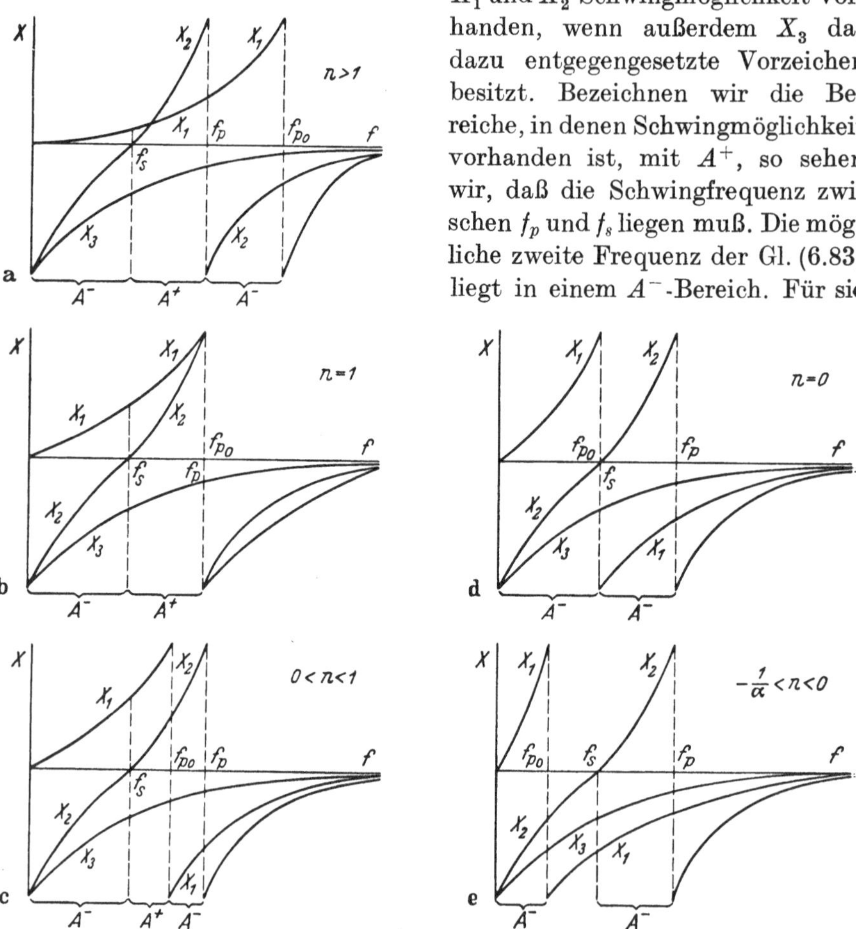

Abb. 6.19. Blindwiderstandsdarstellung der drei Zweige der Abb. 6.18

ist die Amplitudenbedingung Gl. (6.81) negativ, so daß erst eine Phasendrehung durch eine zweite Röhre oder einen Übertrager sie anregen könnte. In der Abb. 6.19b ist die Kreisfrequenz f_{p0} verkleinert und fällt mit f_p zusammen. Der A^+-Bereich bleibt derselbe. Verkleinern wir f_{p0} weiter (s. Abb. 6.19c), so verkürzt sich der A^+-Bereich. Nach der Bedingung Gl. (6.82) muß f_{p0} immer größer als die Schwingfrequenz f sein, da die Schwingfrequenz zwischen f_p und f_s liegen muß. Wir können allerdings noch nicht entscheiden, wieviel kleiner f_{p0} als f_p sein darf, um noch eine Schwingung zu erzielen. Lassen wir f_{p0} noch kleiner werden (Abb. 6.19d, e), so sehen wir, daß nur A^--Bereiche möglich sind.

Zur Vereinfachung der Gl. (6.83) führen wir die folgenden Abkürzungen ein:

$$\omega_{p0}^2 = \frac{1}{LC} = \omega_s^2(1 + n\alpha) \qquad \omega_p^2 = \omega_s^2(1 + \alpha),$$
$$\omega^2 = \omega_s^2(1 + x\alpha) \qquad \omega_s^2 L C_1 = \frac{1}{r} \qquad \omega_s^2 L C' = \frac{1}{s}. \tag{6.84}$$

Aus Gl. (6.83) ergibt sich mit den Gln. (6.84):

$$\frac{(1 + x\alpha)(1 + n\alpha)}{n - x} + \frac{\alpha r x}{1 - x} - \alpha s = 0 \tag{6.85}$$

und daraus die Gleichung:

$$x^2 \alpha[1 + r + s + n\alpha] + x[1 - \alpha(rn + sn + s - n + 1 + n\alpha)] - \\ - [1 - \alpha n(s - 1)] = 0. \tag{6.86}$$

Wegen der vielen Variablen in der Gl. (6.86) ist es nicht möglich, Näherungslösungen anzugeben. Wir werden einige spezielle Lösungen behandeln.

Für $n = 1$ entsprechend Abb. 6.19b erhalten wir aus Gl. (6.78) unter Berücksichtigung des Nenners die Lösungen:

$$x_1 = 1 \qquad x_2 = -\frac{1}{\alpha(1 + r + s + \alpha)} + \frac{s - 1}{1 + r + s + \alpha}. \tag{6.87}$$

Liegt also die Resonanzfrequenz f_{p0} des Kreises auf der Parallelresonanzfrequenz f_p des Kristalls, so schwingt der Kristall genau auf der Parallelresonanzfrequenz. Wie wir der Amplitudenbedingung Gl. (6.82) oder der mit den Abkürzungen Gl. (6.84) gewonnenen Form

$$S R_1 \geqq \frac{(1 + x\alpha)(1 + n\alpha)(1 - x)}{r x \alpha(n - x)} \tag{6.88}$$

entnehmen können, erhält dieselbe den unbestimmten Ausdruck 0/0. Die Nachprüfung mit der dritten Form der Gl. (6.81) zeigt, daß die Amplitudenbedingung nicht erfüllt wird. Es ist $S R_1 = -1$. Die zweite Lösung setzen wir zweckmäßig in die Abkürzung für ω Gl. (6.84) ein und erhalten:

$$\omega_2^2 = \omega_s^2\left(1 - \frac{1}{1 + r + s + \alpha} + \frac{\alpha(s - 1)}{1 + r + s + \alpha}\right). \tag{6.89}$$

Sie liegt wesentlich unterhalb ω_s, und daher befindet sie sich im A^--Bereich.

Eine weitere Lösung liefert uns die Schaltung Abb. 6.21 in dem folgenden Abschnitt, die dem Wert $n = \infty$ entspricht. Es gilt dafür [s. Gl. (6.109)]:

$$x_1 = 1 - \frac{r}{r+s-1} = \frac{1}{1+\frac{r}{s-1}},$$
$$x_2 = \frac{r+s-1}{\alpha} + \frac{r}{r+s-1}. \tag{6.90}$$

Die Lösung x_1 gibt den unteren Grenzwert, der im Bereich $f_p - f_s$ möglich ist, an. Wenn wir r ungefähr gleich s und beide wesentlich größer als Eins annehmen, so wird $x_1 \approx \frac{1}{2}$, so daß etwa der halbe Bereich $f_p - f_s$ bestrichen werden kann, und zwar von f_p aus. Für $s = 1$ wird $x_1 = 0$, doch wird im allgemeinen s wesentlich größer als Eins sein. An der Lösung x_2 sehen wir, daß sie in einen A^--Bereich oberhalb f_p gewandert ist (s. Abb. 6.19a u. 6.22). Um weitere Beziehungen zwischen n und den dazugehörigen Lösungen zu erhalten, lösen wir die Gl. (6.85) nach n auf:

$$n = \frac{-(1+x\alpha)(1-x) + \alpha r x^2 - \alpha s x(1-x)}{\alpha[(1-x)(1+x\alpha) + r x - s(1-x)]}. \tag{6.91}$$

Mit dieser Gleichung können wir die Lösungen Gl. (6.87) kontrollieren. Setzen wir in Gl. (6.91) $x = 1$ ein, so folgt $n = 1$. Mit $n = 1$ erhalten wir aus Gl. (6.86) die zweite Lösung aus dem Freiglied, da dasselbe gleich dem Produkt der beiden Lösungen ist und die eine Lösung $x_1 = 1$ bekannt ist.

Gehen wir zu der anderen Grenze unseres Schwingmöglichkeitsbereiches und setzen wir in Gl. (6.91) $x = 0$, so wird

$$n = \frac{1}{\alpha(s-1)}. \tag{6.92}$$

Aus dem linearen Glied der Gl. (6.86) erhalten wir mit der Lösung $x = 0$ als zweite Lösung x_2:

$$x_1 = 0 \qquad x_2 = \frac{\frac{r}{s-1}}{\alpha\left(1+r+s+\frac{1}{s-1}\right)} + \frac{s+1+\frac{1}{s-1}}{1+r+s+\frac{1}{s-1}}. \tag{6.93}$$

Wir entnehmen der Lösung x_2, daß sie sich bereits für den n-Wert der Gl. (6.92) in einem Bereich oberhalb f_p befindet. Nach Gl. (6.82) bzw. Gl. (6.88) ist $x_1 = 0$ keine schwingfähige Stelle.

Betrachten wir noch Lösungen nahe bei $x = 1$, indem wir mit einer kleinen Größe ε ($\varepsilon \ll 1$) setzen:

$$x_1 = 1 - \varepsilon. \tag{6.94}$$

Gl. (6.91) liefert uns dazu mit zulässigen Vernachlässigungen:

$$n = 1 - \varepsilon - \frac{\varepsilon}{\alpha r}. \tag{6.95}$$

Hierzu berechnen wir die zweite Lösung aus Gl. (6.86) zu:

$$x_2 = -\frac{1 + \frac{\varepsilon}{r}(r + s - 1)}{\alpha(1 + r + s + \alpha)} + \frac{s - 1 + 2\varepsilon}{1 + r + s + \alpha}, \tag{6.96}$$

welche für $\varepsilon = 0$ in Gl. (6.87) übergeht.

Wie wir der Abb. 6.19c entnehmen und aus der Gl. (6.88) ersehen können, müßte die Lösung x_1 unterhalb von n liegen. Dieses ist aber nach Gl. (6.95) nicht der Fall, so daß es keine schwingfähige Lösung für einen x-Wert knapp unterhalb $x = 1$ gibt. Wählen wir ε negativ, also $x_1 = 1 + \varepsilon$, so liegt dasselbe oberhalb f_p, und es ist ebenfalls keine Schwingmöglichkeit vorhanden.

Legen wir mit

$$x_1 = \eta \qquad \eta \ll 1 \tag{6.97}$$

eine Stelle oberhalb von f_s fest, so liefert Gl. (6.91) die Gleichung

$$n = \frac{1}{\alpha(s-1)}\left(1 + \eta\left(\alpha s + \frac{r}{s-1}\right)\right), \tag{6.98}$$

die für $\eta = 0$ in Gl. (6.92) übergeht. Setzen wir η in die Amplitudenbedingung Gl. (6.88) ein, so sehen wir, daß, falls η groß genug ist, die Bedingung erfüllt werden kann, da die Vorzeichen eine positive rechte Seite ergeben. Wegen der Voraussetzung Gl. (6.97) stimmt dann natürlich Gl. (6.98) nicht mehr.

Wir stellen nun folgendes fest:

Zwischen den Werten Gl. (6.92) u. (6.90)

$$n = \frac{1}{\alpha(s-1)} \qquad n = \infty \tag{6.99}$$

liegen die Lösungen:

$$x_1 = 0 \qquad x_1 = \frac{1}{1 + \frac{r}{s-1}}. \tag{6.100}$$

Von denselben ist die Lösung $x_1 = 0$ nicht anregbar, da die erforderliche Röhrensteilheit zu hoch ist. Auch etwas größere Werte sind aus dem gleichen Grunde noch nicht anregbar, wie wir aus der Bedingung Gl. (6.88) für $x_1 = \eta$ Gl. (6.97) leicht ersehen können. Dem kleinstmöglichen Wert von n Gl. (6.99) entnehmen wir, daß er recht hoch sein muß. Beispielsweise ergibt $\alpha = 1 \cdot 10^{-3}$, $s = 11$ einen Wert $n = 100$. Wir können daher in Gl. (6.85) x gegenüber n vernachlässigen und erhalten:

$$\frac{1 + n\alpha}{n} + \frac{\alpha r x}{1 - x} - \alpha s = 0 \tag{6.101}$$

mit der Lösung:

$$x = \frac{1}{1 + \frac{r}{s - 1 - \frac{1}{\alpha n}}}. \tag{6.102}$$

Würden wir den unteren Grenzwert von n Gl. (6.99) einsetzen, so erhielten wir $x_1 = 0$. Da wir jedoch die Lösungen x in Abhängigkeit von n kennenlernen wollen, führen wir eine neue Größe $k\,(k \geqq 0)$ ein. Es sei:

$$n = \frac{1}{\alpha(s-1)}(1+k) \qquad \frac{1}{\alpha(s-1)} = n_0 \qquad n = n_0(1+k). \tag{6.103}$$

Setzen wir das Produkt αn aus Gl. (6.103) in Gl. (6.102) ein, so ergibt sich:

$$x = \frac{1}{1 + \frac{r}{s-1}\,\frac{1+k}{k}} = \frac{1}{1 + l\,\frac{1+k}{k}} \qquad l = \frac{r}{s-1}. \tag{6.104}$$

Die Abkürzungen n_0 und l sind abhängig von den Kapazitäten der Schaltung.

Zur Verfolgung des Verlaufes der Lösungen x in Abhängigkeit von n zeichnen wir die Gln. (6.103) u. (6.104) in Abhängigkeit voneinander auf. Wir können hierbei k als Hilfsparameter benutzen, aber auch k eliminieren. Dann ist:

$$x = \frac{1}{1 + l\,\frac{n}{n - n_0}}. \tag{6.105}$$

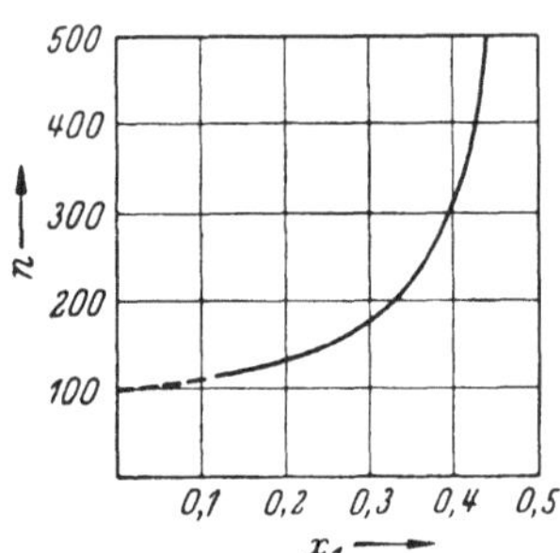

Abb. 6.20. Bereich der Schwingfrequenz des Oszillators Abb. 6.18

In Abb. 6.20 zeigen wir x als Funktion von n mit den Werten $\alpha = 1 \cdot 10^{-3}$, $s = 11$, $r = 10$, $l = 1$, $n_0 = 100$. Für kleine x-Werte ist die Kurve gestrichelt, um anzudeuten, daß hier wegen der Amplitudenbedingung im allgemeinen keine Schwingungen anregbar sind. Wir sehen, daß wachsenden n-Werten wachsende x-Werte entsprechen. Den gleichen Befund entnehmen wir Abb. 6.19a. Wandert f_{p0} nach rechts, so wird zwischen f_s und f_p der X_1-Wert niedriger. Da der X_3-Wert festbleibt, so muß die Schwingfrequenz in Richtung nach f_p wandern.

6.9 Die Pierce-Miller-Schaltung mit alleiniger Induktivität

In der Schaltung Abb. 6.18 können wir auch die Kapazität C weglassen, so daß die Schaltung der Abb. 6.21 entsteht. An Stelle des X_1-Wertes der Gl. (6.79) tritt jetzt

$$X_1 = \omega L \tag{6.106}$$

und an Stelle der Amplitudenbeziehung Gl. (6.82)

$$S\,R_1 \geqq \omega^2 L C_1 \frac{f^2 - f_s^2}{f_p^2 - f^2}. \tag{6.107}$$

In Abb. 6.22 zeigen wir die Darstellung der drei Blindwiderstände, deren Addition zu den Nullstellen der Frequenzgleichung und damit zu den möglichen Schwingfrequenzen führt.

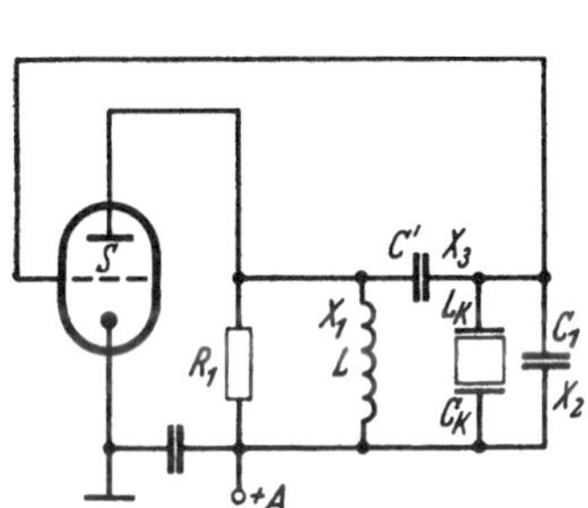

Abb. 6.21. PIERCE-MILLER-Schaltung mit alleiniger Induktivität [75]

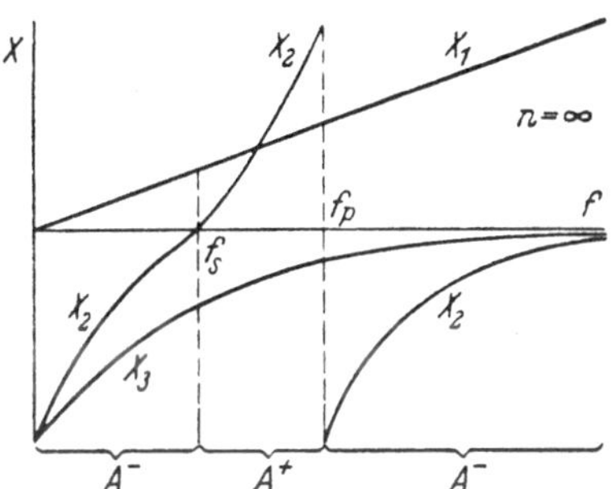

Abb. 6.22. Blindwiderstandsdarstellung der drei Zweige der Abb. 6.21

Unter Beibehaltung der Abkürzungen Gl. (6.84) erhalten wir als Frequenzgleichung, die wir auch aus Gl. (6.85) für $n = \infty$ ableiten können:

$$1 + x\alpha + \frac{r\,x}{1-x} - s = 0 \tag{6.108}$$

mit den Lösungen:

$$x_1 = 1 - \frac{r}{r+s-1} \qquad x_2 = \frac{r+s-1}{\alpha} + \frac{r}{r+s-1}. \tag{6.109}$$

Die Lösung x_1 stellt gleichzeitig die untere mögliche Frequenzgrenze der Anordnung Abb. 6.18 mit Parallelkreis dar. Wir sehen aus Gl. (6.108), daß weder r noch s Null sein kann.

6.10 Die Pierce-Schaltung

Wenn auch die in Abschn. 6.8 behandelte Anordnung oft als PIERCE-Schaltung bezeichnet wird, so scheint doch die in Abb. 6.23a gezeigte Form die ursprüngliche PIERCE-Schaltung zu sein. Ein ausgeführtes Beispiel zeigt [*71*, Abb. 17]. In Abb. 6.23b geben wir die in Π-Form um-

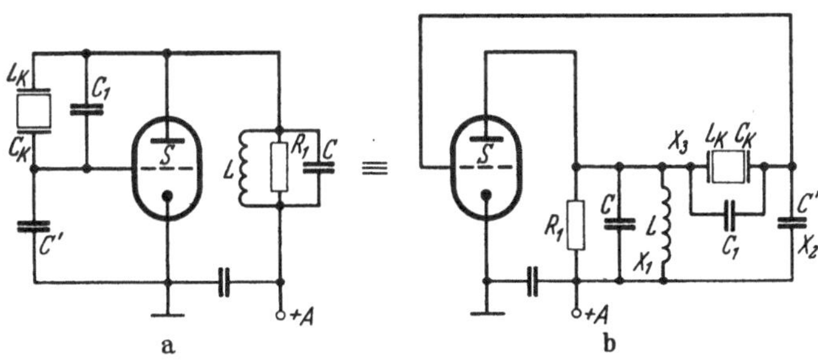

Abb. 6.23. Die PIERCE-Schaltung [75]

gewandelte Schaltung wieder [*19, 24*]. Vergleichen wir mit der Schaltung Abb. 6.18, so sind lediglich X_2 und X_3 vertauscht. Behalten wir die Gln. (6.79) bei, so lauten Amplituden- und Frequenzbedingung:

$$S R_1 \geqq \frac{X_1}{X_3} = -\frac{X_1}{X_1 + X_2} = -\frac{X_3 + X_2}{X_3} \qquad X_1 + X_2 + X_3 = 0. \quad (6.110)$$

Die Frequenzgleichung (6.78) bzw. (6.83) und die weiteren Gleichungen nebst den Lösungen bleiben erhalten. Trotzdem sind die Schaltungen keinesfalls gleich. Betrachten wir die Abb. 6.19, die auch für die neue Schaltung anwendbar ist. Die möglichen Schwingbereiche haben sich infolge der Bedingung Gl. (6.110) geändert. Die Abb. 6.19a und b enthalten keinen A^+-Bereich. In Abb. 6.19c wird der Bereich zwischen f_p und f_{p0} zum A^+-Bereich und in den Abb. 6.19d und e der Bereich $f_p - f_s$.

Wir sehen, daß die Schaltung Abb. 6.23 einen Resonanzkreis benötigt, der auf eine tiefere Frequenz abgestimmt ist als der Kreis der Anordnung Abb. 6.18.

Da trotz der gleichen Frequenzgleichung völlig andere Verhältnisse vorliegen, die durch die andere Amplitudenbedingung Gl. (6.110) hervorgerufen werden, wollen wir auch diese Schaltung ausführlich behandeln.

Wie wir schon aus der Abb. 6.19 mit der Bedingung, daß jetzt X_1 und X_3 gleiche Vorzeichen und X_2 ein dazu entgegengesetztes Vorzeichen haben müssen, erkannten, muß jetzt die Kreisfrequenz f_{p0} unterhalb von f_p liegen. Sie darf bis zur Frequenz Null wandern. Zweckmäßig wird dazu die Kapazität C festgehalten und die Induktivität L gegen Unendlich gehen lassen. Damit werden ein Teil der Abkürzungen Gl. (6.84) unbrauchbar.

Wir führen anstatt von r und s neu ein:

$$\frac{C}{C_1} = \bar{r} \qquad \frac{C}{C'} = \bar{s} \quad (6.111)$$

und erhalten mit den beibehaltenen Abkürzungen von Gl. (6.84) als Frequenzgleichung:

$$\frac{1 + x\alpha}{n - x} + \bar{r}\frac{x\alpha}{1 - x} - \alpha\bar{s} = 0. \quad (6.112)$$

Die Amplitudenbedingung lautet:

$$S R_1 \geqq \frac{1 + x\alpha}{\alpha\bar{s}(x - n)}. \quad (6.113)$$

Wandert f_p gegen Null, so wird $n = -\frac{1}{\alpha}$, und es ergibt sich als unterer Grenzwert der Schwingfrequenz:

$$n = -\frac{1}{\alpha} \qquad x = 1 - \frac{\bar{r}}{1 + \bar{s} + \bar{r}} = \frac{1}{1 + \frac{\bar{r}}{1 + \bar{s}}}. \quad (6.114)$$

Hierbei ist $S R_1 \geqq 1/\bar{s}$.

Den zweiten — oberen — Grenzwert erhalten wir für $x = 1$, $n = 1$. Hierbei ist $X_1/X_3 = \infty$, so daß dieser Grenzwert nicht erreicht werden kann, wohl aber durch hohe Steilheiten angenähert.

Wir lösen Gl. (6.112) nach n auf:

$$n = \frac{(1 + x\,\alpha)(1 - x)}{\alpha\,[\bar{s} - x(\bar{r} + \bar{s})]}. \tag{6.115}$$

Setzen wir

$$x_1 = 1 - \eta, \tag{6.116}$$

so folgt aus Gl. (6.115) für n:

$$n = 1 - \eta - \frac{\eta}{\alpha\,\bar{r}}. \tag{6.117}$$

Hiermit liegt die Schwingfrequenz oberhalb der Kreisfrequenz f_{p0}. Sie fällt also in den A^+-Bereich zwischen f_p und f_{p0}. Abb. 6.19c zeigt uns die Lage, doch ist dort dieser Bereich mit A^- gekennzeichnet.

Die Amplitudenbedingung ist jetzt aus dem Unendlichen zurückgekehrt und liefert

$$S\,R_1 \geqq \frac{\bar{r}}{\bar{s}\,\eta}. \tag{6.118}$$

Eine bevorzugte Stelle ist noch $n = 0$, die Serienresonanzfrequenz des Kristalls. Hierzu gehört die Lösung:

$$x_1 = 1 - \alpha\,\frac{\bar{r}(\bar{s} + 1)}{(\bar{r} + \bar{s} + 1)(1 + a(\bar{s} + 1))}. \tag{6.119}$$

Wir wollen noch die Schwingfrequenz in Abhängigkeit von der Kreisfrequenz darstellen. Da n von $-1/\alpha$ bis $+1$ variiert, ist dieses etwas kompliziert. Wir vereinfachen und betrachten nur einen Bereich, in dem $x \ll n$ ist. Dadurch entfallen die Lösungen nahe bei $x_1 = 1$, die sowieso wegen des hohen Verhältnisses X_1/X_3 fraglich sind. Wir führen als variable Größe m ein.

Mit

$$x \ll n \qquad n = -\frac{1}{\alpha}\,m \tag{6.120}$$

erhalten wir als Lösung aus Gl. (6.112):

$$x_1 = \frac{1}{1 + \dfrac{\bar{r}}{\bar{s} + \dfrac{1}{m}}} = \frac{1}{1 + \dfrac{\bar{r}}{\bar{s} - \dfrac{1}{\alpha\,n}}}. \tag{6.121}$$

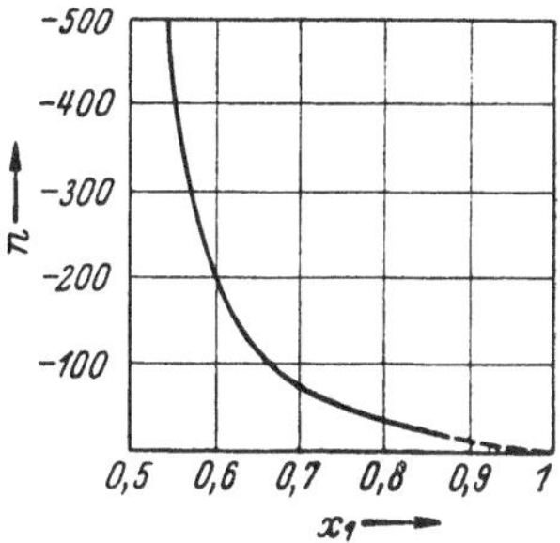

Abb. 6.24. Bereich der Schwingfrequenz des Oszillators Abb. 6.23

Die Darstellung von x als Funktion von n zeigt Abb. 6.24. Für die Werte in der Nähe von $x = 1$ ist die Kurve gestrichelt, da sie daselbst ungenau und die Schwingfähigkeit der Schaltung nicht sicher ist. Zu der Lösung $n = -1/\alpha$ Gl. (6.114) ist noch festzustellen, daß hierbei $L = \infty$ ist. Damit kann die Induktivität weggelassen werden, und wir kommen zu der bereits behandelten Schaltung Abb. 6.17.

6.11 Die Güte einer Π-Schaltung bei einseitigem Leerlauf

Dem Kap. 4 entnehmen wir für den Phasenwinkel die Beziehung Gl. (4.35)

$$\operatorname{tg}\alpha = \frac{X_1 X_2 X_3 - R_1 R_2 (X_1 + X_2 + X_3)}{R_1 X_2 (X_1 + X_3) + R_2 X_1 (X_2 + X_3)}. \qquad (6.122)$$

Für die in den Abschn. 6.8 bis 6.10 behandelten Anordnungen können wir R_2 zu Unendlich annehmen. Damit vereinfacht sich die Gl. (6.122) zu:

$$\operatorname{tg}\alpha = -\frac{R_1 (X_1 + X_2 + X_3)}{X_1 (X_2 + X_3)}. \qquad (6.123)$$

Zur Ermittlung der Güte bilden wir die Ableitung aus Gl. (6.123) oder lassen in Gl. (4.37) $R_2 \to \infty$ gehen:

$$\mathrm{d}\operatorname{tg}\alpha = R_1 \frac{(X_2 + X_3)^2 \,\mathrm{d}X_1 + X_1^2 \,\mathrm{d}X_2 + X_1^2 \,\mathrm{d}X_3}{X_1^2 (X_2 + X_3)^2}. \qquad (6.124)$$

Im Schwingungspunkt gilt die Frequenzgleichung [s. Gl. (6.78)]:

$$X_1 + X_2 + X_3 = 0. \qquad (6.125)$$

Da wir für die Güte nach der Gl. (4.16) die Ableitung des Phasenwinkels nach der Frequenz benötigen und diese im Schwingungspunkt zu nehmen ist, so gelten die beiden Gln. (6.124) u. (6.125) gleichzeitig, wenn wir noch als Argument $\mathrm{d}\omega$ hinzufügen. Wir versehen die Ableitung im Schwingungspunkt mit dem Index Null und vereinfachen Gl. (6.124) mit (6.125) zu:

$$\left(\frac{\mathrm{d}\operatorname{tg}\alpha}{\mathrm{d}\omega}\right)_0 = \left[\frac{R_1}{X_1^2}\left(\frac{\mathrm{d}X_1}{\mathrm{d}\omega} + \frac{\mathrm{d}X_2}{\mathrm{d}\omega} + \frac{\mathrm{d}X_3}{\mathrm{d}\omega}\right)\right]_0. \qquad (6.126)$$

Für die Güte erhalten wir nach Gl. (4.16) die Gleichung:

$$G = \left[\frac{\omega R_1}{2 X_1^2}\left(\frac{\mathrm{d}X_1}{\mathrm{d}\omega} + \frac{\mathrm{d}X_2}{\mathrm{d}\omega} + \frac{\mathrm{d}X_3}{\mathrm{d}\omega}\right)\right]_0. \qquad (6.127)$$

6.12 Die Güte der Pierce-Miller- und der Pierce-Schaltung

Wenden wir die Gl. (6.127) auf die drei Blindwiderstände Gl. (6.79) an, so ergibt sich die Gleichung:

$$G = \left[\frac{\omega R_1}{2} \frac{C^2 (\omega_{p0}^2 - \omega^2)^2}{\omega^2} \left[\frac{1}{C} \frac{\omega_{p0}^2 + \omega^2}{(\omega_{p0}^2 - \omega^2)^2} + \right.\right.$$

$$\left.\left. + \frac{1}{C_1} \frac{\omega^2 (\omega^2 - 3\omega_s^2 + \omega_p^2) + \omega_p^2 \omega_s^2}{\omega^2 (\omega_p^2 - \omega^2)^2} + \frac{1}{C' \omega^2}\right]\right]_0. \qquad (6.128)$$

Mit den Abkürzungen Gl. (6.84) folgt aus Gl. (6.128) mit zulässigen Vernachlässigungen unter Berücksichtigung, daß C als variabel angesehen wird:

$$G = \left[\frac{R_1}{2\omega_s L}\left(\frac{2 + n\alpha}{1 + n\alpha} + \frac{2\alpha r (n - x)^2}{(1 - x)^2 (1 + n\alpha)^2} + \frac{s\alpha^2 (n - x)^2}{(1 + n\alpha)^2}\right)\right]_0. \qquad (6.129)$$

Je nach der gewählten Kreisabstimmung, die durch n wiedergegeben ist, erhält man die Lösung x und die dazugehörige Güte. Die Güte ist also als Funktion von n und x immer verschieden. Wir beschränken uns hier auf die Berechnung der Güte bei den beiden Grenzstellungen Gln. (6.99) u. (6.100).

Nach der Gl. (6.50) gilt:

$$R_1 = \frac{\omega^2 L^2}{r} = \varrho\, \omega\, L, \tag{6.130}$$

wobei r der Reihenwiderstand der Spule mit der Induktivität L ist und ϱ die Güte dieser Spule.

Wenn für $n = 1/\alpha(s-1)$ mit $x_1 = 0$ die Schaltung auch nicht schwingfähig ist, so wollen wir doch für diesen Grenzwert die Güte ermitteln. Aus den Gln. (6.99), (6.100), (6.129) u. (6.130) ergibt sich

$$G = \varrho \left(1 + \frac{r}{\alpha\, s^2} + \frac{1}{s}\right). \tag{6.131}$$

Von den Beiträgen der drei Schaltteile X_1, X_2 und X_3 ist der von dem Kristall herrührende weitaus der größte. Mit den Gln. (6.84) führen wir die Abkürzungen in Gl. (6.131) wieder in die ursprünglichen Größen zurück und erhalten:

$$G = \varrho \left(1 + \omega_s^2\, L\, C' \left(\frac{C'}{C_K} + 1\right)\right) \tag{6.132}$$

oder näherungsweise $G = \varrho \dfrac{C'^2}{C\, C_K}$.

Für den zweiten Grenzwert $n = \infty$ $x_1 = \dfrac{s-1}{s+r-1}$ liefert die Gl. (6.129):

$$G = \frac{\varrho}{2} \left(1 + \frac{2(s+r-1)^2}{\alpha\, r} + s\right) \tag{6.133}$$

oder näherungsweise:

$$G = \varrho \frac{1}{\omega_s^2\, L\, C_K} \left(1 + \frac{C_1}{C'}\right)^2 = \varrho \frac{L_K}{L} \left(1 + \frac{C_1}{C'}\right)^2. \tag{6.134}$$

Die zwischen diesen Grenzwerten liegenden Güten lassen sich in gleicher Weise einfach berechnen. Die Gln. (6.133) u. (6.134) stellen die Güte der Schaltung Abb. 6.21 dar.

Wenden wir uns nun zur Pierce-Schaltung Abb. 6.23.

Wir können von der Gl. (6.128) ausgehen. Mit den Abkürzungen Gl. (6.111) und zulässigen Vernachlässigungen erhalten wir:

$$G = \left[\frac{R_1\, \omega\, C}{2} \left[2 + n\,\alpha + 2\alpha\,\bar{r}\, \frac{(n-x)^2}{(1-x)^2} + \bar{s}\, \alpha^2 (n-x)^2\right]\right]_0. \tag{6.135}$$

Da bei dieser Schaltung die Induktivität L veränderlich ist, andererseits das Verhältnis L/r als konstant angesehen werden kann, da die

Schwingfrequenz nur im Bereich $f_p - f_s$ wandert, so schreiben wir:

$$R_1 = \frac{\omega_s^2 L^2}{r} = \frac{\omega_s L}{r} \omega_s L = \varrho \, \omega_s L. \tag{6.136}$$

Damit ist:

$$R_1 \omega_s C = \varrho \, \omega_s^2 L C = \varrho \frac{1}{1 + n \alpha}. \tag{6.137}$$

Betrachten wir wiederum die Güte bei den beiden Grenzwerten. Für den Grenzwert, der eine zu hohe Steilheit verlangt, ist $x_1 = 1$, $n = 1$. Da wir für diese Werte in G einen unbestimmten Ausdruck 0/0 erhalten, so müssen wir diesen Wert erst bestimmen. Wir lösen hierzu die Frequenzgleichung (6.112) nach diesem Ausdruck auf:

$$\frac{n - x}{1 - x} = \frac{\alpha \bar{s}(n - x)}{\bar{r} \, x \, \alpha} - \frac{1}{\bar{r} \, x \, \alpha}. \tag{6.138}$$

Für $x = 1$, $n = 1$ folgt hieraus:

$$\left(\frac{n - x}{1 - x}\right)_{x = n = 1} = - \frac{1}{\bar{r} \, \alpha}. \tag{6.139}$$

Aus den Gln. (6.135), (6.137) u. (6.139) ergibt sich:

$$G = \varrho \left(1 + \frac{1}{\bar{r} \, \alpha}\right), \tag{6.140}$$

oder

$$G = \varrho \left(1 + \frac{C_1^2}{C \, C_K}\right). \tag{6.141}$$

Bei dem zweiten Grenzwert $n = \dfrac{-1}{\alpha}$, $x = \dfrac{1 + \bar{s}}{\bar{r} + \bar{s} + 1}$ Gl. (6.114) ist keine Induktivität und somit kein Verlustwiderstand r derselben vorhanden. Wir fassen R_1 als parallelliegenden Verlust des Kondensators C auf und führen als Güte ϱ_c ein:

$$\varrho_c = R_1 \, \omega \, C. \tag{6.142}$$

Wir erhalten aus den Gln. (6.135), (6.114) u. (6.142):

$$G = \frac{\varrho_c}{2} \left[1 + \frac{2}{\alpha \, \bar{r}} (\bar{r} + \bar{s} + 1)^2 + \bar{s}\right] \tag{6.143}$$

und daraus den Näherungswert:

$$G = \varrho_c \frac{C_1^2}{C_K \, C} \left(\frac{C}{C_1} + \frac{C}{C'} + 1\right)^2. \tag{6.144}$$

Dieser Gütewert, der die Güte der Anordnung Abb. 6.17 wiedergibt, ist mit der Gütegleichung (6.77) zu vergleichen. Bei der Gl. (6.77) wurde lediglich der Kristallverlust betrachtet, während derselbe als vernachlässigbar bei der Gl. (6.144) nicht berücksichtigt wurde. Ist ϱ_c sehr groß, so darf der Kristallverlust nicht vernachlässigt werden, doch dürfte praktisch die Gl. (6.144) am geeignetsten sein, da man zur Stabilisierung R_1 nicht zu groß wählt.

6.13 Die Meißner-Schaltung mit Kristall

Auch die MEISSNER-Schaltung läßt sich durch einen Kristall wesentlich verbessern. Wir schalten einen solchen dem Anodenkreis parallel, wie Abb. 6.25a zeigt. Führen wir ein Π-Übertrager-Ersatzbild der angekoppelten Induktivitäten L_1 und L_2 ein, so erhalten wir das in Abb. 6.25b wiedergegebene Ersatzbild. Wenn wir auf den Verlust der Induktivität L_2 verzichten, so vereinfacht sich die Rechnung sehr. Eine gewisse Berechtigung zu dieser einseitigen Maßnahme kann darin erblickt werden, daß in dem Widerstand R_1 außer dem Spulenverlust der Innenwiderstand der Röhre enthalten ist sowie ein kleiner Bei-

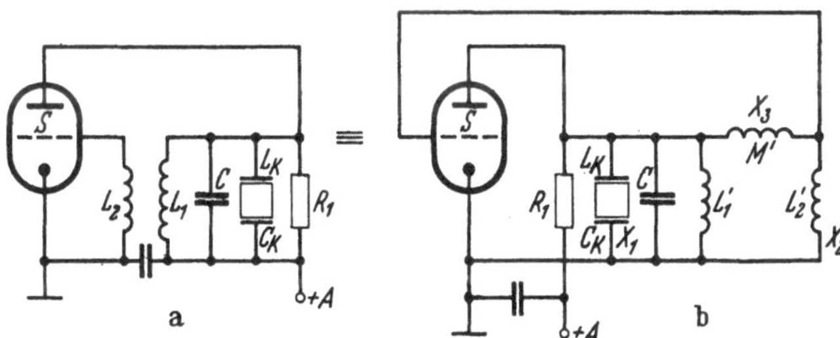

Abb. 6.25. Die MEISSNER-Schaltung mit Kristall

trag durch den Kristallverlust. Mit Benutzung der Bezeichnungen der Abb. 6.25a und b gelten für die Umwandlung der als Übertrager aufzufassenden beiden gekoppelten Induktivitäten:

$$L_1' = \frac{L_1 L_2 - M^2}{L_2 + M} \qquad L_2' = \frac{L_1 L_2 - M^2}{L_1 + M} \qquad M' = \frac{L_1 L_2 - M^2}{-M}. \tag{6.145}$$

Führen wir die Kopplung k ein mit der Gleichung

$$M = k\sqrt{L_1 L_2}, \tag{6.146}$$

so können wir die Gln. (6.145) in der Form schreiben:

$$L_1' = \frac{L_1(1-k^2)}{1 + k\sqrt{\frac{L_1}{L_2}}} \quad L_2' = \frac{L_2(1-k^2)}{1 + k\sqrt{\frac{L_2}{L_1}}} \quad M' = -\frac{\sqrt{L_1 L_2}\,(1-k^2)}{k}. \tag{6.147}$$

Auch hier sind die Gln. (6.78) u. (6.81) anwendbar, wobei für die Blindwiderstände selbst gilt:

$$X_1 = \frac{1}{\omega C}\,\frac{f^2(f_s^2 - f^2)}{(f^2 - f_{1p}^2)(f^2 - f_{2p}^2)} \qquad X_2 = \omega L_2' = \omega\frac{L_1 L_2 - M^2}{L_1 + M},$$
$$X_3 = \omega M' = \omega\frac{L_1 L_2 - M^2}{-M}. \tag{6.148}$$

Wichtig ist, daß X_3 negativ ist und daß X_2 und X_3 addiert ebenfalls noch negativ sind:

$$X_2 + X_3 = -\omega \frac{L_1(L_1 L_2 - M^2)}{M(L_1 + M)} = -\omega \frac{\sqrt{L_1 L_2}\,(1-k^2)}{k\left(1 + k\sqrt{\frac{L_2}{L_1}}\right)} = -\omega \bar{L}. \quad (6.149)$$

Mit der Abkürzung $\bar{L}$ der Gl. (6.149) erhalten wir aus den Gln. (6.78) und (6.148) als Frequenzgleichung:

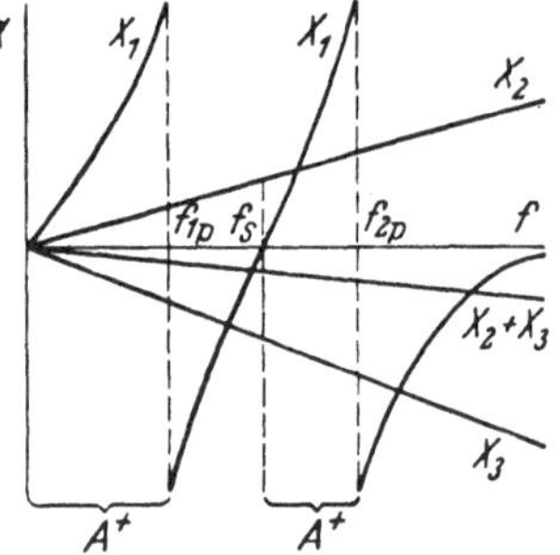

Abb. 6.26
Blindwiderstandsdarstellung der drei Zweige der Abb. 6.25

$$\frac{1}{\omega C} \frac{f^2(f_s^2 - f^2)}{(f^2 - f_{1p}^2)(f^2 - f_{2p}^2)} - \omega \bar{L} = 0. \quad (6.150)$$

Die Blindwiderstände Gl. (6.148) zeichnen wir in Abb. 6.26 auf sowie die Summe $X_2 + X_3$. Wir sehen zwei A^+-Bereiche, in denen Schwingstellen möglich sind.

Mit der Abkürzung

$$f_0^2 = \frac{1}{4\pi^2 \bar{L} C} \quad (6.151)$$

lautet die Frequenzgleichung (6.150):

$$f^4 - f^2(f_{1p}^2 + f_{2p}^2 - f_0^2) + f_{1p}^2 f_{2p}^2 - f_0^2 f_s^2 = 0 \quad (6.152)$$

und hat die Lösungen f_2, f_1:

$$f_{2,1}^2 = \tfrac{1}{2}\left[f_{1p}^2 + f_{2p}^2 - f_0^2 \pm \sqrt{(f_{1p}^2 + f_{2p}^2 - f_0^2)^2 - 4(f_{1p}^2 f_{2p}^2 - f_0^2 f_s^2)}\right]. \quad (6.153)$$

Um über die Lösungen Gl. (6.153) etwas aussagen zu können, wenden wir uns zu den darin enthaltenen Frequenzstellen.

Ist die Kopplung sehr stark, so wird $\bar{L}$ nach Gl. (6.149) sehr klein und damit f_0 sehr groß. Für $k = 1$ ist $\bar{L} = 0$ und $f_0 = \infty$. Bei schwacher Kopplung wird $\bar{L}$ groß und f_0 klein, um im Grenzfall $k = 0$ die Werte $\bar{L} = \infty$ und $f_0 = 0$ zu erreichen. Somit kann f_0 in Abhängigkeit von der Kopplung den Frequenzbereich 0 bis ∞ durchlaufen.

Berechnen wir den Blindwiderstand X_1 aus den Schaltelementen der Abb. 6.25, so erhalten wir die Gleichungen:

$$\begin{gathered} f_{1p}^2 + f_{2p}^2 = \frac{1}{4\pi^2} \frac{L_1' C_K + L_K C_K + L_1' C}{L_K C_K L_1' C}, \\ f_{1p}^2 f_{2p}^2 = \frac{1}{(4\pi^2)^2} \frac{1}{L_K C_K} \frac{1}{L_1' C} \qquad f_s^2 = \frac{1}{4\pi^2} \frac{1}{L_K C_K}. \end{gathered} \quad (6.154)$$

Nach dem Ersatzbild Abb. 6.25b besteht der Parallelkreis von X_1 aus L_1' und C. Für seine Resonanzfrequenz gilt die Gleichung:

$$f_r^2 = \frac{1}{4\pi^2} \frac{1}{L_1' C}. \quad (6.155)$$

Für $k = 0$ wird L_1' zu L_1, f_r geht also in die Frequenz f_k

$$f_k^2 = \frac{1}{4\pi^2} \frac{1}{L_1 C} \tag{6.156}$$

über, während für $k = 1$ $L_1' = 0$ ist und $f_r = \infty$. Da f_k im allgemeinen in die Nähe der Frequenz f_s gelegt wird, so liegt f_r je nach Kopplung oberhalb f_s.

Mit der Abkürzung

$$l = \frac{L_1'}{L} = \frac{M(L_1 + M)}{L_1(L_2 + M)} = k\frac{\sqrt{L_1} + k\sqrt{L_2}}{\sqrt{L_2} + k\sqrt{L_1}} = \frac{f_0^2}{f_r^2} \tag{6.157}$$

erhält man aus den Gln. (6.149) u. (6.151)

$$f_r^2 - f_0^2 = f_r^2(1 - l) = \frac{1}{4\pi^2 C}\left(\frac{1}{L_1'} - \frac{1}{L}\right) = \frac{1}{4\pi^2 L_1 C} = f_k^2. \tag{6.158}$$

Mit den eingeführten Abkürzungen schreiben sich die Gln. (6.154) wie folgt:

$$f_{1p}^2 + f_{2p}^2 = f_r^2 + f_s^2\left(1 + \frac{C_K}{C}\right) \qquad f_{1p}^2 f_{2p}^2 = f_s^2 f_r^2. \tag{6.159}$$

Um einen Überblick über die Lage von f_{1p} und f_{2p} zu bekommen, setzen wir

$$f_k = f_s. \tag{6.160}$$

Damit wird aus Gl. (6.158)

$$f_r^2(1 - l) = f_s^2 \tag{6.161}$$

und mit $C_k/C = \alpha$ aus Gl. (6.159)

$$f_{1p}^2 + f_{2p}^2 = f_s^2\left(1 + \frac{1}{1-l} + \alpha\right) \qquad f_{1p}^2 f_{2p}^2 = \frac{f_s^4}{1-l}. \tag{6.162}$$

Mit zulässigen Vernachlässigungen wird hieraus:

$$f_{2p}^2 = f_s^2\left(\frac{1}{1-l} + \frac{\alpha}{l}\right) \qquad f_{1p}^2 = f_s^2\left(1 - \alpha\frac{1-l}{l}\right). \tag{6.163}$$

Aus den Gln. (6.161) u. (6.163) entnehmen wir, daß $f_{2p} > f_r$ ist. Setzen wir die Ausdrücke Gl. (6.159) in die Lösungen Gl. (6.153) der Frequenzgleichung ein, so ist mit Gl. (6.157)

$$f_{2,1}^2 = \tfrac{1}{2}\left[f_r^2(1 - l) + f_s^2(1 + \alpha) \pm \sqrt{[f_r^2(1 - l) + f_s^2(1 + \alpha)]^2 - 4f_r^2 f_s^2(1 - l)}\right]. \tag{6.164}$$

Für $k = 0$ ist $f_0 = 0$ und damit nach Gl. (6.152):

$$f_{2_{k=0}} = f_{2p} \qquad f_{1_{k=0}} = f_{1p}. \tag{6.165}$$

Da gleichzeitig $l = 0$ ist, so lassen sich die Näherungslösungen Gl. (6.163) nicht anwenden. Nach Gl. (6.158) ist auch $f_r = f_k$.

Wählen wir:

$$f_r^2 = f_k^2 = f_s^2(1 + \alpha), \tag{6.166}$$

so lauten die Lösungen Gl. (6.164) für $l = 0$

$$f^2_{2,1_{k=0}} = f_s^2\left(1 + \alpha \pm \sqrt{\alpha(1+\alpha)}\right). \tag{6.167}$$

Ist hingegen

$$f_r^2 = f_k^2 \gtrless f_s^2, \tag{6.168}$$

so erhält man

$$f^2_{2_{k=0}} = f_r^2 + \frac{\alpha f_r^2 f_s^2}{f_r^2 - f_s^2(1+\alpha)} \qquad f^2_{1_{k=0}} = f_s^2(1+\alpha) - \frac{\alpha f_r^2 f_s^2}{f_r^2 - f_s^2(1+\alpha)}. \tag{6.169}$$

Für $k = 1$ ist $l = 1$ und nach Gl. (6.164)

$$f^2_{2_{k=1}} = f_s^2(1+\alpha) \qquad f^2_{1_{k=1}} = 0. \tag{6.170}$$

Für beliebiges k, jedoch mit der Einschränkung Gl. (6.160) $f_k = f_s$ und somit mit Gl. (6.161) wird aus Gl. (6.164):

$$f^2_{2,1} = f_s^2\left(1 + \frac{\alpha}{2} \pm \sqrt{\alpha + \frac{\alpha^2}{4}}\right) = f_s^2\left(1 + \frac{\alpha}{2} \pm \sqrt{\alpha}\left(1 + \frac{\alpha}{8}\right)\right). \tag{6.171}$$

Machen wir uns von dieser Einschränkung frei und setzen wir:

$$f_r^2(1-l) = f_k^2 = m f_s^2 \qquad m \neq 1, \tag{6.172}$$

wobei wir den Fall $m = 1$ schon in Gl. (6.171) behandelt haben, so liefert Gl. (6.164)

$$f^2_{2,1} = \frac{f_s^2}{2}\left[1 + m + \alpha \pm \sqrt{(1+m+\alpha)^2 - 4m}\right]. \tag{6.173}$$

Für $m \gg 1$ oder $m \ll 1$ können wir vereinfachen zu:

$$f_2^2 = f_s^2\left(1 + \frac{\alpha}{1-m}\right) \qquad f_1^2 = m f_s^2\left(1 - \frac{\alpha}{1-m}\right). \tag{6.174}$$

Die Güte berechnet sich aus den Gln. (6.127), (6.148) u. (6.149) zu:

$$G = \left[R_1 \omega C \frac{\omega^4 - \omega_s^4 m}{\omega^2(\omega^2 - \omega_s^2)}\right]_0. \tag{6.175}$$

Die Gl. (6.175) geht für $m = 1$ in

$$G = \left[R_1 \omega C \frac{\omega^2 + \omega_s^2}{\omega^2}\right]_0 \tag{6.176}$$

über, wofür wir, da die Schwingfrequenz nahe bei f_s liegen soll, setzen können:

$$G = [2 R_1 \omega C]_0. \tag{6.177}$$

Durch geeignete Wahl von m wird man zweckmäßig die Schwingfrequenz nahe der Serienresonanzfrequenz des Kristalls legen. Hierbei erhöht sich die Güte, wie man am Nenner der Gl. (6.175) erkennen kann. Für $m \ll 1$ kann man die erste Lösung von Gl. (6.174) einsetzen. Die sich ergebende — wegen der Näherung mit Vorsicht zu gebrauchende — Güte hat die Gleichung:

$$G = R_1 \omega C \frac{(1-m)^2}{\alpha}. \tag{6.178}$$

Den Widerstand R_1 kann man sich aus den in Parallelwiderstände umgewandelten Verlusten der Spule und des Kristalls zusammensetzen. In den vorangegangenen Abschnitten wurde dieses Verfahren behandelt.

Interessant ist noch die Gleichung für die Amplitudenbedingung:

$$S R_1 \geqq \frac{X_1}{X_2} = -\left(1 + \frac{X_3}{X_2}\right) = \frac{L_1}{M}. \tag{6.179}$$

Lassen wir in den möglichen Beziehungen f_{1p} und f_s gegen Null gehen, so erhält man die entsprechenden Gleichungen der MEISSNER-Schaltung.

6.14 Die Zweiröhren-Heegner-Schaltung

Die in Abb. 6.27 gezeigte Anordnung mit zwei Röhren zeigt keine hohe Konstanz, doch ist sie vielseitig anwendbar und besonders zur Kristalluntersuchung geeignet [*64*].

Zur Berechnung kann man die Schwingbedingung mit der $\mathfrak{A}$-Matrix benutzen [Gl. (3.60)]. Viel einfacher ist die direkte Berechnung aus

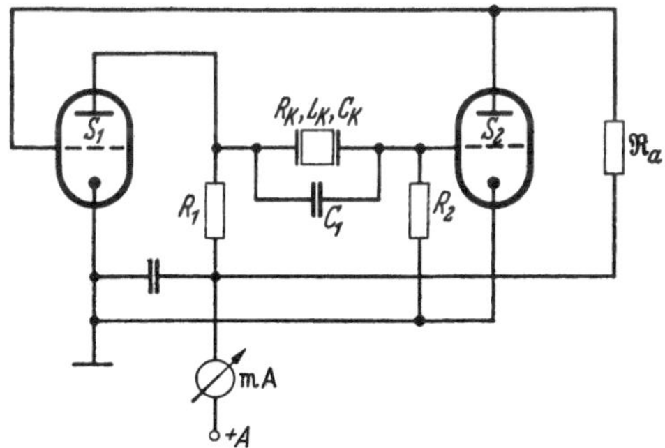

Abb. 6.27. HEEGNER-Oszillator mit zwei Röhren [*64*]

den Anodenströmen $\mathfrak{J}_a$ und $\mathfrak{J}'_a$, dem Strom $\mathfrak{J}$ durch R_1, der Gitterspannung $\mathfrak{U}_1$ der ersten Röhre, der Spannung $\mathfrak{U}_2$ an R_2 und der Anodenspannung $\mathfrak{U}_3$ der zweiten Röhre. Mit den Benennungen in der Abb. 6.27 ergeben sich die Beziehungen:

$$\begin{aligned} \mathfrak{J}_a &= S_1 \mathfrak{U}_1 \qquad & R_1 \mathfrak{J} &= (\mathfrak{J}_a - \mathfrak{J})(\mathfrak{R} + R_2), \\ \mathfrak{J}'_a &= S_2 \mathfrak{U}_2 \qquad & \mathfrak{U}_3 &= -\mathfrak{R}_a \mathfrak{J}'_a, \end{aligned} \tag{6.180}$$

die in die Schwingbedingung

$$\mathfrak{U}_3 \geqq \mathfrak{U}_1 \tag{6.181}$$

eingesetzt ergeben:

$$S_1 S_2 R_1 R_2 \geqq \frac{R_1 + R_2 + \mathfrak{R}}{\mathfrak{R}_a}. \tag{6.182}$$

Wir wählen als Anodenwiderstand $\mathfrak{R}_a$ einen Parallelkreis mit der Gleichung:

$$\mathfrak{R}_a = \frac{\frac{L}{C}}{r + \mathrm{j}\left(\omega L - \frac{1}{\omega C}\right)} \tag{6.183}$$

und für den Längswiderstand $\Re$ einen Kristall:

$$\Re = R_k + \mathrm{j}\left(\omega L_k - \frac{1}{\omega C_k}\right). \tag{6.184}$$

Hierbei ist die Parallelkapazität C_1 des Kristalls vernachlässigt. Die genaue Gleichung:

$$\Re = \frac{R_k + \mathrm{j}\left[\omega L_k - \frac{1}{\omega C_k} - \omega C_1\left[R_k^2 + \left(\omega L_k - \frac{1}{\omega C_k}\right)^2\right]\right]}{R_k^2\,\omega^2 C_1^2 + \left[\omega^2 L_k C_1 - \frac{C_1 + C_k}{C_k}\right]^2} \tag{6.185}$$

ergibt eine geringe Frequenzverschiebung. Da im abgestimmten Fall $R_k^2 \gg \left(\omega L_k - \frac{1}{\omega C_k}\right)^2$ ist, so gilt:

$$\omega L_k - \frac{1}{\omega C_k} - \omega C_1 R_k^2 = 0. \tag{6.186}$$

Die durch die Gl. (6.186) ausgedrückte Frequenzveränderung liegt in der Größenordnung 10^{-7}.

Mit der Abkürzung

$$R_k' = R_1 + R_2 + R_k \tag{6.187}$$

erhalten wir aus den Gln. (6.182), (6.183) u. (6.184):

$$\begin{aligned} S_1 S_2 R_1 R_2 \frac{L}{C} &\geqq \left[R_k' + \mathrm{j}\left(\omega L_k - \frac{1}{\omega C_k}\right)\right]\left[r + \mathrm{j}\left(\omega L - \frac{1}{\omega C}\right)\right] \\ &= R_k' r - \left(\omega L_k - \frac{1}{\omega C_k}\right)\left(\omega L - \frac{1}{\omega C}\right) \\ &\quad + \mathrm{j}\left[r\left(\omega L_k - \frac{1}{\omega C_k}\right) + R_k'\left(\omega L - \frac{1}{\omega C}\right)\right]. \end{aligned} \tag{6.188}$$

Stimmt man den Kreis auf die Kristallreihenresonanzfrequenz ab, so gelten die Gleichungen

$$\omega L_k - \frac{1}{\omega C_k} = 0 \qquad \omega L - \frac{1}{\omega C} = 0. \tag{6.189}$$

Zur weiteren Betrachtung der Schaltung führen wir die Verstimmungen v des Kreises und v_k des Kristalls ein:

$$v = 1 - \frac{1}{\omega^2 L C} \qquad v_k = 1 - \frac{1}{\omega^2 L_k C_k}. \tag{6.190}$$

Mit denselben wird aus der Frequenzbedingung:

$$r\,\omega L_k v_k + R_k'\,\omega L v = 0. \tag{6.191}$$

Mit den Abkürzungen

$$\varrho = \frac{\omega L}{r} \qquad \varrho_k' = \frac{\omega L_k}{R_k'}, \tag{6.192}$$

welche die Spulengüte und die durch die Widerstände R_1 und R_2 verschlechterte Kristallgüte darstellen, folgt aus Gl. (6.191)

$$\frac{v}{v_k} = -\frac{\varrho_k'}{\varrho}. \tag{6.193}$$

Den Betrag dieses Ausdruckes bei genügend kleinen Werten v_k und v bezeichnet man als Stabilisierungsfaktor [*74*]. Derselbe ist also das Verhältnis der Frequenzveränderung einer Schaltung ohne Kristall zu derjenigen der gleichen Schaltung mit Kristall und gilt nur für ein Schaltelement oder zwei als Kreis zusammengefaßte Schaltelemente. Für jedes Schaltelement gibt es demnach einen eigenen Stabilisierungsfaktor. Stellt man alle Stabilisierungsfaktoren einer Schaltung auf, und versucht man — bei dem kleinsten anfangend —, dieselben zu verbessern, so kann man die Konstanz eines Oszillators erhöhen. Zur Kennzeichnung eines Oszillators erscheint der Stabilisierungsfaktor jedoch ungeeignet, da es deren bei einer Schaltung so viele gibt und bei verschiedenen Schaltungen die Anzahl derselben verschieden sein kann. Vergleichen wir mit der vorliegenden Schaltung die in Abb. 6.16 wiedergegebene Schaltung, wobei R_a und R_g große Werte haben sollen, so zeigt Gl. (6.74), daß dort die Güte des Kristalls ohne die Verschlechterung durch R_1 und R_2 eingeht, die Schaltung Abb. 6.16 also besser ist.

Zum Vergleich berechnen wir die Güte des Oszillators. Aus Gl. (6.188) entnehmen wir:

$$\operatorname{tg}\alpha = \frac{r\left(\omega L_K - \frac{1}{\omega C_K}\right) + R_K'\left(\omega L - \frac{1}{\omega C}\right)}{R_K' r - \left(\omega L_K - \frac{1}{\omega C_K}\right)\left(\omega L - \frac{1}{\omega C}\right)} = \frac{u}{w}. \tag{6.194}$$

Da die Ableitung nach der Frequenz im Schwingungspunkt — also für $u = 0$ — zu nehmen ist, so gilt:

$$\frac{d\operatorname{tg}\alpha}{d\omega} = \frac{u'}{w} = \frac{r\left(L_K + \frac{1}{\omega^2 C_K}\right) + R_K'\left(L + \frac{1}{\omega^2 C}\right)}{R_K' r - \left(\omega L_K - \frac{1}{\omega C_K}\right)\left(\omega L - \frac{1}{\omega C}\right)}. \tag{6.195}$$

Mit den Gln. (6.189) u. (6.192) ergibt sich für die Güte:

$$G = \varrho_K' + \varrho. \tag{6.196}$$

Ersetzen wir den Kreis durch einen Ohmschen Widerstand R_a, so ist:

$$S_1 S_2 R_1 R_2 R_a \geqq R_K' + \mathrm{j}\left(\omega L_K - \frac{1}{\omega C_K}\right) \tag{6.197}$$

und die dazugehörige Güte

$$G = \varrho_K'. \tag{6.198}$$

Ersetzen wir den Kristall durch einen Ohmschen Widerstand R_K' und behalten wir den Kreis, so folgt aus Gl. (6.188)

$$S_1 S_2 R_1 R_2 \frac{L}{R_K' C} \geqq r + \mathrm{j}\left(\omega L - \frac{1}{\omega C}\right) \tag{6.199}$$

und für die Güte:

$$G = \varrho\,. \tag{6.200}$$

Die Schaltung mit einem Widerstand R_a an Stelle des Anodenkreises dient als Multivibratorschaltung. Je nach der Größe der Widerstände R_1 und R_2 lassen sich die Hauptserienresonanz des Kristalls und mehrere Nebenresonanzen anregen. Passiv wird die Schaltung dazu benutzt, um die Haupt- und die Nebenresonanzen festzustellen. Verwendet man einen geeigneten Kreis, so kann man durch Abstimmen desselben auf eine Nebenresonanz dieselbe hervorheben und zum Schwingen bringen. Auch das Abstimmen auf eine Harmonische ist möglich.

Die Schaltung Abb. 6.27 läßt sich mit Spulen und Kondensatoren ausstatten und erlaubt durch die Phasendrehung der zweiten Röhre alle die Möglichkeiten zum Schwingen zu bringen, die beispielsweise bei einem Π-Glied mit einer Röhre nicht schwingen.

6.15 Zweiröhren-Oszillator mit Kristall zwischen den Kathoden

Von vielen möglichen Formen zeigt Abb. 6.28a eine Abart der im vorigen Abschnitt beschriebenen Schaltung. Ein ausgeführtes Beispiel zeigt [*71*, Abb. 15 und 16]. Wir zeichnen die Schaltung um und erhalten in der Abb. 6.28b die der Abb. 6.27 entsprechende Form, bei

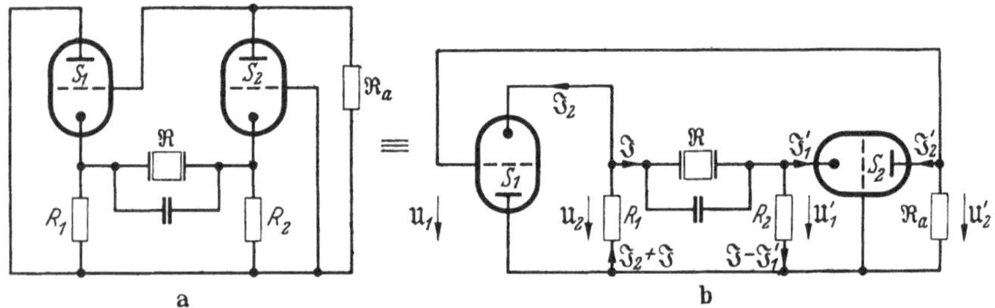

Abb. 6.28. Zweiröhrenoszillator mit Kristall zwischen den Kathoden [*71*]

der die erste Röhre in Anodenbasisschaltung und die zweite Röhre in Gitterbasisschaltung geschaltet ist. Man kann die übliche Röhrenbeziehung auf die beiden Röhren anwenden, aber auch die Matrizen Y_g und Y_a Gl. (6.10) benutzen.

Mit denselben und den in Abb. 6.28b eingezeichneten Benennungen erhalten wir die Beziehungen:

$$\mathfrak{J}_2 = -S_1\mathfrak{U}_1 + S_1\mathfrak{U}_2 \qquad \mathfrak{J}_1' = S_2\mathfrak{U}_1' \qquad \mathfrak{J}_2' = -S_2\mathfrak{U}_1' \qquad \mathfrak{J}_2' = -\mathfrak{J}_1'\,. \tag{6.201}$$

Weiterhin lesen wir aus der Abbildung ab:

$$\begin{aligned} -R_1(\mathfrak{J}_2 + \mathfrak{J}) &= \mathfrak{J}\,\mathfrak{R} + (\mathfrak{J} - \mathfrak{J}_1')\,R_2 \qquad & \mathfrak{U}_2 &= -R_1(\mathfrak{J}_2 + \mathfrak{J}) \\ \mathfrak{U}_1' &= R_2(\mathfrak{J} - \mathfrak{J}_1') & \mathfrak{U}_2' &= -\mathfrak{R}_a\,\mathfrak{J}_2', \end{aligned} \tag{6.202}$$

sowie als Schwingbedingung

$$\mathfrak{U}_2' \geqq \mathfrak{U}_1. \tag{6.203}$$

Durch Elimination der Ströme und Spannungen ergibt sich:

$$S_1 S_2 \frac{R_1}{1+S_1 R_1} \cdot \frac{R_2}{1+S_2 R_2} \mathfrak{R}_a \geqq \mathfrak{R} + \frac{R_1}{1+S_1 R_1} + \frac{R_2}{1+S_2 R_2}. \tag{6.204}$$

Die Abkürzungen:

$$R_1' = \frac{R_1}{1+S_1 R_1} \qquad R_2' = \frac{R_2}{1+S_2 R_2} \tag{6.205}$$

bringen die Gl. (6.204) in die Form:

$$S_1 S_2 R_1' R_2' \mathfrak{R}_a \geqq \mathfrak{R} + R_1' + R_2'. \tag{6.206}$$

Damit haben wir die gleiche Form, wie sie Gl. (6.182) wiedergibt. Es können also alle dort erhaltenen Gleichungen übernommen werden.

6.16 Eine elektronengekoppelte Pierce-Schaltung

In Kap. 3.11 wurde die elektronengekoppelte Schaltung allgemein behandelt. Die Hauptmerkmale sind: die Benutzung des Schirmgitters einer Pentode als Anode, die Erdung desselben, wobei die Auftrennung eine gering beeinflußte Verstärkung zwischen Schirmgitter und Anode erlaubt sowie die durch die Schaltart erfolgende Umwandlung der Kathodenbasisanordnung in eine Anodenbasisschaltung. Diese Umwandlung kann man durch Vergleich der Abb. 3.23 und 3.24 erkennen.

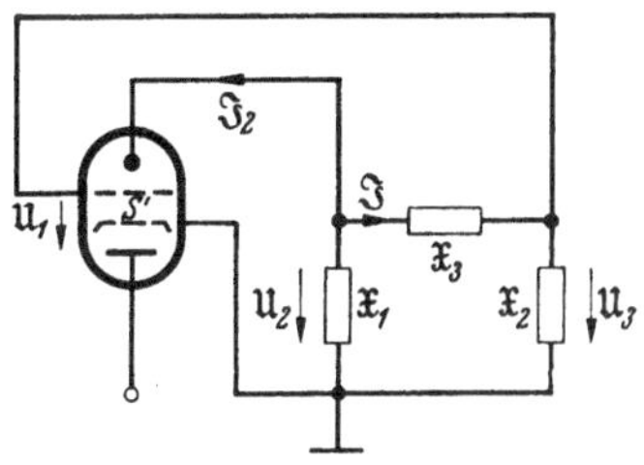

Abb. 6.29 Elektronengekoppeltes Π-Glied

Als Berechnungsgrundlage und um die elektronengekoppelten Schaltungen leicht übersehen zu können, behandeln wir hier nur den frequenzbestimmenden Teil und verweisen für den Verstärkerteil auf Kap. 3.11. Außerdem vereinfachen wir die Röhre, indem wir sie allein durch die Schirmgittersteilheit S' kennzeichnen. Da die Röhre als Triode wirkt, so kann leicht ein Fehler durch den Innenwiderstand der Strecke Kathode-Schirmgitter entstehen. Derselbe wäre erforderlichenfalls zu berücksichtigen.

Für ein Π-Glied hat die elektronengekoppelte Schaltung das Aussehen der Abb. 6.29. Zur Berechnung können wir in gleicher Weise wie bei der Schaltung Abb. 6.28 vorgehen und der Abb. 6.29 die Beziehungen entnehmen:

$$\begin{gathered} \mathfrak{J}_2 = -S'\mathfrak{U}_1 + S'\mathfrak{U}_2 \qquad \mathfrak{U}_3 = \mathfrak{X}_2 \mathfrak{J}, \\ \mathfrak{U}_2 = (\mathfrak{X}_3 + \mathfrak{X}_2)\mathfrak{J} = -\mathfrak{X}_1(\mathfrak{J} + \mathfrak{J}_2) \qquad \mathfrak{U}_3 \geqq \mathfrak{U}_1. \end{gathered} \tag{6.207}$$

Einfacher ist die Benutzung der Gl. (6.14)

$$S' = -\frac{1}{\mathfrak{W}_{1l} - \mathfrak{M}_2}, \tag{6.208}$$

welche ergibt:

$$S' = -\frac{\mathfrak{X}_1 + \mathfrak{X}_2 + \mathfrak{X}_3}{\mathfrak{X}_1 \mathfrak{X}_3}. \tag{6.209}$$

Mit dem Nenner der Gl. (6.209) weist die elektronengekoppelte Schaltung einen wesentlichen Unterschied gegenüber der kathodengekoppelten Schaltung auf.

Es sei

$$\mathfrak{X}_1 = \frac{R_1 \mathrm{j} X_1}{R_1 + \mathrm{j} X_1} \qquad \mathfrak{X}_2 = \mathrm{j} X_2 \qquad \mathfrak{X}_3 = \mathrm{j} X_3. \tag{6.210}$$

Damit erhalten wir aus Gl. (6.209) als Amplituden- und Frequenzbedingung:

$$S' R_1 = -\frac{X_2 + X_3}{X_3} = \frac{X_1}{X_3} \qquad X_1 + X_2 + X_3 = 0. \tag{6.211}$$

Als Beispiel betrachten wir den in Abb. 6.30a gezeigten elektronengekoppelten PIERCE-Oszillator. Abb. 6.30b ist derselbe Oszillator in der Form Abb. 6.29 umgezeichnet.

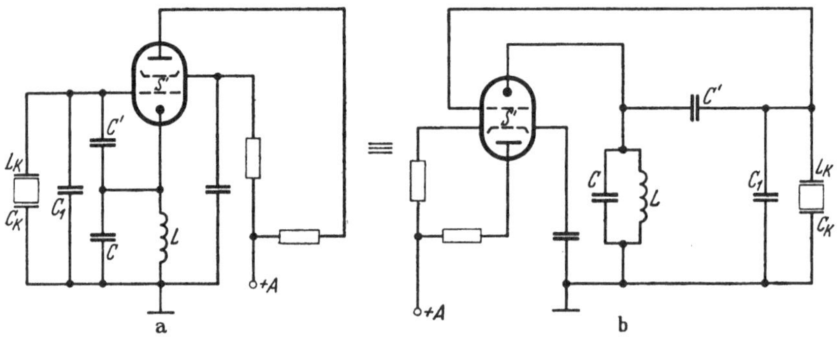

Abb. 6.30. Elektronengekoppelter PIERCE-Oszillator

Zur Berechnung dienen jedoch nicht die Gln. (6.78) oder (6.81) der ähnlich aussehenden Schaltung Abb. 6.18, sondern die Gln. (6.110) der Schaltung Abb. 6.23, die mit den Gln. (6.211) übereinstimmen. Damit kann z. B. der Kristall der Schaltung Abb. 6.23 geerdet werden. Natürlich könnte man auch die Schaltung Abb. 6.23 in eine Anodenbasisschaltung umwandeln, doch würden dann nicht die Gln. (6.211) gelten.

6.17 Die Meacham-Brücke

Von MEACHAM wurde eine Schaltung angegeben [*65*], bei welcher der Kristall in seiner Serienresonanz schwingt und sein OHMscher Anteil in einer Brücke durch Widerstände kompensiert wird. Die Parallelkapazität des Kristalls wird hierbei vernachlässigt. Man könnte zum Abgleich eine geeignete Kapazität einem anderen Brückenzweig zuschalten, doch lohnt es sich nicht, da die Phasen der Widerstände nur eine Anwendung der Schaltung bei niedrigen Frequenzen erlauben.

Die Schaltung, von der es eine Anzahl Variationen gibt, zeigt Abb. 6.31.

Mit den eingezeichneten Benennungen, wobei $\mathfrak{V}$ die Spannungsverstärkung bedeutet, kann man die nachstehenden Spannungsverhältnisse ablesen:

$$\mathfrak{V} = \frac{\mathfrak{U}_a}{\mathfrak{U}_e} \qquad \frac{\mathfrak{U}_1}{\mathfrak{U}_a} = \frac{\mathfrak{X}_1}{\mathfrak{X}_1 + R_3} \qquad \frac{\mathfrak{U}_e + \mathfrak{U}_1}{\mathfrak{U}_a} = \frac{R_2}{R_2 + R_4}. \tag{6.212}$$

Aus diesen Gleichungen leiten wir ab:

$$\mathfrak{V} = \frac{(R_3 + \mathfrak{X}_1)(R_2 + R_4)}{R_2 R_3 - \mathfrak{X}_1 R_4}. \tag{6.213}$$

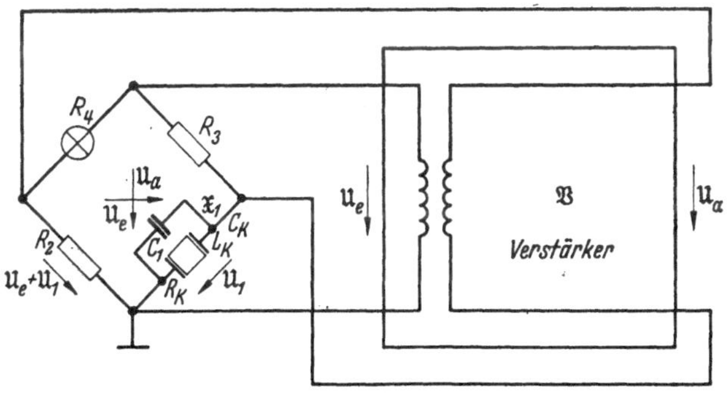

Abb. 6.31. MEACHAM-Oszillator [65]

Für den Scheinwiderstand $\mathfrak{X}_1$ des Kristalls gilt, wenn wir die Parallelkapazität C_1 vernachlässigen:

$$\mathfrak{X}_1 = R_K + \mathrm{j}\,X_1 = R_K + \mathrm{j}\left(\omega L_K - \frac{1}{\omega C_K}\right) \tag{6.214}$$

und damit für $\mathfrak{V}$:

$$\mathfrak{V} = (R_2 + R_4)\frac{R_3 + R_K + \mathrm{j}\,X_1}{R_2 R_3 - R_K R_4 - \mathrm{j}\,X_1 R_4}. \tag{6.215}$$

Für die Frequenz entnehmen wir — unter der Annahme, daß $\mathfrak{V} = V$ phasenfrei ist — die Beziehung:

$$X_1 = \omega L_K - \frac{1}{\omega C_K} = 0 \tag{6.216}$$

und damit verbleibt als Amplitudengleichung:

$$V = \frac{(R_2 + R_4)(R_3 + R_K)}{R_2 R_3 - R_K R_4}. \tag{6.217}$$

Wir sehen aus der Gl. (6.217), daß die Brücke nur soweit abgeglichen werden darf, als es die vorhandene Verstärkung zuläßt. Da durch den Brückenabgleich das Vorzeichen des Nenners geändert werden kann, ist es gleichgültig, welches Vorzeichen die Übersetzung des Übertragers im Verstärker besitzt. Der Übertrager dient lediglich zur Auftrennung der Schaltung zum Zwecke des Erdens.

Aus der Gl. (6.215) erhält man für die Phase:

$$\operatorname{tg}\alpha = \frac{X_1 R_3 (R_2 + R_4)}{(R_3 + R_K)(R_2 R_3 - R_K R_4) - X_1^2 R_4}. \qquad (6.218)$$

Durch Differentiation entsprechend der ersten Gleichung von Gl. (6.195) ergibt sich mit Gl. (6.214):

$$\frac{d\operatorname{tg}\alpha}{d\omega} = \frac{\left(L_K + \frac{1}{\omega^2 C_K}\right) R_3 (R_2 + R_4)}{(R_3 + R_K)(R_2 R_3 - R_K R_4) - X_1^2 R_4}, \qquad (6.219)$$

und daraus für die Güte im Schwingungspunkt:

$$G = \omega L_K \frac{R_3 (R_2 + R_4)}{(R_3 + R_K)(R_2 R_3 - R_K R_4)}. \qquad (6.220)$$

Mit der Kristallgüte ϱ_K und der Gl. (6.217) wird aus Gl. (6.220):

$$G = \varrho_K V \frac{R_3 R_K}{(R_3 + R_K)^2}. \qquad (6.221)$$

Der Ausdruck Gl. (6.221) wird ein Maximum für $R_3 = R_k$:

$$G = \varrho_K \frac{V}{4}. \qquad (6.222)$$

Die Güteerhöhung durch Verstärkungserhöhung haben wir in Kap. 4.4 u. 4.5 behandelt.

Die Phasenfehler der Widerstände gehen direkt in die Kristallfrequenz ein, doch bleibt wegen der hohen Kristallinduktivität der Einfluß gering. Nachteiliger ist, daß die Fehler des Verstärkers je nach Lage des Fehlers verstärkt eingehen.

Um eine bessere Stabilisierung der Amplitude zu erreichen, wird der dem Kristall gegenüberliegende Brückenzweig (R_4) mit einer Glühlampe versehen (vgl. Kap. 2.9c).

6.18 Brückenoszillatoren aus Blindwiderständen

a) Zusammenstellung der Formeln

Um einige Beispiele von Brückenoszillatoren [*19, 24*] kennenzulernen, entnehmen wir dem Kap. 2.6e und f als Amplituden- und Frequenzbedingung die Gleichungen:

$$S \frac{R_1 R_2}{R_1 + R_2} = -\frac{X_2 + X_1}{X_2 - X_1} = \frac{X_1 + X_2}{X_1 - X_2} \qquad \frac{X_1 X_2 - R_1 R_2}{X_2 - X_1} = 0. \qquad (6.223)$$

Hierbei sind X_1 und X_2 die Blindwiderstände der Brückenzweige, R_1 und R_2 die Abschlußwiderstände und S die Röhrensteilheit. Diese

Größen sind in dem als Differentialbrücke in Abb. 6.32 wiedergegebenen Brückenoszillator eingezeichnet.

Für die Phase gilt die Gleichung:

$$\operatorname{tg}\alpha = \frac{X_1 X_2 - R_1 R_2}{\frac{R_1 + R_2}{2}(X_2 + X_1)}. \tag{6.224}$$

Hieraus wurden in Kap. 4.2 die nachstehenden Gleichungen für die Güte entwickelt.

Für Schwingstellen I ($X_1 X_2 - R_1 R_2 = 0$) Gl. (4.23)

$$G = \left[\frac{X_1 \frac{\mathrm{d}X_2}{\mathrm{d}\omega} + X_2 \frac{\mathrm{d}X_1}{\mathrm{d}\omega}}{(R_1 + R_2)(X_1 + X_2)}\,\omega\right]_0 \tag{6.225}$$

und für Schwingstellen II mit $X_1 = 0$, $X_2 = \infty$ Gl. (4.27) (schwingfähig nach Vertauschen der Brückenzweige)

$$G = \left[\left(\frac{\frac{\mathrm{d}X_1}{\mathrm{d}\omega}}{R_1 + R_2} + \frac{R_1 R_2}{R_1 + R_2}\,\frac{\frac{\mathrm{d}X_2}{\mathrm{d}\omega}}{X_2^2}\right)\omega\right]_0, \tag{6.226}$$

während für Schwingstellen II mit $X_1 = \infty$, $X_2 = 0$ Gl. (4.29) gilt (direkt schwingfähig):

$$G = \left[\left(\frac{\frac{\mathrm{d}X_2}{\mathrm{d}\omega}}{R_1 + R_2} + \frac{R_1 R_2}{R_1 + R_2}\,\frac{\frac{\mathrm{d}X_1}{\mathrm{d}\omega}}{X_1^2}\right)\omega\right]_0. \tag{6.227}$$

Diese Gleichungen gelten für alle möglichen Abarten der Brücken [*29*], wobei natürlich Abweichungen vom idealen Verhalten zu berücksichtigen sind. Beispielsweise liefert der Differentialübertrager leicht eine Streuinduktivität in Reihe zu den Brückenzweigen [*10*, S. 228]. Die Verluste der Schaltelemente in den Brückenzweigen wurden nicht berücksichtigt. Bekanntlich kann man dieselben — eventuell erst nach Kompensation — den Abschlußwiderständen parallellegen. Bei einer genauen Gütefeststellung muß also die Herkunft der Abschlußwiderstände analysiert werden. Zum Vergleich der Schaltungen untereinander lassen sich die angegebenen Gleichungen direkt verwenden. Bei den Schaltungen mit Kristallen ist der Beitrag der Kristallverluste sowieso gering.

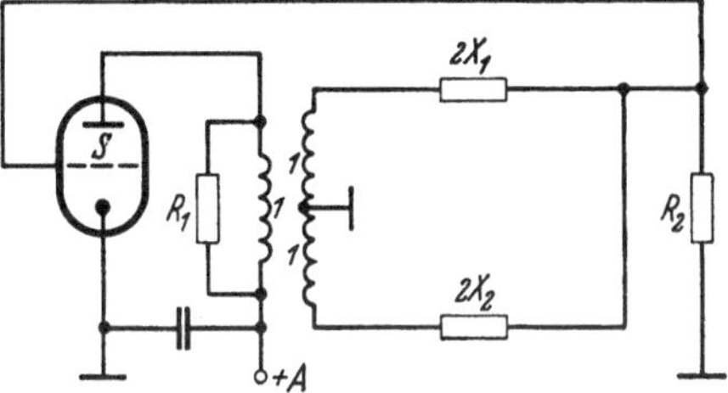

Abb. 6.32. Differentialbrückenoszillator [*19*]

b) *RC*- und *RL*-Brücken

Die einfachsten Brücken enthalten Kapazitäten oder Induktivitäten in den Brückenzweigen. Zusammen mit den Abschlußwiderständen entstehen sogenannte *RC*- oder *RL*-Brücken, da sich die Frequenz aus Widerständen und Kapazitäten oder Induktivitäten zusammensetzt. Da auch bei kompliziert aufgebauten Brückenzweigen diese Frequenzen immer auftreten, wollen wir dieselben erst gesondert behandeln. Bei der Darstellung der Oszillatoren beschränken wir uns auf die Wiedergabe der Brückenzweige und fügen den Blindwiderstandsverlauf derselben in Abhängigkeit von der Frequenz hinzu.

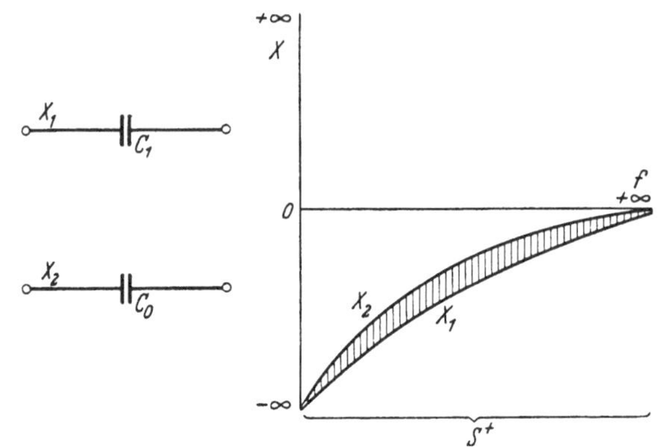

Abb. 6.33. Brückenzweige aus Kapazitäten mit Blindwiderstandsverlauf [24]

Abb. 6.33 zeigt zwei Kapazitäten als Brückenzweige mit ihrem Blindwiderstandsverlauf. Die Bereiche, in denen X_1 und X_2 gleiches Vorzeichen besitzen — was in Abb. 6.33 im ganzen Frequenzbereich der Fall ist —, sind gestrichelt gezeichnet.

Für die Blindwiderstände lauten die Gleichungen:

$$X_1 = -\frac{1}{\omega C_1} \qquad X_2 = -\frac{1}{\omega C_0}. \tag{6.228}$$

Mit den Gln. (6.223) erhalten wir:

$$S\frac{R_1 R_2}{R_1 + R_2} \geqq \frac{C_0 + C_1}{C_0 - C_1} \qquad f^2 - \frac{1}{4\pi^2 C_1 C_0 R_1 R_2} = 0. \tag{6.229}$$

Wir kürzen ab:

$$f_c^2 = \frac{1}{4\pi^2 C_1 C_0 R_1 R_2} \qquad f^2 - f_c^2 = 0. \tag{6.230}$$

Nach der Amplitudenbedingung muß $C_0 > C_1$ sein. Für $C_0 < C_1$ kann man durch Vertauschen der Brückenzweige wieder Schwingfähigkeit erzielen. Keinesfalls kann $C_0 = C_1$ sein. Man kann $R_1 = R_2$ wählen. Da die Schaltung bei jeder erzielbaren Frequenz schwingfähig ist — die Amplitudenbedingung ist frequenzunabhängig —, so weist der

Blindwiderstandsverlauf nur einen S^+-Bereich auf. Für einen S^+-Bereich gilt nach Gl. (6.223) $|X_1| > |X_2|$.

Die Güte berechnet sich nach der Gl. (6.225) zu

$$G = \frac{2}{(R_1 + R_2)\,\omega_e (C_0 + C_1)} = \frac{2\sqrt{C_1\,C_0\,R_1\,R_2}}{(R_1 + R_2)\,(C_0 + C_1)}\,. \qquad (6.231)$$

Für Induktivitäten als Brückenzweige, wie sie Abb. 6.34 zeigt, gelten die Gleichungen:

$$X_1 = \omega\,L_1 \qquad X_2 = \omega\,L_0 \qquad (6.232)$$

und damit

$$S\frac{R_1\,R_2}{R_1 + R_2} \geqq \frac{L_1 + L_0}{L_1 - L_0} \qquad f^2 - f_l^2 = 0 \qquad (6.233)$$

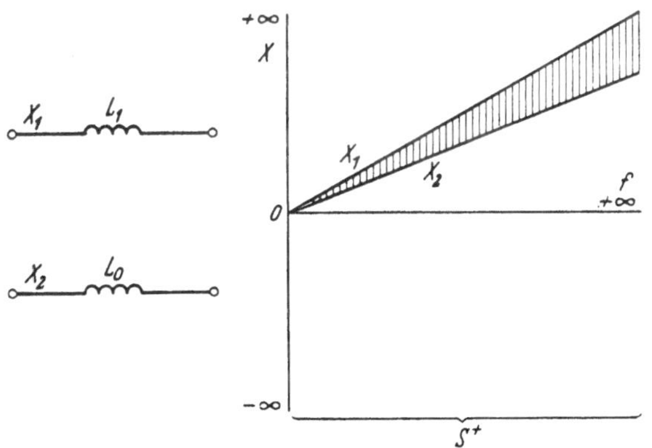

Abb. 6.34. Brückenzweige aus Induktivitäten mit Blindwiderstandsverlauf [24]

mit der Abkürzung

$$f_l^2 = \frac{R_1\,R_2}{4\pi^2\,L_1\,L_0}\,. \qquad (6.234)$$

Für die Güte liefert Gl. (6.225):

$$G = \frac{2\omega_l\,L_1\,L_0}{(R_1 + R_2)\,(L_1 + L_0)} = \frac{2\sqrt{R_1\,R_2\,L_1\,L_0}}{(R_1 + R_2)\,(L_1 + L_0)}\,. \qquad (6.235)$$

Auch hier darf nicht $L_1 = L_0$ sein. Je verschiedener die Induktivitätswerte sind, desto leichter läßt sich die Amplitudenbedingung erfüllen.

c) Schaltungen mit Kreis und Induktivität oder Kapazität

Wenden wir noch mehr Schaltelemente auf, so erhöht sich die Phasensteilheit und damit die Güte. Andererseits bringt jedes neue Schaltelement neue Fehlerquellen, doch ist deren Einfluß im allgemeinen geringer als der Gewinn an Güte.

Für die Blindwiderstände der in Abb. 6.35 gezeigten Brückenzweige gilt:

$$\begin{aligned} X_1 = \omega\,L_1 \qquad X_2 &= \omega\,L_2 - \frac{1}{\omega\,C_2} = \frac{1}{\omega\,C_2}\,(\omega^2\,L_2\,C_2 - 1) \\ &= \frac{1}{\omega\,C_2}\,\frac{\omega^2 - \omega_2^2}{\omega_2^2} \qquad \omega_2^2 = \frac{1}{L_2\,C_2}\,. \end{aligned} \qquad (6.236)$$

Die erste Form von X_2 ist für die auszuführende Berechnung geeigneter, die dritte Form erlaubt einen Vergleich mit den noch zu besprechenden Anordnungen.

Als Amplituden- und Frequenzbedingung erhalten wir:

$$S\,\frac{R_1 R_2}{R_1 + R_2} \geqq \frac{\omega^2 (L_1 + L_2)\, C_2 - 1}{\omega^2 (L_1 - L_2)\, C_2 + 1} \qquad \omega^2 = \frac{R_1 R_2}{L_1 L_2} + \frac{1}{L_2 C_2} = \omega_l^2 + \omega_2^2. \tag{6.237}$$

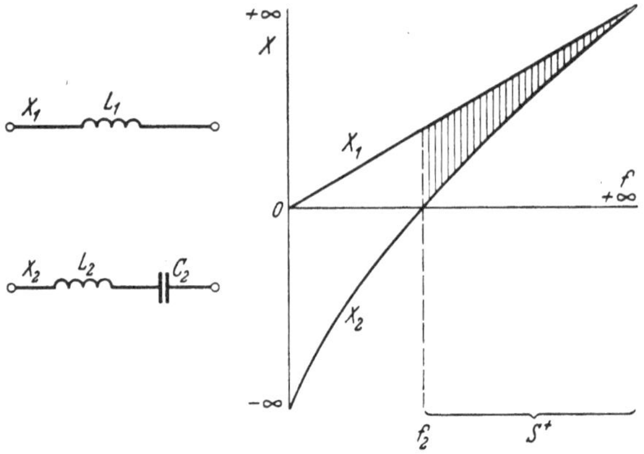

Abb. 6.35. Induktivität und Reihenkreis mit Blindwiderstandsverlauf [24]

Setzen wir die Schwingfrequenz in die Amplitudenbedingung ein, so folgt:

$$S\,\frac{R_1 R_2}{R_1 + R_2} = \frac{(\omega_l^2 + \omega_2^2)(L_1 + L_2)\, C_2 - 1}{(\omega_l^2 + \omega_2^2)(L_1 - L_2)\, C_2 + 1}\,. \tag{6.238}$$

Die Güte berechnet sich mit Gl. (6.237) zu:

$$G = \frac{2 L_1 (\omega_l^2 + \omega_2^2)^{3/2}}{(R_1 + R_2)\left[(\omega_l^2 + \omega_2^2)\left(1 + \frac{L_1}{L_2}\right) - \omega_2^2\right]}\,. \tag{6.239}$$

Wählen wir L_1 kleiner oder L_2 größer bei gleichem C_2 oder kleinerem C_2, das aber nicht zu klein werden darf, so erhalten wir einen Schnittpunkt der Blindwiderstände X_1 und X_2, wie Abb. 6.36 zeigt. Ein solcher Schnittpunkt entspricht beim Filter einem Dämpfungspol. Oberhalb des Schnittpunktes entsteht ein S^--Bereich, wie man mit der Gl. (6.223) leicht feststellen kann. Für den Schnittpunkt selbst gilt:

$$X_1 = X_2\,. \tag{6.240}$$

Setzen wir die Blindwiderstände Gl. (6.236) ein, so ergibt sich für die Frequenz f_∞, bei welcher der Schnittpunkt auftritt, die Gleichung:

$$f_\infty^2 = \frac{1}{4\pi^2}\,\frac{1}{(L_2 - L_1)\, C_2} = f_2^2\,\frac{L_2}{L_2 - L_1}\,. \tag{6.241}$$

Für $L_1 = L_2$ befindet sich die Frequenz f_∞ im Unendlichen. Wünscht man eine tiefere Frequenz, so kann man die Induktivität L_1 durch eine

Kapazität C_1 ersetzen. In Abb. 6.37 zeigen wir die Blindwiderstände, wobei im Verlauf derselben ein Schnittpunkt vorgesehen ist. Ist ein solcher unerwünscht, so läßt man die Frequenz f_∞ gegen Null gehen.

Für die Blindwiderstände gilt:

$$X_1 = -\frac{1}{\omega C_1}$$
$$X_2 = \omega L_2 - \frac{1}{\omega C_2}. \tag{6.242}$$

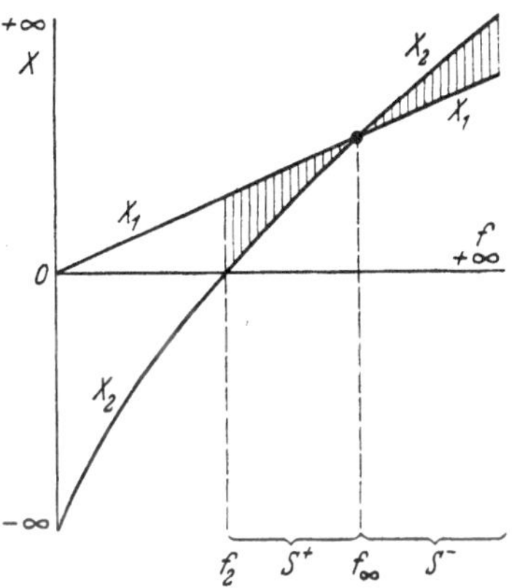

Abb. 6.36
Blindwiderstandsverlauf der Schaltung Abb. 6.35 mit Dämpfungspol [24]

Hiermit lauten die Amplituden- und die Frequenzbeziehung:

$$S\frac{R_1 R_2}{R_1 + R_2} \gtreqless \frac{-\left(\frac{1}{C_1} + \frac{1}{C_2}\right) + \omega^2 L_2}{-\left(\frac{1}{C_1} - \frac{1}{C_2}\right) - \omega^2 L_2}$$
$$\frac{1}{\omega^2} = \frac{1}{\omega_e^2} + \frac{1}{\omega_2^2}. \tag{6.243}$$

Für die Güte erhalten wir:

$$G = \frac{2}{\omega(R_1 + R_2)(C_1 + C_2 - \omega^2 L_2 C_2 C_1)} \qquad \omega^2 = \frac{\omega_e^2 \omega_2^2}{\omega_e^2 + \omega_2^2}. \tag{6.244}$$

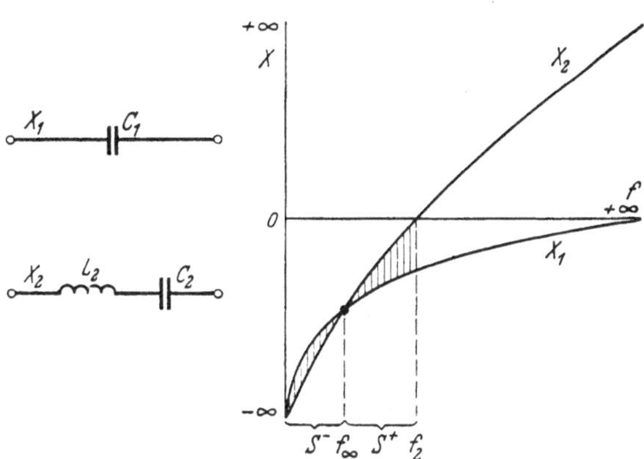

Abb. 6.37. Kapazität und Reihenkreis mit Blindwiderstandsverlauf [24]

Für den Schnittpunkt von X_1 und X_2 folgt aus den Gln. (6.242):

$$f_\infty^2 = \frac{1}{4\pi^2}\frac{C_1 - C_2}{L_2 C_2 C_1} = f_2^2\left(1 - \frac{C_2}{C_1}\right). \tag{6.245}$$

Sind die Kapazitäten C_1 und C_2 gleich, so liegt die Frequenz f_∞ im Nullpunkt.

d) Duale Schaltungen

Zu den Schaltungen Abb. 6.35 und 6.37 gehören auch die dazu dualen Schaltungen. Da wir das Verhalten solcher Schaltungen an einfachen Beispielen erörtern wollen, widmen wir denselben einen eigenen Unterabschnitt.

Unter der dualen Umwandlung versteht man die Vertauschung der Blindwiderstände nach der Vorschrift:

$$\mathrm{j}\,X = \frac{R_1 R_2}{\mathrm{j}\,X_d} \qquad X = -\frac{R_1 R_2}{X_d}. \tag{6.246}$$

Hierdurch wandeln sich Kapazitäten in Induktivitäten und umgekehrt. Weiterhin benötigen wir noch die Vorschrift — die auch den

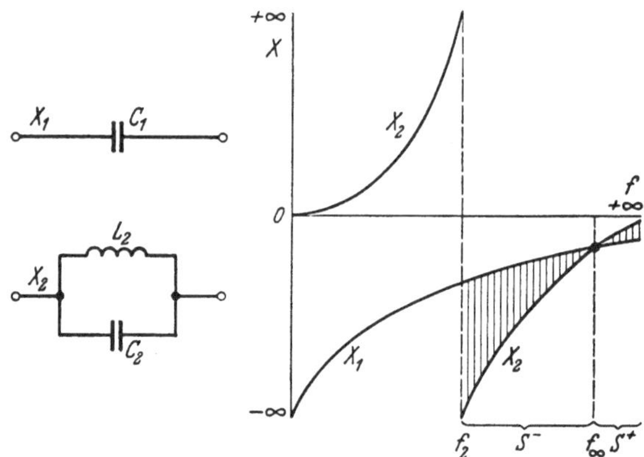

Abb. 6.38. Kapazität und Parallelkreis mit Blindwiderstandsverlauf

Gln. (6.246) zu entnehmen ist —, daß Reihenschaltungen in Parallelschaltungen umzuwandeln sind und umgekehrt. Die zu Abb. 6.35 duale Schaltung, deren Blindwiderständen wir auch einen Schnittpunkt wie in Abb. 6.36 geben, zeigt Abb. 6.38. Für die Blindwiderstände der Brückenzweige gilt:

$$X_{1d} = -\frac{1}{\omega C_{1d}} \qquad X_{2d} = \frac{\omega L_{2d}}{1 - \omega^2 L_{2d} C_{2d}} = \frac{1}{\omega C_{2d}} \frac{f^2}{f_{2d}^2 - f^2}. \tag{6.247}$$

Setzen wir die Blindwiderstände X_{1d} und X_{2d} Gl. (6.247) in die Gl. (6.246) ein, so ergibt sich:

$$X_1 = \omega C_{1d} R_1 R_2 = \omega L_1 \quad X_2 = \omega C_{2d} R_1 R_2 - \frac{R_1 R_2}{\omega L_{2d}} = \omega L_2 - \frac{1}{\omega C_2}. \tag{6.248}$$

Es gilt also für die Umwandlung von Kapazitäten und Induktivitäten:

$$L_1 = C_{1d} R_1 R_2 \qquad L_2 = C_{2d} R_1 R_2 \qquad C_2 = \frac{L_{2d}}{R_1 R_2}. \tag{6.249}$$

Damit stellen wir leicht fest, daß sich ω_c und ω_l dual ineinander überführen lassen und die Resonanzfrequenz des Kreises erhalten bleibt:

$$\omega_c = \omega_{ld} \qquad \omega_l = \omega_{cd} \qquad \omega_2 = \omega_{2d}. \tag{6.250}$$

Unter Berücksichtigung der Gln. (6.249) können wir demnach alle Gleichungen, die zur Berechnung der Schaltung Abb. 6.35 dienen, auf die Schaltung Abb. 6.38 anwenden. Setzen wir die Gln. (6.249) in die Amplitudenbedingung Gl. (6.237) ein, so stellen wir fest, daß das Vorzeichen sich geändert hat. Die gleiche Feststellung ist den Abb. 6.36 und 6.38 zu entnehmen. Wollen wir das Vorzeichen und somit die Vorzeichen der Bereiche S^+ und S^- beibehalten, so müssen wir der dualen Umwandlungsvorschrift noch hinzufügen, daß die Brückenzweige zu vertauschen sind. Dann sind die Schaltungen völlig gleichwertig. Die duale Schaltung kann wesentliche Vorteile besitzen. Unsere beiden Schaltungen betreffend, ist die Anordnung Abb. 6.38 wesentlich günstiger. Die Kapazität C_1 ist billiger als die Induktivität L_1 und hat geringere Verluste. Die Wicklungskapazität der Induktivität L_2 geht bei der Anordnung Abb. 6.38 in die Kapazität C_2 ein.

Ein Unterschied ist vorhanden: Der Wellenwiderstand außerhalb der Schwingfrequenz ist verschieden.

Für den Wellenwiderstand der Schaltung Abb. 6.35 entnehmen wir der Gl. (6.236)

$$Z = \sqrt{-X_1 X_2} = \sqrt{\frac{L_1}{C_2}\,\frac{f_2^2 - f^2}{f_2^2}}, \tag{6.251}$$

während für die Schaltung Abb. 6.38 gilt:

$$Z_d = \sqrt{-X_{1d} X_{2d}} = \sqrt{\frac{L_{2d}}{C_{1d}}\,\frac{f_{2d}^2}{f_{2d}^2 - f^2}}. \tag{6.252}$$

Beziehen wir die Wellenwiderstände auf $\sqrt{R_1 R_2}$, so erhalten wir mit den Abkürzungen f_l und f_{cd}:

$$\frac{Z}{\sqrt{R_1 R_2}} = \sqrt{\frac{f_2^2 - f^2}{f_l^2}} \qquad \frac{Z_d}{\sqrt{R_1 R_2}} = \sqrt{\frac{f_{cd}^2}{f_{2d}^2 - f^2}}. \tag{6.253}$$

Setzen wir die Schwingfrequenz Gl. (6.237) und die aus den Gln. (6.247) gewonnene Lösung $f^2 = f_{2d}^2 + f_{cd}^2$ ein, so folgt:

$$\frac{Z}{\sqrt{R_1 R_2}} = \mathrm{j} \qquad \frac{Z_d}{\sqrt{R_1 R_2}} = \mathrm{j}, \tag{6.254}$$

so daß im Schwingungspunkt die Wellenwiderstände wieder gleich sind und auf den Ausdruck $\sqrt{R_1 R_2}$ bezogen, den Wert j haben.

Wegen der Beziehung

$$Z^2 + R_1 R_2 = -X_1 X_2 + R_1 R_2 = 0 \tag{6.255}$$

im Schwingungspunkt gilt dieser Befund allgemein. Der Radikand der Gln. (6.253), gleich -1 gesetzt, ergibt die Schwingfrequenz. Die zu Abb. 6.37 duale Schaltung zeigt Abb. 6.39.

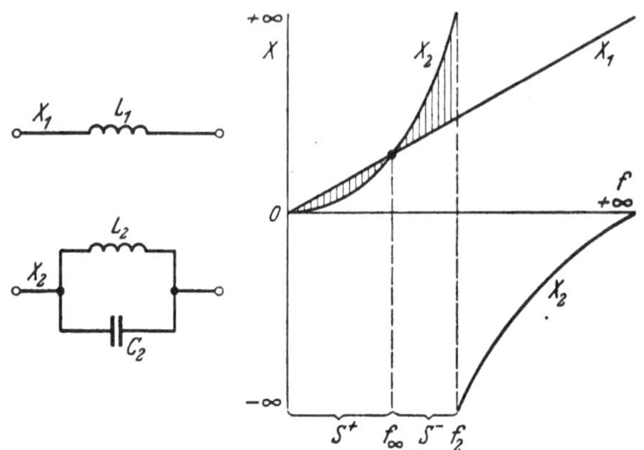

Abb. 6.39. Induktivität und Parallelkreis mit Blindwiderstandsverlauf

e) Schaltungen mit zwei Kreisen

Legen wir in jeden Brückenzweig einen Parallelkreis, so erhalten wir die in Abb. 6.40 gezeigte Schaltung. Bei derselben lassen sich die Spulenverluste leicht kompensieren, zumal man, wenn die Resonanz-

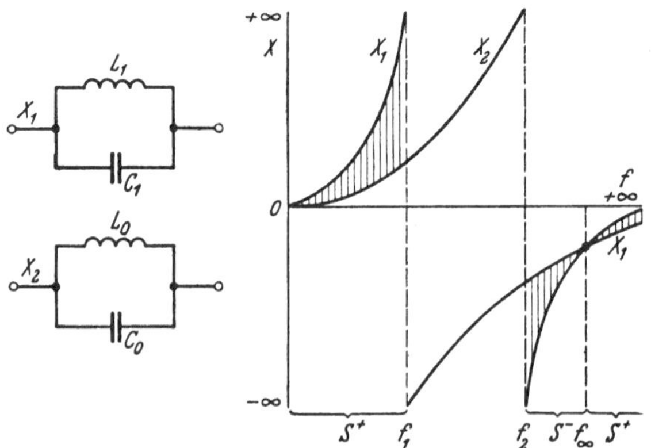

Abb. 6.40. Parallelkreise mit Blindwiderstandsverlauf [24]

frequenzen nicht zusammenfallen, die Induktivitäten gleich groß wählen kann.

Für die Blindwiderstände X_1 und X_2 der Brückenzweige gelten die Gleichungen:

$$X_1 = \frac{1}{\omega C_1} \frac{f^2}{f_1^2 - f^2} \qquad X_2 = \frac{1}{\omega C_0} \frac{f^2}{f_2^2 - f^2}. \tag{6.256}$$

Amplituden- und Frequenzbeziehung werden jetzt komplizierter und lauten:

$$S\frac{R_1 R_2}{R_1+R_2} \geqq \frac{\dfrac{C_0}{C_1}\dfrac{f_2^2-f^2}{f_1^2-f^2}+1}{\dfrac{C_0}{C_1}\dfrac{f_2^2-f^2}{f_1^2-f^2}-1}, \tag{6.257}$$

$$\frac{f_c^2 f^2}{(f_1^2-f^2)(f_2^2-f^2)} - 1 = 0. \tag{6.258}$$

Die Frequenzgleichung ist jetzt quadratisch in f^2 und liefert die beiden Lösungen f_a und f_b:

$$\begin{aligned} f_a &= \sqrt{\left(\frac{f_2+f_1}{2}\right)^2+\left(\frac{f_c}{2}\right)^2} + \sqrt{\left(\frac{f_2-f_1}{2}\right)^2+\left(\frac{f_c}{2}\right)^2}, \\ f_b &= \sqrt{\left(\frac{f_2+f_1}{2}\right)^2+\left(\frac{f_c}{2}\right)^2} - \sqrt{\left(\frac{f_2-f_1}{2}\right)^2+\left(\frac{f_c}{2}\right)^2}. \end{aligned} \tag{6.259}$$

Für die Differenz der beiden Lösungen erhält man die einfache Gleichung:

$$(f_a - f_b)^2 = (f_2 - f_1)^2 + f_c^2. \tag{6.260}$$

Auch die aus der Gl. (6.258) zu entnehmenden Beziehungen

$$f_a^2 + f_b^2 = f_1^2 + f_2^2 + f_c^2 \qquad f_a f_b = f_1 f_2 \tag{6.261}$$

können von Nutzen sein.

Die Lösungen f_a und f_b lassen sich zeichnerisch gewinnen. Wir tragen auf einer Strecke AB die gegebenen Frequenzen f_1 und f_2 auf (s. Abb. 6.41) und das arithmetische Mittel derselben. Im Punkt des arithmetischen Mittels errichten wir eine Senkrechte von der Länge $f_c/2$. Den Endpunkt E der Senkrechten verbinden wir mit A und B. Die Strecken EA und EB sind die beiden Wurzelwerte der Lösungen f_a und f_b. Ein Kreis um E mit dem Radius EB trifft die Gerade AE und deren Verlängerung in den gesuchten Frequenzen f_b und f_a, da dadurch der zweite Wurzelwert einmal von dem ersten subtrahiert wird und einmal addiert wird. Zum Vergleich werden die Frequenzen f_1 und f_2 sowie deren Mittel auf die Gerade AE projiziert. Mit zunehmender Frequenz f_c wird der Radius EB größer, und die Frequenzen f_a und f_b gehen weit auseinander. Für $f_c = 0$ — einem praktisch nicht realisier-

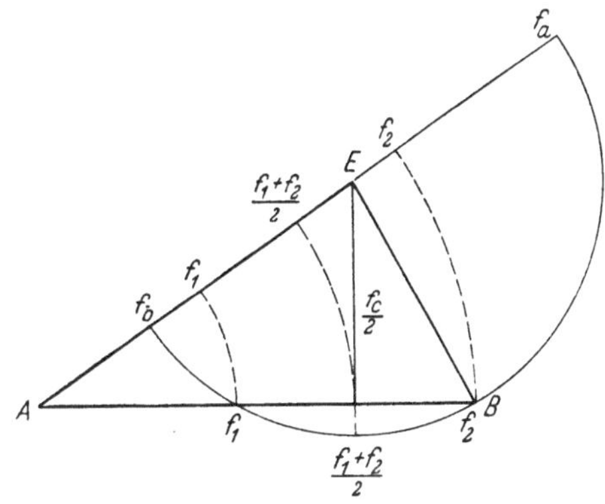

Abb. 6.41
Schwingstellen der Schaltung Abb. 6.40 [24]

baren Wert — erhalten sie ihre kürzeste Entfernung und fallen mit den Frequenzen f_2 und f_1 zusammen, wie man auch der Gl. (6.258) entnehmen kann. Als Sonderfall kann man $f_2 = f_1$ wählen (s. Abb. 6.42), doch müssen hierbei die Induktivitäten und die Kapazitäten verschieden sein.

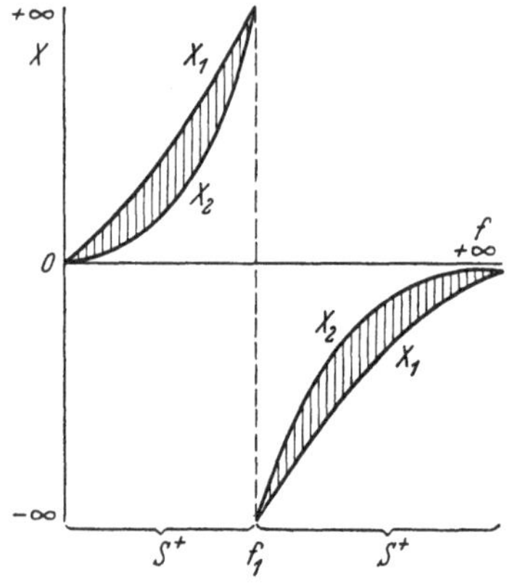

Abb. 6.42 Blindwiderstandsverlauf der Schaltung Abb. 6.40 bei zusammenfallenden Resonanzstellen [24]

Für den Schnittpunkt der Blindwiderstände erhält man aus Gl. (6.256) für $X_1 = X_2$:

$$f_\infty^2 = \frac{C_0 f_2^2 - C_1 f_1^2}{C_0 - C_1}. \qquad (6.262)$$

Da in die Frequenzen f_a und f_b nur das Produkt $C_0 C_1$ eingeht und in die Gl. (6.262) nur das Verhältnis C_0/C_1, so sind diese Frequenzen unabhängig voneinander.

Die Lösungen f_a und f_b können also nach Wahl des Verhältnisses C_0/C_1 in S^+- oder S^--Bereiche gelegt werden.

Für den Sonderfall $f_2 = f_1$ gibt es keinen Schnittpunkt, da derselbe nach Gl. (6.262) mit f_2 zusammenfällt.

Für die Güte erhalten wir aus den Gln. (6.225) u. (6.256) unter Benutzung von Gl. (6.258):

$$G = \left[\frac{2}{R_1 + R_2} \, \frac{\omega_1^2 \omega_2^2 - \omega^4}{\omega\, \omega_c^2 [C_1 (\omega_1^2 - \omega^2) + C_0 (\omega_2^2 - \omega^2)]}\right]_0. \qquad (6.263)$$

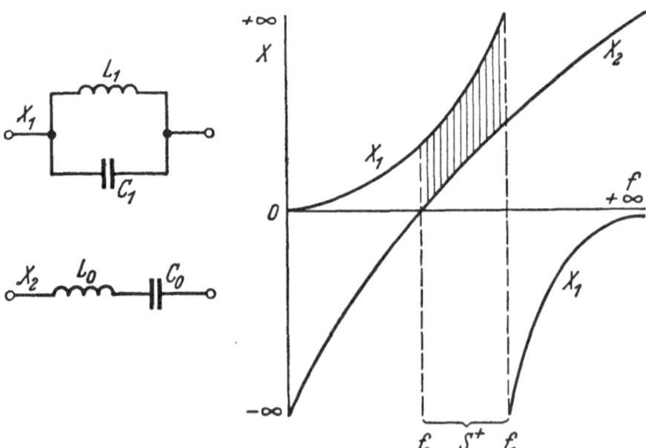

Abb. 6.43. Parallel- und Reihenkreis mit Blindwiderstandsverlauf [24]

Ersetzen wir die Parallelkreise durch Reihenkreise, so erhalten wir die duale Schaltung, welche die gleichen Ergebnisse liefert. Eine weitere Möglichkeit für einen Oszillator bringt die Anwendung von einem Parallelkreis und einem Reihenkreis, wie Abb. 6.43 zeigt.

Die Gleichungen für die Blindwiderstände der Brückenzweige lauten:

$$\begin{aligned} X_1 &= \frac{1}{\omega C_1} \frac{f^2}{f_1^2 - f^2} \\ X_2 &= \frac{1}{\omega C_0} \frac{f^2 - f_2^2}{f_2^2} = \frac{L_0}{\omega} (\omega^2 - \omega_2^2) = \omega L_0 \frac{f^2 - f_2^2}{f^2}. \end{aligned} \tag{6.264}$$

Damit ergeben sich die Schwingbedingungen:

$$S \frac{R_1 R_2}{R_1 + R_2} \geqq \frac{\frac{C_0}{C_1} \frac{f_2^2 f^2}{(f^2 - f_1^2)(f_2^2 - f^2)} + 1}{\frac{C_0}{C_1} \frac{f_2^2 f^2}{(f^2 - f_1^2)(f_2^2 - f^2)} - 1}, \tag{6.265}$$

$$\frac{f_c^2}{f_2^2} \frac{f_2^2 - f^2}{f^2 - f_1^2} - 1 = 0, \tag{6.266}$$

mit der Lösung

$$f^2 = f_2^2 \frac{f_c^2 + f_1^2}{f_c^2 + f_2^2}. \tag{6.267}$$

Mit derselben können wir die Amplitudenbedingung Gl. (6.265) in der Form schreiben:

$$S \frac{R_1 R_2}{R_1 + R_2} \geqq \frac{\frac{C_0}{C_1} \frac{f_2^2 (f_c^2 + f_1^2)(f_c^2 + f_2^2)}{f_c^2 (f_2^2 - f_1^2)^2} + 1}{\frac{C_0}{C_1} \frac{f_2^2 (f_c^2 + f_1^2)(f_c^2 + f_2^2)}{f_c^2 (f_2^2 - f_1^2)^2} - 1}. \tag{6.268}$$

Interessant wird die Schaltung, wenn wir die Frequenzen f_1 und f_2 zusammenfallen lassen (s. Abb. 6.44). Damit wird die Schaltung, passiv betrachtet, zu einem Phasendrehglied. Da die bisherigen Schaltungen — passiv gesehen — Tief- und Hochpässe, Bandfilter und Bandsperren darstellen, wie man leicht aus dem Blindwiderstandsverlauf erkennen kann, so sieht man die vielen Möglichkeiten für Oszillatoren. Zu diesen kommen noch die Schaltungen bei denen Sperr- und Durchlaßbereiche abwechseln.

Aus den Gln. (6.265) u. (6.266) erhalten wir mit $f_1 = f_2$:

$$S \frac{R_1 R_2}{R_1 + R_2} \geqq 1 \quad f = f_2. \tag{6.269}$$

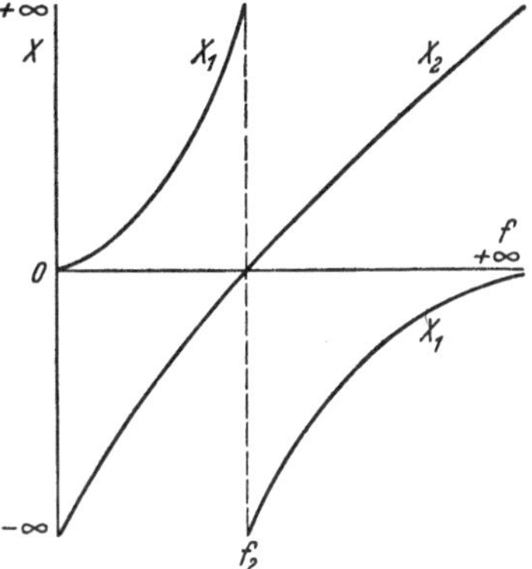

Abb. 6.44. Blindwiderstandsverlauf der Schaltung Abb. 6.43 mit zusammenfallenden Resonanzstellen

Bei allen Schaltungen, bei denen X_1 und X_2 im ganzen Frequenzbereich entgegengesetztes Vorzeichen haben — den sogenannten Phasendrehgliedern —, gilt die Amplitudenbedingung Gl. (6.269).

Die Schwingfrequenz ist von R_1 und R_2 unabhängig. Im Schwingungspunkt ist

$$X_1 = \infty \qquad X_2 = 0, \tag{6.270}$$

so daß eine Schwingstelle II. Art vorliegt.

Für $f_2 = f_1$ gilt die Gl. (6.266), der die Formel $X_1 X_2 = R_1 R_2$ zugrunde liegt, nicht mehr. Sie wird auch zur Frequenzbestimmung nicht mehr benötigt, da die Schwingfrequenz durch den Schnittpunkt von $X_1 = \infty$ und $X_2 = 0$ für $f = f_2$ gegeben ist. Die Güte können wir für $f = f_2$ aus der Gl. (6.227) berechnen. Sie ergibt sich zu:

$$G = \frac{2\omega_2}{R_1 + R_2}(L_0 + R_1 R_2 C_1). \tag{6.271}$$

Zur Vereinfachung der Gütegleichung für Oszillatoren aus Phasendrehgliedern wollen wir eine Eigenschaft derselben heranziehen, die den anderen Brückenoszillatoren fehlt, nämlich die Eigenschaft, daß nur Durchlaßbereiche vorhanden sind. Damit ist die Betriebsdämpfung im ganzen Frequenzbereich dieselbe, also unabhängig von der Frequenz. Für die Betriebsdämpfung gilt die Gleichung

$$e^b = \frac{R_1 + R_2}{2\sqrt{R_1 R_2}} \sqrt{1 + \frac{4}{(R_1 + R_2)^2} \frac{(X_1 X_2 + R_1^2)(X_1 X_2 + R_2^2)}{(X_2 - X_1)^2}}, \tag{6.272}$$

wobei der Faktor vor der Wurzel für die Definition der Betriebsdämpfung gilt, bei der ohne Vierpol mit R_1 abgeschlossen wird, während der Faktor gleich Eins ist, falls man die Betriebsdämpfung so definiert, daß ohne Vierpol mit R_2 abgeschlossen ist. Im ersteren Fall hat das Phasendrehglied eine konstante Grunddämpfung, die von dem Faktor vor der Wurzel herrührt, während im zweiten Fall die Betriebsdämpfung überall Null ist. Zumindest für den Fall eines Phasendrehgliedes erscheint uns die zweite Definition brauchbarer.

Als Bedingung für frequenzunabhängige Betriebsdämpfung entnehmen wir der Gl. (6.272):

$$(X_1 X_2 + R_1^2)(X_1 X_2 + R_2^2) = 0. \tag{6.273}$$

Da kein brauchbarer Grund zu finden ist, welche der beiden Gleichungen gleich Null zu setzen ist und außerdem keine die gewünschte Vereinfachung bringt, so wollen wir $R_1 = R_2 = R$ setzen und erhalten aus Gl. (6.273)

$$X_1 X_2 + R^2 = 0. \tag{6.274}$$

Mit der Gl. (6.274) und ihrer Ableitung

$$X_1 \, dX_2 + X_2 \, dX_1 = 0, \tag{6.275}$$

die allerdings auch für $R_1 \neq R_2$ gilt, können wir die Gütegleichung wesentlich vereinfachen.

An Stelle von Gl. (6.226) ergibt sich:

$$G = \left(\frac{\omega}{R}\frac{\mathrm{d}X_1}{\mathrm{d}\omega}\right)_0 \qquad X_1 = 0 \qquad X_2 = \infty \tag{6.276}$$

und an Stelle von Gl. (6.227):

$$G = \left(\frac{\omega}{R}\frac{\mathrm{d}X_2}{\mathrm{d}\omega}\right)_0 \qquad X_1 = \infty \qquad X_2 = 0. \tag{6.277}$$

In den Fällen, in denen bei Gl. (6.276) X_1 komplizierter ist als X_2, kann die Ableitung von X_1 nach Gl. (6.275) durch die von X_2 ersetzt werden. Entsprechendes gilt bei Gl. (6.277).

Betont sei hier nochmals, daß die Gln. (6.276) u. (6.277), abgesehen davon, daß $R_1 = R_2 = R$ ist, nur für Phasendrehglieder gelten, da nur für solche die Bedingung Gl. (6.274) unabhängig von der Frequenz gilt.

Für die Güte des Oszillators Abb. 6.44 erhalten wir mit Gl. (6.277):

$$G = \frac{2\omega_2 L_0}{R} = 2\omega_2 C_1 R. \tag{6.278}$$

Dieses Ergebnis ist mit der Gl. (6.271) zu vergleichen. Da sich für $R_1 = R_2 = R$ aus den Gln. (6.264) u. (6.274) $R^2 = L_0/C_1$ ergibt, so läßt sich damit Gl. (6.271) in die Gl. (6.278) überführen. Falls R_1 und R_2 nicht wesentlich verschieden sind, so kann man ohne großen Fehler die Gl. (6.278) an Stelle von Gl. (6.271) benutzen. Wir wollen im folgenden alle Güteformeln für Phasendrehglieder-Oszillatoren für $R_1 = R_2 = R$ angeben.

f) Schaltung mit einem Schwingkristall

Mit einem Schwingkristall können wir die in Abb. 6.45 wiedergegebene Schaltung aufbauen. Für die Blindwiderstände gelten die Gleichungen:

$$X_1 = -\frac{1}{\omega C_1} \qquad X_2 = \frac{1}{\omega C_0}\,\frac{f^2 - f_1^2}{f_2^2 - f^2}. \tag{2.279}$$

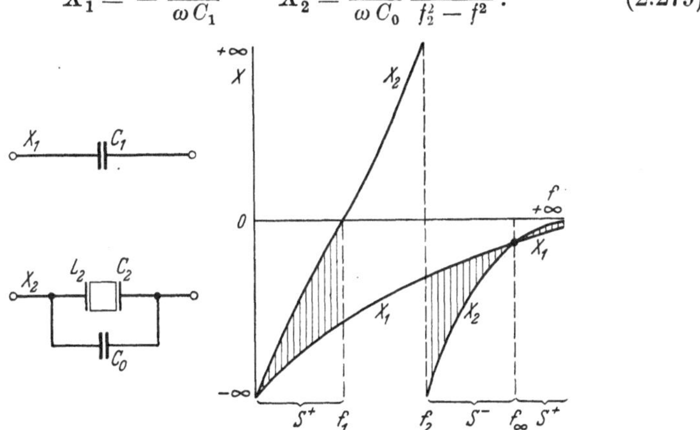

Abb. 6.45. Kapazität und Kristall mit Blindwiderstandsverlauf [24]

Hierzu gehören die Amplitudenbedingung

$$S\,\frac{R_1 R_2}{R_1+R_2} \geqq \frac{\dfrac{C_0}{C_1}\,\dfrac{f_2^2-f^2}{f_1^2-f^2}+1}{\dfrac{C_0}{C_1}\,\dfrac{f_2^2-f^2}{f_1^2-f^2}-1} \tag{6.280}$$

sowie die Frequenzgleichung:

$$f^4-(f_2^2+f_c^2)\,f^2+f_1^2 f_c^2=0 \tag{6.281}$$

mit den Lösungen:

$$f_{a,b}^2=\tfrac{1}{2}\left[f_2^2+f_c^2\pm\sqrt{(f_2^2+f_c^2)^2-4f_1^2 f_c^2}\,\right]. \tag{6.282}$$

Uns interessiert besonders die Lösung, die in der Nähe der Kristallserienresonanzfrequenz liegt. Nach Abb. 6.45 muß sie etwas unterhalb derselben liegen. Um dieselbe genau zu bestimmen, führen wir die Abkürzungen ein:

$$f_2^2=f_1^2(1+\delta) \qquad f_c^2=f_1^2(1+\varepsilon) \qquad \varepsilon\gg\delta. \tag{6.283}$$

Mit denselben ergeben sich die Lösungen Gl. (6.282) in der Form:

$$f_a^2=f_1^2\left(1+\varepsilon+\delta+\frac{\delta}{\varepsilon+\delta}\right) \qquad f_b^2=f_1^2\left(1-\frac{\delta}{\varepsilon+\delta}\right). \tag{6.284}$$

Mit großem Wert $\varepsilon(f_c)$ kann man die Frequenz f_b nahe an f_1 heranschieben. Für den Wert f_b der Gl. (6.284) wird aus der Amplitudenbedingung Gl. (6.280)

$$S\,\frac{R_1 R_2}{R_1+R_2} \geqq \frac{\dfrac{C_0}{C_1}(1+\varepsilon)+1}{\dfrac{C_0}{C_1}(1+\varepsilon)-1}. \tag{6.285}$$

Für die Güte erhalten wir aus den Gln. (6.225) u. (6.279) die Gleichung

$$G=\left[\frac{2}{(R_1+R_2)\,\omega\,(\omega_2^2-\omega^2)}\,\frac{\omega^2(\omega_1^2-\omega^2)+\omega_1^2(\omega^2-\omega_2^2)}{C_1(\omega^2-\omega_1^2)-C_0(\omega_2^2-\omega^2)}\right]_0. \tag{6.286}$$

Setzen wir die Lösung f_b aus Gl. (6.284) in die Gütegleichung ein, so ergibt sich:

$$G=\frac{2\varepsilon^2}{(R_1+R_2)\,\omega\,\delta(1+\varepsilon)\,[C_1+C_0(1+\varepsilon)]} \qquad \varepsilon\gg\delta. \tag{6.287}$$

Für den Ort f_∞ des Schnittpunktes der Blindwiderstände X_1 und X_2 liefern die Gln. (6.279):

$$f_\infty^2=\frac{f_1^2\dfrac{C_0}{C_1}-f_2^2}{\dfrac{C_0}{C_1}-1}. \tag{6.288}$$

Dieser Ort ist von f_c bzw. ε unabhängig. Für $C_0=C_1$ wandert f_∞ nach Unendlich.

g) Schaltung mit zwei Schwingkristallen

In Abb. 6.46 zeigen wir in jedem Brückenzweig einen Kristall. Hierfür gelten die Gleichungen:

$$X_1 = \frac{1}{\omega C_1} \frac{f^2 - f_1^2}{f_3^2 - f^2} \qquad X_2 = \frac{1}{\omega C_0} \frac{f^2 - f_4^2}{f_2^2 - f^2} \tag{6.289}$$

mit den daraus folgenden Schwingbedingungen:

$$S \cdot \frac{R_1 R_2}{R_1 + R_2} \geqq \frac{\dfrac{C_0}{C_1} \dfrac{f^2 - f_1^2}{f_3^2 - f^2} \dfrac{f_2^2 - f^2}{f^2 - f_4^2} + 1}{\dfrac{C_0}{C_1} \dfrac{f^2 - f_1^2}{f_3^2 - f^2} \dfrac{f_2^2 - f^2}{f^2 - f_4^2} - 1}, \tag{6.290}$$

$$\frac{f_c^2}{f^2} \frac{f^2 - f_1^2}{f_3^2 - f^2} \frac{f^2 - f_4^2}{f_2^2 - f^2} - 1 = 0. \tag{6.291}$$

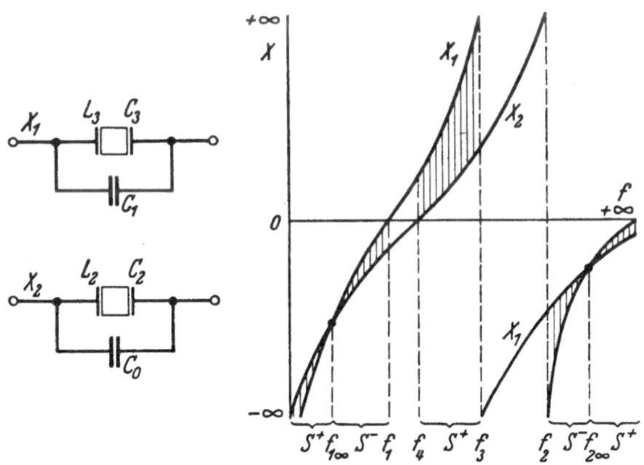

Abb. 6.46. Kristalle mit Blindwiderstandsverlauf [19]

Die Frequenzgleichung ist vom dritten Grade in f^2, so daß drei Schwingstellen möglich sind. Die Schwingbereiche können durch zwei mögliche Schnittpunkte unterteilt werden. Für dieselben liefern die Gln. (6.289) die Gleichung:

$$\left(\frac{C_1}{C_0} - 1\right) f_\infty^4 - \left[\frac{C_1}{C_0}(f_3^2 + f_4^2) - (f_1^2 + f_2^2)\right] f_\infty^2 + \frac{C_1}{C_0} f_3^2 f_4^2 - f_1^2 f_2^2 = 0. \tag{6.292}$$

Für $C_1 = C_0$ wandert eine der Stellen nach Unendlich, während die andere für $\frac{C_1}{C_0} f_3^2\, f_4^2 = f_1^2\, f_2^2$ gegen Null geht.

Die Möglichkeit der Güteverbesserung durch Wahl der Dämpfungspole wird in Kap. 4.4d behandelt.

Zur Vereinfachung der Schaltung können wir f_3 und f_4 zusammenfallen lassen, wie Abb. 6.47 zeigt. Hierbei geht die im mittelsten Bereich liegende Schwingstelle I. Art in eine solche II. Art über. Damit wird sie unabhängig von R_1 und R_2. Diese Unabhängigkeit ist natürlich nur relativ, denn eine geringe Frequenzverschiebung stellt den Zustand der Abb. 6.46 wieder her.

Für $f_4 = f_3$ zerfällt die Frequenzgleichung (6.291) in

$$(f^2 - f_3^2)\,[f^4 - (f_2^2 + f_c^2)\,f^2 + f_c^2 f_1^2] = 0, \qquad (6.293)$$

wobei für die Frequenzen die Gleichungen gelten:

$$f_1^2 = \frac{1}{4\pi^2}\,\frac{1}{L_3 C_3} \qquad f_3^2 = \frac{1}{4\pi^2}\,\frac{1}{L_3 C_3}\left(1 + \frac{C_3}{C_1}\right) = \frac{1}{4\pi^2}\,\frac{1}{L_2 C_2}\,.$$
$$f_2^2 = \frac{1}{4\pi^2}\,\frac{1}{L_2 C_2}\left(1 + \frac{C_2}{C_0}\right). \qquad (6.294)$$

Die in f^2 quadratische Gleichung deckt sich mit der Gl. (6.281), so daß für deren Lösungen das dort Gesagte gilt. Als neu interessiert nur die Gleichung

$$f = f_3. \qquad (6.295)$$

Für diese Stelle ist

$$X_1 = \infty \qquad X_2 = 0 \qquad (6.296)$$

wie man aus der Abb. 6.47 ersehen kann. Damit tritt an die Stelle der Amplitudenbedingung Gl. (6.290):

$$S\,\frac{R_1 R_2}{R_1 + R_2} \geqq 1, \qquad (6.297)$$

und damit hat die Schwingstelle die günstigste Amplitudenbedingung. Diese Schwingstelle ist besonders vorteilhaft, da sie gleichzeitig von zwei Kristallen konstant gehalten wird. Die Frequenz f_3 ist die genaue Serienresonanzfrequenz des einen Kristalls. Zusätzliche Kreise wie in anderen Schaltungen werden nicht benötigt. Außer den geringen Kristallverlusten sind keine Verluste wirksam.

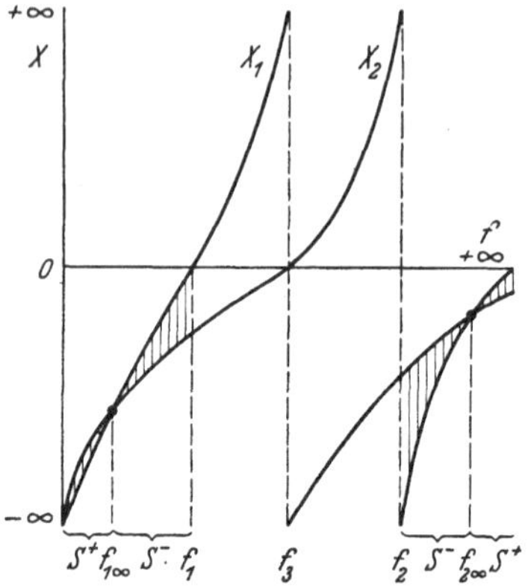

Abb. 6.47. Kristalle mit Blindwiderstandsverlauf mit zusammenfallender Parallel- und Reihenresonanz [19]

Wir berechnen die Güte für die Stelle $f = f_3$ nach der Gl. (6.227) zu:

$$G = \frac{2\omega_3}{(R_1 + R_2)\,C_0}\left[\frac{1}{\omega_2^2 - \omega_3^2} + \frac{\omega_3^2}{\omega_c^2(\omega_3^2 - \omega_1^2)}\right]. \qquad (6.298)$$

Da die Frequenzabstände Serien- zu Parallelresonanz bei beiden Kristallen ungefähr gleich sind, kann man $\omega_2^2 - \omega_3^2$ und $\omega_3^2 - \omega_1^2$ gleichsetzen, so daß sich mit $\omega_2 \approx \omega_3 \approx \omega_1$ ergibt:

$$G = \frac{1}{(R_1 + R_2)\,(\omega_2 - \omega_3)\,C_0}\left[1 + \frac{\omega_3^2}{\omega_c^2}\right]. \qquad (6.299)$$

Man kann auch die Gln. (6.294) heranziehen und erhält damit:

$$G = \frac{2\omega_3}{R_1 + R_2}\left[L_2 + \frac{\omega_3^2 C_1}{\omega_c^2 C_0}\,L_3\right]. \qquad (6.300)$$

Die zu Abb. 6.46 duale Schaltung, die Abb. 6.48 zeigt, läßt sich mit Ferritschwingern [75] ausstatten. Dieselben haben zwar eine geringere Güte als Kristalle, doch eine wesentlich höhere Güte als Spulen, so daß sie sich durchaus für Oszillatoren eignen.

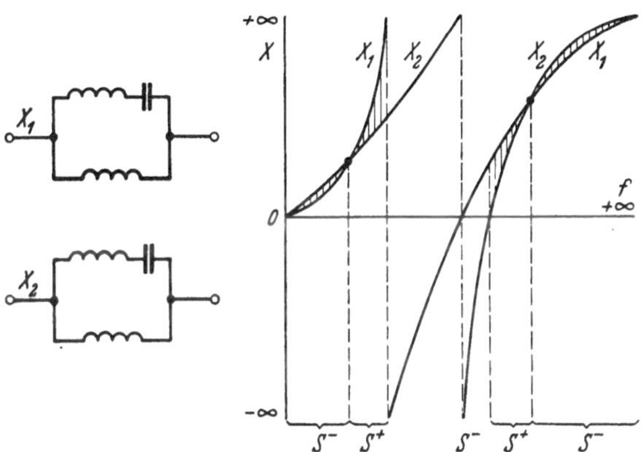

Abb. 6.48. Reihenkreise mit parallelgeschalteten Induktivitäten mit Blindwiderstandsverlauf

h) Oszillator mit Kristall und Ferritschwinger

Man kann auch einen Kristall mit einem Ferritschwinger kombinieren, wie Abb. 6.49 zeigt. Lassen wir die Null- und Polstellen zu-

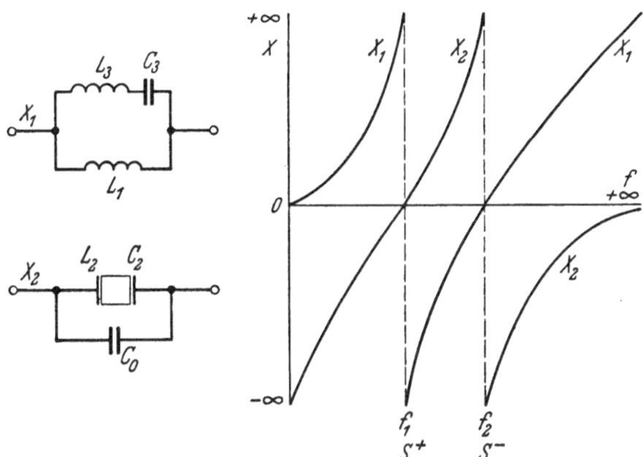

Abb. 6.49
Reihenkreis mit parallelgeschalteter Induktivität und Kristall mit Blindwiderstandsverlauf

sammenfallen, so stellt die Schaltung, passiv betrachtet, wiederum ein Phasendrehglied dar.

Für die Blindwiderstände gelten die Gleichungen:

$$X_1 = \frac{\omega L_1 L_3}{L_1 + L_3} \frac{f^2 - f_2^2}{f^2 - f_1^2} \qquad X_2 = \frac{1}{\omega C_0} \frac{f^2 - f_1^2}{f_2^2 - f^2}, \tag{6.301}$$

wobei wir der Einfachheit halber gleich die entgegengesetzten Resonanzstellen aufeinanderfallen lassen. Es entstehen hierbei zwei Schwingstellen II. Art, wobei die Stelle f_1 mit $X_1 = \infty$, $X_2 = 0$, vgl. Gl. (6.223), direkt schwingfähig ist, während die Stelle f_2 mit $X_1 = 0$, $X_2 = \infty$ erst nach Vertauschen der Brückenzweige schwingfähig wird.

Für die Resonanzfrequenzen gelten hierbei die Gleichungen:

$$f_1^2 = \frac{1}{4\pi^2 L_2 C_2} = \frac{1}{4\pi^2 (L_1 + L_3) C_3} \qquad f_2^2 = \frac{1}{4\pi^2 L_2 C_2}\left(1 + \frac{C_2}{C_0}\right) = \frac{1}{4\pi^2 L_3 C_3}. \tag{6.302}$$

Als Amplitudenbedingung gilt Gl. (6.269) für beide Schwingungsfrequenzen, wenn wir vom Vorzeichen absehen.

Setzen wir die Gln. (6.301) in Gl. (6.274) ein, so folgt für $R_1 = R_2 = R$:

$$\frac{L_0 L_2}{C_1 (L_0 + L_2)} = R^2. \tag{6.303}$$

Die Güte berechnen wir nach der Gl. (6.277) zu:

$$G = \frac{2\omega_1}{R C_0 (\omega_2^2 - \omega_1^2)}. \tag{6.304}$$

Mit Hilfe der Gln. (6.302) können wir vereinfachen zu:

$$G = \frac{2\omega_1 L_2}{R}. \tag{6.305}$$

Mit der hohen Induktivität eines Kristalls kann hier die Güte beträchtliche Werte erreichen. Die Güteverbesserung gegenüber Gl.(6.278) kann man am besten am Nenner der Gl. (6.304) erkennen. Ein kleiner Abstand $\omega_2 - \omega_1$ erhöht die Güte und erfordert eine hohe Induktivität L_2, während an die Induktivität L_0 keine Anforderungen gestellt werden.

i) Oszillator mit einem Kristall und Parallelkreisen

Zur Verbesserung der Schaltung Abb. 6.45 können wir Induktivitäten hinzufügen, wie Abb. 6.50 zeigt. Für die Blindwiderstände gelten die Gleichungen:

$$X_1 = \frac{1}{\omega C_1} \frac{f^2}{f_3^2 - f^2} \qquad X_2 = \frac{1}{\omega C_0} \frac{f^2 (f_3^2 - f^2)}{(f^2 - f_1^2)(f^2 - f_2^2)}, \tag{6.306}$$

wobei wir die Parallelresonanz von X_1 bereits mit der Serienresonanz von X_2 zusammenfallen lassen.

Mit den beiden Blindwiderständen sind noch zwei besondere Anordnungen möglich, die wir in Abb. 6.51 zeigen. Dieselben haben jedoch einen weniger steilen Phasenverlauf [*10*, S. 150] und sind deshalb für Oszillatoren weniger geeignet.

Zwischen den in Abb. 6.50 eingezeichneten Schaltelementen und den Frequenzen bestehen die Beziehungen:

$$f_3^2 = \frac{1}{4\pi^2 L_1 C_1} = \frac{1}{4\pi^2 L_2 C_2} \qquad \frac{1}{L_0} = 4\pi^2 C_0 \frac{f_1^2 f_2^2}{f_3^2}$$
$$\frac{C_2}{C_0} = \frac{(f_3^2 - f_1^2)(f_2^2 - f_3^2)}{f_3^4} \qquad f_c^2 = \frac{1}{4\pi^2 R_1 R_2 C_0 C_1}. \qquad (6.307)$$

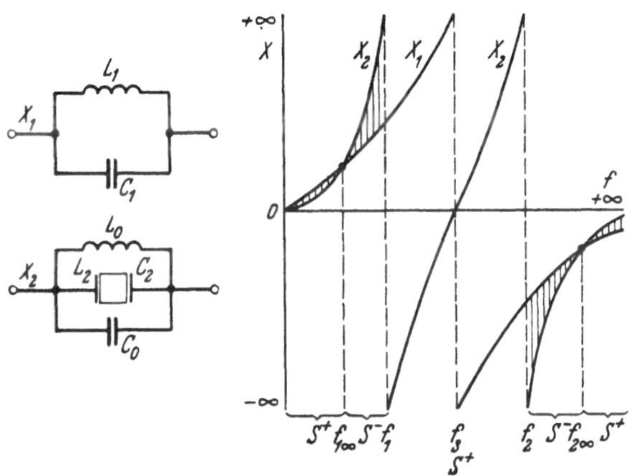

Abb. 6.50. Parallelkreis und Parallelkreis mit Parallelkristall mit Blindwiderstandsverlauf

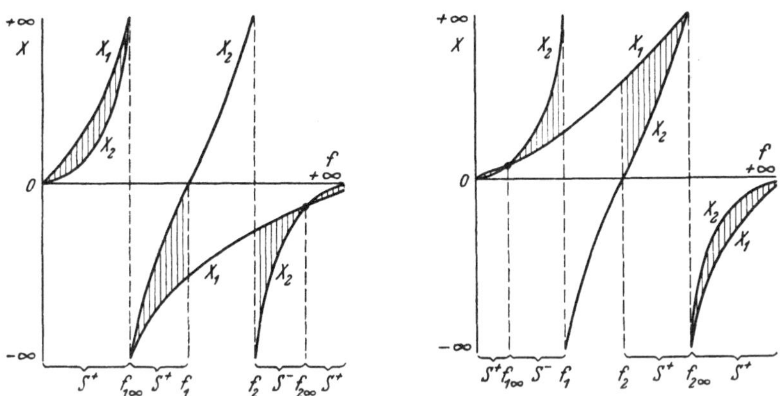

Abb. 6.51. Weitere Möglichkeiten des Blindwiderstandsverlaufes der Schaltung Abb. 6.50

Als Frequenzgleichung erhält man aus den Gln. (6.306):

$$(f^2 - f_3^2)\,[f^4 - (f_1^2 + f_2^2 + f_c^2)\,f^2 + f_1^2 f_2^2] = 0. \qquad (6.308)$$

Uns interessiert nur die Lösung

$$f = f_3. \qquad (6.309)$$

Die verbleibende Frequenzgleichung haben wir bereits bei der Schaltung Abb. 6.40 Gl. (6.258) kennengelernt. Es gilt auch hier das dort Gesagte.

Für die Frequenz $f = f_3$ erhalten wir als Amplitudenbedingung $S \frac{R_1 R_2}{R_1 + R_2} \geqq 1.$

Für die Güte an der Stelle f_3 ergibt sich aus Gl. (6.227) mit den Gln. (6.307):

$$G = \frac{2\omega_3}{R_1 + R_2}\left(L_2 + \frac{1}{\omega_c^2 C_0}\right). \tag{6.310}$$

Wir sehen, daß sich die Güte aus einem Kristallanteil, der durch L_2 gegeben ist und aus einem Spulenanteil zusammensetzt.

k) Oszillator mit zwei Kristallen und Parallelkreisen

Auch die Schaltung Abb. 6.46 läßt sich durch Parallelspulen verbessern. Abb. 6.52 zeigt die Brückenzweige und den Blindwiderstandsverlauf. Für die Blindwiderstände gilt:

$$X_1 = \frac{1}{\omega C_1} \frac{f^2(f_3^2 - f^2)}{(f^2 - f_1^2)(f^2 - f_4^2)} \qquad X_2 = \frac{1}{\omega C_0} \frac{f^2(f_4^2 - f^2)}{(f^2 - f_3^2)(f^2 - f_2^2)}. \tag{6.311}$$

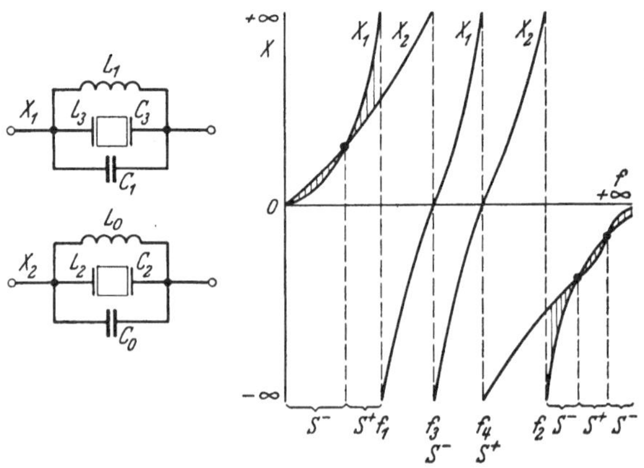

Abb. 6.52. Parallelkreise mit Parallelkristall mit Blindwiderstandsverlauf [19]

Es bestehen die Frequenzbeziehungen:

$$\begin{aligned} f_3^2 &= \frac{1}{4\pi^2 L_3 C_3} & f_4^2 &= \frac{1}{4\pi^2 L_2 C_2} \\ \frac{C_3}{C_1} &= \frac{(f_3^2 - f_1^2)(f_4^2 - f_3^2)}{f_3^4} & \frac{C_2}{C_0} &= \frac{(f_4^2 - f_3^2)(f_2^2 - f_4^2)}{f_4^4}. \end{aligned} \tag{6.312}$$

Die Frequenzgleichung lautet:

$$(f^2 - f_3^2)(f^2 - f_4^2)[f^4 - (f_1^2 + f_2^2 + f_c^2) f^2 + f_1^2 f_2^2] = 0. \tag{6.313}$$

Die quadratische Gleichung ist dieselbe wie in den Gln. (6.308) u. (6.258).

Von den Lösungen

$$f = f_3 \qquad f = f_4 \tag{6.314}$$

ist f_4 schwingfähig, während f_3 erst nach Vertauschen der Brückenzweige Schwingfähigkeit erhält. Wir können also wahlweise die beiden Reihenresonanzfrequenzen der Kristalle erhalten.

Für die Güte der Schwingstelle f_4 ergibt sich aus den Gln. (6.227), (6.311) u. (6.312):

$$\begin{aligned} G &= \frac{2\omega_4}{R_1 + R_2}\left[\frac{1}{C_0}\,\frac{\omega_4^2}{(\omega_4^2 - \omega_3^2)(\omega_2^2 - \omega_4^2)} + \frac{1}{\omega_c^2 C_0}\,\frac{\omega_4^2 - \omega_1^2}{\omega_4^2 - \omega_3^2}\right] \\ &= \frac{2\omega_4}{R_1 + R_2}\left[L_2 + \frac{1}{\omega_c^2 C_0}\,\frac{\omega_4^2 - \omega_1^2}{\omega_4^2 - \omega_3^2}\right]. \end{aligned} \tag{6.315}$$

Für die Güte der Schwingstelle f_3 gilt entsprechend aus den Gln. (6.226), (6.311) u. (6.312):

$$G = \frac{2\omega_3}{R_1 + R_2}\left[L_3 + \frac{1}{\omega_c^2 C_1}\,\frac{\omega_2^2 - \omega_3^2}{\omega_4^2 - \omega_3^2}\right]. \tag{6.316}$$

Die dualen Brückenzweige kann man so umformen, daß Kristalle mit Reiheninduktivitäten entstehen. Abb. 6.53 zeigt die Umwandlung eines zu den Brückenzweigen Abb. 6.52 dualen Zweiges, der durch Reihenschaltung eines aus dem Parallelkreis gewonnenen Reihenkreises mit einem aus dem Reihenkreis herrührenden Parallelkreis entsteht.

l) Oszillator mit Kristall mit Reihenkreis und Kristall mit Parallelkreis

Kombinieren wir einen Brückenzweig nach Abb. 6.52 mit einem solchen nach Abb. 6.53, so erhalten wir die in Abb. 6.54 wiedergegebene Anordnung, die, passiv gesehen, ein Phasendrehglied darstellt [*10*, S. 350].

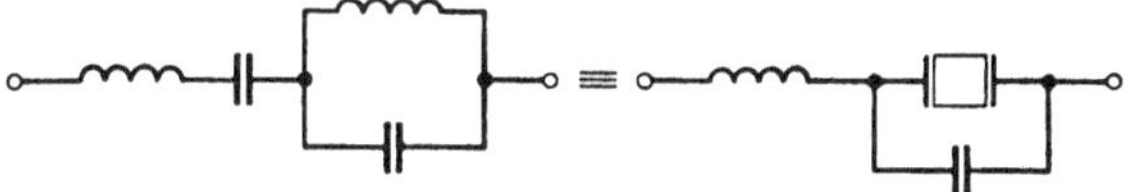

Abb. 6.53. Reihenschaltung von Reihen- und Parallelkreis

Für die Blindwiderstände der Brückenzweige gilt:

$$X_1 = \frac{L_1}{\omega}\,\frac{(f^2 - f_1^2)(f^2 - f_2^2)}{f^2 - f_3^2} \qquad X_2 = \frac{1}{\omega C_0}\,\frac{f^2(f_3^2 - f^2)}{(f^2 - f_1^2)(f^2 - f_2^2)}. \tag{6.317}$$

Von den drei Lösungen der Frequenzgleichung

$$f = f_3 \qquad f = f_1 \qquad f = f_2 \tag{6.318}$$

schwingt f_3, während f_1 und f_2 nach Vertauschen der Brückenzweige zum Schwingen zu bringen sind.

Zwischen den Schaltelementen und den Frequenzen bestehen die Beziehungen:

$$f_{10}^2 = \frac{1}{4\pi^2 L_1 C_1} \qquad f_{20}^2 = \frac{1}{4\pi^2 L_0 C_0} \qquad f_3^2 = \frac{1}{4\pi^2 L_2 C_2}$$
$$\frac{C_2}{C_0} = \frac{(f_3^2 - f_1^2)(f_2^2 - f_3^2)}{f_3^4}. \tag{6.319}$$

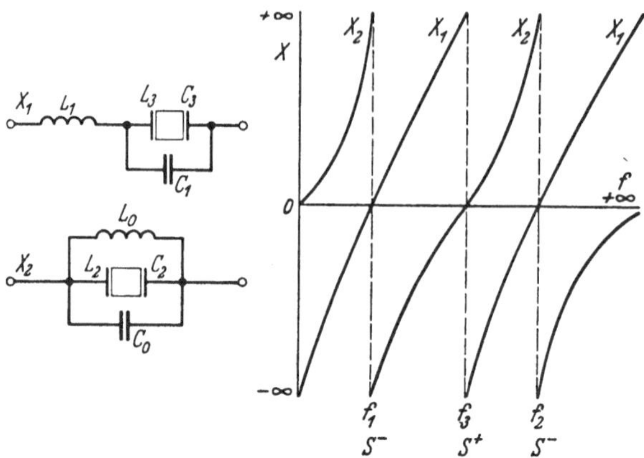

Abb. 6.54. Kristall mit Reiheninduktivität und Kristall mit Parallelinduktivität mit Blindwiderstandsverlauf

Außerdem gilt für $R_1 = R_2 = R$

$$\frac{L_1}{C_0} = R^2. \tag{6.320}$$

Für die Güte bei der Frequenz f_3 erhalten wir nach der Gl. (6.277) direkt und umgerechnet mit den Gln. (6.319):

$$G = \frac{2\omega_3^3}{R\, C_0(\omega_3^2 - \omega_1^2)(\omega_2^2 - \omega_3^2)} = \frac{2\omega_3 L_2}{R}. \tag{6.321}$$

Mit zwei Kristallen in jedem Brückenzweig und zusätzlichen Induktivitäten läßt sich auch ein Phasendrehglied-Oszillator aufbauen [*10*, S. 354].

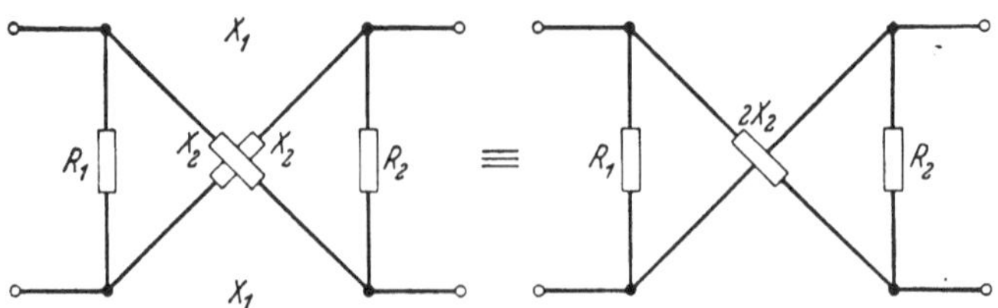

Abb. 6.55. Brücke mit offenen X_1-Zweigen

Allgemein lassen sich nach dem FOSTERschen Theorem [*76*], [*10*, S. 70] kompliziert aufgebaute Brückenzweige in Oszillatoren anwenden und berechnen. Es erscheint allerdings fraglich, ob sich ein höherer Aufwand als der gezeigte lohnt, denn es ist sinnlos, wesentlich über die Konstanz des Röhren- oder Transistorteiles hinauszugehen.

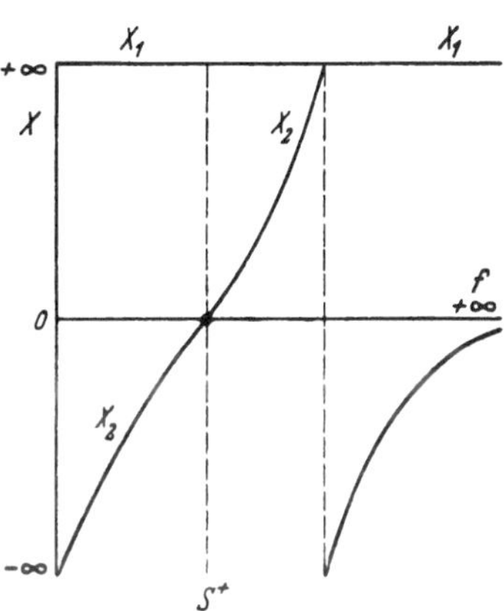

Abb. 6.56. Blindwiderstandsverlauf der Brückenzweige Abb. 6.55 mit Kristall im Zweig X_2

6.19 Entartete Brücken

Längs- und Querblindwiderstände, die man auch als entartete Π- oder T-Glieder betrachten kann, lassen sich als entartete Brücken darstellen. Da die Betrachtungsweise als Brücke oft sehr anschaulich ist, wollen wir die beiden Möglichkeiten, bei denen einmal zwei gleiche Brückenzweige weggelassen sind und einmal zwei gleiche Brückenzweige kurzgeschlossen werden, behandeln.

Lassen wir die Brückenzweige X_1

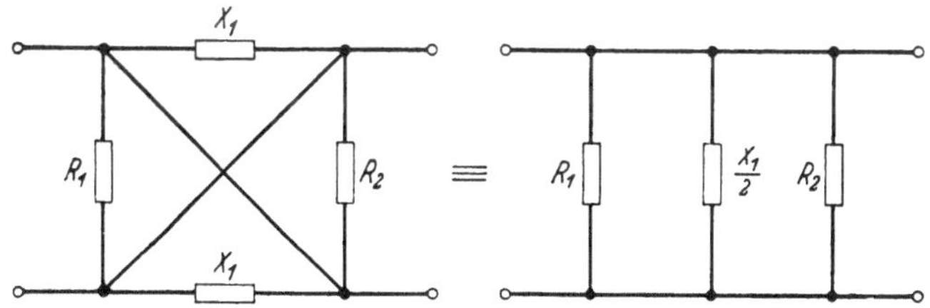

Abb. 6.57. Brücke mit kurzgeschlossenen X_2-Zweigen

unendlich groß werden, so kann es nur Schwingstellen bei $X_2 = 0$ geben. Für die Anordnung Abb. 6.55 gelten also für Schwingstellen die Gleichungen:

$$X_1 = \infty \qquad X_2 = 0. \qquad (6.322)$$

Abb. 6.56 zeigt die dazugehörige Blindwiderstandsdarstellung für einen Kristall als Blindwiderstand X_2. Es können alle Serienresonanzen angeregt werden. Läßt man $X_2 = \infty$ werden und ist $X_1 = 0$, so ist eine Phasendrehung erforderlich.

Die Schaltung mit kurzgeschlossenen Widerständen X_2 zeigt Abb. 6.57.

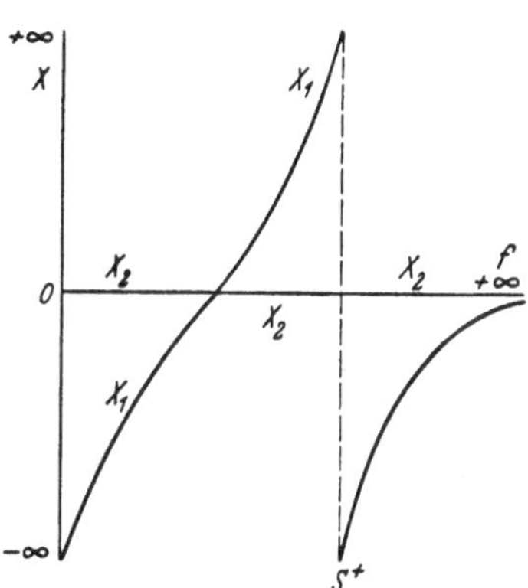

Abb. 6.58. Blindwiderstandsverlauf der Brückenzweige Abb. 6.57 mit Kristall im Zweig X_1

Für Schwingstellen gilt hierbei:

$$X_2 = 0 \qquad X_1 = \infty . \tag{6.323}$$

Abb. 6.58 zeigt den Blindwiderstandsverlauf für einen Kristall. Es können alle Parallelresonanzen angeregt werden.

6.20 Oszillatoren mit Kristallen mit unterteilten Elektroden

Die in Abschn. 6.2 behandelten Oszillatoren lassen sich durch weitere Schaltelemente zu höherwertigen Oszillatoren ergänzen.

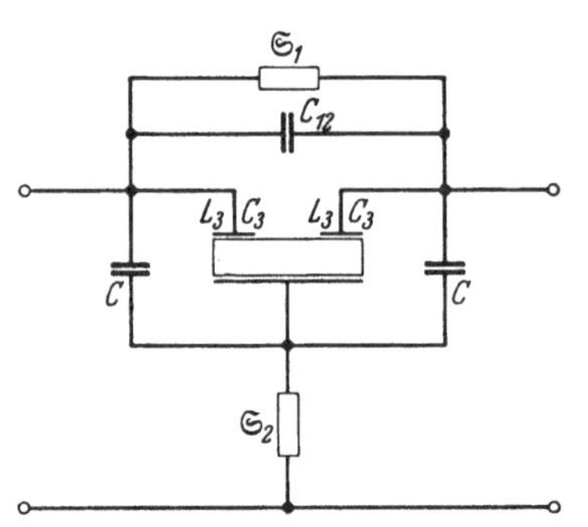

Abb. 6.59. Überbrücktes T-Glied aus Kristall mit unterteilten Elektroden und Längs- und Querglied

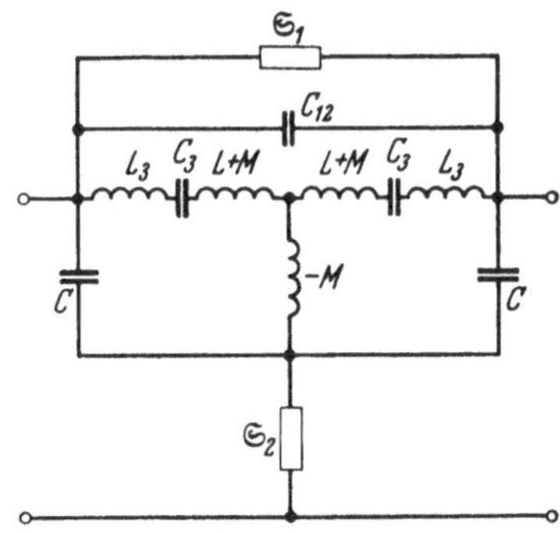

Abb. 6.60 Ersatzbild der Schaltung Abb. 6.59

Abb. 6.59 zeigt den Zusammenbau eines Kristalls (s. Abb. 2.49a u. 2.50a) mit einem Längs- und einem Querglied zu einem überbrückten T-Glied. Mit Hilfe des Ersatzbildes Abb. 6.60 erhält man durch Kurz-

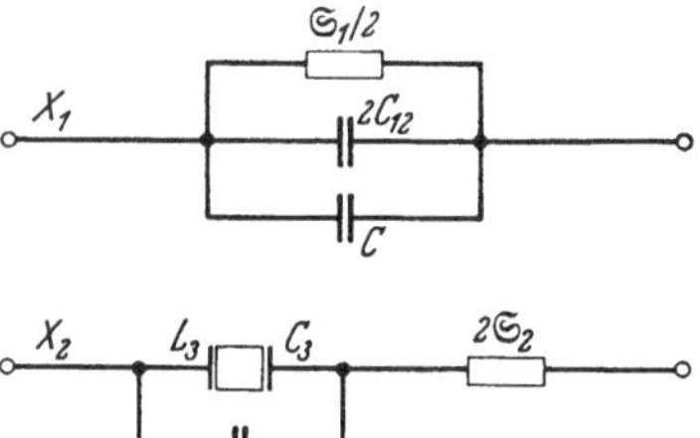

Abb. 6.61. Brückenzweige gebildet aus der Schaltung Abb. 6.59

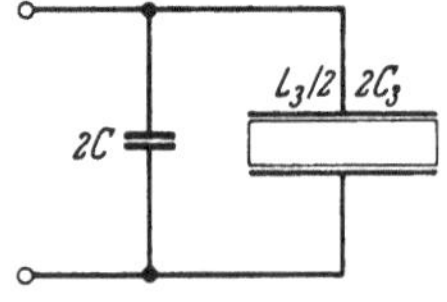

Abb. 6.62. Der Kristall der Abb. 6.59 mit ganzen Elektroden

schluß- und Leerlaufbildung der halbierten Schaltung die in Abb. 6.61 gezeigten Brückenzweige X_1 und X_2. Bei Halbierung der Kristallfläche und Versehen mit je zwei Elektroden, die auch auf einer Seite verbunden sein können, wie in Abb. 6.59, verdoppelt sich die bei Vollelektroden vorhandene Kristallinduktivität, während sich die Kapazitäten halbieren. Im Vergleich zu Abb. 6.59 hat der in Abb. 6.62 gezeigte Kristall mit ganzen Elektroden die halbe Induktivität, was man durch Parallelschalten der Hälften leicht feststellen kann. Die Kapazitäten C bestehen aus der halben Eigenkapazität des Kristalls zuzüglich hinzugeschalteter Kapazitäten.

Eine als Oszillator gut brauchbare Anordnung erhalten wir aus Abb. 6.59, wenn wir als Element $\mathfrak{S}_1$ einen Kristall nehmen und das Element $\mathfrak{S}_2$ kurzschließen, wie Abb. 6.63 zeigt. Zweckmäßig schaltet man hierbei keine Kapazität dazu, so daß sich die Kapazitäten auf die Eigenkapazitäten C_0 und C_1 zuzüglich Schaltkapazitäten beschränken. Die zur Schaltung Abb. 6.63 gehörenden Blindwiderstände sind in Abb. 6.64 wiedergegeben. Es handelt sich um die in Abschn. 6.18g besprochene Schaltung.

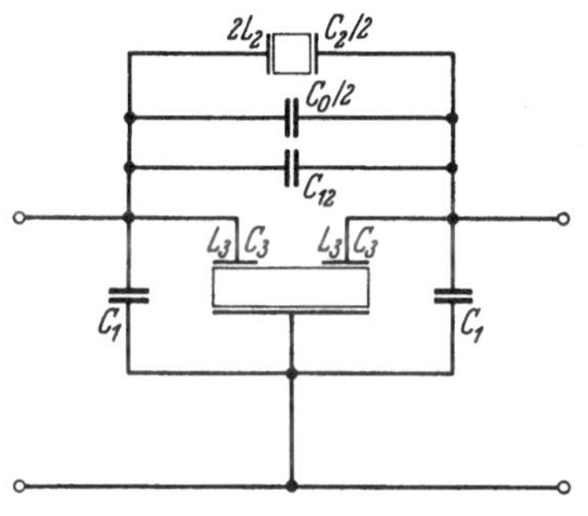

Abb. 6.63
Überbrücktes T-Glied mit zwei Kristallen

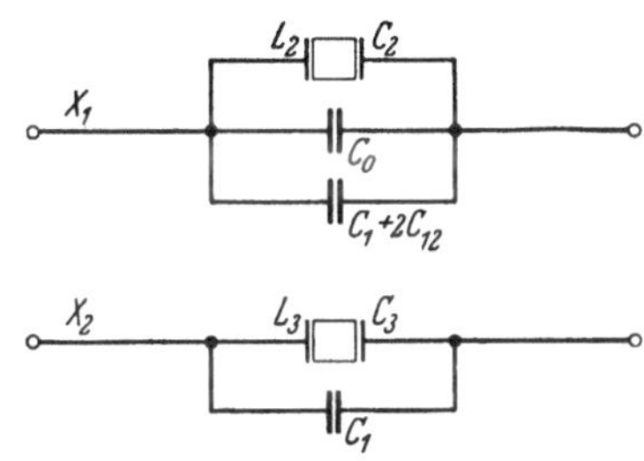

Abb. 6.64
Brückenzweige der Schaltung Abb. 6.63

Eine weitere, sehr vorteilhafte Schaltung zeigt Abb. 6.65 mit den in Abb. 6.66 wiedergegebenen Blindwiderständen. Wir haben die Schaltung in Abschn. 6.181 behandelt.

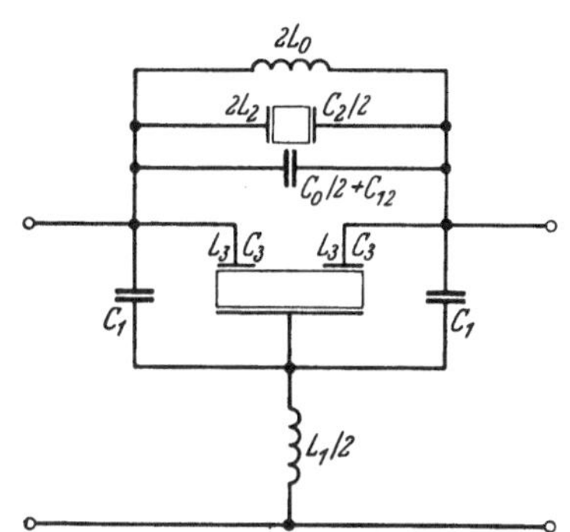

Abb. 6.65. Überbrücktes T-Glied mit zwei Kristallen und Induktivitäten

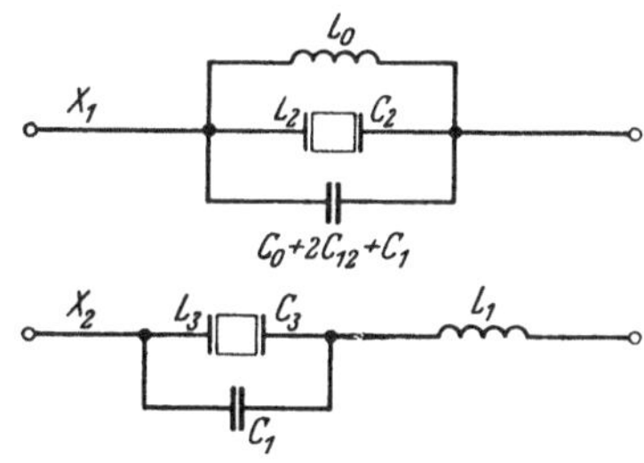

Abb. 6.66
Brückenzweige der Schaltung Abb. 6.65

Auch die Elektrodenanordnung, wie sie Abb. 6.2 zeigt und deren Brückenzweige Abb. 6.3b und 6.4b darstellt, läßt sich zu einem brauchbaren überbrückten T-Glied ergänzen. Wir zeigen dasselbe in Abb. 6.67 und in Abb. 6.68 das dazugehörige Ersatzbild, aus welchem die Brückenzweige Abb. 6.69 resultieren. Als Beispiel schalten wir als Längsblindwiderstand $\mathfrak{S}_1$ eine Induktivität $2L_1$ und als Querblindwiderstand $\mathfrak{S}_2$ einen Parallelkreis aus $L_0/2$ und $2C_0$. Hiermit ergeben sich die Brücken-

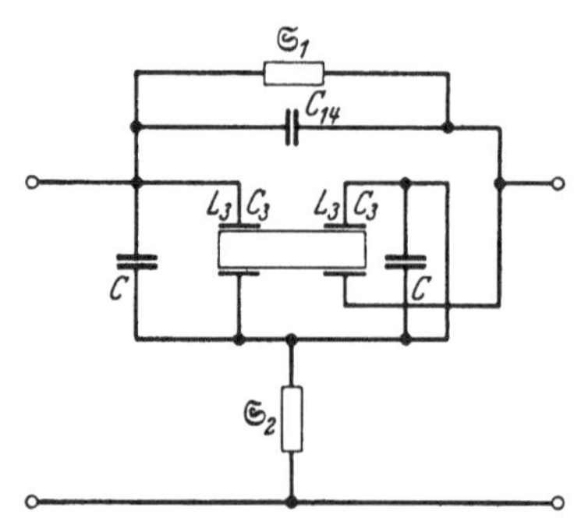

Abb. 6.67. Überbrücktes T-Glied aus Kristall mit entgegengesetzt verbundenen Elektroden und Längs- und Querglied

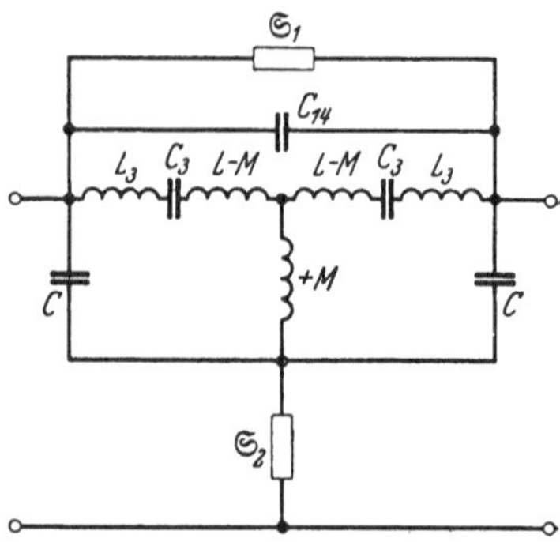

Abb. 6.68
Ersatzbild der Schaltung Abb. 6.67

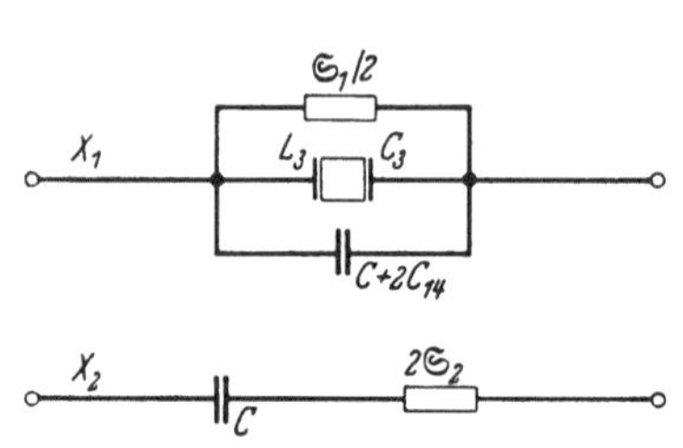

Abb. 6.69
Brückenzweige der Schaltung Abb. 6.67

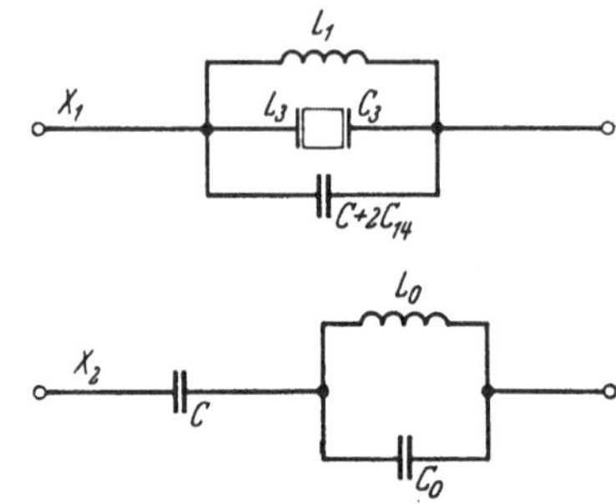

Abb. 6.70. Brückenzweige der Schaltung Abb. 6.67 mit Induktivität und Parallelkreis als Längs- und Querglied

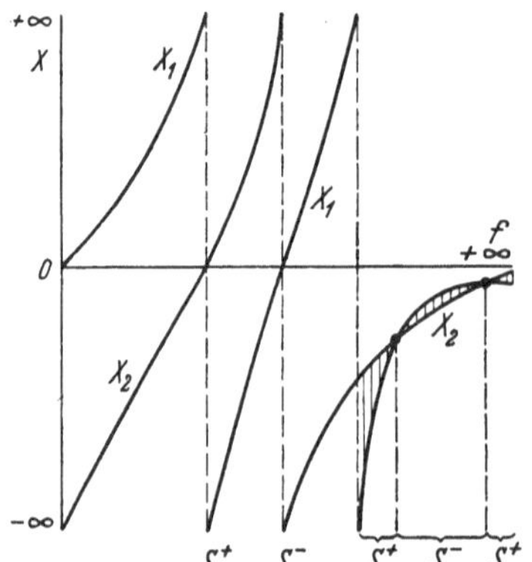

Abb. 6.71. Blindwiderstandsverlauf der Brückenzweige Abb. 6.70

widerstände der Abb. 6.70. Der Brückenzweig X_2 entspricht dem Ersatzbild eines Kristalls. Der in Abb. 6.71 wiedergegebene Blindwiderstandsverlauf der Schaltung weist zwei Schwingstellen II. Art auf, von denen eine anregbar ist. Da sich die Schaltung wie die in Abschnitt 6.18 behandelten Oszillatoren verhält, bietet die Berechnung keine Schwierigkeiten, so daß wir von einer solchen absehen.

Viele Schaltungsmöglichkeiten ergeben sich noch, wenn man $\mathfrak{S}_2$ kurzschließt und Blindwiderstände zu den Kapazitäten parallellegt. Dieses Verfahren läßt sich bei den Schaltungen Abb. 6.59 und 6.67

anwenden. Natürlich kann man auch $\mathfrak{S}_2$ beibehalten, doch dann wird die Berechnung kompliziert.

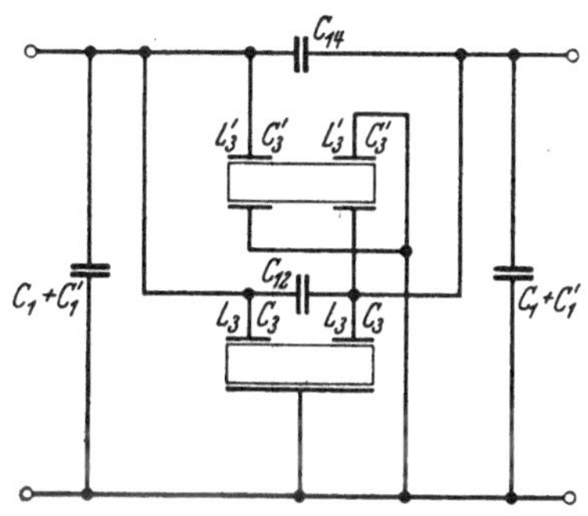

Abb. 6.72. Überbrücktes T-Glied mit zwei Kristallen mit unterteilten Elektroden

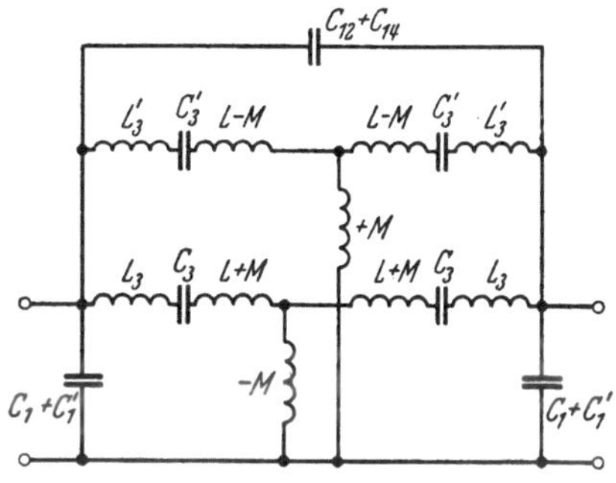

Abb. 6.73
Ersatzbild der Schaltung Abb. 6.72

Weitere Möglichkeiten bieten unsymmetrische Elektroden. Unterlagen hierzu finden sich in Kap. 2.11.

Man kann auch zwei Kristalle mit unterteilten Elektroden parallel schalten, wie Abb. 6.72 zeigt. Hierzu gehören das Ersatzbild Abb. 6.73, während die Blindwiderstände der Brückenzweige in Abb. 6.74 dargestellt sind. Die Schaltung ist gleich der in Abb. 6.63 wiedergegebenen. Die Parallelkapazitäten liegen etwas ungünstiger, wie der Vergleich der Abb. 6.64 und 6.74 zeigt. Andererseits bietet die Schaltung der Abb. 6.72 Möglichkeiten, weitere Elemente hinzuzufügen.

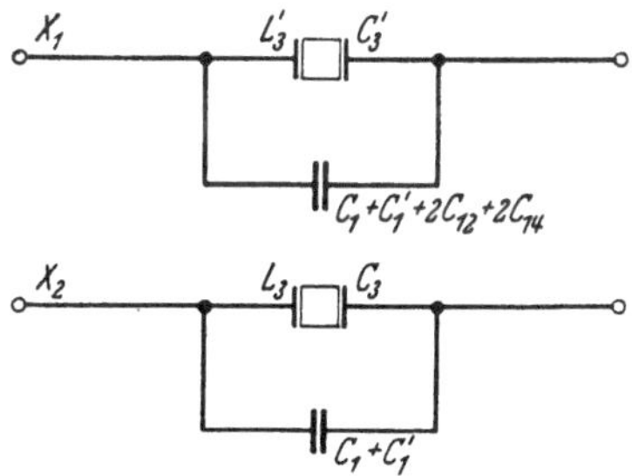

Abb. 6.74
Brückenzweige der Schaltung Abb. 6.72

6.21 Oszillatoren mit Biegungsschwingern

Zur Erzeugung von Kristallfrequenzen im Tonfrequenzbereich können Schwingquarze als Biegungsschwinger angeregt werden [*6*], [*66*], [*71*, Abb. 13]. Hierbei werden vier Elektroden auf einem Kristall so angeordnet, daß sie ein Verbiegungsmoment erzeugen.

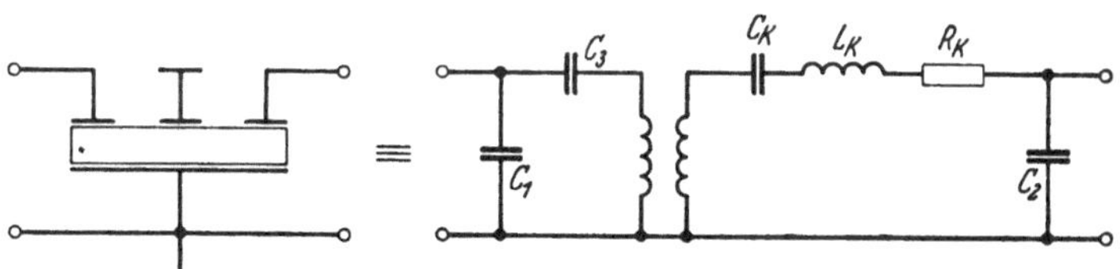

Abb. 6.75. Biegungsschwinger und sein Ersatzbild [*66*]

Das Schaltsymbol und das Ersatzbild eines solchen Quarzes zeigt Abb. 6.75. In demselben sind C_1 und C_2 die Eigenkapazitäten, C_3 kennzeichnet die Sperrung des Gleichstromweges und der ideale Übertrager bewirkt die Phasendrehung. Die einfachste Oszillatorschaltung mit einem solchen Biegungsschwinger zeigt Abb. 6.76. Die Kapazität C dient zum Einstellen der Frequenz. Interessant sind die hohen Induktivitäten der Quarze, die z. B. bei 1000 Hz $1{,}6 \cdot 10^6$ H betragen. Die Berechnung erfolgt in einfacher Weise mittels des Ersatzbildes, das, abgesehen von der Phasendrehung, einen Kristall zwischen zwei Widerständen darstellt (vgl. Abb. 6.27).

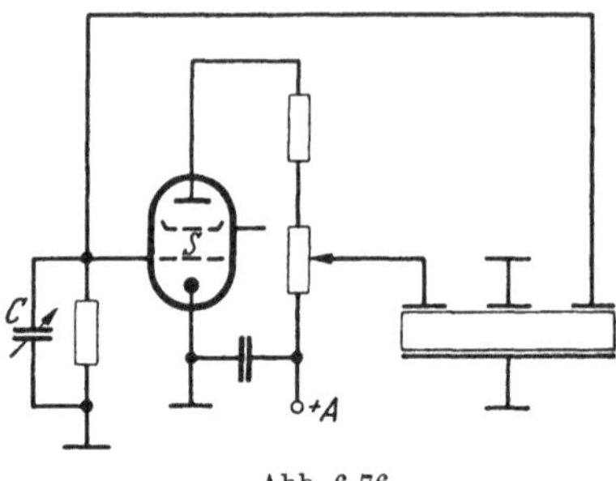

Abb. 6.76
Oszillator mit Biegungsschwinger [66]

6.22 Oszillatoren mit vorgegebenen Betriebseigenschaften

Nachdem wir feststellten, daß es eine große Anzahl verschiedenster Oszillatoren gibt und daß sich, insbesondere bei den Brückenoszillatoren, diese Anzahl beliebig vermehren läßt, erhebt sich die Frage, welcher Oszillator ist für einen bestimmten Zweck der geeignetste? Zur Beantwortung dieser Frage müssen wir notwendige und erwünschte Eigenschaften von Oszillatoren feststellen. Abgesehen von einigen Grundnotwendigkeiten ist dieses Problem gar nicht einfach. Betrachten wir beispielsweise den in Abschn. 6.181 behandelten Oszillator Abb. 6.54. Bei demselben sind acht Schaltelemente zu berechnen, auch die Abschlußwiderstände brauchen nicht vorgegeben zu sein, so daß im ganzen zehn Größen zu berechnen sind. Hierfür können wir zehn erwünschte Eigenschaften des Oszillators vorgeben. Es wird sicherlich schwerfallen, erwünschte Eigenschaften in solcher oder noch höherer Anzahl festzustellen, doch wird man bei näherer Betrachtung durchaus Möglichkeiten finden, einen Oszillator zu verbessern. Es fällt aus dem Rahmen dieses Bandes, das Problem des Oszillators mit vorgegebenen Betriebseigenschaften zu behandeln, jedoch soll an einem einfachen Beispiel gezeigt werden, woran hierbei gedacht ist.

Wir betrachten den in Abschn. 6.18b, Abb. 6.33 behandelten RC-Oszillator. Zu bestimmen sind die Kapazitäten C_1 und C_0 sowie die Abschlußwiderstände R_1 und R_2. Gegeben seien die Steilheit S der Röhre, der Anodenstrom $\mathfrak{J}_a$, die gesuchte Frequenz ω_c. Außerdem interessiert uns die Spannung $\mathfrak{U}_2$ am Verbraucher, als welchen wir R_2 nehmen wollen. Natürlich kann auch der Verbraucher lose an R_2 angekoppelt sein. Wir wollen also R_2 vorgeben. Damit ist wegen der Beziehung $\mathfrak{J}_a = S\,\mathfrak{U}_2$ die Spannung $\mathfrak{U}_2$ und der Strom durch R_2 gegeben.

Nehmen wir noch die Güte G hinzu, so sind die folgenden vier Größen gegeben.

$$S \qquad \omega_c \qquad R_2 \qquad G.$$

Gesucht sind

$$C_1 \qquad C_0 \qquad R_1,$$

so daß wir drei Gleichungen benötigen. Dem Abschn. 6.18b entnehmen wir die Gln. (6.229), (6.230) u. (6.231)

$$\frac{C_0 + C_1}{C_0 - C_1}\,\frac{R_1 + R_2}{R_1 R_2} = S\,, \tag{6.324}$$

$$\omega_c^2 = \frac{1}{C_1 C_0 R_1 R_2}\,, \tag{6.325}$$

$$G = \frac{2}{(R_1 + R_2)\,\omega_c (C_0 + C_1)} = \frac{2\sqrt{C_1 C_0 R_1 R_2}}{(R_1 + R_2)\,(C_0 + C_1)}\,. \tag{6.326}$$

Es ergeben sich kubische Gleichungen für die gesuchten Größen.

6.23 Differenzoszillatoren

a) Über die Möglichkeiten der gleichzeitigen Erzeugung zweier Frequenzen in einem Oszillator [*62*]

Bei dem in Abb. 6.40 gezeigten Oszillator ist die Frequenzgleichung (6.258) quadratisch in f^2, und man erhält somit zwei Frequenzen f_a und f_b. Legt man diese Frequenzen in die S^+-Bereiche, so sind beide Frequenzen gleichzeitig möglich. Hierzu muß die Frequenzstelle f_∞, die von dem Kapazitätsverhältnis C_1/C_0 abhängt, so gelegt werden, daß f_a in den oberen S^+-Bereich fällt. Dieses ist möglich, da die Lösungen f_a und f_b nicht von dem Kapazitätsverhältnis abhängen. Setzen wir die Lösungen f_a und f_b in die Amplitudenbedingung Gl. (6.257) ein, so erhalten wir verschiedene Werte, so daß eine Frequenz bevorzugt sein muß. Welche Verschiedenheit zugelassen werden kann, darüber können wir noch keine Aussage machen. Aus den Zieherscheinungen (s. Kap. 8.3) können wir nur vermuten, daß keine absolute Gleichheit erforderlich ist. Würde man beispielsweise die schwächere Frequenz — wir verstehen darunter eine solche, welche eine höhere Steilheit erfordert als die andere — stärkere — Frequenz — fremd anregen, so ist es durchaus möglich, daß zusätzlich die zweite — stärkere — Frequenz anschwingt. Bei starker Rückkopplung ist auch bei Verschiedenheit unter Umständen gleichzeitige Erregung möglich. Wir wollen uns hier zu gleicher Amplitudenbedingung für beide Frequenzen wenden. Lassen wir in Abb. 6.40 die beiden Frequenzen f_1 und f_2 zusammenfallen, wie Abb. 6.42 zeigt, so wird aus der Amplitudenbedingung Gl. (6.257):

$$S \frac{R_1 R_2}{R_1 + R_2} \geqq \frac{\frac{C_0}{C_1} + 1}{\frac{C_0}{C_1} - 1}. \tag{6.327}$$

Dieselbe ist frequenzunabhängig und somit für beide Frequenzen gleich. Die Stelle f_∞ fällt mit der Frequenz f_1 zusammen. Aus der Gl. (6.260) ergibt sich für $f_2 = f_1$

$$f_a - f_b = f_c. \tag{6.328}$$

Die gleichen Möglichkeiten ergeben sich für die Anwendung von Reihenkreisen an Stelle der Parallelkreise.

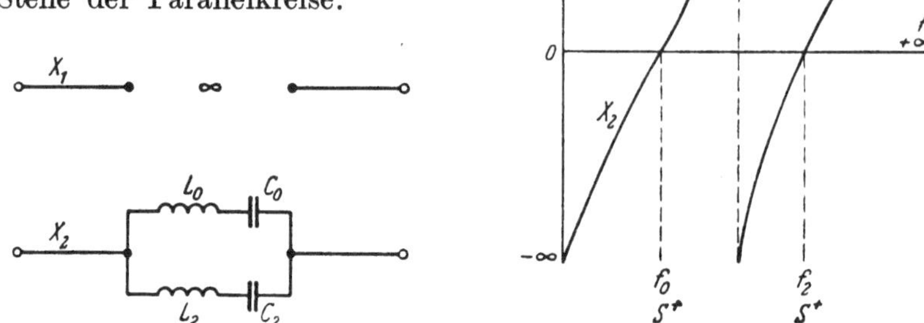

Abb. 6.77. Offener Brückenzweig und Brückenzweig aus der Parallelschaltung von zwei Reihenkreisen mit Blindwiderstandsverlauf [70]

Da man eine in f^2 quadratische Frequenzgleichung erhält, sobald die beiden verschiedenen Brückenzweige X_1 und X_2 zusammen mindestens vier geeignete Blindwiderstände enthalten, so gibt es noch weitere Möglichkeiten.

Die Schaltung Abb. 6.45 besitzt ebenfalls eine quadratische Frequenzgleichung (6.281) und zwei S^+-Bereiche. Durch Erhöhung der Kapazität C_0 kann man die Frequenzen f_1 und f_2 stark annähern, doch können sie nicht zusammenfallen, die mit der Gl. (6.257) übereinstimmende Amplitudenbedingung, Gl. (6.280), läßt sich also nur angenähert für beide Schwingfrequenzen gleichmachen.

Weitere Möglichkeiten, vier Schaltelemente in zwei Brückenzweigen anzuordnen, bieten die entarteten Brücken (s. Abschn. 6.19).

In Abb. 6.77 zeigen wir die Brückenzweige und ihren Blindwiderstandsverlauf. Da es sich wegen $X_1 = \infty$ um Schwingstellen II. Art handelt, so lautet die Amplitudenbedingung

$$S \frac{R_1 R_2}{R_1 + R_2} \gtreqqless 1, \tag{6.329}$$

während $X_2 = 0$ gesetzt die Frequenzgleichung

$$(f^2 - f_0^2)(f^2 - f_2^2) = 0 \tag{6.330}$$

liefert mit den Reihenresonanzfrequenzen

$$f_0^2 = \frac{1}{4\pi^2 L_0 C_0} \qquad f_2^2 = \frac{1}{4\pi^2 L_2 C_2}. \tag{6.331}$$

Die Anordnung Abb. 6.77 läßt sich auch durch einen Kristall mit einer Reiheninduktivität darstellen.

Eine weitere Möglichkeit bietet die Anordnung Abb. 6.78. Hierbei gilt die Amplitudenbeziehung Gl. (6.329), während für die Frequenzen aus $X_1 = \infty$ die Gleichung

$$f^4 - (f_1^2 + f_{3p}^2) f^2 + f_1^2 f_{3s}^2 = 0 \tag{6.332}$$

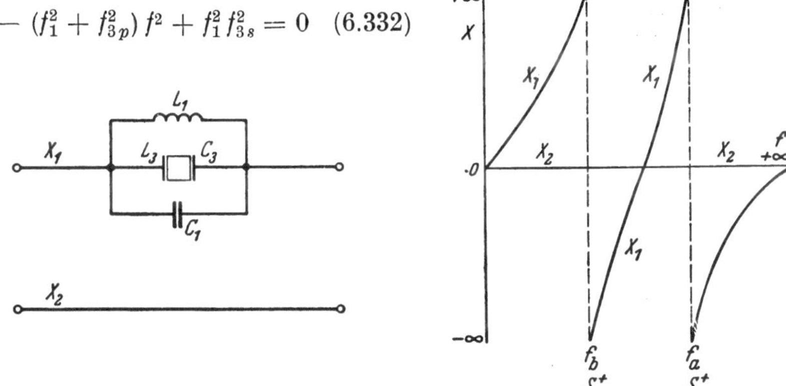

Abb. 6.78. Brückenzweig aus Kristall mit Parallelinduktivität und kurzgeschlossener Brückenzweig mit Blindwiderstandsverlauf [70]

zu entnehmen ist. Hierbei ist f_1 die Resonanzfrequenz aus L_1 und C_1, f_{3s} die Serienresonanzfrequenz und f_{3p} die Parallelresonanzfrequenz des Kristalls mit den Gleichungen:

$$f_1^2 = \frac{1}{4\pi^2 L_1 C_1} \qquad f_{3s}^2 = \frac{1}{4\pi^2 L_3 C_3} \qquad f_{3p}^2 = f_{3s}^2\left(1 + \frac{C_3}{C_1}\right). \tag{6.333}$$

Die Lösungen der Gl. (6.332) sind:

$$f_{a,b}^2 = \tfrac{1}{2}\left[f_1^2 + f_{3p}^2 \pm \sqrt{(f_1^2 + f_{3p}^2)^2 - 4 f_1^2 f_{3s}^2}\right]. \tag{6.334}$$

Für die Differenz der Lösungen ergibt sich

$$f_a - f_b = \sqrt{f_{3p}^2 + f_1^2 - 2 f_1 f_{3s}}. \tag{6.335}$$

Das Minimum der Differenz erhält man, wenn man den Kreis aus L_1 und C_1 auf die Serienresonanzfrequenz f_{3s} des Kristalls abstimmt:

$$f_1 = f_{3s} \qquad (f_a - f_b)_{\min} = \sqrt{f_{3p}^2 - f_{3s}^2} = f_{3s}\sqrt{\frac{C_3}{C_1}}. \tag{6.336}$$

Kombinieren wir die Brückenzweige X_2 der Abb. 6.77 und X_1 der Abb. 6.78 miteinander, so erhalten wir den in Abb. 6.54 wiedergegebenen Oszillator aus einem Phasendrehglied.

b) Über die Konstanz der Differenzfrequenz

Nachdem wir gesehen haben, daß theoretisch zwei Frequenzen gleichzeitig möglich sind, müssen wir uns mit der Konstanz der Differenzfrequenz befassen. Wenn die beiden erzeugten Frequenzen auch dazu dienen können, einen Oszillator einzusparen, falls sie eine ausreichende Frequenzkonstanz besitzen, so ist der Hauptzweck doch darin zu erblicken, eine möglichst konstante Differenzfrequenz zu gewinnen. Zum Vergleich kennen wir die Gewinnung der Differenzfrequenz aus zwei hochkonstanten Kristalloszillatoren oder die direkte Herstellung mittels eines Oszillators aus Spulen und Kondensatoren oder aus einem Kristall (Quarz) für tiefe Frequenzen. Quarzkristalle für tiefe Frequenzen (etwa bis 100 Hz) haben eine Güte von $1 \cdot 10^4$ (Abweichung $1 \cdot 10^{-4}$) und geringer. Solche Werte lassen sich auch annähernd mit Ferritspulen erreichen. Benutzen wir zwei Kristalloszillatoren mit $1 \cdot 10^{-6}$ Frequenzabweichung bei 100 kHz und erzeugen damit 100 Hz, so können dieselben einen Fehler von $2 \cdot 10^{-3}$ erhalten. Zu diesem Wert ist noch zu sagen, daß es sich um eine einfache Gebrauchsschaltung handeln soll und nicht etwa um Konstantwerte einer Kristalluhr. Die Differenzfrequenz müßte also bei normalem Aufwand weniger als $1 \cdot 10^{-4}$ Frequenzabweichung erreichen. Mit einer Frequenzteilerschaltung lassen sich natürlich niedrige Frequenzen mit der Genauigkeit eines Kristalloszillators bei hohen Frequenzen erzielen, doch ist der technische Aufwand hierbei recht erheblich.

Untersuchen wir zunächst die Konstanz der Schaltung Abb. 6.40. Aus der Frequenzgleichung (6.258) erhält man für die Frequenzänderung $\mathrm{d}f$:

$$\mathrm{d}f = \frac{(f^2 - f_2^2)\,f_1\,\mathrm{d}f_1 + (f^2 - f_1^2)\,f_2\,\mathrm{d}f_2 + f^2 f_c\,\mathrm{d}f_c}{f(2f^2 - f_1^2 - f_2^2 - f_c^2)}, \tag{6.337}$$

und mit den Lösungen Gl. (6.259):

$$\frac{\mathrm{d}(f_a - f_b)}{f_a - f_b} = \frac{(f_2 - f_1)(\mathrm{d}f_2 - \mathrm{d}f_1) + f_c\,\mathrm{d}f_c}{(f_2 - f_1)^2 + f_c^2}. \tag{6.338}$$

Wenn wir annehmen, daß die Veränderungen $\mathrm{d}f_1$, $\mathrm{d}f_2$ und $\mathrm{d}f_c$ von der gleichen Größenordnung sind, so ist, wenn $f_2 - f_1 \ll f_c$, der Einfluß der Veränderungen $\mathrm{d}f_1$ und $\mathrm{d}f_2$ vernachlässigbar gering. Für $f_2 = f_1$ fällt der Einfluß formal fort, doch bei einer kleinen Veränderung von f_1 oder f_2 wäre die Gl. (6.338) zu benutzen und nicht die Gleichung:

$$\frac{\mathrm{d}(f_a - f_b)}{f_a - f_b} = \frac{\mathrm{d}f_c}{f_c} \tag{6.339}$$

mit $f_2 = f_1$. Die Konstanz der Differenzfrequenz ist also im wesentlichen durch die Abweichung von f_c bestimmt. Nach der Gl. (6.328) kann man auch unter Weglassung der Induktivitäten einen RC-Oszillator mit der Differenzfrequenz $f_a - f_b = f_c$ als Schwingfrequenz aufbauen. Somit ist nichts an Konstanz durch den Differenzoszillator gewonnen. Dieses Ergebnis war zu erwarten, da die Schaltung keine hochkonstanten Teile wie Schwingkristalle enthält.

Betrachten wir nun die Anordnung Abb. 6.45. Die Frequenzgleichung (6.281) liefert mit den Lösungen Gl. (6.282) die Beziehung:

$$\frac{\mathrm{d}(f_a - f_b)}{f_a - f_b} = \frac{f_2\,\mathrm{d}f_2 - f_c\,\mathrm{d}f_1 + (f_c - f_1)\,\mathrm{d}f_c}{f_2^2 + f_c^2 - 2 f_1 f_c}. \tag{6.340}$$

Jetzt sind die Abweichungen $\mathrm{d}f_2$ und $\mathrm{d}f_1$ beträchtlich geringer als die Abweichung $\mathrm{d}f_c$. Legt man aber f_c in die Nähe von f_1, so wird der Einfluß von $\mathrm{d}f_c$ sehr klein. Stimmt man f_c genau auf f_1 ab, so erhält man aus Gl. (6.340):

$$\frac{\mathrm{d}(f_a - f_b)}{f_a - f_b} = \frac{f_2\,\mathrm{d}f_2 - f_1\,\mathrm{d}f_1}{f_2^2 - f_1^2}. \tag{6.341}$$

Ein Fehler von f_c müßte hierbei schon sehr groß sein, um bemerkt zu werden.

Mit den Beziehungen

$$f_1^2 = \frac{1}{4\pi^2 L_2 C_2} \qquad f_2^2 = f_1^2\left(1 + \frac{C_2}{C_0}\right), \tag{6.342}$$

kann man den Ausdruck Gl. (6.341) umformen in:

$$\frac{\mathrm{d}(f_a - f_b)}{f_a - f_b} = \frac{\mathrm{d}f_1}{f_1} + \frac{\mathrm{d}C_2}{2C_2} - \frac{\mathrm{d}C_0}{2C_0} = \frac{\mathrm{d}f_1}{f_1} + \frac{1}{2}\,\frac{\mathrm{d}\dfrac{C_2}{C_0}}{\dfrac{C_2}{C_0}}. \tag{6.343}$$

Würden die in der Gl. (6.343) vorkommenden Größen nur vom Kristall herrühren, so müßte die relative Genauigkeit der Differenzfrequenz die gleiche des Kristalls sein. Da aber die Kapazität C_0 einen großen Anteil an Schaltkapazitäten besitzt, so ist eine entsprechend geringere Konstanz zu erwarten.

Die gleiche Beziehung wie Gl. (6.343) ergibt sich bei der Anordnung Abb. 6.78, wie man aus der Gl. (6.336) leicht erkennen kann.

c) Ausgeführte Schaltungen mit zwei gleichzeitigen Frequenzen

Nachdem bereits früher versucht wurde, zwei Frequenzen in einem Oszillator gleichzeitig zu erregen [*67, 68, 69,*], hat neuerdings FEIST [*70*] ausführliche Untersuchungen über dieses Problem durchgeführt. Er findet, daß der Zusammenhang zwischen den beiden Schwingungen, der Anklingen, stationärer Zustand und Abklingen umfaßt — wobei die Zustände bei den beiden Frequenzen zunächst keineswegs konform gehen —, nicht mehr mit der linearen Theorie des Oszillators zu erfassen ist. Insbesondere bringen Schwankungen des Verstärkerteils eine starke Instabilität. Hiergegen hilft nur eine große Phasensteilheit an der Schwingstelle. Dieselbe ist nach Kap. 4.1 auch für eine hohe Güte der Schwingstelle und somit auch für die Konstanz der Differenzfrequenz wesentlich. Eine einfache Oszillatorschaltung, welche eine genügende Phasensteilheit besitzt, ist die in Abb. 6.79 gezeigte

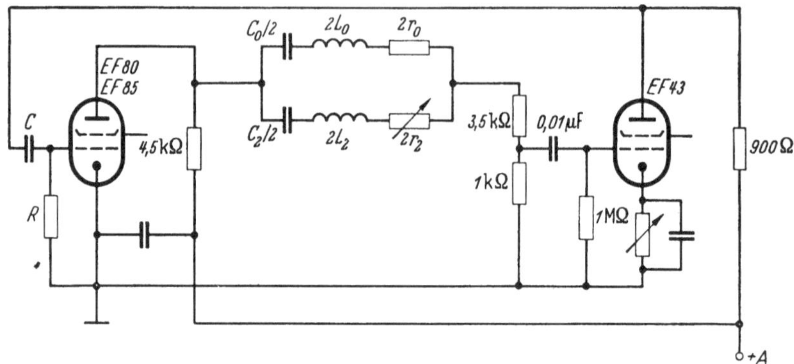

Abb. 6.79. Differenzoszillator mit den Brückenzweigen Abb. 6.77 [70]

Versuchsanordnung (vgl. Abb. 6.77). Wesentlich an der Schaltung ist die Möglichkeit des Einstellens des Verhältnisses Anfangssteilheit/ mittlere Steilheit mittels der Regelröhre EF 43. Mit der Versuchs-

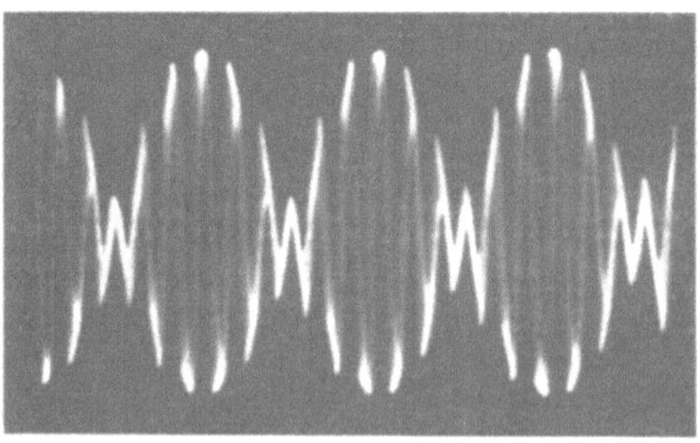

Abb. 6.80. Schwebung zweier gleichzeitig im Oszillator Abb. 6.79 erregter Schwingungen [70]

anordnung wurden eine Anzahl stabiler Differenzfrequenzen hergestellt. Mit Quarzen von 130 kHz an Stelle der beiden Kreise wurde als minimalste Differenzfrequenz 67 Hz gewonnen. Ein Schwebungsbild zeigt Abb. 6.80. Als wichtig ist noch der Einfluß der *RC*-Gitterkombination festzustellen, da der stabile Zustand eine Aussteuerung der Röhre in den Gitterstrombereich verlangt. Offensichtlich ist die für die Erzeugung von zwei Frequenzen erforderliche Instabilität größer als die bei einer Frequenz. Demzufolge müssen die Schwingungen selbst—nachdem sie erregt sind — eine größere Stabilität aufweisen und daher an den Schwingstellen eine große Phasensteilheit besitzen.

Abhängig von der Güte der Schaltelemente wird bei Spulenkreisen ein Minimalabstand der beiden Frequenzen in der Größenordnung 10% der Resonanzfrequenz angenommen, während bei Quarzen 0,1% möglich ist.

Auf der Anordnung Abb. 6.78 beruht die Schaltung Abb. 6.81. In derselben werden mit einem Quarz von 100 kHz die beiden Frequenzen 100959 Hz und 99068 Hz erzeugt. Die Konstanz der Differenzfrequenz

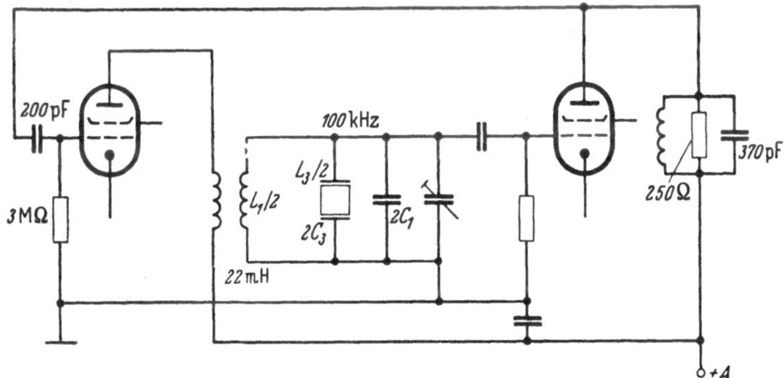

Abb. 6.81. Differenzoszillator mit den Brückenzweigen Abb. 6.78 [70]

beträgt kurzzeitig $\pm 1{,}5 \cdot 10^{-4}$. Röhrenwechsel ergab eine Änderung von $3 \cdot 10^{-4}$, Temperaturänderung von 1° C $0{,}5 \cdot 10^{-4}$. Eine Änderung der Anodenspannung von 14 Volt um 1 Volt änderte die Differenzfrequenz um $-3 \cdot 10^{-4}$. Hingegen waren Änderungen der Heizspannung um $\pm 0{,}1$ Volt, der Gitterkapazität um $+10$ pF und der Anodenkapazität um 20 pF ohne feststellbaren Einfluß auf die Frequenz.

7 Oszillatorschaltungen mit Transistoren

7.1 Allgemeine Formeln für Transistoroszillatoren

In Kap. 2.6 haben wir die rückgekoppelte Kettenschaltung eines aktiven und eines passiven Vierpols (s. Abb. 2.14) behandelt. Fügen wir dem passiven Vierpol Abschlußwiderstände $\mathfrak{R}_1$ und $\mathfrak{R}_2$ hinzu, die komplex sein können und natürlich auch als zu dem aktiven Vierpol gehörig betrachtet werden können, so gelten die Gln. (2.72) bis (2.74):

$$-\mathfrak{M}_2'(S+S_g) \geqq 1 + \mathfrak{W}_{1l}'\left(\frac{1}{R_i}+\frac{1}{\mathfrak{R}_1}\right) + \mathfrak{W}_{2l}'\left(\frac{1}{R_{gi}}+\frac{1}{\mathfrak{R}_2}\right) + \frac{|\mathfrak{W}'|}{|\mathfrak{W}|}. \tag{7.1}$$

$$|\mathfrak{W}'| = \mathfrak{W}_{1l}'\mathfrak{W}_{2l}' - \mathfrak{M}_2'^2 \qquad \frac{1}{|\mathfrak{W}|} = \left(\frac{1}{R_{gi}}+\frac{1}{\mathfrak{R}_2}\right)\left(\frac{1}{R_i}+\frac{1}{\mathfrak{R}_1}\right) - S_g S.$$

Sehr geeignet ist noch die Leitwertschreibweise für den passiven Vierpol. Mit den bekannten Umrechnungsformeln ($\mathfrak{M}_2' = \mathfrak{M}_1'$):

$$\mathfrak{W}_{1l}' = \frac{\mathfrak{Y}_{22}'}{|\mathfrak{Y}'|} \qquad \mathfrak{M}_2' = -\frac{\mathfrak{Y}_{12}'}{|\mathfrak{Y}'|} \qquad \mathfrak{M}_1' = -\frac{\mathfrak{Y}_{21}'}{|\mathfrak{Y}'|}$$
$$\mathfrak{W}_{2l}' = \frac{\mathfrak{Y}_{11}'}{|\mathfrak{Y}'|} \qquad |\mathfrak{W}'| = \frac{1}{|\mathfrak{Y}'|} \tag{7.2}$$

wird aus der Gl. (7.1):

$$\mathfrak{Y}_{12}'(S + S_g) \geqq |\mathfrak{Y}'| + \mathfrak{Y}_{22}'\left(\frac{1}{R_i} + \frac{1}{\mathfrak{R}_1}\right) + \mathfrak{Y}_{11}'\left(\frac{1}{R_{gi}} + \frac{1}{\mathfrak{R}_2}\right) + \frac{1}{|\mathfrak{W}|}. \tag{7.3}$$

Neuerdings werden die Werte der Transistoren in der Darstellung (s. Abb. 2.57):

$$\mathfrak{U}_1 = H_{11}\mathfrak{J}_1 + H_{12}\mathfrak{U}_2,$$
$$\mathfrak{J}_2 = H_{21}\mathfrak{J}_1 + H_{22}\mathfrak{U}_2 \tag{7.4}$$

wiedergegeben. Dieselbe ist als Reihenparallelschaltung bekannt. Hieraus folgen die Umrechungsgleichungen:

$$\frac{1}{R_{gi}} = \frac{1}{H_{11}} \qquad S_g = -\frac{H_{12}}{H_{11}} \qquad S = \frac{H_{21}}{H_{11}} \qquad \frac{1}{R_i} = \frac{|H|}{H_{11}},$$
$$|H| = H_{11}H_{22} - H_{12}H_{21} \tag{7.5}$$

und mit diesen aus Gl. (7.1):

$$-\mathfrak{M}_2'(H_{21} - H_{12}) \geqq H_{11} + \mathfrak{W}_{1l}'\left(|H| + \frac{H_{11}}{\mathfrak{R}_1}\right) + \mathfrak{W}_{2l}'\left(1 + \frac{H_{11}}{\mathfrak{R}_2}\right) +$$
$$+ \frac{|\mathfrak{W}'|}{H_{11}}\left[\left(|H| + \frac{H_{11}}{\mathfrak{R}_1}\right)\left(1 + \frac{H_{11}}{\mathfrak{R}_2}\right) + H_{12}H_{21}\right]. \tag{7.6}$$

Gl. (7.3) ändert sich mit den Gln. (7.5) in:

$$\mathfrak{Y}_{12}'(H_{21} - H_{12}) \geqq H_{11}|\mathfrak{Y}'| + \mathfrak{Y}_{22}'\left(|H| + \frac{H_{11}}{\mathfrak{R}_1}\right) + \mathfrak{Y}_{11}'\left(1 + \frac{H_{11}}{\mathfrak{R}_2}\right) +$$
$$+ \frac{1}{H_{11}}\left[\left(|H| + \frac{H_{11}}{\mathfrak{R}_1}\right)\left(1 + \frac{H_{11}}{\mathfrak{R}_2}\right) + H_{12}H_{21}\right]. \tag{7.7}$$

Bei einem passiven Vierpol mit Abschlußwiderständen erscheinen uns die Gln. (7.1) u. (7.3) am günstigsten, da hierbei die Abschlußleitwerte einfach zu den Leitwerten $1/R_{gi}$ und $1/R_i$ der aktiven Schaltung addiert werden können, die Gleichungen sich also praktisch nicht ändern.

Verzichten wir hingegen bei den Darstellungen Gln. (7.6) u. (7.7) auf die Abschlußwiderstände, indem wir sie gegen Unendlich gehen lassen, so vereinfachen sich diese beiden Gleichungen zu:

$$-\mathfrak{M}_2'(H_{21} - H_{12}) \geqq H_{11} + \mathfrak{W}_{1l}'|H| + \mathfrak{W}_{2l}' + |\mathfrak{W}'|H_{22}, \tag{7.8}$$

$$\mathfrak{Y}_{12}'(H_{21} - H_{12}) \geqq H_{11}|\mathfrak{Y}'| + \mathfrak{Y}_{22}'|H| + \mathfrak{Y}_{11}' + H_{22}. \tag{7.9}$$

Eine weitere einfache Form ergibt sich mit der Kettenmatrix zu:

$$-|\mathfrak{A}'|(S+S_g) \geqq \mathfrak{A}'_{21} + \mathfrak{A}'_{11}\left(\frac{1}{R_i} + \frac{1}{\mathfrak{R}_1}\right) + \mathfrak{A}'_{22}\left(\frac{1}{R_{gi}} + \frac{1}{\mathfrak{R}_2}\right) + \frac{\mathfrak{A}'_{12}}{|\mathfrak{W}|}. \quad (7.10)$$

Die Aufstellung von Gleichungen mit den Ersatzbildwiderständen r_e, r_b, r_c und r_m ist in allgemeiner Form unzweckmäßig. Wir werden in einfachen Fällen übersichtliche Gleichungen angeben.

7.2 Umrechnungsformeln der drei Transistoranordnungen

Bei einer Transistoranordnung kann man oft neue Schaltungen gewinnen, wenn man in der Kettenanordnung den passiven Vierpol unverändert läßt und den Transistor in die drei möglichen Schaltungen dreht. Wir geben daher die Umrechnungsgleichungen in Widerstands- und Leitwertdarstellung wieder, wobei wir auch die Gleichungen mit den Widerständen r_e, r_b, r_m und r_c angeben:

Für die Umrechnung von Emitter- in Basisschaltung und umgekehrt, lauten für die Widerstandsdarstellung, Abb. 2.61 Gl. (2.265) die Gleichungen, wobei der letzte Index die Art der Schaltung angibt:

$$\begin{aligned} W_{1le} &= W_{1lb} & W_{1lb} &= W_{1le} \\ M_{2e} &= W_{1lb} - M_{2b} & M_{2b} &= W_{1le} - M_{2e} \\ M_{1e} &= W_{1lb} - M_{1b} & M_{1b} &= W_{1le} - M_{1e} \\ W_{2le} &= W_{1lb} - M_{2b} - M_{1b} + W_{2lb} \quad & W_{2lb} &= W_{1le} - M_{2e} - M_{1e} + W_{2le}. \end{aligned} \quad (7.11)$$

Für die drei Transistoranordnungen gelten gleicherweise die aus den Gln. (2.264) u. (2.265) herzuleitenden Beziehungen, entsprechend den Gln. (7.2):

$$\begin{aligned} \frac{1}{R_{gi}} &= \frac{W_{2l}}{|W|} \qquad S_g = -\frac{M_2}{|W|} \qquad S = -\frac{M_1}{|W|} \\ \frac{1}{R_i} &= \frac{W_{1l}}{|W|} \qquad |W| = W_{1l}\,W_{2l} - M_1 M_2. \end{aligned} \quad (7.12)$$

$$\begin{aligned} W_{1l} &= \frac{1}{R_i}\,\frac{1}{|Y|} \qquad M_2 = -S_g\frac{1}{|Y|} \qquad M_1 = -S\frac{1}{|Y|}, \\ W_{2l} &= \frac{1}{R_{gi}}\,\frac{1}{|Y|} \qquad |Y| = \frac{1}{|W|} = \frac{1}{R_{gi}}\,\frac{1}{R_i} - S_g S. \end{aligned} \quad (7.13)$$

Die Gln. (7.12) geben die Umrechnung der Gln. (7.11) in Leitwerte:

$$\begin{aligned} \frac{1}{R_{gie}} &= \frac{1}{R_{gib}} + S_{gb} + S_b + \frac{1}{R_{ib}} & \frac{1}{R_{gib}} &= \frac{1}{R_{gie}} + S_{ge} + S_e + \frac{1}{R_i} \\ S_{ge} &= -\left(\frac{1}{R_{ib}} + S_{gb}\right) & S_{gb} &= -\left(\frac{1}{R_{ie}} + S_{ge}\right) \\ S_e &= -\left(\frac{1}{R_{ib}} + S_b\right) & S_b &= -\left(\frac{1}{R_{ie}} + S_e\right) \\ \frac{1}{R_{ie}} &= \frac{1}{R_{ib}} & \frac{1}{R_{ib}} &= \frac{1}{R_{ie}}. \end{aligned} \quad (7.14)$$

Für die Umrechnung von Emitter- in Kollektorschaltung und umgekehrt erhalten wir die den Gln. (7.11) u. (7.14) entsprechenden Gleichungen:

$$\begin{aligned} W_{1le} &= W_{1lc} - M_{2c} - M_{1c} + W_{2lc} & W_{1lc} &= W_{1le} - M_{2e} - M_{1e} + W_{2le} \\ M_{2e} &= W_{2lc} - M_{2c} & M_{2c} &= W_{2le} - M_{2e} \\ M_{1e} &= W_{2lc} - M_{1c} & M_{1c} &= W_{2le} - M_{1e} \\ W_{2le} &= W_{2lc} & W_{2lc} &= W_{2le}\,. \end{aligned} \tag{7.15}$$

$$\begin{aligned} \frac{1}{R_g} &= \frac{1}{R_{gic}} & \frac{1}{R_{gic}} &= \frac{1}{R_{gie}} \\ S_{ge} &= -\left(\frac{1}{R_{gic}} + S_{gc}\right) & S_{gc} &= -\left(\frac{1}{R_{gie}} + S_{ge}\right) \\ S_e &= -\left(\frac{1}{R_{gic}} + S_c\right) & S_c &= -\left(\frac{1}{R_{gie}} + S_e\right) \\ \frac{1}{R_{ie}} &= \frac{1}{R_{gic}} + S_{gc} + S_c + \frac{1}{R_{ic}} & \frac{1}{R_{ic}} &= \frac{1}{R_{gie}} + S_{ge} + S_e + \frac{1}{R_{ie}}\,, \end{aligned} \tag{7.16}$$

und schließlich für die Umrechnung von Basis- in Kollektorschaltung und umgekehrt:

$$\begin{aligned} W_{1lb} &= W_{1lc} - M_{2c} - M_{1c} + W_{2lc} & W_{1lc} &= W_{2lb} \\ M_{2b} &= W_{1lc} - M_{1c} & M_{2c} &= W_{2lb} - M_{1b} \\ M_{1b} &= W_{1lc} - M_{2c} & M_{1c} &= W_{2lb} - M_{2b} \\ W_{2lb} &= W_{1lc} & W_{2lc} &= W_{1lb} - M_{2b} - M_{1b} + W_{2lb} \end{aligned} \tag{7.17}$$

$$\begin{aligned} \frac{1}{R_{gib}} &= \frac{1}{R_{ic}} & \frac{1}{R_{gic}} &= \frac{1}{R_{gib}} + S_{gb} + S_b + \frac{1}{R_{ib}} \\ S_{gb} &= -\left(\frac{1}{R_{ic}} + S_c\right) & S_{gc} &= -\left(\frac{1}{R_{gib}} + S_b\right) \\ S_b &= -\left(\frac{1}{R_{ic}} + S_{gc}\right) & S_c &= -\left(\frac{1}{R_{gib}} + S_{gb}\right) \\ \frac{1}{R_{ib}} &= \frac{1}{R_{gic}} + S_{gc} + S_c + \frac{1}{R_{ic}} & \frac{1}{R_{ic}} &= \frac{1}{R_{gib}}\,. \end{aligned} \tag{7.18}$$

Die Determinante ändert sich bei der Umformung nicht.

Es ist also:

$$|W_r| = W_{1lr} W_{2lr} - M_{2r} M_{1r} = |W| \qquad r = b, c, e, \tag{7.19}$$

$$|Y_r| = \frac{1}{R_{gir}} \frac{1}{R_{ir}} - S_{gr} S_r = |Y| = \frac{1}{|W|} \qquad r = b, c, e. \tag{7.20}$$

Zur Benutzung der Ersatzbilder Abb. 2.61 liefern die Gln. (2.268), (2.269) u. (2.270) mit Gl. (2.265)

$$\begin{aligned} W_{1lb} &= r_e + r_b & r_e &= W_{1lb} - M_{2b} \\ M_{2b} &= r_b & r_b &= M_{2b} \\ M_{1b} &= r_b + r_m & r_m &= M_{1b} - M_{2b} \\ W_{2lb} &= r_b + r_c & r_c &= W_{2lb} - M_{2b} \end{aligned} \tag{7.21}$$

$$\begin{aligned} W_{11e} &= r_b + r_e & r_e &= M_{2e} \\ M_{2e} &= r_e & r_b &= W_{11e} - M_{2e} \\ M_{1e} &= r_e - r_m & r_m &= -(M_{1e} - M_{2e}) \\ W_{21e} &= r_e + r_c - r_m & r_c &= W_{21e} - M_{1e} \end{aligned} \tag{7.22}$$

$$\begin{aligned} W_{11c} &= r_b + r_c & r_e &= W_{21c} - M_{2c} \\ M_{2c} &= r_c - r_m & r_b &= W_{11c} - M_{1c} \\ M_{1c} &= r_c & r_m &= M_{1c} - M_{2c} \\ W_{21c} &= r_e + r_c - r_m & r_c &= M_{1c}\,. \end{aligned} \tag{7.23}$$

$$|W| = r_e r_c + r_b(r_e + r_c - r_m) \approx r_c[r_e + r_b(1 - \alpha_b)]. \tag{7.24}$$

Da der Stromverstärkungsfaktor α_b eine wichtige Rolle bei der Unterscheidung von Spitzen- und Flächentransistoren spielt — bekanntlich ist in der Basisschaltung bei Spitzentransistoren dieser Faktor größer als Eins, während derselbe bei Flächentransistoren kleiner als Eins ist —, wollen wir die Stromverstärkungsfaktoren α_r $r = b, e, c$ für die drei Anordnungen angeben:

$$\alpha_b = \frac{r_m}{r_c}, \quad a_e = -\frac{r_m}{r_c - r_m} = -\frac{\alpha_b}{1 - \alpha_b}, \quad \alpha_c = \frac{r_c}{r_c - r_m} = \frac{1}{1 - \alpha_b}. \tag{7.25}$$

Näherungsweise gilt hierfür nach den Gln. (7.21) bis (7.24):

$$\begin{aligned} \alpha_b &= \frac{M_{1b}}{W_{21b}} = -S_b R_{gib}, & \alpha_e &= \frac{M_{1e}}{W_{21e}} = -S_e R_{gie}, & \alpha_c &= \frac{M_{1c}}{W_{21c}} = -S_c R_{gic}, \\ &= -H_{21b} & &= -H_{21e} = \frac{H_{21b}}{1 + H_{21b}} & &= -H_{21c} = \frac{1}{1 + H_{21b}}. \end{aligned} \tag{7.26}$$

Zur Klärung der Frage, ob für eine bestimmte Oszillatorschaltung ein Transistor geeignet ist und ob ein Spitzen- oder Flächentransistor zu wählen ist, kann man in manchen Fällen den sogenannten Stabilitätsfaktor S_T heranziehen. Für denselben gilt:

$$S_T = \frac{M_2 M_1}{W_{11} W_{21}} = S_g S R_{gi} R_i = -\frac{H_{12} H_{21}}{|H|}. \tag{7.27}$$

Mit den Gln. (7.21) bis (7.23) ergeben sich für die drei üblichen Schaltarten:

$$\begin{aligned} S_{Tb} &= \frac{r_b(r_b + r_m)}{(r_e + r_b)(r_b + r_c)} = \alpha_b \frac{1}{1 + \frac{r_e}{r_b}}, \\ S_{Te} &= \frac{r_e(r_e - r_m)}{(r_b + r_e)(r_e + r_c - r_m)} = \frac{r_e}{r_b + r_e}\alpha_e = -\frac{\alpha_b}{1 + \alpha_b}\,\frac{1}{1 + \frac{r_b}{r_e}}, \\ S_{Tc} &= \frac{r_c(r_c - r_m)}{(r_b + r_c)(r_e + r_c - r_m)} = \frac{1}{\left(1 + \frac{r_b}{r_c}\right)\left(1 + \frac{r_e}{r_c - r_m}\right)} \approx 1 - \frac{r_b}{r_c} - \frac{r_e}{r_c - r_m}. \end{aligned} \tag{7.28}$$

Bei der Basisschaltung ist beim Flächentransistor ($\alpha_b < 1$) S_{Tb} immer < 1, während beim Spitzentransistor je nach dem Verhältnis r_e/r_b auch Werte größer als Eins erzielt werden können. Zum Beispiel ist bei dem Spitzentransistor OC 50 von der Firma Valvo $S_{Tb} = 1{,}05$ bei einem Wert $\alpha_b = 2{,}1$.

Bei der Emitterschaltung kann man mit geeigneten Spitzentransistoren auch S_T-Werte größer als Eins erzielen. Mit Flächentransistoren sind sogar noch größere Werte möglich, doch ist hierbei das Vorzeichen negativ, so daß die Schaltanordnung eine Phasendrehung vornehmen muß. Zum Beispiel ergibt ein Flächentransistor OC 32 der Firma Intermetall mit den Werten $H_{11e} = 600\,\Omega$, $H_{12e} = 3{,}8 \cdot 10^{-4}$, $H_{21e} = 14$ und $H_{22e} = 15 \cdot 10^{-6}\,S$ ein $S_{Te} = -1{,}45$.

Bei der Kollektorschaltung ist der Stabilitätsfaktor immer um ein Geringes kleiner als Eins. Bei Flächentransistoren wird die Eins praktisch erreicht. Bei Spitzentransistoren kann $r_c - r_m$ auch negativ werden, so daß auch Werte, die etwas über Eins liegen, erreicht werden können.

7.3 Die innere Rückkopplung

Bei einem Röhrenoszillator benötigt man einen Rückführungsweg, um die Ausgangsspannung des passiven Vierpols zu dem Eingang des aktiven Vierpols zurückzuführen. Bei einer Transistorschaltung können wir hierzu die zweite Gleichung benutzen. Wir betrachten den Transistor als aktiven Vierpol mit den Gleichungen:

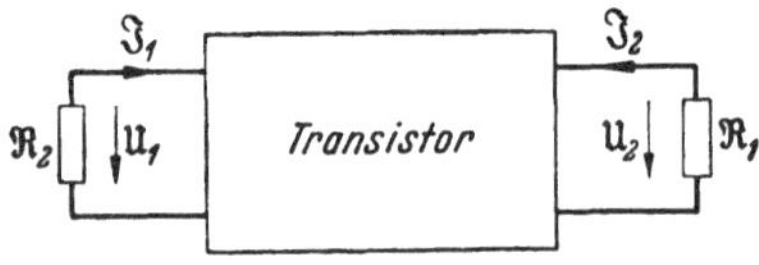

Abb. 7.1. Transistoroszillator mit komplexen Abschlußwiderständen

$$\begin{aligned} \mathfrak{J}_1 &= \frac{1}{R_{gi}}\,\mathfrak{U}_1 + S_g\,\mathfrak{U}_2 \\ \mathfrak{J}_2 &= S\,\mathfrak{U}_1 + \frac{1}{R_i}\,\mathfrak{U}_2. \end{aligned} \tag{7.29}$$

Wir versehen die Anordnung mit zwei beliebigen komplexen Abschlüssen $\mathfrak{R}_1$ und $\mathfrak{R}_2$, wie Abb. 7.1 zeigt. Mit den eingezeichneten Strömen und Spannungen gilt:

$$\mathfrak{U}_1 = -\mathfrak{R}_2\,\mathfrak{J}_1 \qquad \mathfrak{U}_2 = -\mathfrak{R}_1\,\mathfrak{J}_2. \tag{7.30}$$

Wir betrachten die erstere der Gln. (7.29) als die rückkoppelnde — die zweite Gleichung könnte natürlich ebenfalls so betrachtet werden — und verlangen, daß die Spannung $\mathfrak{U}_2$ um ein Geringes größer ist, so daß mit Gl. (7.30) gilt:

$$\mathfrak{U}_2 \geqq -\frac{1}{S_g}\left(\frac{1}{R_{gi}} + \frac{1}{\mathfrak{R}_2}\right)\mathfrak{U}_1. \tag{7.31}$$

Setzen wir die aus der zweiten Gl. (7.29) gewonnene Beziehung ein, so wird die Schwingbedingung zu:

$$S_g\,S \geqq \left(\frac{1}{R_{gi}} + \frac{1}{\mathfrak{R}_2}\right)\left(\frac{1}{R_i} + \frac{1}{\mathfrak{R}_1}\right). \tag{7.32}$$

Diese Gleichung können wir auch aus Gl. (7.1) ableiten, wenn wir dort $\mathfrak{M}_2' = 0$, $\mathfrak{W}_{1l}' = \mathfrak{W}_{2l}' = \infty$ setzen. Eine äußere Rückkopplung ist überflüssig. Sie kann den Rückkopplungseffekt natürlich geeignet verstärken, und wir werden noch ausführlich darauf zurückkommen. Durch Multiplikation mit dem Produkt $R_{gi} R_i$ erhalten wir eine Form, deren linke Seite vom Stabilitätsfaktor gebildet wird [s. Gl. (7.27)]:

$$S_\Gamma = S_g S R_{gi} R_i \geqq \left(1 + \frac{R_{gi}}{\mathfrak{R}_2}\right)\left(1 + \frac{R_i}{\mathfrak{R}_1}\right). \tag{7.33}$$

Durch die H-Matrix ausgedrückt, lautet Gl. (7.33):

$$S_\Gamma = -\frac{H_{12} H_{21}}{|H|} \geqq \left(1 + \frac{H_{11}}{\mathfrak{R}_2}\right)\left(1 + \frac{H_{11}}{|H|\,\mathfrak{R}_1}\right), \tag{7.34}$$

und durch die Widerstandsmatrix:

$$S_\Gamma = \frac{M_2 M_1}{W_{1l} W_{2l}} \geqq \left(1 + \frac{|W|}{W_{2l}\mathfrak{R}_2}\right)\left(1 + \frac{|W|}{W_{1l}\mathfrak{R}_1}\right). \tag{7.35}$$

Für die Basisschaltung drücken wir die Schwingbedingung noch durch r_e, r_b, r_c und α_b mit zulässigen Vereinfachungen aus:

$$\frac{r_b \alpha_b}{r_c} \geqq \left(1 + \frac{r_e + r_b(1 - \alpha_b)}{\mathfrak{R}_2}\right) \frac{r_e + r_b(1 - \alpha_b)}{\mathfrak{R}_1}. \tag{7.36}$$

Wählen wir für $\mathfrak{R}_1$ und $\mathfrak{R}_2$ Widerstände kombiniert mit Kapazitäten, so lassen sich leicht RC-Oszillatoren bilden. Wir wollen auf zusätzliche Kapazitäten verzichten und aus den Eigenkapazitäten des Transistors verbunden mit den Ohmschen Widerständen einen Oszillator bilden.

7.4 Der einfachste Transistoroszillator

Mit einem Spitzentransistor wurden auf diese Weise Schwingungen bis 600 MHz von H. E. Hollmann [*84*] erzeugt. Er benutzte die Anordnung Abb. 7.2 mit den Werten $r_e = 300\,\Omega$, $r_b = 250\,\Omega$, $\alpha_b = 5$, Kollektorkapazität $C_c = 5$ pF. Wir wollen in folgendem eine solche Anordnung berechnen. Es ist natürlich klar, daß das Ersatzbild, das wir zugrunde legen, bei den erzielten bzw. erzielbaren Frequenzen nur sehr annähernd richtig ist, doch genügt es, um sich ein ausreichendes Bild zu machen.

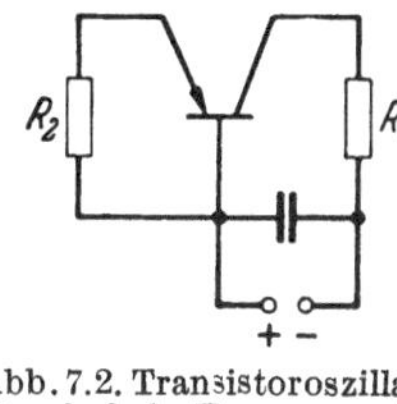

Abb. 7.2. Transistoroszillator für sehr hohe Frequenzen [*84*]

Bekanntlich [50] hat der Emitterwiderstand r_e eine kleine Parallelkapazität C_e, während dem Kollektorwiderstand und der Einspeisung eine größere Kapazität C_c parallel wirkend gedacht werden kann, so daß sich das Ersatzbild ergänzt, wie Abb. 7.3 zeigt.

Von einer parallel zu r_b liegenden Kapazität sehen wir ab.

Die Kapazität C_e wirkt auf r_c und r_m nach den Gleichungen (siehe [*50*], [*36*], [*111*]):

$$r_c' = \frac{r_c}{1 + j\,\omega\, C_e r_c} \qquad r_m' = \frac{r_m}{1 + j\,\omega\, C_c r_c}, \tag{7.37}$$

so daß α_b seinen Wert beibehält. Wählen wir $\mathfrak{R}_1 = R_1$, $\mathfrak{R}_2 = R_2$, so wird mit

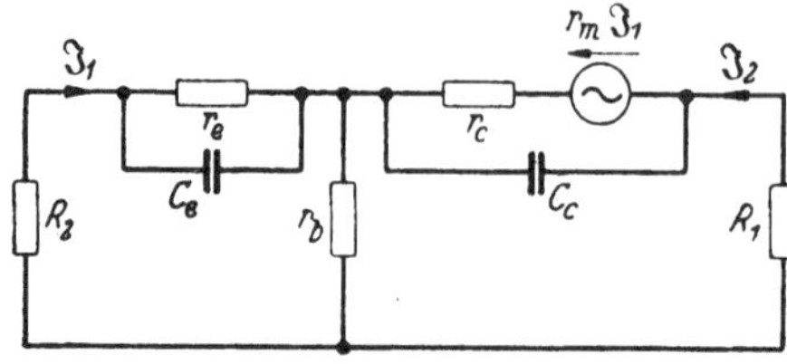

Abb. 7.3. Ersatzbild des Oszillators Abb. 7.2

$$r_e' = \frac{r_e}{1 + j\,\omega\, C_e r_e}$$

$$= r_e(1 - j\,\omega\, C_e r_e), \tag{7.38}$$

welche Vereinfachung wegen $\omega^2\, C_e^2\, r_e^2 \ll 1$ gestattet ist, aus Gl. (7.36), wenn wir dort an Stelle von r_e und r_c die mit einem Strich versehen Werte einführen:

$$\begin{aligned} &\frac{r_b\,\alpha_b}{r_c}(1 + j\,\omega\, C_c r_c) \\ &\geqq \left(1 + \frac{r_b(1-\alpha_b) + r_e}{R_2} - \frac{j\,\omega\, C_e r_e^2}{R_2}\right)\left(\frac{r_b(1-\alpha_b) + r_e}{R_1} - \frac{j\,\omega\, C_e r_e^2}{R_1}\right). \end{aligned} \tag{7.39}$$

Die Auftrennung in reellen und imaginären Anteil liefert die Gleichungen:

$$\frac{r_b\,\alpha_b}{r_c} = \left(1 + \frac{r_b(1-\alpha_b) + r_e}{R_2}\right)\frac{r_b(1-\alpha_b) + r_e}{R_1} - \frac{\omega^2\, C_e^2\, r_e^4}{R_1\, R_2}, \tag{7.40}$$

$$\omega\, C_c\, r_b\,\alpha_b = -\,\omega\, C_e\, r_e^2\left(\frac{1}{R_1} + 2\,\frac{r_b(1-\alpha_b) + r_e}{R_1\, R_2}\right). \tag{7.41}$$

Gl. (7.40) können wir wegen $r_b\,\alpha_b \ll r_c$ vereinfachen zu:

$$\omega^2\, C_e^2 = \frac{[R_2 + r_b(1-\alpha_b) + r_e][r_b(1-\alpha_b) + r_e]}{r_e^{4'}}. \tag{7.42}$$

Gegeben sei noch $C_e = 1{,}5$ pF. Zur Erfüllung der Gl. (7.41) erhält man die Werte $R_1 = 65\,\Omega$, $R_2 = 350\,\Omega$. Mit denselben und den bereits angegebenen Werten läßt Gl. (7.42) als Schwingfrequenz rund $f = 600$ MHz berechnen. Durch Ausnutzung des infolge der nichtlinearen Eigenschaften des Transistors reichen Oberwellenspektrums kann man sehr hohe Frequenzen erzielen.

7.5 Zur Erläuterung der inneren Rückkopplung

Um die im vorigen Abschnitt behandelte innere Rückkopplung verständlich zu machen und gleichzeitig eine Möglichkeit zur einfacheren Berechnung zu geben, wollen wir die in Abb. 7.4 gegebene Anordnung berechnen.

Den aus $\mathfrak{X}_1$ und $\mathfrak{X}_3$ gebildeten Vierpol können wir uns aus einem *T*-Glied unter Weglassung eines Längszweiges gebildet denken.

Für denselben gilt:

$$\mathfrak{W}'_{1l} = \mathfrak{X}_1 \qquad \mathfrak{W}'_{2l} = \mathfrak{X}_1 + \mathfrak{X}_3 \qquad \mathfrak{M}'_2 = \mathfrak{X}_1 \qquad |\mathfrak{W}'| = \mathfrak{X}_1 \mathfrak{X}_3. \tag{7.43}$$

Mit $\mathfrak{R}_2 = \infty$ und $\mathfrak{R}_1 = R_1$ erhalten wir aus den Gln. (7.1) u. (7.43):

$$\begin{aligned} -(S_b + S_{gb}) = \frac{1}{\mathfrak{X}_1} + \frac{1}{R_{ib}} + \frac{1}{R_1} + \left(1 + \frac{\mathfrak{X}_3}{\mathfrak{X}_1}\right)\frac{1}{R_{gib}} + \\ + \mathfrak{X}_3\left[\frac{1}{R_{gib}}\left(\frac{1}{R_{ib}} + \frac{1}{R_1}\right) - S_{gb} S_b\right]. \end{aligned} \tag{7.44}$$

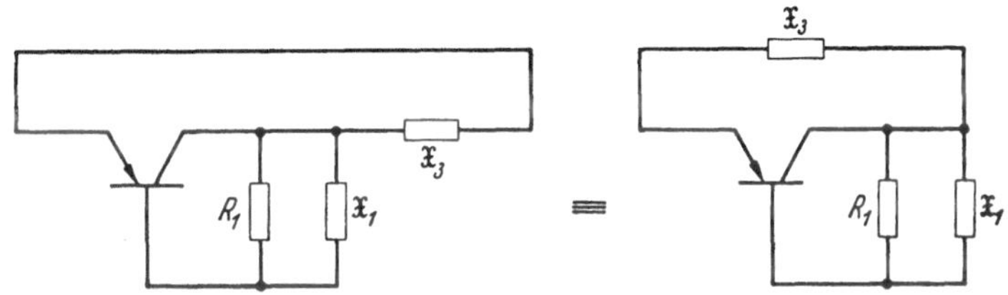

Abb. 7.4. Transistoroszillator in Basisschaltung mit äußerer Rückkopplung [115]

Mit Hilfe der Umwandlungsgleichungen (7.18) ersetzen wir die auf die Basis bezogenen Transistorgrößen durch solche, die auf den Kollektor bezogen sind. Es ergibt sich mit Gl. (7.18) aus Gl. (7.44):

$$0 = \left(\frac{1}{R_{gic}} + \frac{1}{R_1} + \frac{1}{\mathfrak{X}_1}\right)\left(\frac{1}{R_{ic}} + \frac{1}{\mathfrak{X}_3}\right) - S_{gc} S_c. \tag{7.45}$$

Die gleiche Anordnung wollen wir jetzt auf eine andere Art berechnen. Hierzu zeichnen wir Abb. 7.4 um in die Form Abb. 7.5. Hierbei handelt es sich um eine Anordnung ohne äußere Rückkopplung.

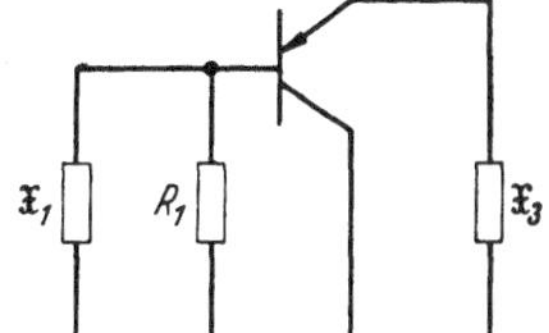

Abb. 7.5. Als Transistoroszillator in Kollektorschaltung mit innerer Rückkopplung umgezeichnete Schaltung Abb. 7.4 [115]

Für die Vierpolwiderstände gilt jetzt:

$$\mathfrak{W}'_{1lc} = \mathfrak{X}_3 \qquad \mathfrak{W}'_{2lc} = \mathfrak{X}_1. \tag{7.46}$$

Mit $\mathfrak{M}'_2 = 0$ können wir die Anordnung Abb. 7.5 aus der Gl. (7.1) berechnen. Einfacher ist die Benutzung der in Abschn. 7.3 hergeleiteten Gl. (7.32) mit den Werten:

$$\frac{1}{\mathfrak{R}_2} = \frac{1}{R_1} + \frac{1}{\mathfrak{X}_1} \qquad \mathfrak{R}_1 = \mathfrak{X}_3, \tag{7.47}$$

welche ergeben:

$$S_{gc} S_c = \left(\frac{1}{R_{gic}} + \frac{1}{R_1} + \frac{1}{\mathfrak{X}_1}\right)\left(\frac{1}{R_{ic}} + \frac{1}{\mathfrak{X}_3}\right). \tag{7.48}$$

Wir stellen die Übereinstimmung der Gln. (7.45) u. (7.48) fest und sehen, daß nur eine Drehung des Transistors aus der Basisschaltung in die Kollektorschaltung den Übergang von einer Anordnung mit äußerer Rückkopplung in eine solche mit alleiniger innerer Rückkopplung bewirkt. Gleichzeitig erkennen wir, daß es bei einem Oszillator sinnlos ist, von einer Basis- oder Kollektorschaltung oder einer Emitterschaltung zu sprechen. Bei der Berechnung einer Oszillatorschaltung hat man lediglich darauf zu achten, welche Anordnung die einfachste Berechnung ermöglicht.

7.6 Zur Berechnung einfacher Transistoroszillatoren

Die Unterlagen des Abschn. 7.3 lassen eine Anzahl von Oszillatoren berechnen. Meistens benötigt man jedoch noch einen dritten

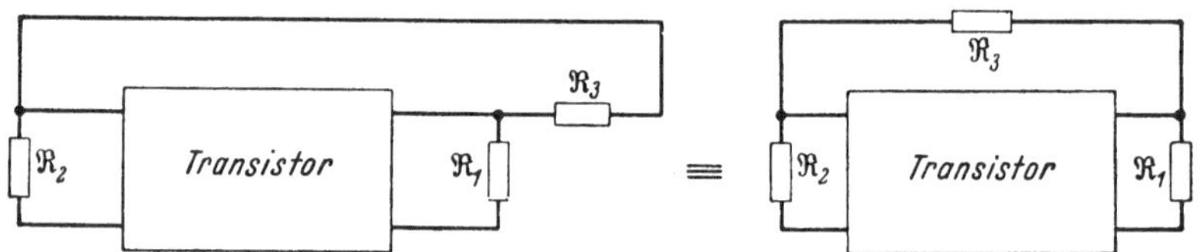

Abb. 7.6. Transistoroszillator mit drei komplexen Widerständen

Zweig, um einen Schwingungskreis oder frequenzbestimmende Elemente anzuschalten oder um die Gleichspannungszuführung an alle Elektroden zu sichern. Man könnte die Gleichspannungszuführung abblocken, doch lohnt es sich im allgemeinen nicht. Man benutzt gerne Widerstände von geeigneter Größe, die den Transistor, hochfrequenzmäßig gesehen, wenig belasten. Trotzdem ist es zweckmäßig, diese Widerstände zunächst in die Rechnung aufzunehmen und dann, falls es möglich ist, zu vernachlässigen.

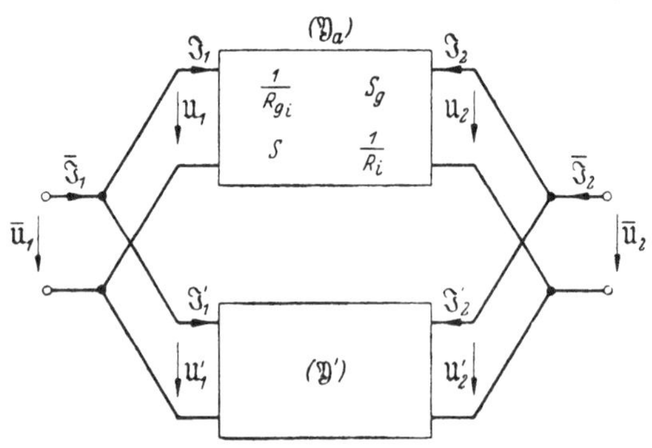

Abb. 7.7. Parallelschaltung von Transistor und passivem Vierpol

Mit der Gl. (7.3) können wir leicht die in Abb. 7.6 gezeigte Anordnung berechnen. Für den aus $\mathfrak{R}_3$ bestehenden entarteten Vierpol gilt:

$$\mathfrak{Y}'_{11} = \frac{1}{\mathfrak{R}_3} \quad \mathfrak{Y}'_{12} = -\frac{1}{\mathfrak{R}_3} \quad \mathfrak{Y}'_{21} = -\frac{1}{\mathfrak{R}_3} \quad \mathfrak{Y}'_{22} = \frac{1}{\mathfrak{R}_3} \quad |\mathfrak{Y}'| = 0 \tag{7.49}$$

und damit folgt aus Gl. (7.3):

$$\begin{aligned} &-\frac{1}{\mathfrak{R}_3}(S + S_g) \\ &\geq \frac{1}{\mathfrak{R}_3}\left(\frac{1}{R_i} + \frac{1}{\mathfrak{R}_1} + \frac{1}{R_{gi}} + \frac{1}{\mathfrak{R}_2}\right) + \left(\frac{1}{R_i} + \frac{1}{\mathfrak{R}_1}\right)\left(\frac{1}{R_{gi}} + \frac{1}{\mathfrak{R}_2}\right) - S_g S, \end{aligned} \tag{7.50}$$

welche Beziehung für $\mathfrak{R}_3 \to \infty$ in die Gl. (7.32) übergeht. Sie enthält aber im Gegensatz dazu äußere und innere Rückkopplung. Die Gl. (7.50) läßt sich natürlich auch gewinnen, wenn man das aus $\mathfrak{R}_1$, $\mathfrak{R}_2$ und $\mathfrak{R}_3$ bestehende Π-Glied dem Transistorvierpol parallellegt, wie Abb. 7.7 mit einem allgemeinen Vierpol zeigt.

Kürzen wir die Matrix des aktiven Vierpols mit $\mathfrak{Y}_a$ ab, so ergeben sich zwischen den in Abb. 7.7 eingezeichneten Strömen und Spannungen die Beziehungen:

$$\begin{pmatrix} \overline{\mathfrak{J}}_1 \\ \overline{\mathfrak{J}}_2 \end{pmatrix} = (\mathfrak{Y}_a + \mathfrak{Y}') \begin{pmatrix} \overline{\mathfrak{U}}_1 \\ \overline{\mathfrak{U}}_2 \end{pmatrix} = (\overline{\mathfrak{Y}}) \begin{pmatrix} \overline{\mathfrak{U}}_1 \\ \overline{\mathfrak{U}}_2 \end{pmatrix}. \tag{7.51}$$

Wird die Anordnung Abb. 7.7 als Oszillator benutzt, so ist:

$$\overline{\mathfrak{J}}_1 = \mathfrak{J}_1 + \mathfrak{J}_1' = 0 \qquad \overline{\mathfrak{J}}_2 = \mathfrak{J}_2 + \mathfrak{J}_2' = 0 \tag{7.52}$$

und damit:

$$\begin{aligned} 0 &= \overline{\mathfrak{Y}}_{11}\overline{\mathfrak{U}}_1 + \overline{\mathfrak{Y}}_{12}\overline{\mathfrak{U}}_2 \\ 0 &= \overline{\mathfrak{Y}}_{21}\overline{\mathfrak{U}}_1 + \overline{\mathfrak{Y}}_{22}\overline{\mathfrak{U}}_2 . \end{aligned} \tag{7.53}$$

Hieraus ergibt sich als Schwingbedingung:

$$|\overline{\mathfrak{Y}}| = \overline{\mathfrak{Y}}_{11}\overline{\mathfrak{Y}}_{22} - \overline{\mathfrak{Y}}_{12}\overline{\mathfrak{Y}}_{21} = 0 \tag{7.54}$$

und mit den Werten der beiden Vierpole:

$$\left(\frac{1}{R_{gi}} + \mathfrak{Y}_{11}'\right)\left(\frac{1}{R_i} + \mathfrak{Y}_{22}'\right) - (S_g + \mathfrak{Y}_{12}')(S + \mathfrak{Y}_{21}') = 0. \tag{7.55}$$

Wählen wir als Vierpol das aus Abb. 7.6 zu entnehmende Π-Glied, so lautet dafür die Gleichung:

$$\left(\frac{1}{R_{gi}} + \frac{1}{\mathfrak{R}_2} + \frac{1}{\mathfrak{R}_3}\right)\left(\frac{1}{R_i} + \frac{1}{\mathfrak{R}_1} + \frac{1}{\mathfrak{R}_3}\right) - \left(S_g - \frac{1}{\mathfrak{R}_3}\right)\left(S - \frac{1}{\mathfrak{R}_3}\right) = 0, \tag{7.56}$$

welche Gleichung sich als identisch mit Gl. (7.50) erweist.

Im folgenden wollen wir einfache Oszillatoren berechnen, wobei wir an Stelle eines frequenzbestimmenden Vierpols nur frequenzbestimmende Zweipole vorsehen.

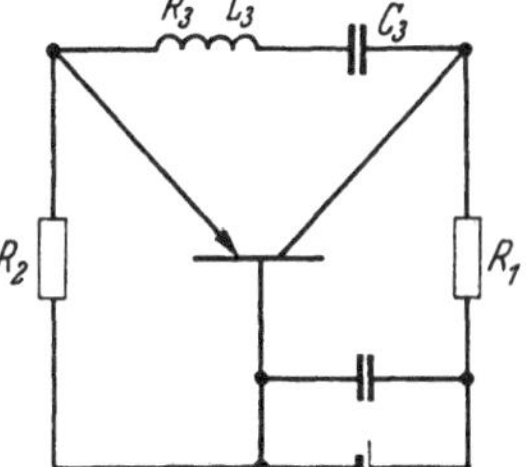

Abb. 7.8. Transistoroszillator mit Reihenkreis

7.7 Oszillatoren mit einem frequenzbestimmenden Zweipol

Für den in Abb. 7.8 gezeigten einfachen Oszillator gelten die Beziehungen:

$$\mathfrak{R}_1 = R_1 \qquad \mathfrak{R}_2 = R_2 \qquad \mathfrak{R}_3 = R_3 + \mathrm{j}\left(\omega L_3 - \frac{1}{\omega C_3}\right). \tag{7.57}$$

Hiermit ergeben sich die Schwingbedingungen:

$$\begin{aligned} -(S + S_g) &= \frac{1}{R_i} + \frac{1}{R_{gi}} + \frac{1}{R_1} + \frac{1}{R_2} \\ &+ R_3\left[\left(\frac{1}{R_i} + \frac{1}{R_1}\right)\left(\frac{1}{R_{gi}} + \frac{1}{R_2}\right) - S_g S\right] \quad \omega L_3 - \frac{1}{\omega C_3} = 0. \end{aligned} \tag{7.58}$$

Wie in Abschn. 7.8 gezeigt wird, ist diese Anordnung nur mit einem Spitzentransistor schwingfähig. Die Schaltung läßt sich mit einem Schwingkristall ausstatten (s. Abb. 7.9), der in seiner Reihenresonanz schwingt. Als weitere Schaltung mit einem frequenzbestimmenden Zweipol wählen wir in Abb. 7.8 als passiven Vierpol ein T-Glied, wie Abb. 7.10 zeigt.

Mit den eingezeichneten Benennungen gelten die Formeln:

$$\mathfrak{Y}'_{11} = \frac{\mathfrak{R}_2 + \mathfrak{R}_3}{\mathfrak{R}_1\mathfrak{R}_2 + \mathfrak{R}_1\mathfrak{R}_3 + \mathfrak{R}_2\mathfrak{R}_3} \qquad \mathfrak{Y}'_{12} = \mathfrak{Y}'_{21} = -\frac{\mathfrak{R}_3}{\mathfrak{R}_1\mathfrak{R}_2 + \mathfrak{R}_1\mathfrak{R}_3 + \mathfrak{R}_2\mathfrak{R}_3}$$

$$\mathfrak{Y}'_{22} = \frac{\mathfrak{R}_1 + \mathfrak{R}_3}{\mathfrak{R}_1\mathfrak{R}_2 + \mathfrak{R}_1\mathfrak{R}_3 + \mathfrak{R}_2\mathfrak{R}_3} \qquad |\mathfrak{Y}'| = \frac{1}{\mathfrak{R}_1\mathfrak{R}_2 + \mathfrak{R}_1\mathfrak{R}_3 + \mathfrak{R}_2\mathfrak{R}_3} \tag{7.59}$$

und in Gl. (7.55) eingesetzt:

$$\begin{aligned} 0 \geqq |Y| (\mathfrak{R}_1\mathfrak{R}_2 + \mathfrak{R}_1\mathfrak{R}_3 + \mathfrak{R}_2\mathfrak{R}_3) + \\ + \frac{\mathfrak{R}_2}{R_i} + \frac{\mathfrak{R}_1}{R_{gi}} + \mathfrak{R}_3\left(\frac{1}{R_{gi}} + S_g + S + \frac{1}{R_i}\right) + 1. \end{aligned} \tag{7.60}$$

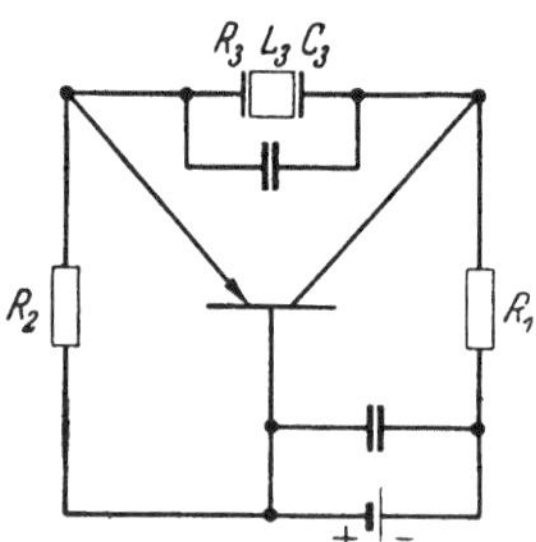

Abb. 7.9
Transistoroszillator mit Kristall

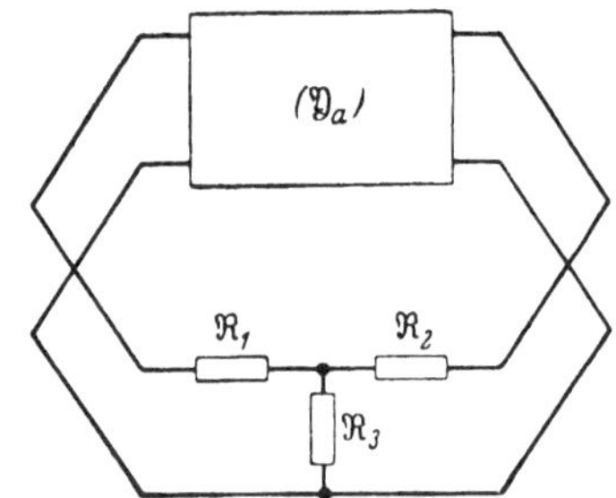

Abb. 7.10
Transistor mit parallelgeschaltetem T-Glied

Als Beispiel wählen wir die Schaltung Abb. 7.11. Für dieselbe gilt:

$$\mathfrak{R}_1 = R_1 \qquad \mathfrak{R}_2 = R_2 \qquad \mathfrak{R}_3 = \frac{\frac{L_3}{C_3}}{R_3 + \mathrm{j}\left(\omega L_3 - \frac{1}{\omega C_3}\right)}. \tag{7.61}$$

Eingesetzt in die Gl. (7.60) erhalten wir als Frequenzbedingung

$$\omega L_3 - \frac{1}{\omega C_3} = 0 \tag{7.62}$$

und als Amplitudenbedingung:

$$\begin{aligned} 0 \geqq |Y|\left[1 + \frac{L_3}{R_3 C_3}\left(\frac{1}{R_1} + \frac{1}{R_2}\right)\right] + \frac{1}{R_i R_1} + \frac{1}{R_{gi} R_2} + \frac{1}{R_1 R_2} + \\ + \frac{L_3}{R_3 C_3 R_1 R_2}\left(\frac{1}{R_{gi}} + S_g + S + \frac{1}{R_i}\right). \end{aligned} \tag{7.63}$$

Der Vergleich mit der Gl. (7.93) zeigt, daß für die Anordnung Abb. 7.11 Schwingungen nur mit einem Spitzentransistor möglich sind.

Eine ausgeführte Schaltung [*85*] mit einem Spitzentransistor TS 13 der Firma Siemens & Halske zeigt Abb. 7.12. Bei derselben sind die

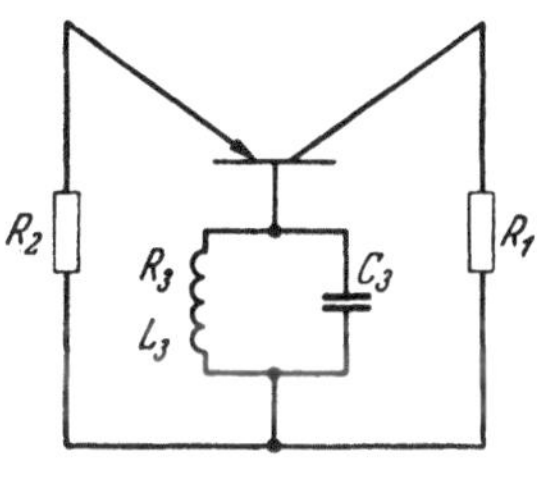

Abb. 7.11. Transistoroszillator mit Parallelkreis in der Basiszuleitung [*85*]

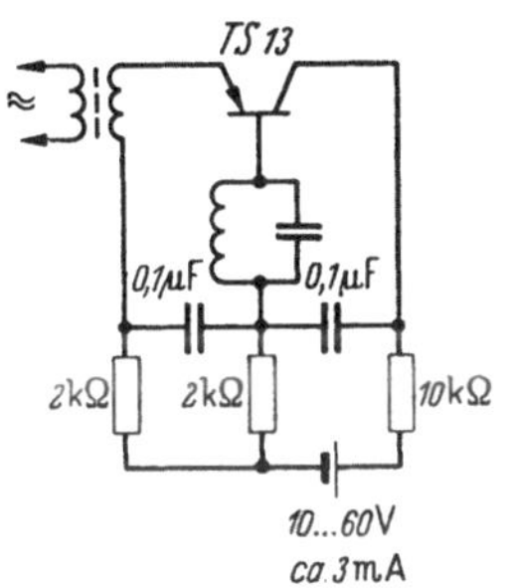

Abb. 7.12. Ausgeführtes Beispiel des Oszillators Abb. 7.11 [*85*]

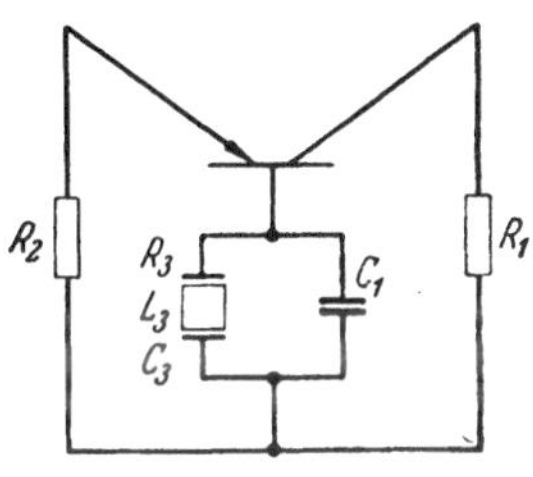

Abb. 7.13. Transistoroszillator mit Kristall in der Basiszuleitung

spannungszuführenden Widerstände abgeblockt, so daß $R_1 = R_2 = 0$ ist. Mit diesen Vereinfachungen lautet die Amplitudenbedingung [siehe Gl. (7.84)]:

$$1 + \frac{L_3}{R_3 C_3} K = 0. \tag{7.64}$$

Der Resonanzwiderstand hat sich nach dem K-Wert des gewählten Transistors zu richten.

Auch hier läßt sich der Parallelkreis durch einen Schwingkristall ersetzen (siehe Abb. 7.13). Derselbe schwingt in seiner Parallelresonanz.

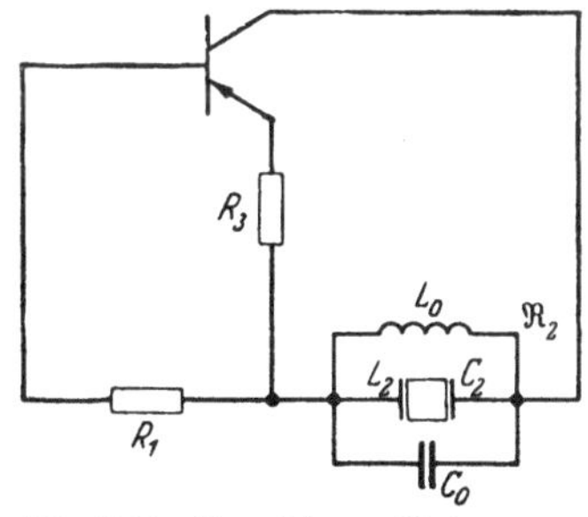

Abb. 7.14. Transistoroszillator nach Abb. 7.10 mit Kristall und Parallelinduktivität [*40*]

Eine weitere Schaltung mit einem Schwingkristall findet sich bei Shea [*40*]. Abb. 7.14 zeigt dieselbe in der Form der Abb. 7.10 umgezeichnet. Für dieselbe gilt die Gl. (7.60), die wir etwas umformen:

$$0 = \frac{1}{\mathfrak{R}_1} + \frac{1}{\mathfrak{R}_2} + \frac{1}{\mathfrak{R}_3} + \frac{W_{1i}}{\mathfrak{R}_1 \mathfrak{R}_3} + \frac{W_{2i}}{\mathfrak{R}_2 \mathfrak{R}_3} + \frac{K\,|W|}{\mathfrak{R}_1 \mathfrak{R}_2} + \frac{|W|}{\mathfrak{R}_1 \mathfrak{R}_2 \mathfrak{R}_3}. \tag{7.65}$$

Für die Abb. 7.14 gilt:

$$\frac{1}{\mathfrak{R}_1} = \frac{1}{R_1} \quad \frac{1}{\mathfrak{R}_2} = \frac{1}{R_2} + \mathrm{j}\,\omega C_0 + \frac{1}{\mathrm{j}\,\omega L_0} + \frac{1}{\mathrm{j}\left(\omega L_2 - \frac{1}{\omega C_2}\right)} \quad \frac{1}{\mathfrak{R}_3} = \frac{1}{R_3}. \tag{7.66}$$

Mit diesen Werten lautet die Amplitudenbedingung:

$$0 = \frac{1}{R_1} + \frac{1}{R_2} + \frac{1}{R_3} + \frac{W_{1i}}{R_1 R_3} + \frac{W_{2i}}{R_2 R_3} + \frac{K\,|W|}{R_1 R_2} + \frac{|W|}{R_1 R_2 R_3}. \tag{7.67}$$

Die aus Gl. (7.66) zu entnehmende Frequenzbedingung liefert die Gleichung:

$$\omega^4 L_0 C_0 L_2 C_2 - \omega^2 (L_2 C_2 + L_0 C_0 + L_0 C_2) + 1 = 0. \qquad (7.68)$$

Dieselbe hat zwei Lösungen, nämlich die beiden Parallelresonanzen P und P', die der Darstellung des Blindwiderstandes X_2 von $\mathfrak{R}_2$ in Abhängigkeit von der Frequenz f (s. Abb. 7.15) zu entnehmen sind. Beide sind gleichwertig. Die Amplitudenbedingung kann durch geringes Verändern von L_0 oder C_0 zugunsten einer der beiden Frequenzen variiert werden.

Als Zahlenbeispiel wählen wir den Transistor BTLM 1725. Dessen Daten Gl. (7.106) u. (7.107) entnehmen wir:

$$W_{11e} = 200\ \Omega, \qquad W_{21e} = -17\ \text{k}\Omega \qquad K_e |W| = 15\ \text{k}\Omega. \qquad (7.69)$$

Wählen wir $R_1 = 30\ \text{k}\Omega$, $R_2 = 15\ \text{k}\Omega$ und $R_3 = 1\ \text{k}\Omega$, so läßt sich die Amplitudenbedingung Gl. (7.67) erfüllen. Hierbei ist der Resonanzwiderstand des Kristallzweiges ziemlich niedrig. Wir entnehmen der Gl. (7.67), daß $W_{2\mathfrak{y}e}$ der einzige negative Ausdruck ist. Da derselbe ziemlich groß sein muß, müssen R_2 und R_3 klein sein. Macht man R_3 sehr klein und R_1 sehr groß, so finden wir, daß $R_2 < |W_{21e}|$ also kleiner als 17 kΩ sein muß [40].

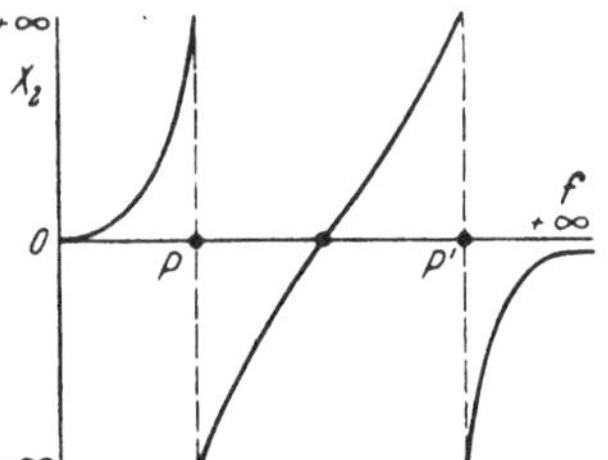

Abb. 7.15. Blindwiderstandsverlauf des Kristalls mit Parallelinduktivität der Schaltung Abb. 7.14

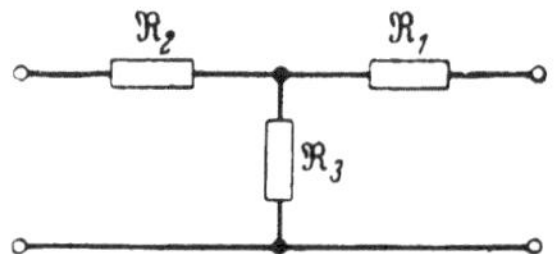

Abb. 7.16. Gegenüber Abb. 7.10 umgekehrtes komplexes T-Glied

Durch Drehen des Transistors ändern sich die Werte W_{11}, W_{21} und K, so daß andere Möglichkeiten zu gewinnen sind. Natürlich kann man auch die $\mathfrak{R}_1$-, $\mathfrak{R}_2$- und $\mathfrak{R}_3$-Werte vertauschen. Das Vertauschen von $\mathfrak{R}_1$ in $\mathfrak{R}_3$ und umgekehrt entspricht der Umwandlung der Emitterschaltung in die Basisschaltung, während $\mathfrak{R}_2$ in $\mathfrak{R}_3$ und umgekehrt einer Umwandlung in die Kollektorschaltung gleichwertig ist. Die Umwandlung von $\mathfrak{R}_2$ in $\mathfrak{R}_1$ und umgekehrt ist dabei nicht enthalten. Diese aber wäre gerade interessant, da $R_1 = 20\ \text{k}\Omega$ ist und sicherlich auch noch größer werden kann. Man kann diese Umwandlung dadurch erreichen, daß man den passiven Vierpol in der Abb. 7.14 bzw. 7.10 umkehrt. Abb. 7.16 zeigt den gegenüber Abb. 7.10 umgekehrten Vierpol. Dieses ist allgemein möglich und erhöht die Anzahl der mit einem Transistor herstellbaren Schaltungen gleichen Aufbaues auf sechs im

Gegensatz zu einer Röhrenanordnung, bei der nur drei verschiedene Oszillatoren möglich sind.

Für den vorliegenden Fall erhält man einen höheren Resonanzwiderstand, wenn man den Kristall, also den Zweig $\mathfrak{R}_2$, an die Stelle des Zweiges $\mathfrak{R}_1$ setzt (s. Abb. 7.17) und R_2 und R_3 klein wählt. Wollen wir R_1 sehr groß haben, welche Möglichkeit mit einem Kristall durchaus besteht, so können wir zur näherungsweisen Berechnung in der Gl. (7.67) R_1 gegen Unendlich gehen lassen.

$$0 = \frac{1}{R_2} + \frac{1}{R_3} + \frac{W_{2l}}{R_2 R_3}. \qquad (7.70)$$

Wir erhalten mit dem gegebenen Wert $W_{2le} = -17\,\mathrm{k\Omega}$ als Bedingung für R_2 und R_3

$$R_2 + R_3 = 17\,\mathrm{k\Omega},$$

womit sich geeignete Werte von R_2 und R_3 wählen lassen.

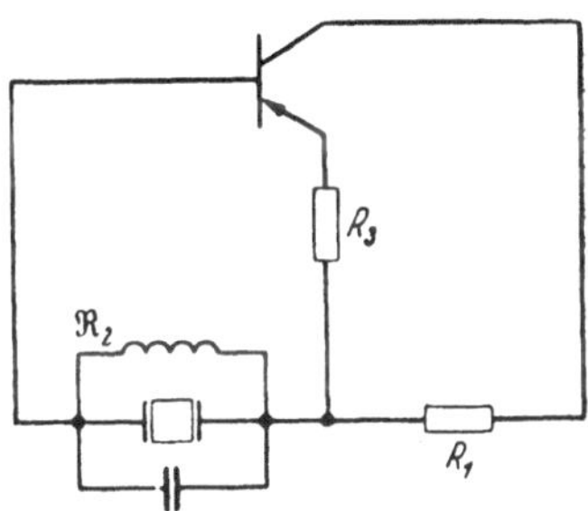

Abb. 7.17. Gegenüber Abb. 7.14 umgekehrte Oszillatorschaltung

Um die Behandlung der Oszillatorschaltungen nicht zu sehr aufzutrennen, haben wir der Frage, wann Spitzen- und/oder Flächentransistoren verwendbar sind, einen eigenen Abschnitt zugewiesen. Wir fügen denselben jetzt ein.

7.8 Spitzen- oder Flächentransistoren in der Oszillatorschaltung

Die Frage, ob ein gewünschter Oszillator mit einem Spitzen- oder einem Flächentransistor aufgebaut werden kann, ist zweifelsohne von Interesse. Da man den Flächentransistor wegen seiner konstanten Eigenschaften immer mehr vorzieht, möchte man denselben auch gern in Oszillatorschaltungen benutzen. In vielen Schaltungen, und zwar — wie wir sehen werden — in den einfachen, ist eine Anwendung eines Flächentransistors nicht möglich. Es soll daher im folgenden geklärt werden, welche Art von Schaltungen nur mit Spitzentransistoren schwingfähig sind und bei welchen ein Flächentransistor Schwingungen erzeugen kann. Bei den Betrachtungen ist nur an Schaltungen mit *einem* Transistor gedacht, da mit zwei Transistoren die Anwendung von Flächentransistoren immer möglich ist. Der Einfluß von Kapazitäten innerhalb der Transistoren wird nicht berücksichtigt.

a) Schaltungen mit innerer Rückkopplung

Als einfachste Anwendung behandeln wir den in Abb. 7.1 gezeigten Oszillator mit innerer Rückkopplung mit der Gl. (7.32):

$$S_g S \geqq \left(\frac{1}{R_{gi}} + \frac{1}{\mathfrak{R}_2}\right)\left(\frac{1}{R_i} + \frac{1}{\mathfrak{R}_1}\right). \qquad (7.71)$$

16*

Nehmen wir eine der Größen $\mathfrak{R}_1$ oder $\mathfrak{R}_2$ als komplex an, beispielsweise als Reihen- oder Parallelkreis, dann liefert der Imaginärteil die Frequenzbedingung, während die Gl. (7.71) in der folgenden Form behandelt werden kann:

$$S_g S \geqq \left(\frac{1}{R_{gi}} + \frac{1}{R_2}\right)\left(\frac{1}{R_i} + \frac{1}{R_1}\right). \tag{7.72}$$

Umgeformt ergibt sich:

$$\begin{aligned} 0 &\geqq \frac{1}{R_{gi}}\frac{1}{R_i} - S_g S + \frac{1}{R_{gi}}\frac{1}{R_1} + \frac{1}{R_i}\frac{1}{R_2} + \frac{1}{R_1}\frac{1}{R_2} \\ &= |Y| + \frac{1}{R_{gi}}\frac{1}{R_1} + \frac{1}{R_i}\frac{1}{R_2} + \frac{1}{R_1}\frac{1}{R_2}. \end{aligned} \tag{7.73}$$

Eine andere Umformung und Benutzung des Stabilitätsfaktors Gl. (7.27) liefert:

$$S_T \geqq \left(1 + \frac{R_i}{R_1}\right)\left(1 + \frac{R_{gi}}{R_2}\right). \tag{7.74}$$

Denken wir uns zunächst die Widerstände R_1 und R_2 so groß, daß wir ihren Einfluß vernachlässigen können, so gilt nach den Gln. (7.73) u. (7.74)

$$0 \geqq |Y| = \frac{1}{r_c[r_e + r_b(1 - \alpha_b)]} \qquad S_T \geqq 1\,. \tag{7.75}$$

Ist $\alpha_b < 1$, so erhält $|Y|$ immer einen kleinen positiven Wert. Nur für $\alpha_b > 1$ kann $|Y|$ negativ werden. Diese Bedingung ist — wenn überhaupt — nur mit Spitzentransistoren zu realisieren, und zwar unabhängig von der Art der Schaltung des Transistors, da $|Y|$ für alle drei Schaltarten eines Transistors gleich ist.

An Hand der Gln. (7.12) u. (7.21) bis (7.23) sehen wir, daß bei einem Flächentransistor R_{gi} und R_i nur positiv sein können. Kehren wir zu der Gl. (7.74) zurück, so finden wir, daß bei endlichen Widerständen R_1 und R_2 die Bedingung ungünstiger wird, der erforderliche Stabilitätsfaktor also unter Umständen wesentlich größer als Eins sein muß. Eine durchaus verständliche Tatsache, denn die zusätzlich belastenden Widerstände R_1 und R_2 erhöhen keinesfalls die Schwingfähigkeit. Bei zu niedrigem Wert von R_1 oder R_2 kann auch ein Spitzentransistor die Bedingung Gl. (7.74) nicht mehr erfüllen, und es wird überhaupt keine Schwingung möglich.

Betrachten wir nun eine Anordnung mit zwei komplexen Größen $\mathfrak{R}_1$ und $\mathfrak{R}_2$. Wir können auf die Verluste verzichten und setzen:

$$\frac{1}{\mathfrak{R}_1} = \mathrm{j}\,X_1 \qquad \frac{1}{\mathfrak{R}_2} = \mathrm{j}\,X_2\,. \tag{7.76}$$

Es ist nun zu klären, ob das Produkt $\mathfrak{R}_1\mathfrak{R}_2$ negativ sein kann. Mit Gl. (7.76) ergibt die Gl. (7.71):

$$S_g S \geqq \left(\frac{1}{R_{gi}} + \mathrm{j}\,X_2\right)\left(\frac{1}{R_i} + \mathrm{j}\,X_1\right) \tag{7.77}$$

und zerlegt:

$$S_g S \geqq \frac{1}{R_{gi}} \frac{1}{R_i} - X_1 X_2 \qquad \frac{X_2}{R_i} + \frac{X_1}{R_{gi}} = 0\,. \tag{7.78}$$

Setzen wir X_2 aus der zweiten Gleichung in die erste ein, so folgt:

$$S_g S \geqq \frac{1}{R_{gi}} \frac{1}{R_i} + \frac{R_i}{R_{gi}} X_1^2. \tag{7.79}$$

Ebenfalls ein positives Vorzeichen ergibt es, wenn wir X_1 einsetzen. Es ist dabei gleichgültig, ob X_1 und X_2 gleiche oder entgegengesetzte Vorzeichen besitzen. Es gilt also auch bei zwei komplexen Schaltteilen $\mathfrak{R}_1$ und $\mathfrak{R}_2$ das zu Gl. (7.75) Gesagte: Schwingungen sind nur mit Spitzentransistoren möglich.

b) Schaltungen mit äußerer Rückkopplung

Zur Untersuchung der Schaltungen mit äußerer Rückkopplung wenden wir uns zu der Anordnung Abb. 7.6 und damit zur Gl. (7.50), die wir umformen zu:

$$\begin{aligned} 0 \geqq |Y| &+ \frac{1}{R_{gi}\mathfrak{R}_1} + \frac{1}{R_i \mathfrak{R}_2} + \frac{1}{\mathfrak{R}_1 \mathfrak{R}_2} + \frac{1}{\mathfrak{R}_3}\left(\frac{1}{\mathfrak{R}_1} + \frac{1}{\mathfrak{R}_2}\right) + \\ &+ \frac{1}{\mathfrak{R}_3}\left(\frac{1}{R_{gi}} + S_g + S + \frac{1}{R_i}\right). \end{aligned} \tag{7.80}$$

Wir nehmen $\mathfrak{R}_3$ komplex an und $\mathfrak{R}_1$ und $\mathfrak{R}_2$ reell, wobei wir zunächst zur Vereinfachung $\mathfrak{R}_1$ und $\mathfrak{R}_2$ gegen Unendlich gehen lassen. Damit wird aus Gl. (7.80)

$$0 \geqq |Y| + \frac{1}{\mathfrak{R}_3}\left(\frac{1}{R_{gi}} + S_g + S + \frac{1}{R_i}\right). \tag{7.81}$$

Zerlegen wir $\mathfrak{R}_3$ in

$$\frac{1}{\mathfrak{R}_3} = \frac{1}{R_3} + \mathrm{j}\, X_3, \tag{7.82}$$

so gibt $X_3 = 0$ die Frequenzbedingung. Die Amplitudenbedingung:

$$0 \geqq |Y| + \frac{1}{R_3}\left(\frac{1}{R_{gi}} + S_g + S + \frac{1}{R_i}\right) \tag{7.83}$$

ist zu untersuchen, ob die Klammer negativ werden kann. Um diese Frage in einfacher Weise zu beantworten, ziehen wir die Gln. (7.14), (7.16) u. (7.18) heran. Für die Klammer, die wir mit K abkürzen:

$$K = \frac{1}{R_{gi}} + S_g + S + \frac{1}{R_i} \tag{7.84}$$

können wir bei den verschiedenen Transistorschaltungen setzen:

$$\begin{aligned} K_b &= \frac{1}{R_{gib}} + S_{gb} + S_b + \frac{1}{R_{ib}} = \frac{1}{R_{gie}} = \frac{1}{R_{gic}} \\ K_e &= \frac{1}{R_{gie}} + S_{ge} + S_e + \frac{1}{R_{ie}} = \frac{1}{R_{gib}} = \frac{1}{R_{gic}} \\ K_c &= \frac{1}{R_{gic}} + S_{gc} + S_c + \frac{1}{R_{ic}} = \frac{1}{R_{ib}} = \frac{1}{R_{ie}}. \end{aligned} \tag{7.85}$$

Es entscheiden also die Größen $1/R_{gie}$, $1/R_{gib}$, $1/R_{ib}$ über das Vorzeichen der Klammern. Um auch an anderen gebräuchlichen Gleichungen schnell über das Vorzeichen entscheiden zu können, bringen wir die Gl. (7.83) entsprechenden Gleichungen:

$$0 \geqq 1 + \frac{1}{R_3}(W_{1l} - M_2 - M_1 + W_{2l}) \tag{7.86}$$

$$0 \geqq H_{22} + \frac{1}{R_3}(|H| + 1 - H_{12} + H_{21}) \tag{7.87}$$

mit

$$K_b = \frac{W_{2le}}{|W|} = \frac{W_{2lc}}{|W|} = \frac{1}{H_{11e}} = \frac{1}{H_{11c}} = \frac{r_e + r_c - r_m}{|W|} = \frac{r_c\left[\frac{r_e}{r_c} + 1 - \alpha_b\right]}{|W|},$$

$$K_e = \frac{W_{2lb}}{|W|} = \frac{W_{1lc}}{|W|} = \frac{1}{H_{11b}} = \frac{|H_e|}{H_{11c}} = \frac{r_b + r_c}{|W|}, \tag{7.88}$$

$$K_c = \frac{W_{1le}}{|W|} = \frac{W_{1lb}}{|W|} = \frac{|H_e|}{H_{11e}} = \frac{|H_b|}{H_{11b}} = \frac{r_e + r_b}{|W|}.$$

Zuletzt notieren wir noch die Gleichungen mit den Transistorwiderständen.

Es gilt:

Basisschaltung

$$0 \geqq 1 + \frac{1}{R_3}[r_e + r_c - r_m] = 1 + \frac{r_c}{R_3}\left[\frac{r_e}{r_c} + 1 - \alpha_b\right] \approx 1 + \frac{r_c}{R_3}(1 - \alpha_b), \tag{7.89}$$

Emitterschaltung

$$0 \geqq 1 + \frac{1}{R_3}(r_b + r_c), \tag{7.90}$$

Kollektorschaltung

$$0 \geqq 1 + \frac{1}{R_3}(r_b + r_e). \tag{7.91}$$

Die klarste Auskunft geben die Gln. (7.89) bis (7.91). Nach denselben sind Emitter- und Kollektorschaltungen mit einem komplexen Rückkopplungszweipol überhaupt nicht schwingfähig. Die Basisschaltung ist schwingfähig, jedoch nur mit einem Spitzentransistor.

Als Amplitudenbedingung erhalten wir aus Gl. (7.89) die einfache Form:

$$\alpha_b \geqq 1 + \frac{R_3}{r_c}. \tag{7.92}$$

Lassen wir beliebige Ohmsche Widerstände R_1 und R_2 zu, so liefert die Gl. (7.80):

$$0 \geqq |Y| + \frac{1}{R_1 R_{gi}} + \frac{1}{R_2 R_i} + \frac{1}{R_1 R_2} + \frac{1}{R_3}\left(\frac{1}{R_1} + \frac{1}{R_2}\right) + + \frac{1}{R_3}\left(\frac{1}{R_{gi}} + S_g + S + \frac{1}{R_i}\right). \tag{7.93}$$

Mit $|W|$ multipliziert ergibt sich hieraus:

$$0 \geqq 1 + \frac{W_{2l}}{R_1} + \frac{W_{1l}}{R_2} + |W| \left[\frac{1}{R_1 R_2} + \frac{1}{R_3} \left(\frac{1}{R_1} + \frac{1}{R_2} \right) \right] + \\ + \frac{1}{R_3} (W_{1l} - M_2 - M_1 + W_{2l}) \tag{7.94}$$

und für die drei Formen:

Basisschaltung:

$$0 = 1 + \frac{r_b + r_c}{R_1} + \frac{r_e + r_b}{R_2} + [r_c (r_e + r_b (1 - \alpha_b))] \times \\ \times \left(\frac{1}{R_1 R_2} + \frac{1}{R_1 R_3} + \frac{1}{R_2 R_3} \right) + \frac{1}{R_3} r_c (1 - \alpha_b), \tag{7.95}$$

Emitterschaltung

$$0 = 1 + \frac{r_c (1 - \alpha_b)}{R_1} + \frac{r_e + r_b}{R_2} + [r_c (r_e + r_b (1 - \alpha_b))] \times \\ \times \left(\frac{1}{R_1 R_2} + \frac{1}{R_1 R_3} + \frac{1}{R_2 R_3} \right) + \frac{1}{R_3} (r_b + r_c), \tag{7.96}$$

Kollektorschaltung

$$0 = 1 + \frac{r_c (1 - \alpha_b)}{R_1} + \frac{r_b + r_c}{R_2} + [r_c (r_e + r_b (1 - \alpha_b))] \times \\ \times \left(\frac{1}{R_1 R_2} + \frac{1}{R_1 R_3} + \frac{1}{R_2 R_3} \right) + \frac{1}{R_3} (r_b + r_e). \tag{7.97}$$

Man sieht leicht, daß die drei Gln. (7.95), (7.96) u. (7.97) gleichwertig sind und jeweils zwei aus einer gegebenen gewonnen werden können. Die Gleichung für die Emitterschaltung gewinnen wir aus der für die Basisschaltung, indem wir $\mathfrak{R}_3$ in $\mathfrak{R}_1$ und $\mathfrak{R}_1$ in $\mathfrak{R}_3$ übergehen lassen, während der Übergang von der Basisschaltung in die Kollektorschaltung durch $\mathfrak{R}_3$ in $\mathfrak{R}_1$, $\mathfrak{R}_2$ in $\mathfrak{R}_3$ und $\mathfrak{R}_1$ in $\mathfrak{R}_2$ erfolgt. Drehen wir in der Abb. 7.6 den Transistor in die entsprechenden Lagen, so erhalten wir das gleiche Ergebnis. Für alle drei Anordnungen sind also Schwingungen mit Spitzentransistoren möglich. Es ist dabei gleichgültig, welchem der drei Widerstände $\mathfrak{R}_1$, $\mathfrak{R}_2$ oder $\mathfrak{R}_3$ ein imaginärer Anteil parallel liegt.

7.9 Oszillatoren mit zwei frequenzbestimmenden Zweipolen

a) Mit einem passiven Π-Glied

Aus den Grundschaltungen Abb. 7.6 und 7.10 lassen sich mit zwei frequenzbestimmenden Zweipolen eine Reihe von Oszillatoren herstellen. Wir berechnen zunächst den in Abb. 7.18 gezeigten Oszillator bei welchem $\mathfrak{R}_1$ als reell angenommen wird. Für die frequenzbestimmenden Zweipole sei

$$\frac{1}{\mathfrak{R}_1} = \frac{1}{R_1} \qquad \frac{1}{\mathfrak{R}_2} = \frac{1}{R_2} + \mathrm{j}\, X_2 \qquad \frac{1}{\mathfrak{R}_3} = \frac{1}{R_3} + \mathrm{j}\, X_3. \tag{7.98}$$

Wir formen die Gl. (7.50) oder Gl. (7.56) mit Hilfe von Gl. (7.84) um in:

$$0 \geqq |Y| + \frac{1}{\Re_3} K + \frac{1}{R_i} \frac{1}{\Re_2} + \frac{1}{R_{gi}} \frac{1}{\Re_1} + \frac{1}{\Re_1 \Re_2} + \frac{1}{\Re_1 \Re_3} + \frac{1}{\Re_2 \Re_3} \quad (7.99)$$

und setzen die Ausdrücke Gl. (7.98) ein.

Aufgespalten in einen reellen und imaginären Anteil erhalten wir:

$$0 \geqq |Y| + \frac{1}{R_3} K + \frac{1}{R_i} \frac{1}{R_2} + \frac{1}{R_{gi}} \frac{1}{R_1} + \frac{1}{R_1 R_2} + \frac{1}{R_1 R_3} + \frac{1}{R_2 R_3} - X_2 X_3, \quad (7.100)$$

$$X_2 \left[\frac{1}{R_i} + \frac{1}{R_1} + \frac{1}{R_3}\right] + X_3 \left[K + \frac{1}{R_1} + \frac{1}{R_2}\right] = 0. \quad (7.101)$$

Setzen wir X_2 aus Gl. (7.101) in Gl. (7.100) ein, so ergibt sich:

$$0 \leqq |Y| + \frac{1}{R_3} K + \frac{1}{R_i} \frac{1}{R_2} + \frac{1}{R_{gi}} \frac{1}{R_1} + \frac{1}{R_1 R_2} + \frac{1}{R_1 R_3} + \frac{1}{R_2 R_3} + X_3^2 \frac{K + \frac{1}{R_1} + \frac{1}{R_2}}{\frac{1}{R_i} + \frac{1}{R_1} + \frac{1}{R_3}}. \quad (7.102)$$

Da bei Flächentransistoren $|Y|$, K, R_{gi} und R_i immer positiv sind, so sind nur Schaltungen mit Spitzentransistoren möglich.

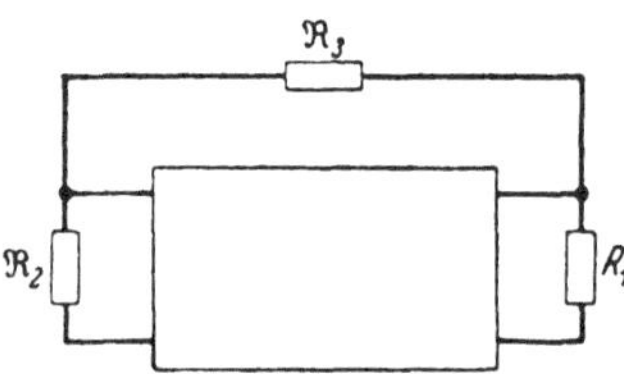

Abb. 7.18. Allgemeiner Transistoroszillator mit zwei komplexen Scheinwiderständen

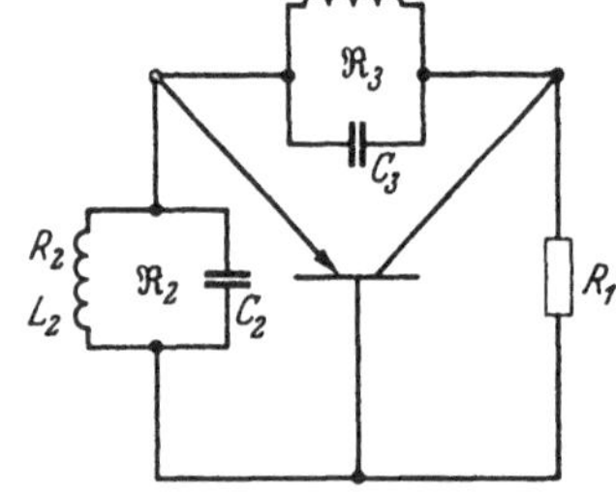

Abb. 7.19. Oszillator nach Abb. 7.18 mit zwei Parallelkreisen [*81*]

Wir untersuchen nun einige Oszillatoren, die den Gln. (7.98) genügen. Für die Anordnung Abb. 7.19 [*81*] gilt:

$$\frac{1}{\Re_1} = \frac{1}{R_1} \qquad \frac{1}{\Re_2} = \frac{1}{R_2} + \mathrm{j}\left(\omega C_2 - \frac{1}{\omega L_2}\right)$$
$$\frac{1}{\Re_3} = \frac{1}{R_3} + \mathrm{j}\left(\omega C_3 - \frac{1}{\omega L_3}\right). \quad (7.103)$$

Die Gl. (7.102) kann mit $X_3 = \omega C_3 - \frac{1}{\omega L_3}$ übernommen werden, während die Frequenzgleichung lautet:

$$\left(\omega C_2 - \frac{1}{\omega L_2}\right)\left(\frac{1}{R_i} + \frac{1}{R_1} + \frac{1}{R_3}\right) + \left(\omega C_3 - \frac{1}{\omega L_3}\right)\left(K + \frac{1}{R_1} + \frac{1}{R_2}\right) = 0. \quad (7.104)$$

Man kann — und wird dieses auch zweckmäßig tun — beide Kreise auf die gleiche Frequenz abstimmen. Dann ist $X_2 = X_3 = 0$ und der Einfluß eines zweiten frequenzbestimmenden Zweipols auf die Amplitudenbedingung verschwindet. Läßt man verschiedene Abstimmung zu, so folgt aus Gl. (7.104) für die Frequenz:

$$\omega^2 = \frac{\dfrac{1}{L_2} + \dfrac{K + \dfrac{1}{R_1} + \dfrac{1}{R_2}}{\dfrac{1}{R_i} + \dfrac{1}{R_1} + \dfrac{1}{R_3}} \dfrac{1}{L_3}}{C_2 + \dfrac{K + \dfrac{1}{R_1} + \dfrac{1}{R_2}}{\dfrac{1}{R_i} + \dfrac{1}{R_1} + \dfrac{1}{R_3}} C_3} . \qquad (7.105)$$

Um an einem Zahlenbeispiel die Schaltung besser kennenzulernen, wählen wir als Spitzentransistor einen A-Transistor BTLM 1725 mit den Daten

$$r_e = 125\,\Omega \qquad r_b = 75\,\Omega \qquad r_m = 32\,\mathrm{k}\Omega \qquad r_c = 15\,\mathrm{k}\Omega . \qquad (7.106)$$

Aus den bekannten Umrechnungsformeln berechnen wir die weiteren Größen:

$$R_{gib} = 40\,\Omega \qquad R_{ib} = 3\,\mathrm{k}\Omega \qquad K_b = -\,2.83 \cdot 10^{-2}$$
$$\alpha_b = 2{,}13 \qquad |Y| = \tfrac{1}{6} \cdot 10^{-5} . \qquad (7.107)$$

Weiterhin sei $X_2 = X_3 = 0$. Setzen wir die gefundenen Werte in die Gl. (7.102) ein, so sehen wir, daß nur ein Ausdruck — K/R_3 — negativ ist. Wenn wir für die Resonanzwiderstände R_2 und R_3 geeignet hohe Werte annehmen, so können wir die meisten Teile der Gl. (7.102) (auch $|Y|$) vernachlässigen. Es bleibt übrig:

$$\frac{K_b}{R_3} + \frac{1}{R_{gib} R_1} = 0 . \qquad (7.108)$$

Umgeformt mit den Gln. (7.85) u. (7.88) ergibt sich:

$$\alpha_b = 1 + \frac{R_3}{R_1} = 2{,}13 . \qquad (7.109)$$

Ohne die Vernachlässigung würde an Stelle von R_3/R_1 ein um ein geringes verschiedener Wert stehen. Wir können R_1 zum Einstellen der Amplitudenbedingung verwenden, wobei R_1 etwa den Resonanzwiderständen der Kreise entsprechen müßte. Will man R_1 zur Einstellung des Arbeitspunktes benutzen, so ist eine Regelung durch einen Parallelwiderstand zu R_3 möglich.

In dem Oszillator (Abb. 7.19) können wir jeden der Kreise durch einen Schwingkristall ersetzen. Welcher Kreis am besten zu ersetzen ist, richten sich nach R_{gib} und α_b.

Lassen wir den Kondensator C_2 weg, so erhalten wir den Oszillator der Abb. 7.20.

Die Gl. (7.100) oder Gl. (7.102) kann hierbei übernommen werden. In der Frequenzgleichung (7.104) ist $C_2 = 0$ zu setzen. Die einfache Lösung $X_2 = X_3 = 0$ ist natürlich nicht mehr möglich.

Mit der Abkürzung

$$k = \frac{\frac{1}{R_i} + \frac{1}{R_1} + \frac{1}{R_3}}{K + \frac{1}{R_1} + \frac{1}{R_2}} \tag{7.110}$$

wird aus Gl. (7.105)

$$\omega^2 = \frac{1}{L_3 C_3}\left(1 + k\frac{L_3}{L_2}\right). \tag{7.111}$$

Für das zur Amplitudenbedingung gehörende Glied $-X_2 X_3$ Gl. (7.100) ergibt sich mit Gl. (7.110)

$$-X_2 X_3 = \frac{k L_3 C_3}{L_2 + k L_3}. \tag{7.112}$$

Mit großen Werten von R_1, R_2 und R_3 (R_2 ist der durch den Verlustwiderstand r_2 der Spule hervorgerufene Parallelwiderstand $\omega^2 L_2^2/r_2$)

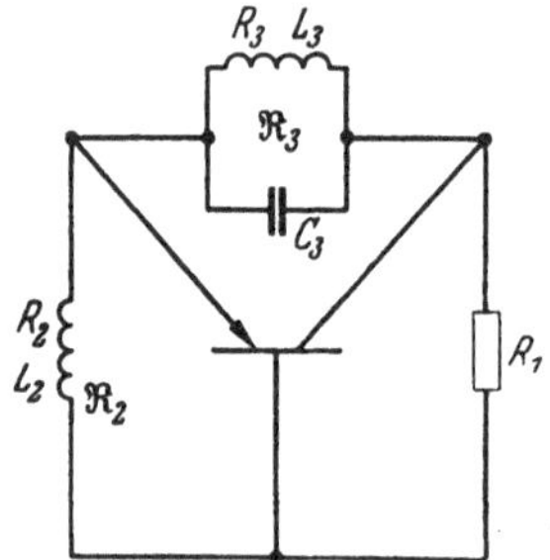

Abb. 7.20. Oszillator nach Abb. 7.18 mit Parallelkreis und Induktivität

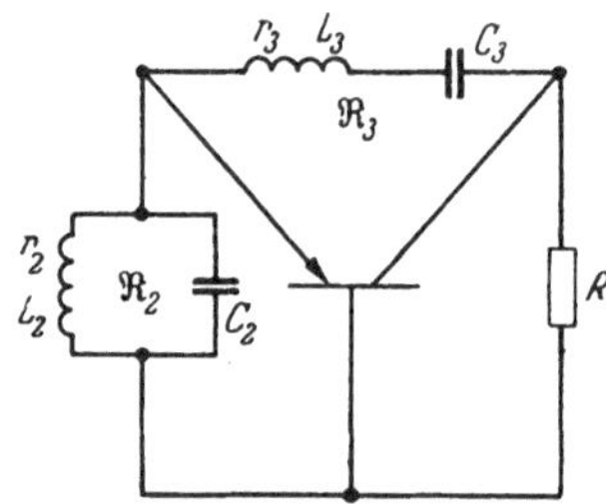

Abb. 7.21 Oszillator mit Reihen- und Parallelkreis [81]

kann die Abkürzung k wegen K negativ werden. Da uns eine rohe Abschätzung hier genügt, so lassen wir alle Parallelwiderstände weg und setzen

$$k \approx \frac{1}{R_i K},$$

wofür wir mit dem A-Transistor als Zahlenwert $k = -1{,}18 \cdot 10^{-4}$ erhalten. Für $L_2/L_3 > -k$ ist damit $-X_2 X_3$ negativ und gegenüber der Schaltung Abb. 7.19 kann ein kleineres α_b Schwingfähigkeit erzielen. Für $L_3 = -\frac{1}{k} L_2$, welches Verhältnis mit einem Schwingquarz zu erzielen wäre, würde $\omega = 0$ und $-X_2 X_3 = \infty$. Mit etwas kleineren Werten L_3 ließen sich kleine Frequenzen erzielen, soweit die Amplitudenbedingung erfüllbar wäre.

Man findet in der Literatur [*81*] auch die Schaltung Abb. 7.21.

Für die Schaltteile gilt mit den Spulenwiderständen r_2 und r_3

$$\frac{1}{\Re_1} = \frac{1}{R_1},$$
$$\frac{1}{\Re_2} = \frac{r_2 + j\left(\omega L_2 - \frac{1}{\omega C_2}\right)}{\frac{L_2}{C_2}} = \frac{r_2 C_2}{L_2} + j\left(\omega C_2 - \frac{1}{\omega L_2}\right),$$
$$\frac{1}{\Re_3} = \frac{r_3}{r_3^2 + \left(\omega L_3 - \frac{1}{\omega C_3}\right)^2} - j\frac{\omega L_3 - \frac{1}{\omega C_3}}{r_3^2 + \left(\omega L_3 - \frac{1}{\omega C_3}\right)^2}. \qquad (7.113)$$

Für die beiden Kreise ist der Widerstand im Resonanzfall:

$$\frac{1}{R_2} = \frac{r_2 C_2}{L_2} \qquad \frac{1}{R_3} = \frac{1}{r_3}. \qquad (7.114)$$

Der Widerstand R_2 ist im allgemeinen ein sehr großer, während R_3 ein kleiner Widerstand ist. Kann man die Amplitudenbedingung so einrichten, daß sie für einen großen Widerstand R_3 Gl. (7.103) und für einen kleinen Widerstand R_3 Gl. (7.114) erfüllt ist, so sind beide Anordnungen (Parallel- und Reihenresonanz) möglich.

Betrachten wir die Amplitudenbedingung Gl. (7.100) für $X_2 = X_3 = 0$ und einen kleinen Wert $R_3 = r_3$.

Mit den durch kleines R_3 erlaubten Vernachlässigungen ergibt sich:

$$\frac{1}{R_3} K + \frac{1}{R_{gi} R_1} + \frac{1}{R_3}\left(\frac{1}{R_1} + \frac{1}{R_2}\right) = 0. \qquad (7.115)$$

Zur Erfüllung dieser Gleichung muß R_1 oder R_2 sehr klein werden. Da im vorliegenden Fall R_2 als Resonanzwiderstand des Parallelkreises groß ist, so können wir es vernachlässigen:

$$K + \frac{1}{R_1}\left(1 + \frac{R_3}{R_{gi}}\right) = 0. \qquad (7.116)$$

Mit den Daten des A-Transistors ergibt sich für einen angenommenen Spulenverlust $R_3 = 16{,}6\ \Omega$ der sehr niedrige Widerstand $R_1 = 0{,}5\ \Omega$

Betrachten wir Oszillatorschaltungen, bei denen gegenüber den bisher behandelten $\Re_1$ und $\Re_2$ vertauscht sind. Abb. 7.22 zeigt als Beispiel die aus Abb. 7.20 durch Vertauschen von $\Re_1$ und $\Re_2$ gewonnene Anordnung.

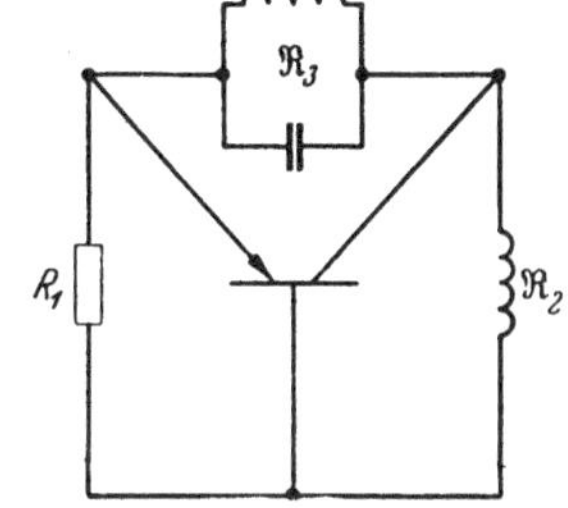

Abb. 7.22 Oszillator mit Parallelkreis und gegenüber Abb. 7.20 vertauschter Induktivität [81]

Gl. (7.100) zeigt, daß hierbei nur die Ausdrücke $1/R_i\,\Re_2$ und $1/R_{gi}\,\Re_1$ in $1/R_i\,\Re_1$ und $1/R_{gi}\,\Re_2$ übergeführt werden. Damit ändert sich die Amplitudenbedingung, so daß eine andere Einstellung erfolgen muß. Es ändert sich aber kein Vorzeichen, so daß das zu Gl. (7.102)

Gesagte gilt und auch diese Anordnungen nur mit Spitzentransistoren schwingen können.

Zur Berechnung der Schaltung verweisen wir auf die Angaben bei den Anordnungen Abb. 7.20 und 7.21.

Wir behandeln jetzt die Anordnung Abb. 7.23, die auch mit einem Kristall, der in seiner Reihenresonanz schwingt, versehen werden kann (s. Abb. 7.24). Der zur Kollektorspannungszuführung eingezeichnete Widerstand w ist wesentlich größer als der Reihenresonanzwiderstand des Kreises und kann deshalb vernachlässigt werden. Auf einen Wider-

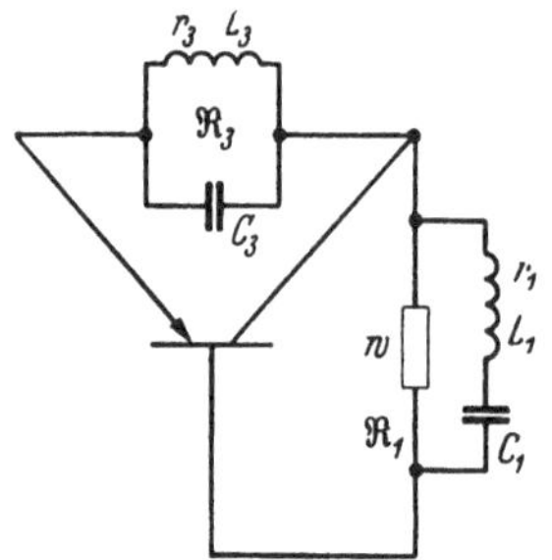

Abb. 7.23
Oszillator mit Reihen- und Parallelkreis in gegenüber Abb. 7.21 vertauschter Lage [81]

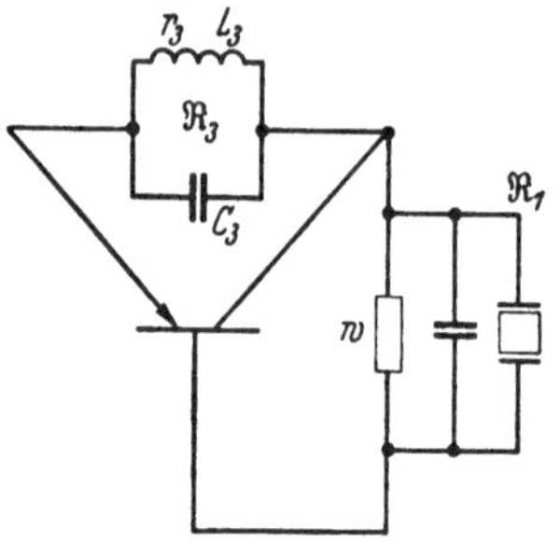

Abb. 7.24
Oszillator mit Parallelkreis und Kristall [81]

stand zwischen Emitter und Basis können wir verzichten, so daß $R_2 = \infty$ wird.

Es ist

$$\frac{1}{\mathfrak{R}_1} = \frac{r_1}{r_1^2 + \left(\omega L_1 - \frac{1}{\omega C_1}\right)^2} - \mathrm{j}\,\frac{\omega L_1 - \frac{1}{\omega C_1}}{r_1^2 + \left(\omega L_1 - \frac{1}{\omega C_1}\right)^2} \tag{7.117}$$

$$\frac{1}{\mathfrak{R}_2} = 0 \qquad \frac{1}{\mathfrak{R}_3} = \frac{r_3 C_3}{L_3} + \mathrm{j}\left(\omega C_3 - \frac{1}{\omega L_3}\right),$$

und wenn wir beide Kreise auf die gleiche Frequenz abstimmen, $X_2 = X_3 = 0$, lauten die Widerstände im Resonanzfall:

$$\frac{1}{R_1} = \frac{1}{r_1} \qquad \frac{1}{R_3} = \frac{r_3 C_3}{L_3}. \tag{7.118}$$

Die Gleichung für die Amplitudenbedingung Gl. (7.102) lautet hier:

$$0 = |Y| + \frac{1}{R_3} K + \frac{1}{R_{gi}} \frac{1}{R_1} + \frac{1}{R_1 R_3}. \tag{7.119}$$

Ziehen wir als Zahlenbeispiel den Transistor BTLM 1752 heran, dessen Werte sich in den Gln. (7.107) finden, so sehen wir, daß wir in Gl. (7.119) weiterhin vernachlässigen können und erhalten [s. Gl. (7.108)]

$$\frac{1}{R_3} K + \frac{1}{R_{gi} R_1} = 0. \tag{7.120}$$

Hieraus ergibt sich:

$$\alpha_b = 1 + \frac{R_3}{R_1} = 2{,}13. \tag{7.121}$$

Wir sehen, daß der α_b-Wert des gewählten Transistors viel zu klein ist, denn das Verhältnis R_3/R_1 hat nur Sinn, wenn es ziemlich groß ist.

b) Mit einem Π-Glied mit Kreisanzapfung

Eine sehr interessante Schaltung zeigt Abb. 7.25 [*82*]. Als Stabilität wird bei einem Quarz von 11,2 MHz $\pm 7 \cdot 10^{-5}$ angegeben. Die Speisespannung wird mit einer ZENER-Diode stabilisiert. Das angezapfte Π-Glied rechnet sich in ein einfaches Π-Glied (Abb. 7.26) um nach den Gleichungen:

$$\frac{1}{\mathfrak{R}_1} = \frac{1}{\mathfrak{R}_1'} + \frac{1}{\ddot{u}^2\,\mathfrak{R}_3'} - \frac{1}{\ddot{u}\,\mathfrak{R}_3'}$$

$$\frac{1}{\mathfrak{R}_2} = \frac{1}{\mathfrak{R}_2'} + \frac{1}{\mathfrak{R}_3'} - \frac{1}{\ddot{u}\,\mathfrak{R}_3'} \tag{7.122}$$

$$\frac{1}{\mathfrak{R}_3} = \frac{1}{\ddot{u}\,\mathfrak{R}_3'} \qquad \ddot{u} = \frac{w_1}{w_2},$$

wobei $\ddot{u}$ das Windungsverhältnis ist.

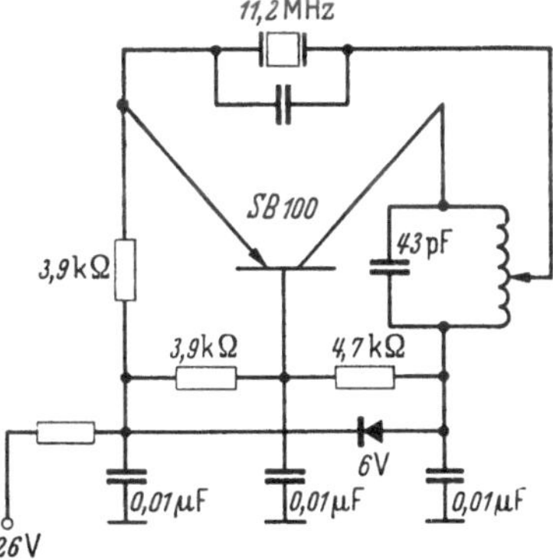

Abb. 7.25. Ausgeführter Oszillator mit Kristall und angezapftem Parallelkreis [*82*]

Die Daten des Transistors SB 100 liegen leider nicht vor. Es ist aber nicht anzunehmen, daß sie wesentlich von den Daten eines üblichen Spitzentransistors abweichen. Wir wollen daher unsere Betrachtungen an Hand des Transistors BTLM 1725 ausführen, zumal unsere Beispiele nicht zum Nachbau, sondern nur zur Anregung dienen sollen.

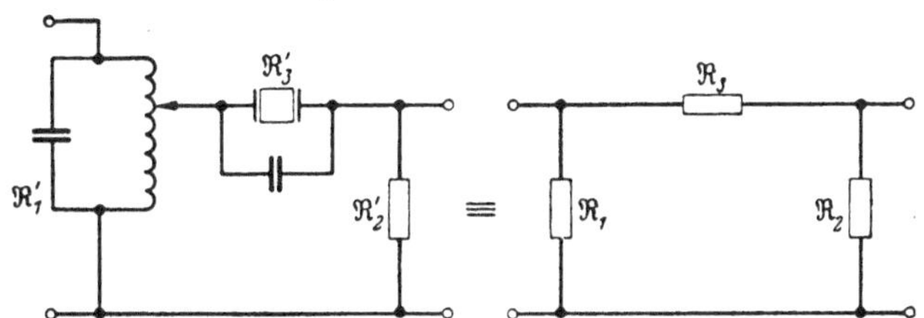

Abb. 7.26. Π-Glied mit angezapftem Parallelkreis und Kristall mit Ersatzbild

Zweckmäßig stimmen wir Kristall und Kreis auf die gleiche Frequenz ab. Damit entfallen die imaginären Anteile, und die zuständige Gl. (7.99) kann gleich in Realteilen geschrieben werden:

$$0 \geqq |Y| + \frac{1}{R_3}K + \frac{1}{R_{ib}\,R_2} + \frac{1}{R_{gib}\,R_1} + \frac{1}{R_1\,R_2} + \frac{1}{R_1\,R_3} + \frac{1}{R_2\,R_3}. \tag{7.123}$$

Da die Möglichkeit besteht, daß der Kristall in seiner Reihenresonanz angeregt werden kann, wollen wir zunächst dieselbe prüfen. Da wir den

Einfluß von C_0 hierbei unbeachtet lassen können, so gilt:

$$\frac{1}{\Re_1'} = \frac{r_1 + \mathrm{j}\left(\omega L_1 - \frac{1}{\omega C_1}\right)}{\frac{L_1}{C_1}}, \quad \frac{1}{\Re_2'} = \frac{1}{R_2'}, \quad \frac{1}{\Re_3'} = \frac{r_3 - \mathrm{j}\left(\omega L_3 - \frac{1}{\omega C_3}\right)}{r_3^2 + \left(\omega L_3 - \frac{1}{\omega C_3}\right)^2} \tag{7.124}$$

und für die Realteile:

$$\frac{1}{R_1'} = \frac{r_1 C_1}{L_1} \qquad \frac{1}{R_2'} = \frac{1}{R_2'} \qquad \frac{1}{R_3'} = \frac{1}{r_3}. \tag{7.125}$$

Diese Werte sind in Gl. (7.122) einzusetzen und die Ergebnisse in Gl. (7.123):

$$\begin{aligned} 0 \gtreqless |Y| + \frac{K_b}{\ddot{u} r_3} + \frac{1}{R_{ib}}\left[\frac{1}{R_2'} + \frac{1}{r_3} - \frac{1}{\ddot{u} r_3}\right] + \\ + \frac{1}{R_{gib}}\left[\frac{r_1 C_1}{L_1} + \frac{1}{\ddot{u}^2 r_3} - \frac{1}{\ddot{u} r_3}\right] + \frac{r_1 C_1}{L_1}\frac{1}{r_3} + \frac{1}{R_2'}\frac{r_1 C_1}{L_1} + \frac{1}{R_2'}\frac{1}{\ddot{u}^2 r_3}. \end{aligned} \tag{7.126}$$

Für $\ddot{u} = 1$ vereinfacht sich Gl. (7.126) zu

$$\begin{aligned} 0 \gtreqless |Y| + \frac{K_b}{r_3} + \frac{1}{R_{ib}}\frac{1}{R_2'} + \frac{1}{R_{gib}}\frac{r_1 C_1}{L_1} + \\ + \frac{r_1 C_1}{L_1}\frac{1}{r_3} + \frac{1}{R_2'}\frac{r_1 C_1}{L_1} + \frac{1}{R_2'}\frac{1}{r_3}. \end{aligned} \tag{7.127}$$

Nach den Daten Gl. (7.107)

$R_{gib} = 40\,\Omega \qquad R_{ib} = 3\,\mathrm{k}\Omega \qquad K_b = -2{,}83 \cdot 10^{-2} \qquad |Y| = \frac{1}{6} \cdot 10^{-5}$

sind die Größen des passiven Vierpols auszuwählen. Nehmen wir $r_3 = 1\,\Omega$ an, so müßte unter Beibehaltung des in der Abb. 7.25 angegebenen Wertes von $R_2' = 3{,}9\,\mathrm{k}\,\Omega$ der Parallelkreis einen Resonanzwiderstand von etwa $1\,\Omega$ haben. Da dieses sinnlos ist, so müssen wir annehmen, daß die Anordnung Abb. 7.25 einen in Parallelresonanz schwingenden Quarz besitzen soll. Mit einem Wert R_2' von ungefähr $R_2' \approx -K_b$ wäre Reihenresonanz des Kristalls möglich. Mit herstellbaren $\ddot{u}$-Werten gibt es keine grundlegende Veränderung des Befundes.

Wenden wir uns nun zur Parallelresonanz des Kristalls. An Stelle der Gln. (7.124) u. (7.125) erhalten wir mit der Parallelkapazität C_0 des Kristalls:

$$\begin{aligned} \frac{1}{\Re_3'} &= \frac{r_3 + \mathrm{j}\left(\omega L_3 - \frac{1}{\omega C_3} - \frac{1}{\omega C_0}\right)}{\left(\omega L_3 - \frac{1}{\omega C_3}\right)\frac{1}{\omega C_0}} \qquad \omega L_3 - \frac{1}{\omega C_3} - \frac{1}{\omega C_0} = 0 \\ \frac{1}{R_3'} &= r_3\,\omega^2 C_0^2 = \frac{r_3 C_0 (C_0 + C_3)}{L_3 C_3} \approx \frac{r_3 C_0^2}{L_3 C_3}. \end{aligned} \tag{7.128}$$

Jetzt haben wir mit Gl. (7.128) einen hohen R_3'-Wert. An Stelle von Gl. (7.126) gilt:

$$0 \geqq |Y| + \frac{K}{ü}\,\frac{r_3 C_0^2}{L_3 C_3} + \frac{1}{R_{ib}}\left[\frac{1}{R_2'} + \frac{r_3 C_0^2}{L_3 C_3}\left(1 - \frac{1}{ü}\right)\right] + \\ + \frac{1}{R_{gib}}\left[\frac{r_1 C_1}{L_1} + \frac{r_3 C_0^2}{L_3 C_3}\left(\frac{1}{ü^2} - \frac{1}{ü}\right)\right] + \frac{r_1 C_1}{L_1}\,\frac{r_3 C_0^2}{L_3 C_3} + \frac{1}{R_2'}\,\frac{r_1 C_1}{L_1} + \\ + \frac{1}{R_2'}\,\frac{r_3 C_0^2}{ü^2 L_3 C_3} \tag{7.129}$$

und mit $ü = 1$:

$$0 \geqq |Y| + K\frac{r_3 C_0^2}{L_3 C_3} + \frac{1}{R_{ib}}\,\frac{1}{R_2'} + \frac{1}{R_{gib}}\,\frac{r_1 C_1}{L_1} + \\ + \frac{r_1 C_1}{L_1}\,\frac{r_3 C_0^2}{L_3 C_3} + \frac{1}{R_2'}\,\frac{r_1 C_1}{L_1} + \frac{1}{R_2'}\,\frac{r_3 C_0^2}{L_3 C_3}\,. \tag{7.130}$$

Mit den Werten

$$R_2' = 4\,k\,\Omega \qquad \frac{L_1}{r_1 C_1} = 20\,k\,\Omega \qquad \frac{L_3 C_3}{r_3 C_0^2} = 10\,k\,\Omega$$

läßt sich die Gl. (7.130) näherungsweise befriedigen.

Bei sehr großen Werten von $\frac{L_1}{r_1 C_1}$ bleibt die Beziehung

$$|Y| = -K\frac{r_3 C_0^2}{L_3 C_3} \tag{7.131}$$

übrig. Für den vorliegenden Transistor ergibt sie $L_3\,C_3/r_3\,C_0^2 = 17\,\text{k}\Omega$. Mit Werten $ü > 1$ werden die Resonanzwiderstände nicht höher.

Die umgekehrte Anzapfung, wie sie Abb. 7.27 zeigt, ergibt zwar neue Möglichkeiten, doch keine Erhöhung des Resonanzwiderstandes. Möglicherweise hat der Transistor SB 100 einen geeigneteren K_b-Wert.

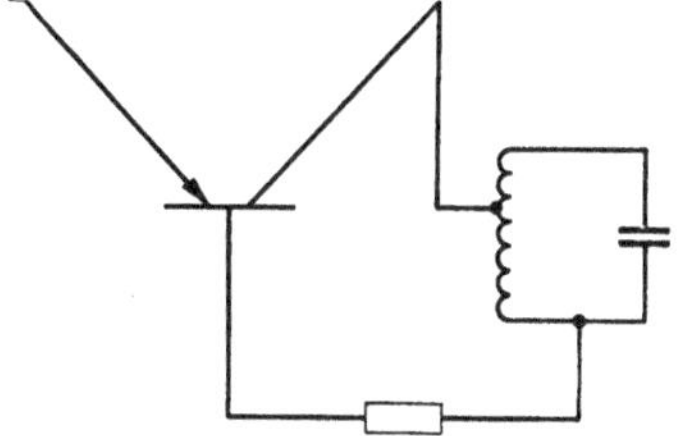

Abb. 7.27. Zu Abb. 7.25 entgegengesetzt wirkende Anzapfung

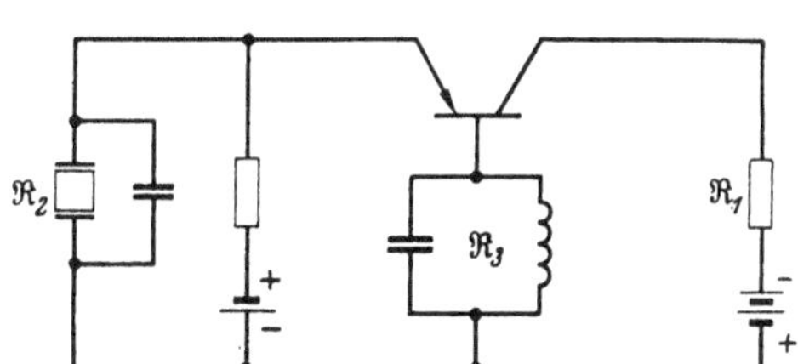

Abb. 7.28. Transistor mit parallelgeschaltetem umgekehrtem T-Glied

c) Mit einem passiven *T*-Glied

Aus den Oszillatoren Abb. 7.11 und Abb. 7.17 läßt sich ein Kristalloszillator mit zwei frequenzbestimmenden Zweipolen entwickeln (s. Abb. 7.28). Es gilt Gl. (7.65) mit Vertauschung von $\mathfrak{R}_1$ und $\mathfrak{R}_2$, angewandt auf die Basisschaltung:

$$0 = \frac{1}{\mathfrak{R}_1} + \frac{1}{\mathfrak{R}_2} + \frac{1}{\mathfrak{R}_3} + \frac{W_{11b}}{\mathfrak{R}_2\,\mathfrak{R}_3} + \frac{W_{21b}}{\mathfrak{R}_1\,\mathfrak{R}_3} + \frac{K_b\,|W|}{\mathfrak{R}_1\,\mathfrak{R}_2} + \frac{|W|}{\mathfrak{R}_1\,\mathfrak{R}_2\,\mathfrak{R}_3}\,. \tag{7.132}$$

Da der Kristall eine Reihen- und eine Parallelresonanz besitzt, wollen wir prüfen, ob beide Frequenzen erzielt werden können. Natürlich muß der Parallelkreis auf die jeweils vorgesehene Frequenz abgestimmt werden. Damit fallen die Imaginärteile heraus, und die Gl. (7.132) ist mit den Realteilen gültig. Im Falle der Reihenresonanz besteht der Realteil von $\mathfrak{R}_2$ aus dem Kristallreihenwiderstand, der im allgemeinen recht niedrig ist, es sei denn bei tiefen Frequenzen. Im Falle der Parallelresonanz ist der Realteil von $\mathfrak{R}_2$ sehr groß, da er der Parallelresonanzwiderstand des Kristallkreises ist, der natürlich durch den Widerstand zur Spannungszuführung verkleinert werden kann. Wir betrachten ein Zahlenbeispiel mit dem Transistor BTLM 1725 [siehe die Gln. (7.106) u. (7.107)]. Es ist:

$$W_{1lb} = r_e + r_b = 200\,\Omega \qquad W_{2lb} = r_b + r_c = 15\,k\Omega\,, \qquad K_b|W| = r_c - r_m = -17\,\text{k}\Omega \tag{7.133}$$

und damit nach Gl. (7.132):

$$0 \geqq \frac{1}{R_1} + \frac{1}{R_2} + \frac{1}{R_3} + \frac{200}{R_2 R_3} + \frac{15 \cdot 10^3}{R_1 R_3} - \frac{17 \cdot 10^3}{R_1 R_2} + \frac{5 \cdot 10^6}{R_1 R_2 R_3}. \tag{7.134}$$

Prüfen wir zunächst den Fall, ob Reihenresonanz möglich ist. Um einen leichten Überblick zu haben, denken wir uns R_3 groß, was bei dem Parallelkreis ja auch das gegebene ist. Bei einer Reihenresonanz ist nun R_2 sehr klein, so daß wir unter diesen Annahmen in Gl. (7.134) vernachlässigen können zu:

$$0 \geqq \frac{1}{R_2} - \frac{17 \cdot 10^3}{R_1 R_2}. \tag{7.135}$$

Mit der Lösung $R_1 \leqq 17$ kΩ läßt sich die Reihenresonanz anregen. Im Falle der Parallelresonanz wird R_2 groß, R_3 ist ebenfalls groß. Da der negative Ausdruck zur Befriedigung der Gl. (7.134) ebenfalls groß sein muß, so muß R_1 klein sein. Damit ergibt sich entsprechend Gl. (7.135) die Beziehung:

$$0 \geqq \frac{1}{R_1} - \frac{17 \cdot 10^3}{R_1 R_2} \tag{7.136}$$

mit der Bedingung $R_2 \leqq 17$ kΩ.

Auch die Parallelresonanz ist möglich, doch muß der Resonanzwiderstand ziemlich klein gemacht werden. Ähnlich wie bei der Anordnung Abb. 7.14 kann sich eine Drehung des Transistors oder eine Vertauschung von $\mathfrak{R}_1$ und $\mathfrak{R}_2$ bei einem gewählten Transistor günstig auswirken.

7.10 Oszillatoren mit drei frequenzbestimmenden Zweipolen

Schalten wir einen Transistor mit drei frequenzbestimmenden Zweipolen zusammen, die als Π-Glied (s. Abb. 7.18) oder als T-Glied (s. Abb. 7.10) geschaltet werden können, so sind Schwingungen mit einem Flächentransistor möglich. Auch Brückenschaltungen und deren äquivalente Anordnungen sind verwendbar. Wir betrachten ein Π-Glied mit den Größen:

$$\frac{1}{\Re_1} = \frac{1}{R_1} + \mathrm{j}\,X_1 \qquad \frac{1}{\Re_2} = \frac{1}{R_2} + \mathrm{j}\,X_2 \qquad \frac{1}{\Re_3} = \frac{1}{R_3} + \mathrm{j}\,X_3. \tag{7.137}$$

Setzen wir diese Werte in die Gl. (7.99) ein, so erhalten wir als Amplituden- und als Frequenzbedingung:

$$\begin{aligned} 0 \geqq |Y| + \frac{K}{R_3} + \frac{1}{R_i R_2} + \frac{1}{R_{gi} R_1} + \frac{1}{R_1 R_2} + \\ + \frac{1}{R_1 R_3} + \frac{1}{R_2 R_3} - X_1 X_2 - X_1 X_3 - X_2 X_3\,, \end{aligned} \tag{7.138}$$

$$\begin{aligned} X_3\left(K + \frac{1}{R_1} + \frac{1}{R_2}\right) + X_2\left(\frac{1}{R_i} + \frac{1}{R_1} + \frac{1}{R_3}\right) + \\ + X_1\left(\frac{1}{R_{gi}} + \frac{1}{R_2} + \frac{1}{R_3}\right) = 0\,. \end{aligned} \tag{7.139}$$

Können zwei der Imaginärteile im Schwingungsfall Null werden, z. B. $X_1 = X_2 = 0$, so muß nach Gl. (7.139) auch der dritte Null werden ($X_3 = 0$). Damit verschwindet der Einfluß der imaginären Schaltteile, und ein solcher Oszillator ist nur mit einem Spitzentransistor schwingfähig. Wird ein Imaginärteil Null, so haben bei positiven Klammerausdrücken Gl. (7.139) die beiden anderen entgegengesetztes Vorzeichen, und das Einsetzen in Gl. (7.138) ergibt einen positiven Ausdruck, der nichts zur Unterstützung der Schwingfähigkeit beiträgt. Da aber die Klammerausdrücke bei Flächentransistoren positiv sind, so können solche keine Schwingungen erzielen. Haben aber die drei Produkte der Imaginärteile in Gl. (7.138) gleiches Vorzeichen, so sind alle drei negativ. Haben indessen zwei gleiches Vorzeichen, während das dritte entgegengesetztes Vorzeichen aufweist, so bleibt von den drei Produkten nur eins mit negativem Vorzeichen übrig. Auch dieses kann völlig zur Schwingungserzeugung mit einem Flächentransistor ausreichen.

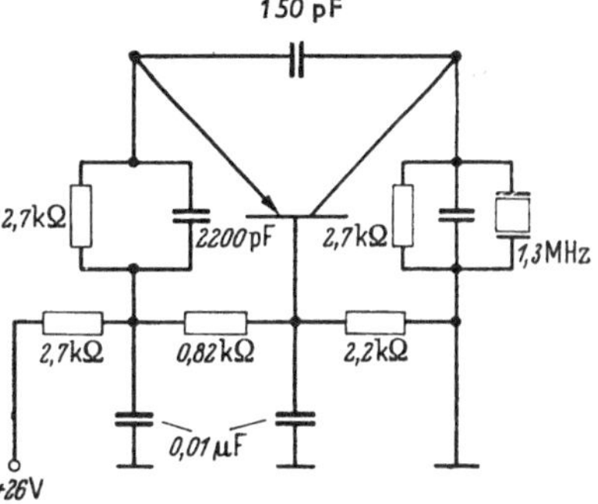

Abb. 7.29. Oszillator mit drei komplexen Scheinwiderständen [82]

Nach der ausführlichen Behandlung von Oszillatoren mit zwei frequenzbestimmenden Zweipolen wollen wir uns in diesem Abschnitt auf ein Beispiel beschränken.

Wir berechnen die in Abb. 7.29 gezeigte Anordnung [82]. Zunächst müssen wir überlegen, ob der Kristall in seiner Reihen- oder seiner Parallelresonanz schwingen soll. Da demselben 2,7 kΩ parallel gelegt sind, so kann nur Reihenresonanz in Frage kommen, denn der sehr hohe Parallelresonanzwiderstand des Kristalls würde praktisch kurzgeschlossen. Die Resonanz wird zwar durch die Kapazitäten 150 pF und 2200 pF verstimmt, wobei dieselben nicht direkt, sondern über den Transistor wirken. Da der Einfluß der kleinen Kapazität überwiegt, wollen wir die dadurch hervorgerufene Verstimmung berechnen, ohne auf den Transistor einzugehen. Mit den Benennungen der Abb. 7.29 ist bei Vernachlässigung der Kristallparallelkapazität [s. Gl. (8.17)]:

$$\omega^2 = \omega_0^2\left(1 + \frac{C_1}{C_3}\right) \qquad v = 2\,\frac{\Delta f}{f} = \frac{C_1}{C_3}\,, \tag{7.140}$$

wobei ω_0 die Reihenresonanzfrequenz bedeutet und v die Verstimmung. Ein Quarzkristall von 1,3 MHz kann die Werte haben:

$$r_1 = 25\,\Omega \qquad L_1 = 0{,}5\,\mathrm{H} \qquad C_1 = 3\cdot 10^{-2}\,\mathrm{pF}. \tag{7.141}$$

Mit diesen Werten wird bei dem C_3-Wert von 150 pF die Verstimmung $v = 2\cdot 10^{-4}$.

Aus dieser Verstimmung können wir schließen, daß die reine Reihenresonanz mit den eingeschalteten Kapazitäten nicht erhalten werden kann. Die zu erwartende Verstimmung in der Schaltung gestattet die Annahme

$$r_1^2 \ll \left(\omega L_1 - \frac{1}{\omega C_1}\right)^2. \tag{7.141}$$

Mit derselben erhalten wir die Widerstände der frequenzbestimmenden Zweipole zu:

$$\begin{aligned} \frac{1}{\Re_1} &= \frac{1}{R_1'} + \frac{r_1}{\left(\omega L_1 - \frac{1}{\omega C_1}\right)^2} - j\,\frac{1}{\omega L_1 - \frac{1}{\omega C_1}}\,, \\ \frac{1}{\Re_2} &= \frac{1}{R_2} + j\,\omega C_2 \qquad \frac{1}{\Re_3} = j\,\omega C_3 \end{aligned} \tag{7.142}$$

mit den Zahlenwerten:

$$\begin{aligned} \frac{1}{R_1'} &= 3{,}7\cdot 10^{-4} \qquad L_1 = 0{,}5\,\mathrm{H} \qquad C_1 = 3\cdot 10^{-2}\,\mathrm{pF}, \\ \frac{1}{R_2} &= 3{,}7\cdot 10^{-4} \qquad C_2 = 2200\,\mathrm{pF} \qquad C_3 = 150\,\mathrm{pF}. \end{aligned} \tag{7.143}$$

Wir können noch $\dfrac{r_1}{\left(\omega L_1 - \frac{1}{\omega C_1}\right)^2}$ gegen $\dfrac{1}{R_1'}$ vernachlässigen. Da uns die Daten des angegebenen Transistors CK 761 nicht zur Verfügung stehen und der Leser auch die für ihn greifbaren Transistoren benutzen möchte, so prüfen wir die Anordnung für den Flächentransistor OC 32 der Firma Intermetall. Derselbe hat die Daten:

$$\frac{1}{R_{ji}} = 2{,}5\cdot 10^{-2}\,, \quad \frac{1}{R_i} = 5{,}55\cdot 10^{-6}\,, \quad K_b = 2\cdot 10^{-3}\,, \quad |Y| = 2{,}5\cdot 10^{-8}. \tag{7.144}$$

Die Frequenzbedingung Gl. (7.139) liefert mit den Gln. (7.142) die Gleichung:

$$\omega C_3\left(K + \frac{1}{R_1'} + \frac{1}{R_2}\right) + \omega C_2\left(\frac{1}{R_i} + \frac{1}{R_1'}\right) - \\ - \frac{1}{\omega L_1 - \dfrac{1}{\omega C_1}}\left(\frac{1}{R_{gi}} + \frac{1}{R_2}\right) = 0. \tag{7.145}$$

Wir vernachlässigen R_2 gegen R_{gi} und lösen nach $\omega L_1 - \dfrac{1}{\omega C_1}$ auf:

$$\omega L_1 - \frac{1}{\omega C_1} = \frac{1}{\omega R_{gi}\left[C_3\left(K + \dfrac{1}{R_1'} + \dfrac{1}{R_2}\right) + C_2\left(\dfrac{1}{R_i} + \dfrac{1}{R_1'}\right)\right]} = \frac{1}{\omega C}. \tag{7.146}$$

Mit der Abkürzung C, deren Zahlenwert wir gleich ermitteln:

$$C = C_3 R_{gi}\left(K + \frac{1}{R_1'} + \frac{1}{R_2}\right) + C_2 R_{gi}\left(\frac{1}{R_i} + \frac{1}{R_1'}\right) = 49{,}4\ \text{pF}, \tag{7.147}$$

berechnen wir die tatsächliche Verstimmung

$$\bar{v} = \frac{C_1}{C} = 6 \cdot 10^{-4}. \tag{7.148}$$

Für den Ausdruck $\left(\omega L_1 - \dfrac{1}{\omega C_1}\right)$ liefert der Wert von C aus Gl. (7.147) — in Gl. (7.146) eingesetzt — den Wert $2{,}5 \cdot 10^3$, wobei als Frequenz die Kristallfrequenz von 1,3 MHz benutzt wurde. Damit bestätigt sich die Richtigkeit der Ungleichung Gl. (7.141) und der Vereinfachung von R_1 zu R_1'.

Wenn wir auch die Frequenz schon durch die Verstimmung $\bar{v}$ kennen, so wollen wir doch die Gl. (7.146) nach ω auflösen:

$$\omega^2 = \frac{1}{L_1 C_1}\left(1 + \frac{C_1}{C}\right). \tag{7.149}$$

Aus der Gl. (7.138) folgt als Amplitudenbedingung ($R_3 = \infty$):

$$0 \geqq |Y| + \frac{1}{R_i R_2} + \frac{1}{R_{gi} R_1'} + \frac{1}{R_1' R_2} + \frac{\omega C_2}{\omega L_1 - \dfrac{1}{\omega C_1}} + \\ + \frac{\omega C_3}{\omega L_1 - \dfrac{1}{\omega C_1}} - \omega^2 C_2 C_3. \tag{7.150}$$

Wir können $|Y|$ und $1/R_i R_2$ vernachlässigen und erhalten mit der Gleichung (7.146) und der Näherung von (7.149)

$$0 = \frac{1}{R_1'}\left(\frac{1}{R_{gi}} + \frac{1}{R_2}\right) + \frac{C(C_2 + C_3)}{L_1 C_1} - \frac{C_2 C_3}{L_1 C_1}. \tag{7.151}$$

Die Zahlenwerte (7.143) und (7.144) ergeben:

$$0 \neq 9{,}4 \cdot 10^{-6} + 7{,}85 \cdot 10^{-6} - 22 \cdot 10^{-6}. \tag{7.152}$$

Es war nicht zu erwarten, daß die Amplitudenbedingung Gl. (7.151) erfüllt ist. Man sieht jedoch, daß sie leicht zu erfüllen ist. Man kann R_1' und R_2 verändern. Weil es sich um einen anderen Transistor handelt, sind sowieso zur Einstellung des Arbeitspunktes andere Werte erforderlich. Da man auch die Batteriespannung ändern wird, so sind Einstellmöglichkeiten vorhanden. Wir wollen R_2 kleiner wählen. Die genaue Berechnung ist umständlich, da R_2 auch in C enthalten ist. Da der Einfluß von $1/R_2$ auf C größer ist als auf den ersten Ausdruck von Gl. (7.151), so ermitteln wir, welcher Wert von R_2 etwa den fehlenden Unterschied in der Ungleichung Gl. (7.152) aufheben könnte. Man findet $R_2 = 250\,\Omega$, also $1/R_2 = 4 \cdot 10^{-3}$. Mit diesem Wert ergibt sich $C = 71$ pF, womit sich $\bar{v}$ auf $4 \cdot 10^{-4}$ reduziert, und die Amplitudenbedingung ist angenähert erfüllt.

7.11 Oszillator mit einem Kristall und zwei Transistoren

Bei Oszillatoren mit Elektronenröhren wird gelegentlich eine zweite Röhre benutzt. Dieselbe kann zur Phasendrehung dienen und die Steilheit erhöhen. In ähnlicher Weise kann ein zweiter Transistor benutzt werden. Hier ist der besondere Vorteil, daß man einfache Schaltungen mit Flächentransistoren aufbauen kann. Wir betrachten die Anordnung Abb. 7.30 [118]. Wir zeichnen dieselbe um und erhalten unter Weglassung der für den Hochfrequenzweg unwichtigen Größen die Abb. 7.31.

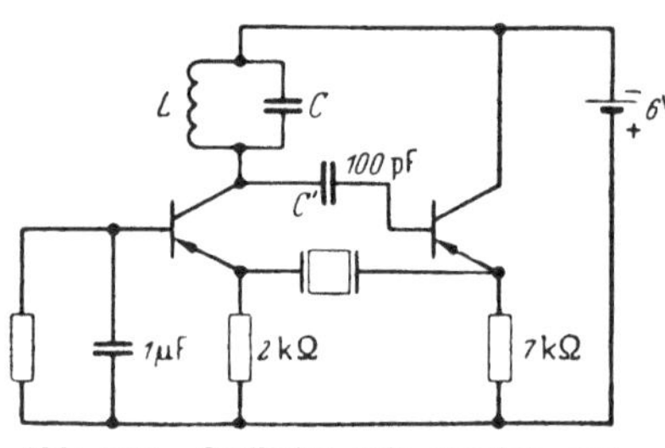

Abb. 7.30. Oszillator mit Kristall und zwei Transistoren [118]

Die gestrichelten Linien zerlegen die Schaltung in vier Vierpole. Man erkennt, daß die Anordnung einer HEEGNER-Schaltung (siehe Kap. 6.14) entspricht, wobei allerdings ein Transistor in Kollektorschaltung und der andere in Basisschaltung betrieben wird.

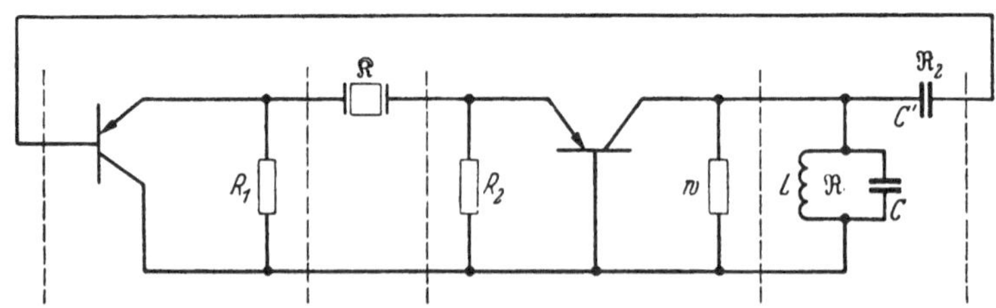

Abb. 7.31. Umgezeichnete Abb. 7.30

Zur Vereinfachung schlagen wir die Widerstände R_1 und R_2 den Transistoren zu, ebenso den Verlustwiderstand w des Parallelkreises.

Die vier Vierpole sind durch ihre Kettenmatrizen gegeben, wobei die Matrixgrößen durch die Größen der Leitwertmatrix ausgedrückt sind:

$$\mathfrak{V}_{\mathrm{I}} = \begin{pmatrix} -\dfrac{1}{\bar{R}_{ic} S_c} & \dfrac{1}{S_c} \\ -\dfrac{|\bar{Y}_c|}{S_c} & \dfrac{1}{R_{gic} S_c} \end{pmatrix}. \tag{7.153}$$

Hierbei ist dem Ausgang des Transistors der Widerstand R_1 parallel gelegt. Bezeichnen wir die Größen des Transistors ohne Strich, so gelten die Gleichungen:

$$\frac{1}{\bar{R}_{ic}} = \frac{1}{R_{ic}} + \frac{1}{R_1} \qquad |\bar{Y}_c| = \frac{1}{R_{gic}} \left(\frac{1}{R_{ic}} + \frac{1}{R_1}\right) - S_{gc} S_c. \tag{7.154}$$

Für den nur aus dem Kristall mit dem Scheinwiderstand $\mathfrak{K}$ bestehenden zweiten Vierpol gilt:

$$\mathfrak{V}_{\mathrm{II}} = \begin{pmatrix} 1 & \mathfrak{K} \\ 0 & 1 \end{pmatrix} \tag{7.155}$$

und mit den Kristallgrößen:

$$\mathfrak{K} = R_K + \mathrm{j}\left(\omega L_K - \frac{1}{\omega C_K}\right). \tag{7.156}$$

Da der Kristall in seiner Serienresonanz schwingen soll, kann man bei nicht zu hohen Frequenzen seine Parallelkapazität vernachlässigen. Für den zweiten Transistor mit den Widerständen R_2 und w ist:

$$\mathfrak{V}_{\mathrm{III}} = \begin{pmatrix} -\dfrac{1}{\bar{R}_{ib} S_b} & \dfrac{1}{S_b} \\ -\dfrac{|\bar{Y}_b|}{S_b} & \dfrac{1}{\bar{R}_{gib} S_b} \end{pmatrix}. \tag{7.157}$$

Auch hier fällt bei den Transistorwerten der Strich weg, und die Umrechnungsgleichungen sind:

$$\begin{gathered} \frac{1}{\bar{R}_{gib}} = \frac{1}{R_{gib}} + \frac{1}{R_2} \qquad \frac{1}{\bar{R}_{ib}} = \frac{1}{R_{ib}} + \frac{1}{w}, \\ |\bar{Y}_b| = \left(\frac{1}{R_{gib}} + \frac{1}{R_2}\right)\left(\frac{1}{R_{ib}} + \frac{1}{w}\right) - S_{gb} S_b. \end{gathered} \tag{7.158}$$

Bei dem vierten Vierpol lautet die Matrix:

$$\mathfrak{V}_{\mathrm{IV}} = \begin{pmatrix} 1 & \mathfrak{R}_2 \\ \dfrac{1}{\mathfrak{R}} & 1 + \dfrac{\mathfrak{R}_2}{\mathfrak{R}} \end{pmatrix} \tag{7.159}$$

mit den Größen:

$$\frac{1}{\mathfrak{R}} = \mathrm{j}\left(\omega C - \frac{1}{\omega L}\right), \; \mathfrak{R}_2 = -\mathrm{j}\frac{1}{\omega C'}, \; \frac{\mathfrak{R}_2}{\mathfrak{R}} = \frac{C}{C'} - \frac{1}{\omega^2 L C'} = a - 1. \tag{7.160}$$

Die Berechnung der Schwingbedingung aus den Gln. (7.153) bis (7.160) ergibt für den Realteil:

$$S_b S_c + S_{gb} S_{gc} = \frac{1}{\bar{R}_{ic}\bar{R}_{ib}} + \left(\frac{R_K}{\bar{R}_{ic}} + 1\right)\left|\bar{Y}_b\right| - \\ - \frac{\left(\omega L_K - \frac{1}{\omega C_K}\right)\left(\omega C - \frac{1}{\omega L}\right)}{\bar{R}_{ic}\bar{R}_{gib}} + a\left|\bar{Y}_c\right| + \\ + \frac{a}{\bar{R}_{gib}}\left(R_K\left|\bar{Y}_c\right| + \frac{1}{R_{gic}}\right) + \frac{\left(\omega L_K - \frac{1}{\omega C_K}\right)\left|\bar{Y}_b\right|\left|\bar{Y}_c\right|}{\omega C'}, \tag{7.161}$$

und für den Imaginärteil:

$$\left(\omega C - \frac{1}{\omega L}\right)\left[\frac{1}{\bar{R}_{ic}} + \frac{1}{\bar{R}_{gib}}\left(1 + \frac{R_K}{\bar{R}_{ic}}\right)\right] + \left(\omega L_K - \frac{1}{\omega C_K}\right) \times \\ \times \left[\frac{\left|\bar{Y}_b\right|}{\bar{R}_{ic}} + \frac{a\left|\bar{Y}_c\right|}{\bar{R}_{gib}}\right] - \frac{1}{\omega C'}\left[\frac{\left|\bar{Y}_c\right|}{\bar{R}_{ib}} + \left|\bar{Y}_b\right|\left(\frac{1}{R_{gic}} + R_K\left|\bar{Y}_c\right|\right)\right] = 0. \tag{7.162}$$

Da der Kristall in seiner Serienresonanz schwingen soll, so müssen die übrigen Schaltteile so abgestimmt werden, daß ihre Phase bei der Serienresonanz des Kristall ebenfalls Null ist. Für die Frequenz gilt:

$$\omega L_K - \frac{1}{\omega C_K} = 0. \tag{7.163}$$

Wir kürzen ab:

$$L'' = C' \frac{\frac{1}{\bar{R}_{ic}} + \frac{1}{\bar{R}_{gib}}\left(1 + \frac{R_K}{\bar{R}_{ic}}\right)}{\frac{\left|\bar{Y}_c\right|}{\bar{R}_{ib}} + \left|\bar{Y}_b\right|\left(\frac{1}{R_{gic}} + R_K\left|\bar{Y}_c\right|\right)} \tag{7.164}$$

und erhalten damit aus Gl. (7.162) mit Gl. (7.163)

$$\omega C - \frac{1}{\omega L} - \frac{1}{\omega L''} = 0. \tag{7.165}$$

Die Gl. (7.165) liefert mit Gl. (7.164) die Abstimmung des Parallelkreises auf die Kristallfrequenz.

Die Amplitudenbedingung Gl. (7.161) vereinfacht sich mit Gl. (7.163) zu:

$$S_b S_c + S_{gb} S_{gc} = \frac{1}{\bar{R}_{ic}\bar{R}_{ib}} + \left(\frac{R_K}{\bar{R}_{ic}} + 1\right)\left|\bar{Y}_b\right| + \\ + a\left|\bar{Y}_c\right| + \frac{a}{\bar{R}_{gib}}\left(R_K\left|\bar{Y}_c\right| + \frac{1}{R_{gic}}\right). \tag{7.166}$$

Setzt man in Gl. (7.166) die Zahlenwerte von Flächentransistoren ein, so sieht man, daß sich dieselbe mit geeigneten Werten R_1 und R_2 erfüllen läßt. Man wählt R_1 und R_2 gern klein, um wilde Schwingungen zu vermeiden und den Einfluß von Streukapazitäten klein zu halten. Bei tiefen Frequenzen nimmt man höhere Ohmwerte, die sich bei höchsten Kristallfrequenzen auf wenige Ohm erniedrigen können.

Die Kopplungskapazität C' kann etwa 100 pF betragen und richtet sich ebenfalls nach den Frequenzen, ohne jedoch kritisch zu sein. Die Größen L und C des Kreises sind ziemlich beliebig. Zweckmäßig macht man C variabel, um auf die Kristallfrequenz einstellen zu können.

7.12 Belastungsunabhängige Transistoroszillatoren

a) Bedingung für Belastungsunabhängigkeit bei einem Widerstand parallel zum passiven Vierpol

Bei den in Kap. 3.7d besprochenen belastungsunabhängigen Oszillatoren wurde die bei Röhren durchaus zulässige Vereinfachung $S_g = 0$ gemacht. Um die Bedeutung von S_g, das bei den benutzten Oszillatoren zahlenmäßig gegenüber S sehr zurücktritt, hervorzuheben, entnehmen wir einem Aufsatz von W. Klein [83] das in Abb. 7.32 gezeigte Ersatzbild, daß auch die innere Rückkopplung durch S_g sehr schön veranschaulicht. Die beiden Röhren sind als idealisierte Röhren zu betrachten.

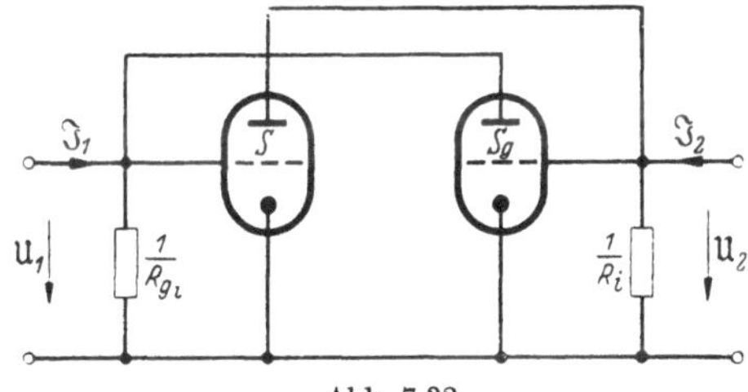

Abb. 7.32
Ersatzbild eines allgemeinen aktiven Vierpols [83]

Wir wenden uns jetzt zu dem passiven Vierpol, der in Kette zu einem Transistor gelegt werden soll. Derselbe soll aus einem beliebigen

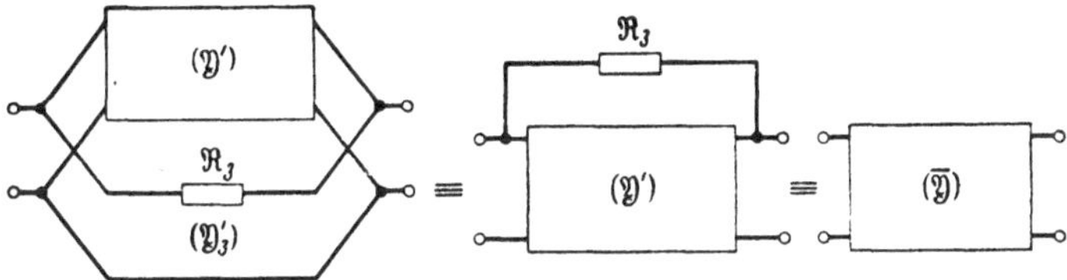

Abb. 7.33. Parallelschaltung eines passiven Vierpols mit einem aus einem Längswiderstand bestehenden entarteten Vierpol [115]

Vierpol bestehen, dem ein entarteter Vierpol aus einem Längswiderstand parallel geschaltet wird, wie Abb. 7.33 zeigt. Für die Leitwertmatrizen der Vierpole gilt:

$$(\mathfrak{Y}') = \begin{pmatrix} \frac{\mathfrak{W}_{2l}'}{|\mathfrak{W}'|} & -\frac{\mathfrak{M}_2'}{|\mathfrak{W}'|} \\ -\frac{\mathfrak{M}_2'}{|\mathfrak{W}'|} & \frac{\mathfrak{W}_{1l}'}{|\mathfrak{W}'|} \end{pmatrix}, \tag{7.167}$$

$$(\mathfrak{Y}_3') = \begin{pmatrix} \frac{1}{\mathfrak{R}_3} & -\frac{1}{\mathfrak{R}_3} \\ -\frac{1}{\mathfrak{R}_3} & \frac{1}{\mathfrak{R}_3} \end{pmatrix}. \tag{7.168}$$

Die resultierende Matrix erhalten wir durch Addition:

$$(\overline{\mathfrak{Y}}) = \begin{pmatrix} \overline{\mathfrak{Y}}_{11} & \overline{\mathfrak{Y}}_{12} \\ \overline{\mathfrak{Y}}_{21} & \overline{\mathfrak{Y}}_{22} \end{pmatrix} = \frac{1}{|\overline{\mathfrak{W}}|} = \begin{pmatrix} \frac{\overline{\mathfrak{W}}_{2l}}{|\overline{\mathfrak{W}}|} & -\frac{\overline{\mathfrak{M}}_2}{|\overline{\mathfrak{W}}|} \\ -\frac{\overline{\mathfrak{M}}_2}{|\overline{\mathfrak{W}}|} & \frac{\overline{\mathfrak{W}}_{1l}}{|\overline{\mathfrak{W}}|} \end{pmatrix}$$
$$= \begin{pmatrix} \frac{\mathfrak{W}'_{2l}}{|\mathfrak{W}'|} + \frac{1}{\mathfrak{R}_3} & -\left(\frac{\mathfrak{M}'_2}{|\mathfrak{W}'|} + \frac{1}{\mathfrak{R}_3}\right) \\ -\left(\frac{\mathfrak{M}'_2}{|\mathfrak{W}'|} + \frac{1}{\mathfrak{R}_3}\right) & \frac{\mathfrak{W}'_{1l}}{|\mathfrak{W}'|} + \frac{1}{\mathfrak{R}_3} \end{pmatrix}. \tag{7.169}$$

Durch Berechnung der Determinante ergibt sich:

$$|\overline{\mathfrak{W}}| = \frac{|\mathfrak{W}'|\,\mathfrak{R}_3}{\mathfrak{R}_3 + \mathfrak{W}'_{1l} + \mathfrak{W}'_{2l} - 2\,\mathfrak{M}'_2} \tag{7.170}$$

und aus den Gln. (7.169) u. (7.170)

$$\overline{\mathfrak{W}}_{1l} = \frac{\mathfrak{W}'_{1l}\,\mathfrak{R}_3 + |\mathfrak{W}'|}{\mathfrak{R}_3 + \mathfrak{W}'_{1l} + \mathfrak{W}'_{2l} - 2\,\mathfrak{M}'_2} \qquad \overline{\mathfrak{M}}_2 = \frac{\mathfrak{M}'_2\,\mathfrak{R}_3 + |\mathfrak{W}'|}{\mathfrak{R}_3 + \mathfrak{W}'_{1l} + \mathfrak{W}'_{2l} - 2\,\mathfrak{M}'_2},$$
$$\overline{\mathfrak{W}}_{2l} = \frac{\mathfrak{W}'_{2l}\,\mathfrak{R}_3 + |\mathfrak{W}'|}{\mathfrak{R}_3 + \mathfrak{W}'_{1l} + \mathfrak{W}'_{2l} - 2\,\mathfrak{M}'_2}. \tag{7.171}$$

Diese Werte werden in die allgemeine Schwingbedingung Gl. (7.1) eingesetzt und ergeben:

$$-\left(\mathfrak{M}'_2 + \frac{|\mathfrak{W}'|}{\mathfrak{R}_3}\right)(S + S_g) \geqq 1 + \frac{\mathfrak{W}'_{1l} + \mathfrak{W}'_{2l} - 2\,\mathfrak{M}'_2}{\mathfrak{R}_3} +$$
$$+ \left(\mathfrak{W}'_{1l} + \frac{|\mathfrak{W}'|}{\mathfrak{R}_3}\right)\frac{1}{\bar{R}_i} + \left(\mathfrak{W}'_{2l} + \frac{|\mathfrak{W}'|}{\mathfrak{R}_3}\right)\frac{1}{\bar{R}_{gi}} + \frac{|\mathfrak{W}'|}{|\mathfrak{W}^*|} \tag{7.172}$$

mit

$$\frac{1}{|\mathfrak{W}^*|} = |\mathfrak{Y}^*| = \left(\frac{1}{R_{gi}} + \frac{1}{\mathfrak{R}_2}\right)\left(\frac{1}{R_i} + \frac{1}{\mathfrak{R}_1}\right) - S_g S = \frac{1}{\bar{R}_{gi}}\,\frac{1}{\bar{R}_i} - S_g S,$$
$$\frac{1}{\bar{R}_{gi}} = \frac{1}{R_{gi}} + \frac{1}{\mathfrak{R}_2} \qquad \frac{1}{\bar{R}_i} = \frac{1}{R_i} + \frac{1}{\mathfrak{R}_1}. \tag{7.173}$$

Wollen wir den Vierpol weglassen, so müssen wir setzen:

$$\mathfrak{W}'_{1l} = \infty \qquad \mathfrak{W}'_{2l} = \infty \qquad \mathfrak{M}'_2 = 0 \qquad |\mathfrak{W}'| = \infty^2. \tag{7.174}$$

Mit diesen Werten liefert die Gl. (7.172) die in Abschn. 7.6 abgeleitete Gl. (7.50), welche zu Abb. 7.6 gehört:

$$-\frac{1}{\mathfrak{R}_3}(S + S_g) \geqq \frac{1}{\mathfrak{R}_3}\left(\frac{1}{\bar{R}_{gi}} + \frac{1}{\bar{R}_i}\right) + \frac{1}{|\mathfrak{W}^*|}. \tag{7.175}$$

Die erhaltene Schwingbedingung Gl. (7.172) soll jetzt unabhängig von $\mathfrak{R}_3$ gemacht werden:

Wir kürzen ab:

$$1 + \frac{\mathfrak{W}'_{1l}}{R_i} + \frac{\mathfrak{W}'_{2l}}{R_{gi}} + \frac{|\mathfrak{W}'|}{|\mathfrak{W}^*|} = \mathfrak{B}\,, \tag{7.176}$$

$$\mathfrak{W}'_{1l} + \mathfrak{W}'_{2l} - 2\,\mathfrak{M}'_2 + \left(\frac{1}{R_i} + \frac{1}{R_{gi}}\right)|\mathfrak{W}'| = \mathfrak{B}' \tag{7.177}$$

und erhalten aus Gl. (7.172):

$$S + S_g = -\frac{\mathfrak{B}\,\mathfrak{R}_3 + \mathfrak{B}'}{\mathfrak{M}'_2\,\mathfrak{R}_3 + |\mathfrak{W}'|} = -\mathfrak{B}\frac{1}{\mathfrak{M}'_2 + \dfrac{|\mathfrak{W}'| - \mathfrak{M}'_2\dfrac{\mathfrak{B}'}{\mathfrak{B}}}{\mathfrak{R}_3 + \dfrac{\mathfrak{B}'}{\mathfrak{B}}}}\,. \tag{7.178}$$

Aus der Gl. (7.178) läßt sich leicht die gesuchte Bedingung für Unabhängigkeit von $\mathfrak{R}_3$ entnehmen:

$$|\mathfrak{W}'| - \mathfrak{M}'_2\frac{\mathfrak{B}'}{\mathfrak{B}} = 0. \tag{7.179}$$

Ausführlich geschrieben lautet Gl. (7.179)

$$|\mathfrak{W}'|\left[\frac{\mathfrak{W}'_{1l} - \mathfrak{M}'_2}{R_i} + \frac{\mathfrak{W}'_{2l} - \mathfrak{M}'_2}{R_{gi}} + \frac{|\mathfrak{W}'|}{|\mathfrak{W}^*|}\right] + (\mathfrak{W}'_{1l} - \mathfrak{M}'_2)\,(\mathfrak{W}'_{2l} - \mathfrak{M}'_2) = 0. \tag{7.180}$$

Mit der Schwingbedingung Gl. (7.178) können wir eine weitere Form der Bedingung für Belastungsunabhängigkeit gewinnen.

Mit Gl. (7.179) wird aus Gl. (7.178)

$$S + S_g = -\frac{\mathfrak{B}}{\mathfrak{M}'_2}. \tag{7.181}$$

Wird dieser Wert in Gl. (7.179) eingesetzt, so ist:

$$(S + S_g)\,|\mathfrak{W}'| + \mathfrak{B}' = 0, \tag{7.182}$$

welche Gleichung ausführlich geschrieben lautet:

$$|\mathfrak{W}'|\left(\frac{1}{R_{gi}} + \frac{1}{R_i} + S_g + S\right) + \mathfrak{W}'_{1l} + \mathfrak{W}'_{2l} - 2\,\mathfrak{M}'_2 = 0. \tag{7.183}$$

Aus Gl. (7.180) läßt sich noch eine andere Form für die Belastungsunabhängigkeitsbedingung ableiten, nämlich:

$$\left(\frac{\mathfrak{W}'_{1l} - \mathfrak{M}'_2}{|\mathfrak{W}'|} + \frac{1}{R_{gi}}\right)\left(\frac{\mathfrak{W}'_{2l} - \mathfrak{M}'_2}{|\mathfrak{W}'|} + \frac{1}{R_i}\right) - S_g\,S = 0. \tag{7.184}$$

Für $\mathfrak{M}'_2 = 0$ erhalten wir aus Gl. (7.184)

$$\left(\frac{1}{\mathfrak{W}'_{2l}} + \frac{1}{R_{gi}}\right)\left(\frac{1}{\mathfrak{W}'_{1l}} + \frac{1}{R_i}\right) - S_g\,S = 0. \tag{7.185}$$

Die Gl. (7.185) ist also die Belastungsunabhängigkeitsbedingung für den Sonderfall $\mathfrak{M}_2' = 0$. Lassen wir noch entsprechend Gl. (7.174) $\mathfrak{W}_{1l}$ und $\mathfrak{W}_{2l}$ gegen Unendlich gehen, so wird aus Gl. (7.185):

$$\frac{1}{|\mathfrak{W}^*|} = 0. \tag{7.186}$$

Setzen wir die Gl. (7.186) in Gl. (7.175) ein, so können wir uns leicht von der Belastungsunabhängigkeit der Gl. (7.175) überzeugen.

Die Gl. (7.175) können wir natürlich auch erhalten, wenn wir in Gl. (7.172) $\mathfrak{R}_1$, $\mathfrak{R}_2$ und $\mathfrak{R}_3$ gegen Unendlich gehen lassen und dafür als Vierpol ein Π-Glied mit den drei Widerständen einsetzen.

b) Bedingung für Strom im Belastungswiderstand

Es genügt nicht, festzustellen unter welcher Bedingung eine Schwinganordnung durch einen beliebigen Belastungswiderstand nicht beeinflußt wird, sondern es muß auch ein Strom durch den Belastungswiderstand fließen. Hierzu ist ein Spannungsunterschied an den Enden des Belastungswiderstandes erforderlich. Bei der behandelten Anordnung wollen wir die Bedingung für einen Spannungsunterschied aufstellen.

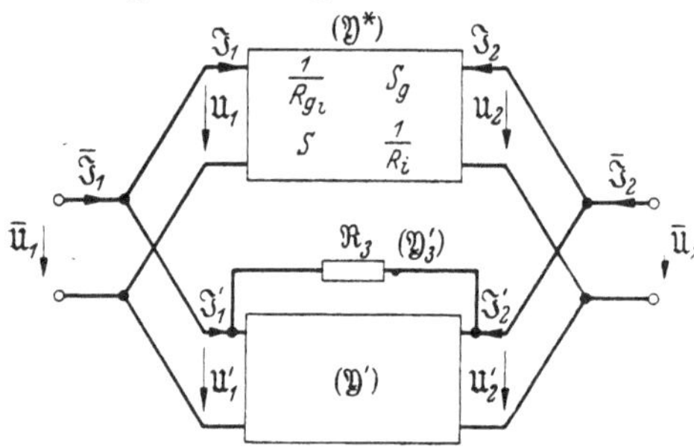

Abb. 7.34 Parallelschaltung der Vierpole Abb. 7.32 und Abb. 7.33 [115]

Wir schalten in Abb. 7.34 den Vierpol mit der Matrix $(\overline{\mathfrak{Y}})$ der aus der Parallelschaltung der Matrizen $(\mathfrak{Y}')$ und $(\mathfrak{Y}_3')$ entstanden ist, parallel zu einem Transistorvierpol mit den Abschlußwiderständen $\mathfrak{R}_1$ und $\mathfrak{R}_2$ mit der Matrix $(\mathfrak{Y}^*)$, für welche gilt:

$$(\mathfrak{Y}^*) = \begin{pmatrix} \frac{1}{R_{gi}} + \frac{1}{\mathfrak{R}_2} & S_g \\ S & \frac{1}{R_i} + \frac{1}{\mathfrak{R}_1} \end{pmatrix}. \tag{7.187}$$

Mit den in Abb. 7.34 eingezeichneten Strömen und Spannungen entnehmen wir für die Parallelschaltung

$$\begin{pmatrix} \overline{\mathfrak{J}}_1 \\ \overline{\mathfrak{J}}_2 \end{pmatrix} = (\overline{\overline{\mathfrak{Y}}}) \begin{pmatrix} \overline{\mathfrak{U}}_1 \\ \overline{\mathfrak{U}}_2 \end{pmatrix} = (\mathfrak{Y}^* + \overline{\mathfrak{Y}}) \begin{pmatrix} \overline{\mathfrak{U}}_1 \\ \overline{\mathfrak{U}}_2 \end{pmatrix} = (\mathfrak{Y}^* + \mathfrak{Y}' + \mathfrak{Y}_3') \begin{pmatrix} \overline{\mathfrak{U}}_1 \\ \overline{\mathfrak{U}}_2 \end{pmatrix}. \tag{7.188}$$

Die Bedingung für die Zusammenschaltung, die zur Schwingungserzeugung führen soll, lautet:

$$\overline{\mathfrak{J}}_1 = 0 \qquad \overline{\mathfrak{J}}_2 = 0 \tag{7.189}$$

und damit wird aus Gl. (7.188)

$$0 = \overline{\overline{\mathfrak{Y}}}_{11}\overline{\mathfrak{U}}_1 + \overline{\overline{\mathfrak{Y}}}_{12}\overline{\mathfrak{U}}_2 \qquad 0 = \overline{\overline{\mathfrak{Y}}}_{21}\overline{\mathfrak{U}}_1 + \overline{\overline{\mathfrak{Y}}}_{22}\overline{\mathfrak{U}}_2 . \tag{7.190}$$

Aus Gl. (7.190) erhalten wir als Schwingbedingung:

$$|\overline{\overline{\mathfrak{Y}}}| = \overline{\overline{\mathfrak{Y}}}_{11}\overline{\overline{\mathfrak{Y}}}_{22} - \overline{\overline{\mathfrak{Y}}}_{12}\overline{\overline{\mathfrak{Y}}}_{21} = 0 , \tag{7.191}$$

und da, um einen Spannungsabfall an $\mathfrak{R}_3$ zu erzeugen,

$$\overline{\mathfrak{U}}_1 \neq \overline{\mathfrak{U}}_2 \tag{7.192}$$

sein darf:

$$\overline{\overline{\mathfrak{Y}}}_{11} + \overline{\overline{\mathfrak{Y}}}_{12} \neq 0 , \tag{7.193}$$

$$\overline{\overline{\mathfrak{Y}}}_{21} + \overline{\overline{\mathfrak{Y}}}_{22} \neq 0 . \tag{7.194}$$

Die beiden Bedingungen Gln. (7.193) u. (7.194) sind gleichwertig. Es genügt eine davon, denn durch Einsetzen einer derselben in die Schwingbedingung Gl. (7.191) erhält man die andere.

Mit den Gln. (7.167), (7.168) u. (7.187) wird aus den Gln. (7.193) u. (7.194)

$$\frac{1}{R_{gi}} + S_g + \frac{\mathfrak{W}'_{2l} - \mathfrak{M}'_2}{|\mathfrak{W}'|} \neq 0 , \tag{7.195}$$

$$\frac{1}{R_i} + S + \frac{\mathfrak{W}'_{1l} - \mathfrak{M}'_2}{|\mathfrak{W}'|} \neq 0 . \tag{7.196}$$

Ohne die Abschlußwiderstände lauten die Bedingungen:

$$\frac{1}{R_{gi}} + S_g + \frac{\mathfrak{W}'_{2l} - \mathfrak{M}'_2}{|\mathfrak{W}'|} \neq 0 , \tag{7.197}$$

$$\frac{1}{R_i} + S + \frac{\mathfrak{W}'_{1l} - \mathfrak{M}'_2}{|\mathfrak{W}'|} \neq 0 . \tag{7.198}$$

Wir wollen die gefundenen Bedingungen auf die zu Abb. 7.6, Gl. (7.175) gehörende Anordnung anwenden.

Belastungsunabhängig wird dieselbe für $\frac{1}{|\mathfrak{W}^*|} = 0$ nach Gl. (7.186), so daß von Gl. (7.175) verbleibt:

$$0 = \frac{1}{\mathfrak{R}_3}\left[\frac{1}{R_{ji}} + \frac{1}{\mathfrak{R}_2} + S_g + S + \frac{1}{R_i} + \frac{1}{\mathfrak{R}_1}\right] . \tag{7.199}$$

Mit den Beziehungen Gl. (7.184) vereinfachen sich die Bedingungen Gl. (7.195) u. (7.196) zu

$$\frac{1}{R_{gi}} + \frac{1}{\mathfrak{R}_2} + S_g \neq 0 , \tag{7.200}$$

$$S + \frac{1}{R_i} + \frac{1}{\mathfrak{R}_1} \neq 0 . \tag{7.201}$$

Dieselben stehen im Widerspruch zu Gl. (7.199), falls sie nicht entgegengesetzt gleich sind. Es fließt also kein Strom durch den Widerstand $\mathfrak{R}_3$. Nach der Einfachheit der Anordnung Abb. 7.6 war dieses Ergebnis zu erwarten.

c) Bedingung für Belastungsunabhängigkeit bei einem Widerstand in Reihe zum passiven Vierpol

Als weitere Möglichkeit, belastungsunabhängige Oszillatoren aufzubauen, betrachten wir die Anordnung Abb. 7.35. Für die beiden in Reihe zu schaltenden Matrizen gelten die Formeln

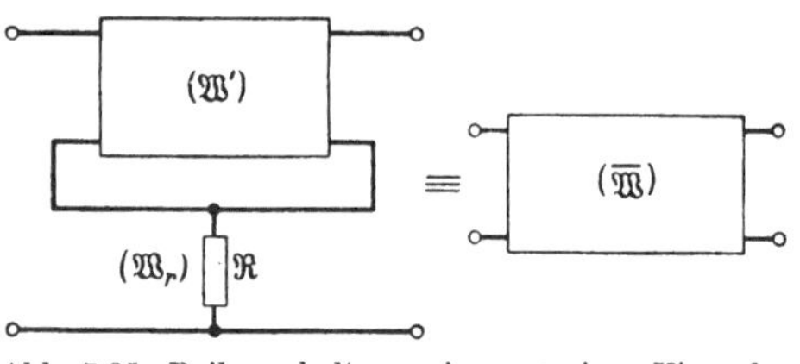

Abb. 7.35. Reihenschaltung eines passiven Vierpols mit einem aus einem Querwiderstand bestehenden entarteten Vierpol [115]

$$(\mathfrak{W}') = \begin{pmatrix} \mathfrak{W}'_{1l} & \mathfrak{M}'_2 \\ \mathfrak{M}'_2 & \mathfrak{W}'_{2l} \end{pmatrix}, \tag{7.202}$$

$$(\mathfrak{W}_r) = \begin{pmatrix} \mathfrak{R} & \mathfrak{R} \\ \mathfrak{R} & \mathfrak{R} \end{pmatrix} \tag{7.203}$$

und somit für die resultierende Matrix, die durch Addition gewonnen wird:

$$(\overline{\mathfrak{W}}) = (\mathfrak{W}') + (\mathfrak{W}_r) = \begin{pmatrix} \mathfrak{W}'_{1l} + \mathfrak{R} & \mathfrak{M}'_2 + \mathfrak{R} \\ \mathfrak{M}'_2 + \mathfrak{R} & \mathfrak{W}'_{2l} + \mathfrak{R} \end{pmatrix}. \tag{7.204}$$

Damit ergibt sich

$$\begin{gathered} \overline{\mathfrak{W}}_{1l} = \mathfrak{W}'_{1l} + \mathfrak{R} \qquad \overline{\mathfrak{W}}_{2l} = \mathfrak{W}'_{2l} + \mathfrak{R} \qquad \overline{\mathfrak{M}}_2 = \mathfrak{M}'_2 + \mathfrak{R}, \\ |\overline{\mathfrak{W}}| = |\mathfrak{W}'| + \mathfrak{R}(\mathfrak{W}'_{1l} + \mathfrak{W}'_{2l} - 2\,\mathfrak{M}'_2). \end{gathered} \tag{7.205}$$

Diese Werte werden in die allgemeine Schwingbedingung Gl. (7.1) eingesetzt und ergeben:

$$\begin{aligned} -(\mathfrak{M}'_2 + \mathfrak{R})(S + S_g) \geqq 1 + \frac{\mathfrak{W}'_{1l} + \mathfrak{R}}{\bar{R}_i} + \frac{\mathfrak{W}'_{2l} + \mathfrak{R}}{\bar{R}_{gi}} + \\ + \frac{|\mathfrak{W}'| + \mathfrak{R}(\mathfrak{W}'_{1l} + \mathfrak{W}'_{2l} - 2\,\mathfrak{M}'_2)}{|\mathfrak{W}^*|}. \end{aligned} \tag{7.206}$$

Mit der Abkürzung $\mathfrak{B}$ [s. Gl. (7.176)]

$$\mathfrak{B} = 1 + \frac{\mathfrak{W}'_{1l}}{\bar{R}_i} + \frac{\mathfrak{W}'_{2l}}{\bar{R}_{gi}} + \frac{|\mathfrak{W}'|}{|\mathfrak{W}^*|} \tag{7.207}$$

und

$$\mathfrak{B}'' = \frac{1}{\bar{R}_i} + \frac{1}{\bar{R}_{gi}} + \frac{\mathfrak{W}'_{1l} + \mathfrak{W}'_{2l} - 2\,\mathfrak{M}'_2}{|\mathfrak{W}^*|} \tag{7.208}$$

wird aus Gl. (7.206)

$$S + S_g \geqq -\mathfrak{V}'' \frac{\mathfrak{R} + \dfrac{\mathfrak{V}}{\mathfrak{V}''}}{\mathfrak{M}_2' + \mathfrak{R}} = -\mathfrak{V}'' \frac{1}{1 + \dfrac{\mathfrak{M}_2' - \dfrac{\mathfrak{V}}{\mathfrak{V}''}}{\mathfrak{R} + \dfrac{\mathfrak{V}}{\mathfrak{V}''}}}. \tag{7.209}$$

Als Bedingung für Unabhängigkeit von $\mathfrak{R}$ und somit Belastungsunabhängigkeit entnehmen wir der Gl. (7.209):

$$\mathfrak{M}_2' - \frac{\mathfrak{V}}{\mathfrak{V}''} = 0. \tag{7.210}$$

Schreiben wir die Bedingung ausführlich, so lautet sie:

$$1 + \frac{\mathfrak{W}_{1l}' - \mathfrak{M}_2'}{\bar{R}_i} + \frac{\mathfrak{W}_{2l}' - \mathfrak{M}_2'}{\bar{R}_{gi}} + \frac{(\mathfrak{W}_{1l}' - \mathfrak{M}_2')(\mathfrak{W}_{2l}' - \mathfrak{M}_2')}{|\mathfrak{W}^*|} = 0. \tag{7.211}$$

Durch Umformen von Gl. (7.211) gewinnen wir als Bedingung:

$$\left(\frac{1}{\mathfrak{W}_{1l}' - \mathfrak{M}_2'} + \frac{1}{\bar{R}_i}\right)\left(\frac{1}{\mathfrak{W}_{2l}' - \mathfrak{M}_2'} + \frac{1}{\bar{R}_{gi}}\right) - S_g S = 0. \tag{7.212}$$

d) Oszillator mit zwei belastungsunabhängigen Widerständen

Schalten wir die Anordnungen Abb. 7.33 und 7.35 zu einem Oszillator zusammen, wie Abb. 7.36 zeigt, so bleibt die Eigenschaft der Belastungsunabhängigkeit für die Widerstände $\mathfrak{R}_3$ und $\mathfrak{R}$ erhalten, wenn wir beide Bedingungen, nämlich die Gln. (7.184) u. (7.212) ineinander überführen können. Der Vergleich beider Bedingungen ergibt als Bedingung für die gleichzeitige Belastungsunabhängigkeit des Oszillators von $\mathfrak{R}_3$ und $\mathfrak{R}$:

$$\frac{\mathfrak{W}_{1l}' - \mathfrak{M}_2'}{|\mathfrak{W}'|} = \frac{1}{\mathfrak{W}_{1l}' - \mathfrak{M}_2'}$$
$$\frac{\mathfrak{W}_{2l}' - \mathfrak{M}_2'}{|\mathfrak{W}'|} = \frac{1}{\mathfrak{W}_{2l}' - \mathfrak{M}_2'} \tag{7.213}$$

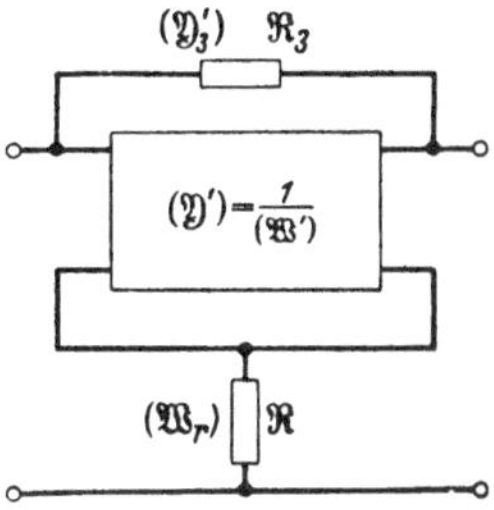

Abb. 7.36. Reihenschaltung des entarteten Vierpols Abb. 7.35 zu der Schaltung Abb. 7.33 [115]

und hieraus:

$$\mathfrak{W}_{1l}' - \mathfrak{M}_2' = \pm(\mathfrak{W}_{2l}' - \mathfrak{M}_2'). \tag{7.214}$$

Um diese Bedingung mit einem etwas abweichenden Gedankengang abzuleiten und das doppelte Vorzeichen zu klären, setzen wir in die Gl. (7.184) — also in die Bedingung für Unabhängigkeit von $\mathfrak{R}_3$ — als Vierpol die Anordnung aus Vierpol und $\mathfrak{R}$ der Abb. 7.35 ein und erhalten mit den Gln. (7.205):

$$\left(\frac{\mathfrak{W}_{2l}' - \mathfrak{M}_2'}{|\mathfrak{W}'| + \mathfrak{R}(\mathfrak{W}_{1l}' + \mathfrak{W}_{2l}' - 2\,\mathfrak{M}_2')} + \frac{1}{R_i}\right) \times$$
$$\times \left(\frac{\mathfrak{W}_{1l}' - \mathfrak{M}_2'}{|\mathfrak{W}'| + \mathfrak{R}(\mathfrak{W}_{1l}' + \mathfrak{W}_{2l}' - 2\,\mathfrak{M}_2')} + \frac{1}{R_{gi}}\right) - S_g\,S = 0. \tag{7.215}$$

Als Bedingung für Unabhängigkeit von $\mathfrak{R}$ entnehmen wir der Gl. (7.215)

$$\mathfrak{W}_{1l}' + \mathfrak{W}_{2l}' - 2\,\mathfrak{M}_2' = 0. \tag{7.216}$$

Gehen wir nun den anderen Weg und setzen wir die Anordnung aus dem Vierpol und $\mathfrak{R}_3$ der Abb. 7.33 als Vierpol in die Gl. (7.212) ein, so liefern die Gln. (7.171):

$$\left(\frac{\mathfrak{R}_3 + \mathfrak{W}_{1l}' + \mathfrak{W}_{2l}' - \mathfrak{M}_2'}{(\mathfrak{W}_{1l}' - \mathfrak{M}_2')\,\mathfrak{R}_3} + \frac{1}{R_i}\right) \times$$
$$\times \left(\frac{\mathfrak{R}_3 + \mathfrak{W}_{1l}' + \mathfrak{W}_{2l}' - 2\,\mathfrak{M}_2'}{(\mathfrak{W}_{2l}' - \mathfrak{M}_2')\,\mathfrak{R}_3} + \frac{1}{R_{gi}}\right) - S_g\,S = 0\,. \tag{7.217}$$

Auch hier sehen wir, daß die Unabhängigkeit von $\mathfrak{R}_3$ durch die Gl. (7.216) gewährt wird. Demnach hat das obere Vorzeichen von Gl. (7.214) hier keine Bedeutung.

Durch Vergleich der Gln. (7.215) u. (7.217) können wir eine Beziehung zwischen $\mathfrak{R}$ und $\mathfrak{R}_3$ aufstellen, die nach einiger Umformung lautet:

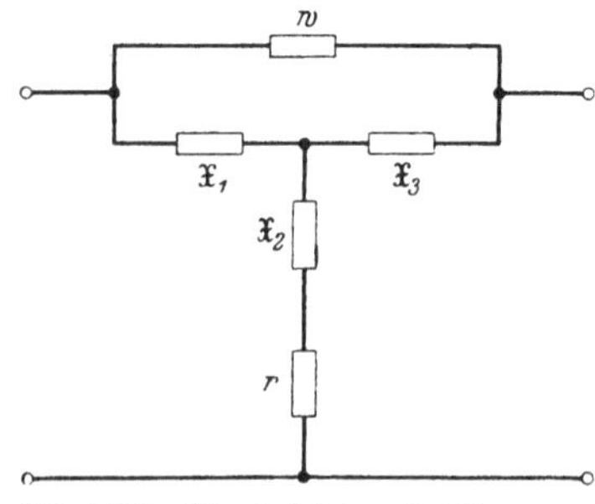

Abb. 7.37. Überbrücktes T-Glied zur Kompensation von r gegen w

$$\mathfrak{R}_3\,\mathfrak{R} + \mathfrak{R}(\mathfrak{W}_{1l}' + \mathfrak{W}_{2l}' - 2\,\mathfrak{M}_2') + + \mathfrak{R}_3\,\mathfrak{M}_2' + |\mathfrak{W}'| = 0. \tag{7.218}$$

Wir wollen die Gl. (7.218) auf ein T-Glied mit den in Abb. 7.37 angegebenen Größen anwenden:

$$\mathfrak{R}_3 = w \quad \mathfrak{R} = r \quad \mathfrak{W}_{1l}' = \mathfrak{X}_1 + \mathfrak{X}_2$$
$$\mathfrak{W}_{2l}' = \mathfrak{X}_2 + \mathfrak{X}_3 \qquad \mathfrak{M}_2' = \mathfrak{X}_2 \tag{7.219}$$

und erhalten:

$$w\,r + r(\mathfrak{X}_1 + \mathfrak{X}_3) + w\,\mathfrak{X}_2 + \mathfrak{X}_1\,\mathfrak{X}_2 + \mathfrak{X}_1\,\mathfrak{X}_3 + \mathfrak{X}_2\,\mathfrak{X}_3 = 0. \tag{7.220}$$

Diese Gleichung entspricht der Kompensationsbedingung für die Anordnung Abb. 7.37. Wenn wir das Dreieck w-$\mathfrak{X}_1$-$\mathfrak{X}_3$ in einen Stern verwandeln, so ergibt sich als Kompensationsbedingung mit $\mathfrak{X}_2 + r$:

$$\frac{\mathfrak{X}_1\,\mathfrak{X}_3}{\mathfrak{X}_1 + \mathfrak{X}_3 + w} + \mathfrak{X}_2 + r = 0. \tag{7.221}$$

Wie leicht festzustellen ist, stimmen die Gln. (7.221) u. (7.220) überein.

8 Die Veränderung der Resonanzfrequenz von Kristalloszillatoren

8.1 Über die Veränderungsgrenzen

a) Das Abreißen der Schwingungen

Bei vielen Anwendungsarten von Schwingkristallen werden solche Frequenzgenauigkeiten verlangt, daß nur geringste Abweichungen — etwa von der Größe $1 \cdot 10^{-7}$ — von der Sollfrequenz zulaßbar sind. Solche Genauigkeiten sind durch Schleifen der Kristalle nicht erzielbar. Bei bestimmten Schnitten von Quarzkristallen, den sogenannten Dickenschwingern, die einen Bereich von etwa 200 kHz bis 50 MHz bestreichen können [*52*], kann man die Elektroden in geringem Abstand von dem Kristall halten. Macht man diesen Abstand einstellbar, so kann man die Frequenz damit genau einstellen [siehe Gl. (1.1) u. (1.2)]. Gleichzeitig ändern sich die anderen elektrischen Ersatzdaten der Kristalle, was aber beim Oszillator im allgemeinen nicht viel ausmacht. Bei den sogenannten Längsschwingern [*53*] oder den Biegungsschwingern [*54*], bei denen die Elektroden aufgedampft werden, ist eine solche Frequenznachstellung nicht möglich. Auch bei Dickenschwingern werden neuerdings oft die Elektroden aufgedampft. Hierbei kann man mit zusätzlichen Schaltmitteln eine gewünschte Frequenzeinstellung erzielen. Schalten wir eine Kapazität oder eine Induktivität in Reihe zu dem Kristall, so bekommen wir eine Frequenzverschiebung der Reihenresonanzfrequenz des Kristalls, falls sich dieser in einer geeigneten Oszillatoranordnung befindet und bei dieser Frequenz schwingt. Entsprechendes gilt für die Parallelresonanz. Abb. 8.1 zeigt den Blindwiderstandsverlauf X eines Kristalls in Abhängigkeit von der Frequenz f. Gestrichelt sind der Blindwiderstandsverlauf einer Induktivität L_0 und der einer Kapazität C_0 eingezeichnet. Addieren wir die Induktivität L_0 zu dem Kristall, so verschiebt sich die Kristallfrequenz f_s auf die niedrigere Frequenz f_{sl}, addieren wir die Kapazität C_0, so erhalten wir die höhere Frequenz f_{sc}. Mit einem Reihenkreis können wir bequem nach niedrigerer und höherer Frequenz verstimmen. Da Kristalle im Laufe der Zeit geringen Veränderungen unterworfen sind,

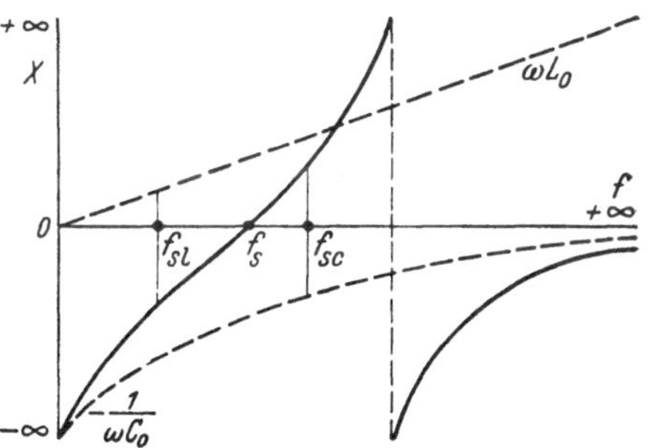

Abb. 8.1. Blindwiderstandsverlauf von Kristall, Induktivität und Kapazität

eine Erscheinung, die man als „Altern“ des Kristalls bezeichnet, so ist oft eine Nachstimmöglichkeit nach höheren oder tieferen Frequenzen erwünscht.

Führt man eine Verstimmung mit einer veränderbaren Kapazität aus, so kann man eine relative Frequenzveränderung von etwa $+5 \cdot 10^{-4}$ erzielen. Ist ein Wert etwa von dieser Größe erreicht, so setzen die Schwingungen aus. Benutzt man eine veränderliche Induktivität, so ist die mögliche Verstimmung etwas größer. Bei etwa $-10 \cdot 10^{-4}$ setzen hier die Schwingungen aus. Mit einem Reihenkreis kann man einen Bereich von $-10 \cdot 10^{-4}$ bis $+5 \cdot 10^{-4}$ überstreichen.

Bei dem beschriebenen Verhalten könnte man zunächst annehmen, daß die mechanischen Schwingungseigenschaften des Kristalls eine Veränderung der Resonanzfrequenz nur in geringem Maße zulassen. Die mechanische Schwingung würde also anzunehmenderweise in einem bestimmten Abstand von der Resonanzfrequenz nicht mehr möglich sein. Gegen eine solche Annahme spricht, daß beim Durchschreiben der Resonanzkurve auf einem Tintenschreiber mittels eines Senders mit stetig veränderlicher Frequenz keine Unstetigkeit festzustellen ist. Auch bei der Anwendung von Kristallen in Filterschaltungen sind keine Unstetigkeiten festzustellen (s. [*10*], S. 49). Der Übergang in das rein kapazitive Verhalten in größerem Abstand von der Resonanzfrequenz erfolgt vollkommen stetig. Mit erhöhter Schwingungsenergie kann man den möglichen Veränderungsbereich etwas erweitern, doch treten hierbei oft unerwünschte, sogenannte „wilde“ Schwingungen auf. Da das Auftreten nicht gewollter Schwingungen auch sonst leicht vorkommen kann, wollen wir an einem Beispiel die Entstehung solcher Schwingungen behandeln.

b) Das Entstehen unerwünschter Schwingungen

Wie in Kap. 6.14 ausgeführt wird, eignet sich die in Abb. 8.2 gezeigte Anordnung zur Erzeugung der Reihenresonanzfrequenz des eingeschalteten Kristalls. Nennen wir den Ohmschen Widerstand des Kristalls R, und vernachlässigen wir die Kapazitäten C_1 und C_a, so lautet mit den Benennungen der Abb. 8.2 die Amplitudenbedingung im Schwingungspunkt:

$$S_1 S_2 = \frac{R_{a_1} + R_g + R}{R_{a_1} R_g R_a}. \tag{8.1}$$

Fassen wir R_a und S_2 zusammen, so können wir aus Gl. (8.1) die Steigung S_r der Rückkopplungsgeraden entnehmen:

$$S_r = \frac{1}{R_g} + \frac{1}{R_{a_1}} + \frac{R}{R_g R_{a_1}}. \tag{8.2}$$

Für eine hohe Konstanz benötigt man kleine Werte von R_g und R_{a1}. Damit kann man die Steigung S_r der Rückkopplungsgeraden bis zur möglichen Grenze, die durch die Steilheit der Röhre gegeben ist, treiben. Außerdem wird der Einfluß der Röhren- und Schaltkapazitäten, die sich den Widerständen R_g und R_{a1} parallel legen, klein gehalten.

Erhöhen wir nun die Widerstände, so verringert sich die Steigung der Rückkopplungsgeraden, und die Schwingungsamplitude wird größer. Würde man eine Verstimmungsvorrichtung, z. B. eine Reihenkapazität, vorsehen, so wäre Schwingfähigkeit bei einer von der Reihenresonanzfrequenz etwas verschiedenen Frequenz möglich. Bei einer weiteren Kapazitätsveränderung würden ganz andere Verhältnisse vorliegen.

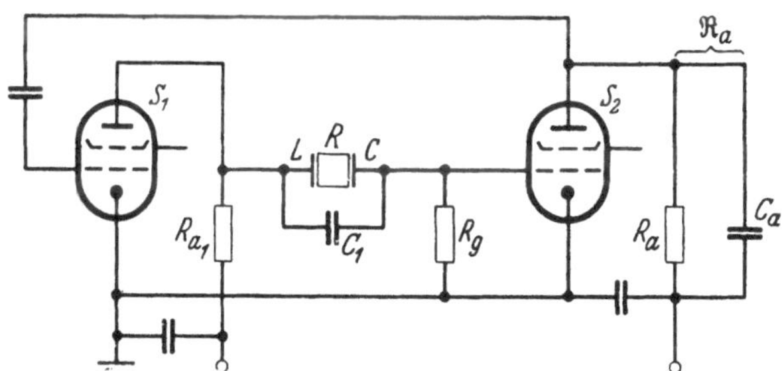

Abb. 8.2. Zweiröhren-HEGENER-Oszillator [64]

An Stelle des Kristallwiderstandes, der, wie später gezeigt wird, bei Frequenzerhöhung sehr stark anwächst, ist die bei entsprechend höherer Frequenz an seine Stelle tretende Kapazität C_1 zur Schwingungsanfachung viel günstiger. Mit der Kapazität C_a gelten die Gleichungen, wenn wir sonstige Störkapazitäten nicht berücksichtigen:

$$\mathfrak{R} = \frac{1}{\mathrm{j}\,\omega\,C_1} \qquad \mathfrak{R}_a = \frac{R_a}{1 + \mathrm{j}\,\omega\,C_a\,R_a}. \tag{8.3}$$

Als Schwingungsbedingung erhalten wir:

$$S_1 S_2 \geqq \frac{R_{a_1} + R_g + \frac{C_a}{C_1} R_a}{R_{a_1} R_g R_a} + \mathrm{j}\,\frac{\omega\,C_a\,R_a\,(R_{a_1} + R_g) - \frac{1}{\omega\,C_1}}{R_{a_1}\,R_g\,R_a}. \tag{8.4}$$

Für die Schwingfrequenz gilt jetzt die Gleichung:

$$\omega^2 = \frac{1}{R_a\,(R_{a_1} + R_g)\,C_a\,C_1}, \tag{8.5}$$

während als Steigung der Rückkopplungsgeraden S_r' der Gl. (8.4) entnommen werden kann:

$$S_r' = \frac{1}{R_g} + \frac{1}{R_{a_1}} + \frac{\frac{C_a}{C_1} R_a}{R_g R_{a_1}}. \tag{8.6}$$

Der Vergleich der Gln. (8.2) u. (8.6) zeigt, daß im normalen Fall

$$R < \frac{C_a}{C_1} R_a \tag{8.7}$$

sein dürfte, also die Kristallschwingung die günstigere Erregungsbedingung aufweist. Wächst nun infolge der Kristallverstimmung R stark an, so kann die Steigung der Rückkopplungsgeraden so stark zunehmen, daß die Schwingungen aussetzen. Vermeidet man dieses durch Erhöhen der Widerstände R_g und R_{a1}, so wird zwar wieder Schwingfähigkeit erzielt, doch die unerwünschte Schwingung nach Gl. (8.5) kann zusätzlich auftreten. In dem vorliegenden Fall gibt uns Gl. (8.6) einen Hinweis zur Erweiterung des Verstimmungsbereiches. Machen wir durch Neutralisation die Kapazität C_1 klein, so läßt sich die Schwingungsbedingung für die unerwünschte Frequenz nicht mehr erfüllen. Da die Neutralisation meistens nur in einem kleinen Frequenzbereich wirksam ist, so ist diese Hilfe sehr bedingt.

c) Die Frequenzabhängigkeit des Widerstandes von Kristallen

Für den Scheinwiderstand des in Abb. 1.1 gezeigten Ersatzbildes eines schwingenden Kristalls gilt die Gleichung:

$$\Re = \frac{\left[R + \mathrm{j}\left(\omega L - \frac{1}{\omega C}\right)\right] \frac{1}{\mathrm{j}\,\omega C_1}}{R + \mathrm{j}\left(\omega L - \frac{1}{\omega C} - \frac{1}{\omega C_1}\right)}. \tag{8.8}$$

Mit den Abkürzungen

$$1 - \frac{1}{\omega^2 L C} = v \qquad \frac{R}{\omega L} = \delta \qquad \frac{C}{C_1} = \alpha, \tag{8.9}$$

wobei v die Verstimmung und δ den Verlustwinkel des Kristalls wiedergeben, wandelt sich Gl. (8.8) um in:

$$\Re = \frac{\alpha^2 R}{\delta^2 + (v - \alpha)^2} + \frac{1}{\mathrm{j}\,\omega C_1} \frac{\delta^2 + v(v - \alpha)}{\delta^2 + (v - \alpha)^2}. \tag{8.10}$$

Aus dem imaginären Teil erhalten wir als Gleichung für die Schwingstellen:

$$v^2 - \alpha v + \delta^2 = 0 \tag{8.11}$$

mit den Näherungslösungen:

$$v_1 = \frac{\delta^2}{\alpha} \qquad v_2 = \alpha - \frac{\delta^2}{\alpha}. \tag{8.12}$$

Die Lösung v_1 ist die um δ^2/α verschobene Reihenresonanzfrequenz, während v_2 die um den gleichen Betrag verschobene Parallelresonanzstelle ist.

Beziehen wir den durch die Verstimmung veränderten Widerstand R_v auf den Widerstand R ohne Verstimmung, so ist:

$$\frac{R_v}{R} = \frac{\alpha^2}{\delta^2 + (v - \alpha)^2}. \tag{8.13}$$

Wir tragen das Widerstandsverhältnis der Gl. (8.13) in Abhängigkeit von der Verstimmung v in Abb. 8.3 auf. Für den Verlustwinkel wählen wir $\delta = 1 \cdot 10^{-5}$. Für das Kapazitätsverhältnis $C/C_1 = \alpha$ gibt es eine obere Grenze, die durch die Eigenkapazität des Kristalls gegeben ist. Kleinere Werte von α können wir durch Parallellegen von weiteren Kapazitäten zu dem Kristall erzielen. Zwischen der Reihenresonanzfrequenz f_s, der Parallelresonanzfrequenz f_p und der Abkürzung α bestehen die genaue und die angenäherte Beziehung [s. Gl. (1.2) u. (1.3)]:

$$\frac{f_p^2 - f_s^2}{f_s^2} = \frac{C}{C_1} = \alpha \qquad 2\,\frac{f_p - f_s}{f_s} \approx \frac{C}{C_1} = \alpha. \tag{8.14}$$

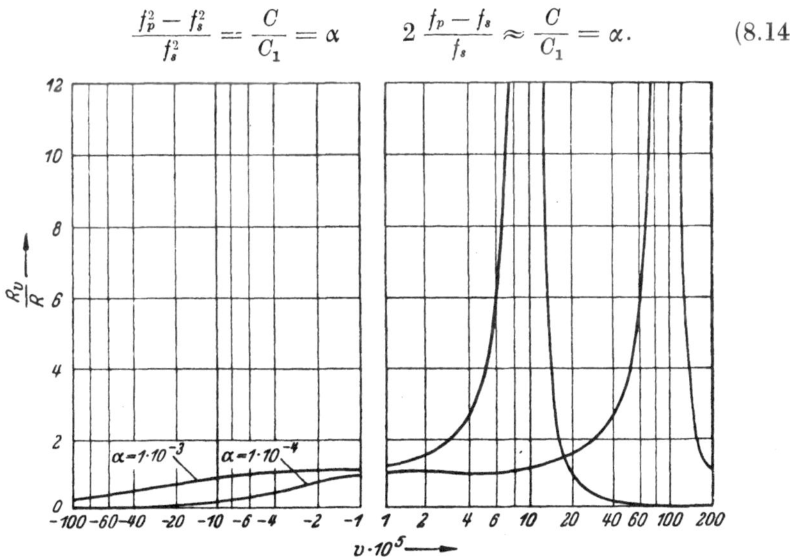

Abb. 8.3. Abhängigkeit des Kristallwiderstandes von der Verstimmung [27]

Der Wert $\alpha = 1 \cdot 10^{-3}$ ist ein bei vielen Kristallen und Kristallschnitten erreichbarer Wert (bei Seignettesalz sind größere Werte möglich). Wir haben daher in der Abb. 8.3 als Parameter $\alpha = 1 \cdot 10^{-4}$ und $\alpha = 1 \cdot 10^{-3}$ gewählt. Nach Gl. (8.14) erhalten wir α aus der relativen Frequenzdifferenz $\dfrac{f_p - f_s}{f_s}$.

Der starke Widerstandsanstieg in Richtung der Parallelresonanzfrequenz erklärt das Abreißen der Schwingfrequenz bei Verstimmung in Richtung höherer Frequenzen.

d) Der Einfluß der Reihenkapazität

Um die Beziehung zwischen der veränderbaren Reihenkapazität C' (s. Abb. 8.4) und der Verstimmung zu erhalten, addieren wir in Gl. (8.10) zu dem Imaginärteil die Kapazität C':

$$\frac{1}{\omega C_1}\,\frac{\delta^2 + v(v-\alpha)}{\delta^2 + (v-\alpha)^2} + \frac{1}{\omega C'} = 0. \tag{8.15}$$

Da wir nur einen Überblick gewinnen wollen, vernachlässigen wir den Verlustwinkel. Der Fehler ist hierbei gering. Mit der Abkürzung

$$\frac{C'}{C_1} = \gamma \tag{8.16}$$

wird aus Gl. (8.15):

$$v = \frac{\alpha}{1+\gamma} = \frac{C}{C' + C_1}. \tag{8.17}$$

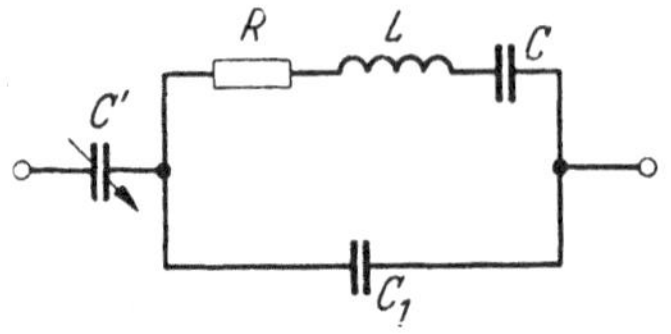

Abb. 8.4. Kristallersatzbild mit Reihenkapazität [27]

In Abb. 8.5 zeigen wir die Verstimmung v in Abhängigkeit von der auf C_1 bezogenen Kapazität C'.

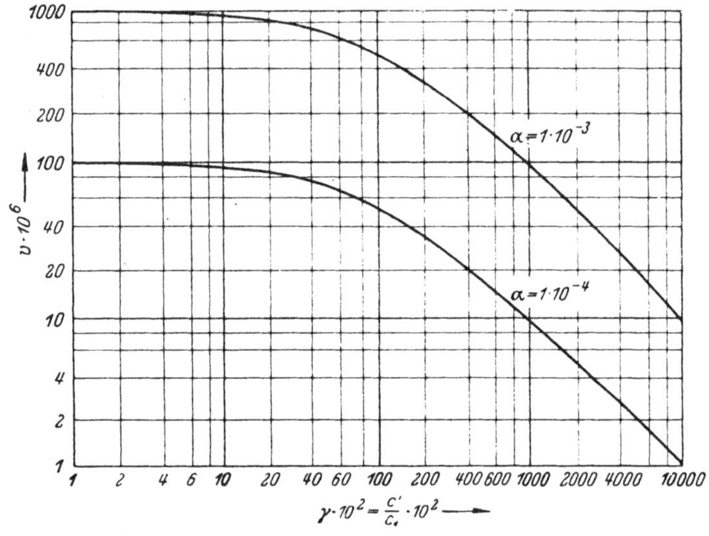

Abb. 8.5. Verstimmung eines Kristalls als Funktion der Reihenkapazität [27]

Für $C' = \infty$ erhält man aus Gl. (8.17) $v = 0$ und für $C' = 0$ den Wert $v = \alpha$, so daß der kleine Frequenzbereich von α bis 0 eine Kapazitätsvariation von 0 bis ∞ erfordert.

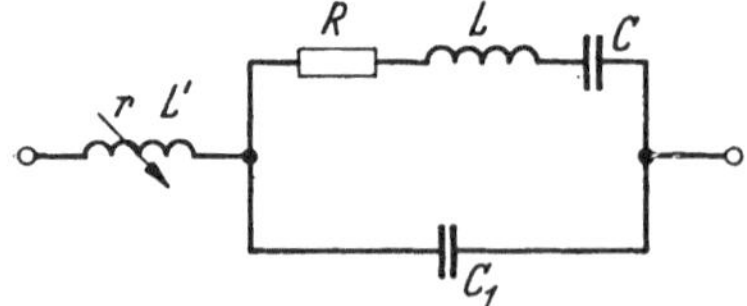

Abb. 8.6. Kristallersatzbild mit Reiheninduktivität [27]

e) Der Einfluß der Reiheninduktivität

Mit einer Reiheninduktivität L', wie Abb. 8.6 zeigt, geht die Reihenresonanzfrequenz in Richtung tieferer Frequenzen. Gleichzeitig erscheint oberhalb der Parallelresonanzstelle eine neue Serienresonanzstelle. Kürzen wir ab:

$$\frac{L'}{L} = \beta \tag{8.18}$$

und vernachlässigen wir wiederum die Verluste des Kristalls, so erhalten wir aus den Gln. (8.10) u. (8.18)

$$(v-\alpha)\,[\alpha\, v^2-(\alpha-\beta)\,v-\alpha\,\beta]=0\,. \tag{8.19}$$

Außer der Lösung $v=\alpha$, die zur Parallelresonanz gehört, gibt es zwei Lösungen für die Schwingstellen v_1 und v_2:

$$\begin{aligned} v_1 &= \frac{\alpha-\beta}{2\alpha}-\sqrt{\left(\frac{\alpha-\beta}{2\alpha}\right)^2+\beta}\,,\\ v_2 &= \frac{\alpha-\beta}{2\alpha}+\sqrt{\left(\frac{\alpha-\beta}{2\alpha}\right)^2+\beta}\,. \end{aligned} \tag{8.20}$$

Wir zeigen dieselben in Abhängigkeit von β in Abb. 8.7 für die Werte $\alpha = 1\cdot 10^{-4}$ und $\alpha = 1\cdot 10^{-3}$.

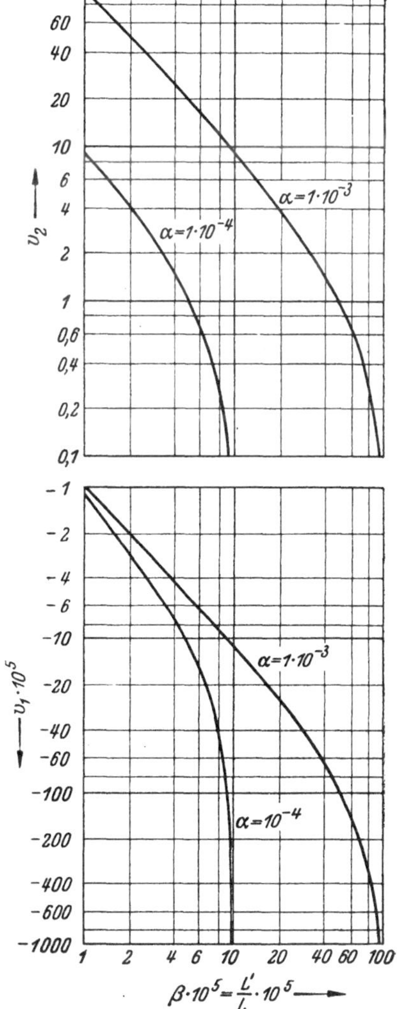

Abb. 8.7. Verstimmungen eines Kristalls als Funktion der Reiheninduktivität [27]

f) Der Einfluß der Spulenverluste

Nach Abb. 8.3 könnte man annehmen, daß eine Verstimmung in Richtung tieferer Frequenzen von der Reihenresonanzstelle, wie sie durch v_1 gegeben ist, keinerlei Beschränkung durch einen Widerstand vorfindet. Außer dem Kristall ist jedoch auch der Verlust der zur Verstimmung benutzten Induktivität L' zu berücksichtigen. Nach Gl. (8.20) erzeugt eine Spule mit der Induktivität L', die zur Kristallinduktivität das Verhältnis $L'/L = 5\cdot 10^{-4}$ haben soll, eine Verstimmung $v_1 = -1\cdot 10^{-3}$. Es sei r der Widerstand der Spule und δ' deren Verlustwinkel, so daß ist:

$$\frac{r}{\omega L'}=\delta'. \tag{8.21}$$

Mit der Gl. (8.9) folgt:

$$r = R\,\frac{\delta' L'}{\delta L}\,. \tag{8.22}$$

Wenn für den Kristall $\delta = 1\cdot 10^{-5}$ und für die Spule $\delta' = 1\cdot 10^{-2}$ (zur Zeit der Untersuchung war dieses ein erhältlicher Wert, der heute von Ferritspulen wesentlich unterboten wird) eingesetzt wird, so ist $r = 0{,}5\,$R. Da die Kristallinduktivität im allgemeinen recht hoch ist, so muß auch L' groß sein. Für das Beispiel ergibt sich für $L = 10$ H, ein $L' = 5$ mH. Bei einer solchen Induktivität ist die Wicklungskapazität nicht mehr zu vernachlässigen. Dem Kristallwiderstand addiert sich der Verlustwiderstand der Verstimmungsspule in Form einer Resonanzkurve, die das Aussetzen der Schwingung verursacht. Ähnlich liegen die Verhältnisse bei der neu erzeugten Schwingstelle oberhalb der Parallelresonanzfrequenz.

g) Die Erweiterung des Frequenzvariationsbereiches

Wie wir sahen, gibt es eine Anzahl von Gründen, die den geringen Variationsbereich einer Kristallresonanzfrequenz erklären. Die naheliegende Parallelresonanzstelle, die durch die Kapazität C_1 verursacht

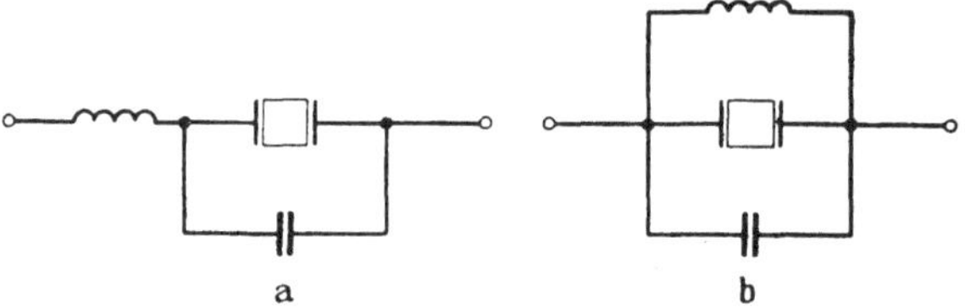

Abb. 8.8. Kristall mit Reihen- und mit Parallelinduktivität

wird und die Verluste von Kristall und Verstimmungsinduktivität begrenzen den Variationsbereich. An Stelle einer Induktivität könnte man auch eine Elektronenröhre als Induktivität schalten [*86*], wobei

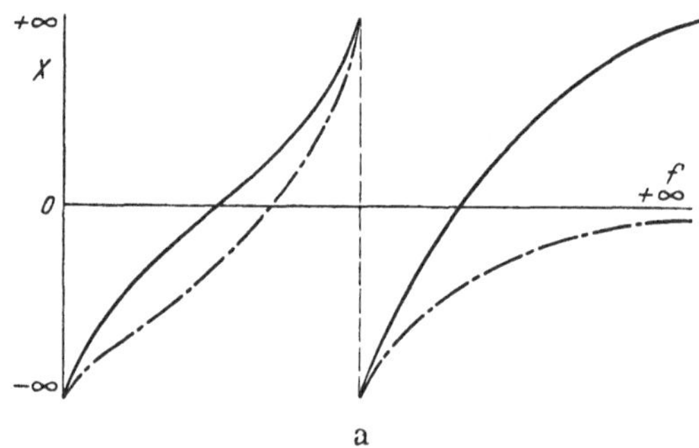

Abb. 8.9a. Blindwiderstandsverlauf der Anordnung Abb. 8.8a [*27*]

die Verluste wesentlich kleiner zu halten wären. In Abschn. 8.1b stellten wir bereits einen ungünstigen Einfluß von C_1 fest. Betrachten wir noch den ungünstigen Abstand von Reihen- und Parallelresonanzstelle, so liegt es nahe, eine Neutralisation der Kapazität C_1 durchzuführen. Bekanntlich ist diese nur bei einer Frequenz möglich — abgesehen von Brückenneutralisation —, doch bei den bisherigen kleinen Verstimmungsbereichen scheint hierbei kein wesentlicher Nachteil aufzutreten. Zur Neutralisation können wir eine Reihen- oder eine Parallelinduktivität benutzen, wie Abb. 8.8a, b zeigt. In Abb. 8.9a, b sind die dazugehörigen Blindwiderstände in Abhängigkeit von der Frequenz aufgetragen. Der Blindwiderstandsverlauf des Kristalls allein ist strichpunktiert eingetragen. Wir sehen in beiden Fällen eine Erweiterung des Abstandes Reihenresonanz-Parallelresonanz und eine zusätzliche Resonanzstelle. Zum Unterschied gegen die Frequenzvariation durch eine In-

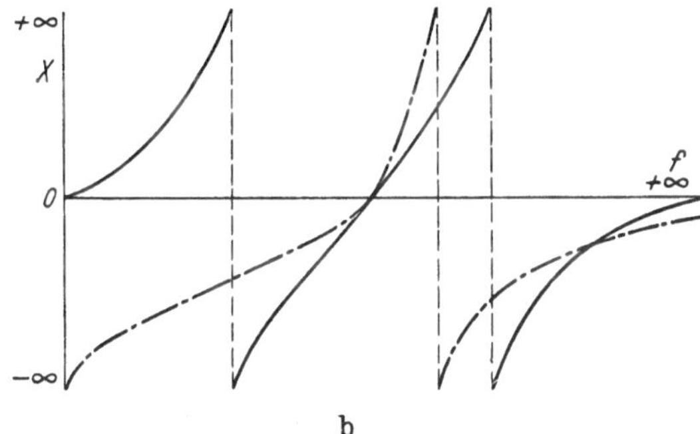

Abb. 8.9b. Blindwiderstandsverlauf der Anordnung Abb. 8.8b [27]

duktivität, wie sie in den Abschn. 8.1e und f behandelt wurde, soll jetzt die Induktivität fest bleiben. Können wir mit einer bestimmten festen Induktivität, für die das in den zitierten Abschnitten Gesagte gilt, eine Schwingung erzielen, so tritt diese Anordnung jetzt an die Stelle des Kristalls. Nun ist es unsere Aufgabe, diese Anordnung zu verstimmen.

h) Verstimmen eines Kristalls mit Reiheninduktivität

Es wäre natürlich möglich, eine Verstimmung durch Parallellegen einer veränderbaren Kapazität zu C_1 zu erzielen. Wir wollen eine solche in Reihe schalten, wie Abb. 8.10 zeigt. Für die Verluste können wir die bisherigen Ergebnisse übernehmen, so daß wir uns auf die Betrachtung des Variationsbereiches beschränken können. Mit den Größen der Abb. 8.10 und der Gl. (8.10), die wir ohne Verluste anwenden wollen, gilt:

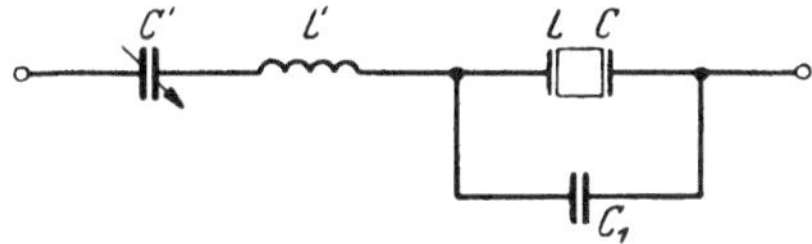

Abb. 8.10. Kristall mit Reihenkreis

$$\omega L' - \frac{1}{\omega C'} - \frac{1}{\omega C_1} \frac{v}{v-\alpha} = 0. \tag{8.23}$$

Mit den Abkürzungen $L'/L = \beta$ und $C'/C_1 = \gamma$ liefert Gl. (8.23) nach einigen Umformungen:

$$v^2 - \left[1 + \frac{\alpha^2 - \beta\gamma}{\alpha(1+\gamma)}\right] v - \frac{\beta\gamma - \alpha}{1+\gamma} = 0, \tag{8.24}$$

mit den Lösungen:

$$v_{1,2} = \frac{1 + \frac{\alpha^2 - \beta\gamma}{\alpha(1+\gamma)}}{2} \mp \frac{1}{2}\sqrt{\left[1 + \frac{\alpha^2 - \beta\gamma}{\alpha(1+\gamma)}\right]^2 + \frac{4(\beta\gamma - \alpha)}{1+\gamma}}. \tag{8.25}$$

Da γ einen größeren Bereich bestreichen soll, sind die Näherungslösungen schwierig abzugrenzen.

Die Grenzen, zwischen welche die Verstimmung v_1 durch Verändern von C' gelegt werden kann, erhalten wir aus Gl. (8.25) für $\gamma = 0$ und $\gamma = \infty$ zu:

$$v_{10} = \alpha \qquad v_{1\infty} = \frac{\alpha - \beta}{2\alpha} - \sqrt{\left(\frac{\alpha - \beta}{2\alpha}\right)^2 + \beta}. \tag{8.26}$$

Die Größe v_{10} gibt richtig den Abstand der ursprünglichen Reihenresonanz von der Parallelresonanz wieder, denn v bezieht sich nach wie vor auf die ursprüngliche Reihenresonanz des Kristalls. Für den Variationsbereich ergibt sich aus Gl. (8.26):

$$v_{10} - v_{1\infty} = \alpha - \frac{\alpha - \beta}{2\alpha} + \sqrt{\left(\frac{\alpha - \beta}{2\alpha}\right)^2 + \beta}. \tag{8.27}$$

Mit den Werten $\alpha = 1 \cdot 10^{-3}$ und $\beta = 9 \cdot 10^{-4}$ erhalten wir als Variationsbereich $v_{10} - v_{1\infty} = 0{,}9 \cdot 10^{-2}$. Wenn auch dieser Abstand noch Einschränkungen unterworfen ist, wie wir sie bereits beschrieben haben, so ist er doch wesentlich größer als der mögliche Bereich ohne Spule, der lediglich $\alpha = 1 \cdot 10^{-3}$ beträgt und den entsprechenden Einschränkungen unterliegt.

Zweckmäßig rechnen wir den Variationsbereich von der mit der Spule erzeugten Reihenresonanzstelle f_{sl}. Deren Abstand von der Kristallresonanzstelle f_s beträgt nach Gl. (8.27) $v_{1\infty}$. Wir führen eine neue Verstimmungsvariable $\bar{v}$ ein, die sich auf f_{sl} bezieht. Dafür gilt:

$$\bar{v}_1 = v_1 - v_{1\infty} = v_1 - \frac{\alpha - \beta}{2\alpha} + \sqrt{\left(\frac{\alpha - \beta}{2\alpha}\right)^2 + \beta}. \tag{8.28}$$

Mit Gl. (8.25) erhalten wir:

$$\bar{v}_1 = \frac{\alpha^2 + \beta}{2\alpha(1+\gamma)} - \frac{1}{2}\left[\sqrt{\left(1 + \frac{\alpha^2 - \beta\gamma}{\alpha(1+\gamma)}\right)^2 + \frac{4(\beta\gamma - \alpha)}{1+\gamma}} - \sqrt{\left(1 - \frac{\beta}{\alpha}\right)^2 + 4\beta}\right]. \tag{8.29}$$

Mit den Voraussetzungen

$$\alpha \ll 1 \qquad \frac{4(\beta\gamma - \alpha)}{1+\gamma} \ll \left(1 + \frac{\alpha^2 - \beta\gamma}{\alpha(1+\gamma)}\right)^2 \qquad 4\beta \ll \left(1 - \frac{\beta}{\alpha}\right)^2 \tag{8.30}$$

ergibt sich aus Gl. (8.29) die Näherungsformel:

$$\bar{v}_1 = \frac{\alpha^3}{(\alpha - \beta)\left[\alpha + (\alpha - \beta)\gamma\right]}. \tag{8.31}$$

In Abb. 8.11 zeigen wir die Verstimmung $\bar{v}_1$ in Abhängigkeit von $\gamma = C'/C_1$ für die Werte $\alpha = 1 \cdot 10^{-3}$, $\beta = 9 \cdot 10^{-4}$, wobei aus Gl. (8.31) die Gleichung entsteht $\bar{v}_1 = 1 \cdot 10^{-2}/1 + 0{,}1\,\gamma$.

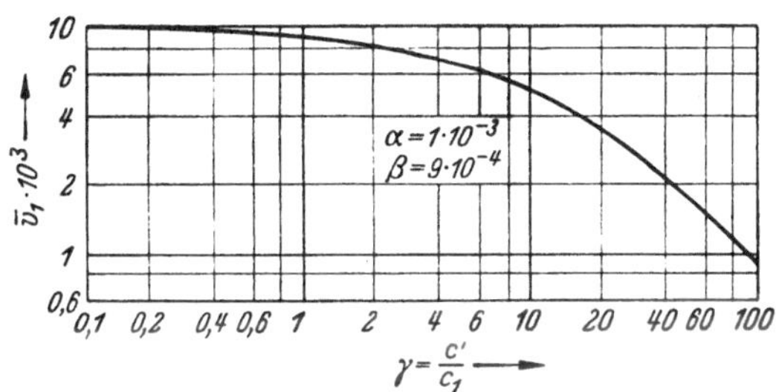

Abb. 8.11. Verstimmung der Anordnung Abb. 8.10 in Abhängigkeit von der Kapazität C' bezogen auf C_1 [27]

i) Das Verhalten eines Kristalls mit Parallelinduktivität

In ähnlicher Weise wie die Reiheninduktivität den Abstand zwischen Reihen- und Parallelresonanz erweitert und damit auf die Parallelkapazität C_1 des Kristalls neutralisierend wirkt, betätigt sich auch eine Parallelinduktivität. Abb. 8.12 zeigt eine solche Anordnung. Die Verluste sind als Parallelwiderstand w herausgenommen. Dieses ist gestattet, da wir nur einen kleinen Frequenzbereich zu untersuchen haben.

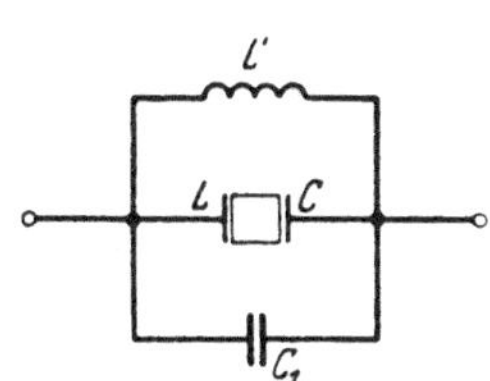

Abb. 8.12
Kristall mit Parallelkreis

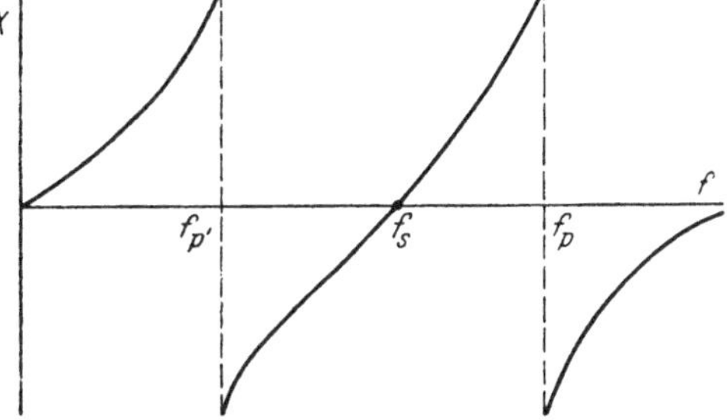

Abb. 8.13
Blindwiderstandsverlauf der Anordnung Abb. 8.12

Zur Vereinfachung der Gleichungen stimmen wir den aus L' und C_1 gebildeten Parallelkreis auf die Reihenresonanzfrequenz f_s des Kristalls ab (s. Abb. 8.13). Damit gilt:

$$L' C_1 = L C. \tag{8.32}$$

Außer der ohne die Induktivität L' bereits vorhandenen Parallelresonanzstelle f_p, die — wie wir sehen werden — jetzt einen größeren Abstand von f_s erhalten hat, gibt es auch hier eine neue Resonanzstelle, die im Gegensatz zu der Anordnung mit Reihenspule eine Parallelresonanz ist.

Mit der Gleichung für die Verstimmung Gl. (8.9) und mit Gl. (8.32) wird der Scheinwiderstand $\Re$ der Anordnung Abb. 8.12 zu:

$$\Re = \frac{w(R + \mathrm{j}\,\omega L v)\dfrac{1}{\mathrm{j}\,\omega C_1 v}}{w\left[R + \mathrm{j}\,\omega L v + \dfrac{1}{\mathrm{j}\,\omega C_1 v}\right] + \dfrac{R + \mathrm{j}\,\omega L v}{\mathrm{j}\,\omega C_1 v}}. \tag{8.33}$$

Mit den Abkürzungen

$$\frac{R}{\omega L} = \delta \qquad \frac{\omega L}{w} = \delta' \qquad \frac{C}{C_1} = \alpha \tag{8.34}$$

ergibt sich:

$$\Re = w\,\frac{\dfrac{\delta}{\delta'} + \delta^2 + v^2 + \mathrm{j}\,\dfrac{v}{\delta'}\left[1 - \dfrac{v^2}{(1-v)\,\alpha} - \dfrac{\delta^2}{(1-v)\,\alpha}\right]}{\left[\dfrac{1}{\delta'}\left(1 - \dfrac{v^2}{(1-v)\,\alpha}\right) + \delta\right]^2 + v^2\left[1 + \dfrac{\delta}{\delta'(1-v)\,\alpha}\right]^2}. \tag{8.35}$$

Aus dem imaginären Anteil erhalten wir für die Resonanzstellen die Beziehungen

$$v = 0 \qquad v - 1 = 0 \qquad v^2 + \alpha v - \alpha + \delta^2 = 0. \tag{8.36}$$

Die Verstimmung $v = 0$ ist die Reihenresonanzstelle f_s, während $v - 1 = 0$ $\omega = \infty$ bedeutet. Die quadratische Gleichung liefert die beiden Parallelresonanzstellen f_p und $f_{p'}$:

$$v_{p,\,p'} = -\frac{\alpha}{2} \pm \sqrt{\frac{\alpha^2}{4} + \alpha - \delta^2}. \tag{8.37}$$

Näherungsweise können wir dafür schreiben:

$$v_{p,\,p'} = \pm\sqrt{\alpha}. \tag{8.38}$$

Nehmen wir einen Wert $\alpha = 1 \cdot 10^{-3}$ an, so wird der Abstand Reihen-Parallelresonanzstelle zu

$$\sqrt{\alpha} = 3{,}16 \cdot 10^{-2}.$$

Ohne die Parallelspule betrug der Abstand α, so daß wir eine 30fache Vergrößerung des möglichen Verstimmungsbereiches feststellen. Inwieweit wir den vergrößerten Bereich ausnutzen können, muß eine Betrachtung des Realteiles R_r von $\Re$ ergeben.

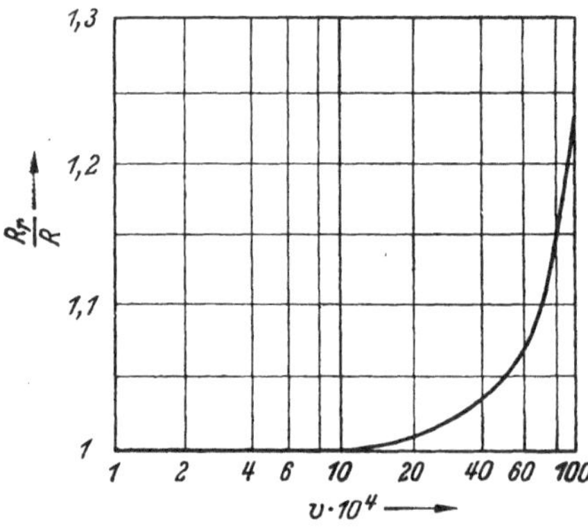

Abb. 8.14. Abhängigkeit der Widerstände von Kristall und Parallelinduktivität von der Verstimmung [27]

Mit bei üblichen Schaltelementen zulässigen Vernachlässigungen bekommen wir aus Gl. (8.35):

$$R_r = \frac{R}{\left(1 - \dfrac{v^2}{\alpha}\right)^2}. \tag{8.39}$$

Abb. 8.14 zeigt das Verhältnis R_r/R in Abhängigkeit von der Verstimmung v für $\alpha = 1 \cdot 10^{-4}$. Die Kurven liegen symmetrisch zu $v = 0$. Wir entnehmen, daß in einem weiten Bereich der Widerstand klein bleibt, so daß eine Ausnutzung des Verstimmungsbereiches bis über 1% möglich erscheint.

k) Verstimmen eines Kristalls mit Parallelinduktivität durch eine Kapazität

Schalten wir in Reihe zu der Anordnung Abb. 8.12 eine veränderbare Induktivität, so können wir in Richtung tieferer Frequenzen verstimmen. Wir beschränken uns hier auf die Betrachtung der Verstimmung durch eine Reihenkapazität C', wie sie Abb. 8.15 wiedergibt. Hiermit erhalten wir Frequenzänderungen in Richtung höherer Frequenzen.

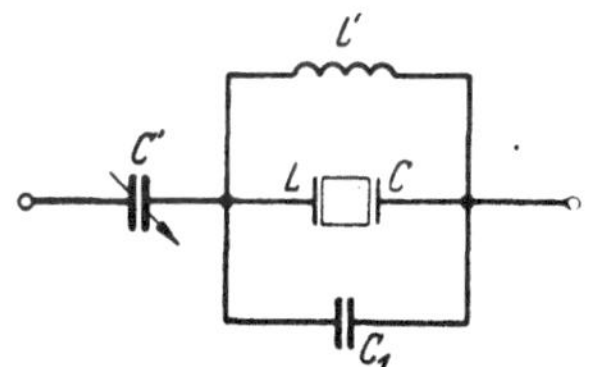

Abb. 8.15. Kristall mit Parallelinduktivität und Reihenkapazität

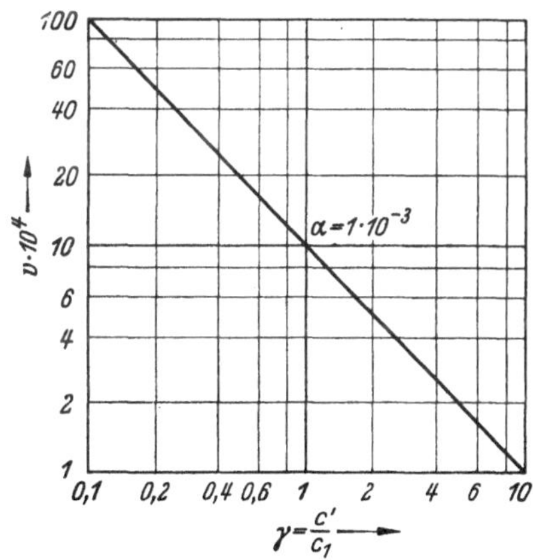

Abb. 8.16. Verstimmung der Anordnung Abb. 8.15 in Abhängigkeit von der Reihenkapazität C' bezogen auf C_1 [27]

Für den imaginären Anteil R_i' der Anordnung Abb. 8.15 ergibt sich mit Gl. (8.35)

$$R_i' = \frac{w \frac{v}{\delta'}\left[1 - \frac{v^2 + \delta^2}{(1-v)\,\alpha}\right]}{\left[\frac{1}{\delta'}\left(1 - \frac{v^2}{(1-v)\,\alpha}\right) + \delta\right]^2 + v^2\left[1 + \frac{\delta}{\delta'(1-v)\,\alpha}\right]^2} - \frac{1}{\omega C'}. \tag{8.40}$$

Setzen wir diesen Ausdruck gleich Null, so liefert derselbe die Abhängigkeit der erzielten Verstimmung v von der verstimmenden Größe C'. Bei Vernachlässigung der Verluste folgt aus Gl. (8.40) mit $\gamma = C'/C_1$ die Näherungsgleichung:

$$v^2 + (\alpha + \gamma)\, v - \alpha = 0. \tag{8.41}$$

Beschränken wir uns auf einen Verstimmungsbereich, in welchem $\gamma \gg \alpha$ ist, so ergibt sich als Näherung:

$$v = \frac{\alpha}{\gamma}. \tag{8.42}$$

In Abb. 8.16 sehen wir für $\alpha = 1 \cdot 10^{-3}$ die Verstimmung v in Abhängigkeit von $\gamma = C'/C_1$ aufgetragen.

8.2 Schaltungen mit großen Frequenzveränderungsmöglichkeiten

a) Die Frequenzveränderungen eines Brückenoszillators

Wie wir in Abschn. 8.1 sahen, bringt eine Neutralisation der Parallelkapazität C_1 des Kristalls eine Erweiterung des möglichen Verstimmungsbereiches. An Stelle der Neutralisation mit einer Induktivität kann man auch eine Brücke benutzen. Direkt geeignet zur Neutralisation sind die Brückenoszillatoren. Wir betrachten die in Abb. 8.17 wiedergegebene einfache Schaltung mit einem Kristall. Die Kapazität C_1 wird durch die Kapazität C_0 des anderen Brückenzweiges neutralisiert.

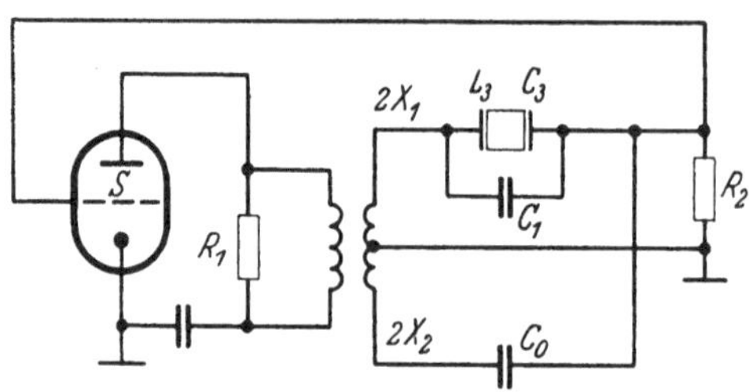

Abb. 8.17
Differentialbrückenoszillator mit einem Kristall [55]

Der in Abb. 8.18 dargestellte Blindwiderstandsverlauf der Brückenzweige X_1 und X_2, in Abhängigkeit von der Frequenz f, weist zwei Bereiche auf, in denen Schwingungen möglich sind. Dieselben sind schraffiert eingezeichnet und gehen von 0 bis f_1 und von f_2 bis ∞. Für die Blindwiderstände gelten die Gleichungen:

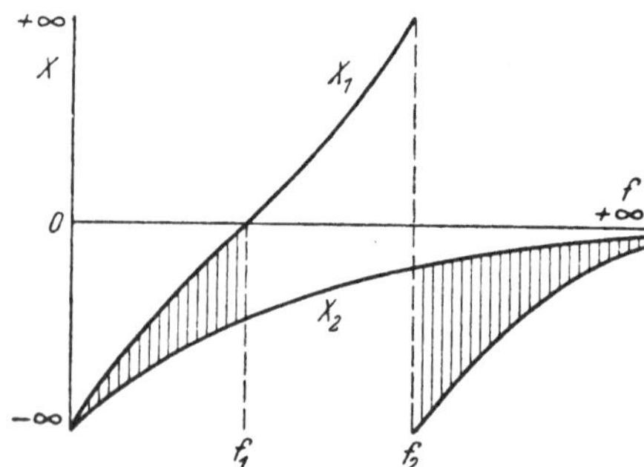

Abb. 8.18. Blindwiderstandsverlauf der Brückenzweige der Schaltung Abb. 8.17

$$X_1 = \frac{1}{2\pi f C_1} \frac{f^2 - f_1^2}{f_2^2 - f^2}$$

$$X_2 = -\frac{1}{2\pi f C_0}. \tag{8.43}$$

Nach Kap. 2.6f lauten die Gleichungen für Amplituden- und Frequenzbedingung der Oszillatorschaltung Abb. 8.17:

$$S\frac{R_1 R_2}{R_1 + R_2} = \frac{X_1 + X_2}{X_1 - X_2} \qquad X_1 X_2 - R_1 R_2 = 0. \tag{8.44}$$

Setzen wir die Gln. (8.43) und die Abkürzung:

$$\frac{1}{4\pi^2 C_1 C_0 R_1 R_2} = f_c^2 \tag{8.45}$$

in die Frequenzbedingung Gl. (8.44) ein, so lautet die Gleichung für die möglichen Schwingstellen:

$$\frac{f_c^2}{f^2} \frac{f^2 - f_1^2}{f^2 - f_2^2} - 1 = 0. \tag{8.46}$$

Als Größe zur Erzielung einer gewünschten Verstimmung haben wir an Stelle einer Kapazität oder Induktivität, die man natürlich zusätzlich in die Schaltung einbauen könnte, die Abkürzung f_c. In derselben können wir gleichwertig die Größen C_0, R_1 und R_2 variieren. Zu beachten ist die Amplitudenbedingung. Man könnte auch C_1 variieren, doch nur vergrößern und damit den Abstand $f_2 - f_1$ verringern. Während f_1 fest bliebe, würde sich f_2 verändern und die Gl. (8.46) unübersichtlicher, so daß wir C_1 als fest annehmen wollen.

Zur Vereinfachung führen wir die folgenden Abkürzungen ein:

$$\frac{f_c^2}{f_1^2} = c \qquad \frac{f^2}{f_1^2} = y \qquad \frac{f_2^2}{f_1^2} = 1 + \varepsilon \tag{8.47}$$

und erhalten damit an Stelle von Gl. (8.46):

$$\frac{c}{y}\,\frac{y-1}{y-(1+\varepsilon)} = 1. \tag{8.48}$$

Die beiden Lösungen

$$y_2 = \frac{1+c+\varepsilon}{2} + \sqrt{\left(\frac{1+c+\varepsilon}{2}\right)^2 - c} \qquad y_1 = \frac{1+c+\varepsilon}{2} - \sqrt{\left(\frac{1+c+\varepsilon}{2}\right)^2 - c} \tag{8.49}$$

sind in Abb. 8.19 in Abhängigkeit von c für einen Wert $\varepsilon = 4 \cdot 10^{-3}$ wiedergegeben. Gestrichelt eingezeichnet findet sich die Gerade $y = c$, die man erhält, wenn man den Kristall entfernt und nur die Kapazität C_1 übrig läßt. Bevor wir den Verlauf der Kurven 8.19 diskutieren, wenden wir uns zur Amplitudenbedingung. Aus den Gln. (8.43), (8.46) u. (8.47) ergibt sich:

$$\frac{X_1}{X_2} = \frac{C_0}{C_1}\,\frac{f^2 - f_1^2}{f^2 - f_2^2}$$

$$= \frac{C_0}{C_1}\,\frac{f^2}{f_c^2} = \frac{C_0}{C_1}\,\frac{y}{c}. \tag{8.50}$$

Eingesetzt in Gl. (8.44) lautet die Amplitudenbedingung:

$$S\,\frac{R_1 R_2}{R_1 + R_2} = \frac{\dfrac{C_0}{C_1}\,\dfrac{y}{c} + 1}{\dfrac{C_0}{C_1}\,\dfrac{y}{c} - 1}. \tag{8.51}$$

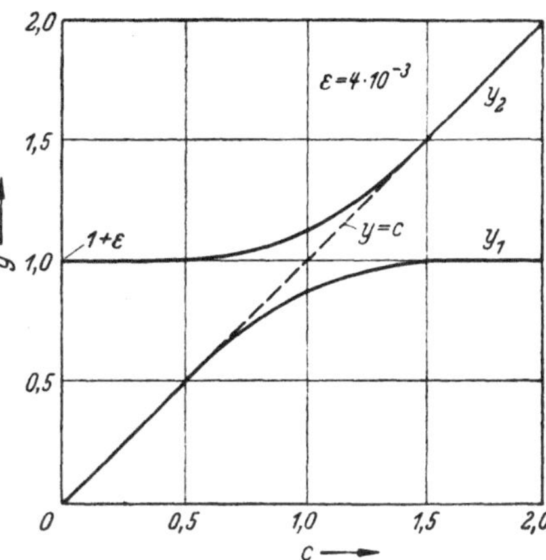

Abb. 8.19. Abhängigkeit der Schwingstellen von den Schaltelementen [55]

Wir entnehmen der Abb. 8.19, daß die Lösung y_1 immer kleiner ist als die Größe c, während die Lösung y_2 immer größer ist:

$$\frac{y_1}{c} < 1 \qquad \frac{y_2}{c} > 1. \tag{8.52}$$

Die Lösung y_1 entspricht den Frequenzen unterhalb der Reihenresonanzfrequenz f_1 des Kristalls, in deren Nähe man durch hohe c-Werte gelangen kann. Bei c-Werten unterhalb von $c = 1$ nähert sich das Verhalten immer mehr dem des Kondensators C_1 ohne Kristall. Für die Lösung y_2 gilt entsprechend, daß sie den Frequenzbereich oberhalb von f_2 bestreicht. Bei derselben geht für große c-Werte der Kristall in die Kapazität C_1 über.

Nach Wahl des Kapazitätsverhältnisses C_0/C_1 kann man die Schwingstelle y_1 oder y_2 zur Anregung bringen. Zweckmäßig betrachtet man dazu die X_1- und X_2-Abstände von der Frequenzachse in der Abb. 8.18. Durch Verändern des Verhältnisses C_0/C_1 kann man Schnittpunkte der beiden Kurven für X_1 und X_2 erzeugen. Als Filter gesehen, bringt ein solcher Schnittpunkt einen Dämpfungspol, als Oszillator betrachtet eine Umkehrung des Schwingverhaltens, indem ein S^+-Bereich in einen S^--Bereich verwandelt werden kann und umgekehrt (s. Kap. 2.6g). Für $C_0 = C_1$ erhalten wir keine Polstelle. Hierbei ist nur eine y_1- oder eine y_2-Stelle anregbar, wobei die nicht anregbare Stelle durch Umpolen des Übertragers, also Vertauschen der Brückenzweige, gewonnen werden kann, dadurch aber die bisherige Schwingstelle ausfällt. Bei ungleichen Kapazitäten $C_0 \neq C_1$ tritt immer eine Polstelle auf.

Wählen wir als Beispiel $C_0/C_1 = 2$ und betrachten wir einen c-Wert $c = 0{,}5$, so hat für $y_1 = 0{,}5$ die rechte Seite von Gl. (8.51) den Wert 3, während für den zu $c = 0{,}5$ gehörenden Wert $y_2 = 1$ der entsprechende Wert 5/3 ist. Beide Schwingungen sind an sich gleichzeitig anregbar. Es wird sich wegen der Amplitudenbedingung die zu y_2 gehörende Schwingung erregen. Man kann natürlich durch zusätzliche Maßnahmen die Amplitudenbedingung zugunsten der y_1-Schwingstelle ändern. In Abb. 8.20 zeigen wir einen Schwingkreis an Stelle eines Abschlußwiderstandes. Wird derselbe auf die schwächer anregbare Frequenz abgestimmt, so hat derselbe bei geeigneter Dimensionierung den gewünschten Wert R_2 bei dieser Frequenz. Bei der stärker anregbaren Frequenz, die verhindert werden soll, wird je nach Frequenzlage aus R_2 ein kleinerer Widerstand mit einer Phase, und unter diesen völlig neuen Verhältnissen wird die Amplitudenbedingung viel ungünstiger [55].

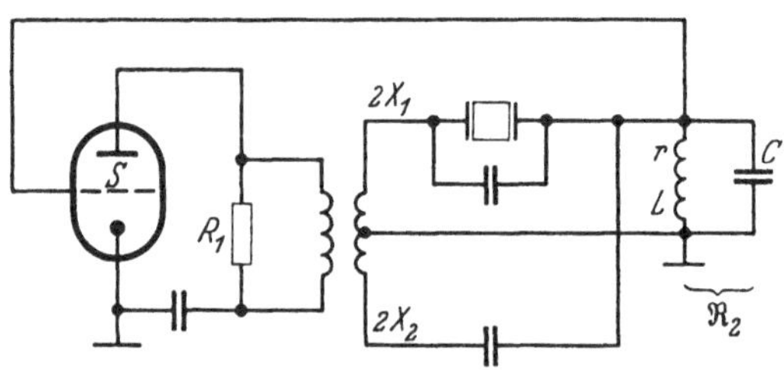

Abb. 8.20
Differentialbrückenoszillator mit Frequenzeinstellkreis [55]

Wenden wir uns nun zur Betrachtung der möglichen Frequenzveränderungen zurück zur Abb. 8.19. Bei hohen c-Werten ändert sich

y_1 nur gering mit c. Wir haben also hier eine hohe Frequenzkonstanz. Die Stelle y_2 liegt bei hohen c-Werten auf der Geraden $y = c$ und weist damit eine gute Frequenzveränderung auf, doch ist der Kristall nicht mehr wirksam oder nur noch gering. Bei niedrigen c-Werten liegt y_1 auf der Geraden $y = c$ und y_2 verändert sich nur wenig mit c, übernimmt also jetzt die hohe Konstanz. Bereiche brauchbarer Frequenzveränderung mit ausreichender Konstanz liegen demnach in der Umgebung von $c = 1$. Hier kann bei beiden Schwingstellen y_1 und y_2 eine brauchbare Veränderung gefunden werden, bei der der Kristall noch ausreichend wirksam ist.

Wenden wir uns nochmals zu den Lösungen Gl. (8.49). Für große c-Werte $c \gg 1$ ergeben sich die Näherungsgleichungen:

$$c \gg 1 \qquad y_1 = 1 - \frac{\varepsilon}{c-1} \qquad y_2 = c + \frac{\varepsilon c}{c-1}, \tag{8.53}$$

während für $c \ll 1$ gilt:

$$c \ll 1 \qquad y_1 = c - \frac{\varepsilon c}{1+\varepsilon-c} \qquad y_2 = 1 + \varepsilon + \frac{\varepsilon c}{1+\varepsilon-c}. \tag{8.54}$$

Hohe Frequenzkonstanz haben wir an den Stellen:

$$c \gg 1 \quad y_1 = 1 - \frac{\varepsilon}{c-1}, \quad c \ll 1 \quad y_2 = 1 + \varepsilon + \frac{\varepsilon c}{1+\varepsilon-c}. \tag{8.55}$$

Wir betrachten die Veränderung von y_1 bzw. y_2 in Abhängigkeit von der Veränderung von c und entnehmen den Gln. (8.55) durch Differentiation

$$c \gg 1 \quad \frac{dy_1}{dc} = \frac{\varepsilon}{(c-1)^2}, \quad c \ll 1 \quad \frac{dy_2}{dc} = \frac{\varepsilon(1+\varepsilon)}{(1+\varepsilon-c)^2} \approx \frac{\varepsilon}{(1-c)^2}. \tag{8.56}$$

Bei großen c-Werten ist kleines ε für eine hohe Konstanz erwünscht. Ändert sich einer der Werte C_1, C_0, R_1, R_2 beispielsweise um 1%, wobei wir bei C_1 die geringe Änderung von ε unberücksichtigt lassen wollen, so ändert sich nach den Gln. (8.45) u. (8.47) c ebenfalls um 1%. Mit $dc = 1 \cdot 10^{-2}$ und gewählten Werten $c = 10$ und $\varepsilon = 4 \cdot 10^{-3}$ wird $dy_1 = 5 \cdot 10^{-7}$ und nach Gl. (8.47) die relative Frequenzänderung $df/f = 2{,}5 \cdot 10^{-7}$.

Mit kleiner werdendem c nimmt die Konstanz ab und damit erhöht sich die Möglichkeit, größere Frequenzveränderungen zu erzielen. Als Formeln müssen dann wieder die Lösungen Gl. (8.49) benutzt werden. Die Veränderung von y durch Veränderung von c können wir der Gl. (8.48) entnehmen zu:

$$\frac{dy}{dc} = \frac{(y-1)^2}{(y-1)^2+\varepsilon}. \tag{8.57}$$

Wenn wir die Stelle $c = 1$ untersuchen wollen, so liefert die Lösung y_1 aus Gl. (8.49) für $c = 1$ die Näherung:

$$y_1 = 1 + \frac{\varepsilon}{2} - \sqrt{\varepsilon}. \tag{8.58}$$

Setzen wir diesen Wert in die Gl. (8.57) ein, so folgt:

$$\left(\frac{\mathrm{d}y}{\mathrm{d}c}\right)_{c=1} = \frac{1}{2} - \frac{\sqrt{\varepsilon}}{4}. \tag{8.59}$$

Durch den Kristall wird gegenüber der Schaltung ohne Kristall ($y = c$, $\mathrm{d}y = \mathrm{d}c$) der Einfluß auf die Hälfte verringert. Die Frequenzkonstanz ist also noch doppelt so groß wie ohne Kristall. Gegenüber der mit der Gl. (8.56) errechneten hohen Konstanz ein recht geringer Wert. Andererseits ist die nach der Gl. (8.59) mögliche Frequenzveränderung sehr hoch. Zwischen $c = 1$ und den Umgebungswerten gibt es ausreichende Frequenzveränderungsmöglichkeiten mit höherer Konstanz.

Die Verluste der Kapazitäten sind gering und könnten auch zu den Abschlußwiderständen addiert werden. Der Kristallwiderstand könnte kompensiert werden. Genau nur für eine Frequenz, doch bei dem kleinen Veränderungsbereich völlig hinreichend.

Bei einer Versuchsanordnung mit der Frequenz 133 kHz wurde durch eine Erhöhung des Abschlußwiderstandes von 18 auf 33 kΩ als neue Frequenz 131,3 kHz erzielt, entsprechend einer relativen Frequenzänderung von 1,3%. Die Messung wurde ohne Verlustkompensation vorgenommen.

b) Die Frequenzveränderungen einer Pierce-Schaltung

In Abschn. 8.1i wurden die Resonanzfrequenzen bei einer Parallelschaltung bestimmt [Gl. (8.36)]. Es handelt sich hierbei um keine durchgeführte Verstimmung, denn die durch Gl. (8.9) eingeführte Größe v ist lediglich als Variable an die Stelle der Variablen ω getreten. Natürlich können wir eine Verstimmung hervorrufen, indem wir C_1 verändern. Damit entfällt die Gl. (8.32).

Mit den Abkürzungen

$$v = 1 - \frac{1}{\omega^2 L C} \qquad \frac{L'}{L} = \beta \qquad \frac{C}{C_1} = \frac{C}{C_{10}(1 \pm \varepsilon)} = \alpha \qquad \frac{C}{C_{10}} = \alpha_0 \tag{8.60}$$

ergibt sich bei Vernachlässigung der Verluste für die Verstimmungen des Parallelkreises die Gleichung

$$\alpha v^2 + [\alpha\beta + \beta - \alpha]\, v - \alpha\beta = 0. \tag{8.61}$$

Bei der Kapazität wählen wir den Wert C_{10} als Ausgangsgröße, die mit einer Verstimmung ε die jeweilige Parallelkapazität C_1 ergibt. Für die Größe C_{10} lassen wir die Gl. (8.32) wieder zu, so daß mit Gl. (8.60) gilt:

$$\beta = \alpha_0. \tag{8.62}$$

Bezeichnen wir die zu $\varepsilon = 0$ gehörende Verstimmung mit v_0, so folgt aus den Gln. (8.61) u. (8.62):

$$v_0^2 + \alpha_0 v_0 - \alpha_0 = 0, \tag{8.63}$$

entsprechend der Gl. (8.36) ohne Verluste.

Aus den Gln. (8.61) bis (8.63) bilden wir die uns interessierende Differenz:

$$v - v_0 = \mp \frac{\varepsilon}{2} \pm \left\{ \sqrt{\left(\frac{\alpha_0 \pm \varepsilon}{2}\right)^2 + \alpha_0} - \sqrt{\frac{\alpha_0^2}{4} + \alpha_0} \right\} \tag{8.64}$$

und hieraus die Näherung

$$v - v_0 = \mp \frac{\varepsilon}{2} \pm \frac{\pm 2\alpha_0 \varepsilon + \varepsilon^2}{8\sqrt{\alpha_0}}. \tag{8.65}$$

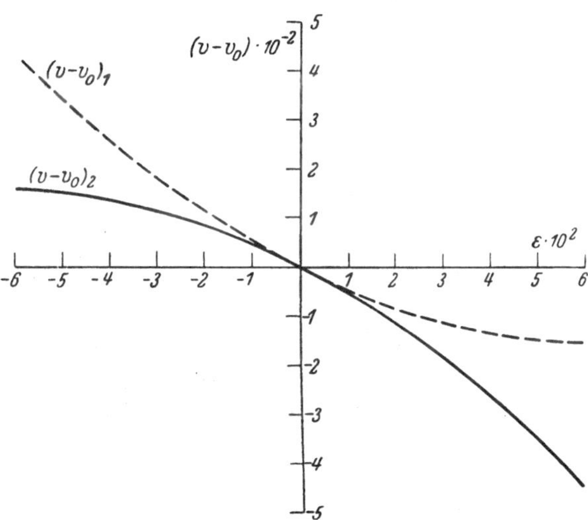

Abb. 8.21. Verstimmung einer PIERCE-Schaltung durch eine Kapazität

In Abb. 8.21 sehen wir die beiden Möglichkeiten der Differenz $v - v_0$ in Abhängigkeit von ε für $\alpha_0 = 1 \cdot 10^{-3}$ aufgetragen. Es ist

$$(v - v_0)_1 = -\frac{\varepsilon}{2} + 8 \cdot 10^{-3} \varepsilon + 4\varepsilon^2,$$

$$(v - v_0)_2 = -\frac{\varepsilon}{2} - 8 \cdot 10^{-3} \varepsilon - 4\varepsilon^2.$$

Wir sehen, daß eine gute Frequenzvariation erzielbar ist.

Zur Überprüfung des Ergebnisses könnte eine PIERCE-Schaltung dienen. In diesem Falle dürfte der Parallelkreis allerdings nicht abgestimmt sein, sondern müßte einen induktiven Wert besitzen (siehe Kap. 6.10), wobei dann bei den Gln. (8.61) u. (8.63) auf der rechten Seite nicht Null stehen dürfte, sondern ein induktiver Wert, den die übrige Schaltung zum Phasenausgleich fordert. Wenn wir annehmen, daß dieser Wert nicht groß ist und sich bei Veränderung von ε nicht wesentlich ändert, so können wir auf eine entsprechende — leicht mögliche — Erweiterung der Betrachtung verzichten, zumal wir uns nicht für die Resonanzfrequenz, sondern im wesentlichen für den möglichen Variationsbereich interessieren. Von Stanesby und Fryer [56] wurde der Parallelkreis mit Kristall in eine Pierce-Schaltung eingebaut und untersucht. Als Kristall wurde ein Quarz — ein *AT*-Schnitt-Dickenschwinger [52] — von 3 MHz benutzt. Er hatte die Werte $L = 28$ mH, $C = 0{,}1$ pF, $R = 10{,}5\,\Omega$. Als Parallelkapazität zuzüglich Schaltkapazitäten C_0 wurde rund 100 pF angenommen. Zur Fre-

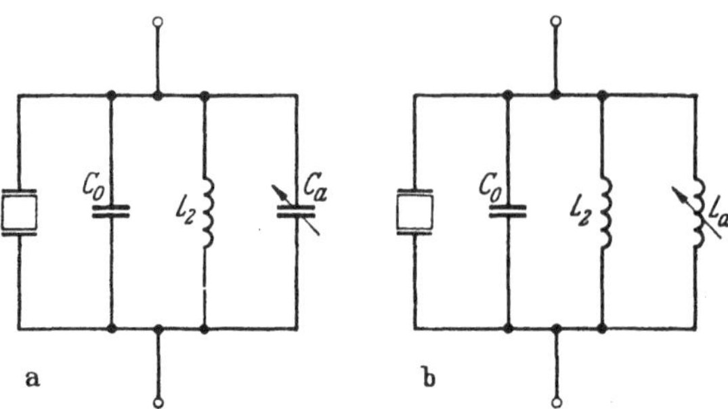

Abb. 8.22
Kristall mit Parallelkreis und veränderlicher Kapazität und veränderlicher Induktivität [56]

quenzvariation wurden die in Abb. 8.22 abgebildeten Anordnungen benutzt. Die Induktivität L_2 hatte den Wert 23,2 μH. Mit dem Kondensator C_a (Abb. 8.22a), der einen Variationsbereich von 20,2 bis

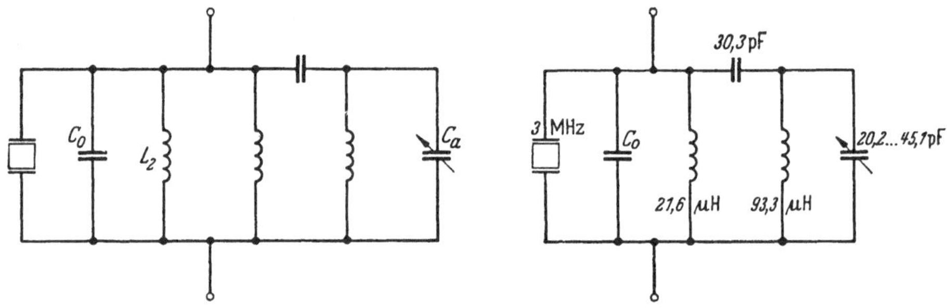

Abb. 8.23. Anordnung nach Abb. 8.22a mit 90°-Phasendrehglied [56]

Abb. 8.24. Praktische Ausführung der Anordnung Abb. 8.23 [56]

45,1 pF hatte, wurde die oberhalb der Reihenresonanzfrequenz liegende Parallelresonanzfrequenz verändert. Zur Veränderung der Parallelresonanzfrequenz unterhalb der Reihenresonanzfrequenz diente die Induktivität L_a (Abb. 8.22b), die einen Bereich von 62,5 bis 139 μH bestreichen konnte. Mit diesen Schaltungen wurde ein fast lineares Verhältnis Frequenzveränderung/Blindwiderstandsveränderung bis zu einer Frequenzveränderung von $1{,}3 \cdot 10^{-3}$ erzielt. Frequenzveränderungen bis $2{,}56 \cdot 10^{-3}$ wurden erreicht. Zur Linearisierung des Verhältnisses Frequenzveränderung/Kapazitätsveränderung wurde ein Phasendrehglied von 90° eingeschaltet, wie Abb. 8.23 zeigt. In der praktischen Ausführung sehen wir die Anordnung in Abb. 8.24 mit den für die 3 MHz-Quarzplatte benutzten Werten. Nach einer brieflichen Mitteilung erreichten STANESBY und FRYER (1948) mit einem 80 kHz-Quarz 0° X-Schnitt eine Frequenzvariation bis 2%.

c) Die Güte bei der Frequenzveränderung von Kristalloszillatoren

Wie der Sinn einer Frequenzveränderung eines Kristalloszillators verlangt, soll eine Veränderung in der Schaltung eine möglichst große Frequenzveränderung hervorrufen. Diese Forderung widerspricht der Forderung nach hoher Frequenzkonstanz, welche eine möglichst geringe Frequenzveränderung in Abhängigkeit von der Veränderung anderer Schaltteile verlangt. An der Güte eines Oszillators wollen wir die Verhältnisse genauer betrachten.

Als Beispiel wählen wir den in Abschn. 8.2a beschriebenen Brückenoszillator (Abb. 8.17).

Die Gütegleichung (4.16) wandeln wir mit der der Abkürzung Gl. (8.47) entnommenen Beziehung:

$$\frac{\mathrm{d}y}{\mathrm{d}f} = \frac{2f}{f_1^2} \tag{8.66}$$

um in:

$$G = \left(\frac{\mathrm{d}\,\mathrm{tg}\,\varphi}{\mathrm{d}f}\right)_0 \frac{f_0}{2} = \left(\frac{\mathrm{d}\,\mathrm{tg}\,\varphi}{\mathrm{d}y}\,\frac{\mathrm{d}y}{\mathrm{d}f}\right)_0 \frac{f_0}{2} \tag{8.67}$$

und erhalten mit berechtigter Vereinfachung, da wir nur kleine Abweichungen von der ursprünglichen Resonanzfrequenz betrachten wollen:

$$G = \left(\frac{\mathrm{d}\,\mathrm{tg}\,\varphi}{\mathrm{d}y}\right)_0. \tag{8.68}$$

Mit den Abkürzungen

$$k = \frac{2R_1 R_2 2\pi f_1 C_1}{R_1 + R_2} \qquad \eta = \frac{C_1}{C_0} \tag{8.69}$$

ergeben die Gleichungen für die Brückenzweige Gl. (8.43) mit (8.47):

$$\mathrm{tg}\,\varphi = k\,\frac{\dfrac{c}{y}\,\dfrac{y-1}{y-(1+\varepsilon)} - 1}{\dfrac{1}{\sqrt{y}}\left[\dfrac{y-1}{1+\varepsilon-y} - \eta\right]}. \tag{8.70}$$

Die Ableitung unter Berücksichtigung von Gl. (8.48) liefert als Güte:

$$G = k\,c\,\frac{2y - y^2 - (1+\varepsilon)}{\dfrac{y^2[y-(1+\varepsilon)]^2}{\sqrt{y}}\left[\dfrac{y-1}{1+\varepsilon-y} - \eta\right]}. \tag{8.71}$$

Diese Gleichung wollen wir für zwei Fälle auswerten. Für einen hohen c-Wert entnehmen wir der Abb. 8.19 [Gl. (8.53)] eine hohe Konstanz. Zur Güteberechnung für einen hohen c-Wert ($c \gg 1$) benutzen wir die

y_1-Stelle der Gl. (8.53) $y_1 = 1 - \frac{\varepsilon}{c-1}$. Mit zulässigen Vernachlässigungen ergibt sich:

$$G_I = k \frac{c}{\varepsilon\,\eta} \qquad c \gg 1. \tag{8.72}$$

Als weiteren Fall ermitteln wir die Güte G_{II} an der Stelle $c = 1$. Hier kann man nach der Lösung $y_1 = 1 - \sqrt{\varepsilon}$ [Gl. (8.49)] eine größere Frequenzveränderung vornehmen. Gl. (8.71) liefert für diesen Wert

$$G_{II} = k \frac{2}{1+\eta}. \tag{8.73}$$

Der Vergleich wäre nicht vollständig, wenn wir nicht auch die gleiche Schaltung ohne Kristall heranzögen. Ohne Kristall gilt:

$$\operatorname{tg}\varphi = k \frac{1 - \frac{c}{y}}{\frac{1}{\sqrt{y}}(1+\eta)} \tag{8.74}$$

und damit für die Güte

$$G = k \frac{c}{\frac{y^2}{\sqrt{y}}(1+\eta)}. \tag{8.75}$$

An der Stelle $y = c = 1$ wird aus Gl. (8.75)

$$G_{III} = k \frac{1}{1+\eta}. \tag{8.76}$$

Zum Vergleich setzen wir noch $\eta = 3$ [s. Gl. (8.69)] und erhalten aus den Gln. (8.72), (8.73) u. (8.76):

$$G_I : G_{II} : G_{III} = \frac{c}{3\varepsilon} : \frac{1}{2} : \frac{1}{4}. \tag{8.77}$$

Mit $c = 10$ und $\varepsilon = 4 \cdot 10^{-3}$ für G_I wird daraus:

$$G_I : G_{II} : G_{III} = 1 \cdot 10^4 : 6 : 3. \tag{8.78}$$

Die gezogene Kristalloszillatorschaltung erleidet eine wesentliche Güteeinbuße. An den Grenzen des Veränderungsbereiches liegt die Güte nur noch wenig über der Güte einer Schaltung ohne Kristall.

8.3 Umspringen der Schwingfrequenz und Zieherscheinungen

a) Zum Umspringen der Schwingfrequenz

Unter Umspringen der Oszillatorfrequenz versteht man eine plötzliche sprunghafte Änderung der Frequenz eines Oszillators auf eine neue Frequenz mit völlig verschiedenem Wert. Voraussetzung für das Umspringen ist, daß genügend frequenzbestimmende Schaltteile vorhanden sind, die eine Frequenzgleichung von mindestens dem vierten Grad in der Frequenz bilden. Recht häufig ist ein Oszillator noch bei einer wesentlich höheren Frequenz schwingfähig, denn die Röhren- und Schaltkapazitäten sowie die Phasen der Schaltelemente bringen leicht die Frequenzgleichung auf die vierte oder eine noch höhere Potenz. Mit großer Steilheit bzw. Verstärkung bekommt man leicht eine hohe Frequenz als Störung. Durch geeignete Bedämpfung kann man eine höhere zusätzliche Frequenz beseitigen. Selten, aber durchaus möglich ist, daß die Amplitudenbedingung für zwei Frequenzen in nahezu gleicher Weise erfüllt ist. Dann bedarf es nur eines kleinen Anlasses, um ein Umspringen von der einen auf die andere Frequenz hervorzurufen. Ein solcher Anlaß kann eine Schwankung einer Betriebsspannung sein oder eine Veränderung eines Schaltelementes durch die Temperatur.

Bei Kristalloszillatoren gibt es eine weitere Ursache für das Umspringen, die im Kristall selbst liegt. Bei einer Kristallplatte gibt es je nach Art des zu der optischen und den elektrischen Achsen geführten Schnittes mehrere Anregungsmöglichkeiten. Man wählt den Schnitt so, daß eine Frequenz bevorzugt angeregt wird. Es läßt sich jedoch bei den endlichen Dimensionen der Kristallplatten und -stäbe nicht vermeiden, daß gleichzeitig mehrere Anregungsmöglichkeiten nahe benachbart sind. Ist die Amplitude der Nachbarmöglichkeiten kleiner als die bei der gewünschten Frequenz, so macht dieses bei einem Oszillator nichts aus. Bei einem Kristall, der in einem Filter Verwendung finden soll, müssen auch die Frequenzstellen mit kleiner Amplitude — die sogenannten Nebenresonanzen — möglichst weit weg von dem gewünschten Frequenzband gelegt werden. Beispielsweise kann dieses bei den sogenannten Dickenschwingern [*52*] durch geeignete Facettierung der Plattenränder geschehen [*57*]. Bei Kristallplatten für Oszillatoren stören die Nebenresonanzen, wenn sie zu nahe bei der Hauptresonanz liegen und ungefähr gleiche Amplitude besitzen. Abb. 8.25 zeigt den Blindwiderstandsverlauf einer Kristallplatte in Abhängigkeit von der Frequenz, aufgenommen mittels eines Tintenschreibers. Der Kristall besitzt zwei Hauptresonanzstellen H_1 und H_2 und zwei unbedeutende Nebenresonanzstellen N_1 und N_2. P ist die Parallelresonanzstelle. Durch entsprechende Maßnahmen lassen sich auch die Nebenresonanzen anregen, sie benötigen aber meistens mehr Energie. Bei den nahe beieinander liegenden Hauptresonanzen kann eine kleine Temperaturschwankung ein Umspringen auf die benachbarte Frequenz hervorrufen. Da der Frequenzabstand solcher Haupt-

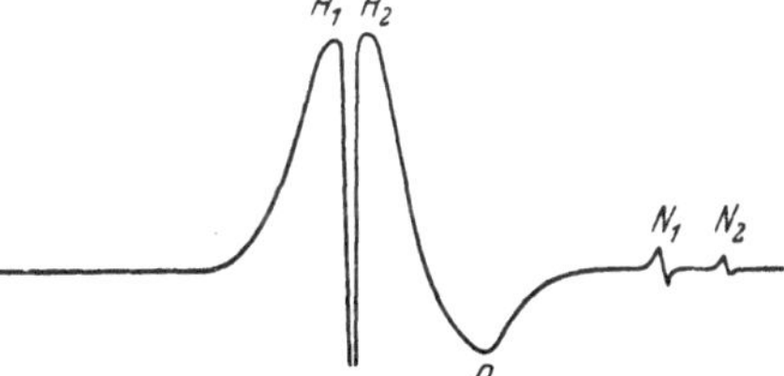

Abb. 8.25. Kristall mit zwei Haupt- und zwei Nebenresonanzstellen

resonanzstellen meistens weit außerhalb der Konstanz eines Kristalloszillators liegt, so sind solche Kristalle für einen normalen Oszillator brauchbar. Man könnte den Umspringereffekt ausnutzen, doch ist es sehr schwer, einem Umspringerkristall einen gewünschten Frequenzabstand anzuschleifen und ein lenkbares Umspringen in der Schaltung vorzuschreiben.

Eine weitere, sehr interessante Möglichkeit des Umspringens ist die durch Veränderung eines Schaltelementes. Man nennt diesen Effekt „Zieherscheinung", weil beim Verändern — „Ziehen" — der Frequenz das Umspringen erfolgt. Eine solche Erscheinung wollen wir im nächsten Abschnitt behandeln.

b) Das Ziehen der Schwingfrequenz bei einer Brückenschaltung

Die Erscheinung des Frequenzumspringens durch Verändern eines Schaltelementes ist schon lange bekannt [*58*, *59*, *60*, *61*]. Der zugrunde liegende Versuch zeigt folgendes: Beim Verändern der Resonanzfrequenz durch Veränderung eines Schaltelements in einem Sinn ergibt sich ein plötzliches Umspringen auf eine andere Frequenz. Durch Weiterdrehen im gleichen Sinn erfolgt eine normale Frequenzänderung wie zuvor bei der ersten Frequenz. Dreht man nun im entgegengesetzten Sinn, so erfolgt keinesfalls bei derselben Stellung des Schaltelementes das erwartete Zurückspringen auf die erste Frequenz, sondern die Frequenzveränderung der zweiten Frequenz geht ein Stück über die Umspringstelle hinaus, und dann erst erfolgt das Umspringen auf die erste Frequenz. Bei umgekehrtem Drehverfahren gibt es den gleichen Effekt. Die Umspringfrequenzen der beiden Umspringstellen liegen auseinander. In dem Frequenzbereich zwischen den Umspringpunkten erhält man die eine oder die andere Frequenz, je nachdem, von welcher Frequenz (bzw. Drehrichtung) man kommt.

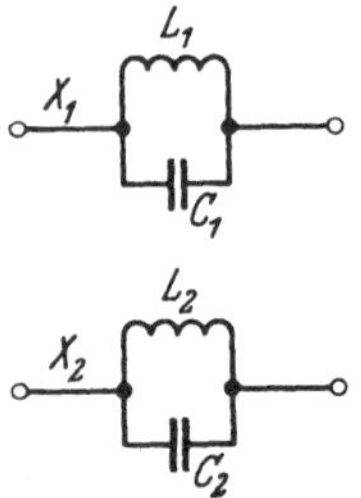

Abb. 8.26. Brückenzweige aus Parallelkreisen

Bei Oszillatoren mit gekoppelten Kreisen ist der Zieheffekt leicht zu erhalten. Auch die Berechnung ist ohne Schwierigkeiten durchführbar. Es fehlt jedoch, die Zieherscheinung anschaulich zu machen. Dieses kann man mit einem Brückenoszillator erreichen [*61*].

Wir betrachten die in Abb. 8.26 gezeigten Zweige eines Brückenoszillators. Für die Blindwiderstände X_1 und X_2 der Brückenzweige gilt:

$$X_1 = \frac{1}{2\pi f C_1} \frac{f^2}{f_1^2 - f^2} \qquad X_2 = \frac{1}{2\pi f C_2} \frac{f^2}{f_2^2 - f^2}. \tag{8.79}$$

Hierbei sind f_1 und f_2 die Resonanzfrequenzen der aus L_1 und C_1 bzw. L_2 und C_2 gebildeten Kreise, während f die variable Frequenz ist.

Als Schwingbedingung gilt (s. Kap. 2.6f):

$$S\frac{R_1 R_2}{R_1+R_2} \geqq \frac{\dfrac{X_1}{X_2}+1}{\dfrac{X_1}{X_2}-1}, \tag{8.80}$$

$$X_1 X_2 - R_1 R_2 = 0. \tag{8.81}$$

Der aus L_2 und C_2 bestehende Kreis soll die Variation der beiden möglichen Resonanzfrequenzen — also das Ziehen — übernehmen. Als Ausgangskapazität wählen wir die Kapazität C_{20}. Bei dieser sollen beide Kreise auf die Frequenz f_1 abgestimmt sein, so daß gilt:

$$f_1^2 = \frac{1}{4\pi^2 L_1 C_1} = \frac{1}{4\pi^2 L_2 C_{20}}. \tag{8.82}$$

Die Variation von C_2 wollen wir durch eine Größe ε ausdrücken, nach der Beziehung:

$$C_2 = C_{20}(1+\varepsilon), \tag{8.83}$$

wobei ε positive und negative Werte annehmen kann. Für die Frequenz f_2 folgt mit den Gln. (8.83) u. (8.82):

$$f_2^2 = \frac{1}{4\pi^2 L_2 C_2} = \frac{1}{4\pi^2 L_2 C_{20}(1+\varepsilon)} = \frac{f_1^2}{1+\varepsilon} \tag{8.84}$$

und damit für die Blindwiderstände Gl. (8.79):

$$X_1 = \frac{1}{2\pi f C_1}\,\frac{f^2}{f_1^2-f^2} \qquad X_2 = \frac{1}{2\pi f C_{20}}\,\frac{f^2}{f_1^2-(1+\varepsilon) f^2}. \tag{8.85}$$

Führen wir noch die Abkürzung

$$s = \frac{C_{20}}{C_1} \tag{8.86}$$

ein, so liefert die Amplitudenbedingung Gl. (8.80) die Beziehung

$$S\frac{R_1 R_2}{R_1+R_2} \geqq \frac{s\,\dfrac{f_1^2-(1+\varepsilon)f^2}{f_1^2-f^2}+1}{s\,\dfrac{f_1^2-(1+\varepsilon)f^2}{f_1^2-f^2}-1}. \tag{8.87}$$

Aus den Gln. (8.81) u. (8.85) erhalten wir mit der Abkürzung

$$f_c^2 = \frac{1}{4\pi^2 C_1 C_{20} R_1 R_2} \tag{8.88}$$

als Frequenzgleichung

$$\frac{f^2 f_c^2}{(f_1^2-f^2)\,[f_1^2-(1+\varepsilon) f^2]} - 1 = 0. \tag{8.89}$$

Man könnte die Gln. (8.87) u. (8.89) auswerten. Es erscheint uns jedoch zweckmäßiger, die variable Frequenz f auf die Frequenz f_1 zu beziehen und die relative Abweichung als neue Variable einzuführen. Wir setzen

$$f^2 = f_1^2(1+2x'). \tag{8.90}$$

Die neue Variable x' stellt nur für kleine Werte die relative Frequenzabweichung dar. Mit der relativen Abweichung $\bar{x}'$ würde die Rechnung unübersichtlicher. Wir ziehen hier einen etwaigen Fehler im Ergebnis vor, zumal wir erforderlichenfalls nach der Gleichung

$$\bar{x}' = \sqrt{1 + 2x'} - 1 \tag{8.91}$$

korrigieren können.

Die Abkürzung f_c, welche die Schwingfrequenz für $L_1 = L_2 = \infty$ darstellt, kann einen beliebigen Wert in einem weiten Bereich erhalten, da über die Abschlußwiderstände nur insofern verfügt ist, als die Amplitudenbedingung eingehalten werden muß. Wir kürzen ab:

$$\frac{f_c^2}{f_1^2} = q, \tag{8.92}$$

und erhalten an Stelle von Gl. (8.87) u. (8.89):

$$S \frac{R_1 R_2}{R_1 + R_2} \gtreqless \frac{s\left(1 + \varepsilon + \frac{\varepsilon}{2x'}\right) + 1}{s\left(1 + \varepsilon + \frac{\varepsilon}{2x'}\right) - 1} = A, \tag{8.93}$$

$$2x'[2x'(1 + \varepsilon) + \varepsilon] = q(1 + 2x'). \tag{8.94}$$

Die Lösungen der Frequenzgleichung lauten:

$$\begin{aligned} 2x_a' &= \frac{1}{2(1+\varepsilon)}\left[q - \varepsilon + \sqrt{(q+\varepsilon)^2 + 4q}\right], \\ 2x_b' &= \frac{1}{2(1+\varepsilon)}\left[q - \varepsilon - \sqrt{(q+\varepsilon)^2 + 4q}\right]. \end{aligned} \tag{8.95}$$

Die in Gl. (8.93) eingeführte Größe A erhält für die beiden Lösungen x_a' und x_b' die Werte:

$$A_a = \frac{s\left(1 + \varepsilon + \frac{\varepsilon}{2x_a'}\right) + 1}{s\left(1 + \varepsilon + \frac{\varepsilon}{2x_a'}\right) - 1} \qquad A_b = \frac{s\left(1 + \varepsilon + \frac{\varepsilon}{2x_b'}\right) + 1}{s\left(1 + \varepsilon + \frac{\varepsilon}{2x_b'}\right) - 1}. \tag{8.96}$$

Die Größen A_a und A_b sind ein Maß für die Schwingfähigkeit. Je kleiner dieselben sind, desto kleiner ist die benötigte Steilheit der Röhre oder die benötigte Verstärkung, falls mehrere aktive Elemente benutzt werden. Werden bei der Veränderung durch ε A_a und A_b zu groß, d. h., erfüllen sie die Bedingung Gl. (8.93) nicht mehr, so setzen die Schwingungen aus. Negative Werte von A_a und A_b lassen sich durch Vertauschen der Brückenzweige in positive verwandeln, womit die Schaltung wieder schwingfähig wird.

Wir zeichnen die Schwingfähigkeiten A_a und A_b sowie die Frequenzabweichungen x_a' und x_b' in Abhängigkeit von der Größe ε auf (siehe Abb. 8.27). Wir wählen $s = 2$ und $q = 1 \cdot 10^{-4}$. Besondere Gründe für die Wahl des q-Wertes bestehen nicht. Die Größe ε durchläuft die

Bereiche $-1 \cdot 10^{-1}$ bis $-1 \cdot 10^{-5}$ und $+1 \cdot 10^{-5}$ bis $+1 \cdot 10^{-1}$. Wir verfolgen nun die Abhängigkeit der Schwingfähigkeiten und der Frequenzabweichungen von ε. Bei $\varepsilon = -1 \cdot 10^{-1}$ kann die zu A_a gehörende Frequenz nicht angeregt werden, da A_a negativ ist. Hingegen ist der Wert von A_b am niedrigsten und die dazugehörige Frequenzabweichung x_b' gering. Eine Dekade weiter bei $\varepsilon = -1 \cdot 10^{-2}$ ist A_a größer geworden, doch negativ geblieben. Auch A_b und x_b' sind etwas größer geworden, ohne damit die Schwingfähigkeit zu gefährden. Vor der

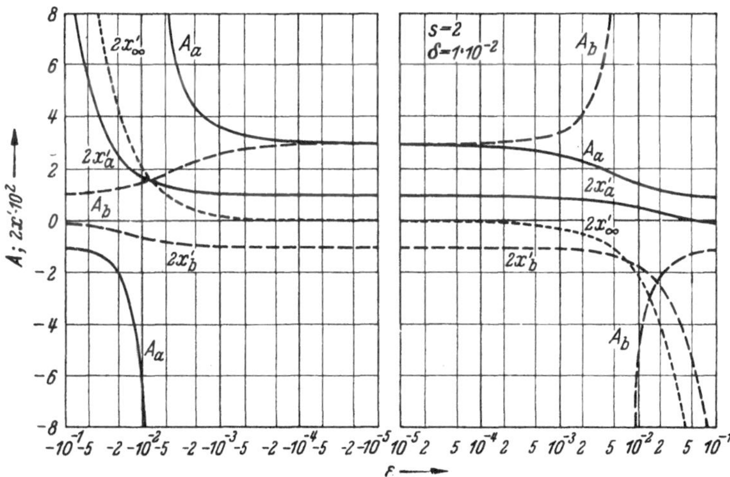

Abb. 8.27. Schwingfähigkeit und Schwingfrequenzen in Abhängigkeit von der Verstimmung der Kapazität eines Brückenzweiges ($\delta = \sqrt{q}$) [61]

nächsten Dekade erfolgt das Umspringen der Größe A_a, die vom negativen Unendlichen zum positiven Unendlichen umspringt. Dieses geschieht bei $\varepsilon_\infty = -0{,}7 \cdot 10^{-2}$, wie wir am Ende des Abschnittes Gl. (8.105) zeigen werden. Die Größe A_a kehrt mit wachsendem ε schnell aus dem positiven Unendlichen zurück und nähert sich dem gleichzeitig zunehmenden Wert A_b. Bei $\varepsilon = -1 \cdot 10^{-3}$ ist der Unterschied der A-Werte nicht mehr groß, während x_b' wenig zugenommen hat. Die weitere Abnahme von ε läßt A_a und A_b sich immer mehr annähern, doch erst für $\varepsilon = 0$ ist $A_a = A_b$. Wenn wir vom Vorzeichen absehen, sind die Abweichungen $2x_a'$ und $2x_b'$ auch für $\varepsilon = 0$ nicht gleich.

Wir bilden aus Gl. (8.95):

$$2x_a' - [-2x_b'] = 2x_a' + 2x_b' = \frac{q - \varepsilon}{1 + \varepsilon}, \tag{8.97}$$

welche Gleichung für $\varepsilon = 0$ übergeht in:

$$(2x_a' - [-2x_b'])_{\varepsilon=0} = q. \tag{8.98}$$

Da im vorliegenden Fall $q = 1 \cdot 10^{-4}$ ist, so haben wir einen zeichnerisch nicht mehr feststellbaren kleinen Unterschied in den Abweichungen. Bei großem q-Wert entstehen entsprechend große Unterschiede. Für $\varepsilon = 0$ erhalten wir, falls $q^2 \ll 4q$ ist, mit der entsprechenden Vernachlässigung aus Gl. (8.95)

$$2x'_a = \sqrt{q} \qquad 2x'_b = -\sqrt{q}. \tag{8.99}$$

Wenden wir uns nun zu positiven ε-Werten. A_b wird größer als A_a, wenn auch nur sehr wenig. Bis $\varepsilon = +1 \cdot 10^{-4}$ ändert sich der im Nullpunkt vorhandene Zustand nur gering. Bei $\varepsilon = +1 \cdot 10^{-3}$ hat A_b schon mehr zugenommen, während A_a abnimmt. Die Werte entsprechen den vertauschten Werten bei $\varepsilon = -1 \cdot 10^{-3}$. Trotz des größeren Wertes von A_b findet noch kein Umspringen auf die zu dem kleineren A_a gehörende Frequenz statt, obwohl dessen Schwingfähigkeit viel günstiger liegt. Würde man den Oszillator ausschalten und bei der gleichen Stellung von ε wieder anschalten, so würde die zu A_a gehörende Frequenz anschwingen und nicht die zu A_b gehörende Frequenz, die beim Weiterdrehen von ε im Schwingungszustand beibehalten wird. Die Frequenz wird in einen Bereich des Oszillators „gezogen", in dem sie normalerweise gar nicht lebensfähig ist. Zur Erklärung dieses Vorganges wollen wir folgendes ausführen. Das Beibehalten der Schwingung läßt sich leicht erklären, da sich der Steilheitswert S in geringem Umfang nach der Belastung einstellen kann. Eine Vergrößerung von A_b hat also einen entsprechend größeren Wert von S zur Folge. Bei zu starker Vergrößerung von A_b verliert der zuletzt stabile Zustand immer mehr an Stabilität und bricht schließlich zusammen, wobei die Schwingungen aussetzen. Dieser Punkt soll bei der vorliegenden Anordnung nicht erreicht werden. Während die Stabilität des Zustandes von A_b durch Vergrößern desselben abnimmt, bietet sich bei einer anderen Frequenz ein Zustand mit abnehmendem A_a und somit zunehmender Stabilität an, welche letztere bei einem ε-Wert, den wir betrachten wollen, wesentlich größer ist als die Stabilität des Zustandes von A_b. Trotzdem springt die Oszillatorfrequenz nicht in den stabileren Zustand. Der Grund ist darin zu suchen, daß der Abbau der vorhandenen Schwingung und der Aufbau der neuen Schwingung zusammen mehr Energie verbrauchen würden als die Energie, die zur Aufrechterhaltung des vorhandenen Schwingungszustandes verbraucht wird. Der Einschwingvorgang läßt sich mit dem Inbewegungsetzen eines Mobils vergleichen, das zur Erzielung einer Beschleunigung die Überwindung des Trägheitswiderstandes erfordert. Noch nicht geklärt ist, ob die vorhandene Schwingung erst aussetzen muß und der Anschwingvorgang der neuen Frequenz zu einem Zeitpunkt des Ausschwingens erfolgt oder ob das Anschwingen einer neuen Frequenz, hervorgerufen durch ihre günstigere Stabilitätslage, die vorhergehende Frequenz zum Abklingen bringt. Ist das Umspringen auf die zu A_a gehörende Frequenz erfolgt, so erhöht eine Zunahme von ε die Stabilität, da A_a weiterhin abnimmt. Auch x_a' nimmt ab und geht gegen Null. A_b steigt sehr schnell gegen $+$-Unendlich und kehrt dann aus dem negativen Unendlichen zurück. Durch Umpolen der Brückenzweige würde A_b sein Vorzeichen wechseln und etwa gleiche Schwingfähigkeit aufweisen. Die Kurven liegen annähernd symmetrisch zu $\varepsilon = 0$. Gehen wir von $\varepsilon = +0{,}1$ nach

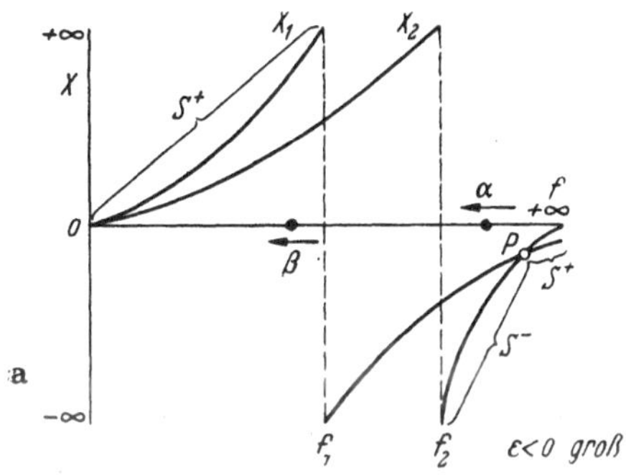

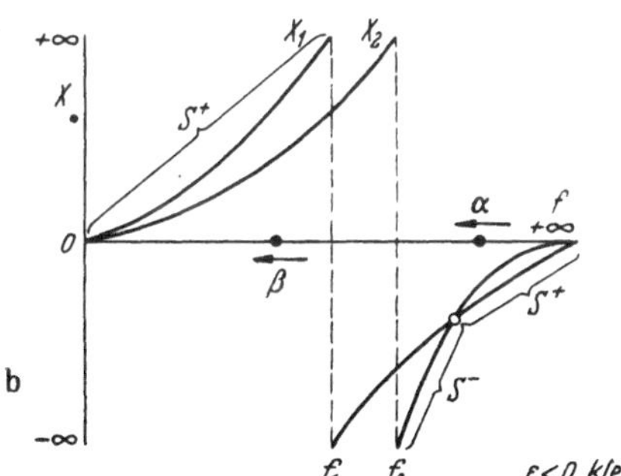

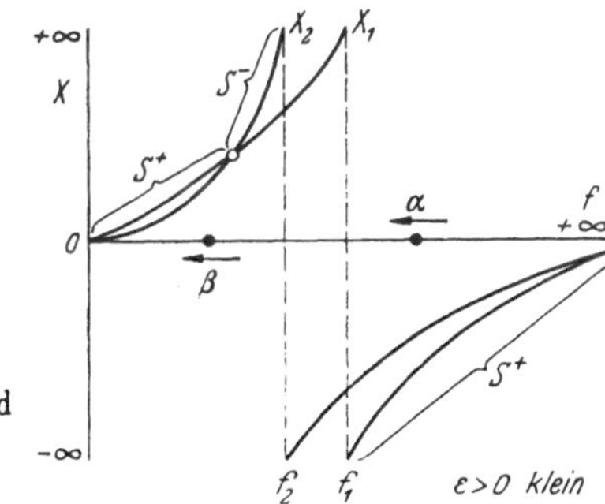

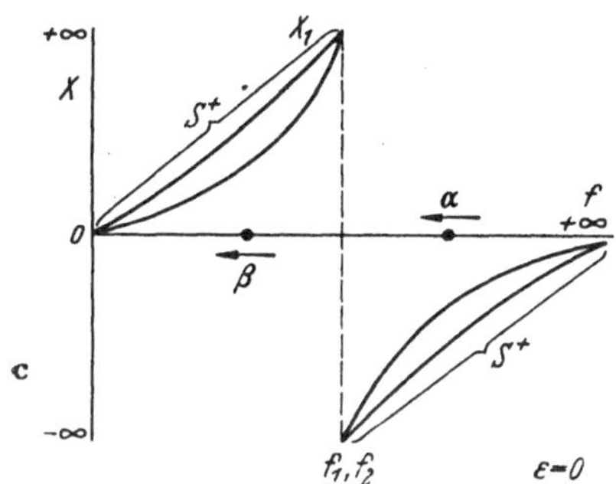

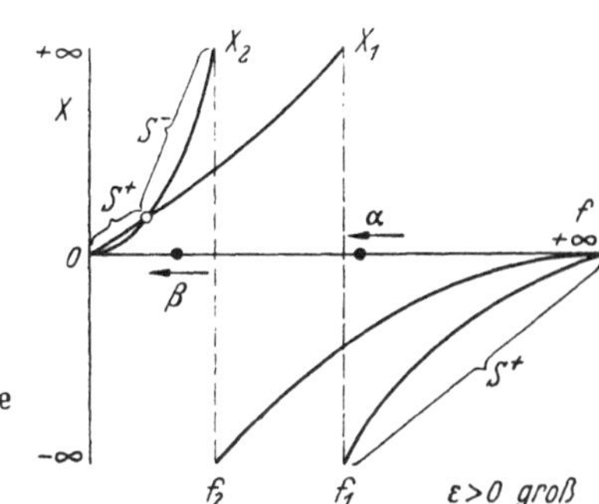

Abb. 8.28. Blindwiderstandsverlauf der Brückenzweige Abb. 8.26 bei Verstimmung der Kapazität eines Brückenzweiges [61]

$\varepsilon = -0{,}1$, so finden genau die geschilderten Vorgänge statt, lediglich sind A_a und $2x_a'$ die Ausgangswerte, die in A_b und $2x_b'$ übergehen.

In Kap. 2.6 haben wir den Blindwiderstandsverlauf der Zweige einer Brückenschaltung in Abhängigkeit von der Frequenz untersucht und festgestellt, in welchen Bereichen Schwingmöglichkeit vorhanden ist (S^+-Bereiche) und in welchen diese durch Vertauschen der Brückenzweige zu erreichen ist (S^--Bereiche). In den Bereichen, in denen die Blindwiderstände der Brückenzweige entgegengesetztes Vorzeichen besitzen — den Durchlaßbereichen —, ist keine Schwingung möglich, wenn wir Punkte, die durch einen Grenzübergang aus Sperrbereichen hervorgegangen sind, zu den Sperrbereichen rechnen, obwohl sie innerhalb der Durchlaßbereiche liegen. An den Veränderungen dieser Blindwiderstände durch ε können wir den Ziehvorgang anschaulich verfolgen.

Abb. 8.28a bis e zeigt die Veränderungen durch ε in der gleichen Reihenfolge, wie wenn wir Abb. 8.27 von links nach rechts betrachten. Die Schwingstellen sind mit α und β bezeichnet und die Bewegungsrichtungen gelten für zunehmendes ε. Abb. 8.28c gibt die Ausgangsstellung für $\varepsilon = 0$ wieder. Beide Kreise liegen auf der gleichen Frequenz f_1, während α und β etwa symmetrisch dazu liegen. Der Brückenzweig X_1 bleibt fest, verändert wird X_2. Bei Abb. 8.28a ist f_2 in größerem Abstand von f_1. Die Schwingstelle α liegt in einem S^--Bereich, es kann also nur β schwingen. In der Abb. 8.28b ist die Polstelle P durch α hindurchgelaufen, entsprechend dem Umspringen von A_a in Abb. 8.27 von Minus nach Plus. Jetzt sind α und β schwingfähig. Ein Maß für die Schwingfähigkeit gibt der Abstand der Blindwiderstände $X_1 - X_2$ im Schwingungspunkt. Noch liegt β günstiger. Gleichberechtigt werden α und β für $\varepsilon = 0$ in Abb. 8.28c. In Abb. 8.28d ist X_2 in Richtung der Frequenz Null durch X_1 hindurchgewandert. Nun wird die Schwingfähigkeit von α besser, und nachdem ein gewisser Wert erreicht ist, erfolgt das Umspringen auf α. Bei weiterem Vergrößern von ε läuft die Polstelle P durch β hindurch und β gelangt in einen S^--Bereich.

Für die Polstelle P mit der Frequenz f_∞ ergibt sich aus den Gln. (8.85) u. (8.86):

$$s = \frac{f_1^2 - f_\infty^2}{f_1^2 - (1+\varepsilon) f_\infty^2}. \tag{8.100}$$

Wir vereinfachen mit

$$f_\infty^2 = f_1^2 (1 + 2x'_\infty). \tag{8.101}$$

und erhalten

$$2x'_\infty = \frac{-s\,\varepsilon}{s(1+\varepsilon) - 1}, \tag{8.102}$$

und mit dem in der Abb. 8.27 benutzten Wert $s = 2$:

$$2x'_\infty = \frac{-2\,\varepsilon}{1 + 2\,\varepsilon}. \tag{8.103}$$

Diese Funktion, die den jeweiligen Ort der Polstelle angibt, finden wir in Abb. 8.27 punktiert eingetragen. In den Schnittpunkten der Kurve von $2x'_\infty$ mit den Kurven $2x'_a$ und $2x'_b$ fallen die Schwingstellen α

und β mit der Polstelle zusammen, gleichzeitig werden A_a und A_b unendlich.

Zur Berechnung der ε-Werte dieser Stellen benutzen wir die Gln. (8.94) u. (8.103). In diesen Punkten ist $2x' = 2x'_\infty$, und wir erhalten als Gleichung für $\varepsilon = \varepsilon_\infty$:

$$\varepsilon_\infty^2 - q\,\varepsilon_\infty - \frac{q}{2} = 0\,, \tag{8.104}$$

mit den Näherungslösungen für den vorliegenden q-Wert $q = 1 \cdot 10^{-4}$

$$\varepsilon_\infty = \pm \sqrt{\frac{q}{2}} = \pm\, 0{,}7 \cdot 10^{-2}\,. \tag{8.105}$$

9 Kristall- und Atomuhren

9.1 Die Zeitmessung

Bereits die Zeitmessung im bürgerlichen Leben ist nicht ganz einfach. Man braucht dazu zwei Dinge. Einen Fixpunkt oder Nullpunkt und ein Gerät, das die Zeit zwischen zwei Fixpunkten genau einteilt. Man hat schon sehr frühzeitig erkannt, daß die Sonne keineswegs ein brauchbarer Zeitmesser ist, und hat eine „Mittlere Sonne" eingeführt, die sich gleichmäßig im Äquator bewegt. Auch die Fixpunkte bieten Schwierigkeiten, denn der Frühlingspunkt der wahren Sonne und der definierte, entsprechende Fixpunkt der „mittleren Sonne" sind am Himmel nicht fest, und ihre Bewegungen müssen daher genau festgestellt werden. Die Astronomen verwenden die Sternzeit, die sich aus den Meridiandurchgängen der Sterne ergibt. Je nach dem apparativen Aufwand lassen sich die Sterndurchgänge mit ziemlicher Genauigkeit bestimmen. Man kann mit einem Fehler von einigen 10^{-8} rechnen. Mit den Pendeluhren [87] waren — verglichen mit den heutigen Möglichkeiten — nicht allzu hohe Genauigkeiten zu erreichen, so daß ein solcher Fixpunkt allen Ansprüchen genügte. Die zufälligen Gangschwankungen der Pendeluhren werden sehr verschieden angegeben ($\pm 0{,}002 \cdots \pm 0{,}02$ sek/Tag). Nehmen wir 0,01 sek/Tag, so bedeutet dieses einen Fehler von $1 \cdot 10^{-7}$. Zu diesem Fehler kommen die systematischen Gangschwankungen dazu, die sich allerdings ziemlich genau erfassen und damit eliminieren lassen. Mit der Kristalluhr, die nichts anderes als einen Kristalloszillator darstellt, dessen Schwingungen man nach geeigneter Umformung auf tiefe Frequenzen zum Antreiben eines Synchronmotors benutzt, wurde eine wesentlich höhere Konstanz erzielt. Die zufällige Gangschwankung liegt jetzt bei 0,0001 sek/Tag, entsprechend $1 \cdot 10^{-9}$.

Wir wollen hier kurz die Begriffe Stand und Gang einer Uhr erläutern. Unter Stand U der irdischen Uhr versteht man die Abweichung des Sekundenschlages derselben von dem Sekundenschlag der astronomischen Uhr in „mittleren Sekunden". Geht der Sekundenschlag der irdischen Uhr zeitlich vor, so bezeichnet man U als negativ. Dieser Stand U ist nun keineswegs konstant. Die Abweichung des Standes U vom Stand U' nach 86400 Sekunden bezeichnet man als täglichen Gang g:

$$g = U' - U \text{ sek/Tag}. \tag{9.1}$$

Dieser tägliche Gang ist ebenfalls nicht konstant, sondern zeitabhängig. Zählt man die Zeit t in Tagen (86400 sek.), so muß der Gang g einer brauchbaren Uhr durch eine Funktion

$$g = g_0 + a\,t + b\,t^2 + c\,t^3 + \cdots \tag{9.2}$$

ausdrückbar sein, mit möglichst kleinen Konstanten g_0, a, b, c, ... Ist die Gl. (9.2) ermittelt, so kann man in ihrem Gültigkeitsbereich den Stand U für einen bestimmten Zeitpunkt T_n — ausgehend von der Zeit T_0 — berechnen nach der Gleichung:

$$U = U_0 + \int_{T_0}^{T_n} g\,\mathrm{d}t. \tag{9.3}$$

Schwierigkeiten bringen die Konstanten g_0 und U_0, da sie sehr schwer genau zu bestimmen sind. Die Abweichung g_0 rührt daher, daß die Steuerung der Uhr nur schwierig so genau abzugleichen ist, daß eine Sekunde der Uhr gleich der „mittleren Sekunde" wird, während U_0 durch die Unmöglichkeit verursacht wird, das Einschalten der Uhr so zu erreichen, daß eine bestimmte Zeitmarke der irdischen Uhr mit der gewünschten entsprechenden Zeitmarke der astronomischen Uhr zusammenfällt. Bei Leistungsvergleichen von Uhren kann man diese Größen weglassen. Diesem systematischen Verhalten einer Uhr addiert sich die zufällige Gangschwankung δg, die auf unkontrollierbare Einflüsse zurückzuführen ist. Außerdem addiert sich der Meßfehler w der Bestimmung der astronomischen Zeit, denn die Bestimmung der g-Werte erfolgt nach Gl. (9.1) aus der Standmessung. Die Gangformel Gl. (9.2) ändert sich in:

$$g = a\,t + b\,t^2 + c\,t^3 + \cdots + \delta g + w. \tag{9.4}$$

Nachdem man mehrere Kristalluhren aufbaute und sie miteinander verglich, stellte sich heraus, daß ihre Abweichungen untereinander geringer waren als die Abweichungen gegenüber der astronomischen Vergleichszeit. Hieraus ergab sich die Schaffung einer „mittleren Quarzuhr". Nun konnte die Standkurve der Erde mit der „mittleren Quarzuhr" aufgenommen werden [*88*]. Aus vielen Untersuchungen ergab sich, daß eine periodische Änderung der Drehgeschwindigkeit der Erde um ihre Achse vorliegen muß. Damit ist die astronomisch bestimmte Zeit im Laufe eines Jahres nicht mehr konstant. Nehmen wir eine gleichmäßige Zeit zum Vergleich, so liegt die astronomische Zeit im Winter und Frühjahr hinter der gleichmäßigen Zeit, während sie im Sommer und Herbst vorauseilt. Die maximale Verschiebung ist zwar gering — sie liegt bei 0,07 Sekunden —, aber doch von drei Instituten annähernd gleich bestimmt. Damit rotiert die Erde im Frühjahr langsamer als im Herbst. Zur Feststellung von unregelmäßigen Schwankungen der Erdumdrehung — die durchaus als vorhanden anzunehmen sind — reicht die Genauigkeit der Quarzuhren noch nicht aus. Nach den letzten Berichten scheint jedoch die Atomuhr eine höhere Genauigkeit zu ermöglichen.

9.2 Einzelteile und Aufbau einer Quarzuhr

a) Der Quarz

Da die Eigenschaften der anderen piezoelektrischen Kristalle weit hinter denen des Quarzes zurückliegen, so kommt für eine Kristalluhr nur ein Quarz in Frage. Damit ist aber das Auswahlproblem keineswegs erschöpft, denn nun muß festgestellt werden, welcher Schnitt und welche Abmessungen am günstigsten sind. In Deutschland hat man erfolgreich Stäbe der Frequenz 60 kHz von 91 mm Länge und quadratischem Querschnitt von der Seitenlänge 11,4 mm benutzt, wobei der Stab als Y-Schnitt aus dem Kristall herausgenommen war. Dem Kristall wird ein rechtwinkeliges Koordinatensystem zugeordnet, bei dem die optische Achse mit der Z-Achse, eine der elektrischen Achsen mit der X-Richtung und die dazu senkrechte Richtung mit der Y-Richtung zusammenfällt. Angeregt wurde der Quarz bei der zweiten Dehnungsschwingung [*6*, *89*]. In England und in Amerika verwendet man Quarzringe, die in der YZ-Ebene aus dem Kristall herausgeschnitten wurden [*6*, *89*], sowie Quarzplatten im GT-Schnitt. Die Auswahl der Quarze erfolgt zweckmäßig so, daß möglichst wenig Störfrequenzen vorhanden sind. Es ist bei einem normalen Kristalloszillator unwesentlich, ob in einiger Entfernung von der Resonanzstelle eine Nebenresonanz liegt, doch bei den hohen Anforderungen an eine Kristalluhr können irgenwelche Ereignisse die Nebenresonanzen beeinflussen und dadurch auf die Hauptresonanz rückwirken. Anzunehmenderweise werden deshalb die GT-Platten sehr dünn ausgewählt, da sie dann mehr einer Platte mit unendlich großen Ausdehnungen entsprechen und demgemäß weniger Nebenwellen besitzen. Ein weiterer sehr wichtiger Punkt ist die Halterung der Quarze. Nicht immer ergeben die Knotenpunkte, Knotenlinien oder Knotenflächen eine gute Halterung. Recht zweckmäßig erweist sich das Aufhängen an Fäden. Interessant ist oft die Anbringung der Elektroden. Zum Beispiel wird der Quarzstab der Uhren der PTB [*89*] in einem runden Glasgefäß untergebracht und kreisförmige Elektroden in ziemlichem Abstand vom Quarz auf dem Glasgefäß befestigt. Damit ist der Quarz aus der ursprünglichen Resonanzfrequenz gezogen (s. Kap. 8) und verliert an Güte. (Unter ursprünglicher Resonanzfrequenz versteht man die bei geringstem Elektrodenabstand, also aufliegenden Elektroden.) Allerdings wird dafür der Einfluß der Elektroden geringer und der tägliche Gang besser. Wir sehen hieran, daß die Probleme der Kristalloszillatoren und die der Kristalluhren keineswegs die gleichen zu sein brauchen. Die verwendeten Oszillatorschaltungen sind recht einfach. Benutzt werden die PIERCE-MILLER-Schaltung Abb. 6.18, die kapazitive Dreipunktschaltung Abb. 6.17 und die MEACHAM-Brücke Abb. 6.31.

Wir wollen kurz ein weiteres wichtiges, wenn nicht das wichtigste Problem der Quarzuhr streifen: die Alterung. Unter Alterung versteht man die Abweichungen von einer Anfangsfrequenz, die stetig in einer Richtung erfolgen. Zweckmäßig trennt man kurzzeitige Veränderungen ab und betrachtet nur die „echte" Alterung, die sich auf eine dauernde geringe Veränderung von Quarz und Schaltung bezieht. Da der Quarz die Mängel der Schaltung sozusagen übernimmt, so ist die Alterung des Quarzes die wichtigste. Die Elektroden und deren Veränderung sowie die Oberflächenbehandlung des Kristalls haben sicherlich ihren Anteil an der Alterung, doch scheint ein wesentlicher Punkt der Kristall selbst zu sein. Ätzt man einen Kristall, so erhält man die bekannten Ätzfiguren je nach dem geführten Schnitt oder der ausgewählten Oberfläche des Kristalls. Wir nehmen an, daß der Kristall optisch und elektrisch einwandfrei ist, also keinerlei Zwillingsbildung aufweist. Auch mit dieser Voraussetzung kann man bei der Betrachtung der geätzten Flächen unter dem Mikroskop Besonderheiten entdecken. Recht häufig findet man stärkere oder auch kleinere Ätzfiguren als die die ganze Flächen bedeckenden Figuren. Oft treten sie in einer Linie auf, doch auch einzelne größere oder kleinere Ätzfiguren sind zu finden. Hier kann man allerdings annehmen, daß sie Teile einer Linie sind, die von der Oberfläche des Kristalls durchschnitten wurde. Man muß also mit Unstetigkeiten im Kristallgefüge rechnen. Da solche leicht Veränderungen unterworfen sind, tragen sie sicherlich zur „Alterung" bei. Es ist möglich, daß ein sorgfältig hergestellter künstlicher Quarz bessere Eigenschaften aufweist. Leider sind bei den gebräuchlichen Dicken der Kristallstäbe irgendwelche Fehler im Kristallaufbau schwierig festzustellen. Durch geeignete Aufnahmen mit Röntgenstrahlen lassen sich vielleicht fehlerhafte Kristalle ausschalten. Auch eine thermische Behandlung der Kristalle mag vorteilhaft sein. Erhitzt man einen Rauchquarz, so sieht man die eingeschlossenen Farbteilchen, die man als Manganverbindungen annimmt, als dunkle Pünktchen an der Oberfläche austreten und verdampfen. Man kann annehmen, daß ein optisch rein erscheinender Quarz ebenfalls Einschlüsse aufweist, die durch Verdampfen entfernt werden können. Auch Gaseinschlüsse können sich auswirken.

b) Sonstige Schaltteile

Es ist hier nicht möglich, alle Einzelteile, aus denen eine Kristalluhr aufgebaut ist, einzeln zu beschreiben, obwohl viele der Schaltteile Spezialanfertigungen mit besonders guten Eigenschaften sind, also eine Besprechung durchaus wert wären. Ein wichtiges Schaltteil ist der Regelkondensator. Derselbe hat die Aufgabe, den Quarz auf die gewünschte Frequenz zu ziehen. Durch Anbringen von Regelelektroden auf dem Glasgefäß, das den Quarz enthält und bereits die Quarzelektroden zur Anregung trägt, kann man beispielsweise mittels eines Regelkondensators eine besonders konstante Frequenzeinstellung vornehmen [*89*]. Der bewegliche Teil des aus zwei Ringkegeln aufgebauten Regelkondensators ist mit dem Abschirmrohr verbunden, in das der Quarz gesteckt wird. Andere Möglichkeiten des Aufbaues von Regelkondensatoren sind Doppelzylinder, die auch als Differentialkondensatoren aufgebaut werden können [*90*].

Besondere Aufmerksamkeit ist den Röhren zu widmen. Es werden handelsübliche Röhren verwendet, doch diese mit sehr kleinen Spannungen in Betrieb genommen. Beträgt die übliche Heizfadenspannung 6,3 V, so wird nur 3,5 V angelegt, ebenso beträgt die Anodenspannung 15 V gegen 100 bis 200 V bei normaler Schaltung. Der Anodenstrom liegt bei 1 μA. Die Röhre kann durch eine zweite — normalerweise nicht geheizte — gleiche Röhre kontrolliert werden. Die Kontrolle geschieht, indem nach Aufheizung die zweite Röhre kurzzeitig als Schwingröhre dient. Hierbei tritt normalerweise ein Sprung von $1 \cdot 10^{-10}$ auf. Bei größeren Werten kann man auf Veränderungen der statischen und dynamischen Eigenschaften der Röhre schließen. Änderung der Anodenspannung um 10% bringt Frequenzänderungen von 1 bis $5 \cdot 10^{-10}$, während eine Heizspannungsänderung um 10% 0,3 bis $2 \cdot 10^{-10}$ Frequenzänderung ergibt. Ändert man die Gitterkathodenkapazität um 0,1%, so liegt die Frequenzänderung bei $2 \cdot 10^{-9}$, während eine Änderung der Quarzparallelkapazität einen bis zu einer Größenordnung geringeren Einfluß ausübt.

Die Frequenzteilung erfolgt in einigen Stufen bis zu einer brauchbaren Frequenz für den Synchronmotor. Man kann auch bis 50 Hz herunterteilen, um eine Normalfrequenz von 50 Hz zu erhalten und dann auf 250 Hz für den Motor vervielfachen. Die Ankopplung des Frequenzteilers erfolgt durch einen Trennverstärker (Kap. 3.10).

Der Thermostat besteht zweckmäßig aus zwei Einzelthermostaten. Der innere Thermostat wird bei der PTB-Uhr [*89*] auf etwa 35° C geheizt, während der äußere etwa 33,5° C erhält. Abgesehen von verschiedenen, gut wärmeisolierenden Schichten ist auch ein Wärmeausgleich durch einen größeren Metallblock notwendig. Beim PTB-Thermostaten wird ein Aluminiumblock benutzt, während bei den Kristalluhren des Deutschen Amtes für Maße und Gewichte [*90*] der Kristall in einem Kupfergußblock von 20 kg untergebracht wurde.

c) Die Aufstellung der Kristalluhr

Selbst die sorgfältigst aufgebaute Quarzuhr kann nicht einfach in einem beliebigen Raum untergebracht werden. Zweckmäßig benutzt man einen Klimakeller aus mehreren Räumen. Die Quarzuhren werden dort auf Betonsockel montiert. Die Räume sind isoliert und erhalten eine Temperatur- und Feuchtigkeitsregelung. Bei der PTB kann die Temperatur während des ganzen Jahres auf 21,8 ± 0,1% C konstant gehalten werden, während die Luftfeuchtigkeit 55 ± 2% beträgt. Wir sehen, daß auch in der Aufstellung der Kristalluhren größte Sorgfalt zu beachten und der Aufwand erheblich ist. Mit diesen Hinweisen haben wir kurz die Probleme der Kristalluhr angedeutet. Da sie hochgezüchtet Kristalloszillatoren sind, sollten sie hier nicht unerwähnt bleiben. Einzelheiten finden sich in der angezogenen Literatur, die weitere Literaturangaben enthält.

9.3 Die Atomuhr

Wie wir in Kap. 4 feststellten, ist das Wesentlichste eines guten Oszillators ein Schwingelement von besonders hoher Güte. Mit Quarzkristallen lassen sich Güten bis $1 \cdot 10^6$ erreichen. Wie wir gesehen haben, kann wegen der Alterung die Güte nicht voll ausgenutzt werden. Will man eine höhere Konstanz erzielen, so benötigt man Schwingelemente höherer Güte. Als solche kennt man die Eigenschwingungen von Molekülen und Atomen. Definiert man als Güte G den Quotienten aus der Eigenresonanzfrequenz f_r und der Halbwertsbreite Δf, so ist:

$$G = \frac{f_r}{\Delta f}. \tag{9.5}$$

Da die Eigenfrequenz der NH_3-Spektrallinie 23870,4 MHz beträgt und die Halbwertsbreite $2 \cdot 10^{-7}$, so liegt die theoretische Güte bei $G = 1 \cdot 10^{17}$ [*91, 92*]. Den Schwingungsvorgang beim NH_3-Molekül können wir uns wie folgt vorstellen. Die drei Wasserstoffatome bilden die Ecken eines gleichseitigen Dreiecks. Das Stickstoffatom befindet sich in einigem Abstand über der Dreiecksmitte, so daß die Atome eine Pyramide bilden. Diese Lage des N-Atoms ist zwar eine Gleichgewichtslage, doch ist sie bei Energiezufuhr nicht mehr stabil. Durch Bestrahlung mit elektrischen Wellen von der Resonanzfrequenz kann das Stickstoffatom auf die andere Seite des Wasserstoffdreiecks schwingen und bei dauernder Energiezufuhr dauernd zwischen den beiden Gleichgewichtslagen hin und her schwingen. Die Konstanz dieses Schwingungsvorganges ist wesentlich größer als die der mechanischen Schwingungen eines Kristalls. Außerdem fallen Nachteile des Kristalls, wie z. B. die Halterung desselben, fort. Diese Schwingung läßt sich nur anregen, wenn die erregende Frequenz „sehr genau" mit der Eigenfrequenz der Moleküle übereinstimmt, wobei wir unter „sehr genau" verstehen: innerhalb der Halbwertsbreite. Werden eine größere Anzahl von Schwingungen des Stickstoffatoms in NH_3-Molekülen erzeugt, so absorbieren sie die Energie der anregenden Mikrowellen und verwandeln sie in Schwingungsenergie. Man benötigt also zur Anregung der Atomuhr einen hochkonstanten Sender — einen Quarzsender. Dieser muß so konstant sein, daß er für einige Zeit den Vorgang der Molekülschwingung einleitet. Mit derselben kann man dann rückwärts die Frequenz des Quarzsenders steuern und somit dessen Konstanz auf diejenige der Atomuhr bringen. Da man Quarze mit der hohen Frequenz der Molekülschwingung nicht herstellen kann, so muß man eine Vervielfachung von über 200000 vornehmen, wenn die Grundschwingung des Quarzes 100 kHz beträgt. Die auf den richtigen Wert vervielfachte Frequenz wird durch ein 9 m langes mit verdünntem NH_3-Gas gefülltes Kupferrohr geschickt. Stimmt die Frequenz der durchgeschickten Welle genau mit der Eigenfrequenz der Moleküle überein, so wird die Welle absorbiert, und am Ende der Röhre wird mit einem Detektor ein Minimum an Energie gemessen. Die geringste Frequenzabweichung bringt die Moleküle zum Stillstand. Die durchgehende Energie wird größer und liefert eine entsprechend größere Spannung am Detektor. Diese Spannung wird zum Nachstimmen des Quarzoszillators benutzt, der wieder die genaue Molekülfrequenz erhält. Dadurch werden die Molekülschwingungen wieder verstärkt, und die Absorption wird ein Maximum, bis eine neue Verstimmung des Quarzoszillators ein neues Nachstimmen erforderlich macht. Diese kurze Darstellung weist natürlich nur auf den grundsätzlichen Gedankengang hin, eine Atomuhr ist eine sehr komplizierte Angelegenheit. Man kann dieses verdeutlichen, wenn man sich den Fehlermöglichkeiten zuwendet. Zu diesen gehört die thermische Bewegung der Moleküle. Hierbei erfolgt durch die Zusammenstöße der Moleküle und durch den Dopplereffekt eine starke Vergrößerung der Halbwertsbreite. Die praktisch erreichbare Güte liegt also keinesfalls so hoch wie die theoretische. Die angedeuteten Nachteile lassen sich bei der NH_3-Uhr nur in geringem Maße beseitigen. Man kann jedoch Dopplereffekt und Zusammenstöße vermeiden, wenn man einen Atomstrahl benutzt [*93*]. Geeignet ist ein Cäsiumatomstrahl von der Eigenfrequenz 9192,6 MHz. Der Strahl wird längs einer Hochvakuumstrecke von

$1 \cdot 10^{-7}$ mm Druck geleitet und durch zwei Magnete fokusiert. Senkrecht dazu werden zwei Felder gleicher Frequenz wie die Cäsiumatome, die durch Vervielfachung einer Quarzfrequenz gewonnen werden, durch den Strahl geleitet. Im Resonanzfall werden die Atome ausgelenkt und der Strahlstrom, der von einem Detektor aufgenommen wird, verändert [*94*, *95*]. Das Prinzip ist durchaus der Gittersteuerung des Elektronenstromes einer Elektronenröhre vergleichbar. Auch hier gibt es eine Anzahl Fehlerquellen [*95*], die sich aber so einschränken lassen, daß die Konstanz der Kristalluhr überschritten wird. Ob die Atomuhren bei weiterer Entwicklung wesentlich über den Quarzuhren liegen werden, kann man heute nicht entscheiden.

Literatur

[1] Curie, J., u. P. Curie: Bull. Soc. min. France Bd. 3 (1880) S. 90—93.

[2] Lippmann, M. G.: Ann. Chim. Phys. (5) Bd. 24 (1881) S. 145.

[3] Voigt, W.: Lehrbuch der Kristallphysik. Leipzig: B. G. Teubner 1910.

[4] Langevin, P., u. C. Chilowsky: Französisches Patent Nr. 502913 (1918). — P. Langevin: Spec. Publ. Bureau Hydrogr. Intern. Monaco (1924) Nr. 3.

[5] Cady, W. G.: Phys. Rev. Bd. 17 (1921) S. 531.

[6] Scheibe, A.: Die Piezoelektrizität des Quarzes. Dresden u. Leipzig: Th. Steinkopff 1938. — W. G. Gady: Piezoelectricity. New York: McGraw-Hill Book Company 1946. — R. A. Heising: Quartz Crystals for Electrical Circuits. New York: D. van Nostrand Co. 1946. — P. Vigoureux u. C. F. Booth: Quartz Vibrators. London: His Majesty's Stationary Office 1950. — W. P. Mason: Piezoelectric Crystals and their Application to Ultrasonics. New York: D. van Nostrand Co. 1950.

[7] Bücks, W., u. K. H. Müller: Z. Physik Bd. 84 (1933) S. 75.

[8] Watanabe, Y.: ENT Bd. 5 (1928) S. 45.

[9] Spitzer, F.: AEÜ Bd. 5 (1951) S. 544—554.

[10] Herzog, W.: Siebschaltungen mit Schwingkristallen, S. 92. Wiesbaden: Dieterich 1949.

[11] Hollmann, H. E.: Elektrotechnik Bd. 1 (1947) S. 130.

[12] Bartels, H.: Grundlagen der Verstärkertechnik, 4. Aufl. Stuttgart: S. Hirzel 1954.

[13] Möller, H. G.: Die Elektronenröhren. Braunschweig: Vieweg & Sohn 1929.

[14] Philips Bücherreihe über Elektronenröhren: 1. Band J. Deketh: Grundlagen der Röhrentechnik. — 4. Band B. G. Dammers, J. Haantjes, J. Otte u. H. van Suchtelen: Anwendung der Elektronenröhre 1949.

[15] Rothe, H., u. W. Kleen: Grundlagen und Kennlinien der Elektronenröhren, 3. Aufl. Leipzig: Geest & Portig K.G. 1948.

[16] Herzog, W.: AEÜ Bd. 2 (1948) S. 22—38.

[17] Cauer, W.: Theorie der linearen Wechselstromschaltungen, 2. Aufl., S. 127. Berlin: Akademie-Verlag 1954.

[18] Herzog, W.: AEÜ Bd. 2 (1948) S. 84—87.

[19] Herzog, W.: AEÜ Bd. 1 (1947) S. 47—58.

[20] Herzog, W.; AEÜ Bd. 6 (1952) S. 159—162.

[21] Fair, J. E.: Bell System techn. J. Bd. 24 (1945) S. 161. — L. Harrison: Bell System techn. J. Bd. 24 (1945) S. 217. — H. Awender u. K. Sann: Telefunken-Ztg. Bd. 25 (1952) S. 269.

[22] Schembel, B. K.: Radiotekhnika UdSSR Bd. 3 (1948) S. 36.

[23] Herzog, W.: AEÜ Bd. 6 (1952) S. 58—66.

[24] Herzog, W.: AEÜ Bd. 5 (1951) S. 169—180.

[25] Rothe, H., u. W. Kleen: Elektronenröhren als Schwingungserzeuger und Gleichrichter, 2. Aufl., S. 126, 136 u. 141. Leipzig: Geest & Portig K.G. 1948.

[26] Funktechnische Arbeitsblätter, 5. Lfg. Os 61. München: Franzis-Verlag 1949.
[27] MEINKE, H. H., u. F. W. GUNDLACH: Taschenbuch der Hochfrequenztechnik, S. 967. Berlin/Göttingen/Heidelberg: Springer 1956.
[28] STRECKER, F.: Die elektrische Selbsterregung, S. 89. Stuttgart: S. Hirzel 1947.
[29] HERZOG, W.: AEÜ Bd. 2 (1948) S. 153—163.
[30] BARTLETT, A. C.: Phil. Mag. Bd. 4 (1927) S. 902.
[31] BRUNE, O.: Phil. Mag. Bd. 14 (1932) S. 806.
[32] HERZOG, W.: AEÜ Bd. 7 (1953) S. 470—472.
[33] FRISCH, E., u. W. HERZOG: NTZ Bd. 9 (1956) S. 449—455.
[34] GROSZKOWSKI, J.: Proc. IRE Bd. 21 (1933) S. 958—981.
[35] HERZOG, W.: AEÜ Bd. 3 (1949) S. 203—207.
[36] HERZOG, W.: AEÜ Bd. 8 (1954) S. 297—300.
[37] FELDTKELLER, R.: Einführung in die Vierpoltheorie, 5. Aufl., S. 143. Stuttgart: S. Hirzel 1948.
[38] FRISCH, E.: NTZ Bd. 9 (1956) S. 182—185.
[39] BURGT, C. M. VAN DER: Philips Res. Rep. Bd. 8 (1953) S. 91—132; J. acoust. Soc. America Bd. 28 (1956) S. 1020—1032; Proc. Instn. electr. Engrs. (B) Bd. 104 (1957) Anhang Nr. 7. — W. VAN ROBERTS: RCA-Rev. Bd. 14 (1953) S. 3 —16. — K. SIXTUS: Frequenz Bd. 5 (1951) S. 335—339.
[40] SHEA, R. F.: Principles of Transistor Circuits. New York: John Wiley & Sons 1953.
[41] CAROLL, J. M.: Transistor Circuits and Applications. New York: McGraw-Hill 1957.
[42] LEDIG, G.: AEÜ Bd. 10 (1956) S. 1—9.
[43] FRISCH, E., u. W. HERZOG: NTZ Bd. 9 (1956) S. 420—423.
[44] HERZOG, W.: AEÜ Bd. 8 (1954) S. 436—438.
[45] HERZOG, W., u. E. FRISCH: FTZ Bd. 8 (1955) S. 325—329.
[46] ROTHE, H., u. W. KLEEN: Elektronenröhren als Anfangsstufenverstärker, 2. Aufl. Leipzig: Geest & Portig K.G. 1948. — S. J. MODEL u. J. CH. NEWJATSCHASKY: Hochfrequenzsender. Berlin: VEB Verlag Technik 1953.
[47] Telefunken, Röhrenmitteilungen für die Industrie, Nr. 550703.
[48] MEYER-BRÖTZ, G.: AEÜ Bd. 10 (1956) S. 391—397.
[49] FRISCH, E., u. W. HERZOG: NTZ Bd. 10 (1957) S. 35—38.
[50] WALLACE jr., R. L., u. W. J. PIETENPOL: Bell System techn. J. Bd. 30 (1951) S. 530—563.
[51] HERZOG, W.: AEÜ Bd. 6 (1952) S. 499—501.
[52] BECHMANN, R.: Hochfrequenztechn. u. Elektroakust. Bd. 59 (1942) S. 97 bis 105.
[53] BECHMANN, R.: Hochfrequenztechn. u. Elektroakust. Bd. 61 (1943) S. 1 bis 12.
[54] GIEBE, E., u. A. SCHEIBE: Jb. drahtl. Telegr. Bd. 35 (1930) S. 165. — J. R. HARRISON: Proc. Inst. Radio Engrs. Bd. 15 (1927) S. 1040.
[55] HERZOG, W.: AEÜ Bd. 2 (1948) S. 357—367.
[56] STANESBY, H., u. P. W. FRYER: J. Instn. electr. Engrs. Bd. 94 (IIIA) (1947) S. 368—378.
[57] BECHMANN, R.: J. sci. Instrum. Bd. 29 (1952) S. 73—76.
[58] BURSTYN, W.: ETZ Bd. 41 (1920) S. 951.
[59] BARKHAUSEN, H.: Elektronenröhren, 3. Bd., Rückkopplung, 4. Aufl., S. 61. Leipzig: S. Hirzel 1943.
[60] WAGNER, K. W.: Einführung in die Lehre von den Schwingungen und Wellen, S. 557. Wiesbaden: Dieterich 1947.

[61] HERZOG, W.: AEÜ Bd. 5 (1951) S. 81—84.
[62] HERZOG, W.: AEÜ Bd. 5 (1951) S. 279—283.
[63] CADY, W. G.: Piezoelectricity. New York: McGraw-Hill Co. 1946.
[64] HEEGNER, K.: ENT Bd. 15 (1938) S. 359—368.
[65] MEACHAM, L. A.: Proc. IRE Bd. 26 (1938) S. 1278—1294.
[66] ROHDE, L.: Z. techn. Physik Bd. 21 (1940) S. 30—34.
[67] MÖGEL, H.: Jb. drahtl. Telegr. Telephonie Bd. 31 (1928) S. 72—83.
[68] LATTMANN, M., u. H. SALINGER: ENT Bd. 11 (1934) S. 384—388.
[69] SOMMER, J.: TFT Bd. 29 (1940) H. 10.
[70] FEIST, W.: NTZ Bd. 10 (1957) S. 215—222.
[71] Telefunken-Prospekt „Schwingquarze".
[72] MALLET, E., u. V. J. TERRY: Wireless Wld. Bd. 16 (1925) S. 630—636.
[73] HORTON, J. W., u. W. A. MARRISON: Proc. IRE Bd. 16 (1928) S. 137—154.
[74] RINT, C.: Handbuch für Hochfrequenz- und Elektrotechniker Bd. 2, S. 167. Berlin-Borsigwalde: Verlag für Radio-, Foto- und Kinotechnik 1953.
[75] PIERCE, G. W.: Proc. Amer. Acad. Arts Sci. Bd. 63 (1928) S. 1—47.
[76] FOSTER, R. M.: Bell System techn. J. Bd. 3 (1924) S. 259—267.
[77] HERZOG, W.: AEÜ Bd. 1 (1947) S. 122—127.
[78] HERZOG, W.: AEÜ Bd. 6 (1952) S. 398—400.
[79] HERZOG, W.: Telefunken-Ztg. Bd. 25 (1952) S. 257—264.
[80] HERZOG, W.: Telefunken-Ztg. Bd. 24 (1951) S. 118—123 Bild 10.
[81] HOLLMANN, H. E.: AEÜ Bd. 7 (1953) S. 585—591.
[82] BOOTH, A. M.: Electronics Bd. 29 (1956) S. 958—961.
[83] KLEIN, W.: AEÜ Bd. 6 (1952) S. 205—208.
[84] HOLLMANN, H.. E: Z. Physik Bd. 138 (1954) S. 1—15. — R. ROST: Kristalloden-Technik, 2. Aufl., S. 285. Berlin: W. Ernst & Sohn 1956.
[85] MENDE, H. G.: Rundfunkempfang ohne Röhren. Radio-Prakt. Bücher, Nr. 27/27a.
[86] KULP, M.: Elektronenröhren und ihre Schaltungen, S. 77, Bild 58. Göttingen: Vandenhoeck & Ruprecht 1951.
[87] SCHEIBE, A.: Z. angew. Physik Bd. 5 (1953) S. 307—317.
[88] SCHEIBE, A., u. U. ADELSBERGER: Z. Physik Bd. 129 (1951) S. 233—245.
[89] SCHEIBE, A., U. ADELSBERGER, G. BECKER, G. OHL u. R. SÜSS: Z. angew. Physik Bd. 8 (1956) S. 175—183.
[90] HERRMANN, A.: Radio und Fernsehen (1955) Nr. 8.
[91] TOWNES, C. H.: J. appl. Physics Bd. 22 (1951) S. 1365.
[92] SHIMODA, K.: J. Phys. Soc. Japan Bd. 9 (1954) S. 378—386 u. 558—575.
[93] LYONS H.: Proc. URSI Bd. 8 II (1950) S. 49.
[94] ESSEN, L., u. J. V. L. PARRY: Nature (London) Bd. 176 (1955) S. 280—282.
[95] The Atomichron, an Atomic Frequency Standard. R. T. Daly, National Co., Inc.; May 1956.
[96] NYQUIST, H.: Regeneration Theory. Bell System techn. J. Bd. 11 (Jan. 1932) S. 126—147.
[97] PETERSON, E., J. G. KREER u. L. A. WARE: Regeneration, Theory and Experiment. Bell System techn. J. Bd. 13 (Oktober 1934) S. 680—700.
[98] BOTHWELL, F. E.: Nyquist diagrams and the Routh-Hurwitz stability criterion. Proc. IRE Bd. 38 (November 1950) S. 1345—1348.
[99] STRECKER, F.: Die elektrische Selbsterregung mit einer Theorie der aktiven Netzwerke. Stuttgart: S. Hirzel 1947. Hierin Aufsatz aus dem Jahr 1931, S. 85—139.
[100] STRECKER, F.: Praktische Stabilitätsprüfung mittels Ortskurven und numerischer Verfahren, Kap. F u. G. Berlin/Göttingen/Heidelberg: Springer 1950.

[*101*] BODE, H. W.: Network Analysis and Feedback Amplifier Design, S.10—12. New York: D. van Nostrand Company (Januar 1955).
[*102*] PETERS, J.: Einschwingvorgänge, Gegenkopplung, Stabilität, S. 59—61. Berlin/Göttingen/Heidelberg: Springer 1954.
[*103*] Siehe [*102*]. S. 8.
[*104*] DOETSCH, G.: Handbuch der Laplace-Transformation II, S. 286—289. Zürich: Birkhäuser 1955.
[*105*] Siehe [*102*], S. 91.
[*106*] Siehe [*104*], S. 294ff.
[*107*] BARKHAUSEN, H., u. E. G. WOSCHNI: Untersuchungen über den Nyquist-Effekt. Hochfrequenz und Elektroakustik. Bd. 64 (Mai 1956) H. 6, S. 180 bis 184.
[*108*] HERZOG, W.: Oszillatorschaltungen hoher Frequenzkonstanz. AEÜ Bd. 3 (1949) S. 206 u. 207.
[*109*] AWENDER, H., u. K. SANN: Der Quarz in der Hochfrequenztechnik. Handbuch für Hochfrequenz- und Elektrotechniker. Bd. 2, S. 160ff. Berlin-Borsigwalde: Verlag für Radio-, Foto- und Kinotechnik GmbH.
[*110*] HERZOG, W.: Über Oszillatoren und deren Schwingstellen. NTZ Bd. 11 (1958) im Druck.
[*111*] RÜHL, H.: NTZ Bd. 8 (1955) S. 593—594.
[*112*] VEEN, B. VAN DER: Philips Research Reports Bd. 11 (1956) S. 66—79.
[*113*] BECKERATH, H. v.: ENT Bd. 19 (1942) H. 3/4.
[*114*] HERZOG, W., u. E. FRISCH: NTZ Bd. 9 (1956) S. 310—314.
[*115*] HERZOG, W.: NTZ Bd. 10 (1957) S. 564—569.
[*116*] VASEUR, J. P.: Nachrichtentechn. Fachberichte Bd. 5 (1956) S. 45—46; L. J. GIACOLETTO, RCA Review 15 (1954) S. 506—562.
[*117*] HERZOG, W.: Frequenzkonstante Oszillatoren für Strom und für Spannung, NTZ Bd. 11 (1958) im Druck.
[*118*] RICHTER, H.: Transistor-Praxis, Stuttgart: Franckh 1956.
[*119*] HERZOG, W.: Die Oszillatorgüte bei verschiedenen Verlusten, NTZ Bd. 11 (1958) im Druck.

Sachverzeichnis

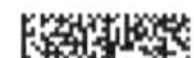